東工大の数学

20カ年［第9版］

教学社編集部 編

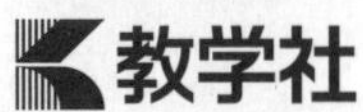

はじめに

本書は2004年度から2023年度までの東京工業大学（2024年10月より東京科学大学に名称変更）の数学の入試問題を分類し，それに解答を付したものです。

日本の大学入試数学の中でも，東工大の数学は最難問の一つだといえます。難関大学の中でも1問あたりにかける時間がひときわ長い部類にあり，それだけに強い集中力と忍耐力が必要となります。一見しただけでは解き方がわからない問題を，時間をかけて考え記述していくというトレーニングが必要でしょう。

東工大の数学において重要なのは，難しいという点だけではありません。二次試験における数学の配点は，2023年度で750点中の300点。この配点は，いかに数学が重視されているかをあらわしています。数学の力が強く求められるのだと理解した上で勉強を進めることは，学習効果を上げることにつながります。ちょっと大げさですが，この機会に数学をどこまで極められるか挑戦する，こういった気持ちで取り組みましょう。

本書を用いて，まずは東工大の入試問題の雰囲気を味わってください。求められる発想力・計算力のレベルの高さを感じることになるでしょう。解法はできるだけ詳しく示しましたので，単に結果を知るのみでなく，「どういった記述が必要か」を重視して，答えに至るまでのプロセスをよく学んでください。一度解答を見てわかった問題でも，もう一度やってみたら解けないということはよくあります。逆に，しっかりとプロセスを理解していれば，初めて見る問題にその考え方が応用できることもよくあるものです。

なお，本書と同じ「難関校過去問シリーズ」には，東大・京大などの過去問を扱ったものもあります。良問が多いこれらの過去問は，大学が異なっても思考力の強化に貢献してくれるはずです。

目の前の受験勉強の先には，入学後の未来があります。数学を通して得た論理的かつ厳密に考える姿勢は，生涯にわたって役に立つことでしょう。

本書の構成と活用法

問題編

過去20年間の東工大入試問題（前期日程分）の全問（96問…2012・2013年度に出題された小問集合の小問はそれぞれ1問と数えています）を収録しました。学習しやすいように，§1から§8までテーマによって問題を分類しています。ただし，東工大の問題はいくつかの分野を融合した問題がほとんどですから，最も主要なテーマと考えられる分野に分類しました。なお，§8は，高等学校学習指導要領の改訂によって除外された「行列」分野の過去問をまとめたものですので，適宜活用してください。

また，AレベルからDレベルまで，問題の難易度を4つのランクに分けてみました。あくまで目安ですが，各レベルの問題数と難易度は次のとおりです。

Aレベル：14問。解答の方針を立てやすく，計算量も多くない問題。

Bレベル：54問。東工大としての標準的問題。

Cレベル：24問。発展的な思考を要するか，計算量のとくに多い問題。

Dレベル： 4問。解答の方針を立てにくく，記述もしにくい難問。

まずこの問題編の問題を自力で解いてみることが基本になります。

解答編

◇ポイント　問題を解くための方針や基本的な考え方をできるだけ丁寧に述べました。どうしても解き方が思い浮かばないときや解答に行き詰まったときは参考にしてください。ただし，最初からポイントに頼らず，まず自力で十分考えるようにしましょう。

◇解法　**問題編**の全問題の解答例を，次の点に重点を置いて作成しました。

1. 可能なかぎりわかりやすく丁寧な解説に努めました。そのため，計算や式変形などに冗長な部分もあるかと思います。実際の答案にする際は，単純な計算などは省略し，簡潔に整理することも必要でしょう。
2. 理解を助けるために必要と思われる参考図は，できるだけ多く掲載しました。
3. いくつかの解法が考えられるときは，さまざまな視点から解法を作成しました。

問題が解けたと思っても，これらの解法をよく研究し，そこで用いられる考え方や技法・計算方法などを身につけるようにしてください。

なお，解答上のさまざまな注意点，発展的内容や問題の背景など参考となる事項をそれぞれ〔注〕，参考として随所に入れてあります。

（編集部注）本書に掲載されている入試問題の解答・解説は，出題校が公表したものではありません。

目次

傾向と対策

傾向　①出題の特徴

■　長い試験時間，少ない問題数

5題の大問を180分で解く出題形式が2013年度以降続いている。1題あたりにかけられる時間は36分という計算になるが，これは難関大のなかでも特別長いといえる。手間のかかる計算が多いことは覚悟しなければならない。また，長時間にわたって集中力を切らさず考え抜く気力・体力が必要である。

■　問題文の短い問題

長く続く東工大の伝統のようなもので，問題文が短いという特徴がある。なかにはわずか1，2行の問題もある。数学の入試では誘導的に小問が配置される問題が多いなかで異色である。問題の意味は短時間で明確に頭に入るが，問題を解く手がかりや方向性の示唆が全くないため，すべて自分で考えなければならないといった難しさがある。1つの問題をノーヒントで解くための構想力が求められる。

■　微・積分法，数列，極限に大きな比重

工業系の数学で最もよく使われる微・積分法，数列，極限などといった解析学が，大きな比重で出題されている。工業大学らしい出題といえる。とくに微・積分法は必出である。現役生の場合，この分野の大部分は3年生で学習するので，練習時間を十分にもてないという問題がある。意識的に対策をしたい。

また，整数問題，平面図形や空間図形の計量問題が出題されるとき，往々にして難問となるようである。こちらも手が抜けない。

傾向　②出題の変遷と近年の傾向

■　出題形式

全問記述式。問題用紙と解答用紙は別で，大問1題につきＢ４判大の解答用紙が与えられる（解答欄の大きさはＡ４判程度）。なお，問題用紙には，計算をするための下書きのスペースがある。2017年度には，図形の問題を考えるのに利用できるＢ５判大の白紙1枚が配られた。

2011年度までは試験時間150分で大問4題の出題であったが，2012年度に試験時間が180分に増え，大問数は6題となった。2013年度以降は試験時間は180分のままで，大問数は5題となっている。1つの大問は2，3の小問に分かれていることが

多いが，問題文に従って解き進めることで完答できるような丁寧な誘導形式ではなく，発想力と計算力をもって自力で解法を導かなければならない。2012・2013 年度では独立した小問からなる小問集合形式も採用されている。

■ 出題内容

◆出題範囲

出題範囲は，2015 年度から 2024 年度までは「数学Ⅰ・Ⅱ・Ⅲ・A・B（数列，ベクトル）」，2025 年度からは「数学Ⅰ・Ⅱ・Ⅲ・A（図形の性質，場合の数と確率）・B（数列）・C（ベクトル，平面上の曲線と複素数平面）」となっており，「その総合問題や応用問題を含めて『数学』として出題する」とされている。

◆頻出項目

微・積分法の比重が大きい。分類としては平面図形などのようにちがう項目の問題であっても，解く際には微・積分法を使うものが多く，例えば 2011 年度は 4 題すべて，2014 年度は 3 題，2012・2013・2015～2020・2022・2023 年度は 2 題で微・積分法を用いる出題があった。まずは微・積分法を最重要分野としてとらえ，優先して学習したい。とはいえ，もちろん他の分野を軽視してはならない。整数の性質，数列，ベクトル，極限，確率などからの出題も比較的多い。また，2012・2013 年度のように小問集合形式が採用されると，より幅広い範囲から出題されることになる。頻出項目だけでなく，出題範囲全般にわたって確実な対策が必要である。

◆問題内容

計算力の必要な問題が多い。それも公式を当てはめれば解けるような問題ではなく，数学の本質を問うような，工夫が凝らされた出題である。また，複数の分野にまたがる総合的な問題もある。証明問題は頻出で，年度によって図示問題も出題される。

■ 難易度

ハイレベルな出題である。ここ数年の難易度をみると，2014～2016 年度はそれ以前に比べ易しかったが，2017 年度は難化し，以降，全体的には高いレベルを維持している。

対策　①全体的な対策

□ 計算力を養おう

方針を立てても，計算力がないと手がつけられないような問題が出題されている。少々煩雑な計算にもひるむことのないようにしておきたい。また，問題文には解くためのヒントとなる情報はほとんどなく，単に計算力があるだけでは十分に対応できないので，ある程度レベルの高い計算公式などもきちんと覚えて使いこなせるようにしておくと有利だろう。

□ 柔軟な思考力・分析力を

出題される問題はありきたりの内容ではなく，工夫が凝らされているものが多いので，柔軟な思考力を養っておく必要がある。1つの問題を掘り下げていろいろな角度から眺める意識をもとう。また，問題の本質が何であるか，出題者の立場になって考えるのも大切なことである。そうすることによって解法の流れを的確につかむことが可能になり，全体を見る目も養うことができるようになる。

□ 重要事項の有機的な整理を

項目ごとの整理だけではなく，関連する事項をまとめて整理することは，柔軟な思考力を養う意味でも重要である。例えば，三角形の面積の求め方を見ても，三角比，ベクトル，座標平面などの利用によって求めることができるように，見方を変えると全く別の解法が可能になる。また，重点分野の微・積分法では総合的な問題が出題されているので，断片的に公式を覚えるのではなく，数列の極限と定積分（区分求積法）のように関連するものはまとめて整理しておくことが必要である。

□ 証明問題の対策

証明問題では，「与えられた条件からどのようなことが導かれるのか」，「結論を示すにはどのようなことが言えればよいのか」という条件と結論の両方から問題に切り込むことができる。このような証明問題独特の発想を，問題演習を通して身につけておく必要がある。そして何より，答案は筋道の通った記述にしなければならない。飛躍したり，過度に無駄な記述をしたりしないよう，本書の〔**解法**〕などを参考にして答案記述の練習をしておくこと。

□ 図示問題の対策

図形問題はもちろん，方程式や不等式などでも，普段から題意や解法を図を描いて考えるようにすることが大切である。なお，図示問題では答案に図だけでなく，必要な説明（たとえば，境界線の方程式，斜線部分が求める範囲であるといったことや，境界線上の点を含むか否かなど）を言葉で明記しておくことが重要である。

対策 ②学習方法

学習方法は人それぞれであり，自分に合った方法で進めるのが一番よい。ここでは，参考としてオーソドックスな方法を示すこととする。

上記の〈傾向〉を念頭に置きつつ，効果的な学習を重ねて実戦力を養おう。

□　教科書学習が基礎をつくる

東工大入試の数学の問題はすべて，教科書に書かれていることを用いて解くことができる。したがって，教科書の内容を自分のものにすることが第一歩であり，目標でもある。とくに現役生は，自学自習をしてでも，「数学Ⅲ」および「数学Ｃ」の教科書を早めに読み終えておきたい。

□　標準問題集と模試の利用

教科書の内容を自分のものにすることは，簡単なようで実は容易ではない。「入試ではここが大事」とか「このような問題に役に立つ」などとは書かれていない，きわめて単調なものだからである。そこで，標準的な入試問題集（解答・解説の詳しいもの，難問はなくてよい）を利用するのである。問題を解いたり，解答・解説を読んだりすることで，教科書の大切な部分を浮き彫りにすることができる。

また，模試は，そのときの自分の力を制限時間内で最大に発揮した結果が見えるものである。当然，各問題は印象深いものとなる。問題形式が異なっていてもかまわない。数学的な発想力や，ミスなく計算する力を鍛えられたら，それらは本番の試験でも役立つはずである。大事なのは，模試の問題を完全解答できるようになるまで復習しておくことである。自らの弱点に気付くことにもつながり，とくに効率のよい学習になる。

□　本書の活用

受験対策における過去問の重要性は改めて述べるまでもないであろう。解答・解説は時間の許すかぎり何度も読み込んでおきたい。また，問題演習を繰り返すだけではなく，「はじめに」や「本書の構成と活用法」を読んで，十分に本書を活用してもらいたい。

問題編

§1 整数と数列

	内　　容	年度	レベル
1	与えられた方程式を満たす整数の組	2023〔2〕	B
2	3つの正の整数の最大公約数についての考察	2022〔2〕	B
3	数字9を含まないk桁の自然数の個数と逆数の和	2021〔1〕	B
4	二項係数を用いて定義された数列に含まれる素数	2021〔3〕	C
5	自然数を変数とする絶対値のついた2次式の値の性質	2020〔1〕	B
6	3つの未知数をもつ1次不定方程式の整数解	2018〔2〕	B
7	12個の約数をもち，7番目に小さい約数が12である数	2017〔1〕	B
8	$(n-1)!$がnで割り切れるための条件	2016〔4〕	B
9	分数型の漸化式，いろいろな数列の和，極限値	2015〔1〕	C
10	相異なる素数の積の2個の約数に関する論証	2015〔5〕	B
11	2つの数列の対応項の差が4の倍数であることの証明	2014〔1〕	A
12	ある2次方程式の解のn乗和に関する性質	2013〔1〕(1)	A
13	三角不等式の解の区間の長さの総和の極限値	2013〔4〕	B
14	3を公比とする等比数列の和の桁数	2012〔2〕(1)	A
15	平方根の整数部分が自身の約数となる整数の個数	2012〔2〕(2)	B
16	漸化式で与えられた数列，区分求積法による極限値	2012〔4〕	B
17	ガウス記号を用いて定義された数列，無限級数の和	2010〔2〕	B
18	2次方程式の解の範囲と係数の関係	2009〔3〕	B
19	素数の累乗の倍数の個数	2007〔1〕	B

ここでは，整数，および数列を主題とした問題を扱う。

整数問題は解決の糸口をつかむのが難しい場合が多い。また，証明する手段として数学的帰納法は非常に有効であるので，よく練習しておきたい。

数列は東工大における頻出テーマの1つであるが，微・積分法との融合問題として出題されることも多い。数列を扱った問題はこれにとどまらず，§5などの他のセクションにも含まれている。

1 2023年度〔2〕 Level B

方程式

$$(x^3-x)^2(y^3-y)=86400$$

を満たす整数の組 $(x,\ y)$ をすべて求めよ。

2 2022年度〔2〕 Level B

3つの正の整数 a，b，c の最大公約数が1であるとき，次の問いに答えよ。

(1) $a+b+c$，$bc+ca+ab$，abc の最大公約数は1であることを示せ。

(2) $a+b+c$，$a^2+b^2+c^2$，$a^3+b^3+c^3$ の最大公約数となるような正の整数をすべて求めよ。

3 2021年度〔1〕 Level B

正の整数に関する条件

（＊） 10進法で表したときに，どの位にも数字9が現れない

を考える。以下の問いに答えよ。

(1) k を正の整数とするとき，10^{k-1} 以上かつ 10^k 未満であって条件(＊)を満たす正の整数の個数を a_k とする。このとき，a_k を k の式で表せ。

(2) 正の整数 n に対して，

$$b_n=\begin{cases}\dfrac{1}{n} & (n\text{が条件}(*)\text{を満たすとき})\\ 0 & (n\text{が条件}(*)\text{を満たさないとき})\end{cases}$$

とおく。このとき，すべての正の整数 k に対して次の不等式が成り立つことを示せ。

$$\sum_{n=1}^{10^k-1} b_n<80$$

4 2021年度〔3〕 Level C

以下の問いに答えよ。

(1) 正の整数 n に対して，二項係数に関する次の等式を示せ。

$$n\,{}_{2n}\mathrm{C}_n=(n+1)\,{}_{2n}\mathrm{C}_{n-1}$$

また，これを用いて ${}_{2n}\mathrm{C}_n$ は $n+1$ の倍数であることを示せ。

(2) 正の整数 n に対して，

$$a_n=\frac{{}_{2n}\mathrm{C}_n}{n+1}$$

とおく。このとき，$n\geqq4$ ならば $a_n>n+2$ であることを示せ。

(3) a_n が素数となる正の整数 n をすべて求めよ。

5　2020 年度〔1〕　Level B

次の問いに答えよ。

(1)　$|x^2-x-23|$ の値が，3を法として2に合同である正の整数 x をすべて求めよ。

(2)　k 個の連続した正の整数 x_1，…，x_k に対して，

$$|x_j{}^2-x_j-23| \quad (1 \leqq j \leqq k)$$

の値がすべて素数になる k の最大値と，その k に対する連続した正の整数 x_1，…，x_k をすべて求めよ。ここで k 個の連続した整数とは，

$$x_1,\ x_1+1,\ x_1+2,\ \cdots,\ x_1+k-1$$

となる列のことである。

6　2018 年度〔2〕　Level B

次の問に答えよ。

(1)　$35x+91y+65z=3$ を満たす整数の組 $(x,\ y,\ z)$ を一組求めよ。

(2)　$35x+91y+65z=3$ を満たす整数の組 $(x,\ y,\ z)$ の中で x^2+y^2 の値が最小となるもの，およびその最小値を求めよ。

7　2017 年度〔1〕　Level B

次の条件(i)，(ii)をともに満たす正の整数 N をすべて求めよ。

(i)　N の正の約数は 12 個。
(ii)　N の正の約数を小さい方から順に並べたとき，7番目の数は 12。

ただし，N の約数には1と N も含める。

8 2016年度〔4〕 Level B

n を2以上の自然数とする。

(1) n が素数または4のとき，$(n-1)!$ は n で割り切れないことを示せ。

(2) n が素数でなくかつ4でもないとき，$(n-1)!$ は n で割り切れることを示せ。

9 2015年度〔1〕 Level C

数列 $\{a_n\}$ を

$$a_1=5,\quad a_{n+1}=\frac{4a_n-9}{a_n-2}\quad (n=1,\ 2,\ 3,\ \cdots)$$

で定める。また数列 $\{b_n\}$ を

$$b_n=\frac{a_1+2a_2+\cdots+na_n}{1+2+\cdots+n}\quad (n=1,\ 2,\ 3,\ \cdots)$$

と定める。

(1) 数列 $\{a_n\}$ の一般項を求めよ。

(2) すべての n に対して，不等式 $b_n \leqq 3+\dfrac{4}{n+1}$ が成り立つことを示せ。

(3) 極限値 $\displaystyle\lim_{n\to\infty} b_n$ を求めよ。

10 2015年度 〔5〕 Level B

n を相異なる素数 p_1, p_2, …, p_k $(k \geqq 1)$ の積とする。a, b を n の約数とするとき，a, b の最大公約数を G，最小公倍数を L とし，

$$f(a,\ b)=\frac{L}{G}$$

とする。

(1) $f(a,\ b)$ が n の約数であることを示せ。

(2) $f(a,\ b)=b$ ならば，$a=1$ であることを示せ。

(3) m を自然数とするとき，m の約数であるような素数の個数を $S(m)$ とする。$S(f(a,\ b))+S(a)+S(b)$ が偶数であることを示せ。

11 2014年度 〔1〕 Level A

3以上の奇数 n に対して，a_n と b_n を次のように定める。

$$a_n=\frac{1}{6}\sum_{k=1}^{n-1}(k-1)k(k+1),\quad b_n=\frac{n^2-1}{8}$$

(1) a_n と b_n はどちらも整数であることを示せ。

(2) a_n-b_n は4の倍数であることを示せ。

12 2013年度 〔1〕(1) Level A

2次方程式 $x^2-3x+5=0$ の2つの解 α, β に対し，$\alpha^n+\beta^n-3^n$ はすべての正の整数 n について5の整数倍になることを示せ。

13 2013 年度 〔4〕 Level B

正の整数 n に対し，$0 \leqq x \leqq \frac{\pi}{2}$ の範囲において $\sin 4nx \geqq \sin x$ を満たす x の区間の長さの総和を S_n とする。このとき，$\lim_{n \to \infty} S_n$ を求めよ。

14 2012 年度 〔2〕(1) Level A

$\log_{10} 3 = 0.4771$ として，$\sum_{n=0}^{99} 3^n$ の桁数を求めよ。

15 2012 年度 〔2〕(2) Level B

実数 a に対して，a を超えない最大の整数を $[a]$ で表す。10000 以下の正の整数 n で $[\sqrt{n}]$ が n の約数となるものは何個あるか。

16 2012 年度 〔4〕 Level B

n を正の整数とする。数列 $\{a_k\}$ を

$$a_1 = \frac{1}{n(n+1)}, \quad a_{k+1} = -\frac{1}{k+n+1} + \frac{n}{k} \sum_{i=1}^{k} a_i \quad (k = 1, 2, 3, \cdots)$$

によって定める。

(1) a_2 および a_3 を求めよ。

(2) 一般項 a_k を求めよ。

(3) $b_n = \sum_{k=1}^{n} \sqrt{a_k}$ とおくとき，$\lim_{n \to \infty} b_n = \log 2$ を示せ。

17 2010年度 〔2〕 Level B

a を正の整数とする。正の実数 x についての方程式

$$(*) \qquad x=\left[\frac{1}{2}\left(x+\frac{a}{x}\right)\right]$$

が解を持たないような a を小さい順に並べたものを a_1，a_2，a_3，…とする。ここに［ ］はガウス記号で，実数 u に対し，$[u]$ は u 以下の最大の整数を表す。

(1) $a=7$，8，9 の各々について $(*)$ の解があるかどうかを判定し，ある場合は解 x を求めよ。

(2) a_1，a_2 を求めよ。

(3) $\displaystyle\sum_{n=1}^{\infty}\frac{1}{a_n}$ を求めよ。

18 2009年度 〔3〕 Level B

N を正の整数とする。$2N$ 以下の正の整数 m，n からなる組 $(m,\ n)$ で，方程式 $x^2-nx+m=0$ が N 以上の実数解をもつようなものは何組あるか。

19 2007年度 〔1〕 Level B

p を素数，n を 0 以上の整数とする。

(1) m は整数で $0\leqq m\leqq n$ とする。1 から p^{n+1} までの整数の中で，p^m で割り切れ p^{m+1} で割り切れないものの個数を求めよ。

(2) 1 から p^{n+1} までの 2 つの整数 x，y に対し，その積 xy が p^{n+1} で割り切れるような組 $(x,\ y)$ の個数を求めよ。

§2 確　率

	内　容	年度	レベル
20	複素数の絶対値と偏角に関する確率，確率の漸化式	2023〔3〕	B
21	立方体の頂点を移動する点についての確率の漸化式	2018〔5〕	B
22	重複順列と確率の漸化式，条件付き確率とその極限	2017〔4〕	C
23	サイコロの目で定まる三角形の面積が最小となる確率	2016〔2〕	B
24	6個のさいころの目が4種類になる確率	2013〔1〕(2)	A
25	3個のさいころの目の積が10の倍数になる確率	2012〔1〕(2)	A
26	2個の数字を選ぶとき小さい方が3の倍数である確率	2010〔3〕	A
27	目の出方が等確率でないサイコロを用いる確率	2008〔3〕	B
28	期待値，数列の和	2005〔2〕	B
29	独立試行（反復試行）の確率とその最大	2004〔3〕	B

ここでは，場合の数と確率の問題を扱う。

東工大での場合の数と確率の出題頻度は高いとも低いともいえない。ただ，苦手とする受験生が多い分野でもあるため，出題されると差がつきやすいだろう。東工大では n や k といった文字を用いて一般的に考える問題が大部分であり，この形式の問題に慣れることが第一歩となる。なお，期待値は2015年度から2024年度の出題範囲からは外れていたが，2025年度以降の出題範囲には含まれる。

また，§8の92は確率を求める問題である。解答編の〔ポイント〕を読んで問題の意味を理解すれば，よい練習問題となる。

20 2023年度〔3〕 Level B

実数が書かれた3枚のカード$\boxed{0}$，$\boxed{1}$，$\boxed{\sqrt{3}}$から，無作為に2枚のカードを順に選び，出た実数を順に実部と虚部にもつ複素数を得る操作を考える。正の整数nに対して，この操作をn回繰り返して得られるn個の複素数の積をz_nで表す。

(1) $|z_n|<5$となる確率P_nを求めよ。

(2) $z_n{}^2$が実数となる確率Q_nを求めよ。

21 2018年度〔5〕 Level B

xyz空間内の一辺の長さが1の立方体

$$\{(x,\ y,\ z)\,|\,0\leqq x\leqq 1,\ 0\leqq y\leqq 1,\ 0\leqq z\leqq 1\}$$

をQとする。点Xは頂点A$(0,\ 0,\ 0)$から出発してQの辺上を1秒ごとに長さ1だけ進んで隣の頂点に移動する。Xがx軸，y軸，z軸に平行に進む確率はそれぞれp，q，rである。ただし

$$p\geqq 0,\ q\geqq 0,\ r\geqq 0,\ p+q+r=1$$

である。Xがn秒後に頂点A$(0,\ 0,\ 0)$，B$(1,\ 1,\ 0)$，C$(1,\ 0,\ 1)$，D$(0,\ 1,\ 1)$にある確率をそれぞれa_n，b_n，c_n，d_nとする。

(1) a_{n+2}をa_n，b_n，c_n，d_nとp，q，rを用いて表せ。

(2) $a_n-b_n+c_n-d_n$をp，q，r，nを用いて表せ。

(3) a_nをp，q，r，nを用いて表せ。

22 2017年度〔4〕 Level C

n は正の整数とし，文字 a，b，c を重複を許して n 個並べてできる文字列すべての集合を A_n とする。A_n の要素に対し次の条件(＊)を考える。

(＊) 文字 c が2つ以上連続して現れない。

以下 A_n から要素を一つ選ぶとき，どの要素も同じ確率で選ばれるとする。

(1) A_n から要素を一つ選ぶとき，それが条件(＊)を満たす確率 $P(n)$ を求めよ。

(2) $n \geqq 12$ とする。A_n から要素を一つ選んだところ，これは条件(＊)を満たし，その7番目の文字は c であった。このとき，この要素の10番目の文字が c である確率を $Q(n)$ とする。極限値 $\lim_{n \to \infty} Q(n)$ を求めよ。

23 2016年度〔2〕 Level B

△ABC を一辺の長さ6の正三角形とする。サイコロを3回振り，出た目を順に X, Y, Z とする。出た目に応じて，点 P，Q，R をそれぞれ線分 BC，CA，AB 上に

$$\overrightarrow{\mathrm{BP}} = \frac{X}{6}\overrightarrow{\mathrm{BC}},\quad \overrightarrow{\mathrm{CQ}} = \frac{Y}{6}\overrightarrow{\mathrm{CA}},\quad \overrightarrow{\mathrm{AR}} = \frac{Z}{6}\overrightarrow{\mathrm{AB}}$$

をみたすように取る。

(1) △PQR が正三角形になる確率を求めよ。

(2) 点 B，P，R を互いに線分で結んでできる図形を T_1，点 C，Q，P を互いに線分で結んでできる図形を T_2，点 A，R，Q を互いに線分で結んでできる図形を T_3 とする。T_1，T_2，T_3 のうち，ちょうど2つが正三角形になる確率を求めよ。

(3) △PQR の面積を S とし，S のとりうる値の最小値を m とする。m の値および $S=m$ となる確率を求めよ。

24　2013年度〔1〕(2)　Level A

6個のさいころを同時に投げるとき，ちょうど4種類の目が出る確率を既約分数で表せ。

25　2012年度〔1〕(2)　Level A

1から6までの目がそれぞれ$\dfrac{1}{6}$の確率で出るさいころを同時に3個投げるとき，目の積が10の倍数になる確率を求めよ。

26　2010年度〔3〕　Level A

1からnまでの数字がもれなく一つずつ書かれたn枚のカードの束から同時に2枚のカードを引く。このとき，引いたカードの数字のうち小さい方が3の倍数である確率を$p(n)$とする。

(1)　$p(8)$ を求めよ。

(2)　正の整数kに対し，$p(3k+2)$ をkで表せ。

27　2008年度〔3〕　Level B

いびつなサイコロがあり，1から6までのそれぞれの目が出る確率が$\dfrac{1}{6}$とは限らないとする。このサイコロを2回ふったとき同じ目が出る確率をPとし，1回目に奇数，2回目に偶数の目が出る確率をQとする。

(1)　$P \geqq \dfrac{1}{6}$であることを示せ。また，等号が成立するための必要十分条件を求めよ。

(2)　$\dfrac{1}{4} \geqq Q \geqq \dfrac{1}{2} - \dfrac{3}{2}P$であることを示せ。

28 2005年度〔2〕 Level B

1から6までの目が$\frac{1}{6}$の確率で出るサイコロを振り，1回目に出る目をα，2回目に出る目をβとする。2次式$(x-\alpha)(x-\beta)=x^2+sx+t$を$f(x)$とおき
$f(x)^2=x^4+ax^3+bx^2+cx+d$とする。

(1) sおよびtの期待値を求めよ。

(2) a，b，cおよびdの期待値を求めよ。

29 2004年度〔3〕 Level B

3枚のコインP，Q，Rがある。P，Q，Rの表の出る確率をそれぞれp，q，rとする。このとき次の操作をn回繰り返す。まず，Pを投げて表が出ればQを，裏が出ればRを選ぶ。次にその選んだコインを投げて，表が出れば赤玉を，裏が出れば白玉をつぼの中にいれる。

(1) n回ともコインQを選び，つぼの中にはk個の赤玉が入っている確率を求めよ。

(2) つぼの中が赤玉だけとなる確率を求めよ。

(3) $n=2004$，$p=\frac{1}{2}$，$q=\frac{1}{2}$，$r=\frac{1}{5}$のとき，つぼの中に何個の赤玉が入っていることがもっとも起こりやすいかを求めよ。

§3 平面図形

	内　　容	年度	レベル
30	ある条件下で動く直角三角形の頂点の軌跡と道のり	2022〔3〕	B
31	平行四辺形・正方形が楕円に内接するための条件	2021〔2〕	B
32	長方形の折り返しでもとの長方形からはみ出る部分の面積	2017〔3〕	D
33	放物線上の動点と円周上の動点の間の距離の最小値	2016〔1〕	B
34	円が楕円に内接する条件，円と楕円が囲む部分の面積	2013〔5〕	C
35	連動する2点と原点がつくる三角形の面積の最大値	2011〔3〕	B
36	与えられた条件を満たす点からなる領域の図示	2010〔4〕	C
37	2頂点が制約を受けて動く正三角形の残りの頂点の軌跡	2008〔4〕	B
38	正八角形に内接する三角形の面積の最大値	2007〔3〕	C
39	2変数関数の最大値	2006〔3〕	C
40	不等式の表す領域，線形計画法	2005〔4〕	A

ここでは，平面幾何，三角関数，図形と方程式，平面ベクトルなどを用いて解く平面図形の問題全般を扱う。

中には論証が難しく，相当な思考力と記述力を要する問題もある。32のように定型的な解法がない問題が多いのも，東工大の特徴である。ほとんどの問題は何通りかの解法が考えられるため，1つの解法にこだわらずに，行き詰まったら発想を変えてみる柔軟さをもって取り組んでほしい。

30 2022年度〔3〕 Level B

α は $0<\alpha<\dfrac{\pi}{2}$ を満たす実数とする。$\angle\mathrm{A}=\alpha$ および $\angle\mathrm{P}=\dfrac{\pi}{2}$ を満たす直角三角形APBが，次の2つの条件(a)，(b)を満たしながら，時刻 $t=0$ から時刻 $t=\dfrac{\pi}{2}$ まで xy 平面上を動くとする。

(a) 時刻 t での点A，Bの座標は，それぞれ $\mathrm{A}(\sin t,\ 0)$，$\mathrm{B}(0,\ \cos t)$ である。
(b) 点Pは第一象限内にある。

このとき，次の問いに答えよ。

(1) 点Pはある直線上を動くことを示し，その直線の方程式を α を用いて表せ。

(2) 時刻 $t=0$ から時刻 $t=\dfrac{\pi}{2}$ までの間に点Pが動く道のりを α を用いて表せ。

(3) xy 平面内において，連立不等式

$$x^2-x+y^2<0,\quad x^2+y^2-y<0$$

により定まる領域を D とする。このとき，点Pは領域 D には入らないことを示せ。

31 2021年度〔2〕 Level B

xy 平面上の楕円

$$E : \frac{x^2}{4} + y^2 = 1$$

について，以下の問いに答えよ。

(1) a，b を実数とする。直線 $l : y = ax + b$ と楕円 E が異なる 2 点を共有するための a，b の条件を求めよ。

(2) 実数 a，b，c に対して，直線 $l : y = ax + b$ と直線 $m : y = ax + c$ が，それぞれ楕円 E と異なる 2 点を共有しているとする。ただし，$b > c$ とする。直線 l と楕円 E の 2 つの共有点のうち x 座標の小さい方を P，大きい方を Q とする。また，直線 m と楕円 E の 2 つの共有点のうち x 座標の小さい方を S，大きい方を R とする。このとき，等式

$$\overrightarrow{PQ} = \overrightarrow{SR}$$

が成り立つための a，b，c の条件を求めよ。

(3) 楕円 E 上の 4 点の組で，それらを 4 頂点とする四角形が正方形であるものをすべて求めよ。

32　2017年度〔3〕　Level D

aを1以上の実数とする。図のような長方形の折り紙ABCDが机の上に置かれている。ただしAD=1，AB=aである。Pを辺AB上の点とし，AP=xとする。頂点Dを持ち上げてPと一致するように折り紙を一回折ったとき，もとの長方形ABCDからはみ出る部分の面積をSとする。

(1)　Sをaとxで表せ。

(2)　$a=1$とする。PがAからBまで動くとき，Sを最大にするようなxの値を求めよ。

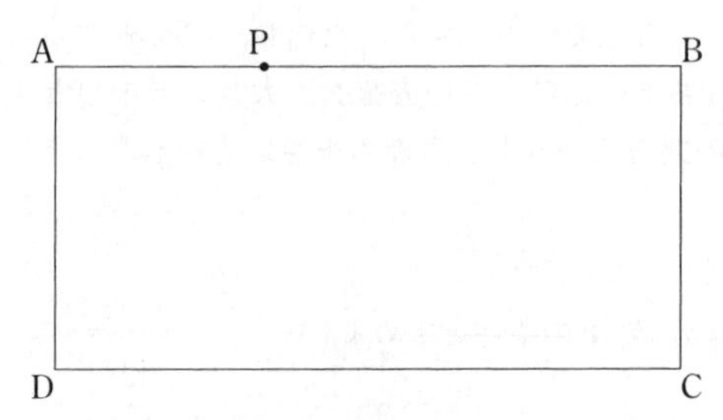

なお配布された白紙を自由に使ってよい。(白紙は回収しない。)

33 2016年度〔1〕 Level B

a を正の定数とし，放物線 $y=\dfrac{x^2}{4}$ を C_1 とする。

(1) 点Pが C_1 上を動くとき，Pと点 $\mathrm{Q}\left(2a,\ \dfrac{a^2}{4}-2\right)$ の距離の最小値を求めよ。

(2) Qを中心とする円 $(x-2a)^2+\left(y-\dfrac{a^2}{4}+2\right)^2=2a^2$ を C_2 とする。Pが C_1 上を動き，点Rが C_2 上を動くとき，PとRの距離の最小値を求めよ。

34 2013年度〔5〕 Level C

a，b を正の実数とし，円 $C_1:(x-a)^2+y^2=a^2$ と楕円 $C_2:x^2+\dfrac{y^2}{b^2}=1$ を考える。

(1) C_1 が C_2 に内接するための a，b の条件を求めよ。

(2) $b=\dfrac{1}{\sqrt{3}}$ とし，C_1 が C_2 に内接しているとする。このとき，第1象限における C_1 と C_2 の接点の座標 $(p,\ q)$ を求めよ。

(3) (2)の条件のもとで，$x\geqq p$ の範囲において，C_1 と C_2 で囲まれた部分の面積を求めよ。

35 2011年度〔3〕 Level B

定数 k は $k>1$ をみたすとする。xy 平面上の点 A(1, 0) を通り x 軸に垂直な直線の第1象限に含まれる部分を，2点 X，Y が AY$=k$AX をみたしながら動いている。原点 O(0, 0) を中心とする半径1の円と線分 OX，OY が交わる点をそれぞれ P，Q とするとき，△OPQ の面積の最大値を k を用いて表せ。

36 2010年度〔4〕 Level C

a を正の定数とする。原点を O とする座標平面上に定点 A$=$A$(a,\ 0)$ と，A と異なる動点 P$=$P$(x,\ y)$ をとる。次の条件

　A から P に向けた半直線上の点 Q に対し

　$\dfrac{\mathrm{AQ}}{\mathrm{AP}} \leqq 2$　ならば　$\dfrac{\mathrm{QP}}{\mathrm{OQ}} \leqq \dfrac{\mathrm{AP}}{\mathrm{OA}}$

を満たす P からなる領域を D とする。D を図示せよ。

37 2008年度〔4〕 Level B

平面の原点 O を端点とし，x 軸となす角がそれぞれ $-\alpha$，α $\left(ただし\ 0<\alpha<\dfrac{\pi}{3}\right)$ である半直線を L_1，L_2 とする。L_1 上に点 P，L_2 上に点 Q を線分 PQ の長さが1となるようにとり，点 R を，直線 PQ に対し原点 O の反対側に△PQR が正三角形になるようにとる。

(1) 線分 PQ が x 軸と直交するとき，点 R の座標を求めよ。

(2) 2点 P，Q が，線分 PQ の長さを1に保ったまま L_1，L_2 上を動くとき，点 R の軌跡はある楕円の一部であることを示せ。

38　2007年度〔3〕　Level C

一辺の長さが1の正八角形 $A_1A_2\cdots A_8$ の周上を3点P，Q，Rが動くとする。

(1)　△PQRの面積の最大値を求めよ。

(2)　Qが正八角形の頂点 A_1 に一致し，$\angle PQR=90°$ となるとき△PQRの面積の最大値を求めよ。

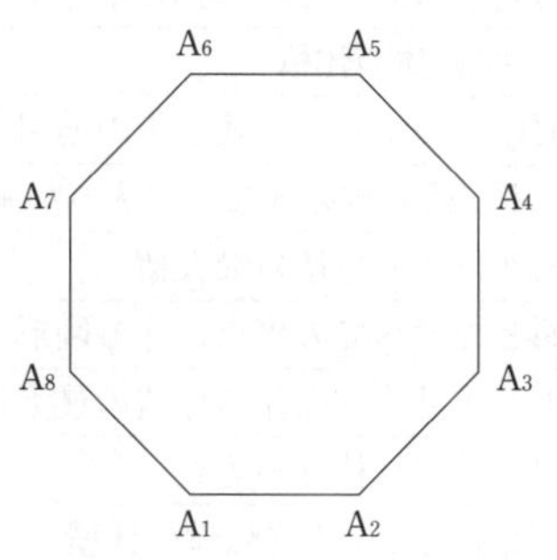

39　2006年度〔3〕　Level C

平面上を半径1の3個の円板が下記の条件(a)と(b)を満たしながら動くとき，これら3個の円板の和集合の面積 S の最大値を求めよ。

(a)　3個の円板の中心はいずれも定点Pを中心とする半径1の円周上にある。
(b)　3個の円板すべてが共有する点はPのみである。

40　2005年度〔4〕　Level A

実数 x，y が $x^2+y^2\leqq 1$ を満たしながら変化するとする。

(1)　$s=x+y$，$t=xy$ とするとき，点 $(s,\ t)$ の動く範囲を st 平面上に図示せよ。

(2)　負でない定数 $m\geqq 0$ をとるとき，$xy+m(x+y)$ の最大値，最小値を m を用いて表せ。

§4 空間図形

	内　容	年度	レベル
41	空間内の４直線に接する球面の中心の座標と半径	2023〔５〕	C
42	球面上の４動点の位置で定まる式の値の最大値	2021〔４〕	B
43	指定された領域に円が含まれる条件，回転体の体積	2021〔５〕	C
44	空間内の４点が同一円周上にあるための必要十分条件	2020〔３〕	B
45	直線 $y=-x$ を軸とする回転体の体積	2020〔４〕	B
46	三角形の辺の長さと面積に関する不等式とその応用	2019〔１〕	A
47	n 枚の平面で分割される空間領域の３番目に大きい個数	2019〔４〕	D
48	楕円柱に含まれる斜軸回転体の体積の最大値	2018〔４〕	C
49	条件を満たす球と平面とのすべての接点が作る図形	2016〔３〕	B
50	ある条件下で頂点の１つが動く四面体の体積の最大値	2015〔２〕	B
51	回転体の体積，切り口の面積，積分不等式	2015〔３〕	C
52	放物線の回転移動，y 軸を軸とする回転体の体積	2014〔４〕	B
53	空間ベクトルの内積計算	2012〔１〕(1)	A
54	四面体の内部かつ円柱の外部である立体の体積	2012〔６〕	B
55	直線を軸に正方形を回転した回転体の体積の最大値	2011〔４〕	D
56	空間内の直線を軸とする回転体の体積	2009〔４〕	B
57	ベクトルの空間図形への応用	2006〔４〕	C
58	非回転体の体積	2005〔３〕	C
59	回転体の体積とその最大値	2004〔４〕	B

ここでは，回転体の体積のような微・積分法の知識が必要なものも含め，立体的な視点を必要とする問題を扱う。

ベクトルを用いて解くものが主体であるが，体積の計算では積分を用いるものも多い。回転体でない図形でも，積分を用いて体積を求めた方がわかりやすいものもあるので，よく練習しておきたい。

41 2023年度〔5〕 Level C

xyz 空間の4点 A$(1,\ 0,\ 0)$，B$(1,\ 1,\ 1)$，C$(-1,\ 1,\ -1)$，D$(-1,\ 0,\ 0)$ を考える。

(1) 2直線 AB，BC から等距離にある点全体のなす図形を求めよ。

(2) 4直線 AB，BC，CD，DA に共に接する球面の中心と半径の組をすべて求めよ。

42 2021年度〔4〕 Level B

S を，座標空間内の原点Oを中心とする半径1の球面とする。S 上を動く点A，B，C，Dに対して

$$F=2(\mathrm{AB}^2+\mathrm{BC}^2+\mathrm{CA}^2)-3(\mathrm{AD}^2+\mathrm{BD}^2+\mathrm{CD}^2)$$

とおく。以下の問いに答えよ。

(1) $\overrightarrow{\mathrm{OA}}=\vec{a}$，$\overrightarrow{\mathrm{OB}}=\vec{b}$，$\overrightarrow{\mathrm{OC}}=\vec{c}$，$\overrightarrow{\mathrm{OD}}=\vec{d}$ とするとき，$\vec{a}$，$\vec{b}$，$\vec{c}$，$\vec{d}$ によらない定数 k によって

$$F=k(\vec{a}+\vec{b}+\vec{c})\cdot(\vec{a}+\vec{b}+\vec{c}-3\vec{d})$$

と書けることを示し，定数 k を定めよ。

(2) 点A，B，C，Dが球面 S 上を動くときの，F の最大値 M を求めよ。

(3) 点Cの座標が $\left(-\dfrac{1}{4},\ \dfrac{\sqrt{15}}{4},\ 0\right)$，点Dの座標が $(1,\ 0,\ 0)$ であるとき，$F=M$ となる S 上の点A，Bの組をすべて求めよ。

43 2021年度〔5〕 Level C

xy 平面上の円 $C：x^2+(y-a)^2=a^2$ $(a>0)$ を考える。以下の問いに答えよ。

(1) 円 C が $y \geqq x^2$ で表される領域に含まれるための a の範囲を求めよ。

(2) 円 C が $y \geqq x^2-x^4$ で表される領域に含まれるための a の範囲を求めよ。

(3) a が(2)の範囲にあるとする。xy 平面において連立不等式

$$|x| \leqq \frac{1}{\sqrt{2}},\ 0 \leqq y \leqq \frac{1}{4},\ y \geqq x^2-x^4,\ x^2+(y-a)^2 \geqq a^2$$

で表される領域 D を，y 軸の周りに1回転させてできる立体の体積を求めよ。

44 2020年度〔3〕 Level B

座標空間に5点

O(0, 0, 0), A(3, 0, 0), B(0, 3, 0), C(0, 0, 4), P(0, 0, −2)

をとる。さらに $0<a<3$, $0<b<3$ に対して2点 Q$(a,\ 0,\ 0)$ と R$(0,\ b,\ 0)$ を考える。

(1) 点P，Q，Rを通る平面をHとする。平面Hと線分ACの交点Tの座標，および平面Hと線分BCの交点Sの座標を求めよ。

(2) 点Q，R，S，Tが同一円周上にあるための必要十分条件を a, b を用いて表し，それを満たす点 $(a,\ b)$ の範囲を座標平面上に図示せよ。

45 2020年度 〔4〕 Level B

n を正の奇数とする。曲線 $y=\sin x$ $((n-1)\pi\leqq x\leqq n\pi)$ と x 軸で囲まれた部分を D_n とする。直線 $x+y=0$ を l とおき，l の周りに D_n を1回転させてできる回転体を V_n とする。

(1) $(n-1)\pi\leqq x\leqq n\pi$ に対して，点 $(x,\ \sin x)$ をPとおく。またPから l に下ろした垂線と x 軸の交点をQとする。線分PQを l の周りに1回転させてできる図形の面積を x の式で表せ。

(2) (1)の結果を用いて，回転体 V_n の体積を n の式で表せ。

46 2019年度 〔1〕 Level A

(1) $h>0$ とする。座標平面上の点O$(0,\ 0)$，点P$(h,\ s)$，点Q$(h,\ t)$ に対して，三角形OPQの面積を S とする。ただし，$s<t$ とする。三角形OPQの辺OP，OQ，PQの長さをそれぞれ $p,\ q,\ r$ とするとき，不等式

$$p^2+q^2+r^2\geqq 4\sqrt{3}\,S$$

が成り立つことを示せ。また，等号が成立するときの $s,\ t$ の値を求めよ。

(2) 四面体ABCDの表面積を T，辺BC，CA，ABの長さをそれぞれ $a,\ b,\ c$ とし，辺AD，BD，CDの長さをそれぞれ $l,\ m,\ n$ とする。このとき，不等式

$$a^2+b^2+c^2+l^2+m^2+n^2\geqq 2\sqrt{3}\,T$$

が成り立つことを示せ。また，等号が成立するのは四面体ABCDがどのような四面体のときか答えよ。

47 2019年度〔4〕 Level D

H_1, …, H_n を空間内の相異なる n 枚の平面とする。H_1, …, H_n によって空間が $T(H_1, \cdots, H_n)$ 個の空間領域に分割されるとする。例えば，空間の座標を (x, y, z) とするとき，

- 平面 $x=0$ を H_1，平面 $y=0$ を H_2，平面 $z=0$ を H_3 とすると $T(H_1, H_2, H_3)=8$,
- 平面 $x=0$ を H_1，平面 $y=0$ を H_2，平面 $x+y=1$ を H_3 とすると $T(H_1, H_2, H_3)=7$,
- 平面 $x=0$ を H_1，平面 $x=1$ を H_2，平面 $y=0$ を H_3 とすると $T(H_1, H_2, H_3)=6$,
- 平面 $x=0$ を H_1，平面 $y=0$ を H_2，平面 $z=0$ を H_3，平面 $x+y+z=1$ を H_4 とすると $T(H_1, H_2, H_3, H_4)=15$,

である。

(1) 各 n に対して $T(H_1, \cdots, H_n)$ のとりうる値のうち最も大きいものを求めよ。

(2) 各 n に対して $T(H_1, \cdots, H_n)$ のとりうる値のうち2番目に大きいものを求めよ。ただし $n \geqq 2$ とする。

(3) 各 n に対して $T(H_1, \cdots, H_n)$ のとりうる値のうち3番目に大きいものを求めよ。ただし $n \geqq 3$ とする。

48　2018年度〔4〕　Level C

xyz 空間内において，連立不等式

$$\frac{x^2}{4}+y^2\leqq 1,\quad |z|\leqq 6$$

により定まる領域を V とし，2点 $(2,\ 0,\ 2)$，$(-2,\ 0,\ -2)$ を通る直線を l とする。

(1)　$|t|\leqq 2\sqrt{2}$ を満たす実数 t に対し，点 $P_t\left(\frac{t}{\sqrt{2}},\ 0,\ \frac{t}{\sqrt{2}}\right)$ を通り l に垂直な平面を H_t とする。また，実数 θ に対し，点 $(2\cos\theta,\ \sin\theta,\ 0)$ を通り z 軸に平行な直線を L_θ とする。L_θ と H_t との交点の z 座標を t と θ を用いて表せ。

(2)　l を回転軸に持つ回転体で V に含まれるものを考える。このような回転体のうちで体積が最大となるものの体積を求めよ。

49　2016年度〔3〕　Level B

水平な平面 α の上に半径 r_1 の球 S_1 と半径 r_2 の球 S_2 が乗っており，S_1 と S_2 は外接している。

(1)　S_1，S_2 が α と接する点をそれぞれ P_1，P_2 とする。線分 P_1P_2 の長さを求めよ。

(2)　α の上に乗っており，S_1 と S_2 の両方に外接している球すべてを考える。それらの球と α の接点は，1つの円の上または1つの直線の上にあることを示せ。

50 2015年度〔2〕 Level B

四面体OABCにおいて，OA＝OB＝OC＝BC＝1，AB＝AC＝xとする。頂点Oから平面ABCに垂線を下ろし，平面ABCとの交点をHとする。頂点Aから平面OBCに垂線を下ろし，平面OBCとの交点をH′とする。

(1) $\overrightarrow{OA}=\vec{a}$，$\overrightarrow{OB}=\vec{b}$，$\overrightarrow{OC}=\vec{c}$とし，$\overrightarrow{OH}=p\vec{a}+q\vec{b}+r\vec{c}$，$\overrightarrow{OH'}=s\vec{b}+t\vec{c}$と表す。このとき，$p$，$q$，$r$および$s$，$t$を$x$の式で表せ。

(2) 四面体OABCの体積Vをxの式で表せ。また，xが変化するときのVの最大値を求めよ。

51 2015年度〔3〕 Level C

$a>0$とする。曲線$y=e^{-x^2}$とx軸，y軸，および直線$x=a$で囲まれた図形を，y軸のまわりに1回転してできる回転体をAとする。

(1) Aの体積Vを求めよ。

(2) 点$(t,\ 0)$ $(-a\leqq t\leqq a)$を通りx軸と垂直な平面によるAの切り口の面積を$S(t)$とするとき，不等式

$$S(t)\leqq\int_{-a}^{a}e^{-(s^2+t^2)}ds$$

を示せ。

(3) 不等式

$$\sqrt{\pi(1-e^{-a^2})}\leqq\int_{-a}^{a}e^{-x^2}dx$$

を示せ。

52 2014年度〔4〕 Level B

点 P$(t,\ s)$ が $s=\sqrt{2}t^2-2t$ を満たしながら xy 平面上を動くときに，点Pを原点を中心として 45° 回転した点Qの軌跡として得られる曲線を C とする。さらに，曲線 C と x 軸で囲まれた図形を D とする。

(1) 点 Q$(x,\ y)$ の座標を，t を用いて表せ。

(2) 直線 $y=a$ と曲線 C がただ1つの共有点を持つような定数 a の値を求めよ。

(3) 図形 D を y 軸のまわりに1回転して得られる回転体の体積 V を求めよ。

53 2012年度〔1〕(1) Level A

辺の長さが1である正四面体OABCにおいて辺ABの中点をD，辺OCの中点をEとする。2つのベクトル $\overrightarrow{\mathrm{DE}}$ と $\overrightarrow{\mathrm{AC}}$ との内積を求めよ。

54 2012年度〔6〕 Level B

xyz 空間に4点 P$(0,\ 0,\ 2)$，A$(0,\ 2,\ 0)$，B$(\sqrt{3},\ -1,\ 0)$，C$(-\sqrt{3},\ -1,\ 0)$ をとる。四面体PABCの $x^2+y^2\geqq 1$ をみたす部分の体積を求めよ。

55 2011 年度 〔4〕 Level D

平面上に一辺の長さが1の正方形 D および D と交わる直線があるとする。この直線を軸に D を回転して得られる回転体について以下の問に答えよ。

(1) D と同じ平面上の直線 l は D のどの辺にも平行でないものとする。軸とする直線は l と平行なものの中で考えるとき，回転体の体積を最大にする直線は D と唯1点で交わることを示せ。

(2) D と交わる直線を軸としてできるすべての回転体の体積の中で最大となる値を求めよ。

56 2009 年度 〔4〕 Level B

xyz 空間の原点と点 $(1,\ 1,\ 1)$ を通る直線を l とする。

(1) l 上の点 $\left(\frac{t}{3},\ \frac{t}{3},\ \frac{t}{3}\right)$ を通り l と垂直な平面が，xy 平面と交わってできる直線の方程式を求めよ。

(2) 不等式 $0 \leqq y \leqq x(1-x)$ の表す xy 平面内の領域を D とする。l を軸として D を回転させて得られる回転体の体積を求めよ。

57　2006年度〔4〕　Level C

空間内の四面体 ABCD を考える。辺 AB，BC，CD，DA の中点を，それぞれ K，L，M，N とする。

(1)　$4\overrightarrow{\mathrm{MK}}\cdot\overrightarrow{\mathrm{LN}}=|\overrightarrow{\mathrm{AC}}|^2-|\overrightarrow{\mathrm{BD}}|^2$ を示せ。ここに $|\overrightarrow{\mathrm{AC}}|$ はベクトル $\overrightarrow{\mathrm{AC}}$ の長さを表す。

(2)　四面体 ABCD のすべての面が互いに合同であるとする。このとき $|\overrightarrow{\mathrm{AC}}|=|\overrightarrow{\mathrm{BD}}|$，$|\overrightarrow{\mathrm{BC}}|=|\overrightarrow{\mathrm{AD}}|$，$|\overrightarrow{\mathrm{AB}}|=|\overrightarrow{\mathrm{CD}}|$ を示せ。

(3)　辺 AC の中点を P とし，$|\overrightarrow{\mathrm{AB}}|=\sqrt{3}$，$|\overrightarrow{\mathrm{BC}}|=\sqrt{5}$，$|\overrightarrow{\mathrm{CA}}|=\sqrt{6}$ とする。(2)の仮定のもとで，四面体 PKLN の体積を求めよ。

58　2005年度〔3〕　Level C

D を半径1の円盤，C を xy 平面の原点を中心とする半径1の円周とする。D がつぎの条件(a)，(b)を共に満たしながら xyz 空間内を動くとき，D が通過する部分の体積を求めよ。

(a)　D の中心は C 上にある。
(b)　D が乗っている平面は常にベクトル $(0,\ 1,\ 0)$ と直交する。

59　2004年度〔4〕　Level B

$0<r<1$ とする。空間において，点 $(0,\ 0,\ 0)$ を中心とする半径 r の球と点 $(1,\ 0,\ 0)$ を中心とする半径 $\sqrt{1-r^2}$ の球との共通部分の体積を $V(r)$ とする。次の問いに答えよ。

(1)　$V(r)$ を求めよ。

(2)　r が $0<r<1$ の範囲を動くとき，$V(r)$ を最大にする r の値および $V(r)$ の最大値を求めよ。

§5 微・積分法（計算）

	内　容	年度	レベル
60	与えられた定積分の整数部分の求値	2023〔1〕	B
61	微分法の方程式への応用，定積分の評価，極限値	2022〔5〕	C
62	定積分で表された数列の漸化式，極限値をもつ条件	2020〔5〕	D
63	定積分で表された関数を含む方程式の関数と定数の決定	2019〔2〕	C
64	関数の減少性の証明，数列の項の最大値	2019〔5〕	B
65	微分法の方程式への応用，方程式の解の評価と極限値	2018〔3〕	C
66	定積分で表された関数の最大値・最小値	2017〔2〕	C
67	位置ベクトルと速度ベクトルのなす角，三角方程式	2015〔4〕	B
68	指数関数を含む不等式がつねに成り立つための条件	2014〔2〕	C
69	指数部分にも未知数をもつ方程式の解の個数	2013〔3〕	B
70	絶対値記号を含む関数の定積分として表された関数	2011〔2〕	B
71	絶対値記号を含む関数の定積分，値の評価	2010〔1〕	B
72	新たに定義された関数の収束条件	2008〔2〕	B
73	周期関数の定積分，微分法の不等式への応用	2006〔1〕	C
74	定積分の漸化式と不等式の証明	2005〔1〕	B
75	周期関数の定積分，定積分と不等式，極限値	2004〔2〕	C

東工大の数学は，「数学Ⅲ」の微・積分法からの出題が非常に多いが，ここでは計算を主体とし，グラフや面積などとの関わりの少ないものを扱う。

このセクションは数列との融合問題も多く，極限値を計算させる問題も多い。受験生が苦手としやすい分野でもあるので，よく訓練して差をつけたいところである。

60　2023 年度〔1〕　Level B

実数 $\int_0^{2023} \frac{2}{x+e^x}\,dx$ の整数部分を求めよ。

61　2022 年度〔5〕　Level C

a は $0<a\leqq\frac{\pi}{4}$ を満たす実数とし，$f(x)=\frac{4}{3}\sin\left(\frac{\pi}{4}+ax\right)\cos\left(\frac{\pi}{4}-ax\right)$ とする。このとき，次の問いに答えよ。

(1)　次の等式（＊）を満たす a がただ１つ存在することを示せ。

$$(＊)\qquad \int_0^1 f(x)\,dx=1$$

(2)　$0\leqq b<c\leqq 1$ を満たす実数 b，c について，不等式

$$f(b)(c-b)\leqq\int_b^c f(x)\,dx\leqq f(c)(c-b)$$

が成り立つことを示せ。

(3)　次の試行を考える。

［試行］　n 個の数 1，2，……，n を出目とする，あるルーレットを k 回まわす。

この［試行］において，各 $i=1$，2，……，n について i が出た回数を $S_{n,\,k,\,i}$ とし，

$$(＊＊)\qquad \lim_{k\to\infty}\frac{S_{n,\,k,\,i}}{k}=\int_{\frac{i-1}{n}}^{\frac{i}{n}} f(x)\,dx$$

が成り立つとする。このとき，(1)の等式（＊）が成り立つことを示せ。

(4)　(3)の［試行］において出た数の平均値を $A_{n,\,k}$ とし，$A_n=\lim_{k\to\infty}A_{n,\,k}$ とする。（＊＊）が成り立つとき，極限 $\lim_{n\to\infty}\frac{A_n}{n}$ を a を用いて表せ。

62 2020年度〔5〕 Level D

k を正の整数とし，$a_k=\int_0^1 x^{k-1}\sin\left(\frac{\pi x}{2}\right)dx$ とおく。

(1) a_{k+2} を a_k と k を用いて表せ。

(2) k を限りなく大きくするとき，数列 $\{ka_k\}$ の極限値 A を求めよ。

(3) (2)の極限値 A に対し，k を限りなく大きくするとき，数列

$$\{k^m a_k-k^n A\}$$

が 0 ではない値に収束する整数 m，n（$m>n\geqq 1$）を求めよ。またそのときの極限値 B を求めよ。

(4) (2)と(3)の極限値 A，B に対し，k を限りなく大きくするとき，数列

$$\{k^p a_k-k^q A-k^r B\}$$

が 0 ではない値に収束する整数 p，q，r（$p>q>r\geqq 1$）を求めよ。またそのときの極限値を求めよ。

63 2019年度〔2〕 Level C

次の等式が $1\leqq x\leqq 2$ で成り立つような関数 $f(x)$ と定数 A，B を求めよ。

$$\int_{\frac{1}{x}}^{\frac{2}{x}}|\log y|f(xy)\,dy=3x(\log x-1)+A+\frac{B}{x}$$

ただし，$f(x)$ は $1\leqq x\leqq 2$ に対して定義される連続関数とする。

64 2019年度〔5〕 Level B

$a=\dfrac{2^8}{3^4}$ として，数列

$$b_k=\frac{(k+1)^{k+1}}{a^k k!} \quad (k=1,\ 2,\ 3,\ \cdots)$$

を考える。

(1) 関数 $f(x)=(x+1)\log\left(1+\dfrac{1}{x}\right)$ は $x>0$ で減少することを示せ。

(2) 数列 $\{b_k\}$ の項の最大値 M を既約分数で表し，$b_k=M$ となる k をすべて求めよ。

65 2018年度〔3〕 Level C

方程式

$$e^x(1-\sin x)=1$$

について，次の問に答えよ。

(1) この方程式は負の実数解を持たないことを示せ。また，正の実数解を無限個持つことを示せ。

(2) この方程式の正の実数解を小さい方から順に並べて $a_1,\ a_2,\ a_3,\ \cdots$ とし，$S_n=\sum_{k=1}^{n}a_k$ とおく。このとき極限値 $\lim_{n\to\infty}\dfrac{S_n}{n^2}$ を求めよ。

66 2017年度〔2〕 Level C

実数 x の関数 $f(x)=\displaystyle\int_x^{x+\frac{\pi}{2}}\frac{|\sin t|}{1+\sin^2 t}dt$ の最大値と最小値を求めよ。

67 2015年度〔4〕 Level B

xy 平面上を運動する点Pの時刻 t $(t>0)$ における座標 $(x,\ y)$ が

$$x=t^2\cos t,\ \ y=t^2\sin t$$

で表されている。原点をOとし，時刻 t におけるPの速度ベクトルを $\vec{v}$ とする。

(1) $\overrightarrow{\mathrm{OP}}$ と $\vec{v}$ のなす角を $\theta(t)$ とするとき，極限値 $\lim_{t\to\infty}\theta(t)$ を求めよ。

(2) $\vec{v}$ が y 軸に平行になるような t $(t>0)$ のうち，最も小さいものを t_1，次に小さいものを t_2 とする。このとき，不等式 $t_2-t_1<\pi$ を示せ。

68 2014年度〔2〕 Level C

$a>1$ とし，次の不等式を考える。

$$(*) \qquad \frac{e^t-1}{t}\geqq e^{\frac{t}{a}}$$

(1) $a=2$ のとき，すべての $t>0$ に対して上の不等式$(*)$が成り立つことを示せ。

(2) すべての $t>0$ に対して上の不等式$(*)$が成り立つような a の範囲を求めよ。

69 2013年度〔3〕 Level B

k を定数とするとき，方程式 $e^x-x^e=k$ の異なる正の解の個数を求めよ。

70　2011年度〔2〕　Level B

実数 x に対して

$$f(x)=\int_0^{\frac{\pi}{2}}|\cos t-x\sin 2t|\,dt$$

とおく。

(1)　関数 $f(x)$ の最小値を求めよ。

(2)　定積分 $\int_0^1 f(x)\,dx$ を求めよ。

71　2010年度〔1〕　Level B

$f(x)=1-\cos x-x\sin x$ とする。

(1)　$0<x<\pi$ において，$f(x)=0$ は唯一の解を持つことを示せ。

(2)　$J=\int_0^{\pi}|f(x)|\,dx$ とする。(1)の唯一の解を α とするとき，J を $\sin\alpha$ の式で表せ。

(3)　(2)で定義された J と $\sqrt{2}$ の大小を比較せよ。

72　2008年度〔2〕　Level B

実数 x に対し，x 以上の最小の整数を $f(x)$ とする。a，b を正の実数とするとき，極限

$$\lim_{x\to\infty}x^c\left(\frac{1}{f(ax-7)}-\frac{1}{f(bx+3)}\right)$$

が収束するような実数 c の最大値と，そのときの極限値を求めよ。

73 2006 年度 〔1〕 Level C

以下の問に答えよ。

(1) 自然数 n に対し $I(n)=\int_0^{\frac{n\pi}{2}}|\sin x|dx$ を求めよ。

(2) 次の不等式を示せ。

$$0\leqq\int_0^{\frac{s\pi}{2}}\cos xdx-s\leqq\left(\frac{\pi}{2}-1\right)s\quad(0\leqq s\leqq 1)$$

(3) a を正の数とし，a を超えない最大の整数を $[a]$ で表す。$[a]$ が奇数のとき次の不等式が成り立つことを示せ。

$$0\leqq\int_0^{\frac{\pi}{2}}|\sin at|dt-1\leqq\left(\frac{\pi}{2}-1\right)\left(1-\frac{[a]}{a}\right)$$

74 2005 年度 〔1〕 Level B

e を自然対数の底とし，数列 $\{a_n\}$ を次式で定義する。

$$a_n=\int_1^e(\log x)^n dx\quad(n=1,\ 2,\ \cdots)$$

(1) $n\geqq 3$ のとき，次の漸化式を示せ。

$$a_n=(n-1)(a_{n-2}-a_{n-1})$$

(2) $n\geqq 1$ に対し $a_n>a_{n+1}>0$ となることを示せ。

(3) $n\geqq 2$ のとき，以下の不等式が成立することを示せ。

$$a_{2n}<\frac{3\cdot 5\cdot\cdots\cdot(2n-1)}{4\cdot 6\cdot\cdots\cdot(2n)}(e-2)$$

75 2004年度〔2〕 Level C

次の問いに答えよ。

(1) $f(x)$, $g(x)$ を連続な偶関数，m を正の整数とするとき，

$$\int_0^{m\pi} f(\sin x)\,g(\cos x)\,dx = m\int_0^{\pi} f(\sin x)\,g(\cos x)\,dx$$

を証明せよ。

(2) 正の整数 m, n が $m\pi \leqq n < (m+1)\pi$ を満たしているとき，

$$\frac{m}{(m+1)\pi}\int_0^{\pi}\frac{\sin x}{(1+\cos^2 x)^2}dx \leqq \int_0^1 \frac{|\sin nx|}{(1+\cos^2 nx)^2}dx \leqq \frac{m+1}{m\pi}\int_0^{\pi}\frac{\sin x}{(1+\cos^2 x)^2}dx$$

を証明せよ。

(3) 極限値

$$\lim_{n\to\infty}\int_0^1 \frac{|\sin nx|}{(1+\cos^2 nx)^2}dx$$

を求めよ。

§6 微・積分法（グラフ）

	内　容	年度	レベル
76	空洞のある２つの円柱の共通部分の体積	2023〔4〕	C
77	媒介変数表示された曲線と両軸で囲まれた部分の面積	2016〔5〕	A
78	３次関数のグラフとその接線で囲まれた部分の面積	2014〔5〕	B
79	３次関数のグラフと直線で囲まれる部分の面積の最小	2012〔3〕	C
80	放物線と直線で囲まれる図形の面積の最小値	2009〔1〕	A
81	１点で接する２曲線，図形の面積の極限値	2008〔1〕	B
82	放物線と直線で囲まれる図形の面積，極限値	2007〔2〕	A
83	２曲線が接する条件，図形の面積の極限値	2007〔4〕	C
84	関数の増減と極値，不等式が表す領域	2006〔2〕	B
85	分数関数のグラフと直線の交点の個数	2004〔1〕	B

ここでは，面積，接線などを主体とした問題を扱う。

グラフを描く練習，接線の式や面積を求める練習がしっかりとできていれば考えやすい問題が多い。また，ねばり強い計算力を求められる問題が多いので，ミスがないように注意して解きたい。煩雑な積分計算をいかに楽に行うかという工夫もよく研究しておこう。

76　2023年度〔4〕　Level C

xyz 空間において，x 軸を軸とする半径2の円柱から，$|y|<1$ かつ $|z|<1$ で表される角柱の内部を取り除いたものを A とする。また，A を x 軸のまわりに $45°$ 回転してから z 軸のまわりに $90°$ 回転したものを B とする。A と B の共通部分の体積を求めよ。

77　2016年度〔5〕　Level A

次のように媒介変数表示された xy 平面上の曲線を C とする：

$$\begin{cases} x=3\cos t-\cos 3t \\ y=3\sin t-\sin 3t \end{cases}$$

ただし $0\leqq t\leqq\dfrac{\pi}{2}$ である。

(1)　$\dfrac{dx}{dt}$ および $\dfrac{dy}{dt}$ を計算し，C の概形を図示せよ。

(2)　C と x 軸と y 軸で囲まれた部分の面積を求めよ。

78　2014年度〔5〕　Level B

xy 平面上の曲線 $C: y=x^3+x^2+1$ を考え，C 上の点 $(1,\ 3)$ を P_0 とする。$k=1,\ 2,\ 3,\ \cdots$ に対して，点 $\mathrm{P}_{k-1}(x_{k-1},\ y_{k-1})$ における C の接線と C の交点のうちで P_{k-1} と異なる点を $\mathrm{P}_k(x_k,\ y_k)$ とする。このとき，P_{k-1} と P_k を結ぶ線分と C によって囲まれた部分の面積を S_k とする。

(1)　S_1 を求めよ。

(2)　x_k を k を用いて表せ。

(3)　$\displaystyle\sum_{k=1}^{\infty}\frac{1}{S_k}$ を求めよ。

79 2012年度〔3〕 Level C

3次関数 $y=x^3-3x^2+2x$ のグラフを C，直線 $y=ax$ を l とする。

(1) C と l が原点以外の共有点をもつような実数 a の範囲を求めよ。

(2) a が(1)で求めた範囲内にあるとき，C と l によって囲まれる部分の面積を $S(a)$ とする。$S(a)$ が最小となる a の値を求めよ。

80 2009年度〔1〕 Level A

点Pから放物線 $y=\frac{1}{2}x^2$ へ2本の接線が引けるとき，2つの接点をA，Bとし，線分PA，PBおよびこの放物線で囲まれる図形の面積を S とする。PA，PBが直交するときの S の最小値を求めよ。

81 2008年度〔1〕 Level B

正の実数 a，b に対し，$x>0$ で定義された2つの関数 x^a と $\log bx$ のグラフが1点で接するとする。

(1) 接点の座標 $(s,\ t)$ を a を用いて表せ。また，b を a の関数として表せ。

(2) $0<h<s$ をみたす h に対し，直線 $x=h$ および2つの曲線 $y=x^a$，$y=\log bx$ で囲まれる領域の面積を $A(h)$ とする。$\lim_{h\to 0}A(h)$ を a で表せ。

82　2007 年度〔2〕　Level A

正数 a に対して，放物線 $y=x^2$ 上の点 A $(a,\ a^2)$ における接線を，A を中心に $-30°$ 回転した直線を l とする。l と $y=x^2$ との交点で A でない方を B とする。さらに点 $(a,\ 0)$ を C，原点を O とする。

(1)　l の式を求めよ。

(2)　線分 OC，CA と $y=x^2$ で囲まれる部分の面積を $S(a)$，線分 AB と $y=x^2$ で囲まれる部分の面積を $T(a)$ とする。このとき

$$\lim_{a\to\infty}\frac{T(a)}{S(a)}$$

を求めよ。

83　2007 年度〔4〕　Level C

(1)　整数 $n=0,\ 1,\ 2,\ \cdots$ と正数 a_n に対して

$$f_n(x)=a_n(x-n)(n+1-x)$$

とおく。2 つの曲線 $y=f_n(x)$ と $y=e^{-x}$ が接するような a_n を求めよ。

(2)　$f_n(x)$ は(1)で定めたものとする。$y=f_0(x)$，$y=e^{-x}$ と y 軸で囲まれる図形の面積を S_0，$n\geqq 1$ に対し $y=f_{n-1}(x)$，$y=f_n(x)$ と $y=e^{-x}$ で囲まれる図形の面積を S_n とおく。このとき

$$\lim_{n\to\infty}(S_0+S_1+\cdots+S_n)$$

を求めよ。

84　2006年度〔2〕　Level B

以下の問に答えよ。

(1)　a，b を正の定数とし，$g(t)=\frac{1}{b}t^a-\log t$ とおく。$t>0$ における関数 $g(t)$ の増減を調べ極値を求めよ。

(2)　m を正の定数とし，xy 座標平面において条件

(a)　$y>x>0$；　　(b)　すべての $t>0$ に対し $\frac{1}{y}t^x-\log t\geqq m$

を満たす点 $(x,\ y)$ からなる領域を D とする。D の概形を図示せよ。

(3)　(2)の領域 D の面積を求めよ。

85　2004年度〔1〕　Level B

a，b を正の実数とする。

(1)　区間 $a<x$ における関数 $f(x)=\frac{x^4}{(x-a)^3}$ の増減を調べよ。

(2)　区間 $a<x$ における関数 $g(x)=\frac{1}{(x-a)^2}-\frac{b}{x^3}$ のグラフと相異なる3点で交わる x 軸に平行な直線が存在するための必要十分条件を求めよ。

§7 複素数平面

	内　容	年度	レベル
86	実数係数２次方程式の複素数解の存在範囲	2022〔１〕	B
87	複素数が描く図形が円となる条件，線分の通過領域	2022〔４〕	C
88	正三角形の頂点と外接円上の任意の点の距離	2020〔２〕	B
89	複素数平面上の領域に含まれる特別な形の複素数の個数	2019〔３〕	B
90	３つの２次方程式の虚数解が同一円周上にある条件	2018〔１〕	B
91	４次方程式のすべての解が絶対値１の虚数である条件	2017〔５〕	B

この分野は，2006 年度入試から 2014 年度入試までは出題範囲外となっていたが，2015 年度入試からは出題範囲に含まれており，2017 年度以降は頻繁に出題が続いている。2023 年度は確率の問題として出題されたため，§2 に分類してある（20）。

複素数平面を学ぶ意義を考えれば，ド・モアブルの定理の活用や平面図形への応用をまず考えておかなければならない。

86 2022 年度 〔1〕 Level B

a, b を実数とし, $f(z)=z^2+az+b$ とする。a, b が

$$|a|\leqq 1,\ |b|\leqq 1$$

を満たしながら動くとき, $f(z)=0$ を満たす複素数 z がとりうる値の範囲を複素数平面上に図示せよ。

87 2022 年度 〔4〕 Level C

a は正の実数とする。複素数 z が $|z-1|=a$ かつ $z\neq\dfrac{1}{2}$ を満たしながら動くとき, 複素数平面上の点 $w=\dfrac{z-3}{1-2z}$ が描く図形を K とする。このとき, 次の問いに答えよ。

(1) K が円となるための a の条件を求めよ。また, そのとき K の中心が表す複素数と K の半径を, それぞれ a を用いて表せ。

(2) a が(1)の条件を満たしながら動くとき, 虚軸に平行で円 K の直径となる線分が通過する領域を複素数平面上に図示せよ。

88　2020 年度〔2〕　Level B

複素数平面上の異なる3点A，B，Cを複素数 α，β，γ で表す。ここでA，B，Cは同一直線上にないと仮定する。

(1)　△ABC が正三角形となる必要十分条件は，

$$\alpha^2+\beta^2+\gamma^2=\alpha\beta+\beta\gamma+\gamma\alpha$$

であることを示せ。

(2)　△ABC が正三角形のとき，△ABC の外接円上の点Pを任意にとる。このとき，

$$\mathrm{AP}^2+\mathrm{BP}^2+\mathrm{CP}^2$$

および

$$\mathrm{AP}^4+\mathrm{BP}^4+\mathrm{CP}^4$$

を外接円の半径 R を用いて表せ。ただし2点X，Yに対し，XY とは線分 XY の長さを表す。

89　2019 年度〔3〕　Level B

i を虚数単位とする。実部と虚部が共に整数であるような複素数 z により $\dfrac{z}{3+2i}$ と表される複素数全体の集合を M とする。

(1)　原点を中心とする半径 r の円上またはその内部に含まれる M の要素の個数を $N(r)$ とする。このとき，集合 $\{r \mid 10 \leqq N(r) < 25\}$ を求めよ。

(2)　複素数平面の相異なる2点 z，w を結ぶ線分を $L(z,\ w)$ で表すとき，6つの線分 $L(0,\ 1)$，　$L\left(1,\ 1+\dfrac{i}{2}\right)$，　$L\left(1+\dfrac{i}{2},\ \dfrac{1+i}{2}\right)$，　$L\left(\dfrac{1+i}{2},\ \dfrac{1}{2}+i\right)$，　$L\left(\dfrac{1}{2}+i,\ i\right)$，$L(i,\ 0)$ で囲まれる領域の内部または境界に含まれる M の要素の個数を求めよ。

90　2018 年度〔1〕　Level B

a, b, c を実数とし，3 つの 2 次方程式

$x^2+ax+1=0$　……①

$x^2+bx+2=0$　……②

$x^2+cx+3=0$　……③

の解を複素数平面上で考察する。

(1)　2 つの方程式①，②がいずれも実数解を持たないとき，それらの解はすべて同一円周上にあるか，またはすべて同一直線上にあることを示せ。また，それらの解がすべて同一円周上にあるとき，その円の中心と半径を a, b を用いて表せ。

(2)　3 つの方程式①，②，③がいずれも実数解を持たず，かつそれらの解がすべて同一円周上にあるための必要十分条件を a, b, c を用いて表せ。

91　2017 年度〔5〕　Level B

実数 a, b, c に対して $F(x)=x^4+ax^3+bx^2+ax+1$, $f(x)=x^2+cx+1$ とおく。また，複素数平面内の単位円周から 2 点 1, -1 を除いたものを T とする。

(1)　$f(x)=0$ の解がすべて T 上にあるための必要十分条件を c を用いて表せ。

(2)　$F(x)=0$ の解がすべて T 上にあるならば，

$$F(x)=(x^2+c_1x+1)(x^2+c_2x+1)$$

を満たす実数 c_1, c_2 が存在することを示せ。

(3)　$F(x)=0$ の解がすべて T 上にあるための必要十分条件を a, b を用いて表し，それを満たす点 (a, b) の範囲を座標平面上に図示せよ。

§8 行　列

	内　容	年度	レベル
92	1次変換による点の移動に関する確率の漸化式	2014〔3〕	B
93	2次の正方行列のもつ性質と行列の5次方程式	2013〔2〕	B
94	原点からの距離の比を一定に保つ1次変換の決定	2012〔5〕	B
95	不動直線，直線と曲線が囲む図形の面積，無限級数の和	2011〔1〕	A
96	直線上の点を同じ直線上の点に移す1次変換の決定	2009〔2〕	A

この分野は，2014年度入試までは出題範囲に含まれていたが，現行教育課程では学習しない項目となった。

もともと東工大では行列からの出題は少なかったが，2011～2014年度は連続して出題された。1次変換を用いる図形的な問題が多い。

92は問題文に行列が使われているが，§2に分類してもよい問題である。

92 2014年度〔3〕 Level B

1個のさいころを投げて，出た目が1か2であれば行列$A=\begin{pmatrix}0 & 1\\-1 & 0\end{pmatrix}$を，出た目が3か4であれば行列$B=\begin{pmatrix}0 & -1\\1 & 0\end{pmatrix}$を，出た目が5か6であれば行列$C=\begin{pmatrix}-1 & 0\\0 & 1\end{pmatrix}$を選ぶ。そして，選んだ行列の表す1次変換によって$xy$平面上の点Rを移すという操作を行う。点Rは最初は点$(0,\ 1)$にあるものとし，さいころを投げて点Rを移す操作をn回続けて行ったときに点Rが点$(0,\ 1)$にある確率をp_n，点$(0,\ -1)$にある確率をq_nとする。

(1) p_1，p_2とq_1，q_2を求めよ。

(2) p_n+q_nと$p_{n-1}+q_{n-1}$の関係式を求めよ。また，p_n-q_nと$p_{n-1}-q_{n-1}$の関係式を求めよ。

(3) p_nをnを用いて表せ。

93 2013年度〔2〕 Level B

2次の正方行列$A=\begin{pmatrix}a & b\\c & d\end{pmatrix}$に対して，$\Delta(A)=ad-bc$，$t(A)=a+d$と定める。

(1) 2次の正方行列A，Bに対して，$\Delta(AB)=\Delta(A)\Delta(B)$が成り立つことを示せ。

(2) Aの成分がすべて実数で，$A^5=E$が成り立つとき，$x=\Delta(A)$と$y=t(A)$の値を求めよ。ただし，Eは2次の単位行列とする。

94 2012年度〔5〕 Level B

行列 $A=\begin{pmatrix} a & b \\ c & d \end{pmatrix}$ で定まる1次変換を f とする。原点O(0, 0) と異なる任意の2点P，Qに対して $\dfrac{\mathrm{OP'}}{\mathrm{OP}}=\dfrac{\mathrm{OQ'}}{\mathrm{OQ}}$ が成り立つ。ただし，P′，Q′ はそれぞれP，Qの f による像を表す。

(1) $a^2+c^2=b^2+d^2$ を示せ。

(2) 1次変換 f により，点 $(1,\ \sqrt{3})$ が点 $(-4,\ 0)$ に移るとき，A を求めよ。

95 2011年度〔1〕 Level A

n を自然数とする。xy 平面上で行列 $\begin{pmatrix} 1-n & 1 \\ -n(n+1) & n+2 \end{pmatrix}$ の表す1次変換（移動ともいう）を f_n とする。次の問に答えよ。

(1) 原点O(0, 0) を通る直線で，その直線上のすべての点が f_n により同じ直線上に移されるものが2本あることを示し，この2直線の方程式を求めよ。

(2) (1)で得られた2直線と曲線 $y=x^2$ によって囲まれる図形の面積 S_n を求めよ。

(3) $\displaystyle\sum_{n=1}^{\infty}\frac{1}{S_n-\frac{1}{6}}$ を求めよ。

96 2009年度〔2〕 Level A

実数 a に対し，次の1次変換

$$f(x,\ y)=(ax+(a-2)y,\ (a-2)x+ay)$$

を考える。以下の2条件をみたす直線 L が存在するような a を求めよ。

(1) L は点 $(0,\ 1)$ を通る。

(2) 点Qが L 上にあれば，その f による像 $f(\mathrm{Q})$ も L 上にある。

解答編

§1 整数と数列

1 2023年度〔2〕 Level B

方程式

$$(x^3-x)^2(y^3-y)=86400$$

を満たす整数の組 $(x,\ y)$ をすべて求めよ。

ポイント 式の右辺を素因数分解してから，式の特徴をよく観察してみると，いろいろ気づくことがあると思う。まず，$x \neq y$ であることがわかる。$(x^3-x)^3=2^7\times3^3\times5^2$ は成り立たないからである。$x\neq0$，$x\neq\pm1$，$y\neq0$，$y\neq\pm1$ や $y^3-y>0$ もわかる。また，$x=a$，$y=b$ が方程式の解ならば，$x=-a$，$y=b$ も解である。x^3-x や y^3-y の値の変化は簡単に調べられるから，x や y を絞り込むことができる。

解 法

$$(x^3-x)^2(y^3-y)=86400=2^7\times3^3\times5^2 \quad \cdots\cdots(*)$$

を満たす整数の組 $(x,\ y)$ を求める。この方程式の右辺は正であるから

$$x\neq-1,\ x\neq0,\ x\neq1$$

であり，$y\neq-1$，$y\neq0$，$y\neq1$，$y^3-y>0$ より

$$y \geqq 2$$

である。また，$(x,\ y)=(a,\ b)$ が解であるとき

$$(x^3-x)^2(y^3-y)=(a^3-a)^2(b^3-b)=86400$$

となり，このとき

$$(x^3-x)^2(y^3-y)=\{(-a)^3-(-a)\}^2(b^3-b)=(-a^3+a)^2(b^3-b)$$
$$=(a^3-a)^2(b^3-b)=86400$$

より，$(-a,\ b)$ も解である。そこで，まず $x\geqq0$ すなわち $x\geqq2$ となる解を求めることにする。

$t=s^3-s$
$=(s-1)s(s+1)$
t, s, -1, O, 1

$t=s^3-s$ のグラフから，$y\geqq2$ のとき，y^3-y は増加することがわかり

$$y\geqq2 \quad \text{ならば} \quad y^3-y\geqq2^3-2=6$$

であるから

$$(x^3-x)^2=\frac{2^7\times3^3\times5^2}{y^3-y}\leqq\frac{2^7\times3^3\times5^2}{6}=2^6\times3^2\times5^2=(2^3\times3\times5)^2$$

が成り立ち，$x\geqq2$ のとき x^3-x（>0）は増加するので

$$x^3-x \leqq 2^3\times3\times5 \quad (x\geqq2)$$

が成り立つ。この不等式を満たす x は，$x=2,\ 3,\ 4,\ 5$ である。

同様に，$x\geqq2$ のとき，$(x^3-x)^2\geqq6^2$ であるから

$$y^3-y=\frac{2^7\times3^3\times5^2}{(x^3-x)^2}\leqq\frac{2^7\times3^3\times5^2}{6^2}=2^5\times3\times5^2=2400$$

が成り立ち，$y\geqq14$ となることはない（$14^3-14=2730$）。

よって，(＊)より，5 は $y^3-y=(y-1)y(y+1)$ の素因数にはならない（5 を 2 つ含むことはないから）ので，$x^3-x=(x-1)x(x+1)$ が 5 を素因数にもつことになる。

$x-1=5$ のとき，$x=6$ となり不適。

$x=5$ のとき，$(x^3-x)^2=(4\times5\times6)^2=(2^2\times5\times2\times3)^2=2^6\times3^2\times5^2$ より

$$y^3-y=(y-1)y(y+1)=\frac{2^7\times3^3\times5^2}{2^6\times3^2\times5^2}=2\times3$$

ゆえに　　$y=2$

$x+1=5$ のとき，$x=4$，$(x^3-x)^2=(3\times4\times5)^2=2^4\times3^2\times5^2$ より

$$y^3-y=(y-1)y(y+1)=\frac{2^7\times3^3\times5^2}{2^4\times3^2\times5^2}=2^3\times3=24$$

ゆえに　　$y=3$

したがって，$x\geqq0$ としたときの(＊)の解は $(4,\ 3)$，$(5,\ 2)$ である。

$(a,\ b)$ が解のとき $(-a,\ b)$ も解であるので

$(4,\ 3)$，$(-4,\ 3)$，$(5,\ 2)$，$(-5,\ 2)$　……(答)

が求める解のすべてである。

〔注〕 (＊)は，$\{(x-1)x(x+1)\}^2\{(y-1)y(y+1)\}=2^7\times3^3\times5^2$ と表される。右辺の素因数 5 に着目すると，左辺では，次の(i)，(ii)の場合がある。

(i)　$(x-1)x(x+1)$ が 5 を 1 つ含む（$\{(x-1)x(x+1)\}^2$ は 5 を 2 つ含む）。

(ii)　$(y-1)y(y+1)$ が 5 を 2 つ含む。

(ii)は連続 3 整数の積で，5 を含むとしても高々 1 つ（$y-1$，y，$y+1$ のいずれかが 5 を 2 つ含むと困るが，$y<14$ であるから，それはない）である。よって，(i)の場合しかない。あとは，x の範囲や y の範囲を絞り込めば答案は書ける。結果だけは案外早くわかる。

2　2022年度〔2〕　Level B

3つの正の整数 a, b, c の最大公約数が1であるとき，次の問いに答えよ。

(1)　$a+b+c$, $bc+ca+ab$, abc の最大公約数は1であることを示せ。

(2)　$a+b+c$, $a^2+b^2+c^2$, $a^3+b^3+c^3$ の最大公約数となるような正の整数をすべて求めよ。

ポイント　「3つの正の整数の最大公約数」の意味を確認しておこう。公約数はすべて最大公約数の約数である。
(1)　背理法を用いる。最大公約数が1でないとして，その約数になっている素数を用いて議論を進めるとよい。
(2)　$(a, b, c)=(1, 1, 1)$ のとき，$a+b+c=3$, $a^2+b^2+c^2=3$, $a^3+b^3+c^3=3$ であるから，最大公約数は3である。$(1, 1, 2)$ のとき順に4, 6, 10であるから最大公約数は2である。これで問題の意味はわかる。しかし，こうして調べ尽くすことはできない。$a^2+b^2+c^2$, $a^3+b^3+c^3$（対称式）を $a+b+c$, $bc+ca+ab$, abc（基本対称式）で表して，(1)の結果を踏まえて考えていく。

解法1

3つの正の整数 a, b, c の最大公約数は1　……(＊)

(1)　$a+b+c$, $bc+ca+ab$, abc の最大公約数が1でないと仮定する。このとき

$$a+b+c=n\alpha,\ bc+ca+ab=n\beta,\ abc=n\gamma$$

となる素数 n と正の整数 α, β, γ が存在する。
a, b, c は，x の3次方程式

$$(x-a)(x-b)(x-c)=0$$

すなわち

$$x^3-(a+b+c)x^2+(bc+ca+ab)x-abc=0$$

の解である。よって

$$x^3=n\alpha x^2-n\beta x+n\gamma=n(\alpha x^2-\beta x+\gamma)$$

となり，x が正の整数 a, b, c のどれかであるから，$\alpha x^2-\beta x+\gamma$ が整数であるので x^3 は n の倍数である。n は素数であるから，x は n の倍数である。これは，a, b, c のすべてが素数 n の倍数であることを表しており，(＊)に矛盾する。したがって，$a+b+c$, $bc+ca+ab$, abc の最大公約数が1でないとしたのは誤りで，これらの最

大公約数は1である。　(証明終)

〔注1〕　方程式 $x^3=n(\alpha x^2-\beta x+\gamma)$ を満たす x は a，b，c のみで，$x=a$ の場合

$$a^3=n(\alpha a^2-\beta a+\gamma)$$

となり，a^3 が n の倍数であることがわかる。n は素数であるから

a^3 が n の倍数 $\Longrightarrow$ a が n の倍数　……(★)

がいえる。n が素数でなければこれはいえない。たとえば，2^3 $(=8)$ は4の倍数であるが，2は4の倍数ではない。

(★)の証明は，対偶をとって

a が n の倍数でない $\Longrightarrow$ a^3 が n の倍数でない

を示すとよい。

(2)　$a+b+c=p$，$bc+ca+ab=q$，$abc=r$ とおくと，p，q，r は正の整数で，(1)の結果より

p，q，r の最大公約数は1　……(＊＊)

である。

$$a+b+c=p$$
$$a^2+b^2+c^2=(a+b+c)^2-2(bc+ca+ab)$$
$$=p^2-2q=(p\text{ の倍数})-2q$$
$$a^3+b^3+c^3=(a+b+c)(a^2+b^2+c^2-bc-ca-ab)+3abc$$
$$=(p\text{ の倍数})+3r$$

より，$a+b+c$，$a^2+b^2+c^2$，$a^3+b^3+c^3$ の最大公約数は，3数

p，$2q$，$3r$

の最大公約数と一致する。この最大公約数が1以外のとき，p，$2q$，$3r$ がともに素数 m の倍数であるとすると，m は2または3である。なぜなら，m を5以上の素数とすると，p，q，r がいずれも m の倍数となって，(＊＊)に反するからである。同様に，p，$2q$，$3r$ は，2^2 や 3^2 の倍数にもなれない。したがって，p，$2q$，$3r$ は1または2または3または6の倍数である。この各場合が実際に存在することは次表で確かめられる。

a	b	c	p	q	r	p	$2q$	$3r$	最大公約数
1	1	1	3	3	1	3	6	3	3
1	1	2	4	5	2	4	10	6	2
1	1	3	5	7	3	5	14	9	1
1	1	4	6	9	4	6	18	12	6

$a^2+b^2+c^2$	$a^3+b^3+c^3$
3	3
6	10
11	29
18	66

(参考)

したがって，$a+b+c$，$a^2+b^2+c^2$，$a^3+b^3+c^3$ の最大公約数となるような正の整数は

1，2，3，6　……(答)

ですべてである。

〔注2〕 次の恒等式はよく知られている。

$$a^2+b^2+c^2=(a+b+c)^2-2(bc+ca+ab)$$

$$a^3+b^3+c^3-3abc=(a+b+c)(a^2+b^2+c^2-bc-ca-ab)$$

$$=\frac{1}{2}(a+b+c)\{(a-b)^2+(b-c)^2+(c-a)^2\}$$

3つの正の整数p, q, rについて，3数

$$p,\ p^2-2q,\ p(p^2-3q)+3r$$

の最大公約数をGとすると

pはGの倍数

p^2-2qはGの倍数で，pがGの倍数ゆえ，$2q$はGの倍数

$p(p^2-3q)+3r$はGの倍数で，pがGの倍数ゆえ，$3r$はGの倍数

となり，p, $2q$, $3r$はGの倍数である。

p, $2q$, $3r$の最大公約数がG'で，$G'\geqq G$とすると，p, p^2-2q, $p(p^2-3q)+3r$はすべてG'の倍数となり，Gの意味から，$G\geqq G'$となるので，結局$G=G'$である。つまり，p, $2q$, $3r$の最大公約数はGである。

p, q, rの最大公約数が1のとき，Gの素因数分解には5以上の素数が含まれることはない。もし，5が含まれていたら，p, q, rはすべて5の倍数ということになり，最大公約数が1であることに反してしまう。4（2が2個）が含まれることもない。pもrも4の倍数，qは2の倍数となって，これも仮定に反する。このように考えていけばよい。

解法 2

(1) 3つの正の整数a, b, cの最大公約数が1であるとき，$a+b+c$, $bc+ca+ab$, abcの最大公約数をNとし，$N\neq1$と仮定する。Nの素因数の1つをnとすると$N\geqq n\geqq2$であり

$$a+b+c=n\alpha,\ bc+ca+ab=n\beta,\ abc=n\gamma$$

となる正の整数α, β, γが存在する。

$abc=n\gamma$において，nが素数であることから，a, b, cのいずれかはnの倍数である。いまaがnの倍数であるとすると，$bc+ca+ab=n\beta$において，ca, ab, $n\beta$がnの倍数となるから，bcがnの倍数でなければならない。nは素数ゆえ，b, cのいずれかはnの倍数である。bをnの倍数とすると，$a+b+c=n\alpha$において，a, b, $n\alpha$がnの倍数であるから，cはnの倍数となり，a, b, cはいずれもnの倍数となって，a, b, cの最大公約数が1であることに反する。以上は，aをnの倍数として始めたが，bまたはcがnの倍数として始めても同様である。よって，$N\neq1$としたのは誤りで，$N=1$である。したがって

「a, b, cの最大公約数が1」ならば

「$a+b+c$, $bc+ca+ab$, abcの最大公約数は1」

である。 （証明終）

((2)は〔解法1〕と同様)

3 2021年度〔1〕 Level B

正の整数に関する条件

（＊） 10進法で表したときに，どの位にも数字9が現れない

を考える。以下の問いに答えよ。

(1) k を正の整数とするとき，10^{k-1} 以上かつ 10^k 未満であって条件（＊）を満たす正の整数の個数を a_k とする。このとき，a_k を k の式で表せ。

(2) 正の整数 n に対して，

$$b_n = \begin{cases} \dfrac{1}{n} & (n\text{ が条件（＊）を満たすとき}) \\ 0 & (n\text{ が条件（＊）を満たさないとき}) \end{cases}$$

とおく。このとき，すべての正の整数 k に対して次の不等式が成り立つことを示せ。

$$\sum_{n=1}^{10^k-1} b_n < 80$$

ポイント (1)は(2)の準備であろう。
(1) 10^{k-1} 以上かつ 10^k 未満の正の整数とは何桁の整数であろうか。k を具体化すれば確かめられる。各桁での数字は何通りずつあるだろうか。
(2) b_n の $n=1$ から $n=10^k-1$ までの和を考えるのであるが，b_n の定義では，条件（＊）を満たさない n に対しては $b_n=0$ とするので，条件（＊）を満たす n に対して b_n の和だけを考えればよい。

解法

（＊） 10進法で表したときに，どの位にも数字9が現れない

(1) 10^{k-1} 以上かつ 10^k 未満（k は正の整数）の正の整数は10進法で k 桁である。この中で，条件（＊）を満たす正の整数の個数 a_k は

　最高位の数字が，1，2，…，8の8通り

　他の位の $k-1$ 個の数字が，それぞれ0，1，2，…，8の9通り

あるから

$$a_k = 8\times 9^{k-1} \quad \cdots\cdots(答)$$

と表せる。

(2)　正の整数 n に対して，b_n は次のように定義される。

$$b_n=\begin{cases}\dfrac{1}{n} & (n\text{ が条件}(*)\text{を満たすとき})\\ 0 & (n\text{ が条件}(*)\text{を満たさないとき})\end{cases}$$

l 桁（l は正の整数）の正の整数 n は

$$10^{l-1}\leqq n\leqq 10^l-1$$

の範囲にあり，この中で条件(＊)を満たす n は，(1)より，$a_l=8\times 9^{l-1}$ 個ある。また，この不等式は

$$\frac{1}{10^l-1}\leqq\frac{1}{n}\leqq\frac{1}{10^{l-1}}$$

と変形されるから，条件(＊)を満たす n に対しては，$b_n\leqq\dfrac{1}{10^{l-1}}$ が成り立つ。条件(＊)を満たさない n に対しては $b_n=0$ とするので

$$\sum_{n=10^{l-1}}^{10^l-1}b_n\leqq\frac{1}{10^{l-1}}\times(8\times 9^{l-1})=8\left(\frac{9}{10}\right)^{l-1}$$

が成り立つ。よって

$$\sum_{n=1}^{10^k-1}b_n=\sum_{l=1}^{k}\left(\sum_{n=10^{l-1}}^{10^l-1}b_n\right)\leqq\sum_{l=1}^{k}\left\{8\left(\frac{9}{10}\right)^{l-1}\right\}=8\sum_{l=1}^{k}\left(\frac{9}{10}\right)^{l-1}$$

$$=8\times\frac{1-\left(\frac{9}{10}\right)^k}{1-\frac{9}{10}}<8\times\frac{1}{1-\frac{9}{10}}=80$$

が成り立つ。　　　　（証明終）

〔注〕　与えられた b_n の定義に従うと，$b_1=1$，$b_2=\dfrac{1}{2}$，…，$b_8=\dfrac{1}{8}$，$b_9=0$ である。よって，$\displaystyle\sum_{n=1}^{10^k-1}b_n$ で $k=1$ の場合は

$$\sum_{n=1}^{9}b_n=1+\frac{1}{2}+\cdots+\frac{1}{8}+0\leqq\overbrace{1+1+\cdots+1}^{8\text{個}}=8\times 1$$

となる。これを一般化すればよい。$1+\dfrac{1}{2}+\dfrac{1}{3}+\cdots$ が正の無限大に発散することを思えば，本問の結果は興味深いものがあろう。

4　2021 年度〔3〕　Level　C

以下の問いに答えよ。

(1)　正の整数 n に対して，二項係数に関する次の等式を示せ。

$$n\,{}_{2n}\mathrm{C}_n=(n+1)\,{}_{2n}\mathrm{C}_{n-1}$$

また，これを用いて ${}_{2n}\mathrm{C}_n$ は $n+1$ の倍数であることを示せ。

(2)　正の整数 n に対して，

$$a_n=\frac{{}_{2n}\mathrm{C}_n}{n+1}$$

とおく。このとき，$n\geqq 4$ ならば $a_n>n+2$ であることを示せ。

(3)　a_n が素数となる正の整数 n をすべて求めよ。

ポイント　二項係数を階乗の記号だけで表す公式を知っていなければならない。(3)は手強そうである。
(1)　公式を用いて計算すればよい。${}_{2n}\mathrm{C}_n$ が $n+1$ の倍数になるという結論が大切である。
(2)　数学的帰納法を用いるか，a_n の定義式の分母・分子を因数の積の形にして観察するかである。前者による場合は，a_{n+1} と a_n の関係を調べておくとよい。後者は，分母と分子の因数の個数や大小関係をよく見てみる。
(3)　素数を表す一般的な表現法はないので，まずは a_1，a_2，… と調べてみる。ある程度調べて，a_n はもう素数にならないと思えば，素数でないことを証明する。背理法が想起される。

解法 1

(1)　正の整数 n に対して

$${}_n\mathrm{C}_r=\frac{n!}{r!(n-r)!}\quad (r=0,\ 1,\ 2,\ \cdots,\ n)$$

が成り立つから

$$n\,{}_{2n}\mathrm{C}_n-(n+1)\,{}_{2n}\mathrm{C}_{n-1}=n\times\frac{(2n)!}{n!n!}-(n+1)\times\frac{(2n)!}{(n-1)!(n+1)!}$$

$$=\frac{(2n)!}{(n-1)!n!}-\frac{(2n)!}{(n-1)!n!}=0$$

よって

$$n\,{}_{2n}\mathrm{C}_n=(n+1)\,{}_{2n}\mathrm{C}_{n-1}$$

が成り立つ。　　　　　　　　　　　　　　　　　　　　　　　　　　（証明終）

この等式の右辺は $n+1$ の倍数であるから，左辺も $n+1$ の倍数である。n と $n+1$ は互いに素であるので，${}_{2n}\mathrm{C}_n$ が $n+1$ の倍数である。　　　　　　　　（証明終）

〔注1〕 n と $n+1$ が互いに素であることは，次のように示される。
n と $n+1$ に共通の因数 $p\,(\neq 1)$ があるとすると，$n=pq$，$n+1=ps$ を満たす整数 q，s が存在する。この2式から，$pq+1=ps$ すなわち $p(s-q)=1$ が成り立つ。p は1でない整数であるから，$s-q$ は整数でないことになり不合理である。ゆえに，n，$n+1$ には共通の因数はない。よって，n と $n+1$ は互いに素である。2数が p の倍数ならば，その2数の和も差も p の倍数である。**〔解法1〕**では当然のことと判断して説明は省いた。

(2)　$n\geqq 4$（n は整数）ならば，$a_n=\dfrac{{}_{2n}\mathrm{C}_n}{n+1}>n+2$　……(＊)

であることを数学的帰納法を用いて示す。

〔Ⅰ〕 $n=4$ のとき

$$a_4=\frac{{}_8\mathrm{C}_4}{5}=\frac{8\times 7\times 6\times 5}{5\times 4\times 3\times 2}=14>4+2$$

であるから，(＊)は成り立つ。

〔Ⅱ〕 $n=k$（$k=4,\ 5,\ 6,\ \cdots$）のとき，(＊)が成り立つことを仮定する。すなわち

$$a_k=\frac{{}_{2k}\mathrm{C}_k}{k+1}>k+2 \quad \cdots\cdots(＊＊)$$

とすると

$$\begin{aligned}
a_{k+1}&=\frac{{}_{2(k+1)}\mathrm{C}_{k+1}}{k+2}=\frac{1}{k+2}\times\frac{(2k+2)!}{(k+1)!(k+1)!}\\
&=\frac{(2k+2)(2k+1)(2k)!}{(k+2)(k+1)^2k!k!}\\
&=\frac{2(2k+1)}{k+2}\times\frac{(2k)!}{(k+1)k!k!}=\frac{4k+2}{k+2}\times\frac{{}_{2k}\mathrm{C}_k}{k+1}\\
&=\frac{4k+2}{k+2}a_k\\
&>\frac{4k+2}{k+2}(k+2) \quad ((＊＊)\text{より})\\
&=4k+2>(k+1)+2 \quad (\because\ k\geqq 4)
\end{aligned}$$

となるから，(＊)は，$n=k$（$k=4,\ 5,\ 6,\ \cdots$）のときに成り立てば，$n=k+1$ のときにも成り立つ。

〔Ⅰ〕，〔Ⅱ〕より，(＊)は $n\geqq 4$ のすべての整数 n に対して成り立つ。　（証明終）

〔注2〕 $a_{k+1}=\dfrac{4k+2}{k+2}a_k$ と変形することがポイントになる。うまくいかなければ，

仮定(＊＊)を $\dfrac{1}{k+2}>\dfrac{k+1}{{}_{2k}\mathrm{C}_k}$ として

$$a_{k+1}=\frac{{}_{2k+2}\mathrm{C}_{k+1}}{k+2}>\frac{(k+1)\ {}_{2k+2}\mathrm{C}_{k+1}}{{}_{2k}\mathrm{C}_k}$$

とすれば自然にできる。ただし，こうすると，(3)の手がかりが見えにくくなってしまう。

(3) (1)より ${}_{2n}\mathrm{C}_n$ は $n+1$ の倍数であるから，a_n は整数である。

$$a_1=\frac{{}_2\mathrm{C}_1}{2}=\frac{2}{2}=1,\ \ a_2=\frac{{}_4\mathrm{C}_2}{3}=\frac{6}{3}=2,\ \ a_3=\frac{{}_6\mathrm{C}_3}{4}=\frac{20}{4}=5,$$

$$a_4=\frac{{}_8\mathrm{C}_4}{5}=\frac{70}{5}=14$$

より，$n=2,\ 3$ のとき a_n は素数である。a_4 は素数ではない。

$n\geqq4$ とする。(2)の〔Ⅱ〕より，$a_{n+1}=\dfrac{4n+2}{n+2}a_n$ がいえる。すなわち

$$(n+2)a_{n+1}=(4n+2)a_n$$

が成り立つ。ここで，整数 a_{n+1} を素数とすると，右辺の 2 整数 $4n+2$，a_n のいずれかは a_{n+1} の倍数ということになる。しかし，(2)の〔Ⅱ〕より，$a_{n+1}>4n+2$ であるから，$4n+2$ は a_{n+1} の倍数ではない。また，(2)の〔Ⅱ〕より，$a_{n+1}=\dfrac{4n+2}{n+2}a_n=\left(1+\dfrac{3n}{n+2}\right)a_n>a_n$ であるから，a_n も a_{n+1} の倍数にはならない。したがって，a_{n+1} は素数ではない。

つまり，a_5，a_6，a_7，… は素数ではない。

以上のことから，a_n が素数となる正の整数 n は

$$n=2,\ 3 \quad \cdots\cdots(\text{答})$$

である。

〔注 3〕 $(n+2)a_{n+1}=(4n+2)a_n \quad (n\geqq4)$

において，a_n が素数であると仮定してみる。この等式を変形した

$$a_{n+1}=\frac{4n+2}{n+2}a_n=\left(4-\frac{6}{n+2}\right)a_n$$

を見ると，a_{n+1} は整数であるから，素数 a_n が $n+2$ の倍数すなわち $a_n=n+2$（a_n は素数だから，$n+2$ の 2 倍，3 倍，…ということはない）であるか，$n+2$ が 6 の約数であるか，いずれかが成り立たなければならない。$n\geqq4$ のとき $a_n>n+2$ であるから前者はいえず，後者からは $n=4$ を得るが，a_4 は素数ではないので，結局，a_n を素数と仮定したのは誤りである，となる。

解法 2

((1)は〔解法1〕と同様)

(2) $a_n=\dfrac{{}_{2n}\mathrm{C}_n}{n+1}=\dfrac{1}{n+1}\times\dfrac{(2n)!}{n!n!}\quad(n=4,\ 5,\ 6,\ \cdots)$

$=\dfrac{(2n)(2n-1)(2n-2)\cdots(n+3)(n+2)(n+1)}{(n+1)n(n-1)(n-2)\cdots3\cdot2\cdot1}$

$=\dfrac{(2n)(2n-1)(2n-2)\cdots(n+3)(n+2)}{n(n-1)(n-2)\cdots3\cdot2}$ $\left(\begin{array}{l}\text{分母も分子も因}\\\text{数は}\ n-1\ \text{個}\end{array}\right)$

$=\dfrac{2n}{n}\times\dfrac{2n-1}{n-1}\times\dfrac{2n-2}{n-2}\times\cdots\times\dfrac{n+3}{3}\times\dfrac{n+2}{2}$

$=\dfrac{2n-1}{n-1}\times\dfrac{2n-2}{n-2}\times\cdots\times\dfrac{n+3}{3}\times(n+2)$ ……Ⓐ

$n\geqq4$ であるので，Ⓐの $\dfrac{n+3}{3}\times(n+2)$ は必ず存在し

$$\frac{2n-1}{n-1}>1,\ \frac{2n-2}{n-2}>1,\ \cdots,\ \frac{n+3}{3}>1$$

$$\left(\frac{2n-l}{n-l}=1+\frac{n}{n-l}>1\quad(l=1,\ 2,\ \cdots,\ n-3)\right)$$

であるから

$$a_n>1\times1\times\cdots\times1\times(n+2)=n+2$$

となる。 (証明終)

(3) 実際の計算により，$a_1=1$，$a_2=2$，$a_3=5$ となるから，a_2 と a_3 は素数である。また，(1)より，${}_{2n}\mathrm{C}_n$ は $n+1$ の倍数であるから，$a_n=\dfrac{{}_{2n}\mathrm{C}_n}{n+1}$ は正の整数である。Ⓐより

$$\underbrace{(n-1)(n-2)\cdots3}_{n-3\text{ 個}\quad(3=n-(n-3))}\ a_n=\underbrace{(2n-1)(2n-2)\cdots(n+3)(n+2)}_{n-2\text{ 個}\quad(n+2=2n-(n-2))}\quad(n\geqq4)$$

と表されるが，ここで，a_n が素数であるとする。左辺が a_n の倍数であるから，右辺も a_n の倍数である。素数は1以外の数同士の積にはならないから，右辺の $n-2$ 個の因数 $2n-1$，$2n-2$，…，$n+3$，$n+2$ のいずれかが a_n の倍数である。それを ma_n（m は1以上の整数）と表し，それ以外の因数の積を R で表すと，R は $n-3$ 個の因数の積になる。左辺の a_n の係数を L と表すと，L は $n-3$ 個の因数の積であり

$$La_n=ma_nR$$

と表される。両辺を a_n で割ると

$$L=mR\quad(m\geqq1)$$

となるが，これは $L<R\leqq mR$（L，R の因数はすべて1より大きな整数であり，R

の $n-3$ 個の因数のすべてが L の $n-3$ 個のどの因数よりも大きいから）であることに矛盾する。したがって，a_n を素数としたのは誤りで，a_n は素数ではない。
以上のことから，求める正の整数は

$n=2,\ 3$ ……(答)

のみである。

〔注 4〕 a_1，a_2，a_3，a_4 と実際に計算してみる。a_2 と a_3 が素数であることがわかる。n を大きくしたとき，$a_n=\dfrac{(2n)!}{(n+1)!n!}$ は多くの整数の積になりそうで，とても素数になるような感触がもてない。$n\geqq4$ のときは a_n は素数ではないと腹をくくり，a_n が素数であると仮定して矛盾を導く（背理法）ことに専念しよう。〔解法 1〕と〔注 3〕，〔解法 2〕以外にもいろいろな書き方があるであろう。

5 2020年度〔1〕 Level B

次の問いに答えよ。

(1) $|x^2-x-23|$ の値が，3を法として2に合同である正の整数 x をすべて求めよ。

(2) k 個の連続した正の整数 x_1, …, x_k に対して，

$$|x_j{}^2-x_j-23| \quad (1 \leqq j \leqq k)$$

の値がすべて素数になる k の最大値と，その k に対する連続した正の整数 x_1, …, x_k をすべて求めよ。ここで k 個の連続した整数とは，

$$x_1,\ x_1+1,\ x_1+2,\ \cdots,\ x_1+k-1$$

となる列のことである。

ポイント (1)に「3を法として2に合同」という表現があるが，「3で割った余りが2」と解釈できれば，合同式に慣れていなくても十分に対処できる。(1)と(2)の絶対値の中身は同じである。

(1) x は正の整数なのであるから，簡単に実験ができる。$x=1$, $x=2$, …とある程度計算すれば結果は見えてくる。一般的には，整数 x を3で割った余りで分類して調べるとよい。

(2) 問題文の意味がわかりにくいかもしれない。$|x^2-x-23|$ の値は，$x=1$ のとき23（素数），$x=2$ のとき21（3×7 の合成数），$x=3$ のとき17（素数），…となるが，こうして調べていくと素数が続くことがある。最大何個続くか？という問題である。

解法

(1) $y=x^2-x-23=\left(x-\dfrac{1}{2}\right)^2-\dfrac{93}{4}$

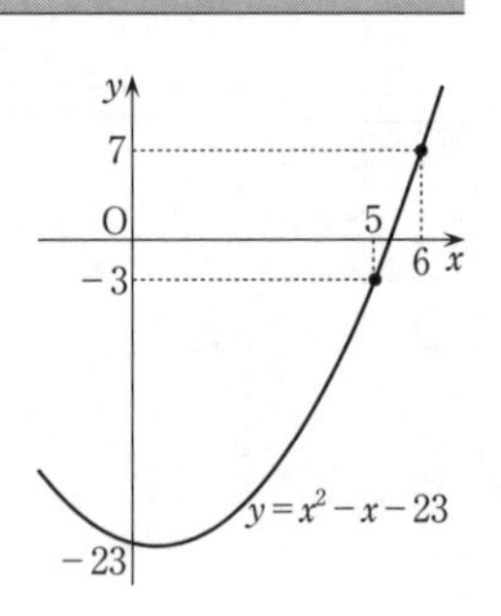

のグラフは右図のようになるから，正の整数 x が

$1 \leqq x \leqq 5$ のとき　$y<0$

$x \geqq 6$ のとき　$y>0$

である。

$f(x)=|y|=|x^2-x-23|$ とおく。以下の合同式では，すべて3を法とする。

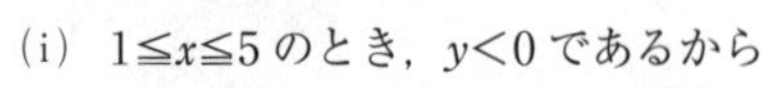

(i) $1 \leqq x \leqq 5$ のとき，$y<0$ であるから

$$f(x)=-y=-x^2+x+23$$

である。このとき

$$f(1)=-1+1+23=23\equiv 2$$
$$f(2)=-4+2+23=21\equiv 0$$
$$f(3)=-9+3+23=17\equiv 2$$
$$f(4)=-16+4+23=11\equiv 2$$
$$f(5)=-25+5+23=3\equiv 0$$

であるから，$f(x)\equiv 2$ となる x の値は，$x=1,\ 3,\ 4$ である。

(ii) $x\geqq 6$ のとき，$y>0$ であるから

$$f(x)=y=x^2-x-23$$

である。$23\equiv 2$ であり，$x\equiv 0$ または 1 または 2 である。$x\equiv 0$ のとき $x^2\equiv 0^2=0\equiv 0$，$x\equiv 1$ のとき $x^2\equiv 1^2=1\equiv 1$，$x\equiv 2$ のとき $x^2\equiv 2^2=4\equiv 1$ であることに注意すると

$x\equiv 0$ のとき　$f(x)\equiv 0-0-2=-2\equiv 1$

$x\equiv 1$ のとき　$f(x)\equiv 1-1-2=-2\equiv 1$

$x\equiv 2$ のとき　$f(x)\equiv 1-2-2=-3\equiv 0$

であるから，$x\geqq 6$ のとき $f(x)\equiv 2$ となる x は存在しない。

(i)，(ii)より，$|x^2-x-23|$ の値が，3 を法として 2 に合同である正の整数 x は

$x=1,\ 3,\ 4$ ……(答)

である。

〔注1〕 合同式の定義は以下の通りである。

2つの整数 $a,\ b$ について，$a-b$ が m（正の整数）の倍数であるとき

$$a\equiv b \pmod{m}$$

と表し，a と b は m を法として合同であるという。これは，「a を m で割った余りと，b を m で割った余りが等しい」ということと同等である。

$a\equiv b \pmod{m}$，$c\equiv d \pmod{m}$ のとき

$$a+c\equiv b+d \pmod{m},\quad a-c\equiv b-d \pmod{m}$$
$$ac\equiv bd \pmod{m},\quad a^l\equiv b^l \pmod{m}$$

が重要な性質である（$a,\ b,\ c,\ d$ は整数，$m,\ l$ は正の整数）。

なお，-2 を 3 で割ると，$-2=3\times(-1)+1$ となるから，余りは 1 であるので，$-2\equiv 1 \pmod{3}$ である。たしかに，$(-2)-1$ は 3 の倍数である。

合同式を用いないで，$x\geqq 6$ のときの $f(x)$ の性質を調べてみよう。一般に整数 x は 3 で割った余りで 3 つのグループに分類できる。整数 m を用いれば，$3m$，$3m+1$，$3m+2$ の 3 グループである。整数 x は必ずいずれかに属する。

$$f(3m)=(3m)^2-(3m)-23=3(3m^2-m-8)+1$$
$$f(3m+1)=(3m+1)^2-(3m+1)-23=3(3m^2+m-8)+1$$
$$f(3m+2)=(3m+2)^2-(3m+2)-23=3(3m^2+3m-7)+0$$

となって，$x\geqq 6$ では，3 で割った余りが 2 になることはないことがわかる。このへんのことを，合同式を用いれば，簡単に述べられるのである。

(2) (1)の(i)の過程より，$f(1)=23$，$f(3)=17$，$f(4)=11$，$f(5)=3$ は素数である。また，(ii)の過程より，$x\equiv 2$ のとき $f(x)$ は 3 の倍数で，$f(x)\geqq f(6)=7$ であるから

素数ではない。つまり，$f(8)$，$f(11)$，$f(14)$，…は素数ではない（$x \geqq 8$では素数が続くとしても高々2個である）。

$f(6)=36-6-23=7$

$f(7)=49-7-23=19$

はともに素数であるので，k個の連続した正の整数x_1，x_2，…，x_kに対して，$|x_j^2-x_j-23|$（$1 \leqq j \leqq k$）の値がすべて素数になるkが最大になるのは，$x_1=3$，$x_2=4$，$x_3=5$，$x_4=6$，$x_5=7$のときである。よって

kの最大値は　5
そのときの連続した正の整数は　3，4，5，6，7
……(答)

である。

〔注2〕 次の表を見れば一目瞭然である。

x	1	2	3	4	5	6	7	8	9	10	11	12	13	14
$f(x)$	23	21	17	11	3	7	19	33	49		…省略…			
素数	○	3×7	○	○	○	○	○	3×11	7×7	?	3×□	?	?	3×□

（$x=3$〜7）5個連続して素数であるから，$k=5$である。

（$x=12$, 13）2個とも素数だとしても$k=2$にしかならない。

6　2018年度〔2〕　Level B

次の問に答えよ。

(1)　$35x+91y+65z=3$ を満たす整数の組（x, y, z）を一組求めよ。

(2)　$35x+91y+65z=3$ を満たす整数の組（x, y, z）の中で x^2+y^2 の値が最小となるもの，およびその最小値を求めよ。

ポイント　2つの整数 a, b が互いに素のとき，$ax+by=1$ を満たす整数 x, y が存在することを，ユークリッドの互除法を学習したときに学んでいる。
(1)　$35=5\times7$, $91=7\times13$ であるから，$35x+91y$ は7の倍数である。よって，$3-65z$ さらに $3-2z$ は7の倍数である。z は簡単に求まる。$5x+13y=$（定数）（5と13は互いに素）から必ず x, y が求まる。
(2)　$ax+by=1$ の1組の整数解 $x=x_0$, $y=y_0$ から一般解を求める方法は教科書で学んでいる。この方法を応用したい。x^2+y^2 の最小値を求める問題では，x, y が整数であることを忘れないようにしよう。

解法 1

(1)　与えられた不定方程式

$$35x+91y+65z=3\quad（x,\ y,\ z\ は整数）\quad\cdots\cdots(*)$$

を変形した式

$$7(5x+13y)=3-65z\qquad 7(5x+13y+9z)=3-2z$$

を見れば，左辺が7の倍数であることから，右辺も7の倍数である。
$z=-2$ とすると，$3-2z=7$ となるので，$5x+13y-18=1$ より

$$5x+13y=19$$

が得られ，この等式は

$$x=-4,\ y=3$$

で成り立つから，$(*)$ を満たす整数の組（x, y, z）の1つは

$$(-4,\ 3,\ -2)\quad\cdots\cdots(答)$$

(2)　$35x+91y+65z=3$

から，(1)で得た等式

$$35(-4)+91\times3+65(-2)=3$$

を辺々引くと

$$35(x+4)+91(y-3)+65(z+2)=0$$

となり，変形して

$$7\{5(x+4)+13(y-3)\}=-65(z+2)$$

となる。7 と 65 は互いに素であるから，$z+2$ は 7 の倍数である。よって

$$z+2=7s \quad (s\text{ は整数})$$

とおける。このとき

$$5(x+4)+13(y-3)=-65s$$

すなわち

$$5(x+4)=-13\{5s+(y-3)\}$$

となるが，5 と 13 は互いに素であるので，$x+4$ は 13 の倍数であり

$$x+4=13t \quad (t\text{ は整数})$$

とおける。このとき

$$5t=-\{5s+(y-3)\}$$

すなわち　　$y=3-5s-5t$

となる。結局，(*)の解は，整数 s，t を用いて

$$x=13t-4,\ y=3-5s-5t,\ z=7s-2$$

と表すことができる。このとき

$$x^2+y^2=(13t-4)^2+(3-5s-5t)^2$$
$$=|13t-4|^2+|3-5(s+t)|^2$$

において，$|13t-4|$ を最小にする整数 t の値は $t=0$ である。また，$|3-5(s+t)|$ を最小にする整数 $s+t$ の値は $s+t=1$ である。

よって，x^2+y^2 は，$s=1$，$t=0$ のとき，すなわち $(x,\ y,\ z)=(-4,\ -2,\ 5)$ のとき最小で，最小値は $(-4)^2+(-2)^2=20$ である。 ……(答)

解法 2

(1) 与えられた不定方程式

$$35x+91y+65z=3 \quad (x,\ y,\ z\text{ は整数}) \quad \cdots\cdots①$$

は次のように変形できる。

$$7(5x+13y)=3-65z \quad \cdots\cdots②$$

左辺は 7 の倍数であるから，整数 k を用いると，右辺は

$$3-65z=7k \quad \cdots\cdots③$$

とおける。$z=-2$，$k=19$ として

$$3-65(-2)=7\times 19 \quad \cdots\cdots④$$

が成り立つから，③から④を辺々引けば

$$-65(z+2)=7(k-19)$$

となる。65と7は互いに素であるので，整数lを用いると

$z+2=7l \quad \therefore \quad z=7l-2$ ……⑤

$k-19=-65l \quad \therefore \quad k=19-65l$ ……⑥

とおける。②と③にもどると

$7(5x+13y)=3-65z=7k$

であったから

$5x+13y=k=19-65l$ （⑥より） ……⑦

となる。lは任意なので，$l=0$とすると，$x=-4$，$y=3$がこれを満たし

$5(-4)+13\times3=19-65\times0$ ……⑧

が成り立つから，⑦から⑧を辺々引けば

$5(x+4)+13(y-3)=-65l$ ……⑨

が成り立つ。右辺が65（$=5\times13$）の倍数であるから，$x+4$は13の倍数，$y-3$は5の倍数でなければならず，整数m，nを用いて

$x+4=13m \quad \therefore \quad x=13m-4$

$y-3=5n \quad \therefore \quad y=5n+3$

とおけることになる。このとき⑨より

$5\times13m+13\times5n=-65l \quad \therefore \quad l=-m-n$

が得られ，⑤より

$z=7l-2=7(-m-n)-2$

となる。よって，①の解は，一般に整数m，nを用いて

$(x,\ y,\ z)=(13m-4,\ 5n+3,\ -7m-7n-2)$

と表される。

①を満たす整数の組（x，y，z）の1組は，$m=n=0$の場合

$(x,\ y,\ z)=(-4,\ 3,\ -2)$ ……(答)

である。

(2) (1)より

$x^2+y^2=(13m-4)^2+(5n+3)^2$

を最小にするm，nの値は，$|13m-4|$を最小にする$m=0$，$|5n+3|$を最小にする$n=-1$である。このとき

$x=13m-4=13\times0-4=-4$

$y=5n+3=5\times(-1)+3=-2$

$z=-7\times0-7\times(-1)-2=5$

であるので，①を満たす整数の組（x，y，z）の中で，x^2+y^2の値が最小となるもの，およびx^2+y^2の最小値は

$(x,\ y,\ z)=(-4,\ -2,\ 5)$，最小値 $(-4)^2+(-2)^2=20$ ……(答)

である。

参考 合同式を用いて解くと次のようになる。

与えられた不定方程式は

$$5\times 7x+7\times 13y+5\times 13z=3 \quad \cdots\cdots(*)$$

となるから，この方程式について 5，7，13 を法とする合同式を考えると

・$91y\equiv 3 \pmod 5$ より　$y\equiv 3 \pmod 5$　……㋐

・$65z\equiv 3 \pmod 7$ より　$2z\equiv 3 \pmod 7$

両辺 4 倍すると　$8z\equiv 12 \pmod 7$

$z\equiv 5 \pmod 7$　……㋑

・$35x\equiv 3 \pmod{13}$ より　$-4x\equiv 3 \pmod{13}$

両辺 3 倍すると　$-12x\equiv 9 \pmod{13}$

$x\equiv 9 \pmod{13}$　……㋒

㋒，㋐，㋑より

$x=13a+9,\ y=5b+3,\ z=7c+5$　（a，b，c は整数）

と表すことができるから，$(*)$に代入して

$$5\times 7(13a+9)+7\times 13(5b+3)+5\times 13(7c+5)=3$$

$$5\times 7\times 13(a+b+c)=3-315-273-325=-910$$

$\therefore\ a+b+c=-2$

が導かれる。

〔注〕 〔解法 1〕(2)で求めた一般解は $(13t-4,\ 3-5s-5t,\ 7s-2)$，

〔解法 2〕(1)で求めた一般解は $(13m-4,\ 5n+3,\ -7m-7n-2)$，

参考で求めた一般解は $(13a+9,\ 5b+3,\ 7c+5)$ $(a+b+c=-2)$

である。これらはみな同じことである。〔解法 1〕(2)の一般解で，t を m，s を $-m-n$ で置き換えると，$t+s$ は $-n$ となって〔解法 2〕(1)の一般解となり，t を $a+1$，$-t-s$ を b，s を $c+1$ で置き換えれば，$a+b+c=-2$ を満たし，**参考**の一般解となる。

7 2017年度〔1〕 Level B

次の条件(i)，(ii)をともに満たす正の整数Nをすべて求めよ。

(i) Nの正の約数は12個。
(ii) Nの正の約数を小さい方から順に並べたとき，7番目の数は12。

ただし，Nの約数には1とNも含める。

ポイント Nの正の約数を小さい方から順に並べたとき，7番目の数が12であるから，12より小さいNの正の約数は6個，その中に12の約数1，2，3，4，6の5個が含まれるから，残る1つは5，7，8，9，10，11のいずれかである。
NをNの約数で割った数はNの約数であることに気付けば速い。あるいは，Nの約数の個数に着目して，Nの素因数分解を考えてもよい。12（$=2^2\times3$）はNの約数だから，$N=2^l\times3^m\times p^n\times\cdots$となるであろう。約数の個数は$(l+1)(m+1)(n+1)\cdots$であり，$l\geqq2$，$m\geqq1$である。

解法 1

正の整数Nは，次の条件(i)，(ii)をともに満たす。
(i) Nの正の約数は12個。
(ii) Nの正の約数を小さい方から順に並べたとき，7番目の数は12。
12の約数1，2，3，4，6，12はNの約数であるから，7番目までの約数の残る1つは7，8，9，11のいずれかである（5と10は約数に同時に含まれるか，同時に含まれないかのいずれかであるから不適）。
このとき，(i)，(ii)の内容を，Nの正の約数を小さい方から順に並べて示すと次のようになる。

①，②，③，④，⑥，●，⑫，○，○，○，○，Ⓝ

ここで，●は7，8，9，11のいずれかである。
aがNの約数ならば，$\dfrac{N}{a}$もNの約数であることに注意すると，$●=\dfrac{N}{12}$である。
●が7のとき，$7=\dfrac{N}{12}$より$N=84$で，このときNの約数は

1，2，3，4，6，7，12，14，21，28，42，84

●が8のとき，$8=\dfrac{N}{12}$より$N=96$で，このときNの約数は

1，2，3，4，6，8，12，16，24，32，48，96

●が9のとき，$9=\dfrac{N}{12}$ より $N=108$ で，このとき N の約数は

1，2，3，4，6，9，12，18，27，36，54，108

●が11のとき，$11=\dfrac{N}{12}$ より $N=132$ で，このとき N の約数は

1，2，3，4，6，11，12，22，33，44，66，132

いずれの場合も条件(i)，(ii)をともに満たす。
したがって，求める N は

$N=84,\ 96,\ 108,\ 132$ ……(答)

解法 2

正の整数 N は12を約数にもつから，N は12の約数1，2，3，4，6，12を約数にもつ。N の正の約数を小さい方から順に並べたとき，7番目の数が12であるのだから，12より小さい N の正の約数6個は，1，2，3，4，6および

5，7，8，9，10，11のいずれか1つ　……(＊)

である。
$12=2^2\times3$ が N の約数であることを考慮して，N の素因数分解が

$$N=2^l\times3^m\times p_1^{n_1}\times p_2^{n_2}\times\cdots\times p_k^{n_k}$$

$$\left(\begin{array}{l} p_1,\ p_2,\ \cdots,\ p_k \text{は2，3以外の互いに異なる素数。} \\ l,\ m,\ n_1,\ n_2,\ \cdots,\ n_k \text{は0以上の整数。ただし} l\geqq2,\ m\geqq1 \end{array}\right)$$

であるとすると，N の正の約数の個数が12であることは

$$(l+1)(m+1)(n_1+1)(n_2+1)\cdots(n_k+1)=12$$

と表され，$l+1\geqq3$，$m+1\geqq2$ より

$$(n_1+1)(n_2+1)\cdots(n_k+1)\leqq2$$

である。よって，$n_1,\ n_2,\ \cdots,\ n_k$ は，1つのみ1で他は0，または，すべて0である。すなわち，N の2，3以外の素因数は高々1個である。この1個を p とし，$N=2^l\times3^m\times p^n$（$l,\ m,\ n$ は整数，$l\geqq2$，$m\geqq1$，$n=0$ または1）とおく。

$$(l+1)(m+1)(n+1)=12$$

を満たす $l,\ m,\ n$ は，以下の4組である。

$$(l,\ m,\ n)=(2,\ 1,\ 1),\ (2,\ 3,\ 0),\ (3,\ 2,\ 0),\ (5,\ 1,\ 0)$$

$(l,\ m,\ n)=(2,\ 1,\ 1)$ のとき，(＊)より，$p=5$ または7または11である。
$p=5$ ならば，$N=2^2\times3\times5=60$ であるが，約数の中に5と10が含まれてしまうので不適である。
$p=7$ ならば，$N=2^2\times3\times7=84$ であり，約数は次の通り。

1，2，3，4，6，7，12，14，21，28，42，84

$p=11$ ならば，$N=2^2\times3\times11=132$ であり，約数は次の通り。

1，2，3，4，6，11，12，22，33，44，66，132

$(l,\ m,\ n)=(2,\ 3,\ 0)$ のとき，$N=2^2\times3^3=108$ で，約数は次の通り。

1，2，3，4，6，9，12，18，27，36，54，108

$(l,\ m,\ n)=(3,\ 2,\ 0)$ のとき，$N=2^3\times3^2=72$ であるが，約数の中に8と9が含まれてしまうので不適である。

$(l,\ m,\ n)=(5,\ 1,\ 0)$ のとき，$N=2^5\times3=96$ で，約数は次の通り。

1，2，3，4，6，8，12，16，24，32，48，96

$N=84$，132，108，96は問題の条件(i)，(ii)を満たしているから

$N=84$，96，108，132　……(答)

〔注〕 整数 a，b，N が $N=ab$ を満たすとき，a を N の約数（N は a の倍数）という。この定義より，b $\left(すなわち \dfrac{N}{a}\right)$ も N の約数である。

約数の個数とそれらの和については，次のことを知っておきたい。

N が $p_1^{n_1}\times p_2^{n_2}\times\cdots\times p_k^{n_k}$（$p_1$，$p_2$，…，$p_k$ は互いに異なる素数で，n_1，n_2，…，n_k は0以上の整数）と素因数分解されるとする。

すべての正の約数（1と N を含む）は

$$(1+p_1+p_1^2+\cdots+p_1^{n_1})(1+p_2+p_2^2+\cdots+p_2^{n_2})\cdots(1+p_k+p_k^2+\cdots+p_k^{n_k})$$

の展開式の項として現れる。

したがって，すべての正の約数の和は，等比数列の和の公式を用いて

$$\frac{p_1^{n_1+1}-1}{p_1-1}\times\frac{p_2^{n_2+1}-1}{p_2-1}\times\cdots\times\frac{p_k^{n_k+1}-1}{p_k-1}$$

と計算され，正の約数の個数は

$$(n_1+1)(n_2+1)\cdots(n_k+1)$$

である。

8 2016年度〔4〕 Level B

n を 2 以上の自然数とする。

(1) n が素数または 4 のとき，$(n-1)!$ は n で割り切れないことを示せ。

(2) n が素数でなくかつ 4 でもないとき，$(n-1)!$ は n で割り切れることを示せ。

ポイント (1)と(2)の命題は互いに「裏」の関係にある。「対偶」ではないので，それぞれを証明しなければならない。
(1) $n=4$ については問題ない。n が素数のとき，1，2，3，…，$n-1$ はどれも n で割り切れない（$n=7$；1，2，3，…，6 はどれも 7 で割り切れないから，これらの積も 7 で割り切れない）。一方，n が素数でないとき，例えば $n=6$ の場合，1，2，3，4，5 の積は 6 で割り切れる。
(2) n が素数でないとき，$n=pq$（p，q は 2 以上の整数）と表せる。$n\neq4$ であるから，$p=q=2$ となることはない。$p\neq q$ のときは簡単である。$p=q$ のときは，具体例でヒントをつかもう。

解法

(1) (i) $n=4$ のとき　　$(n-1)!=3!=6$

6 は 4 で割り切れないので，$n=4$ のとき，$(n-1)!$ は n で割り切れない。

(ii) n を素数とすると，n は

$$1,\ 2,\ 3,\ \cdots,\ n-1$$

のいずれとも互いに素（最大公約数が 1）である。よって，n は

$$(n-1)!=1\times2\times3\times\cdots\times(n-1)$$

と互いに素である。したがって，n が素数のとき，$(n-1)!$ は n で割り切れない。

(i)，(ii)より，n が素数または 4 のとき，$(n-1)!$ は n で割り切れない。

（証明終）

〔注1〕 2 以上の整数で，1 と自分自身以外に正の約数をもたない数を素数という。1 は素数ではない。2，3，5，7，11，…などが素数である。2 以外の素数はすべて奇数である。また，2 整数 a，b の最大公約数が 1 のとき，a，b は互いに素であるという。
(ii)を背理法を用いて書くと，次のようになるだろう。
n が素数，かつ $(n-1)!$ が n で割り切れるとする。

$$(n-1)!=1\times2\times3\times\cdots\times(n-1)$$

であり，n は素数であるから，1，2，3，…，$n-1$ のうち少なくとも 1 つは n で割り切れる。つまり，1，2，3，…，$n-1$ のいずれかは n の倍数である。しかし，これらはみな n より小さいので，これは矛盾である。よって，$(n-1)!$ は素数 n で割り切れない。

(2)　2以上の自然数nが素数でなく，かつ4でもないとき，$n=pq$（$p \leqq q < n$）となる2以上の整数p，qが存在する。ただし，$p=q=2$は除く（$n=4$となるから）。

(i)　$p<q<n$のとき，1，2，3，…，$n-1$の中にp，qが含まれるので，$(n-1)!$は$n=pq$で割り切れる。

(ii)　$p=q<n$のとき，$n=p^2$（$p \geqq 3$）であるから

$$(n-1)!=1\times2\times3\times\cdots\times(p^2-1)$$

であるが，1，2，3，…，p^2-1の中にp（$<n$）が含まれる。同時に$2p$（$>p$）も含まれる。なぜなら

$$(p^2-1)-2p=p(p-2)-1>0 \quad (\because \ p \geqq 3)$$

$$\therefore \quad 2p<p^2-1=n-1$$

となるからである。よって，$(n-1)!$は$n=p^2$で割り切れる。

(i)，(ii)より，nが素数でなく，かつ4でもないとき，$(n-1)!$はnで割り切れる。

（証明終）

〔注2〕　1，2，3，…，p^2-1の中にpが含まれるのは当然であるが，もう1つpの倍数を見つけないと，$(n-1)!$が$n=p^2$で割り切れることがいえない。**〔解法〕**では，それを$2p$としたが，p^2-pでもよい。

$$(p^2-1)-(p^2-p)=p-1>0 \quad (\because \ p \geqq 3)$$
$$(p^2-p)-p=p^2-2p=p(p-2)>0 \quad (\because \ p \geqq 3)$$

より，$p<p^2-p<p^2-1$が成り立つからである。しかし，p^2-2pについては

$$(p^2-1)-(p^2-2p)=2p-1>0 \quad (\because \ p \geqq 3)$$
$$(p^2-2p)-p=p^2-3p=p(p-3) \geqq 0 \quad (\because \ p \geqq 3)$$

であり，pとp^2-2pが一致してしまう場合があるから，pとp^2-2pの組み合わせはまずい。p^2-pとp^2-2pであれば大丈夫である（$3 \leqq p^2-2p<p^2-p<p^2-1$）。

〔注3〕　2以上の整数で素数でないものを合成数という。4，6，8，9，10，…などが合成数である。nを合成数とすると，1とn以外の約数p（$\geqq 2$）をもつから，nをpで割ったときの商をq（$\geqq 2$）とすれば，$n=pq$と表せる。当然$p<n$，$q<n$である。

(i)は易しいが，(ii)は工夫しなければならない。$n=5^2$（$p=5$）として具体例を見てみよう。$(n-1)!=1\times2\times3\times\cdots\times24$が$5^2$で割り切れることはすぐにわかる。1，2，3，…，24の中に5と10が含まれ，5×10だけでも5^2で割り切れる。5と10はpと$2p$である。15，20は〔注2〕のp^2-2p，p^2-pに当たる。

9　2015年度〔1〕　Level C

数列 $\{a_n\}$ を

$$a_1=5,\ a_{n+1}=\frac{4a_n-9}{a_n-2}\quad (n=1,\ 2,\ 3,\ \cdots)$$

で定める。また数列 $\{b_n\}$ を

$$b_n=\frac{a_1+2a_2+\cdots+na_n}{1+2+\cdots+n}\quad (n=1,\ 2,\ 3,\ \cdots)$$

と定める。

(1)　数列 $\{a_n\}$ の一般項を求めよ。

(2)　すべての n に対して，不等式 $b_n \leqq 3+\dfrac{4}{n+1}$ が成り立つことを示せ。

(3)　極限値 $\lim\limits_{n\to\infty} b_n$ を求めよ。

ポイント　まず(1)を慎重に解こう。a_n を n の式で正しく表せないと，(2)・(3)はできないことになる。
(1)　分数型の漸化式の解法を正確に記憶していればよいが，知らなくても心配はいらない。a_2，a_3，a_4 を実際に求めてみて一般項を類推すればよい（この姿勢はいつでも大切である）。そして，それが正しいことを数学的帰納法を用いて証明しておく。
(2)　分子は $\sum\limits_{k=1}^{n} ka_k$ であるので，(1)の結果の a_k を代入する。ka_k が k についての分数式になったら，分子の次数が分母の次数より低くなるように帯分数化してみる。正の整数の逆数は1以下である。あるいは，少し面倒になるが，数学的帰納法を用いてもよい。
(3)　(2)の不等式があるので「はさみうちの原理」を想起できるであろう。はさみうちのために b_n を下からおさえる不等式が必要になるが，これは容易に作れる。

解法 1

(1)　$$a_1=5,\ a_{n+1}=\frac{4a_n-9}{a_n-2}\quad (n=1,\ 2,\ 3,\ \cdots)\quad \cdots\cdots(*)$$

より，$n=1,\ 2,\ 3$ に対して

$$a_2=\frac{4a_1-9}{a_1-2}=\frac{4\times5-9}{5-2}=\frac{11}{3}$$

$$a_3=\frac{4a_2-9}{a_2-2}=\frac{4\times\frac{11}{3}-9}{\frac{11}{3}-2}=\frac{17}{5}$$

$$a_4=\frac{4a_3-9}{a_3-2}=\frac{4\times\frac{17}{5}-9}{\frac{17}{5}-2}=\frac{23}{7}$$

これらより

$$a_n=\frac{6n-1}{2n-1}\quad(n=1,\ 2,\ 3,\ \cdots)\quad\cdots\cdots①$$

と類推できる。①が正しいことを数学的帰納法を用いて証明する。

［Ｉ］　$n=1$ のとき，①は $a_1=5$ となるから(＊)を満たす。

［Ⅱ］　$n=k$ ($k\geqq 1$) のとき①が成り立つと仮定すると

$$a_k=\frac{6k-1}{2k-1}$$

であり，このとき(＊)より

$$a_{k+1}=\frac{4a_k-9}{a_k-2}=\frac{4\times\frac{6k-1}{2k-1}-9}{\frac{6k-1}{2k-1}-2}=\frac{6k+5}{2k+1}$$

$$=\frac{6(k+1)-1}{2(k+1)-1}$$

となるから，①は $n=k+1$ のとき成り立つ。

［Ｉ］，［Ⅱ］より，①は $n=1,\ 2,\ 3,\ \cdots$ に対して成り立つ。

したがって，数列 $\{a_n\}$ の一般項は

$$a_n=\frac{6n-1}{2n-1}\quad(n=1,\ 2,\ 3,\ \cdots)\quad\cdots\cdots(答)$$

(2)　$$b_n=\frac{a_1+2a_2+\cdots+na_n}{1+2+\cdots+n}\quad(n=1,\ 2,\ 3,\ \cdots)\quad\cdots\cdots(＊＊)$$

の分母は

$$\sum_{k=1}^{n}k=\frac{1}{2}n(n+1)$$

であり，分子は(1)の結果を用いて

$$\sum_{k=1}^{n}ka_k=\sum_{k=1}^{n}\frac{6k^2-k}{2k-1}=\sum_{k=1}^{n}\frac{3k(2k-1)+(2k-1)+1}{2k-1}$$

$$=\sum_{k=1}^{n}\left(3k+1+\frac{1}{2k-1}\right)$$

$$=3\sum_{k=1}^{n}k+\sum_{k=1}^{n}1+\sum_{k=1}^{n}\frac{1}{2k-1}$$

$$=\frac{3}{2}n(n+1)+n+\left(1+\frac{1}{3}+\frac{1}{5}+\cdots+\frac{1}{2n-1}\right)$$

であるから，(＊＊)は

$$b_n=3+\frac{2}{n+1}+\frac{2}{n(n+1)}\left(1+\frac{1}{3}+\frac{1}{5}+\cdots+\frac{1}{2n-1}\right)\quad\cdots\cdots②$$

となる。ところで

$$0<1+\frac{1}{3}+\frac{1}{5}+\cdots+\frac{1}{2n-1}\leqq n\quad\left(\because\quad 0<\frac{1}{2n-1}\leqq 1\right)$$

が成り立つから

$$0<\frac{2}{n(n+1)}\left(1+\frac{1}{3}+\frac{1}{5}+\cdots+\frac{1}{2n-1}\right)\leqq\frac{2}{n+1}\quad\cdots\cdots③$$

よって，②より

$$b_n\leqq 3+\frac{2}{n+1}+\frac{2}{n+1}=3+\frac{4}{n+1}\quad(n=1,\ 2,\ 3,\ \cdots)$$

が成り立つ。　(証明終)

〔注1〕 $k=1,\ 2,\ 3,\ \cdots$ のとき $\frac{1}{2k-1}\leqq 1$ であるから

$$ka_k=\frac{6k^2-k}{2k-1}=3k+1+\frac{1}{2k-1}\leqq 3k+2$$

となるので

$$\sum_{k=1}^{n}ka_k\leqq\sum_{k=1}^{n}(3k+2)=\frac{3}{2}n(n+1)+2n$$

$$\therefore\quad b_n=\frac{\sum_{k=1}^{n}ka_k}{\sum_{k=1}^{n}k}\leqq\frac{\frac{3}{2}n(n+1)+2n}{\frac{1}{2}n(n+1)}=3+\frac{4}{n+1}$$

このように書けば答案が簡潔になる。

(3)　③の各辺に $3+\frac{2}{n+1}$ を加えることによって，②を評価する不等式

$$3+\frac{2}{n+1}<b_n\leqq 3+\frac{4}{n+1}$$

が得られる。$n\to\infty$ のとき，$3+\frac{2}{n+1}\to 3$，$3+\frac{4}{n+1}\to 3$ であるから，はさみうちの原理により

$$\lim_{n\to\infty}b_n=3\quad\cdots\cdots(答)$$

解法 2

(1)　漸化式 $a_{n+1}=\dfrac{4a_n-9}{a_n-2}$ の両辺から3を引くと（〔注2〕を参照）

$$a_{n+1}-3=\frac{4a_n-9}{a_n-2}-3=\frac{a_n-3}{a_n-2}$$

ここで，$a_1=5>3$ で $a_k>3$ ならば $a_{k+1}>3$ となるから，帰納的に $a_n>3$ すなわち $a_n-3>0$ である。

逆数をとって

$$\frac{1}{a_{n+1}-3}=\frac{a_n-2}{a_n-3}=\frac{1}{a_n-3}+1$$

よって，数列 $\left\{\dfrac{1}{a_n-3}\right\}$ は，公差が1の等差数列であることがわかる。初項は

$\dfrac{1}{a_1-3}=\dfrac{1}{5-3}=\dfrac{1}{2}$ であるから

$$\frac{1}{a_n-3}=\frac{1}{2}+(n-1)\times 1=\frac{2n-1}{2}$$

したがって

$$a_n-3=\frac{2}{2n-1}$$

$$\therefore\quad a_n=\frac{2}{2n-1}+3=\frac{6n-1}{2n-1}\quad (n=1,\ 2,\ 3,\ \cdots)\quad \cdots\cdots(答)$$

〔注2〕　漸化式 $a_{n+1}=\dfrac{4a_n-9}{a_n-2}$ において，$a_n=a_{n+1}=x$ とおくと（**参考**を参照）

$$x=\frac{4x-9}{x-2}\qquad x^2-6x+9=0$$

$$(x-3)^2=0\qquad \therefore\quad x=3$$

〔解法2〕では，この3を漸化式の両辺から引いたのである。

(2)　$b_n=\dfrac{a_1+2a_2+\cdots+na_n}{1+2+\cdots+n}$　$(n=1,\ 2,\ 3,\ \cdots)$ のとき，不等式

$$b_n\leqq 3+\frac{4}{n+1}\quad \cdots\cdots(★)$$

がすべての自然数 n に対して成り立つことを，数学的帰納法を用いて示す。

［Ⅰ］　$n=1$ のとき，$b_1=a_1=\dfrac{6\times 1-1}{2\times 1-1}=5$（(1)より）であるから，(★)は成り立つ。

［Ⅱ］　$n=k$ $(k\geqq 1)$ のとき，(★)が成り立つと仮定すると

$$b_k\leqq 3+\frac{4}{k+1}\quad すなわち\quad \frac{a_1+2a_2+\cdots+ka_k}{1+2+\cdots+k}\leqq 3+\frac{4}{k+1}$$

が成り立つから，両辺に $1+2+\cdots+k=\dfrac{1}{2}k(k+1)$ をかけると

$$a_1+2a_2+\cdots+ka_k \leqq \frac{3}{2}k(k+1)+2k$$

この両辺に　$(k+1)a_{k+1}=(k+1)\times\dfrac{6(k+1)-1}{2(k+1)-1}=\dfrac{(k+1)(6k+5)}{2k+1}$　((1)より)

を加えると

$$a_1+2a_2+\cdots+ka_k+(k+1)a_{k+1} \leqq \frac{3}{2}k(k+1)+2k+\frac{(k+1)(6k+5)}{2k+1} \quad \cdots\cdots \text{ⓐ}$$

さらに，両辺を $1+2+\cdots+k+(k+1)=\dfrac{1}{2}(k+1)(k+2)$ で割ると

$$\begin{aligned} b_{k+1} &\leqq \frac{3k}{k+2}+\frac{4k}{(k+1)(k+2)}+\frac{2(6k+5)}{(k+2)(2k+1)} \\ &=3+\frac{-6}{k+2}+\frac{1}{k+2}\left(4-\frac{4}{k+1}\right)+\frac{1}{k+2}\left(6+\frac{4}{2k+1}\right) \\ &=3+\frac{4}{k+2}\left(1-\frac{1}{k+1}+\frac{1}{2k+1}\right) \\ &=3+\frac{4}{k+2}\left\{1-\frac{k}{(k+1)(2k+1)}\right\}<3+\frac{4}{k+2}=3+\frac{4}{(k+1)+1} \end{aligned}$$

$$\left(\because \quad 0<\frac{k}{(k+1)(2k+1)}<1\right)$$

よって，(★)は，$n=k$ のとき成り立てば，$n=k+1$ のときにも成り立つ。

［Ⅰ］，［Ⅱ］より，(★)は $n=1,\ 2,\ 3,\ \cdots$ に対して成り立つ。　　　　（証明終）

〔注3〕［Ⅱ］では，不等式ⓐのもとで，不等式 $b_{k+1}\leqq 3+\dfrac{4}{k+2}$ が成り立つことをいうのであるが，後の不等式は

$$a_1+2a_2+\cdots+ka_k+(k+1)a_{k+1} \leqq \frac{3}{2}(k+1)(k+2)+2(k+1)$$

と同値であるから

$$(\text{ⓐの右辺}) \leqq \frac{3}{2}(k+1)(k+2)+2(k+1) \quad \cdots\cdots \text{ⓑ}$$

がいえれば目的を達する。

ⓑの証明は容易である（右辺－左辺>0 となる）から，試してみるとよい。

(3)　(1)の過程より，$a_n>3$ であるから

$$b_n=\frac{a_1+2a_2+\cdots+na_n}{1+2+\cdots+n}>\frac{3(1+2+\cdots+n)}{1+2+\cdots+n}=3$$

よって，(2)の結果とあわせて

$$3<b_n \leqq 3+\frac{4}{n+1}$$

が成り立ち，$\dfrac{4}{n+1}\to 0$（$n\to\infty$）であるから，はさみうちの原理により

$$\lim_{n\to\infty} b_n=3 \quad \cdots\cdots(答)$$

参考 漸化式 $a_{n+1}=\dfrac{pa_n+q}{ra_n+s}$ ……Ⓐ

を解くには，まず，数列 $\left\{\dfrac{a_n-\alpha}{a_n-\beta}\right\}$（$\alpha\neq\beta$）を考える。この数列は

$$\frac{a_{n+1}-\alpha}{a_{n+1}-\beta}=\frac{\dfrac{pa_n+q}{ra_n+s}-\alpha}{\dfrac{pa_n+q}{ra_n+s}-\beta}=\frac{(p-r\alpha)a_n+q-s\alpha}{(p-r\beta)a_n+q-s\beta}=\frac{p-r\alpha}{p-r\beta}\times\frac{a_n+\dfrac{q-s\alpha}{p-r\alpha}}{a_n+\dfrac{q-s\beta}{p-r\beta}}$$

となるから

$$-\alpha=\frac{q-s\alpha}{p-r\alpha},\quad -\beta=\frac{q-s\beta}{p-r\beta}$$

を満たす α，β（$\alpha\neq\beta$）が存在すれば等比数列となる。このとき

$$\frac{a_n-\alpha}{a_n-\beta}=\frac{a_1-\alpha}{a_1-\beta}\times\left(\frac{p-r\alpha}{p-r\beta}\right)^{n-1}$$

より一般項 a_n が求まる。

α，β はいずれも

$$-x=\frac{q-sx}{p-rx} \quad すなわち \quad rx^2-(p-s)x-q=0 \quad \cdots\cdots Ⓑ$$

（Ⓐで $a_n=a_{n+1}=x$ とおいた式に等しい。Ⓑを特性方程式ということがある。）

の解であるが，$\alpha=\beta$ のときは（本問の場合）

$$2\alpha=\frac{p-s}{r},\quad \alpha^2=-\frac{q}{r} \quad (解と係数の関係)$$

より，$p=2r\alpha+s$，$q=-r\alpha^2$ であるから，このとき

$$a_{n+1}-\alpha=\frac{pa_n+q}{ra_n+s}-\alpha=\frac{(p-r\alpha)a_n+q-s\alpha}{ra_n+s}$$
$$=\frac{(r\alpha+s)a_n-\alpha(r\alpha+s)}{ra_n+s}=\frac{(r\alpha+s)(a_n-\alpha)}{ra_n+s}$$

となるので

$$\frac{1}{a_{n+1}-\alpha}=\frac{ra_n+s}{(r\alpha+s)(a_n-\alpha)}=\frac{r(a_n-\alpha)+(r\alpha+s)}{(r\alpha+s)(a_n-\alpha)}$$
$$=\frac{r}{r\alpha+s}+\frac{1}{a_n-\alpha}$$

となる。よって，数列 $\left\{\dfrac{1}{a_n-\alpha}\right\}$ は等差数列であり

$$\frac{1}{a_n-\alpha}=\frac{1}{a_1-\alpha}+(n-1)\times\frac{r}{r\alpha+s}$$

となるから，これより一般項 a_n が求まる。

なお，$ps-qr=0$ のとき，Ⓐの右辺は約分されて，Ⓐは漸化式にならないが，p，q，r，s の値によっては解法が簡単になることもある。たとえば，$r=0$ ならばⒶは基本的な漸化式であるし，$q=0$ なら両辺の逆数をとって処理できる。

10 2015年度〔5〕 Level B

n を相異なる素数 p_1, p_2, …, p_k $(k\geqq 1)$ の積とする。a, b を n の約数とするとき, a, b の最大公約数を G, 最小公倍数を L とし,

$$f(a,\ b)=\frac{L}{G}$$

とする。

(1) $f(a,\ b)$ が n の約数であることを示せ。

(2) $f(a,\ b)=b$ ならば, $a=1$ であることを示せ。

(3) m を自然数とするとき, m の約数であるような素数の個数を $S(m)$ とする。
$S(f(a,\ b))+S(a)+S(b)$ が偶数であることを示せ。

ポイント 「a, b を n の約数とする」とあるが, 負の約数を考える必要があるだろうか。(3)を見ると, $S(m)$ は自然数 m に対して定義されており, $S(a)$, $S(b)$ とも書かれているから, a, b は自然数と考えてよいと思われる。
(1) a, b の最大公約数を G, 最小公倍数を L とするとき, 想起されるべきことは, $a=a'G$, $b=b'G$ (a', b' は互いに素), $L=a'b'G$, $GL=ab$ などである。
(2) $\dfrac{L}{G}=b$ から $a'b'=b$ である。
(3) $S(m)$ の定義を正しく理解しなければならない。6の正の約数は1, 2, 3, 6であるが, 素数は2と3の2個であるから $S(6)=2$, $30=2\times3\times5$ の場合は, 約数は $2^3=8$ 個で, $S(30)=3$ である。

解 法

(1) n は相異なる素数 p_1, p_2, …, p_k $(k\geqq 1)$ の積であり, a, b は n の約数である。
a, b の最大公約数が G であるから

$$a=a'G,\ b=b'G \quad (a',\ b' \text{ は互いに素})$$

を満たす自然数 a', b' が存在する。a' は a の約数, a は n の約数であるから, a' は n の約数である。同様に b' も n の約数である。a', b' は1以外の公約数をもたないから, 積 $a'b'$ は n の約数である。ところで, a, b の最小公倍数 L は, 一般に

$$L=a'b'G$$

と表されるから

$$f(a,\ b)=\frac{L}{G}=a'b'$$

よって，$f(a,\ b)$ は n の約数である。　　　　　　　　　　　　　　　　（証明終）

〔注1〕 素数の定義は，「2以上の自然数で，1と自分自身以外に約数をもたない数」であるので，素数の積である n は正である。a，b が n の約数であれば $-a$，$-b$ も n の約数であるので，a，b に負であることを認めるか否か悩ましいが，〔ポイント〕で述べたような理由で，$a>0$，$b>0$ としてよいだろう。どうしても心配ならば，絶対値記号を付けて処理すればよい。

参考 $L=a'b'G$ であることは，次のように示せる。
a の c 倍と b の d 倍（c，d は自然数）が等しいとすると

$$L'=ac=bd$$

は a と b の公倍数である。$a=a'G$，$b=b'G$（a'，b' は互いに素）より

$$L'=a'cG=b'dG \qquad \therefore\ a'c=b'd$$

$a'c$ は b' の倍数であるが，a' と b' は互いに素であるから，c が b' の倍数である。
$c=mb'$（m は自然数）とおくと

$$L'=ma'b'G \quad (m\geqq 1)$$

L は L' の最小のものであるので，$L=a'b'G$ である。
ちなみに，$GL=Ga'b'G=a'Gb'G=ab$ となる。

(2) $f(a,\ b)=b$ とすると，(1)より，$a'b'=b$ である。$b=b'G$ であるから，$a'b'=b'G$ が成り立ち，$b'\neq 0$（$b'=0$ のとき $b=0$ で，これは n の約数ではない）であるから，$a'=G$ となる。よって，$a=a'G=a'^2$ である。a' は n の約数であるから，1または，相異なる素数 p_1，p_2，$\cdots$，p_k（$k\geqq 1$）のいくつかの積である。後者の場合，$a=a'^2$ より，a の素因数に同じものが2個含まれることになる。これは a が n の約数であることに反する。
よって，$a'=1$，すなわち $a=1$ である。　　　　　　　　　　　　　　　　（証明終）

(3) 自然数 m の約数であるような素数の個数 $S(m)$ とは，m を素因数分解したときに含まれる相異なる素数の個数のことであり，たとえば $S(1)=0$，$S(n)=k$ である。
よって，m が互いに素な自然数 m_1，m_2 の積であるとき

$$S(m)=S(m_1m_2)=S(m_1)+S(m_2) \quad (m_1,\ m_2 \text{は互いに素})$$

が成り立つ。(1)より，$f(a,\ b)=a'b'$，$a=a'G$，$b=b'G$ であり，a'，b' は互いに素である。a は n の約数で，n の素因数に同じものはないので，a'，G は互いに素である。同様に，b'，G も互いに素である。以上より

$$\begin{aligned}
&S(f(a,\ b))+S(a)+S(b)\\
&=S(a'b')+S(a'G)+S(b'G)\\
&=S(a')+S(b')+S(a')+S(G)+S(b')+S(G)\\
&=2\{S(a')+S(b')+S(G)\}
\end{aligned}$$

$S(a')$, $S(b')$, $S(G)$ は個数であるから 0 以上の整数であるので, $S(f(a,\ b))+S(a)+S(b)$ は偶数である。　　　　　　　　　　　　　　　　　　(証明終)

〔注2〕 n, a, b の素因数分解を図示してみる。

$n=$ [相異なる素数 p_1, p_2, $\cdots$, p_k $(k\geqq 1)$ の積]

n の約数は, 一般に, 1 あるいは {$p_1\sim p_k$ のなかのいくつかの (1 個でも, 2 個でも, …全部でもよい) 積} になる。よって, n の約数 a, b は次のように図示できる。

$a=$ [a'] × [G]

$b=$ [b'] × [G]

[a'] は, 1 あるいは ($p_1\sim p_k$ のなかのいくつか(α)の積)

[b'] は, 1 あるいは ($p_1\sim p_k$ から α を除いたなかのいくつか(β)の積)

[G] は, 1 あるいは ($p_1\sim p_k$ から α と β を除いたなかのいくつかの積)

つまり, [a'], [b'], [G] に共通の素数はない。[G] が a と b の最大公約数 G で, 最小公倍数 L は, [a'] × [b'] × [G] となる。よって, $\dfrac{L}{G}$ は [a'] × [b'] で, これが n の約数であることは自明であろう。

また, [a'] × [b'] $=b$ は [a'] $=$ [G] を意味するが, [a'] と [G] に共通の素数はないのだから, 素因数分解の一意性より, [a'] も [G] もともに 1 であるほかない。

なお, $S(m)$ は,「自然数 m の約数であるような素数の個数」と定義されているから, たとえば, $n=p_1p_2$ (p_1, p_2 は異なる素数) のとき, n の約数は, 1, p_1, p_2, p_1p_2 の 4 個であるが, 1 と p_1p_2 は素数でないから, $S(n)=2$ となる。このように, $S(m)$ は, m の素因数分解に含まれる相異なる素数の個数のことであるから, $m=m_1m_2$ で m_1, m_2 が互いに素な自然数のとき, m_1, m_2 の素因数分解には共通の素数はないので

$$S(m)=S(m_1)+S(m_2)$$

が成り立つ。

11　2014年度〔1〕　Level A

3以上の奇数 n に対して，a_n と b_n を次のように定める。

$$a_n=\frac{1}{6}\sum_{k=1}^{n-1}(k-1)k(k+1),\quad b_n=\frac{n^2-1}{8}$$

(1)　a_n と b_n はどちらも整数であることを示せ。

(2)　a_n-b_n は4の倍数であることを示せ。

ポイント　3以上の奇数 n は自然数 m を用いて $2m+1$ と表せるから，a_n も b_n も m の式になる。また，連続する2整数の積は2の倍数，連続する3整数の積は6の倍数，であることが想起される。

(1)　a_n の定義式には連続する3整数の積 $(k-1)k(k+1)$ が見えるから式の計算はいらないだろう。b_n の方は m の式にしてみよう。

(2)　a_n-b_n を m の式で表してみよう。あるいは，b_n を m の式で表したとき，b_n を a_n のように和の形で表現できることに気づくかもしれない。この考えもよいが，少し工夫が必要になる。

解法1

(1)　連続する3整数 $k-1$，k，$k+1$ は，そのなかに必ず2の倍数と3の倍数を含むから，これらの積 $(k-1)k(k+1)$ は6の倍数である。よって，$\sum_{k=1}^{n-1}(k-1)k(k+1)$ は，6の倍数の和であるから，6の倍数である。

したがって，$a_n=\frac{1}{6}\sum_{k=1}^{n-1}(k-1)k(k+1)$ は整数である。　(証明終)

n は3以上の奇数であるから，自然数 m を用いて $n=2m+1$ とおける。

$$b_n=\frac{n^2-1}{8}=\frac{(2m+1)^2-1}{8}=\frac{4m^2+4m}{8}=\frac{1}{2}m(m+1)\quad\cdots\cdots①$$

連続する2つの自然数 m，$m+1$ は，一方が2の倍数であるから，$m(m+1)$ は2の倍数である。したがって，①より，b_n は整数である。　(証明終)

(2)
$$a_n=\frac{1}{6}\sum_{k=1}^{n-1}(k-1)k(k+1)=\frac{1}{6}\sum_{k=1}^{n-1}(k^3-k)=\frac{1}{6}\sum_{k=1}^{n-1}k^3-\frac{1}{6}\sum_{k=1}^{n-1}k$$
$$=\frac{1}{6}\left\{\frac{1}{2}(n-1)n\right\}^2-\frac{1}{6}\times\frac{1}{2}(n-1)n=\frac{1}{6}\times\frac{1}{2}(n-1)n\left\{\frac{1}{2}(n-1)n-1\right\}$$

$$=\frac{1}{24}(n-1)n(n^2-n-2)=\frac{1}{24}(n-2)(n-1)n(n+1)$$

ここでも $n=2m+1$（$m=1,\ 2,\ 3,\ \cdots$）とおけるので

$$a_n=\frac{1}{24}(2m-1)2m(2m+1)(2m+2)=\frac{1}{6}m(m+1)(2m-1)(2m+1)$$

よって，①より

$$a_n-b_n=\frac{1}{6}m(m+1)(2m-1)(2m+1)-\frac{1}{2}m(m+1)$$

$$=\frac{1}{6}m(m+1)\{(2m-1)(2m+1)-3\}=\frac{1}{6}m(m+1)(4m^2-4)$$

$$=\frac{2}{3}(m-1)m(m+1)(m+1)$$

ここで，$(m-1)m(m+1)$ は連続する3整数の積で6の倍数であるから，これを $6l$（$l=0,\ 1,\ 2,\ \cdots$）とおくと

$$a_n-b_n=\frac{2}{3}\times 6l\times(m+1)=4l(m+1)$$

よって，a_n-b_n は4の倍数である。　　　　　　　　　　　　　　（証明終）

〔注〕　$a_n=\dfrac{1}{24}(n-2)(n-1)n(n+1)$

において，$(n-2)(n-1)n(n+1)$ は連続4整数の積で，これは24の倍数であるから，a_n は整数である。(1)をこのように示すこともできる。ただし，$(n-2)(n-1)n(n+1)$ が24の倍数であることを説明しておく方がよいだろう（数直線上の整数を表す点を見ると，2の倍数を表す点は1つおきに，3の倍数は2つおきに，4の倍数は3つおきに存在している。したがって，連続4整数には，4の倍数とそれとは別の2の倍数，それに3の倍数が含まれる。よって，連続4整数の積は $4\times2\times3=24$ の倍数である）。
一般に連続する n 個の整数の積は $n!$ の倍数である。

参考　$\displaystyle\sum_{k=1}^{n-1}(k-1)k(k+1)$ を求めるには，次の恒等式が利用できる。

$$(k-1)k(k+1)=\frac{1}{4}\{\underset{\sim\sim\sim}{(k-1)k(k+1)}(k+2)-(k-2)\underset{\sim\sim\sim}{(k-1)k(k+1)}\}$$

$k=1,\ 2,\ 3,\ 4,\ \cdots,\ n-1$ として辺々加えれば

$$0\times1\times2=\frac{1}{4}(\cancel{0}-0)$$

$$1\times2\times3=\frac{1}{4}(\cancel{1\times2\times3\times4}-\cancel{0})$$

$$2\times3\times4=\frac{1}{4}(\cancel{2\times3\times4\times5}-\cancel{1\times2\times3\times4})$$

$$3\times4\times5=\frac{1}{4}(\cancel{3\times4\times5\times6}-\cancel{2\times3\times4\times5})$$

$$\vdots\qquad\qquad\vdots$$

$$(n-2)(n-1)n=\frac{1}{4}\{(n-2)(n-1)n(n+1)-\cancel{(n-3)(n-2)(n-1)n}\}$$

$$\therefore \quad \sum_{k=1}^{n-1}(k-1)k(k+1)=\frac{1}{4}(n-2)(n-1)n(n+1)$$

この方法は，慣れるとはやく結果がわかる。

解法 2

((1)は〔解法1〕と同様)

(2)　①より，$b_n=\sum_{l=1}^{m}l$ である。

$n=2m+1$ ($m=1,\ 2,\ 3,\ \cdots$) であるから

$$a_n=\frac{1}{6}\sum_{k=1}^{n-1}(k-1)k(k+1)=\frac{1}{6}\sum_{k=1}^{2m}(k-1)k(k+1)$$

ここで，$i=1,\ 2,\ \cdots,\ m$ を用いて，$k=2i-1$（奇数）の場合と $k=2i$（偶数）の場合に分けて和をとると

$$\begin{aligned}\sum_{k=1}^{2m}(k-1)k(k+1)&=\sum_{i=1}^{m}\{(2i-1)-1\}(2i-1)\{(2i-1)+1\}+\sum_{i=1}^{m}(2i-1)\cdot 2i\cdot(2i+1)\\&=\sum_{i=1}^{m}\{(2i-2)(2i-1)\cdot 2i+(2i-1)\cdot 2i\cdot(2i+1)\}\\&=\sum_{i=1}^{m}\{2i(2i-1)(4i-1)\}\\&=2\sum_{l=1}^{m}l(2l-1)(4l-1)\end{aligned}$$

となるから

$$\begin{aligned}a_n-b_n&=\frac{1}{6}\times 2\sum_{l=1}^{m}l(2l-1)(4l-1)-\sum_{l=1}^{m}l=\sum_{l=1}^{m}\frac{l(8l^2-6l+1)}{3}-\sum_{l=1}^{m}l\\&=\sum_{l=1}^{m}\frac{l(8l^2-6l-2)}{3}=\sum_{l=1}^{m}\frac{2(l-1)l(4l+1)}{3}\end{aligned}$$

ここで

$$(l-1)l(4l+1)=(l-1)l(l+1)+(l-1)l\cdot 3l$$

であり，連続3整数の積 $(l-1)l(l+1)$ は6の倍数，連続2整数の積 $(l-1)l$ は2の倍数であるから $(l-1)l\cdot 3l$ は6の倍数，すなわち

$$\frac{2(l-1)l(4l+1)}{3}=\frac{2}{3}\times(6\text{の倍数})$$

は4の倍数である。よって，a_n-b_n は4の倍数の和であるから，4の倍数である。

（証明終）

12 2013年度 〔1〕(1) Level A

2次方程式 $x^2-3x+5=0$ の2つの解 α, β に対し，$\alpha^n+\beta^n-3^n$ はすべての正の整数 n について5の整数倍になることを示せ。

ポイント 自然数についての命題であるから，すぐに数学的帰納法が想起されよう。$n=k$, $k+1$ のとき与えられた命題が成り立つことを仮定して，$n=k+2$ のときも成り立つことを示す。$n=1$, 2の場合を調べておかなければならない。

解法

α, β は2次方程式 $x^2-3x+5=0$ の解であるから，解と係数の関係より

$$\alpha+\beta=3,\quad \alpha\beta=5 \quad \cdots\cdots ①$$

すべての正の整数 n について $\alpha^n+\beta^n-3^n$ が5の倍数になる。……(＊)

ことを，数学的帰納法を用いて証明する。

［Ⅰ］ ①より

$$\alpha^1+\beta^1-3^1=3-3=0=5\times 0$$

また，$\alpha^2+\beta^2=(\alpha+\beta)^2-2\alpha\beta=3^2-2\times 5=-1$ であるから

$$\alpha^2+\beta^2-3^2=-1-9=-10=5\times(-2)$$

したがって，(＊)は $n=1$, 2のとき成り立つ。

［Ⅱ］ (＊)が $n=k$, $k+1$ ($k\geqq 1$) のとき成り立つと仮定する。このとき，整数 l, m を用いて

$$\begin{cases} \alpha^k+\beta^k-3^k=5l \\ \alpha^{k+1}+\beta^{k+1}-3^{k+1}=5m \end{cases}$$

とおけるから，①より

$$\begin{aligned} \alpha^{k+2}+\beta^{k+2}-3^{k+2} &= (\alpha^{k+1}+\beta^{k+1})(\alpha+\beta)-\alpha\beta(\alpha^k+\beta^k)-3^{k+2} \\ &= (5m+3^{k+1})\times 3-5(5l+3^k)-3^{k+2} \\ &= 5m\times 3-5(5l+3^k) \\ &= 5(3m-5l-3^k) \end{aligned}$$

となり，$3m-5l-3^k$ は整数であるので，(＊)は $n=k+2$ のときも成り立つ。

［Ⅰ］，［Ⅱ］より，すべての正の整数 n について(＊)は成り立つ。 （証明終）

〔注〕 α は $x^2-3x+5=0$ の解であるから

$$\alpha^2-3\alpha+5=0 \qquad \therefore\ \alpha^2=3\alpha-5$$

両辺に α^k をかけると

$$\alpha^{k+2}=3\alpha^{k+1}-5\alpha^k$$

同様に

$$\beta^{k+2}=3\beta^{k+1}-5\beta^{k}$$

この２式より次式が成り立つ。

$$\alpha^{k+2}+\beta^{k+2}-3^{k+2}=3(\alpha^{k+1}+\beta^{k+1}-3^{k+1})-5(\alpha^{k}+\beta^{k})$$

帰納法の仮定より，$\alpha^{k+1}+\beta^{k+1}-3^{k+1}$ は５の倍数，$\alpha^{k}+\beta^{k}$ は整数であるから，$\alpha^{k+2}+\beta^{k+2}-3^{k+2}$ は５の倍数であることがいえる。

13 2013年度〔4〕 Level B

正の整数 n に対し，$0\leqq x\leqq\frac{\pi}{2}$ の範囲において $\sin 4nx\geqq\sin x$ を満たす x の区間の長さの総和を S_n とする。このとき，$\lim_{n\to\infty}S_n$ を求めよ。

ポイント 与えられた不等式の両辺をそれぞれグラフ（$y=\sin 4nx$ の周期は $\frac{\pi}{2n}$ であるから，$0\leqq x\leqq\frac{\pi}{2}$ では n 周期分ある）にしてみると問題の意味は明瞭になるであろう。しかし，実際に不等式を解く段階では，単位円を利用する方がわかりやすい。単位円の中心をO，周上の点をPとし，動径OPの表す角が x であるとすれば，$\sin x$ はPの y 座標と理解される。周上の点Qに対して，動径OQの表す角を $4nx$ とすれば，与えられた不等式を満たすQの存在範囲が目に見えるようになる。動径OPの表す角は一般に $x+2m\pi$（m は整数）となることに注意しよう。S_n を求める計算や S_n の極限値を求めることは難しくはないだろう。

解法 1

$0\leqq x\leqq\frac{\pi}{2}$ であるから，正の整数 n に対し，$\sin 4nx\geqq\sin x$ を満たす x の範囲は，m を整数とするとき

$$2m\pi+x\leqq 4nx\leqq 2m\pi+(\pi-x)$$

を満たすものとして

$$\frac{2m}{4n-1}\pi\leqq x\leqq\frac{2m+1}{4n+1}\pi \quad \cdots\cdots①$$

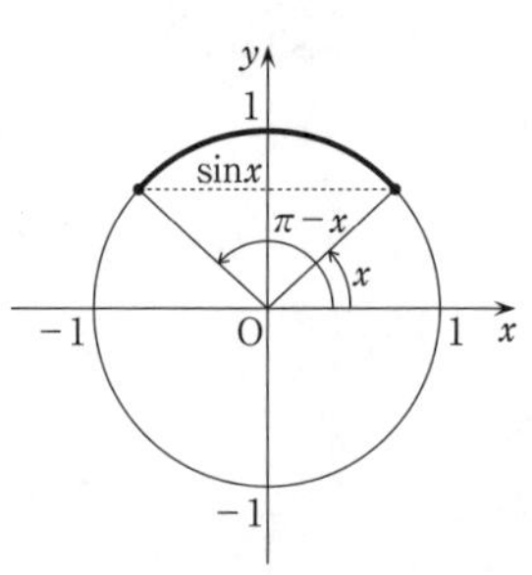

と表される。$0\leqq x\leqq\frac{\pi}{2}$ より $0\leqq 4nx\leqq 2\pi\times n$ であるから

$$m=0,\ 1,\ 2,\ \cdots,\ n-1$$

である。

①の区間の長さは

$$\frac{2m+1}{4n+1}\pi-\frac{2m}{4n-1}\pi=\frac{(2m+1)(4n-1)-2m(4n+1)}{(4n+1)(4n-1)}\pi$$

$$=\frac{4n-4m-1}{16n^2-1}\pi$$

であるから，区間の長さの総和 S_n は

$$S_n=\sum_{m=0}^{n-1}\frac{4n-4m-1}{16n^2-1}\pi$$

$$=\frac{4n-1}{16n^2-1}\pi\sum_{m=0}^{n-1}1-\frac{4\pi}{16n^2-1}\sum_{m=0}^{n-1}m$$

$$=\frac{4n-1}{16n^2-1}\pi\times n-\frac{4\pi}{16n^2-1}\times\frac{1}{2}(n-1)n$$

$$=\frac{4n^2-n}{16n^2-1}\pi-\frac{2n^2-2n}{16n^2-1}\pi$$

$$=\frac{2n^2+n}{16n^2-1}\pi=\frac{2+\frac{1}{n}}{16-\frac{1}{n^2}}\pi$$

$\therefore\quad \lim_{n\to\infty}S_n=\frac{2}{16}\pi=\frac{\pi}{8}$　……(答)

〔注1〕 $0\leqq x\leqq\frac{\pi}{2}$ より $0\leqq 4nx\leqq 2n\pi$ である。与えられた不等式の解の区間は，$0\leqq 4nx\leqq 2\pi$，$2\pi\leqq 4nx\leqq 4\pi$，…，$2(n-1)\pi\leqq 4nx\leqq 2n\pi$ の n 個の場合にそれぞれ1つずつ $0\leqq x\leqq\frac{1}{4n+1}\pi$，$\frac{2}{4n-1}\pi\leqq x\leqq\frac{3}{4n+1}\pi$，…，$\frac{2n-2}{4n-1}\pi\leqq x\leqq\frac{2n-1}{4n+1}\pi$ のように存在する。

解法 2

$y=\sin 4nx$ の周期は $\frac{2\pi}{4n}=\frac{\pi}{2n}$ であるから，$0\leqq x\leqq\frac{\pi}{2}$ の範囲では，2曲線 $y=\sin 4nx$ と $y=\sin x$ の交点の個数は $2n$ 個である（下図）。この $2n$ 個の交点の x 座標を求める。

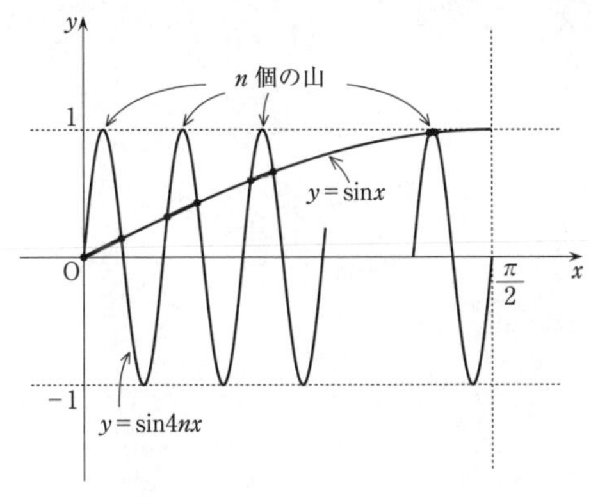

$\sin 4nx=\sin x$ より

$$\begin{cases}4nx=x+2m\pi\\ \quad\text{および}\qquad\qquad (m\text{ は整数})\\ 4nx=(\pi-x)+2m\pi\end{cases}$$

よって

$$x=\frac{2m}{4n-1}\pi\ (=a_m\text{とおく}),\quad x=\frac{2m+1}{4n+1}\pi\ (=b_m\text{とおく})$$

$x=\dfrac{\pi}{2}$ は解でないから $0\leqq x<\dfrac{\pi}{2}$ で，このとき $x<\pi-x$ であるから，$a_m<b_m$ となる。

したがって，$2n$ 個の交点の x 座標を小さい方から順に並べると

$$a_0(=0),\ b_0,\ a_1,\ b_1,\ \cdots,\ a_m,\ b_m,\ \cdots,\ a_{n-1},\ b_{n-1}\ \left(=\frac{2n-1}{4n+1}\pi<\frac{\pi}{2}\right)$$

となる。$\sin 4nx\geqq\sin x$ を満たす区間の長さは，上図より

$$b_m-a_m=\frac{2m+1}{4n+1}\pi-\frac{2m}{4n-1}\pi\quad (m=0,\ 1,\ 2,\ \cdots,\ n-1)$$

(以下，**〔解法1〕** に同じ)

〔注2〕 $\sin 4nx=\sin x$ を解くには，$\sin 4nx-\sin x=0$ の左辺に〔和→積の公式〕を用いて

$$2\cos\frac{4n+1}{2}x\sin\frac{4n-1}{2}x=0$$

とし

$$\begin{cases}\cos\dfrac{4n+1}{2}x=0\text{ より}\\ \qquad\dfrac{4n+1}{2}x=m\pi+\dfrac{\pi}{2}\qquad\therefore\quad x=\dfrac{2m+1}{4n+1}\pi\\ \sin\dfrac{4n-1}{2}x=0\text{ より}\\ \qquad\dfrac{4n-1}{2}x=m\pi\qquad\therefore\quad x=\dfrac{2m}{4n-1}\pi\end{cases}$$

とすることもできる。

14　2012年度〔2〕(1)　Level A

$\log_{10}3=0.4771$ として，$\sum_{n=0}^{99}3^n$ の桁数を求めよ。

ポイント　等比数列の和はすぐに求まる。この和を3の累乗で評価する。あるいは，3^{100} の最高位の数に着目してもよい。

解法 1

$$\sum_{n=0}^{99}3^n=1+3+3^2+\cdots+3^{99}=\frac{3^{100}-1}{3-1}=\frac{1}{2}(3^{100}-1)$$

$$3^{100}-\frac{1}{2}(3^{100}-1)=\frac{1}{2}\times3^{100}+\frac{1}{2}>0$$

$$\frac{1}{2}(3^{100}-1)-3^{99}=\frac{1}{2}\times3^{99}-\frac{1}{2}>0$$

であるので

$$3^{99}<\sum_{n=0}^{99}3^n<3^{100}$$

ここに，$\log_{10}3=0.4771$ を用いれば

$$\log_{10}3^{100}=100\log_{10}3=100\times0.4771=47.71 \qquad \therefore \quad 3^{100}=10^{47.71}$$

$$\log_{10}3^{99}=99\log_{10}3=99\times0.4771=47.2329 \qquad \therefore \quad 3^{99}=10^{47.2329}$$

であるから

$$10^{47.2329}<\sum_{n=0}^{99}3^n<10^{47.71}$$

が成り立つ。したがって，$\sum_{n=0}^{99}3^n$ の桁数は

48桁　……(答)

解法 2

$$\sum_{n=0}^{99}3^n=\frac{1}{2}(3^{100}-1)$$

であり，$\log_{10}3^{100}=100\log_{10}3=100\times0.4771=47.71$ より $3^{100}=10^{47.71}$ であるから

$$\sum_{n=0}^{99}3^n=\frac{1}{2}(10^{47.71}-1)$$

ここに，$10^{47}\leqq10^{47.71}<10^{48}$ より，$10^{47.71}$ は48桁の数である。

また，$10^{47.71}=10^{0.71}\times10^{47}$ の最高位の数を m とすれば，不等式

$$10^{0.4771} < 10^{0.71} < 10^{2\times 0.4771} \quad (=(10^{0.4771})^2)$$

および，$3=10^{0.4771}$ より

$$3 < m < 9$$

が成り立つため，最高位の数は 1，2 にならない。

よって，$10^{47.71}-1$ は 48 桁の数であり，$\dfrac{1}{2}(10^{47.71}-1)$ すなわち $\displaystyle\sum_{n=0}^{99} 3^n$ は 48 桁の数である。 ……(答)

〔注〕 3^{100} が 48 桁の整数であることから，結果の見当はつくだろうが，記述式の問題であるからきちんと理由を述べなければならない。**〔解法 1〕** のように，3 の累乗で評価できれば，それが最も簡明な方法である。1 を引いてから 2 で割っても桁数に変化は生じないだろうと考えたのが **〔解法 2〕** である。この場合は，最高位の数を調べなければいけない。例えば，3 桁の数 100 を 2 で割れば 2 桁になってしまう。ここでは，$\log_{10}3=0.4771$ だけが手がかりなので，最高位の数は決定できないが，$\log_{10}2=0.3010$ も与えられていれば，$\log_{10}5=1-0.3010=0.6990$，$\log_{10}6=0.3010+0.4771=0.7781$ より $5 < 10^{0.71} < 6$ が導けるから，$m=5$ がわかる。

15　2012年度〔2〕(2)　Level B

実数 a に対して，a を超えない最大の整数を $[a]$ で表す。10000 以下の正の整数 n で $[\sqrt{n}]$ が n の約数となるものは何個あるか。

ポイント　$n=1,\ 2,\ 3,\ 4,\ 5,\ \cdots$ として具体的に考えてみると問題の意味がよく理解できるだろう。$[\sqrt{n}]=k$ とおくと，n が 10000 以下の自然数であることから，k は 100 以下の自然数であることがわかる。そして，[　] の意味から，不等式 $k\leqq\sqrt{n}<k+1$ が成り立つことがわかる。

解法

n は正の整数であるから，$[\sqrt{n}]=k$ とおくと，k は正の整数であり

$$k\leqq\sqrt{n}<k+1 \quad より \quad k^2\leqq n<k^2+2k+1$$

よって

$$n=k^2,\ k^2+1,\ k^2+2,\ \cdots,\ k^2+k,\ k^2+k+1,\ \cdots,\ k^2+2k$$

である。この中で k の倍数であるものは k^2，k^2+k，k^2+2k の 3 つである。n が 10000 以下であるから，k は 100 以下であり，このとき $[\sqrt{n}]$ すなわち k が n の約数となるものの個数を求めると

$k=1$ から $k=99$ までは　　k^2，$k(k+1)$，$k(k+2)$ の各 3 個

$k=100$ のときは　　$n=k^2=10000$ の 1 個

以上より　　$3\times99+1=298$ 個　……(答)

〔注〕具体例を書き出してみると，右表のようになる。これを $n=10000$ まで続けて○の個数を数えればよいのだが，現実的ではない。しかし，$[\sqrt{n}]$ の値に注目して，もう少し調べれば結果が見えてくるだろう。意味の理解しにくい問題は，具体例で考えてみるとよい。

n	$\sqrt{n}$	$[\sqrt{n}]$	$[\sqrt{n}]$ が n の約数
1	1	1	○
2	1.4…	1	○
3	1.7…	1	○
4	2	2	○
5	2.2…	2	×
6	2.4…	2	○
7	2.6…	2	×
8	2.8…	2	○
9	3	3	○
10	3.1…	3	×

16 2012年度〔4〕 Level B

n を正の整数とする。数列 $\{a_k\}$ を

$$a_1=\frac{1}{n(n+1)},\quad a_{k+1}=-\frac{1}{k+n+1}+\frac{n}{k}\sum_{i=1}^{k}a_i\quad (k=1,\ 2,\ 3,\ \cdots)$$

によって定める。

(1) a_2 および a_3 を求めよ。

(2) 一般項 a_k を求めよ。

(3) $b_n=\sum_{k=1}^{n}\sqrt{a_k}$ とおくとき，$\lim_{n\to\infty}b_n=\log 2$ を示せ。

ポイント 正の整数 n が，(1), (2)では項を構成する定数として，(3)では項の番号として使われているので，混同しないようにしよう。
(1) 漸化式で $k=1$ とおき，a_1 を代入すれば a_2 が求まる。同様に，$k=2$ として，a_1 と a_2 を用いれば a_3 が求まる。
(2) a_k の推測は容易だろう。ただし，数学的帰納法を用いて証明しておかなければならない。数列の和と一般項の関係を使えば，a_k を漸化式から求めることもできそうである。
(3) 極限値が $\log 2$ になることを示す証明問題であるが，この極限値から，分数関数を用いる区分求積法が連想される。$\sqrt{a_k}$ を不等式で評価することがポイントになる。

解法 1

(1) 与えられた漸化式において，$k=1$ とおくと

$$a_2=-\frac{1}{n+2}+na_1=-\frac{1}{n+2}+n\times\frac{1}{n(n+1)}$$
$$=\frac{1}{n+1}-\frac{1}{n+2}=\frac{1}{(n+1)(n+2)}$$

$k=2$ とすれば

$$a_3=-\frac{1}{n+3}+\frac{n}{2}(a_1+a_2)=-\frac{1}{n+3}+\frac{n}{2}\left\{\frac{1}{n(n+1)}+\frac{1}{(n+1)(n+2)}\right\}$$
$$=-\frac{1}{n+3}+\frac{n}{2}\left(\frac{1}{n}-\frac{1}{n+1}+\frac{1}{n+1}-\frac{1}{n+2}\right)=-\frac{1}{n+3}+\frac{n}{2}\times\frac{2}{n(n+2)}$$
$$=\frac{1}{n+2}-\frac{1}{n+3}=\frac{1}{(n+2)(n+3)}$$

よって

$$a_2=\frac{1}{(n+1)(n+2)},\quad a_3=\frac{1}{(n+2)(n+3)}\quad \cdots\cdots(答)$$

(2)　(1)の結果から

$$a_k=\frac{1}{(n+k-1)(n+k)}\quad \cdots\cdots(*)$$

が推測される。

$k=1,\ 2,\ 3,\ \cdots$ に対して(＊)が成り立つことを数学的帰納法を用いて証明する。

[Ⅰ]　$k=1$ のとき，(＊)は

$$a_1=\frac{1}{n(n+1)}$$

となり，与えられた条件と一致するので，(＊)は $k=1$ のとき成り立つ。

[Ⅱ]　l を自然数とする。与えられた漸化式より

$$a_{l+1}=-\frac{1}{l+n+1}+\frac{n}{l}\sum_{i=1}^{l}a_i$$

であり，ここに，$k=1,\ 2,\ \cdots,\ l$ に対して(＊)が成り立つと仮定すると

$$\begin{aligned}\sum_{i=1}^{l}a_i&=\frac{1}{n(n+1)}+\frac{1}{(n+1)(n+2)}+\cdots+\frac{1}{(n+l-1)(n+l)}\\&=\left(\frac{1}{n}-\frac{1}{n+1}\right)+\left(\frac{1}{n+1}-\frac{1}{n+2}\right)+\cdots+\left(\frac{1}{n+l-1}-\frac{1}{n+l}\right)\\&=\frac{1}{n}-\frac{1}{n+l}=\frac{l}{n(n+l)}\end{aligned}$$

が成り立つから

$$\begin{aligned}a_{l+1}&=-\frac{1}{l+n+1}+\frac{n}{l}\times\frac{l}{n(n+l)}=\frac{1}{n+l}-\frac{1}{l+n+1}\\&=\frac{1}{(n+l)(n+l+1)}\end{aligned}$$

これは，(＊)で $k=l+1$ とおいたものを表している。

すなわち，(＊)は，$k=1,\ 2,\ \cdots,\ l$ に対して成り立てば，$k=l+1$ でも成り立つ。

[Ⅰ]，[Ⅱ] より，(＊)はすべての自然数 k に対して成り立つ。

以上のことから

$$a_k=\frac{1}{(n+k-1)(n+k)}\quad (k=1,\ 2,\ 3,\ \cdots)\quad \cdots\cdots(答)$$

(3)　$0<n+k-1<n+k$ であるから

$$\frac{1}{(n+k)^2}<\frac{1}{(n+k-1)(n+k)}<\frac{1}{(n+k-1)^2}\quad (k=1,\ 2,\ \cdots,\ n)$$

よって

$$\frac{1}{n+k}<\sqrt{a_k}<\frac{1}{n+k-1}$$

辺々，$k=1,\ 2,\ \cdots,\ n$ に対する和をとれば

$$\sum_{k=1}^{n}\frac{1}{n+k}<\sum_{k=1}^{n}\sqrt{a_k}<\sum_{k=1}^{n}\frac{1}{n+k-1}$$

したがって

$$\lim_{n\to\infty}\sum_{k=1}^{n}\frac{1}{n+k}\leqq\lim_{n\to\infty}b_n\leqq\lim_{n\to\infty}\sum_{k=1}^{n}\frac{1}{n+k-1}\quad\cdots\cdots①$$

ここで

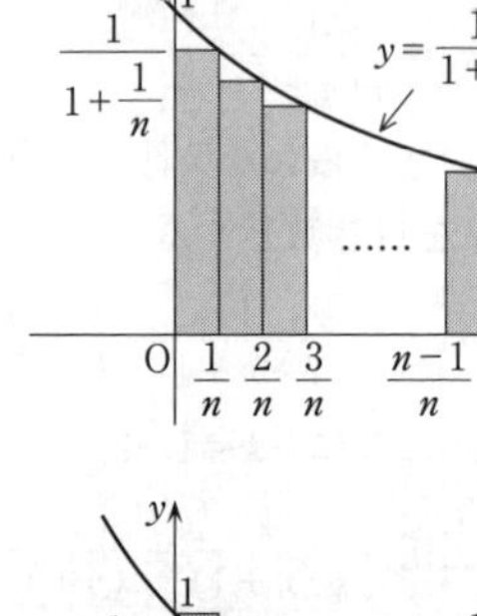

$$\lim_{n\to\infty}\sum_{k=1}^{n}\frac{1}{n+k}=\lim_{n\to\infty}\frac{1}{n}\sum_{k=1}^{n}\frac{1}{1+\frac{k}{n}}$$

$$=\int_0^1\frac{1}{1+x}dx$$

$$=\Big[\log(1+x)\Big]_0^1$$

$$=\log 2\quad\cdots\cdots②$$

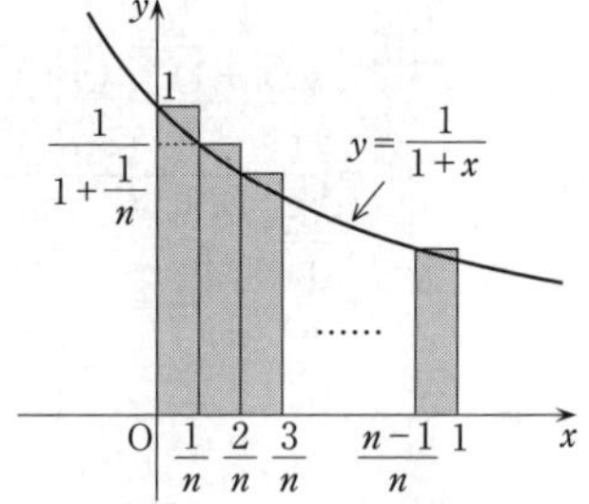

$$\lim_{n\to\infty}\sum_{k=1}^{n}\frac{1}{n+k-1}=\lim_{n\to\infty}\frac{1}{n}\sum_{k=1}^{n}\frac{1}{1+\frac{k-1}{n}}$$

$$=\int_0^1\frac{1}{1+x}dx$$

$$=\Big[\log(1+x)\Big]_0^1$$

$$=\log 2\quad\cdots\cdots③$$

①，②，③とはさみうちの原理により

$$\lim_{n\to\infty}b_n=\log 2$$

（証明終）

解法 2

（(1)，(3)は〔解法 1〕と同様）

(2)　与えられた漸化式を変形すると

$$\sum_{i=1}^{k}a_i=\frac{k}{n}\left(a_{k+1}+\frac{1}{k+n+1}\right)\quad(k=1,\ 2,\ 3,\ \cdots)\quad\cdots\cdots Ⓐ$$

k を $k-1$ で置き換えると

$$\sum_{i=1}^{k-1}a_i=\frac{k-1}{n}\left(a_k+\frac{1}{k+n}\right)\quad(k=2,\ 3,\ 4,\ \cdots)\quad\cdots\cdots Ⓑ$$

$k\geqq 2$ のとき $\sum_{i=1}^{k}a_i-\sum_{i=1}^{k-1}a_i=a_k$ であるから，Ⓐ－Ⓑより

$$a_k=\frac{k}{n}a_{k+1}-\frac{k-1}{n}a_k+\frac{k}{n(k+n+1)}-\frac{k-1}{n(k+n)}$$

a_{k+1}について解けば

$$\frac{k}{n}a_{k+1}=a_k+\frac{k-1}{n}a_k-\frac{k}{n(k+n+1)}+\frac{k-1}{n(k+n)}$$

$$a_{k+1}=\frac{n+k-1}{k}a_k-\frac{1}{n+k+1}+\frac{k-1}{k(n+k)}$$

$$=\frac{n+k-1}{k}a_k-\frac{n+1}{k(n+k)(n+k+1)}$$

$$=\frac{n+k-1}{k}a_k-\frac{1}{k(n+k)}+\frac{1}{(n+k)(n+k+1)}$$

この式は次のように変形できる。

$$a_{k+1}-\frac{1}{(n+k)(n+k+1)}=\frac{n+k-1}{k}\left\{a_k-\frac{1}{(n+k-1)(n+k)}\right\}\quad\cdots\cdots Ⓒ$$

これは$k=1$としても成り立つ。

ここで

$$a_k-\frac{1}{(n+k-1)(n+k)}=c_k\quad(k=1,\ 2,\ 3,\ \cdots)\quad\cdots\cdots Ⓓ$$

とおくと，Ⓒは

$$c_{k+1}=\frac{n+k-1}{k}c_k$$

となるから

$$c_k=\frac{n+k-2}{k-1}c_{k-1}=\frac{n+k-2}{k-1}\times\frac{n+k-3}{k-2}c_{k-2}$$

と変形できる。この変形をくり返し行うと

$$c_k=\frac{n+k-2}{k-1}\times\frac{n+k-3}{k-2}\times\frac{n+k-4}{k-3}\times\cdots\times\frac{n+1}{2}\times\frac{n}{1}c_1$$

となるが，Ⓓより

$$c_1=a_1-\frac{1}{n(n+1)}=\frac{1}{n(n+1)}-\frac{1}{n(n+1)}=0$$

であるので，$c_k=0$となる。よって，Ⓓから

$$a_k=\frac{1}{(n+k-1)(n+k)}\quad(k=1,\ 2,\ 3,\ \cdots)\quad\cdots\cdots(答)$$

17　2010年度〔2〕　Level　B

aを正の整数とする。正の実数xについての方程式

$$(*)\qquad x=\left[\frac{1}{2}\left(x+\frac{a}{x}\right)\right]$$

が解を持たないようなaを小さい順に並べたものをa_1，a_2，a_3，…とする。ここに[　]はガウス記号で，実数uに対し，$[u]$はu以下の最大の整数を表す。

(1)　$a=7$，8，9の各々について（$*$）の解があるかどうかを判定し，ある場合は解xを求めよ。

(2)　a_1，a_2を求めよ。

(3)　$\displaystyle\sum_{n=1}^{\infty}\frac{1}{a_n}$を求めよ。

ポイント　ガウス記号$[u]$では，「$n\leqq u<n+1$のとき$[u]=n$（nは整数）」を知っていればよい。
(1)　方程式($*$)に解xがあるとすれば，$x>0$かつ$x=[u]$の形であるから，xは正の整数ということになる。上の定義に従って解xの満たすべき不等式をつくってみる。あるいは，$y=[u]$のグラフと直線$y=x$の共有点の有無を考察することもできそうである。
(2)　(1)を調べるうちにa_1，a_2は求まるであろう。同時に，数列$\{a_n\}$の正体が見えてくるはずである。
(3)　逆数の和であるから，部分分数分解が想起される。初項から第n項までの部分和を求め，$n\to\infty$とすればよい。

解法 1

$$x=\left[\frac{1}{2}\left(x+\frac{a}{x}\right)\right]\quad(x>0,\ a\text{は正の整数})\quad\cdots\cdots(*)$$

(1)　方程式($*$)が解$x=k$をもつとすれば，kは正の整数であり

$$k=\left[\frac{1}{2}\left(k+\frac{a}{k}\right)\right]$$

が成り立つ。これは$k\leqq\dfrac{1}{2}\left(k+\dfrac{a}{k}\right)<k+1$と同値であり，さらに

$$k\leqq\frac{1}{2}\left(k+\frac{a}{k}\right)\quad\text{かつ}\quad\frac{1}{2}\left(k+\frac{a}{k}\right)<k+1$$

と同値である。$k>0$ より，これは

$$k^2 \leqq a \quad \text{かつ} \quad a<k^2+2k$$

すなわち　　$k^2 \leqq a < k^2+2k$

となり，$k^2+2k=(k+1)^2-1$ に注意すれば

$$k^2 \leqq a < (k+1)^2-1$$

定数 a（正の整数）に対し，この不等式を満たす正の整数 k が方程式(＊)の解となる。

$a=7$ のとき $k=2$（$2^2 \leqq 7 < 3^2-1$）が適し，$a=8$ のとき $8=3^2-1$ であるので適する k は存在せず，$a=9$ のとき $k=3$（$3^2 \leqq 9 < 4^2-1$）が適する。

まとめると，方程式(＊)は

$$\left.\begin{array}{l} a=7 \text{ のとき，解があり，解は } x=2 \\ a=8 \text{ のとき，解はない} \\ a=9 \text{ のとき，解があり，解は } x=3 \end{array}\right\} \quad \cdots\cdots(\text{答})$$

(2)　不等式 $k^2 \leqq a < (k+1)^2-1$（a，k はともに正の整数）を満たす a は

$$a=k^2,\ k^2+1,\ k^2+2,\ \cdots,\ (k+1)^2-2$$

であるから，すべての正の整数 k を考えたとき，この不等式を満たさない正の整数 a は，(平方数)-1 の形の数，すなわち $(k+1)^2-1$ のみである。したがって

$$a_1=3,\ a_2=8 \quad \cdots\cdots(\text{答})$$

(3)　(2)より $a_k=(k+1)^2-1$ であるから

$$\frac{1}{(k+1)^2-1}=\frac{1}{k(k+2)}=\frac{1}{2}\left(\frac{1}{k}-\frac{1}{k+2}\right)$$

となることを利用して

$$\sum_{k=1}^{n}\frac{1}{a_k}=\sum_{k=1}^{n}\frac{1}{(k+1)^2-1}=\sum_{k=1}^{n}\frac{1}{2}\left(\frac{1}{k}-\frac{1}{k+2}\right)$$

$$=\frac{1}{2}\left\{\left(\frac{1}{1}-\frac{1}{3}\right)+\left(\frac{1}{2}-\frac{1}{4}\right)+\left(\frac{1}{3}-\frac{1}{5}\right)+\left(\frac{1}{4}-\frac{1}{6}\right)+\cdots\right.$$

$$\left.+\left(\frac{1}{n-2}-\frac{1}{n}\right)+\left(\frac{1}{n-1}-\frac{1}{n+1}\right)+\left(\frac{1}{n}-\frac{1}{n+2}\right)\right\}$$

$$=\frac{1}{2}\left(1+\frac{1}{2}-\frac{1}{n+1}-\frac{1}{n+2}\right)$$

したがって

$$\sum_{n=1}^{\infty}\frac{1}{a_n}=\lim_{n\to\infty}\sum_{k=1}^{n}\frac{1}{a_k}=\lim_{n\to\infty}\sum_{k=1}^{n}\frac{1}{(k+1)^2-1}=\lim_{n\to\infty}\frac{1}{2}\left(1+\frac{1}{2}-\frac{1}{n+1}-\frac{1}{n+2}\right)$$

$$=\frac{1}{2}\left(1+\frac{1}{2}\right)=\frac{3}{4} \quad \cdots\cdots(\text{答})$$

解 法 2

(1)　$k^2 \leqq a < k^2+2k$　……①

までは〔解法 1〕と同じ。

$k^2 \leqq a$ $(k>0)$ を解くと

$$0<k\leqq\sqrt{a} \quad \cdots\cdots ②$$

$k^2+2k>a$ $(k>0)$ を解くと

$$k^2+2k-a>0 \qquad k>-1+\sqrt{1+a} \quad \cdots\cdots ③$$

ここに

$$\sqrt{a}-(\sqrt{a+1}-1)=(\sqrt{a}+1)-\sqrt{a+1}=\frac{2\sqrt{a}}{\sqrt{a}+1+\sqrt{a+1}}=\frac{2}{1+\frac{1}{\sqrt{a}}+\sqrt{1+\frac{1}{a}}}$$

であるから

$$0<\sqrt{a}-(\sqrt{a+1}-1)<1 \quad \cdots\cdots ④$$

よって，②と③には共通部分があるので，①の解は

$$\sqrt{a+1}-1<k\leqq\sqrt{a} \quad \cdots\cdots ⑤$$

正の整数 a に対して，不等式⑤を満たす正の整数 k が方程式(＊)の解 x である。

$a=7$ のとき，⑤より

$$\sqrt{8}-1<k\leqq\sqrt{7} \qquad \therefore \quad x=k=2$$

$a=8$ のとき，⑤より

$$2<k\leqq\sqrt{8} \qquad \text{解なし}$$

$a=9$ のとき，⑤より

$$\sqrt{10}-1<k\leqq 3 \qquad \therefore \quad x=k=3$$

……(答)

(2)　方程式(＊)の解すなわち不等式⑤を満たす整数 k は，④より，$\sqrt{a}$ が整数のときただ1つ存在し，$\sqrt{a+1}$ が整数のとき存在しない。また，$\sqrt{a}$ と $\sqrt{a+1}$ がともに整数でないときただ1つ存在する。これは，連続する2つの正の整数 a と $a+1$ の間には整数が存在しないことから，$\sqrt{a}$ と $\sqrt{a+1}$ の間に整数は存在しないので

$$N<\sqrt{a}<\sqrt{a+1}<N+1$$

となる整数 N が存在するから，$\sqrt{a+1}-1<N<\sqrt{a}$ となることによる。したがって，方程式(＊)が解をもたないような正の整数 a は，$\sqrt{a+1}$ が整数すなわち a が(平方数)-1 の場合に限る。このような a は，小さい方から

$$a_1=2^2-1=3, \quad a_2=3^2-1=8 \quad \cdots\cdots(\text{答})$$

((3)は〔解法 1〕と同様)

解法 3

(1)　$y=\dfrac{1}{2}\left(x+\dfrac{a}{x}\right)$　($x>0$，a は正の整数)　……Ⓐ

とおく。

$$y'=\frac{1}{2}\left(1-\frac{a}{x^2}\right)=\frac{x^2-a}{2x^2}$$

よって，$x>0$ における y の増減表は右のようになる。

x	0	…	$\sqrt{a}$	…
y'		−	0	+
y		↘	$\sqrt{a}$	↗

また

$$\lim_{x\to\infty}\left(y-\frac{1}{2}x\right)=\lim_{x\to\infty}\frac{a}{2x}=0$$

$$\lim_{x\to+0}y=\lim_{x\to+0}\frac{1}{2}\left(x+\frac{a}{x}\right)=\infty$$

であるから，2直線 $y=\dfrac{1}{2}x$，$x=0$ はⒶの漸近線である。

これらのことから，Ⓐのグラフは下図の破線のようになる。

いま，$n\leqq\sqrt{a}<n+1$（n，a は正の整数）として

$$y=\left[\frac{1}{2}\left(x+\frac{a}{x}\right)\right]\quad(x>0)\quad\cdots\cdots Ⓑ$$

のグラフを描くと下図の太実線のようになる。

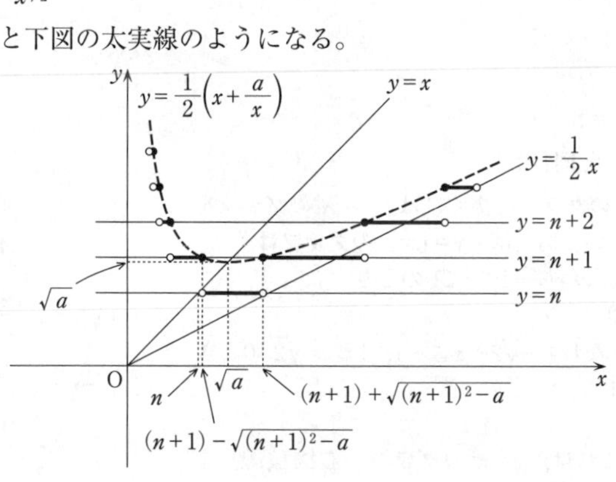

なお，$y=\dfrac{1}{2}\left(x+\dfrac{a}{x}\right)$ と $y=n+1$ の交点は2つあり，それらの x 座標を求めると

$$\frac{1}{2}\left(x+\frac{a}{x}\right)=n+1\qquad x^2-2(n+1)x+a=0$$

$$\therefore\quad x=(n+1)\pm\sqrt{(n+1)^2-a}$$

方程式　$x=\left[\dfrac{1}{2}\left(x+\dfrac{a}{x}\right)\right]$　($x>0$)　……Ⓒ

の解は，直線 $y=x$ とⒷのグラフの共有点の x 座標で与えられるから，Ⓒが解をもた

ないためには，上図（直線 $y=x$ がⒶの極小点 $(\sqrt{a},\ \sqrt{a})$ を通ることに注意）より

$$n \leqq (n+1)-\sqrt{(n+1)^2-a} \quad \text{すなわち} \quad \sqrt{(n+1)^2-a} \leqq 1$$

が必要である。この不等式から

$$0 \leqq (n+1)^2-a \leqq 1$$

を得るが，$n \leqq \sqrt{a} < n+1$ としてあるから，$a < (n+1)^2$ であるので

$$(n+1)^2-1 \leqq a < (n+1)^2$$

a は正の整数であるので

$$a=(n+1)^2-1 \quad \cdots\cdots Ⓓ$$

逆に，このとき

$$(n+1)-\sqrt{(n+1)^2-a}=(n+1)-\sqrt{(n+1)^2-\{(n+1)^2-1\}}=n$$

となるので，直線 $y=x$ とⒷのグラフは共有点をもたない。つまり，Ⓓのときⓒは解をもたない。Ⓓでないときⓒは解 $x=n$ をもつ。よって

$a=7$ のとき，$2 \leqq \sqrt{7} < 3$ であるから，ⓒの解は $x=2$ である。
$a=8$ のとき，$8=3^2-1$ であるので，Ⓓよりⓒの解はない。
$a=9$ のとき，$3 \leqq \sqrt{9} < 4$ であるから，ⓒの解は $x=3$ である。
……(答)

(2)　Ⓓを満たす a は小さい方から

$$3,\ 8,\ 15,\ 24,\ \cdots$$

であるから

$$a_1=3,\ a_2=8 \quad \cdots\cdots(答)$$

((3)は〔解法１〕と同様)

参考　$y=[X]$ のグラフを描くには，$y=X$ のグラフを利用するとよい。例えば，$y=[x^2]$ のグラフは

$0 \leqq x^2 < 1$ すなわち $-1 < x < 1$ のとき
　　$y=0$
$1 \leqq x^2 < 2$ すなわち $-\sqrt{2} < x \leqq -1$，$1 \leqq x < \sqrt{2}$ のとき
　　$y=1$
　　　⋮

であるが，これは，$y=x^2$ のグラフ（右図破線）を利用して

$0 \leqq y < 1$ のとき　　$y=0$
$1 \leqq y < 2$ のとき　　$y=1$
　　　⋮

と考えると描きやすいだろう。

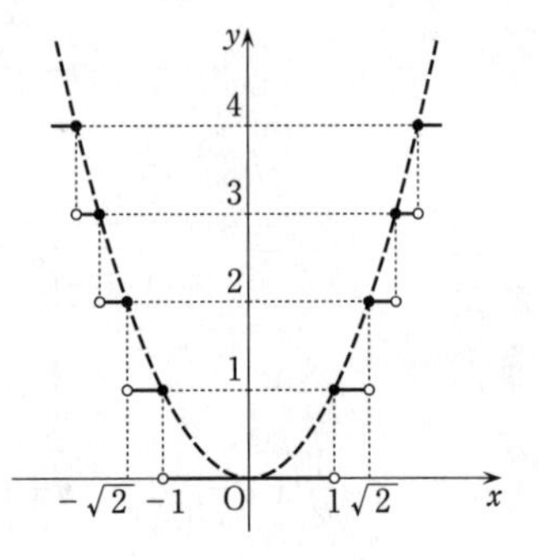

18 2009 年度 〔3〕 Level B

N を正の整数とする。$2N$ 以下の正の整数 m, n からなる組 (m, n) で，方程式 $x^2-nx+m=0$ が N 以上の実数解をもつようなものは何組あるか。

ポイント 2次方程式の実数解の大きさに関する問題であるから，2次関数のグラフを用いて考察するとよいだろう。ここでの2次関数のグラフは下に凸の放物線であり，y 切片や頂点の位置を調べていくと，与えられた方程式が N 以上の実数解をもつための係数の条件が比較的すんなりと求まる（解と係数の関係からも導くことができるが，気づきにくいかもしれない）。その条件を平面上の領域として表せば，2つの文字がともに整数であることから，格子点（$=x$ 座標も y 座標も整数である点）の個数の問題に帰着する。あるいは，2つの文字のとり得る値の範囲が決められているので，数え上げの方法も有効である。

問題の意味がわかりにくいようなら，N を1や2などの具体的な数値に置き換えて考えるとよい。一般の場合が，割合容易に推測できることだろう。

解 法 1

方程式

$$x^2-nx+m=0 \quad \cdots\cdots①$$

の実数解は，2次関数

$$y=f(x)=x^2-nx+m=\left(x-\frac{n}{2}\right)^2+m-\frac{n^2}{4} \quad \cdots\cdots②$$

のグラフと x 軸との共有点の x 座標で与えられる。

正の整数 N, m, n については

$$1 \leqq m \leqq 2N, \quad 1 \leqq n \leqq 2N \quad \cdots\cdots③$$

が成立するから

$$\frac{n}{2} \leqq N$$

となるので，方程式①が N 以上の実数解をもつためには

$$f(0)=f(n)=m \quad (>0)$$

から，②のグラフが右図のようになっていなければならない。そのための条件は

$$f(N)=N^2-nN+m \leqq 0$$

$$\therefore \quad m \leqq N(n-N) \quad \cdots\cdots④$$

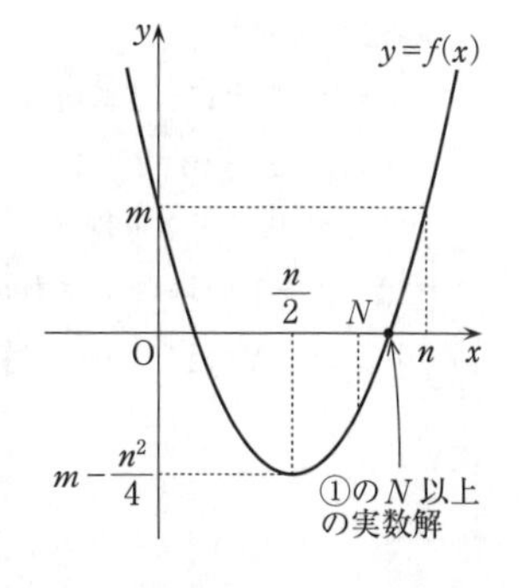

である。

不等式③かつ④の表す領域を nm 平面に図示すると，図ⅰ～図ⅲの網かけ部分（境界はすべて含む）となる。ただし，$N=1$ の場合は，1点のみとなる。

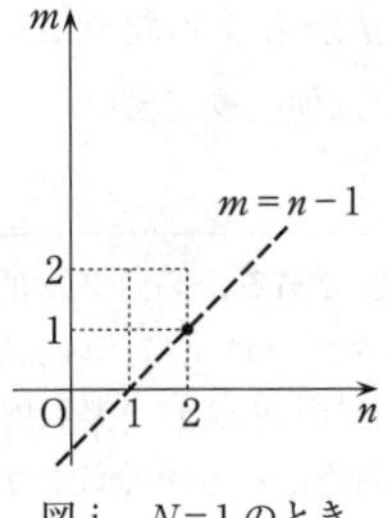

図ⅰ　$N=1$ のとき

図ⅱ　$N=2$ のとき

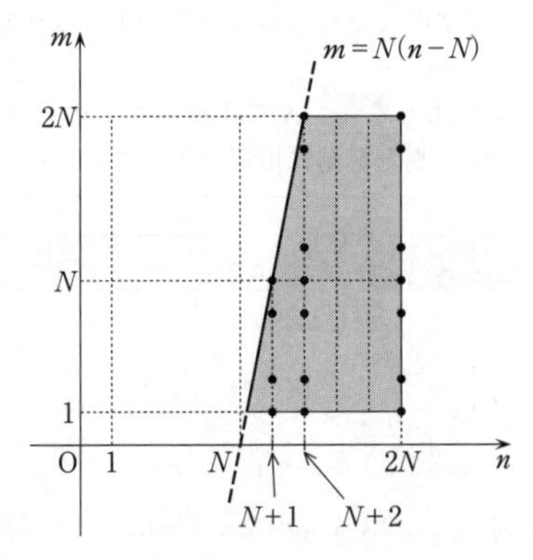

図ⅲ　$N \geqq 3$ のとき

方程式①が N 以上の実数解をもつような正の整数 m，n の組は，図ⅰ～図ⅲの網かけ部分（境界はすべて含む）に含まれる格子点で表されるから，求める組の数は，格子点の個数である。それは

$N=1$ のとき　　1個

$N \geqq 2$ のとき

$n=N+1$ 上に，$1 \leqq m \leqq N$ の N 個あり，

$n=N+2$，…，$2N$ 上のそれぞれに，$1 \leqq m \leqq 2N$ の $2N$ 個ある。

すなわち　　$N+\{2N-(N+2)+1\}\times 2N=N+(N-1)\times 2N=2N^2-N$〔個〕

これは，$N=1$ の場合を含むので，求める組の数は

$2N^2-N$〔組〕　……(答)

解法 2

2次方程式

$x^2-nx+m=0$ (係数は実数) ……Ⓐ

は，判別式を D とすると

$D=(-n)^2-4m\geqq 0$ すなわち $m\leqq\dfrac{1}{4}n^2$ ……Ⓑ

のとき実数解をもつ。その解を

α，β $(\alpha\leqq\beta)$ ……Ⓒ

とおくと，解と係数の関係により

$\alpha+\beta=n$，$\alpha\beta=m$ ……Ⓓ

正の整数 N に対して，正の整数 m，n は

$1\leqq m\leqq 2N$，$1\leqq n\leqq 2N$ ……Ⓔ

を満たす。このとき，$\alpha>N$ と仮定すると，Ⓒ，Ⓓより

$n=\alpha+\beta\geqq\alpha+\alpha=2\alpha>2N$

となって，Ⓔに反する。

よって，$\alpha\leqq N$ であり，Ⓐが N 以上の実数解をもつとすれば，$\beta\geqq N$ でなければならない。

このとき

$\alpha\leqq N\leqq\beta$

となり，この条件は，$\alpha\leqq\beta$ のとき

$(N-\alpha)(N-\beta)\leqq 0$ すなわち $N^2-(\alpha+\beta)N+\alpha\beta\leqq 0$

と同値であるから，Ⓓより

$N^2-nN+m\leqq 0$ ……Ⓕ

が，Ⓐが N 以上の実数解をもつための，m，n の満たすべき条件である。

逆に，Ⓕを満たす実数 m，n が存在すれば，Ⓕは

$\left(N-\dfrac{1}{2}n\right)^2+m-\dfrac{1}{4}n^2\leqq 0$　　$\dfrac{1}{4}n^2-m\geqq\left(N-\dfrac{1}{2}n\right)^2$ $(\geqq 0)$

となって，Ⓑが満たされることがわかる。

Ⓔにおいて，Ⓕを成り立たせる n は，Ⓕを変形した

$m\leqq N(n-N)$ ……Ⓖ

において，m，N が正であることから，$n-N>0$ でなければならないので，Ⓔより

$n=N+1$，$N+2$，…，$2N$

である。

$N=1$ のとき，Ⓔは $1\leqq m\leqq 2$，$1\leqq n\leqq 2$ で，Ⓖは $m\leqq n-1$ であるから，このときのⒼを満たす組 $(m,\ n)$ は $(1,\ 2)$ のみである。

$N \geqq 2$ のとき，$N^2 \geqq 2N$ であるから，各 n （$n=N+1$，$N+2$，…，$2N$）に対してⒼを満たす m のとり得る値は，Ⓔに注意して

$n=N+1$ のとき，Ⓖは $m \leqq N$，　つまり　$m=1$，2，…，N

$n=N+2$ のとき，Ⓖは $m \leqq 2N$，つまり　$m=1$，2，…，$2N$

$n=N+3$ のとき，Ⓖは $m \leqq 3N$，つまり　$m=1$，2，…，$2N$

⋮

$n=2N$ のとき，　Ⓖは $m \leqq N^2$，つまり　$m=1$，2，…，$2N$

したがって，$N \geqq 2$ のときⒼを満たす組（m，n）の数は

$n=N+1$ のとき，N 組

$n=N+2$，$N+3$，…，$2N$ のとき，それぞれ $2N$ 組

あるから，全部で

$$N+2N\{2N-(N+2)+1\}=N+2N(N-1)=2N^2-N \text{〔組〕}$$

である。

これは，$N=1$ としても成り立つので，求める組の数は

$2N^2-N$〔組〕　……(答)

19　2007年度〔1〕　Level B

p を素数，n を0以上の整数とする。

(1)　m は整数で $0 \leqq m \leqq n$ とする。1から p^{n+1} までの整数の中で，p^m で割り切れ p^{m+1} で割り切れないものの個数を求めよ。

(2)　1から p^{n+1} までの2つの整数 x，y に対し，その積 xy が p^{n+1} で割り切れるような組 $(x,\ y)$ の個数を求めよ。

ポイント　問題の意味をとらえにくいようなら，p，n，m に数値をあてはめて問題を読むとよい。整数の問題ではあるが，特別な技巧はいらない。(1)は(2)のための準備である。

(1)　1から p^{n+1} までの整数の中で，p^m $(0 \leqq m \leqq n)$ で割り切れる数（p^m の倍数）の個数を数える。その中に p^{m+1} で割り切れる数（p^{m+1} の倍数）が含まれるから，p^{m+1} で割り切れる数の個数を数えて引けばよい。

(2)　x，y の一方を固定して考える。$x=p^{n+1}$ のとき，y は1から p^{n+1} までの数のどれでもよい。$x \neq p^{n+1}$ の場合は，積 xy を素因数分解したとき，含まれる素因数 p の個数が $n+1$〔個〕以上なければならないことから，x が素因数 p を l 個含むとすれば，y は $n-l+1$〔個〕以上含んでいなければならない。ここで(1)が使えるのである。

解法

(1)　1から p^{n+1} までの整数の中で，p^m $(0 \leqq m \leqq n)$ で割り切れる数は，

$\dfrac{p^{n+1}}{p^m}=p^{(n+1)-m}=p^{n-m+1}$ より

$$p^m\times 1,\ p^m\times 2,\ \cdots,\ p^m\times p,\ \cdots,\ p^m\times p^2,\ \cdots,\ p^m\times p^{n-m+1}\quad\cdots\cdots①$$

の p^{n-m+1} 個ある。

1から p^{n+1} までの整数の中で，p^{m+1} $(0 \leqq m \leqq n)$ で割り切れる数は

$$p^{m+1}\times 1,\ p^{m+1}\times 2,\ \cdots,\ p^{m+1}\times p^{n-m}$$

の p^{n-m} 個ある。これらは

$$p^m\times p,\ p^m\times 2p,\ \cdots,\ p^m\times p^{n-m+1}$$

とも表されるから，①に含まれることがわかる。

したがって，1から p^{n+1} までの整数の中で，p^m で割り切れ p^{m+1} で割り切れないものの個数は

$$p^{n-m+1}-p^{n-m}=(p-1)\,p^{n-m}\text{〔個〕}\quad\cdots\cdots\text{(答)}$$

⑵　$x=p^{n+1}$ のとき，y が 1 から p^{n+1} までのどの整数であっても xy は p^{n+1} で割り切れる。
したがって，この場合，積 xy が p^{n+1} で割り切れるような組 $(x,\ y)$ の個数は

$$p^{n+1}\quad\cdots\cdots②$$

$x\neq p^{n+1}$ のとき，x が素因数 p を l 個（$l=0,\ 1,\ 2,\ \cdots,\ n$）だけ含むとする。
このとき，積 xy が p^{n+1} で割り切れるためには，y が素因数 p を $n-l+1$〔個〕以上含むことが条件となる。1 から p^{n+1} までの整数の中で，素因数 p を l 個だけ含む x とは，p^l で割り切れ p^{l+1} で割り切れない整数のことであるから，そのような x の個数は，⑴より，$(p-1)p^{n-l}$〔個〕である。
また，素因数 p を $n-l+1$〔個〕以上含む y とは，p^{n-l+1} で割り切れる整数のことであるから，そのような y の個数は

$$p^{n-l+1}\times 1,\ p^{n-l+1}\times 2,\ \cdots,\ p^{n-l+1}\times p^l$$

の p^l 個ある。
ゆえに，素因数 p を，x が l 個だけ，y が $n-l+1$〔個〕以上もつような組 $(x,\ y)$ の個数は

$$(p-1)p^{n-l}\times p^l=(p-1)p^n$$

l を 0 から n まで動かして和をとれば

$$\sum_{l=0}^{n}(p-1)p^n=(n+1)(p-1)p^n\quad\cdots\cdots③$$

したがって，積 xy が p^{n+1} で割り切れるような組 $(x,\ y)$ の個数は，②，③より

$$p^{n+1}+(n+1)(p-1)p^n=(n+2)p^{n+1}-(n+1)p^n\text{〔個〕}\quad\cdots\cdots\text{(答)}$$

§2 確　率

20 2023年度〔3〕 Level B

実数が書かれた3枚のカード$\boxed{0}$，$\boxed{1}$，$\boxed{\sqrt{3}}$から，無作為に2枚のカードを順に選び，出た実数を順に実部と虚部にもつ複素数を得る操作を考える。正の整数nに対して，この操作をn回繰り返して得られるn個の複素数の積をz_nで表す。

(1) $|z_n|<5$となる確率P_nを求めよ。

(2) $z_n{}^2$が実数となる確率Q_nを求めよ。

ポイント 問題の意味は理解しやすいだろう。n回の操作で得られたn個の複素数をα_1，α_2，…，α_nとすると，$z_n=\alpha_1\times\alpha_2\times\cdots\times\alpha_n$である。(1)は，$|z_n|=|\alpha_1||\alpha_2|\cdots|\alpha_n|$，(2)は$\arg z_n=\arg\alpha_1+\arg\alpha_2+\cdots+\arg\alpha_n$が使われる問題である。

(1) 実際に複素数を作ってみる。${}_3\mathrm{P}_2=6$通りの複素数ができる。それぞれの絶対値を求めて，$|z_n|<5$となる場合を書き出してみるとよい。

(2) $\arg z_n{}^2=2\arg z_n$であるから，各複素数の偏角を2倍して用いることになる。これでかなり楽になるが，それでも(1)のように書き出す方法ではうまくいかないであろう。$z_{n+1}{}^2$が実数である確率Q_{n+1}を，$z_n{}^2$が実数である確率Q_nと$z_n{}^2$が実数でない確率$1-Q_n$を用いて表し，漸化式を立てる。

解法

(1) 実数が書かれた3枚のカード$\boxed{0}$，$\boxed{1}$，$\boxed{\sqrt{3}}$から，無作為に2枚のカードを順に選び，出た実数を順に実部と虚部にもつ複素数を得る操作で，得られる複素数は${}_3\mathrm{P}_2=6$通りあり，どの複素数を得る確率も$\dfrac{1}{6}$である。

$\boxed{0}\to\boxed{1}$のとき　i　$\left(|i|=1,\ \arg i=\dfrac{\pi}{2}\right)$　……①

$\boxed{0}\to\boxed{\sqrt{3}}$のとき　$\sqrt{3}i$　$\left(|\sqrt{3}i|=\sqrt{3},\ \arg(\sqrt{3}i)=\dfrac{\pi}{2}\right)$　……②

$\boxed{1}\to\boxed{0}$のとき　1　$(|1|=1,\ \arg 1=0)$　……③

$\boxed{1}\to\boxed{\sqrt{3}}$のとき　$1+\sqrt{3}i$　$\left(|1+\sqrt{3}i|=2,\ \arg(1+\sqrt{3}i)=\dfrac{\pi}{3}\right)$　……④

$\boxed{\sqrt{3}} \to \boxed{0}$ のとき　$\sqrt{3}$　$(|\sqrt{3}|=\sqrt{3},\ \arg\sqrt{3}=0)$　……⑤

$\boxed{\sqrt{3}} \to \boxed{1}$ のとき　$\sqrt{3}+i$　$\left(|\sqrt{3}+i|=2,\ \arg(\sqrt{3}+i)=\dfrac{\pi}{6}\right)$　……⑥

この操作を n 回（$n=1,\ 2,\ 3,\ \cdots$）繰り返して得られる n 個の複素数の積 z_n に対して，$|z_n|<5$ となるのは，n 個（$n\geqq 2$）の複素数の絶対値が

(i)　1 が n 個

(ii)　$\sqrt{3}$ が 1 個と 1 が $n-1$ 個

(iii)　$\sqrt{3}$ が 2 個と 1 が $n-2$ 個

(iv)　$\sqrt{3}$ が 1 個と 2 が 1 個と 1 が $n-2$ 個

(v)　2 が 1 個と 1 が $n-1$ 個

(vi)　2 が 2 個と 1 が $n-2$ 個

の 6 通りの場合があり，1 つの複素数の絶対値が 1 となる確率は①と③より

$$\frac{1}{6}+\frac{1}{6}=\frac{1}{3}$$

$\sqrt{3}$ となる確率は②と⑤より

$$\frac{1}{6}+\frac{1}{6}=\frac{1}{3}$$

2 となる確率は④と⑥より

$$\frac{1}{6}+\frac{1}{6}=\frac{1}{3}$$

である。したがって，$n\geqq 2$ のとき

(i)の起こる確率は　$\left(\dfrac{1}{3}\right)^n$

(ii)の起こる確率は　$n\times\left(\dfrac{1}{3}\right)\times\left(\dfrac{1}{3}\right)^{n-1}=n\left(\dfrac{1}{3}\right)^n$

(iii)の起こる確率は　${}_n\mathrm{C}_2\times\left(\dfrac{1}{3}\right)^2\times\left(\dfrac{1}{3}\right)^{n-2}=\dfrac{n(n-1)}{2}\left(\dfrac{1}{3}\right)^n$

(iv)の起こる確率は　${}_n\mathrm{P}_2\times\left(\dfrac{1}{3}\right)\times\left(\dfrac{1}{3}\right)\times\left(\dfrac{1}{3}\right)^{n-2}=n(n-1)\left(\dfrac{1}{3}\right)^n$

(v)の起こる確率は　$n\times\left(\dfrac{1}{3}\right)\times\left(\dfrac{1}{3}\right)^{n-1}=n\left(\dfrac{1}{3}\right)^n$

(vi)の起こる確率は　${}_n\mathrm{C}_2\times\left(\dfrac{1}{3}\right)^2\times\left(\dfrac{1}{3}\right)^{n-2}=\dfrac{n(n-1)}{2}\left(\dfrac{1}{3}\right)^n$

となるから，$|z_n|<5$ となる確率 P_n は，$n\geqq 2$ のとき

$$P_n=\left(\frac{1}{3}\right)^n+n\left(\frac{1}{3}\right)^n+\frac{n(n-1)}{2}\left(\frac{1}{3}\right)^n+n(n-1)\left(\frac{1}{3}\right)^n+n\left(\frac{1}{3}\right)^n+\frac{n(n-1)}{2}\left(\frac{1}{3}\right)^n$$

$$=\left\{1+n+\frac{n(n-1)}{2}+n(n-1)+n+\frac{n(n-1)}{2}\right\}\left(\frac{1}{3}\right)^n$$

$$=(2n^2+1)\left(\frac{1}{3}\right)^n$$

である。これは $n=1$ としても成り立つ（$P_1=1$ を満たす）ので

$$P_n=(2n^2+1)\left(\frac{1}{3}\right)^n=\frac{2n^2+1}{3^n}\quad(n\geqq 1)\quad\cdots\cdots(答)$$

である。

(2)　$z_n{}^2$ が実数になるのは，$\arg z_n{}^2=2\arg z_n$ より，n 個の複素数の偏角の和の 2 倍，すなわち，n 個の複素数の偏角それぞれの 2 倍の和が π の整数倍のときである。

①，②の偏角の 2 倍はいずれも　π

①または②の起こる確率は　$\frac{1}{6}+\frac{1}{6}=\frac{1}{3}$　……Ⓐ

③，⑤の偏角の 2 倍はいずれも　0

③または⑤の起こる確率は　$\frac{1}{6}+\frac{1}{6}=\frac{1}{3}$　……Ⓑ

④の偏角の 2 倍は　$\frac{2}{3}\pi$

④の起こる確率は　$\frac{1}{6}$　……Ⓒ

⑥の偏角の 2 倍は　$\frac{\pi}{3}$

⑥の起こる確率は　$\frac{1}{6}$　……Ⓓ

であるから，$z_n{}^2$ が実数となる確率を Q_n とするとき

〔n 回目〕　　$\frac{1}{3}+\frac{1}{3}=\frac{2}{3}$　　〔$n+1$ 回目〕

$z_n{}^2$ が実数（Q_n）　——Ⓐまたはⓑ→　$z_{n+1}{}^2$ が実数

偏角の和の 2 倍を π で割って割り切れなければ，余りは(イ) $\frac{\pi}{3}$ または(ロ) $\frac{2}{3}\pi$ であるから

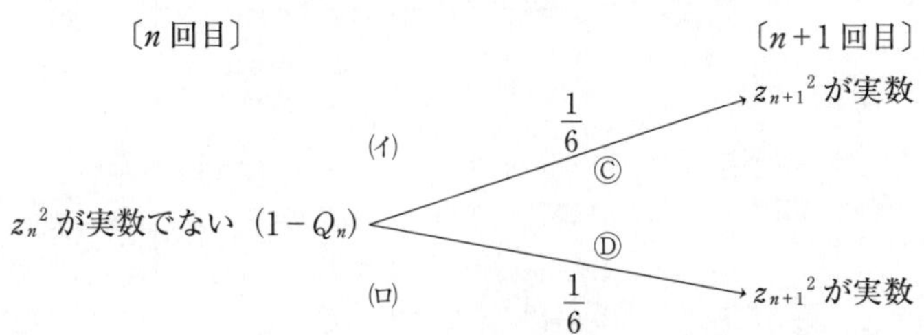

となるので

$$Q_{n+1}=\frac{2}{3}Q_n+\frac{1}{6}(1-Q_n)\quad すなわち\quad Q_{n+1}=\frac{1}{2}Q_n+\frac{1}{6}$$

が成り立つ。この漸化式は

$$Q_{n+1}-\frac{1}{3}=\frac{1}{2}\left(Q_n-\frac{1}{3}\right)$$

と変形できるから，数列 $\left\{Q_n-\frac{1}{3}\right\}$ は公比が $\frac{1}{2}$ の等比数列であることがわかる。Q_1 は，1回目の操作でⒶまたはⒷが起こる確率，すなわち $\frac{1}{3}+\frac{1}{3}=\frac{2}{3}$ であるから

$$Q_n-\frac{1}{3}=\left(\frac{1}{2}\right)^{n-1}\left(Q_1-\frac{1}{3}\right)=\left(\frac{1}{2}\right)^{n-1}\left(\frac{2}{3}-\frac{1}{3}\right)=\frac{1}{3}\left(\frac{1}{2}\right)^{n-1}$$

ゆえに

$$Q_n=\frac{1}{3}\left\{1+\left(\frac{1}{2}\right)^{n-1}\right\}\quad\cdots\cdots(答)$$

〔注〕 n 回の操作で得られる複素数を順に α_1，α_2，…，α_n とすると，$z_n=\alpha_1\times\alpha_2\times\cdots\times\alpha_n$ であるから

$$\arg z_n=\arg\alpha_1+\arg\alpha_2+\cdots+\arg\alpha_n$$

であり

$$\begin{aligned}\arg z_n{}^2&=2\arg z_n=2(\arg\alpha_1+\arg\alpha_2+\cdots+\arg\alpha_n)\\&=2\arg\alpha_1+2\arg\alpha_2+\cdots+2\arg\alpha_n\end{aligned}$$

となる。$2\arg\alpha_1$，$2\arg\alpha_2$，…，$2\arg\alpha_n$ のそれぞれは，0，$\frac{\pi}{3}$，$\frac{2}{3}\pi$，π のいずれかであるから，これらの和は

$$0\times k_1+\frac{\pi}{3}\times k_2+\frac{2}{3}\pi\times k_3+\pi\times k_4,\quad k_1+k_2+k_3+k_4=n$$

（k_i（$i=1$，2，3，4）は0以上，n 以下の整数である）

となり，これが π の整数倍のとき $z_n{}^2$ は実数である。$0\times k_1$，$\pi\times k_4$ はいずれも π の整数倍であるから，問題は $\frac{\pi}{3}\times k_2+\frac{2}{3}\pi\times k_3=\frac{k_2+2k_3}{3}\pi$ の部分である。k_2+2k_3 を3で割ると余りは0または1または2であるので，**〔解法〕** の(イ)，(ロ)がわかる。

21 2018年度〔5〕 Level B

xyz 空間内の一辺の長さが 1 の立方体

$$\{(x,\ y,\ z)\,|\,0\leqq x\leqq 1,\ 0\leqq y\leqq 1,\ 0\leqq z\leqq 1\}$$

を Q とする。点Xは頂点A(0, 0, 0) から出発して Q の辺上を 1 秒ごとに長さ 1 だけ進んで隣の頂点に移動する。Xが x 軸, y 軸, z 軸に平行に進む確率はそれぞれ p, q, r である。ただし

$$p\geqq 0,\ q\geqq 0,\ r\geqq 0,\ p+q+r=1$$

である。Xが n 秒後に頂点A(0, 0, 0), B(1, 1, 0), C(1, 0, 1), D(0, 1, 1) にある確率をそれぞれ a_n, b_n, c_n, d_n とする。

(1) a_{n+2} を a_n, b_n, c_n, d_n と p, q, r を用いて表せ。

(2) $a_n-b_n+c_n-d_n$ を p, q, r, n を用いて表せ。

(3) a_n を p, q, r, n を用いて表せ。

ポイント　確率がすべて文字で与えられているが, 案外この方が計算の見通しが立ちやすいのかもしれない。Aを出発した点XがBやCやDへ移動するのには必ず偶数秒かかることに気付きたい。n が奇数のとき $a_n=b_n=c_n=d_n=0$ であり, n が偶数のとき $a_n+b_n+c_n+d_n=1$ であることも少しの実験でわかる。

(1) a_{n+2} と a_n, b_n, c_n, d_n の関係はわかりやすいであろう。

(2) (1)と同様に b_{n+2}, c_{n+2}, d_{n+2} をつくり, $a_n-b_n+c_n-d_n$ と $a_{n+2}-b_{n+2}+c_{n+2}-d_{n+2}$ の関係を調べてみよう。

(3) (2)までに, $a_n+b_n+c_n+d_n$, $a_n-b_n+c_n-d_n$ がわかった。とすれば, $a_n+b_n-c_n-d_n$, $a_n-b_n-c_n+d_n$ を知ろうとするのが自然の流れである。意外に面倒ではない。

解 法

xyz 空間内の１辺の長さが１の立方体 Q

$$\{(x,\ y,\ z)\,|\,0\leqq x\leqq 1,\ 0\leqq y\leqq 1,\ 0\leqq z\leqq 1\}$$

を右に図示した。点Xは頂点A(0，0，0)から出発して Q の辺上を１秒ごとに長さ１だけ進んで隣の頂点に移動し，Xが x 軸，y 軸，z 軸に平行に進む確率はそれぞれ p，q，r（$p\geqq 0$，$q\geqq 0$，$r\geqq 0$，$p+q+r=1$）である。たとえば，XがAから頂点(1，0，0)に進む確率も，頂点(1，0，0)からAに進む確率も p である。

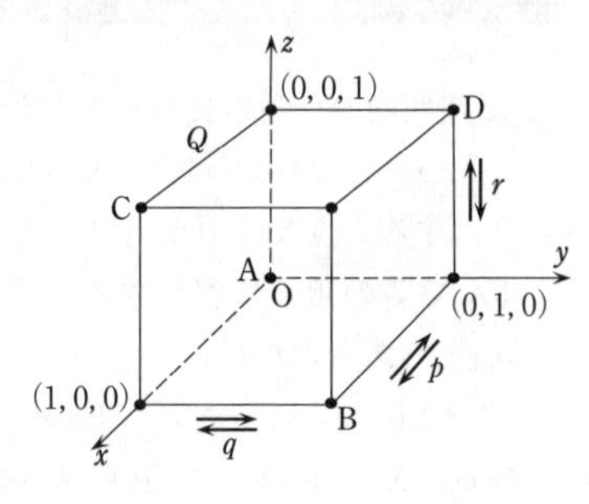

(1) Xが n 秒後に頂点A，B(1，1，0)，C(1，0，1)，D(0，1，1)にある確率はそれぞれ a_n，b_n，c_n，d_n である。また，次の(i)～(iv)のことがいえる。

(i) XがAを出発して２秒後にAにある確率は，互いに排反な３つの事象，A→(1，0，0)→A，A→(0，1，0)→A，A→(0，0，1)→A と進む確率の和で，$p^2+q^2+r^2$ である。

(ii) XがBを出発して２秒後にAにある確率は，排反な２つの事象，B→(1，0，0)→A，B→(0，1，0)→Aと進む確率の和で，$qp+pq=2pq$ である。

(iii) XがCを出発して２秒後にAにある確率は，同様にして $2rp$ である。

(iv) XがDを出発して２秒後にAにある確率は，同様にして $2qr$ である。

$(n+2)$ 秒後にXがAにあるためには，n 秒後にXはA，B，C，Dのどれかになければならない（他の頂点からは２秒後にAにあることは起こり得ない）から，(i)～(iv)より

$$\begin{aligned} a_{n+2} &= a_n\times(p^2+q^2+r^2)+b_n\times 2pq+c_n\times 2rp+d_n\times 2qr \\ &= (p^2+q^2+r^2)a_n+2pqb_n+2rpc_n+2qrd_n \quad (p+q+r=1) \quad \cdots\cdots(答) \end{aligned}$$

と表せる。

(2) (1)より　$a_{n+2}=(p^2+q^2+r^2)a_n+2pqb_n+2rpc_n+2qrd_n$ ……①

(1)とまったく同様にして

$$b_{n+2}=2pqa_n+(p^2+q^2+r^2)b_n+2qrc_n+2rpd_n \quad \cdots\cdots②$$

$$c_{n+2}=2rpa_n+2qrb_n+(p^2+q^2+r^2)c_n+2pqd_n \quad \cdots\cdots③$$

$$d_{n+2}=2qra_n+2rpb_n+2pqc_n+(p^2+q^2+r^2)d_n \quad \cdots\cdots④$$

が得られる。①－②＋③－④ を計算すると

$$
\begin{aligned}
&a_{n+2}-b_{n+2}+c_{n+2}-d_{n+2}\\
&=(p^2+q^2+r^2-2pq+2rp-2qr)\,a_n+(2pq-p^2-q^2-r^2+2qr-2rp)\,b_n\\
&\qquad+(2rp-2qr+p^2+q^2+r^2-2pq)\,c_n+(2qr-2rp+2pq-p^2-q^2-r^2)\,d_n\\
&=(p-q+r)^2a_n-(p-q+r)^2b_n+(p-q+r)^2c_n-(p-q+r)^2d_n\\
&=(p-q+r)^2(a_n-b_n+c_n-d_n)
\end{aligned}
$$

となる。Xは0秒後にAにあると考えてよく，奇数秒後にはA，B，C，D以外の頂点にあるから，n が奇数のとき $a_n=b_n=c_n=d_n=0$ である。すなわち，n が奇数のときは，$a_n-b_n+c_n-d_n=0$ である。以下，n は偶数とする。$a_0=1$，$b_0=c_0=d_0=0$ に注意すれば

$$
\begin{aligned}
a_n-b_n+c_n-d_n&=(p-q+r)^2(a_{n-2}-b_{n-2}+c_{n-2}-d_{n-2})\\
&=(p-q+r)^4(a_{n-4}-b_{n-4}+c_{n-4}-d_{n-4})\\
&=(p-q+r)^6(a_{n-6}-b_{n-6}+c_{n-6}-d_{n-6})\\
&\qquad\vdots\\
&=(p-q+r)^n(a_0-b_0+c_0-d_0)\\
&=(p-q+r)^n(1-0+0-0)\\
&=(p-q+r)^n\quad\cdots\cdots⑤
\end{aligned}
$$

となる。まとめると，次のようになる。

$$
a_n-b_n+c_n-d_n=\begin{cases}0 & (n\text{が奇数のとき})\\(p-q+r)^n & (n\text{が偶数のとき})\end{cases}\quad(p+q+r=1)\quad\cdots\cdots(\text{答})
$$

〔注1〕 数列 $\{a_n-b_n+c_n-d_n\}$ は，n が偶数のとき，初項を $a_0-b_0+c_0-d_0=1$ と考えれば，公比が $|p-q+r|$ の等比数列であると考えることができるから

$$
\begin{aligned}
a_n-b_n+c_n-d_n&=1\times|p-q+r|^n\\
&=(p-q+r)^n\quad(n\text{は偶数})
\end{aligned}
$$

となる。n が奇数のとき，初項は $a_1-b_1+c_1-d_1=0$ であるから

$$
a_n-b_n+c_n-d_n=0\times|p-q+r|^{n-1}=0
$$

である。

(3)　n が奇数のとき $a_n=0$ であるから，以下 n は偶数とする。

n 秒後にXはA，B，C，Dのいずれかにあるから

$$
a_n+b_n+c_n+d_n=1\quad\cdots\cdots⑥
$$

が成り立つ。(2)と同様に，①＋②－③－④ を計算して

$$
\begin{aligned}
&a_{n+2}+b_{n+2}-c_{n+2}-d_{n+2}\\
&=(p^2+q^2+r^2+2pq-2rp-2qr)(a_n+b_n-c_n-d_n)\\
&=(p+q-r)^2(a_n+b_n-c_n-d_n)
\end{aligned}
$$

$$
\therefore\quad a_n+b_n-c_n-d_n=(p+q-r)^n\quad\cdots\cdots⑦
$$

を得る。また，①－②－③＋④ を計算して

$$a_{n+2}-b_{n+2}-c_{n+2}+d_{n+2}$$
$$=(p^2+q^2+r^2-2pq-2rp+2qr)(a_n-b_n-c_n+d_n)$$
$$=(p-q-r)^2(a_n-b_n-c_n+d_n)$$
$$\therefore \quad a_n-b_n-c_n+d_n=(p-q-r)^n \quad \cdots\cdots ⑧$$

を得る。⑤，⑥，⑦，⑧を辺々加えると，b_n，c_n，d_n は消去されて

$$4a_n=(p-q+r)^n+1+(p+q-r)^n+(p-q-r)^n$$

となるから，n が偶数のとき

$$a_n=\frac{1}{4}\{(p-q+r)^n+(p+q-r)^n+(p-q-r)^n+1\}$$

となる。まとめると，次のようになる。

$$a_n=\begin{cases} 0 & (n\text{ が奇数のとき}) \\ \dfrac{1}{4}\{(p-q+r)^n+(p+q-r)^n+(p-q-r)^n+1\} & (n\text{ が偶数のとき}) \end{cases}$$

$(p+q+r=1)$

……(答)

〔注 2〕 p，q，r の式はサイクリックに pq，qr，rp と書く方が一般的であるように，結果は $p-q+r$，$p+q-r$，$-p+q+r$ と表す方がよいと考えれば，
$(p-q-r)^n=\{-(-p+q+r)\}^n=(-p+q+r)^n$（$n$ は偶数であるから $(-1)^n=1$）とするとよい。なお，本問は，$p+q+r=1$ であるから，答の表記の仕方はさまざまである。たとえば，$p-q+r$ は $2p+2r-1$ とも表せるし，$1-2q$ とも表せる。

22 2017年度〔4〕 Level C

n は正の整数とし，文字 a，b，c を重複を許して n 個並べてできる文字列すべての集合を A_n とする。A_n の要素に対し次の条件(＊)を考える。

(＊) 文字 c が 2 つ以上連続して現れない。

以下 A_n から要素を一つ選ぶとき，どの要素も同じ確率で選ばれるとする。

(1) A_n から要素を一つ選ぶとき，それが条件(＊)を満たす確率 $P(n)$ を求めよ。

(2) $n \geqq 12$ とする。A_n から要素を一つ選んだところ，これは条件(＊)を満たし，その 7 番目の文字は c であった。このとき，この要素の 10 番目の文字が c である確率を $Q(n)$ とする。極限値 $\lim_{n \to \infty} Q(n)$ を求めよ。

ポイント (1)ができなければ(2)は手がつけられない。
(1) $P(1)$，$P(2)$，$P(3)$ ぐらいならすぐにわかる。$P(n)$ となると発想を変えなければならない。漸化式を立てる，これが最大のヒントである。確率の漸化式でも条件(＊)を満たす文字列の個数に関する漸化式でも，どちらでもよいが，隣接 3 項間の漸化式になるであろう。文字列の先頭または末尾に着目するとよい。
(2) 条件付き確率である。条件(＊)を満たし 7 番目の文字が c である確率に対する，条件(＊)を満たし 7 番目と 10 番目の文字が c である確率の割合のことである。$n \geqq 12$ は何を意味するのであろうか。文字列を具体的に図にして視覚化してみるとよい。

解法 1

(1) 文字 a，b，c を重複を許して n 個（n は正の整数）並べてできる文字列すべての集合 A_n から要素を 1 つ選ぶ（どの要素も同じ確率で選ばれる）とき，それが条件

(＊) 文字 c が 2 つ以上連続して現れない。

を満たす確率が $P(n)$ であるから，$P(1)=1$ であり，$P(2)$ は 3^2 個の要素から文字列「cc」を除くすべてが条件(＊)を満たすことから，$P(2)=\dfrac{3^2-1}{3^2}=\dfrac{8}{9}$ である。

いま，$P(n)=p_n$ とおき，p_{n+1} を p_n と p_{n-1} $(n \geqq 2)$ を用いて表す。$n+1$ 個の文字が並ぶ文字列の先頭が a か b のとき $\left(\dfrac{2}{3}\text{の確率で起こる}\right)$，残る n 個の文字が並ぶ文字

列で条件(＊)を満たす要素が選ばれる確率はp_n，先頭がcのとき$\left(\frac{1}{3}\right.$の確率で起こる$\left.\right)$，条件(＊)を満たすためには，先頭の次はaかbでなければならず$\left(\frac{2}{3}\right.$の確率で起こる$\left.\right)$，残る$n-1$個の文字が並ぶ文字列で条件(＊)を満たす確率はp_{n-1}である。

よって

$$p_{n+1}=\frac{2}{3}p_n+\frac{1}{3}\times\frac{2}{3}p_{n-1}\quad(n\geqq 2),\ p_1=1,\ p_2=\frac{8}{9}$$

が成り立つ。この漸化式が，$p_{n+1}=(\alpha+\beta)p_n-\alpha\beta p_{n-1}$となるのは，$\alpha+\beta=\frac{2}{3}$，$\alpha\beta=-\frac{2}{9}$のときで，$\alpha$，$\beta$は$t^2-\frac{2}{3}t-\frac{2}{9}=0$すなわち$9t^2-6t-2=0$の解であるから，$\alpha<\beta$とすると

$$\alpha=\frac{1-\sqrt{3}}{3},\ \beta=\frac{1+\sqrt{3}}{3}$$

である。このとき，漸化式は次の2通りに変形できる。

$$p_{n+1}-\alpha p_n=\beta(p_n-\alpha p_{n-1})=\beta^2(p_{n-1}-\alpha p_{n-2})=\cdots=\beta^{n-1}(p_2-\alpha p_1)$$

$$p_{n+1}-\beta p_n=\alpha(p_n-\beta p_{n-1})=\alpha^2(p_{n-1}-\beta p_{n-2})=\cdots=\alpha^{n-1}(p_2-\beta p_1)$$

辺々引いて

$$(\beta-\alpha)p_n=\beta^{n-1}(p_2-\alpha p_1)-\alpha^{n-1}(p_2-\beta p_1)$$

ここで，$(3\alpha)^3=10-6\sqrt{3}$，$(3\beta)^3=10+6\sqrt{3}$であることに注意すれば

$$\beta-\alpha=\frac{1+\sqrt{3}}{3}-\frac{1-\sqrt{3}}{3}=\frac{2\sqrt{3}}{3}$$

$$p_2-\alpha p_1=\frac{8}{9}-\frac{1-\sqrt{3}}{3}\times 1=\frac{5+3\sqrt{3}}{9}=\frac{\frac{1}{2}(3\beta)^3}{9}=\frac{3}{2}\beta^3$$

$$p_2-\beta p_1=\frac{8}{9}-\frac{1+\sqrt{3}}{3}\times 1=\frac{5-3\sqrt{3}}{9}=\frac{\frac{1}{2}(3\alpha)^3}{9}=\frac{3}{2}\alpha^3$$

であるから

$$p_n=\frac{1}{\frac{2\sqrt{3}}{3}}\left(\beta^{n-1}\times\frac{3}{2}\beta^3-\alpha^{n-1}\times\frac{3}{2}\alpha^3\right)=\frac{3\sqrt{3}}{4}(\beta^{n+2}-\alpha^{n+2})\quad(n\geqq 2)$$

これは，$p_1=1$を満たすから，$n\geqq 1$で成り立つ。

よって

$$P(n)=\frac{3\sqrt{3}}{4}\left\{\left(\frac{1+\sqrt{3}}{3}\right)^{n+2}-\left(\frac{1-\sqrt{3}}{3}\right)^{n+2}\right\}\quad\cdots\cdots(答)$$

(2) A_n から要素を1つ選ぶとき，それが条件(∗)を満たし，その7番目が文字 c である確率を q_n とする。

1番目　7番目　n 番目

○, ○, ○, ○, ○, ○, c, ○, ○, …, ○

(∗)を満たす5個　a か b　a か b　(∗)を満たす $n-8$ 個

上図より

$$q_n=P(5)\times\frac{2}{3}\times\frac{1}{3}\times\frac{2}{3}\times P(n-8)$$

である。また，A_n から要素を1つ選ぶとき，それが条件(∗)を満たし，その7番目と10番目が文字 c である確率を r_n とする。

1番目　7番目　10番目　n 番目

○, ○, ○, ○, ○, ○, c, ○, ○, c, ○, ○, …, ○

(∗)を満たす5個　a か b　a か b a か b　a か b　(∗)を満たす $n-11$ 個

上図より

$$r_n=P(5)\times\frac{2}{3}\times\frac{1}{3}\times\frac{2}{3}\times\frac{2}{3}\times\frac{1}{3}\times\frac{2}{3}\times P(n-11)$$

である。よって，条件付き確率 $Q(n)$ は

$$Q(n)=\frac{r_n}{q_n}=\frac{P(5)\times\frac{2}{3}\times\frac{1}{3}\times\frac{2}{3}\times\frac{2}{3}\times\frac{1}{3}\times\frac{2}{3}\times P(n-11)}{P(5)\times\frac{2}{3}\times\frac{1}{3}\times\frac{2}{3}\times P(n-8)}$$

$$=\frac{4}{27}\times\frac{P(n-11)}{P(n-8)}$$

$$=\frac{4}{27}\times\frac{\frac{3\sqrt{3}}{4}(\beta^{n-9}-\alpha^{n-9})}{\frac{3\sqrt{3}}{4}(\beta^{n-6}-\alpha^{n-6})}\quad\left(\alpha=\frac{1-\sqrt{3}}{3},\ \beta=\frac{1+\sqrt{3}}{3}\right)$$

$$=\frac{4}{27}\times\frac{1-\left(\frac{\alpha}{\beta}\right)^{n-9}}{\beta^3-\left(\frac{\alpha}{\beta}\right)^{n-6}\beta^3}$$

となる。ここに

$$\left|\frac{\alpha}{\beta}\right|=\left|\frac{\frac{1-\sqrt{3}}{3}}{\frac{1+\sqrt{3}}{3}}\right|=\left|\frac{1-\sqrt{3}}{1+\sqrt{3}}\right|=|-2+\sqrt{3}|<1$$

であるから，$n\to\infty$ のとき $\left(\frac{\alpha}{\beta}\right)^{n-9}\to 0,\ \left(\frac{\alpha}{\beta}\right)^{n-6}\to 0$ であるので

$$\lim_{n\to\infty} Q(n)=\frac{4}{27}\times\frac{1}{\beta^3}=\frac{4}{27}\times\frac{27}{10+6\sqrt{3}}=\frac{2}{5+3\sqrt{3}}$$

$$=\frac{2(5-3\sqrt{3})}{-2}=-5+3\sqrt{3}\quad\cdots\cdots(答)$$

解 法 2

(1) 文字 a，b，c を重複を許して n 個（$n=1, 2, 3, \cdots$）並べてできる文字列すべての集合 A_n の要素の個数は 3^n である。この中で，条件

（＊） 文字 c が 2 つ以上連続して現れない。

を満たす文字列の個数を d_n とする。d_{n+2} を d_{n+1} と d_n で表すことを考える。

$n+2$ 個

a，○，○，…，○，○　（順列は d_{n+1} 通り）

b，○，○，…，○，○　（順列は d_{n+1} 通り）

c，a，○，…，○，○　（順列は d_n 通り）

c，b，○，…，○，○　（順列は d_n 通り）

上図より

$$d_{n+2}=2d_{n+1}+2d_n\quad\cdots\cdots ㋑$$

が成り立ち，$d_1=3$，$d_2=3^2-1=8$（「cc」を除く）である。

漸化式㋑は，次の 2 通りに変形できる。

$$\begin{aligned}d_{n+2}-(1-\sqrt{3})d_{n+1}&=(1+\sqrt{3})\{d_{n+1}-(1-\sqrt{3})d_n\}\\&=(1+\sqrt{3})^2\{d_n-(1-\sqrt{3})d_{n-1}\}\\&\quad\vdots\\&=(1+\sqrt{3})^n\{d_2-(1-\sqrt{3})d_1\}\\&=(1+\sqrt{3})^n(5+3\sqrt{3})\end{aligned}$$

$$\begin{aligned}d_{n+2}-(1+\sqrt{3})d_{n+1}&=(1-\sqrt{3})^n\{d_2-(1+\sqrt{3})d_1\}\\&=(1-\sqrt{3})^n(5-3\sqrt{3})\end{aligned}$$

辺々引いて

$$2\sqrt{3}\,d_{n+1}=(5+3\sqrt{3})(1+\sqrt{3})^n-(5-3\sqrt{3})(1-\sqrt{3})^n$$

$$\therefore\quad d_n=\frac{1}{2\sqrt{3}}\{(5+3\sqrt{3})(1+\sqrt{3})^{n-1}-(5-3\sqrt{3})(1-\sqrt{3})^{n-1}\}$$

したがって

$$P(n)=\frac{d_n}{3^n}=\frac{1}{2\sqrt{3}}\left\{\frac{5+3\sqrt{3}}{3}\left(\frac{1+\sqrt{3}}{3}\right)^{n-1}-\frac{5-3\sqrt{3}}{3}\left(\frac{1-\sqrt{3}}{3}\right)^{n-1}\right\}$$

$$=\frac{9+5\sqrt{3}}{18}\left(\frac{1+\sqrt{3}}{3}\right)^{n-1}+\frac{9-5\sqrt{3}}{18}\left(\frac{1-\sqrt{3}}{3}\right)^{n-1} \quad \cdots\cdots(答)$$

〔注1〕 **〔解法1〕**の（答）と大分違うようであるが

$$(1\pm\sqrt{3})^3=1\pm3\sqrt{3}+9\pm3\sqrt{3}=10\pm6\sqrt{3}=2(5\pm3\sqrt{3})$$

であるから，実質は同じである。$n=1,\ 2,\ 3$ に対する確認には，むしろ**〔解法2〕**の結果の方が都合がよい。また

$$P(n)=\frac{3+2\sqrt{3}}{6}\left(\frac{1+\sqrt{3}}{3}\right)^n+\frac{3-2\sqrt{3}}{6}\left(\frac{1-\sqrt{3}}{3}\right)^n$$

とも表せる。

〔注2〕 ここでは先頭の文字で分類したが，末尾の文字で分類して次のように解くこともできる。

n 個の文字が並ぶ文字列において，末尾の文字が a か b であるものを e_n 個（これらは a，b，c のいずれでもつけ加えることができる），c であるものを f_n 個（これらは a か b しかつけ加えることができない）とする。

$$d_n=e_n+f_n \quad \cdots\cdots㋺$$

であり，e_n 個のそれぞれに c をつけ加えることで

$$f_{n+1}=e_n \quad \cdots\cdots㋩$$

が成り立ち，e_n 個のそれぞれに a か b をつけ加え，f_n 個のそれぞれに a か b をつけ加えることで

$$e_{n+1}=2e_n+2f_n \quad \cdots\cdots㊁$$

が成り立つ。㋩を㊁に代入すると

$$f_{n+2}=2f_{n+1}+2f_n \quad \cdots\cdots㋭$$

となる。この漸化式は㋑と同じであるが，$f_1=1,\ f_2=2$（「ac」と「bc」）であるから

$$f_{n+1}=\frac{1}{2\sqrt{3}}\{(1+\sqrt{3})^{n+1}-(1-\sqrt{3})^{n+1}\}$$

となる。よって，㋺より

$$d_n=e_n+f_n=f_{n+1}+f_n \quad (㋩より)$$

$$=\frac{1}{2}f_{n+2} \quad (㋭より)$$

$$=\frac{1}{4\sqrt{3}}\{(1+\sqrt{3})^{n+2}-(1-\sqrt{3})^{n+2}\}$$

となる。したがって

$$P(n)=\frac{d_n}{3^n}=\frac{1}{4\sqrt{3}}\left\{9\left(\frac{1+\sqrt{3}}{3}\right)^{n+2}-9\left(\frac{1-\sqrt{3}}{3}\right)^{n+2}\right\}$$

$$=\frac{3\sqrt{3}}{4}\left\{\left(\frac{1+\sqrt{3}}{3}\right)^{n+2}-\left(\frac{1-\sqrt{3}}{3}\right)^{n+2}\right\}$$

を得る。

((2)は**〔解法1〕**と同様)

参考 $p_{n+1}-\alpha p_n=\beta(p_n-\alpha p_{n-1})$ は，数列 $\{p_{n+1}-\alpha p_n\}$ が，公比 β の等比数列（初項は $p_2-\alpha p_1$）であることを示しているので，一般項（第 n 項）は

$$p_{n+1}-\alpha p_n=(p_2-\alpha p_1)\times\beta^{n-1}$$

となるのであるが，〔解法 1〕では，漸化式を用いながら，項を若くしていく書き方にしてある。

$$\begin{aligned}p_{n+1}-\alpha p_n&=\beta(p_n-\alpha p_{n-1})=\beta\{\beta(p_{n-1}-\alpha p_{n-2})\}\\&=\beta^2(p_{n-1}-\alpha p_{n-2})=\beta^2\{\beta(p_{n-2}-\alpha p_{n-3})\}\\&=\beta^3(p_{n-2}-\alpha p_{n-3})\end{aligned}$$

これを続けると

$$p_{n+1}-\alpha p_n=\beta^{n-1}(p_2-\alpha p_1)$$

となる。〔解法 2〕の $d_{n+2}=2d_{n+1}+2d_n$ の解法は詳しく書いていないが，$1\pm\sqrt{3}$ は，$t^2-2t-2=0$（特性方程式と呼ばれる。d_{n+2} を t^2，d_{n+1} を t，d_n を 1 とすれば得られる）の解である。もし，この解が重解 γ であるとすると，式は

$$d_{n+2}-\gamma d_{n+1}=\gamma(d_{n+1}-\gamma d_n)=\cdots=\gamma^n(d_2-\gamma d_1)$$

の 1 つだけである。このときは，両辺を γ^{n+2} で割って

$$\frac{d_{n+2}}{\gamma^{n+2}}-\frac{d_{n+1}}{\gamma^{n+1}}=\frac{1}{\gamma^2}(d_2-\gamma d_1)$$

とすればよい。数列 $\left\{\dfrac{d_n}{\gamma^n}\right\}$ は等差数列である。

23 2016年度〔2〕 Level B

△ABCを一辺の長さ6の正三角形とする。サイコロを3回振り，出た目を順にX，Y，Zとする。出た目に応じて，点P，Q，Rをそれぞれ線分BC，CA，AB上に

$$\overrightarrow{BP}=\frac{X}{6}\overrightarrow{BC},\ \overrightarrow{CQ}=\frac{Y}{6}\overrightarrow{CA},\ \overrightarrow{AR}=\frac{Z}{6}\overrightarrow{AB}$$

をみたすように取る。

(1) △PQRが正三角形になる確率を求めよ。

(2) 点B，P，Rを互いに線分で結んでできる図形をT_1，点C，Q，Pを互いに線分で結んでできる図形をT_2，点A，R，Qを互いに線分で結んでできる図形をT_3とする。T_1，T_2，T_3のうち，ちょうど2つが正三角形になる確率を求めよ。

(3) △PQRの面積をSとし，Sのとりうる値の最小値をmとする。mの値および$S=m$となる確率を求めよ。

ポイント 問題の内容を，図を描きながら理解する。PがCに，QがAに，RがBに一致することがある。
(1) P≠C，Q≠A，R≠BとしてX，Y，Zの間に成り立つ関係を求める。P=Cのときは，Q=A，R=Bでないと△PQRは正三角形にならない。
(2) 図を描いてみればX，Y，Zの条件がわかる。
(3) SをX，Y，Zを用いて表し，X，Y，Zがそれぞれ1以上6以下の整数であることに注意してSの最小値を求める。2文字を固定して1変数として処理するとよい。あるいは，図形的にSの最小値を求めることもできるであろう。最小値は直観的にわかりやすいが，論証しなければならない。

解法 1

X，Y，Zはサイコロの目であるから，それぞれ1以上6以下の整数である。組（X，Y，Z）は6^3通りあり，それらのうちどれが起こることも同様に確からしい。

ある（X，Y，Z）に対して

$$\overrightarrow{BP}=\frac{X}{6}\overrightarrow{BC},\ \overrightarrow{CQ}=\frac{Y}{6}\overrightarrow{CA},\ \overrightarrow{AR}=\frac{Z}{6}\overrightarrow{AB}$$

を満たすように点P，Q，Rをとると，右図のようになる。

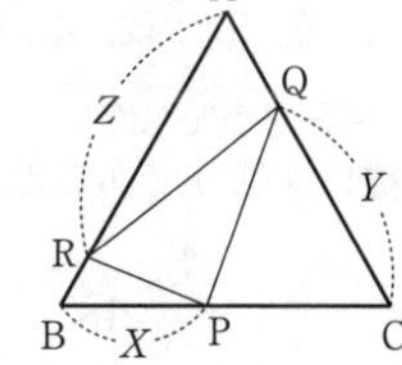

(1) $X \neq 6$ かつ $Y \neq 6$ かつ $Z \neq 6$ として考える。

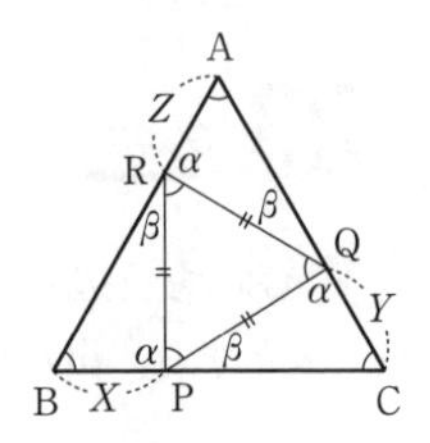

$\triangle$PQR が正三角形であるとすると，$\angle A = \angle B = \angle C = \angle RPQ = \angle PQR = \angle QRP = 60°$ であるから，$\angle ARQ = \alpha$，$\angle AQR = \beta$ とおけば

$$\alpha + \beta = 180° - 60° = 120°$$
$$\angle BRP = 180° - \alpha - 60° = 120° - \alpha = \beta$$
$$\angle BPR = 180° - \beta - 60° = 120° - \beta = \alpha$$
$$\angle CPQ = 180° - \alpha - 60° = 120° - \alpha = \beta$$
$$\angle CQP = 180° - \beta - 60° = 120° - \beta = \alpha$$

よって　　$\triangle ARQ \backsim \triangle BPR \backsim \triangle CQP$　（2つの角が等しい）

さらに QR = RP = PQ であるから

　　$\triangle ARQ \equiv \triangle BPR \equiv \triangle CQP$　（1辺とその両端の角が等しい）

したがって

$$X = Y = Z$$

逆に，このとき，PC = QA = RB より

　　$\triangle ARQ \equiv \triangle BPR \equiv \triangle CQP$　（2辺とそのはさむ角が等しい）

がいえ，QR = RP = PQ となるので，$\triangle$PQR は正三角形である。

$X=6$ または $Y=6$ または $Z=6$ の場合は，$X=Y=Z=6$ のとき，$\triangle$PQR は正三角形となる。

よって，$\triangle$PQR が正三角形になる確率は，$X=Y=Z$ となる確率に等しい。

$X=Y=Z$ であるのは，$(X, Y, Z) = (1, 1, 1)$，$(2, 2, 2)$，…，$(6, 6, 6)$ の6通りであるから，求める確率は

$$\frac{6}{6^3} = \frac{1}{36} \quad \cdots\cdots(答)$$

(2) 右図のように，T_1 と T_2 だけが正三角形（T_3 は正三角形でない）となるのは

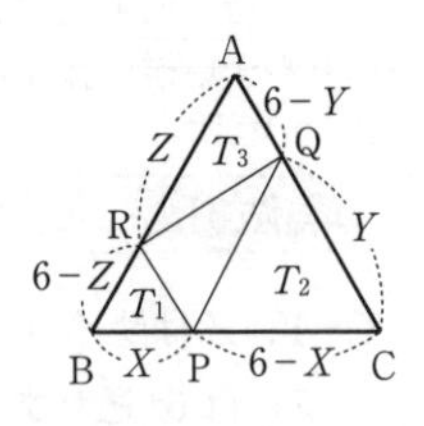

$$6 - X = Y,\ 6 - Y \neq Z,\ 6 - Z = X$$

すなわち　　$6 - X = Y = Z$　かつ　$X \neq 3$

となる場合である。これらを満たす (X, Y, Z) は

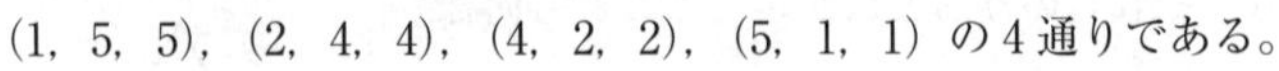

(1, 5, 5)，(2, 4, 4)，(4, 2, 2)，(5, 1, 1) の4通りである。

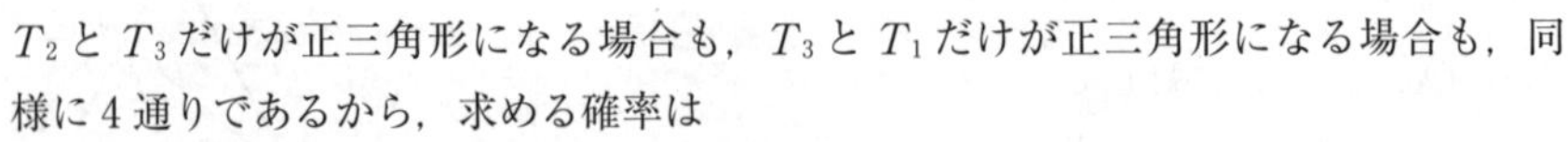

T_2 と T_3 だけが正三角形になる場合も，T_3 と T_1 だけが正三角形になる場合も，同様に4通りであるから，求める確率は

$$\frac{3 \times 4}{6^3} = \frac{1}{18} \quad \cdots\cdots(答)$$

(3)　$S=(\triangle ABC$ の面積$)-(T_1$ の面積$)-(T_2$ の面積$)-(T_3$ の面積$)$

$$=\frac{1}{2}\times 6^2\sin 60^\circ-\frac{1}{2}(6-Z)X\sin 60^\circ-\frac{1}{2}(6-X)Y\sin 60^\circ-\frac{1}{2}(6-Y)Z\sin 60^\circ$$

$$=9\sqrt{3}-\frac{\sqrt{3}}{4}\{6(X+Y+Z)-(XY+YZ+ZX)\}\quad\cdots\cdots①$$

S が最小となるのは

$$U=6(X+Y+Z)-(XY+YZ+ZX)$$
$$=\{6-(Y+Z)\}X+6(Y+Z)-YZ$$

が最大となるときである。

U を X の 1 次関数とみると

(a)　$6-(Y+Z)>0$ のときは，$X=6$ のとき U が最大となる。このとき

$U=36-YZ\leqq 35$　($Y=Z=1$ で等号成立，$Y+Z=2<6$)　……②

(b)　$6-(Y+Z)=0$ すなわち $(Y,\ Z)=(5,\ 1),\ (4,\ 2),\ (3,\ 3),\ (2,\ 4),\ (1,\ 5)$ のとき

$U=36-YZ\leqq 31$　($Y=5,\ Z=1$ または $Y=1,\ Z=5$ で等号成立)

(c)　$6-(Y+Z)<0$ のときは，$X=1$ のとき U が最大となる。このとき

$U=6+5(Y+Z)-YZ=(5-Z)Y+5Z+6$

であるから，ここでは U を Y の 1 次関数とみると

(i)　$5-Z>0$ のときは，$Y=6$ で U が最大となる。このとき

$U=36-Z\leqq 35$　($Z=1$ で等号成立，$Y+Z=7>6$)　……③

(ii)　$5-Z=0$ すなわち $Z=5$ のときは

$U=25+6=31$

(iii)　$5-Z<0$ のときは，$Y=1$ で U が最大となる。このとき

$U=11+4Z\leqq 35$　($Z=6$ で等号成立，$Y+Z=7>6$)　……④

(a)〜(c)より，U を最大とする $(X,\ Y,\ Z)$ は，②，③，④から

$(6,\ 1,\ 1),\ (1,\ 6,\ 1),\ (1,\ 1,\ 6)$

の 3 通りであり，このとき，U は最大値 35 をとる。

したがって，S のとりうる値の最小値 m は，①より

$$m=9\sqrt{3}-\frac{\sqrt{3}}{4}\times 35=\frac{\sqrt{3}}{4}\quad\cdots\cdots(答)$$

$S=m$ となる確率は

$$\frac{3}{6^3}=\frac{1}{72}\quad\cdots\cdots(答)$$

解法 2

（(1)，(2)は〔解法 1〕と同様）

(3) (i)　$X=6$ または $Y=6$ または $Z=6$ のとき，△PQR の面積 S の最小値を求める。右図（$Z=6$）の場合

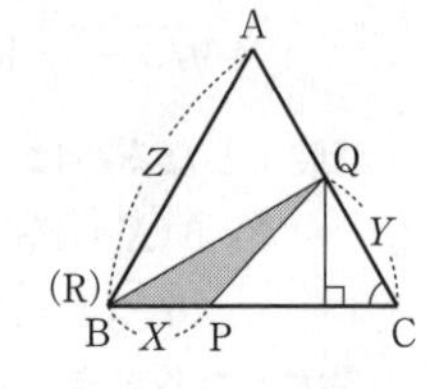

$$(\text{底辺})=\text{BP}=X\geqq 1$$

$$(\text{高さ})=Y\sin 60^\circ=\frac{\sqrt{3}}{2}Y\geqq\frac{\sqrt{3}}{2}$$

であるから，$X=Y=1$ で S は最小となる。

$$S\geqq\frac{1}{2}\times 1\times\frac{\sqrt{3}}{2}=\frac{\sqrt{3}}{4}$$

他の場合も同様である。よって，次のことが成り立つ。

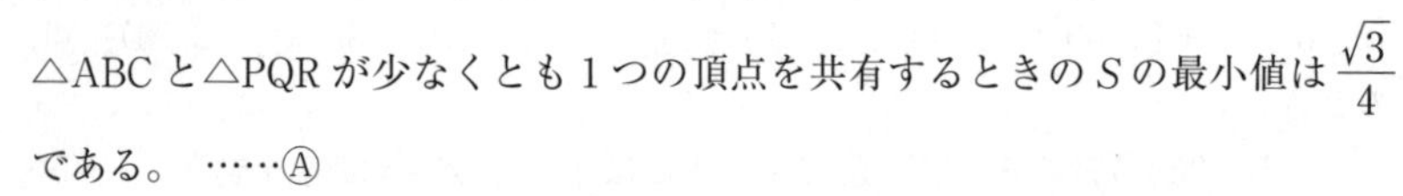

△ABC と△PQR が少なくとも 1 つの頂点を共有するときの S の最小値は $\frac{\sqrt{3}}{4}$ である。……Ⓐ

(ii)　次に，$X\neq 6$ かつ $Y\neq 6$ かつ $Z\neq 6$ とする。

(a)　△ABC と△PQR に平行な辺があるとき，△PQR の頂点の 1 つを△ABC の頂点に移動して，△PQR の面積と等しい面積をもつ三角形を作ることができる。

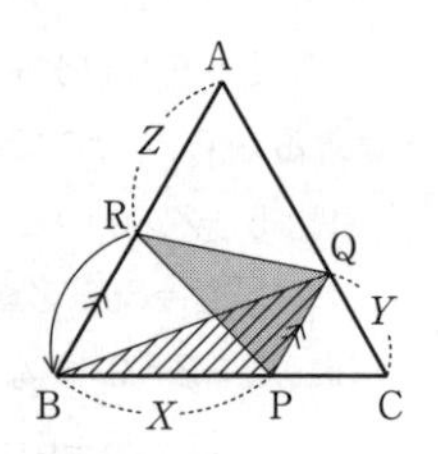

PQ∥BA のとき，$6-X=Y$ であり

$$S=(\triangle\text{PQB の面積})\geqq\frac{\sqrt{3}}{4}\quad(\text{Ⓐより})$$

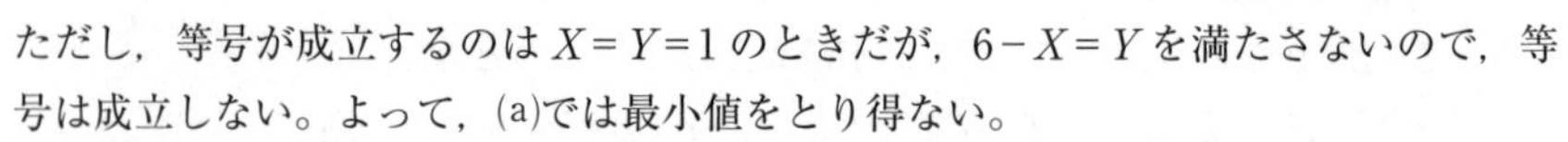

ただし，等号が成立するのは $X=Y=1$ のときだが，$6-X=Y$ を満たさないので，等号は成立しない。よって，(a)では最小値をとり得ない。

QR∥CB，RP∥AC の場合も同様である。

(b)　△ABC と△PQR に平行な辺がないとき，△PQR より面積の小さいⒶの三角形が必ず存在することを示す。

点 Q を通り，辺 PR に平行な直線 l を引く。直線 l は点 Q において辺 AC と交わるので，頂点 A，C の一方は直線 PR と l の間にある。

それが C の場合（右図）

$$S>(\triangle\text{PCR の面積})\geqq\frac{\sqrt{3}}{4}\quad(\text{Ⓐより})$$

ただし，△PCR は，$Y=0$ の場合にあたるから存在しないが，BC の垂直二等分線に関して対称な合同な三角形は存在する。

他の場合も同様である。

以上より，Sのとりうる値の最小値 m は $\dfrac{\sqrt{3}}{4}$ である。 ……(答)

$S=m$ となるのは，(i)の場合，すなわち $(X,\ Y,\ Z)=(1,\ 1,\ 6)$，$(1,\ 6,\ 1)$，$(6,\ 1,\ 1)$ の場合だけであるから，$S=m$ となる確率は

$$\frac{3}{6^3}=\frac{1}{72} \quad \cdots\cdots(答)$$

24　2013年度〔1〕(2)　Level A

6個のさいころを同時に投げるとき，ちょうど4種類の目が出る確率を既約分数で表せ。

ポイント　6個のさいころの目が4種類になるのは，a，a，a，b，c，dとa，a，b，b，c，dの2つのタイプしかない。丁寧に場合の数を調べる。

解法

6個のさいころを1列に並べた状態を想定する。6個のさいころを同時に投げるとき，目の出方は6^6通りあり，それらの目の出方は同様に確からしい。

ちょうど4種類の目が出る場合の数を調べる。

4種類の目の選び方は${}_6C_4={}_6C_2=15$通りある。その1通りの組み合わせ，a，b，c，dに対して

(i)　aが3個，他が各1個出る場合は，aの選び方が${}_4C_1=4$通りあり，

その1通りに対して，a，a，a，b，c，dの並び方が$\dfrac{6!}{3!}=120$通りあるから，

$4\times120=480$通りの場合がある。

(ii)　a，bが各2個，他が各1個出る場合は，a，bの選び方が${}_4C_2=6$通りあり，

その1通りに対して，a，a，b，b，c，dの並び方が$\dfrac{6!}{2!2!}=180$通りあるから，

$6\times180=1080$通りある。

(i)，(ii)以外には4種類の目が出る場合はないから，ちょうど4種類の目が出る場合の数は

$$15\times(480+1080)=15\times1560\text{ 通り}$$

である。したがって，求める確率は

$$\frac{15\times1560}{6^6}=\frac{15\times260}{6^5}=\frac{5\times130}{6^4}=\frac{5\times65}{3\times6^3}=\frac{325}{648}\quad\cdots\cdots(\text{答})$$

〔注〕〔解法〕は，さいころの目の出方に着目して解いているが，6個のさいころを4つのグループに分けることから始めることもできる。

［Ⅰ］　3個，1個，1個，1個と分ける方法は

${}_6C_3=20$通り

この4グループに1から6までの異なる数字を割り当てる方法は

${}_6P_4=360$通り

［Ⅱ］　2個，2個，1個，1個と分ける方法は

$$\frac{{}_6C_2 \times {}_4C_2}{2!} = 45 \text{ 通り}$$

この4グループに1から6までの異なる数字を割り当てる方法は

$${}_6P_4 = 360 \text{ 通り}$$

こう考えれば，求める確率は次のように計算される。

$$\frac{20 \times 360 + 45 \times 360}{6^6} = \frac{650}{6^4} = \frac{325}{648}$$

25　2012年度〔1〕(2)　Level A

1から6までの目がそれぞれ$\frac{1}{6}$の確率で出るさいころを同時に3個投げるとき，目の積が10の倍数になる確率を求めよ。

ポイント　3個のさいころの目の積が10の倍数となるためには，偶数の目と5の目が少なくとも1個ずつ出ればよい。余事象（10の倍数にならない）の確率を求める方が簡単かもしれない。

解法1

3個のさいころA，B，Cの目の出方は$6\times6\times6=6^3$通りあり，これらはどれが起こることも同様に確からしい。
目の積が10の倍数になるのは，A，B，Cを投げて出た目の中に

　　偶数の目があり　かつ　5の目がある

ときであるから，目の積が10の倍数にならないのは

　　偶数の目がないか　または　5の目がない　……(*)

ときである。
A，B，Cを投げて出た目の中に，偶数の目がない（奇数の目のみである）目の出方は$3\times3\times3=3^3$通り，5の目がない目の出方は$5\times5\times5=5^3$通り，偶数の目がなくかつ5の目もない（1または3の目のみである）目の出方は$2\times2\times2=2^3$通りであるから，(*)となるようなA，B，Cの目の出方は

$$3^3+5^3-2^3=27+125-8=144 \text{ 通り}$$

である。よって，A，B，Cの目の積が10の倍数にならない確率は

$$\frac{144}{6^3}=\frac{24}{36}=\frac{2}{3}$$

したがって，この余事象，すなわちA，B，Cの目の積が10の倍数になる確率は

$$1-\frac{2}{3}=\frac{1}{3} \quad \cdots\cdots(\text{答})$$

〔注〕　3個のさいころの目の出方は互いに独立であると考え，次のようにまとめてもよい。
さいころを同時に3個投げるとき，出る目に関する全事象をU，目の積が10の倍数になる事象をD，偶数の目が1つも出ない事象をE，5の目が1つも出ない事象をFとすると，事象Xが起こる確率を$P(X)$と書くことで

$$\begin{aligned} P(D)&=P(U)-P(E\cup F)\\ &=P(U)-\{P(E)+P(F)-P(E\cap F)\} \end{aligned}$$

が成り立つ。ここに，$P(U)=1$であり，3個のさいころの目の出方は独立であると考え

られることから

$$P(E)=\frac{1}{2}\times\frac{1}{2}\times\frac{1}{2}=\frac{1}{2^3},\quad P(F)=\frac{5}{6}\times\frac{5}{6}\times\frac{5}{6}=\frac{5^3}{6^3}$$

$E\cap F$は，1と3の目しか出ないことであるから

$$P(E\cap F)=\frac{1}{3}\times\frac{1}{3}\times\frac{1}{3}=\frac{1}{3^3}$$

したがって，求める確率$P(D)$は

$$P(D)=1-\left(\frac{1}{2^3}+\frac{5^3}{6^3}-\frac{1}{3^3}\right)=1-\frac{3^3+5^3-2^3}{6^3}=1-\frac{2}{3}=\frac{1}{3}$$

解法 2

3個のさいころA，B，Cの目の出方は6^3通りあり，これらはどれが起こることも同様に確からしい。

偶数の目をa，5の目をb，1または3の目をcで表すと，aは3通り，bは1通り，cは2通りの場合がある。

A，B，Cの目の積が10の倍数になるのは，次の(i)～(iii)の場合がある。

(i)　A，B，Cがa，b，cと順番を無視して対応するとき，目の出方は

$3!\times3\times1\times2=6^2$通り

(ii)　A，B，Cがa，a，bと順番を無視して対応するとき，目の出方は

$\frac{3!}{2!}\times3\times3\times1=3^3$通り

(iii)　A，B，Cがa，b，bと順番を無視して対応するとき，目の出方は

$\frac{3!}{2!}\times3\times1\times1=3^2$通り

(i)～(iii)より，求める確率は

$$\frac{6^2+3^3+3^2}{6^3}=\frac{36+27+9}{6^3}=\frac{72}{6^3}=\frac{1}{3}\quad\cdots\cdots(答)$$

26 2010年度〔3〕 Level A

1から n までの数字がもれなく一つずつ書かれた n 枚のカードの束から同時に2枚のカードを引く。このとき，引いたカードの数字のうち小さい方が3の倍数である確率を $p(n)$ とする。

(1) $p(8)$ を求めよ。

(2) 正の整数 k に対し，$p(3k+2)$ を k で表せ。

ポイント 3の倍数が関係するので，n を3で割ったときの余りが問題になりそうであるが，(1)も(2)も余りは2であるので，余りによる場合分けもなく，解きやすそうである。
(1) 1から8までには3の倍数は3と6の2つなので，引いた2枚のカードのうち小さい方が3の倍数となる場合の数はすぐに求まるであろう。
(2) $(3k+2)$ 枚のカードから2枚を引いたとき，小さい方の数字が3であれば，大きい方は4, 5, …, $3k+2$ の $(3k-1)$ 通りの場合がある。小さい方が6であれば，9であれば，… と考えていけばよい。
なお，ここで求まる結果において $k=2$ とすれば(1)の答えにならなければならないので，結果の確認をしておこう。

解 法

(1) 8枚のカードの束から同時に2枚のカードを引く場合の数は

$${}_8C_2=\frac{8\times7}{2}=28〔通り〕$$

あり，これらの引き方は同様に確からしい。
2枚のカードの数字のうち小さい方が3の倍数であるのは

3と4，3と5，3と6，3と7，3と8
6と7，6と8

の7通りであるから

$$p(8)=\frac{7}{28}=\frac{1}{4} \quad \cdots\cdots(答)$$

(2) $(3k+2)$ 枚のカードの束から同時に2枚のカードを引く場合の数は

$${}_{3k+2}C_2=\frac{(3k+2)(3k+1)}{2}〔通り〕$$

あり，これらの引き方は同様に確からしい。

1から $(3k+2)$ までには，3の倍数は

$$3\times 1,\ 3\times 2,\ \cdots,\ 3\times k$$

の k 個あり，2枚のカードの数字のうち小さい方が3の倍数となるとき，小さい方を $3m$ $(m=1,\ 2,\ \cdots,\ k)$ とおくと，大きい方は $3m+1,\ 3m+2,\ \cdots,\ 3k+2$ であり，その場合の数は

$$(3k+2)-(3m+1)+1=3k+2-3m \text{〔通り〕}$$

であるから，全部で

$$\sum_{m=1}^{k}(3k+2-3m)=\sum_{l=1}^{k}(3l-1)=3\cdot\frac{1}{2}k(k+1)-k$$

$$=\frac{k(3k+1)}{2}\text{〔通り〕}$$

である。したがって

$$p(3k+2)=\frac{k(3k+1)}{2}\times\frac{2}{(3k+2)(3k+1)}=\frac{k}{3k+2}\quad\cdots\cdots(\text{答})$$

〔注〕 2枚のカードの数字のうち小さい方が3の倍数となる場合の数を求めるには，小さい方の数字で場合分けすると，小さい方が

・3のとき：大きい方は4，5，…，$3k+2$ の $(3k-1)$ 通り
・6のとき：大きい方は7，8，…，$3k+2$ の $(3k-4)$ 通り
・9のとき：大きい方は10，11，…，$3k+2$ の $(3k-7)$ 通り
⋮
・$3k$ のとき：大きい方は $3k+1$，$3k+2$ の2通り

となるので，これらをすべて加えればよい。これらは，初項2，末項 $3k-1$，項数 k の等差数列であるから，その和は

$$\frac{k}{2}\{2+(3k-1)\}=\frac{k(3k+1)}{2}$$

27 2008年度〔3〕 Level B

いびつなサイコロがあり，1から6までのそれぞれの目が出る確率が $\frac{1}{6}$ とは限らないとする。このサイコロを2回ふったとき同じ目が出る確率を P とし，1回目に奇数，2回目に偶数の目が出る確率を Q とする。

(1) $P \geqq \frac{1}{6}$ であることを示せ。また，等号が成立するための必要十分条件を求めよ。

(2) $\frac{1}{4} \geqq Q \geqq \frac{1}{2} - \frac{3}{2}P$ であることを示せ。

ポイント いびつなサイコロで，どの目が出る確率も $\frac{1}{6}$ とは限らないのだから，1から6までのそれぞれの目が出る確率を文字でおいてみるほかない。それらの文字のとり得る値の範囲はいずれも0以上1以下，すべての値の和は1，条件はこれしかない。確率 P や Q をそれらの文字で表せば，あとは純粋に不等式の証明問題となる。式計算にあたっては，文字の規則性に注目するとよい。
(1) コーシー・シュワルツの不等式を用いれば簡単であるが，地道な計算でもできる。1を文字の値の総和の平方と置き換えれば，$6P-1$ を式変形して実数の平方の和に持ち込むことによって，「$\geqq 0$」が示せる。
(2) 同様にして，$1-4Q \geqq 0$，$3P+2Q-1 \geqq 0$ を示せばよい。

解法 1

サイコロを1回ふったとき，k の目（$k=1, 2, \cdots, 6$）の出る確率を p_k とおくと

$$0 \leqq p_k \leqq 1,\ p_1+p_2+\cdots+p_6=1 \quad \cdots\cdots①$$

(1) サイコロをふる試行は独立試行であり，1回目と2回目が同じ目であるという事象は，同じ目が1の場合から6の場合まで6個の事象に分けられ，それらは互いに排反であるので

$$P = p_1{}^2 + p_2{}^2 + \cdots + p_6{}^2$$

と表される。

$$6P-1 = 6(p_1{}^2+p_2{}^2+\cdots+p_6{}^2) - (p_1+p_2+\cdots+p_6)^2 \quad (\because\ ①)$$

$$= 5\sum_{i=1}^{6} p_i{}^2 - 2\sum_{j=2}^{6}\left(\sum_{i=1}^{j-1} p_i p_j\right)$$

$$
\begin{aligned}
&= (p_1-p_2)^2+(p_1-p_3)^2+(p_1-p_4)^2+(p_1-p_5)^2+(p_1-p_6)^2 \\
&\quad +(p_2-p_3)^2+(p_2-p_4)^2+(p_2-p_5)^2+(p_2-p_6)^2 \\
&\quad +(p_3-p_4)^2+(p_3-p_5)^2+(p_3-p_6)^2 \\
&\quad +(p_4-p_5)^2+(p_4-p_6)^2 \\
&\quad +(p_5-p_6)^2 \\
&\geqq 0
\end{aligned}
$$

したがって　$P \geqq \frac{1}{6}$　(証明終)

等号が成立するための必要十分条件は，上の式変形から

$$p_1=p_2=\cdots=p_6=\frac{1}{6}$$

すなわち

どの目が出る確率も $\frac{1}{6}$ であること。 ……(答)

〔注〕 次の式変形は気づきにくいが，簡単でうまい方法である。

$$
\begin{aligned}
&p_1{}^2+p_2{}^2+\cdots+p_6{}^2-\frac{1}{6} \\
&=\left(p_1-\frac{1}{6}\right)^2+\left(p_2-\frac{1}{6}\right)^2+\cdots+\left(p_6-\frac{1}{6}\right)^2+\frac{1}{3}(p_1+p_2+\cdots+p_6)-\frac{1}{6}-6\times\left(\frac{1}{6}\right)^2 \\
&=\left(p_1-\frac{1}{6}\right)^2+\left(p_2-\frac{1}{6}\right)^2+\cdots+\left(p_6-\frac{1}{6}\right)^2 \\
&\geqq 0
\end{aligned}
$$

(2) サイコロを１回ふったとき奇数の目が出る確率 Q_1 は，1，3，5の目が出るという３つの事象が互いに排反であることから

$$Q_1=p_1+p_3+p_5$$

同様に，偶数の目が出る確率 Q_2 は

$$Q_2=p_2+p_4+p_6$$

したがって，１回目に奇数，２回目に偶数の目が出る確率 Q は，１回目，２回目が独立な試行であることより

$$Q=Q_1Q_2=(p_1+p_3+p_5)(p_2+p_4+p_6)$$

$Q_1+Q_2=1$ であることに注意すれば

$$
\begin{aligned}
1-4Q&=1-4Q_1Q_2 \\
&=(Q_1+Q_2)^2-4Q_1Q_2 \\
&=Q_1{}^2-2Q_1Q_2+Q_2{}^2 \\
&=(Q_1-Q_2)^2 \geqq 0
\end{aligned}
$$

(等号は，$Q_1=Q_2$ すなわち $p_1+p_3+p_5=p_2+p_4+p_6=\frac{1}{2}$ のとき成立)

$\therefore\quad \dfrac{1}{4} \geqq Q \quad \cdots\cdots②$

次に

$$\begin{aligned}&3P+2Q-1\\&=3(p_1{}^2+p_2{}^2+\cdots+p_6{}^2)+2(p_1+p_3+p_5)(p_2+p_4+p_6)-(p_1+p_2+\cdots+p_6)^2\\&=2(p_1{}^2+p_2{}^2+\cdots+p_6{}^2)-2(p_1p_3+p_1p_5+p_3p_5+p_2p_4+p_2p_6+p_4p_6)\\&=(p_1-p_3)^2+(p_1-p_5)^2+(p_3-p_5)^2+(p_2-p_4)^2+(p_2-p_6)^2+(p_4-p_6)^2\\&\geqq 0\end{aligned}$$

（等号は，$p_1=p_3=p_5$，$p_2=p_4=p_6$ のとき成立）

$\therefore\quad Q \geqq \dfrac{1}{2}-\dfrac{3}{2}P \quad \cdots\cdots③$

②，③より

$$\frac{1}{4} \geqq Q \geqq \frac{1}{2}-\frac{3}{2}P$$

（証明終）

解法 2

(1) 一般に，実数 a_1，a_2，…，a_n；b_1，b_2，…，b_n に対して，不等式

$$(a_1{}^2+a_2{}^2+\cdots+a_n{}^2)(b_1{}^2+b_2{}^2+\cdots+b_n{}^2) \geqq (a_1b_1+a_2b_2+\cdots+a_nb_n)^2 \quad \cdots\cdots Ⓐ$$

$\left(\text{等号は，}\dfrac{b_1}{a_1}=\dfrac{b_2}{a_2}=\cdots=\dfrac{b_n}{a_n}\text{ のとき成立}\right)$

が成り立つので，実数 p_1，p_2，…，p_6 に対して

$$(p_1{}^2+p_2{}^2+\cdots+p_6{}^2)(1^2+1^2+\cdots+1^2) \geqq (p_1\cdot 1+p_2\cdot 1+\cdots+p_6\cdot 1)^2$$

すなわち

$$(p_1{}^2+p_2{}^2+\cdots+p_6{}^2)\times 6 \geqq (p_1+p_2+\cdots+p_6)^2 \quad \cdots\cdots Ⓑ$$

が成り立つ。サイコロを 1 回ふって k の目（$k=1$，2，…，6）が出る確率を p_k とおけば

$$P=p_1{}^2+p_2{}^2+\cdots+p_6{}^2, \quad p_1+p_2+\cdots+p_6=1$$

であるから，不等式Ⓑは

$$P\times 6 \geqq 1^2 \qquad \therefore\quad P \geqq \frac{1}{6}$$

（証明終）

等号が成立するための必要十分条件は

$$\frac{p_1}{1}=\frac{p_2}{1}=\cdots=\frac{p_6}{1} \quad \text{すなわち} \quad p_1=p_2=\cdots=p_6=\frac{1}{6} \quad \cdots\cdots(\text{答})$$

(2) $Q_1=p_1+p_3+p_5$，$Q_2=p_2+p_4+p_6$ とおくと

$$Q=Q_1Q_2, \quad Q_1+Q_2=1$$

である。$Q_1 \geqq 0$，$Q_2 \geqq 0$ であるから，相加平均と相乗平均の関係が使えて

$$1=Q_1+Q_2 \geqq 2\sqrt{Q_1Q_2}=2\sqrt{Q}$$

$$\therefore \quad \frac{1}{4} \geqq Q \quad \cdots\cdots ©$$

$\left(\text{等号は，} Q_1=Q_2 \text{ すなわち } p_1+p_3+p_5=p_2+p_4+p_6=\frac{1}{2} \text{ のとき成立}\right)$

次に，$b_k=1$ とおいて不等式Ⓐを用いると

$3(p_1{}^2+p_3{}^2+p_5{}^2) \geqq (p_1+p_3+p_5)^2$ （等号は，$p_1=p_3=p_5$ のとき成立）

$3(p_2{}^2+p_4{}^2+p_6{}^2) \geqq (p_2+p_4+p_6)^2$ （等号は，$p_2=p_4=p_6$ のとき成立）

辺々加えて

$$3P \geqq Q_1{}^2+Q_2{}^2=(Q_1+Q_2)^2-2Q_1Q_2=1^2-2Q$$

$$\therefore \quad Q \geqq \frac{1}{2}-\frac{3}{2}P \quad \cdots\cdots Ⓓ$$

©，Ⓓより　$\frac{1}{4} \geqq Q \geqq \frac{1}{2}-\frac{3}{2}P$　（証明終）

参考1 絶対不等式Ⓐは，コーシー・シュワルツの不等式と呼ばれ，証明は以下のように初等的にできる。

a_i，b_i $(i=1,\ 2,\ \cdots,\ n)$ を実数とすると，任意の実数 t に対してつねに不等式

$$\sum_{i=1}^{n}(a_it-b_i)^2 \geqq 0$$

すなわち　$\left(\sum_{i=1}^{n}a_i{}^2\right)t^2-2\left(\sum_{i=1}^{n}a_ib_i\right)t+\left(\sum_{i=1}^{n}b_i{}^2\right) \geqq 0$

が成り立つ。t^2 の係数が正である（$\sum_{i=1}^{n}a_i{}^2=0$ となる場合，$a_1=a_2=\cdots=a_n=0$ となり，Ⓐは自明である）ことから，この不等式と

$$\left(\sum_{i=1}^{n}a_ib_i\right)^2-\left(\sum_{i=1}^{n}a_i{}^2\right)\left(\sum_{i=1}^{n}b_i{}^2\right) \leqq 0 \quad \left(\frac{1}{4}\times(\text{判別式}) \leqq 0\right)$$

とは同値である。すなわち，つねに

$$\left(\sum_{i=1}^{n}a_i{}^2\right)\left(\sum_{i=1}^{n}b_i{}^2\right) \geqq \left(\sum_{i=1}^{n}a_ib_i\right)^2$$

が成り立つ。なお，ここで等号が成り立つのは $\sum_{i=1}^{n}(a_it-b_i)^2=0$ が重解（実数解）t をもつときで，それは $t=\frac{b_i}{a_i}$ すなわち $\frac{b_1}{a_1}=\frac{b_2}{a_2}=\cdots=\frac{b_n}{a_n}$ のときに限られる。

参考2 Ⓐを想起する際には，次の方法が便利である。

三次元ベクトル $\overrightarrow{\mathrm{OA}}=(a_1,\ a_2,\ a_3)$，$\overrightarrow{\mathrm{OB}}=(b_1,\ b_2,\ b_3)$ に対して，内積の性質

$$|\overrightarrow{\mathrm{OA}}||\overrightarrow{\mathrm{OB}}| \geqq |\overrightarrow{\mathrm{OA}}\cdot\overrightarrow{\mathrm{OB}}| \text{ すなわち } |\overrightarrow{\mathrm{OA}}|^2|\overrightarrow{\mathrm{OB}}|^2 \geqq (\overrightarrow{\mathrm{OA}}\cdot\overrightarrow{\mathrm{OB}})^2$$

が成り立つから，成分表示に直して

$$(a_1{}^2+a_2{}^2+a_3{}^2)(b_1{}^2+b_2{}^2+b_3{}^2) \geqq (a_1b_1+a_2b_2+a_3b_3)^2$$

等号が成り立つのは，$\overrightarrow{\mathrm{OA}}$，$\overrightarrow{\mathrm{OB}}$ のなす角が 0 または π のときであるから，3点O，A，Bが一直線上にあることになり，それは $\frac{b_1}{a_1}=\frac{b_2}{a_2}=\frac{b_3}{a_3}$ のときである。

28 2005年度〔2〕 Level B

1から6までの目が$\dfrac{1}{6}$の確率で出るサイコロを振り，1回目に出る目をα，2回目に出る目をβとする。2次式$(x-\alpha)(x-\beta)=x^2+sx+t$を$f(x)$とおき$f(x)^2=x^4+ax^3+bx^2+cx+d$とする。

(1) sおよびtの期待値を求めよ。

(2) a，b，cおよびdの期待値を求めよ。

ポイント s，t，a，b，c，dをα，βで表すことは難しいことではない。期待値の基本的な定義さえ知っていれば解ける問題である。ただ，「確率分布」を学習していれば，計算はずいぶん楽になるだろう。

(1) 解と係数の関係により，$s=-(\alpha+\beta)$，$t=\alpha\beta$である。

$(\alpha,\ \beta)=(1,\ 1)$，$(1,\ 2)$，…，$(1,\ 6)$，$(2,\ 1)$，$(2,\ 2)$，…，$(2,\ 6)$，$(3,\ 1)$，…，$(6,\ 6)$の36通りの起こる確率はすべて等しく$\dfrac{1}{36}$であるから，期待値（平均）の定義にしたがって計算を実行すればよいのだが，α，βの対称性を利用したり，Σを用いて計算の見通しをよくする工夫をしたい。

(2) a，b，c，dをα，βで表し，(1)と同様にすればよい。〔解法2〕，〔解法3〕は「確率分布」の知識を用いるのであるが，このとき，αとβは独立であっても$\alpha+\beta$と$\alpha\beta$（sとt）は独立ではないことに注意が必要である。

解法 1

(1) $(x-\alpha)(x-\beta)=x^2+sx+t$より

$$s=-(\alpha+\beta),\ t=\alpha\beta \quad \cdots\cdots①$$

$(\alpha,\ \beta)$（$\alpha=1,\ 2,\ \cdots,\ 6\ ;\ \beta=1,\ 2,\ \cdots,\ 6$）となる確率は，$\alpha$，$\beta$の値にかかわらず$\dfrac{1}{36}$であり

$$\sum_{k=1}^{6}k=\frac{1}{2}\times6\times(6+1)=21$$

であることを用いれば，sおよびtの期待値を$E(s)$，$E(t)$とすると

$$E(s)=E(-(\alpha+\beta))=\sum_{\beta=1}^{6}\sum_{\alpha=1}^{6}\{-(\alpha+\beta)\}\times\frac{1}{36}$$

$$=-\frac{1}{18}\sum_{\beta=1}^{6}\sum_{\alpha=1}^{6}\alpha \quad (\alpha,\ \beta\text{は対称であるから})$$

$$= -\frac{1}{18} \times 6 \sum_{\alpha=1}^{6} \alpha = -\frac{1}{18} \times 6 \times 21 = -7 \quad \cdots\cdots(\text{答})$$

$$E(t) = E(\alpha\beta) = \frac{1}{36} \sum_{\beta=1}^{6} \sum_{\alpha=1}^{6} \alpha\beta = \frac{1}{36} \sum_{\beta=1}^{6} \left(\sum_{\alpha=1}^{6} \alpha \right) \beta$$

$$= \frac{1}{36} \sum_{\beta=1}^{6} 21\beta = \frac{21}{36} \sum_{\beta=1}^{6} \beta = \frac{21}{36} \times 21 = \frac{49}{4} \quad \cdots\cdots(\text{答})$$

(2)　$(x^2 + sx + t)^2 = x^4 + 2sx^3 + (s^2 + 2t)x^2 + 2stx + t^2$

であるから，①を用いて

$a = 2s = -2(\alpha + \beta)$,

$b = s^2 + 2t = (\alpha + \beta)^2 + 2\alpha\beta = \alpha^2 + 4\alpha\beta + \beta^2$,

$c = 2st = -2(\alpha + \beta)\alpha\beta = -2(\alpha^2\beta + \alpha\beta^2)$,

$d = t^2 = \alpha^2\beta^2$

と表せる。

$$\sum_{k=1}^{6} k^2 = \frac{1}{6} \times 6 \times (6+1) \times (2 \times 6 + 1) = 91$$

に注意すれば，(1)と同様にして

$$E(a) = E(-2(\alpha + \beta)) = 2 \sum_{\beta=1}^{6} \sum_{\alpha=1}^{6} \{-(\alpha + \beta)\} \times \frac{1}{36}$$

$$= 2E(s)$$

$$= 2 \times (-7) = -14 \quad \cdots\cdots(\text{答})$$

$$E(b) = E(\alpha^2 + 4\alpha\beta + \beta^2) = \sum_{\beta=1}^{6} \sum_{\alpha=1}^{6} (\alpha^2 + 4\alpha\beta + \beta^2) \times \frac{1}{36}$$

$$= \frac{1}{36} \left\{ \sum_{\beta=1}^{6} \sum_{\alpha-1}^{6} (\alpha^2 + \beta^2) + 4 \sum_{\beta=1}^{6} \sum_{\alpha=1}^{6} (\alpha\beta) \right\}$$

$$= \frac{1}{18} \sum_{\beta=1}^{6} \sum_{\alpha=1}^{6} \alpha^2 + 4E(t) \quad (\alpha,\ \beta\text{ は対称であるから})$$

$$= \frac{1}{3} \sum_{\alpha=1}^{6} \alpha^2 + 4 \times \frac{49}{4}$$

$$= \frac{1}{3} \times 91 + 49 = \frac{238}{3} \quad \cdots\cdots(\text{答})$$

$$E(c) = E(-2(\alpha^2\beta + \alpha\beta^2)) = -2 \sum_{\beta=1}^{6} \sum_{\alpha=1}^{6} (\alpha^2\beta + \alpha\beta^2) \times \frac{1}{36}$$

$$= -\frac{1}{9} \sum_{\beta=1}^{6} \sum_{\alpha=1}^{6} \alpha^2\beta \quad (\alpha,\ \beta\text{ は対称であるから})$$

$$= -\frac{1}{9} \sum_{\beta=1}^{6} \left(\sum_{\alpha=1}^{6} \alpha^2 \right) \beta = -\frac{1}{9} \sum_{\beta=1}^{6} 91\beta = -\frac{91}{9} \sum_{\beta=1}^{6} \beta$$

$$= -\frac{91}{9}\times 21 = -\frac{637}{3} \quad \cdots\cdots(\text{答})$$

$$E(d) = E(\alpha^2\beta^2) = \frac{1}{36}\sum_{\beta=1}^{6}\sum_{\alpha=1}^{6}\alpha^2\beta^2$$

$$= \frac{1}{36}\sum_{\beta=1}^{6}\left(\sum_{\alpha=1}^{6}\alpha^2\right)\beta^2 = \frac{1}{36}\sum_{\beta=1}^{6}91\beta^2 = \frac{91}{36}\sum_{\beta=1}^{6}\beta^2$$

$$= \frac{91}{36}\times 91 = \frac{8281}{36} \quad \cdots\cdots(\text{答})$$

解法 2

s, t, a, b, c, d を α, β で表すことは〔解法1〕と同じ。

$$E(\alpha) = E(\beta) = \sum_{k=1}^{6}k\times\frac{1}{6} = \frac{1}{6}\sum_{k=1}^{6}k = \frac{1}{6}\times\frac{1}{2}\times 6\times(6+1) = \frac{7}{2}$$

$$E(\alpha^2) = E(\beta^2) = \sum_{k=1}^{6}k^2\times\frac{1}{6} = \frac{1}{6}\sum_{k=1}^{6}k^2 = \frac{1}{6}\times\frac{1}{6}\times 6\times(6+1)\times(2\times 6+1) = \frac{91}{6}$$

(1) $E(s) = E(-(\alpha+\beta)) = -E(\alpha) - E(\beta) = -\frac{7}{2} - \frac{7}{2} = -7 \quad \cdots\cdots(\text{答})$

α, β が独立であるので

$$E(t) = E(\alpha\beta) = E(\alpha)E(\beta) = \frac{7}{2}\times\frac{7}{2} = \frac{49}{4} \quad \cdots\cdots(\text{答})$$

〔注1〕 確率変数 X, Y と定数 a, b に対して

$E(aX+bY) = aE(X) + bE(Y)$

$E(XY) = E(X)E(Y)$ （X と Y が互いに独立のときに限る）

が成り立つ。

(2) $E(a) = E(-2(\alpha+\beta)) = -2E(\alpha+\beta) = -2(E(\alpha) + E(\beta))$

$$= -2\left(\frac{7}{2}+\frac{7}{2}\right) = -14 \quad \cdots\cdots(\text{答})$$

$$E(b) = E(\alpha^2 + 4\alpha\beta + \beta^2) = E(\alpha^2) + 4E(\alpha\beta) + E(\beta^2)$$

$$= \frac{91}{6} + 4\times\frac{49}{4} + \frac{91}{6} = \frac{238}{3} \quad \cdots\cdots(\text{答})$$

α^2 と β, α と β^2 はそれぞれ独立だから，α, β が対称であることも考えると

$$E(c) = E(-2(\alpha^2\beta + \alpha\beta^2)) = -4E(\alpha^2\beta) = -4E(\alpha^2)E(\beta)$$

$$= -4\times\frac{91}{6}\times\frac{7}{2} = -\frac{637}{3} \quad \cdots\cdots(\text{答})$$

α^2 と β^2 は独立だから，α, β が対称であることも考えて

$$E(d) = E(\alpha^2\beta^2) = \{E(\alpha^2)\}^2 = \left(\frac{91}{6}\right)^2 = \frac{8281}{36} \quad \cdots\cdots(\text{答})$$

〔注2〕 sとtは独立ではないから

$$E(c)=-2E(\alpha^2\beta+\alpha\beta^2)$$
$$=-2E(\alpha+\beta)E(\alpha\beta)$$
$$=-2E(s)E(t)$$

とすることはできない。

解法3

(1) 任意の実数xに対して

$$E(x-\alpha)=E(x-\beta)=x-E(\alpha)=x-\frac{7}{2}$$

α, βは独立であるから

$$E((x-\alpha)(x-\beta))=E(x-\alpha)E(x-\beta)=\left(x-\frac{7}{2}\right)^2=x^2-7x+\frac{49}{4}$$

一方

$$E(x^2+sx+t)=x^2+xE(s)+E(t)$$

これらより

$$E(s)=-7,\ E(t)=\frac{49}{4}\quad\cdots\cdots(答)$$

〔注3〕 確率変数Xと定数a, bに対して

$$E(aX+b)=aE(X)+b$$

が成り立つ。

(2) (1)と同様に考えると

$$E((x-\alpha)^2)=E((x-\beta)^2)=E(x^2-2\alpha x+\alpha^2)=x^2-2xE(\alpha)+E(\alpha^2)$$
$$=x^2-7x+\frac{91}{6}$$

$$E((x-\alpha)^2(x-\beta)^2)=E((x-\alpha)^2)E((x-\beta)^2)$$
$$=\left(x^2-7x+\frac{91}{6}\right)^2$$
$$=x^4-14x^3+\left(49+\frac{91}{3}\right)x^2-2\times7\times\frac{91}{6}x+\left(\frac{91}{6}\right)^2$$
$$=x^4-14x^3+\frac{238}{3}x^2-\frac{637}{3}x+\frac{8281}{36}$$

$$E(f(x)^2)=E(x^4+ax^3+bx^2+cx+d)$$
$$=x^4+x^3E(a)+x^2E(b)+xE(c)+E(d)$$

よって

$$E(a)=-14,\ E(b)=\frac{238}{3},\ E(c)=-\frac{637}{3},\ E(d)=\frac{8281}{36}\quad\cdots\cdots(答)$$

29 2004年度〔3〕 Level B

3枚のコインP，Q，Rがある。P，Q，Rの表の出る確率をそれぞれp，q，rとする。このとき次の操作をn回繰り返す。まず，Pを投げて表が出ればQを，裏が出ればRを選ぶ。次にその選んだコインを投げて，表が出れば赤玉を，裏が出れば白玉をつぼの中にいれる。

(1) n回ともコインQを選び，つぼの中にはk個の赤玉が入っている確率を求めよ。

(2) つぼの中が赤玉だけとなる確率を求めよ。

(3) $n=2004$，$p=\frac{1}{2}$，$q=\frac{1}{2}$，$r=\frac{1}{5}$のとき，つぼの中に何個の赤玉が入っていることがもっとも起こりやすいかを求めよ。

ポイント 操作の手順を整理・理解し，各設問の意味を正確にとらえる。特に考え方が難しいところはなさそうである。
(1) コインQを選ぶのは，コインPを投げて表が出たときである。そのときコインQを投げるわけだが，表が出れば赤玉，裏が出れば白玉がつぼの中に入る。前者がk回，後者が$(n-k)$回起こる場合の数は${}_n\mathrm{C}_k$である。
(2) 1回の操作で赤玉がつぼの中に入る確率を求めておけばよい。
(3) つぼの中にm個の赤玉が入る確率P_mを求め，P_mとP_{m+1}との比をとる。定石通りの手続きで解決する。

解 法

(1) 1回の操作で

(i) Pが表 かつ Qが表

(ii) Pが表 かつ Qが裏

となる確率は，それぞれ(i)の場合がpq，(ii)の場合が$p(1-q)$である。

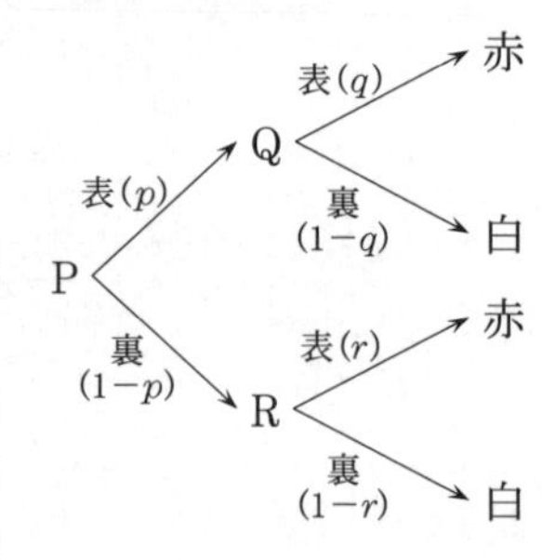

n回の操作で(i)がk回，(ii)が$(n-k)$回起こる場合は${}_n\mathrm{C}_k$通りあり，これらは排反事象で，どの場合もその確率は$(pq)^k\{p(1-q)\}^{n-k}$であるから，加法定理より，求める確率は

$${}_n\mathrm{C}_k(pq)^k\{p(1-q)\}^{n-k}={}_n\mathrm{C}_kp^nq^k(1-q)^{n-k}\quad (k=0,\ 1,\ 2,\ \cdots,\ n)\quad \cdots\cdots(答)$$

(2)　1回の操作で赤玉がつぼの中に入るのは

（Pが表 かつ Qが表）または（Pが裏 かつ Rが表）

のときであるから，その確率は

$$pq+(1-p)r$$

である。したがって，n 回の操作で，つぼの中が赤玉だけとなる確率は

$$\{pq+(1-p)r\}^n \quad \cdots\cdots(\text{答})$$

〔注1〕（Pが表 かつ Qが表）が k 回起こり，（Pが裏 かつ Rが表）が $(n-k)$ 回起こるとつぼの中は赤玉だけとなるが，(1)と同様に考えれば，その確率は

$${}_nC_k(pq)^k\{(1-p)r\}^{n-k}$$

である。ここで k は，$k=0$，1，2，…，n のすべてを考えなくてはならないので，求める確率は

$$\sum_{k=0}^{n}{}_nC_k(pq)^k\{(1-p)r\}^{n-k}$$

となる。二項定理によれば，これは $\{pq+(1-p)r\}^n$ に等しい。

(3)　$p=\dfrac{1}{2}$，$q=\dfrac{1}{2}$，$r=\dfrac{1}{5}$ のとき，(2)で調べたことから，1回の操作で赤玉がつぼの中に入る確率は

$$pq+(1-p)r=\frac{1}{2}\times\frac{1}{2}+\left(1-\frac{1}{2}\right)\times\frac{1}{5}=\frac{7}{20}$$

であるから，2004回の操作で m 個（$m=0$，1，2，…，2004）の赤玉がつぼの中に入る確率 P_m は

$$P_m={}_{2004}C_m\left(\frac{7}{20}\right)^m\left(1-\frac{7}{20}\right)^{2004-m}=\frac{2004!}{m!(2004-m)!}\left(\frac{7}{20}\right)^m\left(\frac{13}{20}\right)^{2004-m}$$

よって

$$\frac{P_{m+1}}{P_m}=\frac{2004!}{(m+1)!(2003-m)!}\left(\frac{7}{20}\right)^{m+1}\left(\frac{13}{20}\right)^{2003-m}\times\frac{m!(2004-m)!}{2004!}\left(\frac{20}{7}\right)^m\left(\frac{20}{13}\right)^{2004-m}$$

$$=\frac{(2004-m)\times 7}{(m+1)\times 13}$$

$$\therefore\quad \frac{P_{m+1}}{P_m}-1=\frac{7(2004-m)}{13(m+1)}-1=\frac{14015-20m}{13(m+1)}=\frac{20(700.75-m)}{13(m+1)}$$

この式から

$m=0$，1，2，…，700 のとき　　$P_m<P_{m+1}$

$m=701$，702，…，2003 のとき　　$P_{m+1}<P_m$

すなわち

$$P_0<P_1<P_2<\cdots<P_{700}<P_{701}>P_{702}>\cdots>P_{2003}>P_{2004}$$

がいえる。したがって，P_{701} が最大であるので，つぼの中に入っている赤玉の個数としてもっとも起こりやすいのは

701 個 ……(答)

〔注 2〕 1 回の操作で赤玉がつぼの中に入る確率が $\frac{7}{20}$ だから，2004 回中，$2004\times\frac{7}{20}$ $=701.4$〔回〕赤玉が入りそうであるとの予想はつくであろう。

参考 $P_m={}_n\mathrm{C}_m s^m t^{n-m}$ ($m=0,\ 1,\ 2,\ \cdots,\ n\ ;\ t=1-s>0$) とおくと

$$\frac{P_{m+1}}{P_m}=\frac{n!}{(m+1)!(n-m-1)!}s^{m+1}t^{n-m-1}\times\frac{m!(n-m)!}{n!}s^{-m}t^{-n+m}$$

$$=\frac{n-m}{m+1}st^{-1}=\frac{(n-m)s}{(m+1)(1-s)}$$

$$\therefore\ \frac{P_{m+1}}{P_m}-1=\frac{(n+1)s-1-m}{(m+1)(1-s)}\gtreqless 0\iff m\lesseqgtr(n+1)s-1$$

$$\iff P_{m+1}\gtreqless P_m\quad\text{(複号同順)}$$

したがって

(ア) $(n+1)s=k$ (整数) のとき

$$P_0<P_1<P_2<\cdots<P_{k-1}=P_k>P_{k+1}>\cdots>P_{n-1}>P_n$$

(イ) $(n+1)s$ が整数でないとき，$(n+1)s-1<k<(n+1)s$ を満たす整数 k が存在して

$$P_0<P_1<P_2<\cdots<P_{k-1}<P_k>P_{k+1}>\cdots>P_{n-1}>P_n$$

以上から，次のことがいえる。

1 回の試行で事象 E の起こる確率が s のとき，この試行を n 回続けて行う（反復試行）ならば，事象 E が k 回起こることがもっとも起こりやすい。ただし，k は，$(n+1)s-1\leqq k\leqq(n+1)s$ を満たす整数である。

(3)では，$n=2004$，$s=\frac{7}{20}$ であるから

$$(2004+1)\times\frac{7}{20}-1\leqq k\leqq(2004+1)\times\frac{7}{20}$$

$$700.75\leqq k\leqq 701.75$$

となって，$k=701$ が求められる。

§3 平面図形

30　2022年度〔3〕　Level B

α は $0<\alpha<\dfrac{\pi}{2}$ を満たす実数とする。$\angle A=\alpha$ および $\angle P=\dfrac{\pi}{2}$ を満たす直角三角形APBが，次の2つの条件(a)，(b)を満たしながら，時刻 $t=0$ から時刻 $t=\dfrac{\pi}{2}$ まで xy 平面上を動くとする。

(a)　時刻 t での点A，Bの座標は，それぞれ $A(\sin t,\ 0)$，$B(0,\ \cos t)$ である。
(b)　点Pは第一象限内にある。

このとき，次の問いに答えよ。

(1)　点Pはある直線上を動くことを示し，その直線の方程式を α を用いて表せ。

(2)　時刻 $t=0$ から時刻 $t=\dfrac{\pi}{2}$ までの間に点Pが動く道のりを α を用いて表せ。

(3)　xy 平面内において，連立不等式

$$x^2-x+y^2<0,\quad x^2+y^2-y<0$$

により定まる領域を D とする。このとき，点Pは領域 D には入らないことを示せ。

ポイント　(1)と(2)は α が固定されているが，(3)は α も動く。

(1)　点Pが直線上を動くことは問題文に書かれている。$\alpha=\dfrac{\pi}{6}$ として，$t=0$ の図と $t=\dfrac{\pi}{2}$ の図を描けば結果は見える。図形の性質を利用する方法か，点Pの座標を計算で求める方法があろう。

(2)　直線上を動く点の道のりであるから，定積分で表された公式を用いるまでもないだろう。

(3)　ここでは α が $0<\alpha<\dfrac{\pi}{2}$ の範囲で動く。$t=0$ として α を動かしてみると点Pは円周上を動くことがわかる。もう一歩である。点Pの座標を求めてある場合は，領域 D を表す不等式に代入して矛盾を導いてもよい。

平面図形

解 法 1

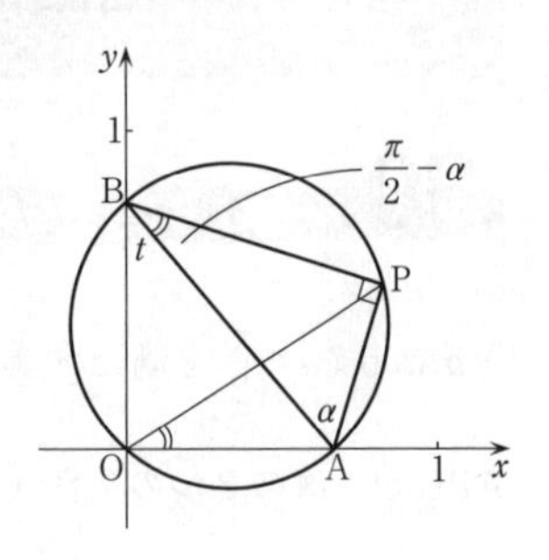

(1) 時刻 $t\left(0<t<\dfrac{\pi}{2}\right)$ における 3 点 A $(\sin t,\ 0)$, B $(0,\ \cos t)$, P$\left(\angle\mathrm{BAP}=\alpha,\ 0<\alpha<\dfrac{\pi}{2}\right)$ は, $\angle\mathrm{APB}=\dfrac{\pi}{2}$ で, 点Pが第一象限内にあることより, 右図のようになる。$\angle\mathrm{AOB}=\angle\mathrm{APB}=\dfrac{\pi}{2}$ であるから, 4 点O, A, P, Bは同一円周上にあり, $\mathrm{AB}=\sqrt{\sin^2 A+\cos^2 t}=1$ である。$\mathrm{AB}=1$, $\mathrm{OA}=\sin t$, $\mathrm{OB}=\cos t$ であるから, $\angle\mathrm{OBA}=t$ である。円周角の定理によれば

$$\angle\mathrm{AOP}=\angle\mathrm{ABP}=\frac{\pi}{2}-\angle\mathrm{BAP}=\frac{\pi}{2}-\alpha \quad (\text{一定})$$

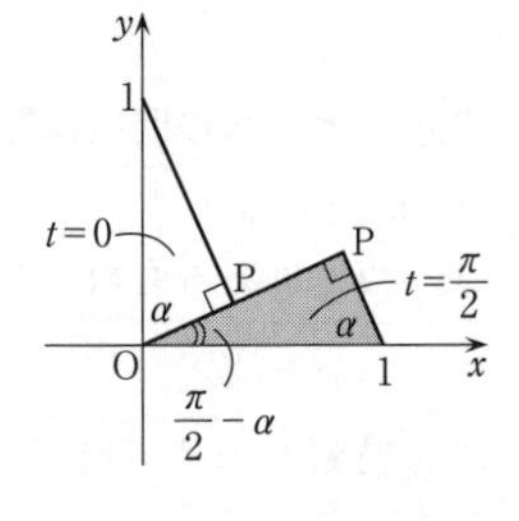

が成り立つ。右に $t=0$ のときと $t=\dfrac{\pi}{2}$ のときの点Pを作図したが, 点Pが動くことは明らかで, いずれの場合も直線OPと x 軸の正の部分のなす角は $\dfrac{\pi}{2}-\alpha$ である。

したがって, $0\leqq t\leqq\dfrac{\pi}{2}$ に対して, 点Pは原点を通る傾き $\tan\left(\dfrac{\pi}{2}-\alpha\right)$ の直線上を動く。 (証明終)

その直線の方程式は

$$y=x\tan\left(\frac{\pi}{2}-\alpha\right)=\frac{x}{\tan\alpha} \quad \cdots\cdots(\text{答})$$

である。

(2) $0<t<\dfrac{\pi}{2}$ のとき, △OPBに正弦定理を適用すると, △OPBの外接円の半径が $\dfrac{\mathrm{AB}}{2}=\dfrac{1}{2}$ であることより

$$\frac{\mathrm{OP}}{\sin\angle\mathrm{OBP}}=2\times\frac{1}{2}$$

が成り立つから

$$\mathrm{OP}=\sin\angle\mathrm{OBP}=\sin\left(t+\frac{\pi}{2}-\alpha\right)$$

$$=\sin\left\{\frac{\pi}{2}-(\alpha-t)\right\}=\cos(\alpha-t)$$

である。これは$t=0,\ \dfrac{\pi}{2}$に対しても成り立つ。

$\mathrm{OP}=f(t)=\cos(\alpha-t)\ \left(0\leqq t\leqq\dfrac{\pi}{2}\right)$とおくと

$$f'(t)=\sin(\alpha-t)$$

で，$0<\alpha<\dfrac{\pi}{2},\ 0\leqq t\leqq\dfrac{\pi}{2}$のとき

$$-\frac{\pi}{2}<\alpha-t<\frac{\pi}{2}$$

に注意すると，$f'(t)=0$より$t=\alpha$を得て，右の増減表が得られる。

t	0	$\cdots$	α	$\cdots$	$\dfrac{\pi}{2}$
$f'(t)$	／	$+$	0	$-$	／
$f(t)$	$\cos\alpha$	↗	1	↘	$\sin\alpha$

したがって，時刻$t=0$から時刻$t=\dfrac{\pi}{2}$までの間に点Pが動く道のりをαを用いて表せば，右図より

$$(1-\cos\alpha)+(1-\sin\alpha)$$
$$=2-\sin\alpha-\cos\alpha\quad\cdots\cdots(\text{答})$$

となる。

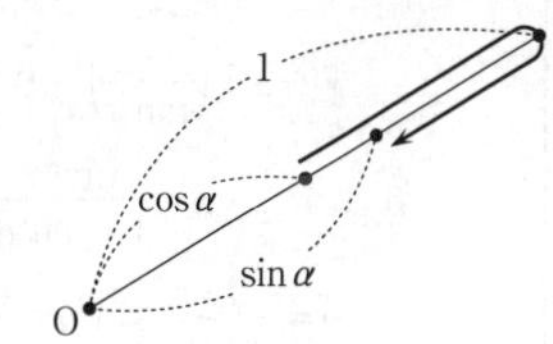

(3)　領域D：$\begin{cases}x^2-x+y^2<0\iff\left(x-\dfrac{1}{2}\right)^2+y^2<\left(\dfrac{1}{2}\right)^2\\ x^2+y^2-y<0\iff x^2+\left(y-\dfrac{1}{2}\right)^2<\left(\dfrac{1}{2}\right)^2\end{cases}$

を図示すると右図の網かけ部分となる。ただし，境界は含まない。

(i)　$0<\alpha\leqq\dfrac{\pi}{4}$とする。このとき$0<\tan\alpha\leqq1$であるから$\dfrac{1}{\tan\alpha}\geqq1$，つまり直線OPの傾きは1以上である。直線OPと円$x^2-x+y^2=0$の交点で原点でない方をQとすると，右図より，$\mathrm{OQ}=\sin\alpha$である$\left(t=\dfrac{\pi}{2}\text{のときの図}\right)$。

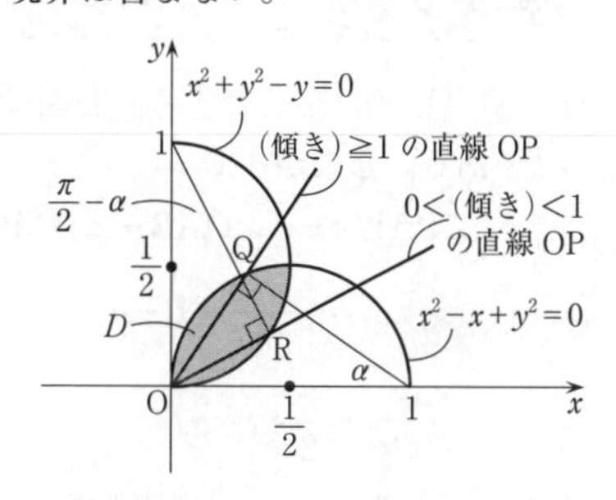

(2)の増減表より，OPの最小値は$\sin\alpha$ $\left(0<\alpha\leqq\dfrac{\pi}{4}\text{より}\sin\alpha\leqq\cos\alpha\right)$であるから

$$\mathrm{OP}\geqq\sin\alpha=\mathrm{OQ}$$

が成り立ち，点PはDに入らない。

(ii)　$\frac{\pi}{4}<\alpha<\frac{\pi}{2}$ とする。このとき直線OPの傾きは0より大かつ1より小である。直線OPと円 $x^2+y^2-y=0$ の交点で原点でない方をRとすると，上図より，$\mathrm{OR}=\cos\alpha$ である（$t=0$ のときの図）。(2)の増減表よりOPの最小値は $\cos\alpha$ $\left(\frac{\pi}{4}<\alpha<\frac{\pi}{2}\right.$ より，$\left.\cos\alpha<\sin\alpha\right)$ であるから

$$\mathrm{OP}\geqq\cos\alpha=\mathrm{OR}$$

が成り立ち，点Pは D に入らない。

(i)，(ii)より，$0<\alpha<\frac{\pi}{2}$ のとき，点Pは領域 D に入らない。　（証明終）

〔注〕 OQは次のように求めることもできる。

円 $x^2-x+y^2=0$ と直線OP：$y=\frac{x}{\tan\alpha}$ の交点Qの座標を求める。

$$x^2-x+\left(\frac{x}{\tan\alpha}\right)^2=0 \qquad \left(1+\frac{1}{\tan^2\alpha}\right)x^2-x=0$$

$x\neq0$ より　$x=\frac{\tan^2\alpha}{1+\tan^2\alpha}=\cos^2\alpha\times\frac{\sin^2\alpha}{\cos^2\alpha}=\sin^2\alpha$

$$y=\frac{1}{\tan\alpha}\times\sin^2\alpha=\frac{\cos\alpha}{\sin\alpha}\times\sin^2\alpha=\sin\alpha\cos\alpha$$

Q$(\sin^2\alpha,\ \sin\alpha\cos\alpha)$ であるから

$$\mathrm{OQ}=\sqrt{\sin^4\alpha+\sin^2\alpha\cos^2\alpha}=\sqrt{\sin^2\alpha(\sin^2\alpha+\cos^2\alpha)}$$
$$=\sqrt{\sin^2\alpha}=\sin\alpha \quad (\sin\alpha>0)$$

ORについても，$x^2+y^2-y=0$ と $y=\frac{x}{\tan\alpha}$ の交点を求めて同様にすればよい。

解法 2

(1)　点 $(1,\ 0)$ をEとする。右図で $\mathrm{AB}=1$ より $\angle\mathrm{OBA}=t$ である。したがって

$$\angle\mathrm{PAE}=\pi-\angle\mathrm{OAB}-\angle\mathrm{BAP}$$
$$=\pi-\left(\frac{\pi}{2}-t\right)-\alpha$$
$$=\frac{\pi}{2}+t-\alpha$$

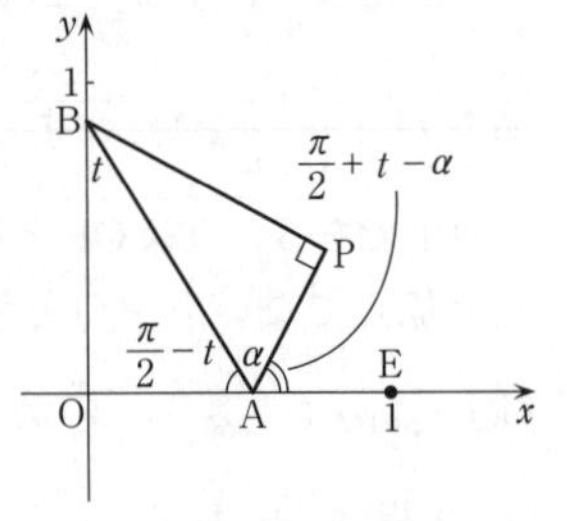

A $(\sin t,\ 0)$，B $(0,\ \cos t)$
$0<\alpha<\frac{\pi}{2}$

となる。点P$(x,\ y)$ の座標を求めると

$$x=\mathrm{OA}+\mathrm{AP}\cos\angle\mathrm{PAE}$$
$$=\sin t+\cos\alpha\cos\left(\frac{\pi}{2}+t-\alpha\right) \quad (\mathrm{AP}=\mathrm{AB}\cos\alpha)$$
$$=\sin t+\cos\alpha\sin(\alpha-t)$$
$$=\sin t+\cos\alpha(\sin\alpha\cos t-\cos\alpha\sin t)$$

$$= (1-\cos^2\alpha)\sin t + \cos\alpha\sin\alpha\cos t$$
$$= \sin^2\alpha\sin t + \cos\alpha\sin\alpha\cos t$$
$$= \sin\alpha(\sin\alpha\sin t + \cos\alpha\cos t)$$
$$= \sin\alpha\cos(t-\alpha)\quad\cdots\cdots①$$

$$y = \mathrm{AP}\sin\angle\mathrm{PAE}$$
$$= \cos\alpha\sin\left(\frac{\pi}{2}+t-\alpha\right)$$
$$= \cos\alpha\cos(\alpha-t)$$
$$= \cos\alpha\cos(t-\alpha)\quad\cdots\cdots②$$

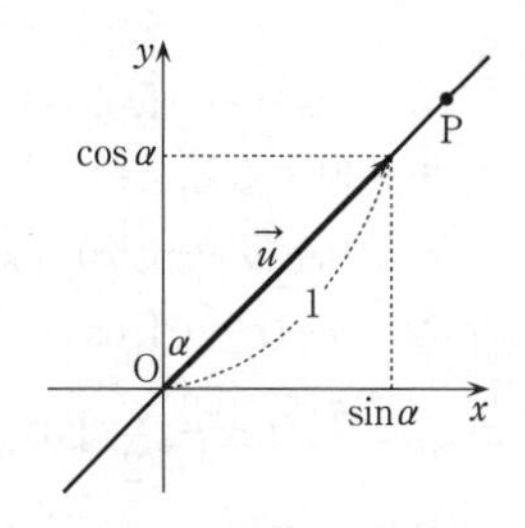

となるから，$\overrightarrow{\mathrm{OP}}=\cos(t-\alpha)(\sin\alpha,\ \cos\alpha)$ と表される。$\cos(t-\alpha)$ は実数であるから，$\overrightarrow{\mathrm{OP}}$ は定ベクトル $\vec{u}=(\sin\alpha,\ \cos\alpha)$ の実数倍ということになり，点Pは直線上を動くといえる。　　　　　　　　（証明終）

この直線の方程式は，右図より，$y=\dfrac{\cos\alpha}{\sin\alpha}x$ である。……(答)

(2)　時刻 $t=0$ から時刻 $t=\dfrac{\pi}{2}$ までの間に点Pが動く道のり L は

$$L=\int_0^{\frac{\pi}{2}}\sqrt{\left(\frac{dx}{dt}\right)^2+\left(\frac{dy}{dt}\right)^2}\,dt$$

で与えられる。

$$\frac{dx}{dt}=\{\sin\alpha\cos(t-\alpha)\}'=-\sin\alpha\sin(t-\alpha)$$
$$\frac{dy}{dt}=\{\cos\alpha\cos(t-\alpha)\}'=-\cos\alpha\sin(t-\alpha)$$

であるから

$$L=\int_0^{\frac{\pi}{2}}\sqrt{(\sin^2\alpha+\cos^2\alpha)\sin^2(t-\alpha)}\,dt=\int_0^{\frac{\pi}{2}}|\sin(t-\alpha)|\,dt$$
$$=\int_0^{\alpha}\{-\sin(t-\alpha)\}\,dt+\int_{\alpha}^{\frac{\pi}{2}}\sin(t-\alpha)\,dt$$
$$=\Big[\cos(t-\alpha)\Big]_0^{\alpha}+\Big[-\cos(t-\alpha)\Big]_{\alpha}^{\frac{\pi}{2}}$$
$$=(1-\cos\alpha)+\left\{-\cos\left(\frac{\pi}{2}-\alpha\right)\right\}+1$$
$$=2-\cos\alpha-\sin\alpha\quad\cdots\cdots(答)$$

である。

(3)　点Pが領域 D：$\begin{cases} x^2-x+y^2<0 \\ x^2+y^2-y<0 \end{cases}$ に入ると仮定すれば，①，②より

$$\{\sin\alpha\cos(t-\alpha)\}^2-\sin\alpha\cos(t-\alpha)+\{\cos\alpha\cos(t-\alpha)\}^2<0 \quad \cdots\cdots③$$

$$\{\sin\alpha\cos(t-\alpha)\}^2+\{\cos\alpha\cos(t-\alpha)\}^2-\cos\alpha\cos(t-\alpha)<0 \quad \cdots\cdots④$$

が同時に成り立たなければならない。

③を整理すると

$$(\sin^2\alpha+\cos^2\alpha)\cos^2(t-\alpha)-\sin\alpha\cos(t-\alpha)<0$$

$$\therefore\quad \cos(t-\alpha)\{\cos(t-\alpha)-\sin\alpha\}<0 \quad \cdots\cdots⑤$$

④を整理すると

$$(\sin^2\alpha+\cos^2\alpha)\cos^2(t-\alpha)-\cos\alpha\cos(t-\alpha)<0$$

$$\therefore\quad \cos(t-\alpha)\{\cos(t-\alpha)-\cos\alpha\}<0 \quad \cdots\cdots⑥$$

$0<\alpha<\dfrac{\pi}{2}$，$0\leqq t\leqq\dfrac{\pi}{2}$ より，$-\dfrac{\pi}{2}<t-\alpha<\dfrac{\pi}{2}$ であるから $\cos(t-\alpha)>0$ であるので，⑤，⑥はそれぞれ

$$\begin{cases} \cos(t-\alpha)-\sin\alpha<0 & \cdots\cdots⑦ \\ \cos(t-\alpha)-\cos\alpha<0 & \cdots\cdots⑧ \end{cases}$$

となる。つまり

（点Pが D に入る）$\Longrightarrow$（⑦，⑧が同時に成り立つ）……(★)

となる。

ところで，t の関数 $y=\cos(t-\alpha)$ $\left(0\leqq t\leqq\dfrac{\pi}{2}\right)$ については，$0<\alpha\leqq\dfrac{\pi}{4}$ のとき，右図より

$t=\dfrac{\pi}{2}$ のとき最小値 $\cos\left(\dfrac{\pi}{2}-\alpha\right)=\sin\alpha$ をとる

ので，$\cos(t-\alpha)\geqq\sin\alpha$ となり，⑦が成り立たない。

$\dfrac{\pi}{4}<\alpha<\dfrac{\pi}{2}$ のとき，右図より

$t=0$ のとき最小値 $\cos(0-\alpha)=\cos\alpha$ をとる

ので，$\cos(t-\alpha)\geqq\cos\alpha$ となり，⑧が成り立たない。

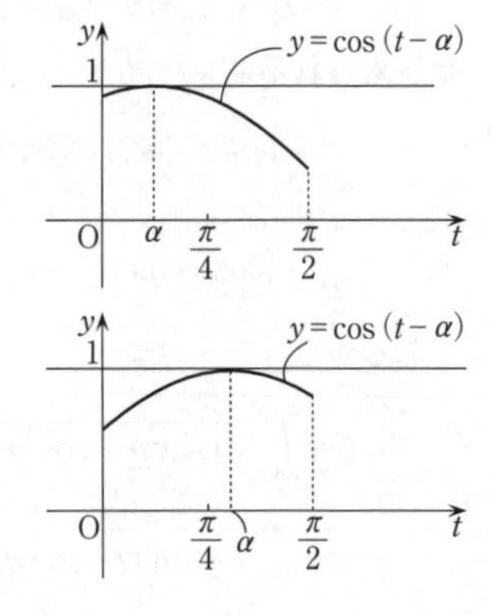

したがって，⑦，⑧が同時に成り立つことはない。

ゆえに，(★)の対偶から，点Pが領域 D に入ることはない，といえる。

（証明終）

31　2021 年度〔2〕　Level B

xy 平面上の楕円

$$E: \frac{x^2}{4}+y^2=1$$

について，以下の問い に答えよ。

(1)　a，b を実数とする。直線 $l: y=ax+b$ と楕円 E が異なる 2 点を共有するための a，b の条件を求めよ。

(2)　実数 a，b，c に対して，直線 $l: y=ax+b$ と直線 $m: y=ax+c$ が，それぞれ楕円 E と異なる 2 点を共有しているとする。ただし，$b>c$ とする。直線 l と楕円 E の 2 つの共有点のうち x 座標の小さい方を P，大きい方を Q とする。また，直線 m と楕円 E の 2 つの共有点のうち x 座標の小さい方を S，大きい方を R とする。このとき，等式

$$\overrightarrow{\mathrm{PQ}}=\overrightarrow{\mathrm{SR}}$$

が成り立つための a，b，c の条件を求めよ。

(3)　楕円 E 上の 4 点の組で，それらを 4 頂点とする四角形が正方形であるものをすべて求めよ。

ポイント　2 次曲線（楕円）の問題は計算量が多くなりがちである。覚悟して取り組もう。

(1)　楕円の方程式と直線の方程式から y を消去して x の 2 次方程式を考える。

(2)　$\overrightarrow{\mathrm{PQ}}$ と $\overrightarrow{\mathrm{SR}}$ はすでに平行である。$|\overrightarrow{\mathrm{PQ}}|=|\overrightarrow{\mathrm{SR}}|$ すなわち $\mathrm{PQ}=\mathrm{SR}$ が成り立つための条件を求めればよい。結果の予想はつく。

(3)　条件 $\overrightarrow{\mathrm{PQ}}=\overrightarrow{\mathrm{SR}}$ が成り立つとき，四角形 PQRS は平行四辺形である。どのような条件を加えれば正方形になるだろうか。あるいは，対角線 PR，QS の交点に着目するのもよい。

なお，(1)，(2)については，楕円と直線の関係を円と直線の関係に置き換える $\left(y\right.$ 軸をもとにして x 軸方向に $\frac{1}{2}$ 倍に縮小するか，または x 軸をもとにして y 軸方向に 2 倍に拡大する$\left.\right)$ と解きやすくなる。

解法 1

$$E : \frac{x^2}{4} + y^2 = 1 \quad \cdots\cdots ①$$

(1)　$l : y = ax + b \quad \cdots\cdots ②$

直線 l と楕円 E の交点の x 座標は，①と②から y を消去した2次方程式

$$\frac{x^2}{4} + (ax+b)^2 = 1$$

すなわち

$$(4a^2+1)x^2 + 8abx + 4b^2 - 4 = 0 \quad \cdots\cdots ③$$

の実数解で与えられる。l と E が異なる2点を共有するための a, b の条件は，③が異なる2つの実数解をもつこと，すなわち判別式 D_1 が正となることから

$$\frac{D_1}{4} = (4ab)^2 - (4a^2+1)(4b^2-4) = 16a^2 - 4b^2 + 4 > 0$$

$$\therefore \quad 4a^2 - b^2 + 1 > 0 \quad \cdots\cdots (答)$$

である。

(2)　$m : y = ax + c$　（仮定より $b > c$）

直線 m と楕円 E が異なる2点を共有するための a, c の条件は，(1)と同様にして

$$(4a^2+1)x^2 + 8acx + 4c^2 - 4 = 0 \quad \cdots\cdots ④$$

この判別式 D_2 が正であることから

$$4a^2 - c^2 + 1 > 0$$

となる。

l と E の共有点P，Q，m と E の共有点S，Rは右図のようになる。4点P，Q，S，Rの x 座標をそれぞれ p, q, s, r（仮定より $p<q$, $s<r$）とすると，4点の座標は

$$\mathrm{P}(p,\ ap+b),\ \mathrm{Q}(q,\ aq+b),$$
$$\mathrm{S}(s,\ as+c),\ \mathrm{R}(r,\ ar+c)$$

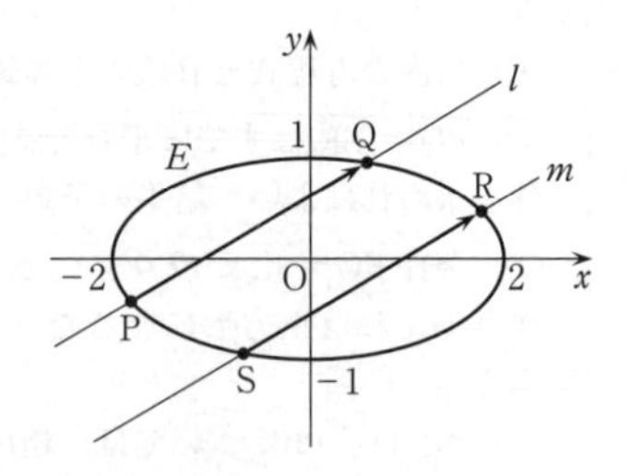

と表される。よって

$$\overrightarrow{\mathrm{PQ}} = \overrightarrow{\mathrm{OQ}} - \overrightarrow{\mathrm{OP}} = (q,\ aq+b) - (p,\ ap+b) = (q-p)(1,\ a)$$

$$\overrightarrow{\mathrm{SR}} = \overrightarrow{\mathrm{OR}} - \overrightarrow{\mathrm{OS}} = (r,\ ar+c) - (s,\ as+c) = (r-s)(1,\ a)$$

であるから，$\overrightarrow{\mathrm{PQ}} = \overrightarrow{\mathrm{SR}}$ が成り立つためには，$q-p = r-s$ が成り立たなければならない。p, q は③の解で，s, r は④の解であるから

$$q-p=\frac{-4ab+\sqrt{\frac{1}{4}D_1}}{4a^2+1}-\frac{-4ab-\sqrt{\frac{1}{4}D_1}}{4a^2+1}=\frac{\sqrt{D_1}}{4a^2+1}$$

$$r-s=\frac{-4ac+\sqrt{\frac{1}{4}D_2}}{4a^2+1}-\frac{-4ac-\sqrt{\frac{1}{4}D_2}}{4a^2+1}=\frac{\sqrt{D_2}}{4a^2+1}$$

となるので，$q-p=r-s$ は $D_1=D_2$ と同値となり

$$4a^2-b^2+1=4a^2-c^2+1 \quad すなわち \quad b^2=c^2$$

が得られる。$b>c$ であるから，$b>0$ かつ $c=-b$ である。したがって，$\overrightarrow{PQ}=\overrightarrow{SR}$ が成り立つための a，b，c の条件は，(1)の条件が前提となり

$$4a^2-b^2+1>0,\ b>0,\ c=-b \quad \cdots\cdots(答)$$

である。

〔注1〕 解と係数の関係により，③の解 p，q に対して

$$p+q=-\frac{8ab}{4a^2+1},\ pq=\frac{4b^2-4}{4a^2+1}$$

が成り立つ。同様に，④の解 s，r に対して

$$s+r=-\frac{8ac}{4a^2+1},\ sr=\frac{4c^2-4}{4a^2+1}$$

である。これらを

$$(q-p)^2=(p+q)^2-4pq,\ (r-s)^2=(s+r)^2-4sr$$

に代入して，$q-p=r-s$ となる a，b，c の条件を求めてもよい。

なお，$q-p>0$，$r-s>0$ であるから，$q-p=r-s$ と $(q-p)^2=(r-s)^2$ とは同値である。

(3) (2)で得られた四角形 PQRS は平行四辺形である。一般に，平行四辺形の 4 つの辺のうち少なくとも 2 つは y 軸に平行でないのだから，この 2 辺を(2)の PQ，SR と考えてよい。

平行四辺形 PQRS が正方形であるためには，まず PQ⊥PS となることが必要であるので，$\overrightarrow{PQ}\cdot\overrightarrow{PS}=0$ となる条件を求める。

(2)より，$\overrightarrow{PQ}=(q-p)(1,\ a)$ であり，$c=-b$ に注意すると

$$\begin{aligned}\overrightarrow{PS}&=\overrightarrow{OS}-\overrightarrow{OP}=(s,\ as+c)-(p,\ ap+b)\\&=(s-p,\ a(s-p)-2b) \quad (c=-b)\end{aligned}$$

であるから

$$\begin{aligned}\overrightarrow{PQ}\cdot\overrightarrow{PS}&=(q-p)(1,\ a)\cdot(s-p,\ a(s-p)-2b)\\&=(q-p)\{s-p+a^2(s-p)-2ab\}\\&=(q-p)\{(1+a^2)(s-p)-2ab\}\end{aligned}$$

となる。ところで

$$s-p=\frac{-4ac-\sqrt{\frac{1}{4}D_2}}{4a^2+1}-\frac{-4ab-\sqrt{\frac{1}{4}D_1}}{4a^2+1}$$

$$=\frac{8ab-\sqrt{\frac{1}{4}D_2}+\sqrt{\frac{1}{4}D_1}}{4a^2+1}\quad(c=-b)$$

であり

$$\frac{1}{4}D_1=16a^2-4b^2+4$$

$$\frac{1}{4}D_2=16a^2-4c^2+4=16a^2-4b^2+4\quad(c=-b)$$

より，$\frac{1}{4}D_1=\frac{1}{4}D_2$ であるから，$s-p=\frac{8ab}{4a^2+1}$ となるので

$$\overrightarrow{\mathrm{PQ}}\cdot\overrightarrow{\mathrm{PS}}=(q-p)\left\{\frac{8ab(1+a^2)}{4a^2+1}-2ab\right\}=(q-p)\times\frac{6ab}{4a^2+1}$$

である。$q>p$，$b>0$ より，$\overrightarrow{\mathrm{PQ}}\cdot\overrightarrow{\mathrm{PS}}=0$ つまり $\mathrm{PQ}\perp\mathrm{PS}$ となるのは，$a=0$ のときである。

$a=0$，$c=-b$，$b>0$ として方程式③，④を解くと

$$p=-2\sqrt{1-b^2},\ q=2\sqrt{1-b^2},\ s=-2\sqrt{1-b^2},\ r=2\sqrt{1-b^2}$$

となるから，4点P，Q，S，Rの座標は

$$\mathrm{P}(-2\sqrt{1-b^2},\ b),\ \mathrm{Q}(2\sqrt{1-b^2},\ b),\ \mathrm{S}(-2\sqrt{1-b^2},\ -b),\ \mathrm{R}(2\sqrt{1-b^2},\ -b)$$

となる。平行四辺形PQRSが正方形であるための最後の条件は，PQ＝PSが成り立つことで，それは

$$4\sqrt{1-b^2}=2b,\ b>0$$

と表され，これを解くと　　$b=\frac{2\sqrt{5}}{5}$

である。以上から，楕円 E に内接する正方形はただ1つで，求める4点は

$$\left(-\frac{2}{5}\sqrt{5},\ \frac{2}{5}\sqrt{5}\right),\ \left(\frac{2}{5}\sqrt{5},\ \frac{2}{5}\sqrt{5}\right),\ \left(-\frac{2}{5}\sqrt{5},\ -\frac{2}{5}\sqrt{5}\right),\ \left(\frac{2}{5}\sqrt{5},\ -\frac{2}{5}\sqrt{5}\right)\ \cdots\cdots(\text{答})$$

である。

〔注2〕 $a=0$ がわかってしまえば，右図から，$\frac{x^2}{4}+y^2=1$ と $y=x$ の交点としてQ，Sの座標が求まり，$y=-x$ との交点としてP，Rの座標が求まる。

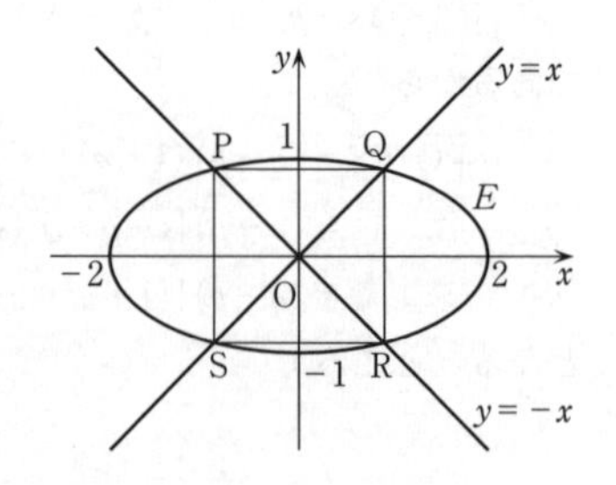

解法 2

(1)　$\dfrac{x}{2}=X$，$y=Y$ とおく。

(A)直線 l：$y=ax+b$（a，b は実数）と楕円 E：$\dfrac{x^2}{4}+y^2=1$ が異なる２点を共有することと，(B)直線 L：$Y=2aX+b$ と円 C：$X^2+Y^2=1$ が異なる２点を共有することは同値である。

(B)が成り立つための条件は

（C の中心と L との距離）＜（C の半径）

であり，C の中心は $(0,\ 0)$，半径は１であるから

$$\frac{|b|}{\sqrt{(2a)^2+(-1)^2}}<1 \qquad \therefore \quad b^2<4a^2+1 \quad \cdots\cdots(\text{答})$$

となる。これが(A)が成り立つための a，b の条件である。

(2)　２直線 l：$y=ax+b$，m：$y=ax+c$（a，b，c は実数，$b>c$）がそれぞれ楕円 E と異なる２点を共有しているとき，共有点P，Q，R，Sを右図のように定める。

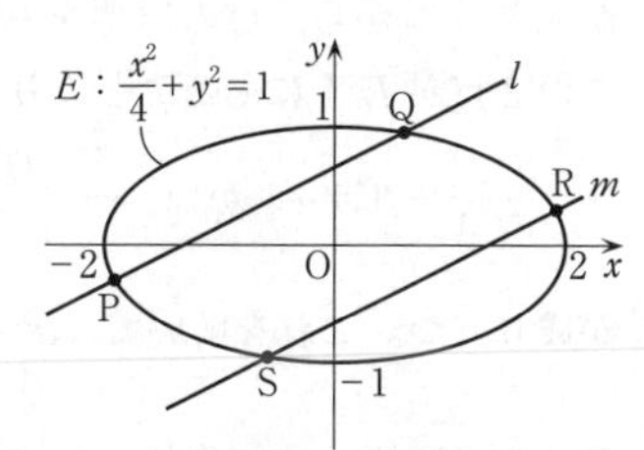

このとき，(1)と同様に考えると，２直線 L：$Y=2aX+b$，M：$Y=2aX+c$ はそれぞれ円 C と異なる２点を共有しているから，P，Q，R，Sがそれぞれ右図のP′，Q′，R′，S′に対応する。

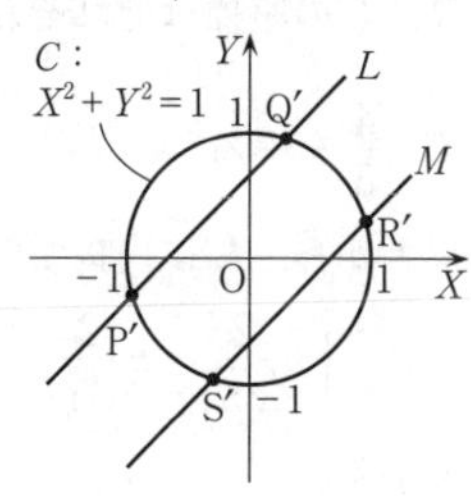

２つのベクトル $(x_1,\ y_1)$，$(x_2,\ y_2)$ に対して

$$\frac{x_1}{2}=X_1,\ y_1=Y_1,\ \frac{x_2}{2}=X_2,\ y_2=Y_2$$

とおくと，$(x_1,\ y_1)=(x_2,\ y_2) \Longleftrightarrow (X_1,\ Y_1)=(X_2,\ Y_2)$ が成り立つから

$$\overrightarrow{\mathrm{PQ}}=\overrightarrow{\mathrm{SR}} \Longleftrightarrow \overrightarrow{\mathrm{P'Q'}}=\overrightarrow{\mathrm{S'R'}}$$

が成り立つ。

$L /\!/ M$ であるので，$\overrightarrow{\mathrm{P'Q'}}=\overrightarrow{\mathrm{S'R'}}$ が成り立つのは，$\mathrm{P'Q'}=\mathrm{S'R'}$ のときである。これは，円の弦の長さが等しいことを表しており

$$\frac{|b|}{\sqrt{(2a)^2+(-1)^2}}=\frac{|c|}{\sqrt{(2a)^2+(-1)^2}}$$

が成り立たなければならないので，求める条件は

$$|b|=|c|$$

となる。いま，$b>c$ であるので，$\overrightarrow{\mathrm{PQ}}=\overrightarrow{\mathrm{SR}}$ が成り立つための a，b，c の条件は

$$b^2<4a^2+1,\ b>0,\ c=-b \quad \cdots\cdots(\text{答})$$

である。

(3) (1)，(2)より，2直線 l，m の方程式は

$$l: y=ax+b$$
$$m: y=ax-b$$

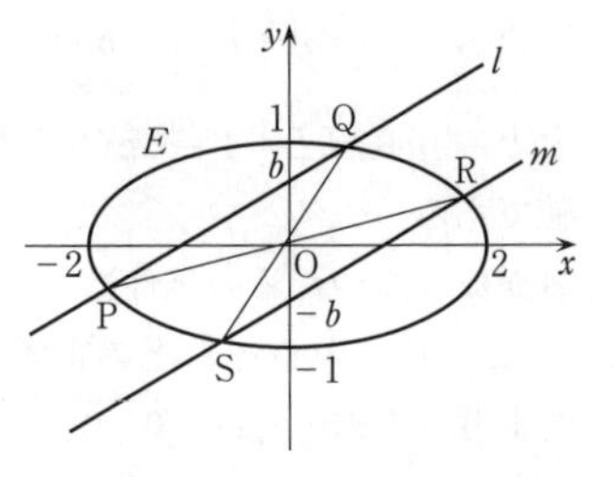

と表され，これらは原点Oに関して対称である。また，楕円 $E: \dfrac{x^2}{4}+y^2=1$ もOに関して対称であるから，右図のPとR，QとSはそれぞれOに関して対称である。つまり，平行四辺形PQRSの対角線PR，QSはOで交わる。平行四辺形PQRSが正方形のとき

$$|\overrightarrow{\mathrm{OQ}}|=|\overrightarrow{\mathrm{OP}}|,\ \overrightarrow{\mathrm{OQ}}\cdot\overrightarrow{\mathrm{OP}}=0$$

が成り立つから，Qの座標を $(\alpha,\ \beta)$ とおくと，Pの座標は $(-\beta,\ \alpha)$ と表され，この2点が E 上にあることより

$$\frac{\alpha^2}{4}+\beta^2=1 \quad \text{かつ} \quad \frac{(-\beta)^2}{4}+\alpha^2=1$$

が成り立つ。これを解いて，$\alpha^2=\dfrac{4}{5}$，$\beta^2=\dfrac{4}{5}$ を得る。

R，Sの座標はそれぞれ $(\beta,\ -\alpha)$，$(-\alpha,\ -\beta)$ であるから，同様にして，$\alpha^2=\dfrac{4}{5}$，$\beta^2=\dfrac{4}{5}$ を得る。

以上から，E に内接する正方形の4頂点は

$$\left(\pm\frac{2}{\sqrt{5}},\ \pm\frac{2}{\sqrt{5}}\right) \quad (\text{複号はすべての組み合わせ}) \quad \cdots\cdots(\text{答})$$

である。

32 2017 年度〔3〕 Level D

aを1以上の実数とする。図のような長方形の折り紙ABCDが机の上に置かれている。ただしAD=1，AB=aである。Pを辺AB上の点とし，AP=xとする。頂点Dを持ち上げてPと一致するように折り紙を一回折ったとき，もとの長方形ABCDからはみ出る部分の面積をSとする。

(1) Sをaとxで表せ。

(2) $a=1$とする。PがAからBまで動くとき，Sを最大にするようなxの値を求めよ。

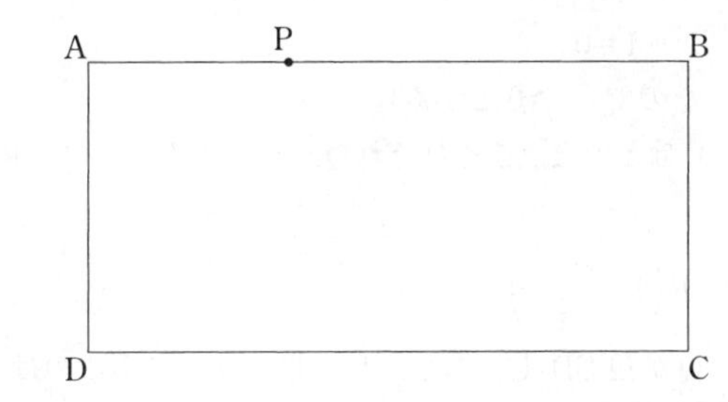

なお配布された白紙を自由に使ってよい。（白紙は回収しない。）

ポイント 設問順に(1)を解いてから(2)を考えるのが順当であろうが，本問は(1)を解かずに(2)だけ答えることができるようである。

(1) 長方形の紙を実際に折ったり，いろいろな場合の図を描くことによって，はみ出ないことがあることや，はみ出る場所が異なることなどがわかるであろう。まずは場合分けである。

座標の計算をしなくても解けるが，説明するのは骨が折れるので，座標平面（XY平面）で考える方がよいだろう。

(2) (1)の結果で$a=1$とする。xの関数Sをxで微分して増減表をつくればよい。計算は慎重に行わなければならない。

解法 1

(1) 長方形の折り紙ABCDをXY平面上に図 i のように置く。A，B，C，D，Pの座標は順に$(0,\ 1)$，$(a,\ 1)$，$(a,\ 0)$，$(0,\ 0)$，$(x,\ 1)$ $(a\geqq 1,\ 0\leqq x\leqq a)$である。

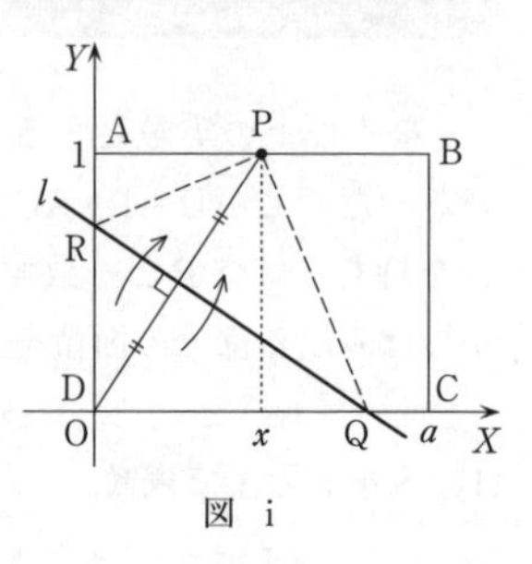

図 i

頂点Dを持ち上げてPと一致するように折り紙を一回折ったとき，もとの長方形ABCDからはみ出る部分の面積がSであり，折り目は線分DPの垂直二等分線lとなる。

lの方程式は，2点D，Pからの距離が等しい点$(X,\ Y)$の軌跡として

$$X^2+Y^2=(X-x)^2+(Y-1)^2$$

$$\therefore\quad l:2xX+2Y-x^2-1=0$$

($x=0$ のとき $S=0$ なので，$x>0$ とする)

となる。lとX軸，Y軸との交点をそれぞれQ，Rとすると，Q，Rの座標は次のようになる。

$$\mathrm{Q}\left(\frac{x^2+1}{2x},\ 0\right),\ \mathrm{R}\left(0,\ \frac{x^2+1}{2}\right)$$

(i) 図 i のように，Qが辺CD上にあり，Rが辺AD上にあるのは，$a\geqq 1$，$0<x\leqq a$に注意すれば

$$\frac{x^2+1}{2x}\leqq a \quad \text{かつ} \quad \frac{x^2+1}{2}\leqq 1$$

$$\iff x^2-2ax+1\leqq 0 \quad \text{かつ} \quad x^2\leqq 1$$

$$\iff a-\sqrt{a^2-1}\leqq x\leqq a+\sqrt{a^2-1} \quad \text{かつ} \quad 0<x\leqq 1$$

$$\iff a-\sqrt{a^2-1}\leqq x\leqq 1 \quad \left(a\geqq 1\text{ より，}a-\sqrt{a^2-1}=\frac{1}{a+\sqrt{a^2-1}}\leqq 1\right)$$

が成り立つときである。

このとき，$S=0$である。

(ii) 図 ii のように，Rが辺ADのA側の延長上にあるのは，$a\geqq 1$，$0<x\leqq a$に注意すれば

$$\frac{x^2+1}{2}>1 \iff 1<x\ (\leqq a)$$

のときで，このとき，$\dfrac{x^2+1}{2x}\leqq a$（すなわち

$a-\sqrt{a^2-1}\leqq x\leqq a+\sqrt{a^2-1}$）を満たすので，Qは辺CD上にある。$l$と辺AB $(Y=1)$ の交点Tの座標は，lの

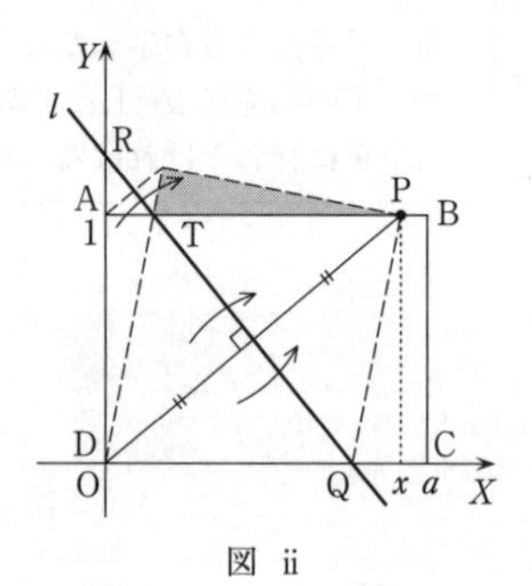

図 ii

方程式より

$$\mathrm{T}\left(\frac{x^2-1}{2x},\ 1\right)$$

である。図 ii の網かけ部分の面積が S であるが，これは三角形 ADT の面積に等しいので

$$S=\frac{1}{2}\times \mathrm{AD}\times \mathrm{AT}=\frac{1}{2}\times 1\times \frac{x^2-1}{2x}$$
$$=\frac{x^2-1}{4x}$$

(iii)

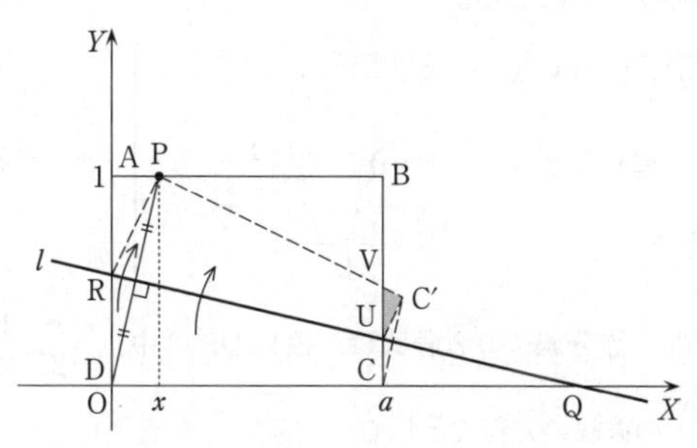

図 iii

図 iii のように，Q が辺 CD の C 側の延長上にあるのは，$a\geqq 1$，$0<x\leqq a$ に注意すれば

$$\frac{x^2+1}{2x}>a \Longleftrightarrow (0<)\ x<a-\sqrt{a^2-1}\ \ (\leqq 1)$$

のときで，このとき $\dfrac{x^2+1}{2}\leqq 1$（すなわち $0<x\leqq 1$）を満たすので，R は辺 AD 上にある。l と辺 BC の交点を U，l での折り返しにより C が C′ に移るとし，PC′ と BC の交点を V とする。U の座標は，l の方程式より

$$\mathrm{U}\left(a,\ \frac{x^2-2ax+1}{2}\right)$$

である。AD // BC，PR // C′U より ∠ARP = ∠C′UV であるから，2 つの直角三角形 APR，C′VU は相似である。相似比は

$$\mathrm{AR}:\mathrm{C'U}=(1-\mathrm{RD}):\mathrm{CU}$$
$$=\left(1-\frac{x^2+1}{2}\right):\frac{x^2-2ax+1}{2}$$
$$=\frac{1-x^2}{2}:\frac{x^2-2ax+1}{2}$$
$$=1:\frac{x^2-2ax+1}{1-x^2}\quad \left(0<x<a-\sqrt{a^2-1}\ より\right)$$

である。三角形 APR の面積は

$$\frac{1}{2}\times \mathrm{AR}\times \mathrm{AP}=\frac{1}{2}\times (1-\mathrm{RD})\times \mathrm{AP}=\frac{1}{2}\times\frac{1-x^2}{2}\times x$$
$$=\frac{x(1-x^2)}{4}$$

であるので，三角形C′VUの面積すなわちSは

$$S=\frac{x(1-x^2)}{4}\times\left(\frac{x^2-2ax+1}{1-x^2}\right)^2=\frac{x(x^2-2ax+1)^2}{4(1-x^2)}$$

となる。$x=0$のとき$S=0$であるから，このSは$0\leqq x<a-\sqrt{a^2-1}$のとき成り立つ。

(i)〜(iii)より，Sは次のようになる。

$0\leqq x<a-\sqrt{a^2-1}$ のとき　$S=\dfrac{x(x^2-2ax+1)^2}{4(1-x^2)}$

$a-\sqrt{a^2-1}\leqq x\leqq 1$ のとき　$S=0$

$1<x\leqq a$ のとき　$S=\dfrac{x^2-1}{4x}$

……(答)

〔注1〕 DPの垂直二等分線lの方程式は，線分DPの中点$\left(\dfrac{x}{2},\ \dfrac{1}{2}\right)$を通る，傾きが$-x$ $\left(\text{DPの傾きが}\dfrac{1}{x}\right)$の直線の方程式として

$$Y-\frac{1}{2}=-x\left(X-\frac{x}{2}\right)\qquad \therefore\quad Y=-xX+\frac{x^2+1}{2}$$

としてもよい。$x=0$のときDPは傾きをもたないが，この方程式は$x=0$でも成り立つ。

〔注2〕 (iii)においては，相似比を用いないで，次のように計算できる。

$\angle\mathrm{ARP}=\angle\mathrm{C'UV}=\theta$とおくと

$$\cos\theta=\frac{\mathrm{AR}}{\mathrm{RP}}=\frac{1-\mathrm{RD}}{\mathrm{RD}}=\frac{1}{\mathrm{RD}}-1=\frac{2}{x^2+1}-1=\frac{1-x^2}{x^2+1}$$
$$\sin\theta=\frac{\mathrm{AP}}{\mathrm{RP}}=\frac{\mathrm{AP}}{\mathrm{RD}}=\frac{2x}{x^2+1}$$

であるから

$$S=\frac{1}{2}\times\mathrm{UC'}\times\mathrm{UV}\sin\theta=\frac{1}{2}\times\mathrm{UC}\times\frac{\mathrm{UC'}}{\cos\theta}\sin\theta=\frac{1}{2}\mathrm{UC}^2\tan\theta$$
$$=\frac{1}{2}\left(\frac{x^2-2ax+1}{2}\right)^2\times\frac{2x}{1-x^2}=\frac{x(x^2-2ax+1)^2}{4(1-x^2)}$$

(2) $a=1$のとき，(1)より，$0\leqq x<1$に対して（$x=1$のとき$S=0$）

$$S=\frac{x(x^2-2x+1)^2}{4(1-x^2)}=\frac{x(x-1)^4}{4(1+x)(1-x)}=-\frac{x(x-1)^3}{4(x+1)}$$

であるから

$$\frac{dS}{dx}=-\frac{\{(x-1)^3+3x(x-1)^2\}\times 4(x+1)-x(x-1)^3\times 4}{16(x+1)^2}$$

$$= -\frac{(x-1)^2\{(4x-1)(x+1)-x(x-1)\}}{4(x+1)^2}$$

$$= -\frac{(x-1)^2(3x^2+4x-1)}{4(x+1)^2}$$

$$= -\frac{3(x-1)^2\left(x-\frac{-2+\sqrt{7}}{3}\right)\left(x-\frac{-2-\sqrt{7}}{3}\right)}{4(x+1)^2}$$

$0 \leqq x < 1$ における S の増減表は右のようになるので，S を最大にするような x の値は

$$x=\frac{-2+\sqrt{7}}{3} \quad \cdots\cdots(\text{答})$$

である。

x	0	$\cdots$	$\frac{-2+\sqrt{7}}{3}$	$\cdots$	1
$\frac{dS}{dx}$	／	$+$	0	$-$	／
S	0	↗	極大	↘	／

〔注 3〕　$\frac{dS}{dx}$ は，対数微分法を用いて次のように求めてもよい。

$S=-\frac{x(x-1)^3}{4(x+1)}$ より　　$|S|=\frac{|x||x-1|^3}{4|x+1|}$

であるから

$$\log|S|=\log|x|+3\log|x-1|-\log 4-\log|x+1|$$

両辺を x で微分して

$$\frac{S'}{S}=\frac{1}{x}+\frac{3}{x-1}-\frac{1}{x+1}=\frac{1}{x}+\frac{2x+4}{(x-1)(x+1)}=\frac{3x^2+4x-1}{x(x-1)(x+1)}$$

したがって

$$\frac{dS}{dx}=S'=\frac{3x^2+4x-1}{x(x-1)(x+1)}S=\frac{3x^2+4x-1}{x(x-1)(x+1)}\times\left\{-\frac{x(x-1)^3}{4(x+1)}\right\}$$

$$=-\frac{(x-1)^2(3x^2+4x-1)}{4(x+1)^2}$$

解法 2

(1)　長方形の折り紙 ABCD を題意を満たすように折ったとき，折り目は線分 DP の垂直二等分線 l になる。l が A を通るときと C を通るときの x の値をあらかじめ求めておくことにする。$DP^2=AP^2+AD^2$（三平方の定理）より $DP^2=x^2+1^2$ すなわち $DP=\sqrt{x^2+1}$ である。

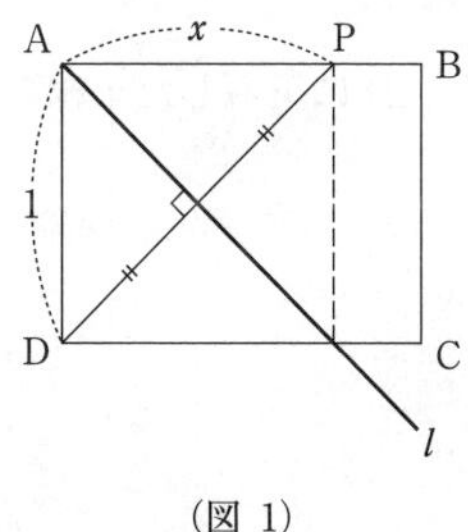

（図 1）

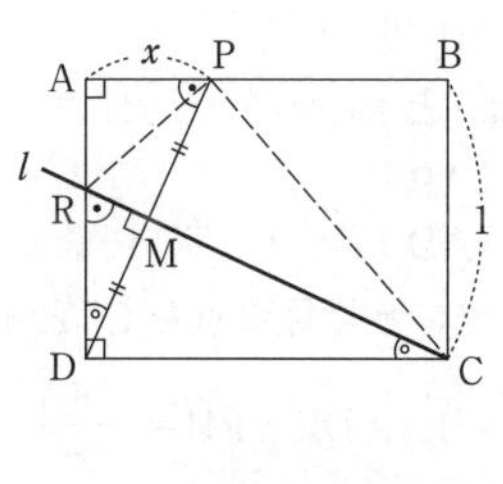

（図 2）

lがAを通るとき，（図1）より，$x=\mathrm{AP}=\mathrm{AD}=1$である。

lがCを通るとき，（図2）より，△ADP∽△MDR∽△DCRとなるから（MはPDの中点，RはlとADの交点）

$$\mathrm{DR}=\mathrm{DM}\times\frac{\mathrm{DP}}{\mathrm{AD}}=\frac{\sqrt{x^2+1}}{2}\times\frac{\sqrt{x^2+1}}{1}=\frac{x^2+1}{2}$$

$$a=\mathrm{CD}=\mathrm{DR}\times\frac{\mathrm{AD}}{\mathrm{AP}}=\frac{x^2+1}{2}\times\frac{1}{x}=\frac{x^2+1}{2x}$$

であり，$x^2+1=2ax$つまり$x^2-2ax+1=0$を解いて

$$x=a\pm\sqrt{a^2-1}$$

$0\leqq x\leqq a$より，$x=a-\sqrt{a^2-1}$である。

折り返しによってもとの長方形からはみ出る部分の面積Sを以下①～⑥に場合分けして求める。

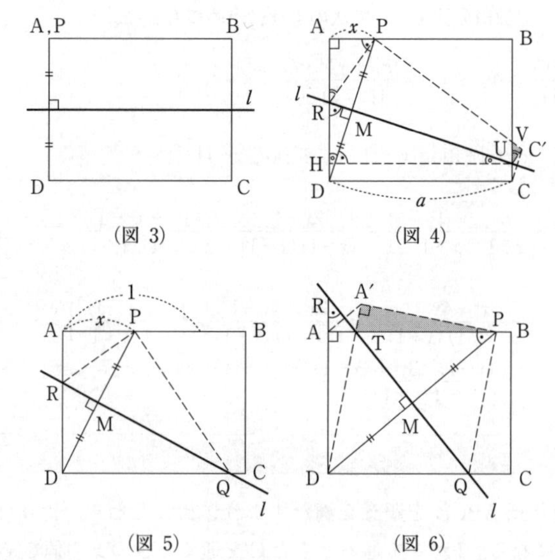

（図 3）　（図 4）　（図 5）　（図 6）

① $x=0$のとき，（図3）より，$S=0$である。

② $0<x<a-\sqrt{a^2-1}$のとき，（図4）より

$$\triangle\mathrm{ADP}\backsim\triangle\mathrm{HUR}$$

であるから（UはlとBCの交点，HはUからADに下ろした垂線の足）

$$\mathrm{RH}=\mathrm{HU}\times\frac{\mathrm{AP}}{\mathrm{AD}}=a\times\frac{x}{1}=ax$$

となり，lに関してCと対称な点をC′とすると

$$\mathrm{UC'}=\mathrm{UC}=\mathrm{HD}=\mathrm{DR}-\mathrm{RH}=\frac{x^2+1}{2}-ax$$

$$= \frac{x^2 - 2ax + 1}{2} \quad \cdots\cdots ㋐$$

である。また，$\triangle \mathrm{ARP} \backsim \triangle \mathrm{C'UV}$ となるから（V は PC′ と BC の交点）

$$\mathrm{C'V} = \mathrm{UC'} \times \frac{\mathrm{AP}}{\mathrm{AR}} = \mathrm{UC'} \times \frac{\mathrm{AP}}{\mathrm{AD} - \mathrm{DR}} = \mathrm{UC'} \times \frac{x}{1 - \dfrac{x^2 + 1}{2}}$$

$$= \mathrm{UC'} \times \frac{2x}{1 - x^2} \quad \cdots\cdots ㋑$$

である。したがって

$$S = (\triangle \mathrm{C'UV} \text{ の面積}) = \frac{1}{2} \times \mathrm{UC'} \times \mathrm{C'V}$$

$$= \frac{1}{2} \times \mathrm{UC'} \times \mathrm{UC'} \times \frac{2x}{1 - x^2} \quad (㋑\text{より})$$

$$= \frac{x}{1 - x^2} (\mathrm{UC'})^2$$

$$= \frac{x}{1 - x^2} \times \frac{(x^2 - 2ax + 1)^2}{4} \quad (㋐\text{より})$$

$$= \frac{x(x^2 - 2ax + 1)^2}{4(1 - x^2)}$$

である。

③　$x = a - \sqrt{a^2 - 1}$ のとき，（図２）より，$S = 0$ である。

④　$a - \sqrt{a^2 - 1} < x < 1$ のとき，（図５）より，$S = 0$ である。

⑤　$x = 1$ のとき，（図１）より，$S = 0$ である。

⑥　$1 < x \leqq a$ のとき，（図６）より

$$\triangle \mathrm{ADP} \backsim \triangle \mathrm{MDR} \backsim \triangle \mathrm{ATR}$$

となるから（T は l と AB の交点）

$$\mathrm{AR} = \mathrm{DR} - \mathrm{AD} = \frac{x^2 + 1}{2} - 1 = \frac{x^2 - 1}{2}$$

$$\mathrm{AT} = \mathrm{AR} \times \frac{\mathrm{AD}}{\mathrm{AP}} = \frac{x^2 - 1}{2} \times \frac{1}{x} = \frac{x^2 - 1}{2x}$$

である。したがって，l に関して A と対称な点を A′ とすると

$$S = (\triangle \mathrm{A'PT} \text{ の面積}) = (\triangle \mathrm{ADT} \text{ の面積})$$

$$= \frac{1}{2} \times \mathrm{AD} \times \mathrm{AT} = \frac{1}{2} \times 1 \times \frac{x^2 - 1}{2x} = \frac{x^2 - 1}{4x}$$

である。

①〜⑥ですべての場合を尽くしているから，〔解法１〕と同じ結果を得る。

（(2)は〔解法１〕と同様）

33 2016年度〔1〕 Level B

aを正の定数とし，放物線$y=\dfrac{x^2}{4}$をC_1とする。

(1) 点PがC_1上を動くとき，Pと点$Q\left(2a,\ \dfrac{a^2}{4}-2\right)$の距離の最小値を求めよ。

(2) Qを中心とする円$(x-2a)^2+\left(y-\dfrac{a^2}{4}+2\right)^2=2a^2$を$C_2$とする。Pが$C_1$上を動き，点Rが$C_2$上を動くとき，PとRの距離の最小値を求めよ。

ポイント 放物線C_1と点Qの軌跡は作図しておこう。
(1) C_1上の点Pの座標を$\left(t,\ \dfrac{t^2}{4}\right)$などとおいてみる。$PQ^2$は$t$の4次関数になるから微分法を用いればよい。$PQ^2$を計算せずに，Pにおける接線を利用することもできそうである。
(2) C_1とC_2は共有点をもつかもしれない。共有点をもつ場合は，C_1上の点PとC_2上の点Rが一致することがあるのでPRの最小値が0となる。C_1とC_2が共有点をもたない場合は，まず動く2点P，Rの一方を固定して考える。

解法 1

(1) 放物線C_1：$y=\dfrac{x^2}{4}$上を動く点Pの座標を$\left(t,\ \dfrac{t^2}{4}\right)$とする。

点$Q\left(2a,\ \dfrac{a^2}{4}-2\right)$ $(a>0)$ は，放物線$y=\dfrac{x^2}{16}-2$の$x>0$の部分にある。PQの最小値を求めるのであるから，$t\geqq 0$としてよい。なぜなら，$t<0$のとき，y軸に関してPと対称な点をP′とすれば，P′はC_1上にあり，P′もQも$x>0$の範囲にあるのだから，つねに$PQ>P'Q$となり，PQが最小となることはない。

$$PQ^2=(t-2a)^2+\left(\frac{t^2}{4}-\frac{a^2}{4}+2\right)^2 \quad \cdots\cdots①$$

であるから，これを$f(t)$とおくと

$$f'(t)=2(t-2a)+2\left(\frac{t^2}{4}-\frac{a^2}{4}+2\right)\times\frac{t}{2}$$
$$=2t-4a+\frac{t^3}{4}-\left(\frac{a^2}{4}-2\right)t$$

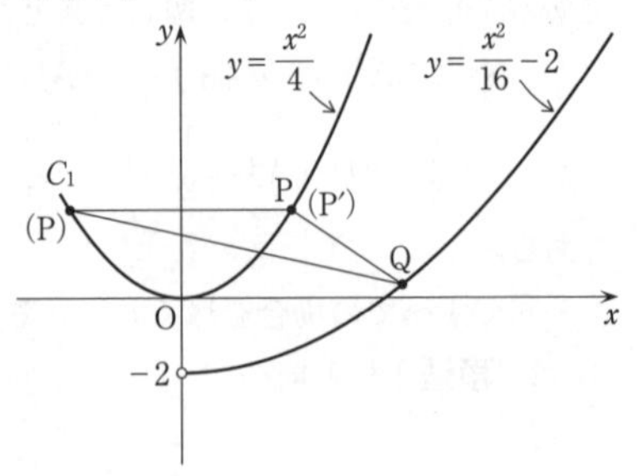

$$=\frac{t^3}{4}-\left(\frac{a^2}{4}-4\right)t-4a$$

$$=\frac{1}{4}\{t^3-(a^2-16)t-16a\}$$

$$=\frac{1}{4}(t-a)(t^2+at+16)$$

$a>0$，$t\geqq 0$ のとき，$t^2+at+16>0$ であり，$f'(t)=0$ の解は $t=a$ である。よって，$t\geqq 0$ における $y=f(t)$ の増減表は右のようになる。表と①から

t	0	$\cdots$	a	$\cdots$
$f'(t)$	$-$	$-$	0	$+$
$f(t)$	$f(0)$	↘	$f(a)$	↗

$$\mathrm{PQ}^2=f(t)\geqq f(a)=(a-2a)^2+\left(\frac{a^2}{4}-\frac{a^2}{4}+2\right)^2$$

$$=a^2+4$$

であることがわかるから，PQ は $t=a$ のとき最小となる。

PQ の最小値は　　$\sqrt{a^2+4}$　……(答)

〔注１〕　点Qの軌跡の方程式は，$x=2a$，$y=\frac{a^2}{4}-2$ から a を消去して $y=\frac{x^2}{16}-2$ となり，$a>0$ より $x>0$ である。この放物線（の一部）と C_1 を図にしてみれば，PQ を最小にする点Pの x 座標が負であるはずはないと直観的にわかるであろう。このことに気付かないと，$f'(t)=0$ の解が複雑になり手間取ってしまう（**〔解法２〕**は手間をかけた方法）。Pの x 座標 t は，$t\geqq 0$ としてよいことが①の式の観察からもわかる。t に正の数 b を代入したときと，負の数 $-b$ を代入したときを比べてみれば，a が正であるから前者の方が小さい（$|b-2a|<|-b-2a|$）。何の説明もなしに，$t\geqq 0$ としてしまうのは不安である。

(2)　Qを中心とする円 C_2：$(x-2a)^2+\left(y-\frac{a^2}{4}+2\right)^2=2a^2$ の半径は $\sqrt{2}a$（$\because$　$a>0$）であり，点Rは C_2 上を動く。C_1 上を動くPに対して，PQ の最小値は，(1)より $\sqrt{a^2+4}$ である。

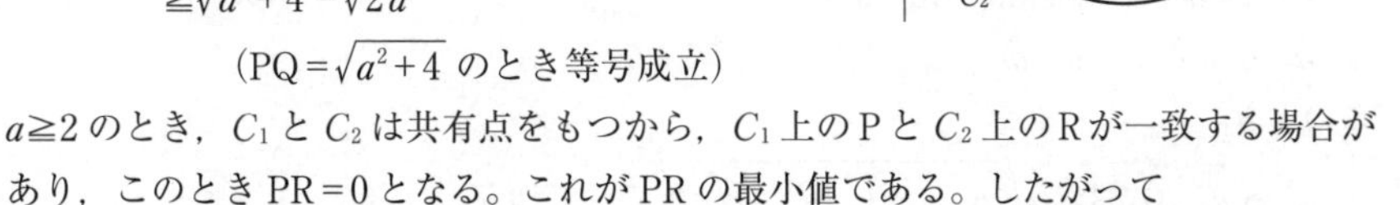

$\sqrt{a^2+4}>\sqrt{2}a$（$a>0$）すなわち $0<a<2$ のとき，C_1 と C_2 は共有点をもたず，Pは C_2 の外部にあるので

$$\mathrm{PR}\geqq \mathrm{PQ}-\sqrt{2}a$$

（線分 PQ と C_2 との交点がRのとき等号成立）

$$\geqq\sqrt{a^2+4}-\sqrt{2}a$$

（$\mathrm{PQ}=\sqrt{a^2+4}$ のとき等号成立）

$a\geqq 2$ のとき，C_1 と C_2 は共有点をもつから，C_1 上のPと C_2 上のRが一致する場合があり，このとき $\mathrm{PR}=0$ となる。これが PR の最小値である。したがって

PRの最小値は $\left.\begin{array}{l}\sqrt{a^2+4}-\sqrt{2}a \quad (0<a<2\text{ のとき}) \\ 0 \quad (a\geqq 2\text{ のとき})\end{array}\right\}$ ……(答)

〔注2〕 $\sqrt{a^2+4}>\sqrt{2}a$ かつ $a>0 \iff a^2+4>2a^2$ かつ $a>0$
$\iff a^2<4$ かつ $a>0 \iff 0<a<2$

は容易であろう。

C_1 と C_2 が共有点をもたない場合，Pを固定すれば，「PR≧PQ－(円 C_2 の半径)」が成り立つ（図を描いてみればわかる）。ここで，PQが最小となるようにPを動かせばPRの最小値が求まる。このように，動点が2つあるときには，一方を固定してみるとよい。

解法 2

(1) 点 $Q\left(2a,\ \dfrac{a^2}{4}-2\right)$ は不等式 $y<\dfrac{x^2}{4}$ の表す領域に属する $\left(\dfrac{a^2}{4}-2<\dfrac{(2a)^2}{4} \iff -8<3a^2\text{ が成立}\right)$ から，Qは放物線 $C_1：y=\dfrac{x^2}{4}$ の下側にある。また，$a>0$ より，Qは放物線 $y=\dfrac{x^2}{16}-2$ の $x>0$ の部分にある。

C_1 上の点 $\left(t,\ \dfrac{t^2}{4}\right)$ における接線の傾きは $\dfrac{t}{2}$ $\left(y=\dfrac{x^2}{4}\text{ より } y'=\dfrac{x}{2}\right)$ であり，C_1 は下に凸であるから，C_1 は接点 $\left(t,\ \dfrac{t^2}{4}\right)$ を除いてこの接線の上側にある。

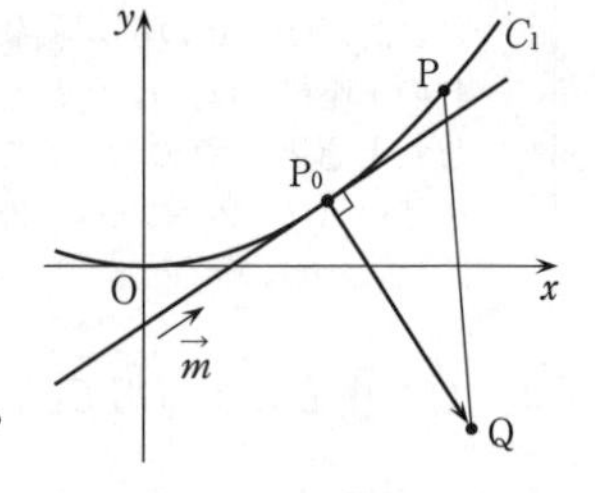

よって，Qと C_1 上の点Pの距離PQが最小となるときのPを P_0 とすると，P_0 における C_1 の接線の方向ベクトル $\vec{m}$ と $\overrightarrow{P_0Q}$ が垂直，つまり $\vec{m}\cdot\overrightarrow{P_0Q}=0$ が必要である。

P_0 の座標を $\left(t_0,\ \dfrac{t_0{}^2}{4}\right)$ とすると

$$\overrightarrow{P_0Q}=\left(2a-t_0,\ \frac{a^2}{4}-2-\frac{t_0{}^2}{4}\right),\quad \vec{m}=(2,\ t_0)$$

であるから

$$\vec{m}\cdot\overrightarrow{P_0Q}=2(2a-t_0)+t_0\left(\frac{a^2}{4}-2-\frac{t_0{}^2}{4}\right)=0$$

$$t_0{}^3+(16-a^2)t_0-16a=0$$

$$(t_0-a)(t_0{}^2+at_0+16)=0$$

$$\therefore\quad t_0-a=0,\ t_0{}^2+at_0+16=0$$

$t_0-a=0$ より　　$t_0=a$

このとき

$$P_0Q=|\overrightarrow{P_0Q}|=\sqrt{(2a-a)^2+\left(\frac{a^2}{4}-2-\frac{a^2}{4}\right)^2}=\sqrt{a^2+4}$$

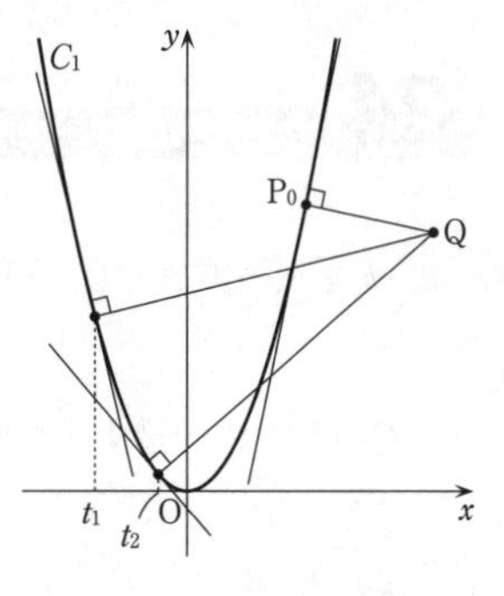

$t_0{}^2+at_0+16=0$ については，(判別式)$=a^2-64$ より，
$0<a<8$ のとき実数解をもたず，
$a=8$ のとき，重解 $t_0=-4$ をもち，
$a>8$ のとき，異なる2つの負の解 t_1, t_2 をもつ。
（$t_1+t_2=-a<0$, $t_1t_2=16>0$ より）
$a \geqq 8$ のとき，Qは第1象限にあり，かつ C_1 の下側の点であるから，C_1 の $x<0$ の部分にある点とQを結ぶ線分は必ず C_1 の $x>0$ の部分と交わるので，$t_0=-4$ や $t_0=t_1$, t_2 に対する P_0 ではPQの最小値にはなり得ない。
以上より，PQの最小値は $\sqrt{a^2+4}$ である。 ……(答)

(2) 円 C_2 の中心はQで，半径は $\sqrt{2}a$ である。
$P_0Q=\sqrt{a^2+4} \leqq \sqrt{2}a$ すなわち $a \geqq 2$ のとき，放物線 C_1 と円 C_2 は共有点をもつので，点Pが C_1 上を動き，点Rが C_2 上を動くならば，PとRの距離は，PとRがその共有点となるとき最小で，最小値は0である。 ……㋐

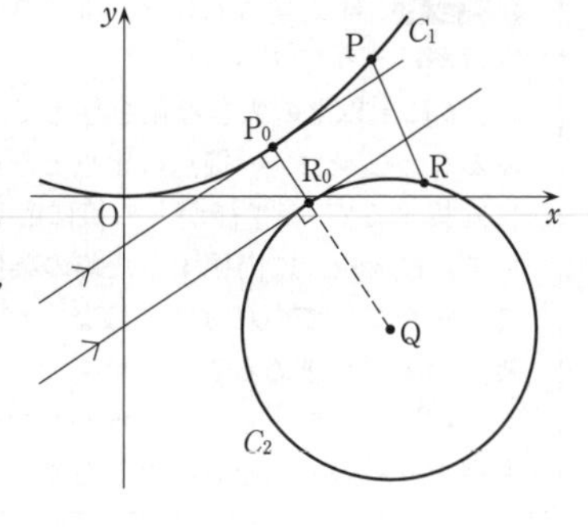

$0<a<2$ のとき，$P_0Q>\sqrt{2}a$ であるから，C_2 は C_1 と交点をもたない。線分 P_0Q と C_2 の交点を R_0 とし，R_0 において C_2 に接線を引くと，C_2 上の点は R_0 を除いてすべてこの接線の下側にある。
P_0 における C_1 の接線と R_0 における C_2 の接線は，図より平行である（同位角が直角で等しい）から，PとRの距離は，Pが P_0, Rが R_0 のとき最小となり，最小値は P_0R_0 である。

$$P_0R_0=P_0Q-QR_0=\sqrt{a^2+4}-\sqrt{2}a \quad \cdots\cdots ㋑$$

㋐，㋑より，PRの最小値は次のようになる。

$$\left.\begin{array}{ll} a \geqq 2 \text{ のとき} & 0 \\ 0<a<2 \text{ のとき} & \sqrt{a^2+4}-\sqrt{2}a \end{array}\right\} \cdots\cdots(\text{答})$$

34 2013年度〔5〕 Level C

a，b を正の実数とし，円 C_1：$(x-a)^2+y^2=a^2$ と楕円 C_2：$x^2+\dfrac{y^2}{b^2}=1$ を考える。

(1) C_1 が C_2 に内接するための a，b の条件を求めよ。

(2) $b=\dfrac{1}{\sqrt{3}}$ とし，C_1 が C_2 に内接しているとする。このとき，第1象限における C_1 と C_2 の接点の座標 $(p,\ q)$ を求めよ。

(3) (2)の条件のもとで，$x\geqq p$ の範囲において，C_1 と C_2 で囲まれた部分の面積を求めよ。

ポイント (1)が解ければ(2)，(3)はスムーズに解き進められるが，(1)ができなくても，(2)，(3)は解けそうである。

(1) b に1以上の大きな値を与えて，実際に楕円 C_2 とそれに内接する円 C_1 を作図してみると，C_1 と C_2 の接点は定点となることがわかる。b がある値より小さくなると，C_2 に内接する C_1 の半径が b の値に応じて変化するようである。これらのことを念頭に置いて，C_1 が C_2 に内接するための条件をまとめてみよう。

(2) (1)ができていれば問題はないが，C_2 が定楕円となることから(1)が未完でも a の値，接点の座標を求めることは可能であろう。(2)を最初に解くことも考えられる。

(3) 楕円は円を一定方向に伸縮したものであるから，ここでの面積計算は，円の面積が利用できるので，それほど難しくはならないだろう。

解法 1

$$\begin{cases} \text{円 } C_1 : (x-a)^2+y^2=a^2 \quad (a>0) \\ \text{楕円 } C_2 : x^2+\dfrac{y^2}{b^2}=1 \quad (b>0) \end{cases}$$

(1) 円 C_1 の中心をAとし，楕円 C_2 上の任意の点をPとする。Aの座標は $(a,\ 0)$ $(a>0)$ であり，θ を $0\leqq\theta<2\pi$ を満たす実数とするとき，Pの座標は $(\cos\theta,\ b\sin\theta)$ $(b>0)$ で表される。

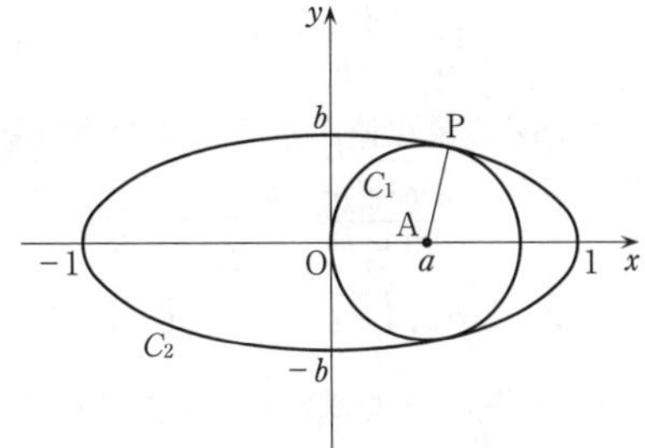

C_1 が C_2 に内接するのは，距離APの最小値が C_1 の半径 a に等しいときである。

$$\begin{aligned} \mathrm{AP}^2 &= (\cos\theta-a)^2+(b\sin\theta)^2 \\ &=\cos^2\theta-2a\cos\theta+a^2+b^2\sin^2\theta \\ &=\cos^2\theta-2a\cos\theta+a^2+b^2(1-\cos^2\theta) \\ &=(1-b^2)\cos^2\theta-2a\cos\theta+a^2+b^2 \end{aligned}$$

AP^2 の最小値が a^2 であるための条件を求める。

$\cos\theta=t$ とおき，$\mathrm{AP}^2=f(t)$ とする。図形が x 軸に関して対称であることや点Aの位置を考慮すると，$0\leqq\theta\leqq\dfrac{\pi}{2}$ としてよいから，$0\leqq t\leqq1$ である。

$$f(t)=(1-b^2)t^2-2at+a^2+b^2 \quad (0\leqq t\leqq1)$$

$b=1$ のとき

$$f(t)=-2at+a^2+1 \quad (0\leqq t\leqq1)$$

となるが，$a>0$ より，これは減少関数であるので，$f(t)$ の最小値は

$$f(1)=-2a+a^2+1$$

である。よって，最小値が a^2 となるための条件は

$$-2a+a^2+1=a^2 \qquad \therefore\ a=\frac{1}{2} \quad (b=1) \quad \cdots\cdots①$$

$b\neq1$ のとき

$$\begin{aligned} f(t) &= (1-b^2)\left(t^2-\frac{2a}{1-b^2}t\right)+a^2+b^2 \\ &=(1-b^2)\left(t-\frac{a}{1-b^2}\right)^2-\frac{a^2}{1-b^2}+a^2+b^2 \\ &=(1-b^2)\left(t-\frac{a}{1-b^2}\right)^2+\frac{-a^2b^2+b^2-b^4}{1-b^2} \quad (0\leqq t\leqq1) \end{aligned}$$

と変形できるので，次の(i)，(ii)の場合に分けて考える。

(i)　$1-b^2>0$ すなわち $0<b<1$ のとき，$y=f(t)$ は下に凸の放物線を表し，$a>0$ より軸：$t=\dfrac{a}{1-b^2}>0$ であるから，$f(t)$ の最小値は

$$\begin{cases} 0<\dfrac{a}{1-b^2}<1 \text{ のとき} & f\left(\dfrac{a}{1-b^2}\right)=\dfrac{-a^2b^2+b^2-b^4}{1-b^2} \quad \cdots\cdots② \\ 1\leqq\dfrac{a}{1-b^2} \text{ のとき} & f(1)=a^2-2a+1 \quad \cdots\cdots③ \end{cases}$$

である。最小値が a^2 となるための条件は，②の場合は

$$\frac{-a^2b^2+b^2-b^4}{1-b^2}=a^2 \quad \text{より} \quad a^2=b^2-b^4=b^2(1-b^2)$$

$$\therefore \quad a=b\sqrt{1-b^2} \quad (\because \quad 0<b<1) \quad \cdots\cdots④$$

$0<\dfrac{a}{1-b^2}<1$ を満たしていなければならないので

$$0<\frac{b\sqrt{1-b^2}}{1-b^2}<1 \qquad 0<\frac{b}{\sqrt{1-b^2}}<1 \qquad \therefore \quad 0<b<\frac{1}{\sqrt{2}} \quad \cdots\cdots⑤$$

③の場合は

$$a^2-2a+1=a^2 \quad \text{より} \quad a=\frac{1}{2} \quad \cdots\cdots⑥$$

$1\leqq\dfrac{a}{1-b^2}$ を満たしていなければならないので

$$\frac{\frac{1}{2}}{1-b^2}\geqq1 \qquad \therefore \quad \frac{1}{\sqrt{2}}\leqq b<1 \quad (\because \quad 0<b<1) \quad \cdots\cdots⑦$$

(ii)　$1-b^2<0$ すなわち $b>1$ のとき，$y=f(t)$ は上に凸の放物線を表し，軸：$t=\dfrac{a}{1-b^2}<0$ であるから，$f(t)$ の最小値は $f(1)$ である。ゆえに，最小値が a^2 である条件は

$$f(1)=a^2-2a+1=a^2 \qquad \therefore \quad a=\frac{1}{2} \quad (b>1) \quad \cdots\cdots⑧$$

以上①，④～⑧をまとめると

④，⑤	⑥，⑦	①	⑧
$0<b<\dfrac{1}{\sqrt{2}}$	$\dfrac{1}{\sqrt{2}}\leqq b<1$	$b=1$	$1<b$
$a=b\sqrt{1-b^2}$	$a=\dfrac{1}{2}$	$a=\dfrac{1}{2}$	$a=\dfrac{1}{2}$

となるから，求める a，b の条件は

$$\left.\begin{array}{l} a=b\sqrt{1-b^2},\quad 0<b<\dfrac{\sqrt{2}}{2} \\ \text{または} \\ a=\dfrac{1}{2},\quad b\geqq\dfrac{\sqrt{2}}{2} \end{array}\right\} \cdots\cdots(\text{答})$$

〔注1〕「2曲線が接する」ことは，「2曲線に共有点があり，その共有点における2曲線の接線が一致する」ことと捉えるのが普通であるが，ここでは，「内接」ということでもあるので，**〔解法1〕**のように，「円 C_1 の中心から楕円 C_2 上の点までの距離の最小値が C_1 の半径に等しい」と解釈する方がすっきりする。**〔解法1〕**では C_2 上の点をパラメータ θ を用いて $(\cos\theta,\ b\sin\theta)$ としたが，本問では，単に $(u,\ v)$ などとおいても同様にできる。

(2) $b=\dfrac{1}{\sqrt{3}}$ は，$0<b<\dfrac{\sqrt{2}}{2}$ を満たすから，(1)の結果より

$$a=b\sqrt{1-b^2}=\frac{1}{\sqrt{3}}\times\sqrt{1-\frac{1}{3}}=\frac{\sqrt{2}}{3}$$

このとき，②から，AP が最小となるときの t $(=\cos\theta)$ の値は

$$t=\frac{a}{1-b^2}=\frac{\frac{\sqrt{2}}{3}}{1-\frac{1}{3}}=\frac{\sqrt{2}}{2}$$

であるから，AP の最小値が a となる第1象限の点 P の座標は，$\theta=\dfrac{\pi}{4}$ より

$$\left(\cos\frac{\pi}{4},\ \frac{1}{\sqrt{3}}\sin\frac{\pi}{4}\right)$$

である。すなわち，第1象限における C_1 と C_2 の接点の座標 $(p,\ q)$ は

$$(p,\ q)=\left(\frac{\sqrt{2}}{2},\ \frac{\sqrt{6}}{6}\right)\ \cdots\cdots(\text{答})$$

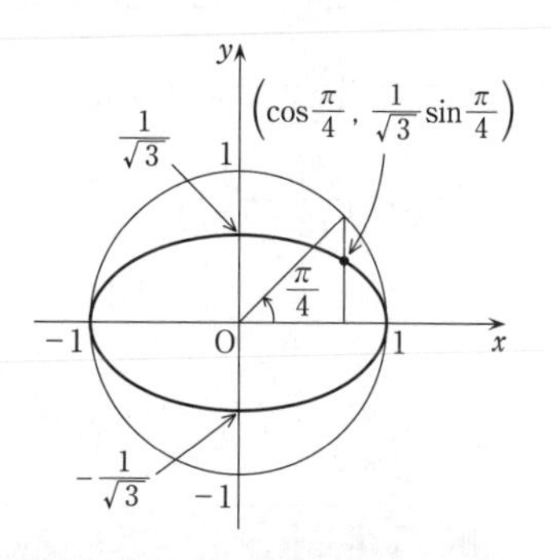

(3) $a=\dfrac{\sqrt{2}}{3}$，$b=\dfrac{1}{\sqrt{3}}$ のとき

$$\begin{cases} C_1:\left(x-\dfrac{\sqrt{2}}{3}\right)^2+y^2=\dfrac{2}{9} \\ C_2:x^2+3y^2=1 \end{cases}$$

であり，接点の座標の1つは(2)より $\left(\dfrac{\sqrt{2}}{2},\ \dfrac{\sqrt{6}}{6}\right)$ であるから，その接点を P とすると，

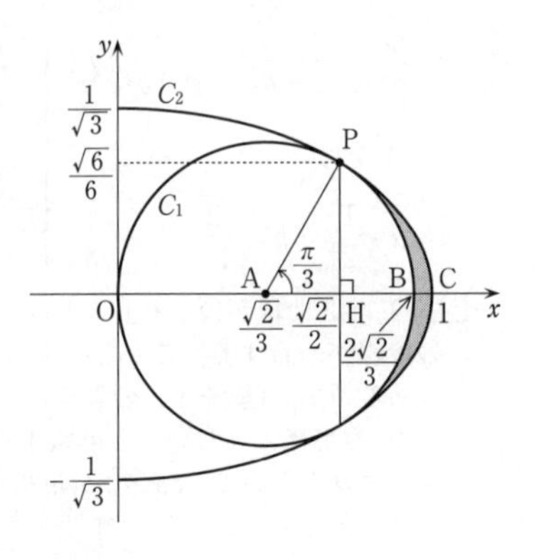

図形の概略は右のようになる。右図の網かけ部分の面積 S を求めればよい。図が x 軸に関して対称であるから，まず，x 軸の上側の面積 $\frac{S}{2}$ を求める。3点H，B，Cを右図のようにとる。

$\mathrm{AH}=\frac{\sqrt{2}}{2}-\frac{\sqrt{2}}{3}=\frac{\sqrt{2}}{6}$，$\mathrm{PH}=\frac{\sqrt{6}}{6}$ より

$$\tan\angle\mathrm{PAH}=\frac{\mathrm{PH}}{\mathrm{AH}}=\sqrt{3}\qquad \therefore\quad \angle\mathrm{PAH}=\frac{\pi}{3}$$

であり，C_2 の $y\geqq 0$ の部分は，$y=\frac{1}{\sqrt{3}}\sqrt{1-x^2}$ と表されるから

$$\frac{S}{2}=\begin{pmatrix}C_2\text{の内部で，PHの右，HCの上}\\ \text{の部分の面積}\end{pmatrix}-\left\{\begin{pmatrix}\text{扇形 ABP}\\ \text{の面積}\end{pmatrix}-\begin{pmatrix}\triangle\mathrm{AHP}\\ \text{の面積}\end{pmatrix}\right\}$$

$$=\frac{1}{\sqrt{3}}\int_{\frac{\sqrt{2}}{2}}^{1}\sqrt{1-x^2}\,dx-\left\{\pi\left(\frac{\sqrt{2}}{3}\right)^2\times\frac{1}{6}-\frac{1}{2}\times\frac{\sqrt{2}}{6}\times\frac{\sqrt{6}}{6}\right\}$$

$$=\frac{1}{\sqrt{3}}\left(\pi\times1^2\times\frac{1}{8}-\frac{1}{2}\times\frac{\sqrt{2}}{2}\times\frac{\sqrt{2}}{2}\right)-\left(\frac{\pi}{27}-\frac{\sqrt{3}}{36}\right)\quad\text{（下図より）}$$

$$=\frac{\sqrt{3}}{24}\pi-\frac{\sqrt{3}}{12}-\frac{\pi}{27}+\frac{\sqrt{3}}{36}$$

$$=\left(\frac{\sqrt{3}}{24}-\frac{1}{27}\right)\pi-\frac{\sqrt{3}}{18}$$

$$\therefore\quad S=\left(\frac{\sqrt{3}}{12}-\frac{2}{27}\right)\pi-\frac{\sqrt{3}}{9}\quad\cdots\cdots\text{(答)}$$

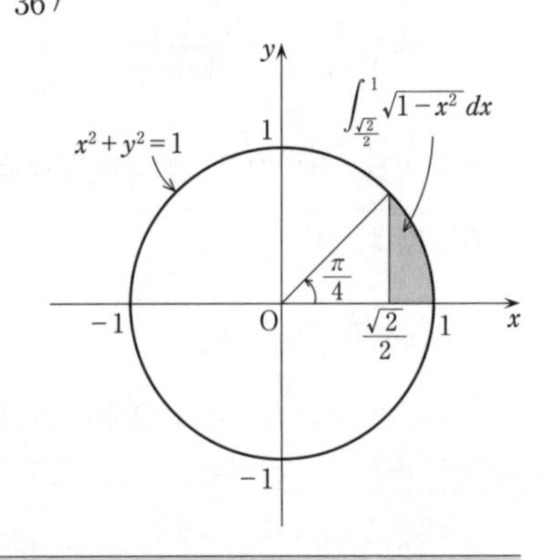

解法 2

(1)　$a=\frac{1}{2}$ のときの円 C_1 と楕円 C_2 は点 (1, 0) で共通の接線 $x=1$ をもつから，この点で C_1 と C_2 は接する。このとき C_1 が C_2 に内接するための条件を求める。C_1 と C_2 はともに x 軸に関して対称であるから，$y\geqq 0$ の部分について考えればよい。

C_1：$x^2-x+y^2=0$ より　　$y=\sqrt{x-x^2}$

C_2：$b^2x^2+y^2=b^2$ より　　$y=b\sqrt{1-x^2}$　（$\because$　$b>0$）

であるから，C_1 が C_2 に内接するためには，$0\leqq x<1$ において

$$b\sqrt{1-x^2}>\sqrt{x-x^2}$$

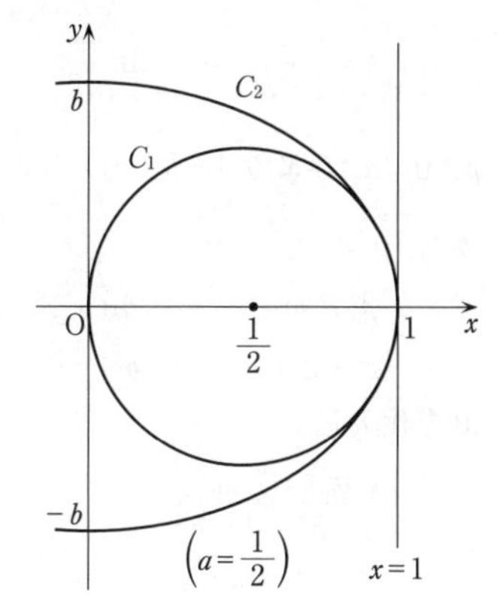

が成り立てばよい。両辺ともに0以上であるので，両辺を平方して

$$b^2(1-x^2)>x-x^2 \qquad b^2(1-x)(1+x)>x(1-x)$$

$1-x>0$ であるから

$$b^2(1+x)>x \qquad (1-b^2)x-b^2<0$$

この不等式が $0\leqq x<1$ で成り立つための条件は，$g(x)=(1-b^2)x-b^2$ とおくと，$g(0)=-b^2<0$ より

$$g(1)=1-2b^2\leqq 0 \qquad \therefore \quad b\geqq\frac{1}{\sqrt{2}}$$

である。よって，求める条件は

$$a=\frac{1}{2} \quad かつ \quad b\geqq\frac{1}{\sqrt{2}} \quad \cdots\cdots Ⓐ$$

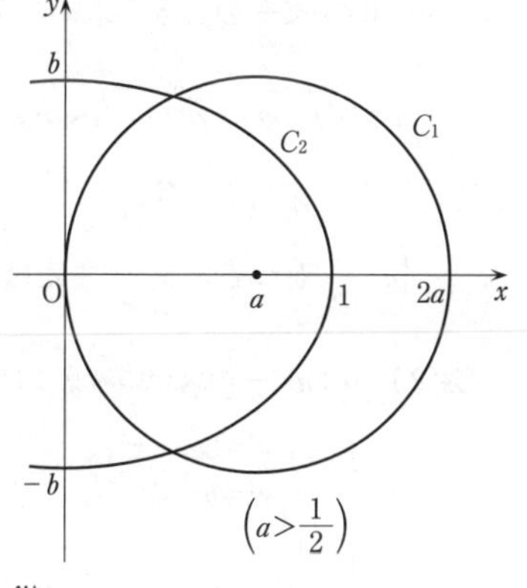

$a>\frac{1}{2}$ のとき，右図より C_1 は C_2 に内接できないから，$0<a<\frac{1}{2}$ の場合を考察する。ここでも $y\geqq 0$ の場合を調べればよい。C_2 の $y\geqq 0$ の部分を C_2' とすると，C_1 と C_2' が接するとき C_1 が C_2 に内接する。

$$C_2' : y=b\sqrt{1-x^2}$$

$$y'=-\frac{bx}{\sqrt{1-x^2}}$$

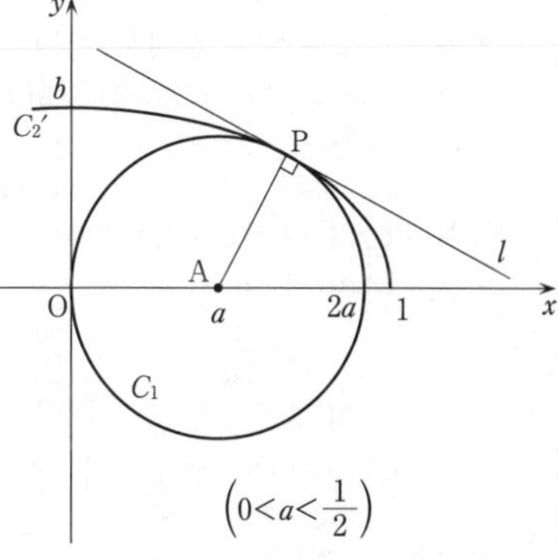

C_1 の中心 $(a,\ 0)$ をAとし，C_1 と C_2' の接点を $\mathrm{P}(p,\ b\sqrt{1-p^2})$ $(0<p<2a<1)$ とする。このとき，点Pにおける C_2' の接線 l と直線APは直交する。l の傾きは $\frac{-bp}{\sqrt{1-p^2}}$，APの傾きは $\frac{b\sqrt{1-p^2}}{p-a}$（$l$ の傾きは0にならないから $p\neq a$）であるから

$$\frac{-bp}{\sqrt{1-p^2}}\times\frac{b\sqrt{1-p^2}}{p-a}=-1$$

$$\therefore \quad (1-b^2)p=a$$

$a>0$ であるから，$b=1$ とすると p が存在しないので，$b\neq 1$ である。

$$p=\frac{a}{1-b^2}\quad \cdots\cdots Ⓑ$$

$p>0$，$a>0$ より $1-b^2>0$，このとき $p<2a$ より $1-b^2>\frac{1}{2}$ となるから，$0<b<\frac{1}{\sqrt{2}}$ である。

また，点Pが $C_1: x^2-2ax+y^2=0$ 上にあることから

$$p^2-2ap+b^2(1-p^2)=0 \qquad (1-b^2)p^2-2ap+b^2=0$$

Ⓑを代入して

$$\frac{a^2}{1-b^2}-\frac{2a^2}{1-b^2}+b^2=0 \qquad \frac{a^2}{1-b^2}=b^2$$

$$\therefore\quad a^2=b^2(1-b^2)$$

$0<b<\frac{1}{\sqrt{2}}$ より　　$a=b\sqrt{1-b^2}$

よって，$0<a<\frac{1}{2}$ のときの求める条件は

$$a=b\sqrt{1-b^2}\quad かつ\quad 0<b<\frac{1}{\sqrt{2}}\quad \cdots\cdots Ⓒ$$

ⒶとⒸより，求める条件は

$$\left(a=\frac{1}{2}\ かつ\ b\geqq\frac{1}{\sqrt{2}}\right)\quad または\quad \left(a=b\sqrt{1-b^2}\ かつ\ 0<b<\frac{1}{\sqrt{2}}\right)\quad \cdots\cdots(答)$$

〔注2〕 $0<a<\frac{1}{2}$ の場合の考察では，2次方程式の判別式を利用することができる。

$$\begin{cases} C_1: y^2=2ax-x^2 \\ C_2: y^2=b^2-b^2x^2 \end{cases}$$

$$\iff \begin{cases} 2ax-x^2=b^2-b^2x^2 & \cdots\cdots(ア) \\ y^2=2ax-x^2 & \cdots\cdots(イ) \end{cases}$$

であるから，(ア)，(イ)を同時に満たす実数 x，y が存在すれば，点 $(x,\ y)$ は C_1 と C_2 の共有点である。ゆえに，(ア)が重解 x をもち，それが(イ)を満たせば，C_1 と C_2 は接することになる。

$$(ア)\iff (1-b^2)x^2-2ax+b^2=0\quad \cdots\cdots(ウ)$$

において，$1-b^2=0$ すなわち $b=1$（$\because\ b>0$）のとき，(ウ)は

$$-2ax+1=0$$

$a>0$ より　　$x=\frac{1}{2a}$

これを(イ)に代入すると

$$y^2=1-\frac{1}{4a^2}=\frac{4a^2-1}{4a^2}<0\quad \left(\because\ 0<a<\frac{1}{2}\right)$$

となり，y が実数であることに反するから，(イ)が成り立たない。

$1-b^2\neq0$ のとき，(ウ)が重解をもつとすれば，(ウ)の判別式を D とすると

$$\frac{D}{4}=(-a)^2-(1-b^2)b^2=0 \qquad \therefore\quad a^2=b^2(1-b^2)\quad \cdots\cdots(エ)$$

であり，$0<a<\dfrac{1}{2}$ より

$$1-b^2>0,\quad 0<b^2(1-b^2)<\frac{1}{4}\quad \cdots\cdots(オ)$$

でなければならない。また，このとき，(ウ)の重解は

$$x=-\frac{-2a}{2(1-b^2)}=\frac{a}{1-b^2}$$

であるから，これを(イ)に代入すると，(エ)より

$$y^2=\frac{2a^2}{1-b^2}-\frac{a^2}{(1-b^2)^2}=2b^2-\frac{b^2}{1-b^2}$$

$$=\frac{b^2(1-2b^2)}{1-b^2}$$

$b^2>0$，$1-b^2>0$ より，$y^2\geqq 0$ を満たす条件は $1-2b^2\geqq 0$ であるから

$$0<b^2\leqq\frac{1}{2}$$

となるが，条件(オ)を満たさなければならないから

$$0<b^2<\frac{1}{2}\quad すなわち\quad 0<b<\frac{1}{\sqrt{2}}\quad \cdots\cdots(カ)$$

したがって，(エ)かつ(カ)のとき C_1 と C_2 は接する（C_1 が C_2 に内接する）から，$0<a<\dfrac{1}{2}$ の場合の求める条件は

$$a=b\sqrt{1-b^2}\quad かつ\quad 0<b<\frac{1}{\sqrt{2}}$$

(2)　$b=\dfrac{1}{\sqrt{3}}$ のとき $a=\dfrac{1}{\sqrt{3}}\times\sqrt{1-\dfrac{1}{3}}=\dfrac{\sqrt{2}}{3}$ であるから，接点Pの x 座標 p は，Ⓑより，

$p=\dfrac{\frac{\sqrt{2}}{3}}{1-\frac{1}{3}}=\dfrac{\sqrt{2}}{2}$，Pの y 座標 q は，$q=b\sqrt{1-p^2}=\dfrac{1}{\sqrt{3}}\sqrt{1-\dfrac{1}{2}}=\dfrac{\sqrt{6}}{6}$ であるので

$$(p,\ q)=\left(\frac{\sqrt{2}}{2},\ \frac{\sqrt{6}}{6}\right)\quad \cdots\cdots(答)$$

（(3)は〔解法 1〕と同様）

35 2011年度〔3〕 Level B

定数kは$k>1$をみたすとする。xy平面上の点A(1, 0)を通りx軸に垂直な直線の第1象限に含まれる部分を，2点X，YがAY$=k$AXをみたしながら動いている。原点O(0, 0)を中心とする半径1の円と線分OX，OYが交わる点をそれぞれP，Qとするとき，△OPQの面積の最大値をkを用いて表せ。

ポイント いろいろな解法が考えられる問題である。大別すれば，$\angle$AOX$=\alpha$，$\angle$AOY$=\beta$などとおいて三角関数を利用する方法，X，Yの一方の座標を設定し座標の計算をする方法である。

前者においては，△OPQの面積は$\angle$POQが最大になるとき最大なので，$\beta-\alpha$が最大となる条件を考えるとよい。条件AY$=k$AXは，$\tan\beta=k\tan\alpha$となるから，正接の加法定理を思いつく。

後者については，Xのy座標を与えれば，Yの方も決まり，円と直線の交点としてP，Qの座標が求まる。3点(0, 0)，$(x_1,\ y_1)$，$(x_2,\ y_2)$を結んでできる三角形の面積の公式$\dfrac{1}{2}|x_1y_2-x_2y_1|$を用いる。

いずれの方法でも，与えられた定数kの存在に惑わされずに，1つの変数に注目するよう心がけること。

解法1

$\angle$AOX$=\alpha$，$\angle$AOY$=\beta$とおく。

$k>1$より，AY$=k$AX$>$AXであるから

$$0<\alpha<\beta<\frac{\pi}{2}$$

である。△OPQの面積をSとすると

$$S=\frac{1}{2}\times\mathrm{OP}\times\mathrm{OQ}\times\sin\angle\mathrm{POQ}$$

$$=\frac{1}{2}\times1\times1\times\sin(\beta-\alpha)=\frac{1}{2}\sin(\beta-\alpha)\quad\cdots\cdots①$$

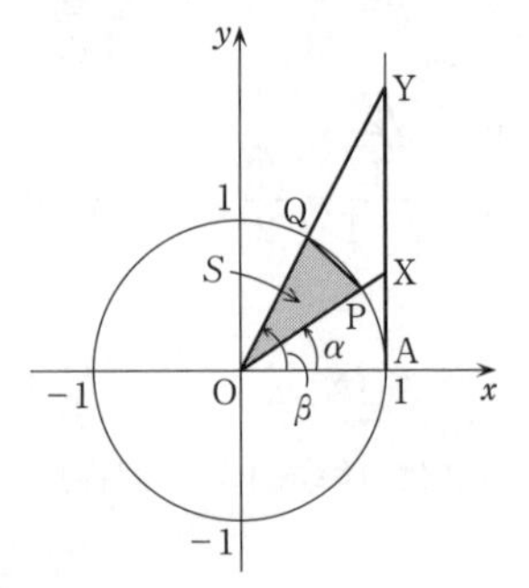

AX$=$OA$\tan\angle$AOX$=\tan\alpha$，同様にAY$=\tan\beta$であるから，AY$=k$AXより$\tan\beta=k\tan\alpha$となるので，正接の加法定理により

$$\tan(\beta-\alpha)=\frac{\tan\beta-\tan\alpha}{1+\tan\beta\tan\alpha}=\frac{k\tan\alpha-\tan\alpha}{1+k\tan^2\alpha}=\frac{(k-1)\tan\alpha}{1+k\tan^2\alpha}$$

$$=\frac{k-1}{\dfrac{1}{\tan\alpha}+k\tan\alpha}\quad\cdots\cdots②$$

$\tan\alpha>0$，$k>0$ であるから，相加平均と相乗平均の関係により

$$\frac{1}{\tan\alpha}+k\tan\alpha \geqq 2\sqrt{\frac{1}{\tan\alpha}\times k\tan\alpha}=2\sqrt{k}$$

$\left(\text{等号は，} \dfrac{1}{\tan\alpha}=k\tan\alpha \text{ すなわち } \tan\alpha=\dfrac{1}{\sqrt{k}} \text{ のとき成り立つ}\right)$

であるから，②より

$$\tan(\beta-\alpha)\leqq\frac{k-1}{2\sqrt{k}} \quad \cdots\cdots③$$

$0<\beta-\alpha<\dfrac{\pi}{2}$ より，$\tan(\beta-\alpha)$ は単調増加であるから，$\tan(\beta-\alpha)$ が最大のとき $\beta-\alpha$ が最大である。$\sin(\beta-\alpha)$ も単調増加であるから，$\beta-\alpha$ が最大のとき，すなわち $\tan(\beta-\alpha)$ が最大のとき $\sin(\beta-\alpha)$ が最大となる。したがって，③より，$\tan(\beta-\alpha)=\dfrac{k-1}{2\sqrt{k}}$ のとき $\sin(\beta-\alpha)$ が最大となり，①より，S が最大となる。

公式 $\sin^2\theta+\cos^2\theta=1$，$1+\tan^2\theta=\dfrac{1}{\cos^2\theta}$ と $0<\theta<\dfrac{\pi}{2}$ とから

$$\sin^2\theta=1-\cos^2\theta=1-\frac{1}{1+\tan^2\theta}=\frac{\tan^2\theta}{1+\tan^2\theta}$$

より

$$\sin\theta=\frac{\tan\theta}{\sqrt{1+\tan^2\theta}}$$

であるから，$\tan(\beta-\alpha)=\dfrac{k-1}{2\sqrt{k}}$ のとき

$$\sin(\beta-\alpha)=\frac{\dfrac{k-1}{2\sqrt{k}}}{\sqrt{1+\left(\dfrac{k-1}{2\sqrt{k}}\right)^2}}=\frac{k-1}{\sqrt{(2\sqrt{k})^2+(k-1)^2}}$$

$$=\frac{k-1}{\sqrt{(k+1)^2}}=\frac{k-1}{k+1} \quad (\because\ k>1)$$

したがって，面積 S は，$\mathrm{AX}=\tan\alpha=\dfrac{1}{\sqrt{k}}$ のとき最大で，最大値は①より

$$\frac{k-1}{2(k+1)} \quad \cdots\cdots(\text{答})$$

〔注1〕 ②において，$\tan\alpha=t$ とおき

$$f(t)=\frac{(k-1)t}{1+kt^2} \quad (k>1,\ t>0)$$

とおくと

$$f'(t)=\frac{(k-1)(1+kt^2)-(k-1)t\cdot 2kt}{(1+kt^2)^2}=\frac{(k-1)(1-kt^2)}{(1+kt^2)^2},\quad f'\left(\frac{1}{\sqrt{k}}\right)=0$$

であるから，$f(t)$ の $t>0$ における増減表は右のようになる。よって，$f(t)$ の最大値は

$$f\left(\frac{1}{\sqrt{k}}\right)=\frac{(k-1)\frac{1}{\sqrt{k}}}{1+k\times\frac{1}{k}}=\frac{k-1}{2\sqrt{k}}$$

t	0	$\cdots$	$\frac{1}{\sqrt{k}}$	$\cdots$
$f'(t)$	／	$+$	0	$-$
$f(t)$	／	↗	極大	↘

〔注 2〕　$\tan\alpha=\frac{1}{\sqrt{k}}$，$\tan\beta=k\tan\alpha=\frac{k}{\sqrt{k}}=\sqrt{k}$ のとき $\sin(\beta-\alpha)$ が最大，つまり面積 S が最大になるのだから，このときのX，Yの座標は

$$\mathrm{X}\left(1,\ \frac{1}{\sqrt{k}}\right),\quad \mathrm{Y}(1,\ \sqrt{k})$$

であるので，最大の S は次の計算で求まる。

$$S=(\triangle\mathrm{OXY}\text{ の面積})\times\frac{\mathrm{OP}}{\mathrm{OX}}\times\frac{\mathrm{OQ}}{\mathrm{OY}}=\frac{1}{2}\times\mathrm{OA}\times\mathrm{XY}\times\frac{1}{\mathrm{OX}}\times\frac{1}{\mathrm{OY}}$$

$$=\frac{1}{2}\times1\times\left(\sqrt{k}-\frac{1}{\sqrt{k}}\right)\times\frac{1}{\sqrt{1+\frac{1}{k}}}\times\frac{1}{\sqrt{1+k}}=\frac{k-1}{2\sqrt{k}}\times\frac{\sqrt{k}}{k+1}=\frac{k-1}{2(k+1)}$$

解 法 2

$\mathrm{X}(1,\ u)$，$\mathrm{Y}(1,\ ku)$　$(u>0,\ k>1)$ とする。

点Pは，円 $x^2+y^2=1$ と直線 $y=ux$ の交点であるから，その x 座標は，2式から y を消去して

$$x^2+(ux)^2=1$$
$$(1+u^2)x^2=1$$

$x>0$ より　　$x=\frac{1}{\sqrt{1+u^2}}$

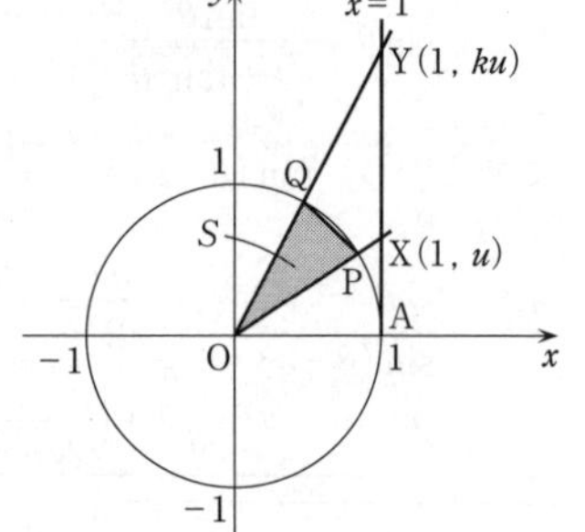

よって，Pの y 座標は

$$y=ux=\frac{u}{\sqrt{1+u^2}}$$

同様にして点Qの座標も求めると

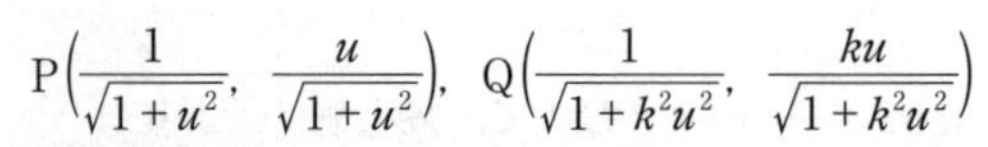

$$\mathrm{P}\left(\frac{1}{\sqrt{1+u^2}},\ \frac{u}{\sqrt{1+u^2}}\right),\quad \mathrm{Q}\left(\frac{1}{\sqrt{1+k^2u^2}},\ \frac{ku}{\sqrt{1+k^2u^2}}\right)$$

$\triangle\mathrm{OPQ}$ の面積 S は

$$S=\frac{1}{2}\left|\frac{1}{\sqrt{1+u^2}}\times\frac{ku}{\sqrt{1+k^2u^2}}-\frac{u}{\sqrt{1+u^2}}\times\frac{1}{\sqrt{1+k^2u^2}}\right|$$

$$=\frac{1}{2}\times\frac{(k-1)u}{\sqrt{1+u^2}\sqrt{1+k^2u^2}}\quad(\because\ \ k>1,\ u>0)$$

$$=\frac{1}{2}\times\frac{(k-1)u}{\sqrt{1+(k^2+1)u^2+k^2u^4}}=\frac{1}{2}\times\frac{k-1}{\sqrt{\frac{1}{u^2}+(k^2+1)+k^2u^2}}$$

$$\leqq\frac{1}{2}\times\frac{k-1}{\sqrt{2\sqrt{\frac{1}{u^2}\times k^2u^2}+(k^2+1)}}$$ （相加平均と相乗平均の関係より）

$$=\frac{1}{2}\times\frac{k-1}{\sqrt{k^2+2k+1}}=\frac{k-1}{2\sqrt{(k+1)^2}}=\frac{k-1}{2(k+1)}\quad(\because\ k+1>0)$$

途中の不等式で等号が成り立つのは

$$\frac{1}{u^2}=k^2u^2 \quad \text{すなわち} \quad u=\frac{1}{\sqrt{k}} \quad (\because\ u>0,\ k>0)$$

のときである。

以上のことから，△OPQ の面積 S の最大値は

$$\frac{k-1}{2(k+1)}$$ ……(答)

〔注 3〕　S の式変形で，相加平均と相乗平均の関係より

$$\frac{1}{u^2}+k^2u^2\geqq 2\sqrt{\frac{1}{u^2}\times k^2u^2}=2k\quad(k>0)$$

を用いたが，左辺を $g(u)$ とおくと

$$g'(u)=-\frac{2}{u^3}+2k^2u=\frac{2(k^2u^4-1)}{u^3}$$

$k>1$，$u>0$ で $g'(u)=0$ を解くと

$$u^4=\frac{1}{k^2}\qquad\therefore\quad u=\frac{1}{\sqrt{k}}$$

よって，$g(u)$ の $u>0$ における増減表は右のようになる。

u	0	…	$\frac{1}{\sqrt{k}}$	…
$g'(u)$	／	－	0	＋
$g(u)$	／	↘	極小	↗

したがって

$$\frac{1}{u^2}+k^2u^2\geqq g\left(\frac{1}{\sqrt{k}}\right)=\frac{1}{\frac{1}{k}}+\frac{k^2}{k}=2k$$

〔注 4〕　S を k，u を用いて表すには，〔注 2〕の方法を用いて

$$S=\frac{1}{2}\times \mathrm{OA}\times \mathrm{XY}\times\frac{1}{\mathrm{OX}}\times\frac{1}{\mathrm{OY}}$$

$$=\frac{1}{2}\times 1\times(ku-u)\times\frac{1}{\sqrt{1+u^2}}\times\frac{1}{\sqrt{1+k^2u^2}}$$

$$=\frac{(k-1)u}{2\sqrt{1+(k^2+1)u^2+k^2u^4}}$$

としてもよい。

36 2010年度〔4〕 Level C

aを正の定数とする。原点をOとする座標平面上に定点A＝A$(a,\ 0)$と，Aと異なる動点P＝P$(x,\ y)$をとる。次の条件

Aから Pに向けた半直線上の点Qに対し

$\dfrac{\mathrm{AQ}}{\mathrm{AP}} \leqq 2$　ならば　$\dfrac{\mathrm{QP}}{\mathrm{OQ}} \leqq \dfrac{\mathrm{AP}}{\mathrm{OA}}$

を満たすPからなる領域をDとする。Dを図示せよ。

ポイント 「条件を満たす点Pからなる領域」を図示する問題であるから，別に目新しい問題ではないが，条件が$p \Longrightarrow q$の形で与えられており，pもqも線分の長さの比に関する不等式なので，図形的に考えるとわかりにくくなる。そこで，AQ＝tAPとおいてみる。pは$0 \leqq t \leqq 2$となるし，Qの座標はA，Pの座標とtを用いて表せるので，qの式計算も見通しがよくなる。

軌跡の問題では軌跡の端点を調べることに手間取ることが多いが，領域の問題でも除外点に注意しなければならない。ここではp，qの分母に現れるAP，OQ，OAがいずれも0にならないことに気づかなければならない。PはAと一致することはできず，QはOと一致することはできない。$0 \leqq t \leqq 2$のいかなるtに対してもQがOに一致しないということは，Pがx軸上のある部分にあってはならないということである。

解法

$$\frac{\mathrm{AQ}}{\mathrm{AP}} \leqq 2 \Longrightarrow \frac{\mathrm{QP}}{\mathrm{OQ}} \leqq \frac{\mathrm{AP}}{\mathrm{OA}} \quad \cdots\cdots (*)$$

において，A$(a,\ 0)$ $(a>0)$，P$(x,\ y)$である。

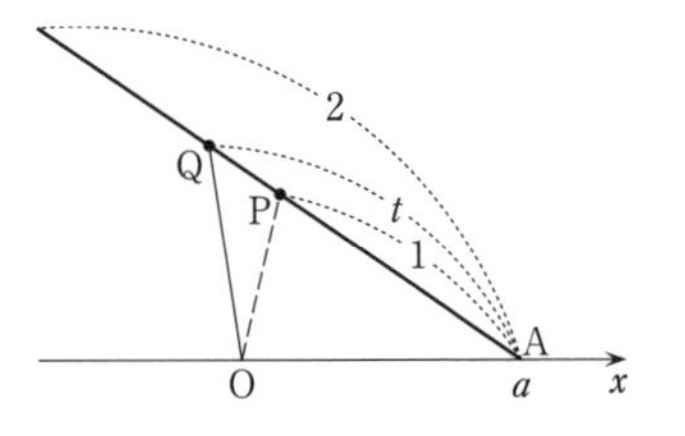

$\dfrac{\mathrm{AQ}}{\mathrm{AP}} = t$とおくと，QはAからPに向けた半直線上にあるのだから，Qは線分APを$t:(1-t)$の比に分ける点である。

よって，Qの座標は　$((1-t)a+tx,\ ty)$

すなわち　Q$(a+t(x-a),\ ty)$

と表すことができ

条件$\dfrac{\mathrm{AQ}}{\mathrm{AP}} \leqq 2$は　$0 \leqq t \leqq 2$　……①

となる。また

$$\mathrm{QP} = |1-t|\mathrm{AP},\quad \mathrm{OQ} = \sqrt{\{a+t(x-a)\}^2 + (ty)^2},\quad \mathrm{OA} = a$$

であるから

条件 $\dfrac{\mathrm{QP}}{\mathrm{OQ}} \leqq \dfrac{\mathrm{AP}}{\mathrm{OA}}$ は

$$\frac{|1-t|\,\mathrm{AP}}{\sqrt{\{a+t(x-a)\}^2+(ty)^2}} \leqq \frac{\mathrm{AP}}{a} \quad \cdots\cdots ②$$

となる。ここで，$\{a+t(x-a)\}^2+(ty)^2=0$ となるのは

$$a+t(x-a)=0 \quad かつ \quad ty=0$$

のときである。後者より $t=0$ または $y=0$ であるが，$t=0$ とすると前者より $a=0$ となって $a>0$ に反するので，$y=0$ である。$t \neq 0$ であるので，前者より $x=\left(1-\dfrac{1}{t}\right)a$ を得る。①より，$0<t \leqq 2$ であるから，$\dfrac{1}{t} \geqq \dfrac{1}{2}$ であり，$1-\dfrac{1}{t} \leqq 1-\dfrac{1}{2}=\dfrac{1}{2}$ となるので，$x \leqq \dfrac{1}{2}a$ である。すなわち

$$x \leqq \frac{1}{2}a \quad かつ \quad y=0 \quad \cdots\cdots ③$$

のとき $\{a+t(x-a)\}^2+(ty)^2=0$ となる t が $0 \leqq t \leqq 2$ に存在する。

②において，$a>0$，AとPは異なる点であるので $\mathrm{AP}>0$ であり，③の場合を除けば $\sqrt{\{a+t(x-a)\}^2+(ty)^2}>0$ であるから，このとき②は

$$a|1-t| \leqq \sqrt{\{a+t(x-a)\}^2+(ty)^2}$$

と同値となる。この不等式の両辺はともに0以上であるから，両辺を平方して

$$a^2(1-t)^2 \leqq \{a+t(x-a)\}^2+(ty)^2$$

としても同値である。さらに，展開して t について整理すると

$$a^2t^2-2a^2t+a^2 \leqq (x-a)^2t^2+2a(x-a)t+a^2+y^2t^2$$

$$t\{(x^2-2ax+y^2)t+2ax\} \geqq 0 \quad \cdots\cdots ④$$

結局，条件(＊)は

$$① \Longrightarrow (③でない \quad かつ \quad ④) \quad \cdots\cdots (＊＊)$$

と整理される。

④の｛　｝の中味を $f(t)$ とおく。$t=0$ のとき不等式④は成り立つから，$t \neq 0$ のとき，つまり $0<t \leqq 2$ のとき④が成り立つための必要十分条件を求める。その条件は，$f(t)$ が t についての1次関数または定数関数であるから

$$f(0) \geqq 0 \quad かつ \quad f(2) \geqq 0$$

すなわち

$$2ax \geqq 0 \quad かつ \quad x^2-ax+y^2 \geqq 0$$

である。$a>0$ に注意すると

$$x \geqq 0 \quad かつ \quad \left(x-\frac{a}{2}\right)^2+y^2 \geqq \left(\frac{a}{2}\right)^2 \quad \cdots\cdots ⑤$$

となるので，（$**$）を満たす $\mathrm{P}(x,\ y)$ からなる領域 D は⑤の表す領域から③の場合を除いたものになる。ただし，PはAと異なるのであるから，$(a,\ 0)$ は除かれる。したがって，領域 D は図の網かけ部分となる。境界はすべて含むが，2点 $(0,\ 0)$，$(a,\ 0)$ は除く。

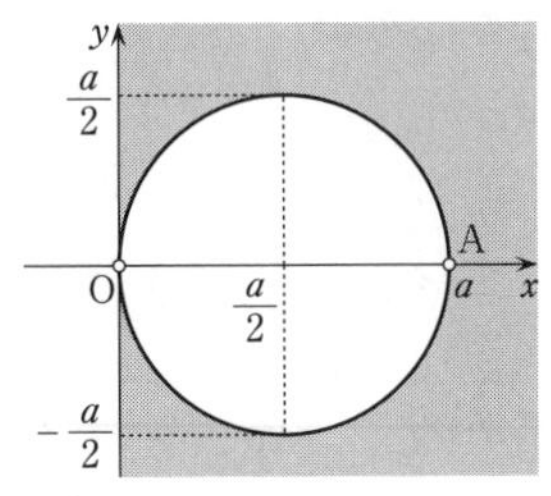

〔注1〕 $\mathrm{OQ}\neq 0$ つまり $0\leqq t\leqq 2$ のいかなる t に対してもQはOに一致してはならないのであるが，**〔解法〕**では，$\mathrm{OQ}=0$ となるためのPの条件をOQを表す式から求めている。これは図形的に考察してもわかることである。

3点A，P，Qは一直線上にあるのだから，QがOに一致するためには，まずPが x 軸上のAの左側（原点Oに向かう方）になければならない。そこで，$\mathrm{P}(x,\ 0)$ とおくと，$\mathrm{AP}=a-x$ であるから，$\mathrm{AQ}=t\mathrm{AP}=t(a-x)=a=\mathrm{AO}$ が成り立つ t が $0\leqq t\leqq 2$ に存在してしまうのは，$x\leqq\dfrac{a}{2}$ のときであることがわかる $\left(t=2\text{ のとき } x=\dfrac{a}{2}\text{ に注意する}\right)$。つまり，$\mathrm{P}(x,\ 0)$ $\left(x\leqq\dfrac{a}{2}\right)$ のとき $\mathrm{OQ}=0$ となる可能性があるのである。

〔注2〕 不等式④の左辺の形から円の方程式が想起されるので，④を x，y について整理すると

$$t^2x^2-2a(t^2-t)x+t^2y^2\geqq 0$$

$t=0$ のときこの不等式は成立するので，$t\neq 0$ として変形すると

$$x^2-2a\left(1-\frac{1}{t}\right)x+y^2\geqq 0$$

$$\left\{x-a\left(1-\frac{1}{t}\right)\right\}^2+y^2\geqq\left\{a\left(1-\frac{1}{t}\right)\right\}^2$$

これは，$\left(a\left(1-\dfrac{1}{t}\right),\ 0\right)$ を中心とし，y 軸に接する円（C とする）の外部（周を含む）を表している。$0<t\leqq 2$ を満たすすべての t について共通部分をとったものが領域 D である（除外点は考えないとする）。これは，$1\leqq t\leqq 2$ のときには，境界を表す円がみな $t=2$ のときの円 $\left(x-\dfrac{1}{2}a\right)^2+y^2=\left(\dfrac{a}{2}\right)^2$ の内部にあるから考えやすいのであるが，$0<t<1$ のときは，境界を表す円は，中心が x 軸上の負の部分にあり，半径はいくらでも大きくなるので考えにくくなる。$x<0$ の部分にPがあるとすると，円 C がPをその内部に含むような t が必ず存在するので，結局Pは $x<0$ の部分には存在しえないことになる。こういった部分の説明が書きにくいので，解答としては**〔解法〕**のようにするのがよいだろう。

37　2008年度〔4〕　Level B

平面の原点Oを端点とし，x 軸となす角がそれぞれ $-\alpha$，α $\left(\text{ただし}\ 0<\alpha<\dfrac{\pi}{3}\right)$ である半直線を L_1，L_2 とする。L_1 上に点P，L_2 上に点Qを線分PQの長さが1となるようにとり，点Rを，直線PQに対し原点Oの反対側に△PQRが正三角形になるようにとる。

(1)　線分PQが x 軸と直交するとき，点Rの座標を求めよ。

(2)　2点P，Qが，線分PQの長さを1に保ったまま L_1，L_2 上を動くとき，点Rの軌跡はある楕円の一部であることを示せ。

ポイント　計算が面倒になりそうな問題である。変数の設定をよく考えなければならない。

(1)　作図をすればすぐにできる簡単な問題であるが，(2)を考えるための準備にもなる。つまらないミスをしないよう注意したい。

(2)　直線 L_1，L_2 上の点P，Qの座標の表し方をどうするかがポイント。点Pの x 座標のみを変数としてもよいが，見通しのきく計算をするためには，OP，OQを変数とし，この2変数で点Rの座標を書き，最終的に条件 $PQ=1$ を用いるのがよいだろう。点Rの座標は，Pを中心にしてQを $\dfrac{\pi}{3}$ だけ時計回りに回転させれば求まる。あるいは，線分PQが x 軸とつくる角を変数にとれば，この変数でOP，OQが表せるので1変数で処理することも可能になる。この場合は回転という操作をしなくても三角関数のみでRの座標が求まる。Rの座標は変数（パラメータ）が含まれているが，これを消去すれば楕円の方程式が得られるはずである。結果の予測を立てて計算を進めるとよい。

解法 1

(1) 与えられた条件のもとで，線分 PQ が x 軸と直交する場合（交点を T とする）を図示すると右図のようになる。

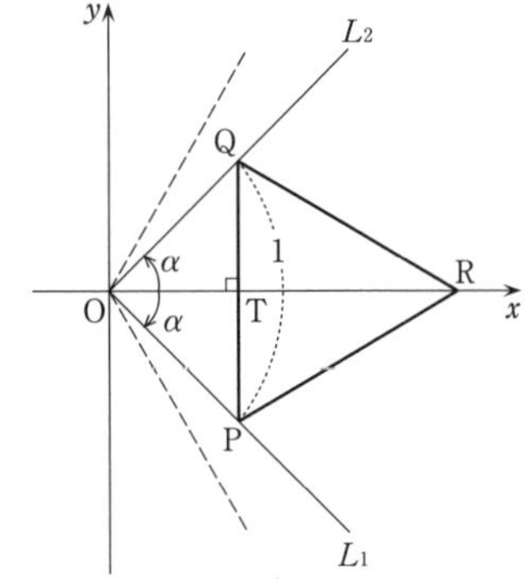

$$\tan\alpha=\frac{\mathrm{TQ}}{\mathrm{OT}}$$

$$\mathrm{TQ}=\frac{1}{2}$$

$$\mathrm{TR}=\frac{\sqrt{3}}{2}$$

であるから，点 R の座標は

$$\mathrm{R}\left(\frac{\sqrt{3}}{2}+\frac{1}{2\tan\alpha},\ 0\right)\quad\cdots\cdots(\text{答})$$

(2) $\mathrm{OP}=p$，$\mathrm{OQ}=q$ $(p>0,\ q>0)$ とおいて，三角形 OPQ に余弦定理を適用すると

$$\mathrm{PQ}^2=\mathrm{OP}^2+\mathrm{OQ}^2-2\mathrm{OP}\cdot\mathrm{OQ}\cos\angle\mathrm{POQ}$$

$\mathrm{PQ}=1$，$\cos\angle\mathrm{POQ}=\alpha-(-\alpha)=2\alpha$ $\left(0<\alpha<\dfrac{\pi}{3}\right)$ であるから

$$p^2+q^2-2pq\cos2\alpha=1\quad\cdots\cdots①$$

P，Q の座標はそれぞれ

$\mathrm{P}(p\cos(-\alpha),\ p\sin(-\alpha))$　すなわち　$\mathrm{P}(p\cos\alpha,\ -p\sin\alpha)$

$\mathrm{Q}(q\cos\alpha,\ q\sin\alpha)$

正三角形 PQR の頂点 R は，点 P を中心にして，点 Q を $\dfrac{\pi}{3}$ だけ時計回りに回転させたものであるから

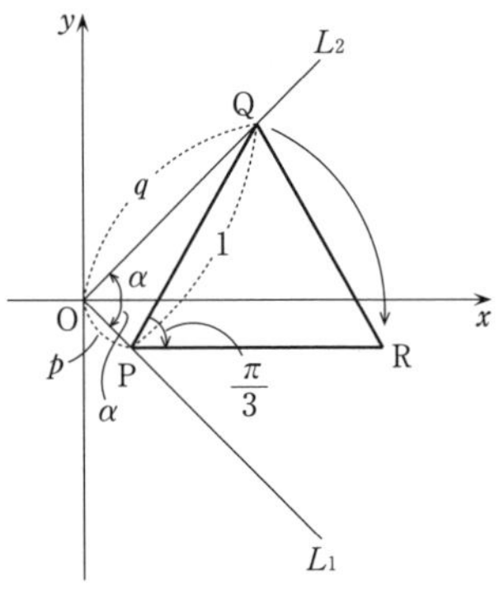

$$\overrightarrow{\mathrm{PR}}=\begin{pmatrix}\cos\left(-\dfrac{\pi}{3}\right) & -\sin\left(-\dfrac{\pi}{3}\right)\\ \sin\left(-\dfrac{\pi}{3}\right) & \cos\left(-\dfrac{\pi}{3}\right)\end{pmatrix}\overrightarrow{\mathrm{PQ}}$$

$$=\frac{1}{2}\begin{pmatrix}1 & \sqrt{3}\\ -\sqrt{3} & 1\end{pmatrix}\overrightarrow{\mathrm{PQ}}\quad\cdots\cdots②$$

点 R の座標を $(x,\ y)$ とおくと

$$\overrightarrow{\mathrm{PR}}=\overrightarrow{\mathrm{OR}}-\overrightarrow{\mathrm{OP}}=\begin{pmatrix}x\\ y\end{pmatrix}-\begin{pmatrix}p\cos\alpha\\ -p\sin\alpha\end{pmatrix}=\begin{pmatrix}x-p\cos\alpha\\ y+p\sin\alpha\end{pmatrix}$$

$$\overrightarrow{\mathrm{PQ}}=\overrightarrow{\mathrm{OQ}}-\overrightarrow{\mathrm{OP}}=\begin{pmatrix}q\cos\alpha\\ q\sin\alpha\end{pmatrix}-\begin{pmatrix}p\cos\alpha\\ -p\sin\alpha\end{pmatrix}=\begin{pmatrix}(q-p)\cos\alpha\\ (q+p)\sin\alpha\end{pmatrix}$$

これらを②に代入すると

$$\begin{pmatrix} x-p\cos\alpha \\ y+p\sin\alpha \end{pmatrix}=\frac{1}{2}\begin{pmatrix} 1 & \sqrt{3} \\ -\sqrt{3} & 1 \end{pmatrix}\begin{pmatrix} (q-p)\cos\alpha \\ (q+p)\sin\alpha \end{pmatrix}$$

右辺の積を計算して，両辺の成分を比較すると

$$\begin{cases} x-p\cos\alpha=\dfrac{1}{2}\{(q-p)\cos\alpha+\sqrt{3}\,(q+p)\sin\alpha\} \\ y+p\sin\alpha=\dfrac{1}{2}\{-\sqrt{3}\,(q-p)\cos\alpha+(q+p)\sin\alpha\} \end{cases}$$

$$\therefore\ \begin{cases} x=\dfrac{1}{2}\{(q+p)\cos\alpha+\sqrt{3}\,(q+p)\sin\alpha\}=\dfrac{1}{2}(p+q)(\cos\alpha+\sqrt{3}\sin\alpha) \\ y=\dfrac{1}{2}\{-\sqrt{3}\,(q-p)\cos\alpha+(q-p)\sin\alpha\}=\dfrac{1}{2}(p-q)(\sqrt{3}\cos\alpha-\sin\alpha) \end{cases}\quad\cdots\cdots③$$

$0<\alpha<\dfrac{\pi}{3}$ より，$\cos\alpha+\sqrt{3}\sin\alpha\neq0$，$\sqrt{3}\cos\alpha-\sin\alpha\neq0$ であるから

$$p+q=\frac{2x}{\cos\alpha+\sqrt{3}\sin\alpha}\quad(=2X\text{ とおく})$$

$$p-q=\frac{2y}{\sqrt{3}\cos\alpha-\sin\alpha}\quad(=2Y\text{ とおく})$$

この２式を p，q について解くと

$$p=X+Y,\quad q=X-Y$$

であるから，①に代入すれば

$$(X+Y)^2+(X-Y)^2-2(X+Y)(X-Y)\cos2\alpha=1$$

$$2(X^2+Y^2)-2(X^2-Y^2)\cos2\alpha=1$$

$$2(1-\cos2\alpha)X^2+2(1+\cos2\alpha)Y^2=1$$

$$(2X)^2\sin^2\alpha+(2Y)^2\cos^2\alpha=1\quad\left(\sin^2\alpha=\frac{1-\cos2\alpha}{2},\quad\cos^2\alpha=\frac{1+\cos2\alpha}{2}\right)$$

ここで X，Y をもとにもどせば

$$\frac{x^2}{\left(\dfrac{\cos\alpha+\sqrt{3}\sin\alpha}{2\sin\alpha}\right)^2}+\frac{y^2}{\left(\dfrac{\sqrt{3}\cos\alpha-\sin\alpha}{2\cos\alpha}\right)^2}=1$$

すなわち

$$\frac{x^2}{\left(\dfrac{\sqrt{3}}{2}+\dfrac{1}{2\tan\alpha}\right)^2}+\frac{y^2}{\left(\dfrac{\sqrt{3}}{2}-\dfrac{\tan\alpha}{2}\right)^2}=1$$

$0<\alpha<\dfrac{\pi}{3}$ より，$0<\tan\alpha<\sqrt{3}$ であるから

$a=\dfrac{\sqrt{3}}{2}+\dfrac{1}{2\tan\alpha}$ とおくと　　$a>\dfrac{2\sqrt{3}}{3}$

$b=\dfrac{\sqrt{3}}{2}-\dfrac{\tan\alpha}{2}$ とおくと　　$0<b<\dfrac{\sqrt{3}}{2}$

　$\therefore\quad 0<b<a$

以上のことから，点Rの軌跡は

$$\text{楕円}：\frac{x^2}{a^2}+\frac{y^2}{b^2}=1\quad\left(\text{ただし，}a=\frac{\sqrt{3}}{2}+\frac{1}{2\tan\alpha},\quad b=\frac{\sqrt{3}}{2}-\frac{\tan\alpha}{2},\quad a>b>0\right)$$

の一部である。　　　　　　　　　　　　　　　　　　　　　　　　　　　　　(証明終)

〔注〕 現行の教育課程では，「行列」を学ばないので，行列を使わずに③を導く過程を以下に載せておく。

点 $(r\cos\phi,\ r\sin\phi)$ $(r>0)$ を原点を中心として $-\dfrac{\pi}{3}$ だけ回転すると

$\left(r\cos\left(\phi-\dfrac{\pi}{3}\right),\ r\sin\left(\phi-\dfrac{\pi}{3}\right)\right)$ となるが，加法定理より

$$r\cos\left(\phi-\frac{\pi}{3}\right)=r\left(\cos\phi\cos\frac{\pi}{3}+\sin\phi\sin\frac{\pi}{3}\right)$$
$$=\frac{1}{2}r\cos\phi+\frac{\sqrt{3}}{2}r\sin\phi$$
$$r\sin\left(\phi-\frac{\pi}{3}\right)=r\left(\sin\phi\cos\frac{\pi}{3}-\cos\phi\sin\frac{\pi}{3}\right)$$
$$=\frac{1}{2}r\sin\phi-\frac{\sqrt{3}}{2}r\cos\phi$$

であるから，点 $(s,\ t)$ を原点を中心として $-\dfrac{\pi}{3}$ だけ回転した点は

$$\left(\frac{1}{2}s+\frac{\sqrt{3}}{2}t,\ \frac{1}{2}t-\frac{\sqrt{3}}{2}s\right)\quad\cdots\cdots(*)$$

となることがわかる。

次に，点 $\mathrm{P}(p\cos\alpha,\ -p\sin\alpha)$ が原点に移るような平行移動を点 $\mathrm{Q}(q\cos\alpha,\ q\sin\alpha)$，点 $\mathrm{R}(x,\ y)$ に対して施すと，それぞれ

$$\mathrm{Q}'((q-p)\cos\alpha,\ (q+p)\sin\alpha),\quad \mathrm{R}'(x-p\cos\alpha,\ y+p\sin\alpha)$$

となり，Q' を原点を中心として $-\dfrac{\pi}{3}$ だけ回転した点が R' であるから，(＊)を用いると

$$x-p\cos\alpha=\frac{1}{2}(q-p)\cos\alpha+\frac{\sqrt{3}}{2}(q+p)\sin\alpha$$
$$y+p\sin\alpha=\frac{1}{2}(q+p)\sin\alpha-\frac{\sqrt{3}}{2}(q-p)\cos\alpha$$

こうして③が得られる。

解法 2

((1)は〔**解法 1**〕と同様)

(2) 線分 PQ と x 軸の正方向とのなす角を θ $(\alpha<\theta<\pi-\alpha)$ とおく。

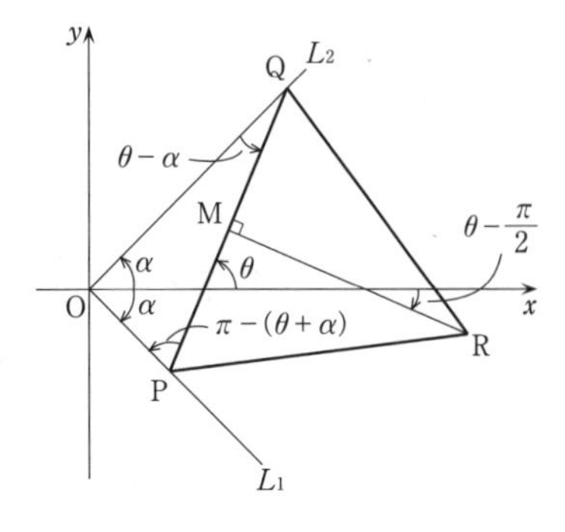

$$\angle\mathrm{POQ}=2\alpha$$

$$\angle\mathrm{OPQ}=\pi-(\theta+\alpha)$$

$$\angle\mathrm{OQP}=\theta-\alpha$$

$\mathrm{PQ}=1\ \left(0<\alpha<\dfrac{\pi}{3}\right)$ であるから，三角形 OPQ に正弦定理を用いれば

$$\frac{\mathrm{PQ}}{\sin\angle\mathrm{POQ}}=\frac{\mathrm{OQ}}{\sin\angle\mathrm{OPQ}}=\frac{\mathrm{OP}}{\sin\angle\mathrm{OQP}}$$

$$\frac{1}{\sin 2\alpha}=\frac{\mathrm{OQ}}{\sin\{\pi-(\theta+\alpha)\}}=\frac{\mathrm{OP}}{\sin(\theta-\alpha)}$$

したがって

$$\mathrm{OP}=\frac{\sin(\theta-\alpha)}{\sin 2\alpha},\quad \mathrm{OQ}=\frac{\sin\{\pi-(\theta+\alpha)\}}{\sin 2\alpha}=\frac{\sin(\theta+\alpha)}{\sin 2\alpha}$$

2 点 P，Q の座標はそれぞれ

$$\mathrm{P}(\mathrm{OP}\cos(-\alpha),\quad \mathrm{OP}\sin(-\alpha)),\quad \mathrm{Q}(\mathrm{OQ}\cos\alpha,\ \mathrm{OQ}\sin\alpha)$$

これより

$$\mathrm{P}\left(\frac{\sin(\theta-\alpha)}{\sin 2\alpha}\cos(-\alpha),\ \frac{\sin(\theta-\alpha)}{\sin 2\alpha}\sin(-\alpha)\right),$$

$$\mathrm{Q}\left(\frac{\sin(\theta+\alpha)}{\sin 2\alpha}\cos\alpha,\ \frac{\sin(\theta+\alpha)}{\sin 2\alpha}\sin\alpha\right)$$

$\cos(-\alpha)=\cos\alpha$，$\sin(-\alpha)=-\sin\alpha$，$\sin 2\alpha=2\sin\alpha\cos\alpha$ であるから

$$\mathrm{P}\left(\frac{\sin(\theta-\alpha)}{2\sin\alpha},\ -\frac{\sin(\theta-\alpha)}{2\cos\alpha}\right),\quad \mathrm{Q}\left(\frac{\sin(\theta+\alpha)}{2\sin\alpha},\ \frac{\sin(\theta+\alpha)}{2\cos\alpha}\right)$$

線分 PQ の中点をMとすると，和→積の公式あるいは加法定理を用いて

$$(\text{M の } x \text{ 座標})=\frac{1}{2}\left\{\frac{\sin(\theta-\alpha)}{2\sin\alpha}+\frac{\sin(\theta+\alpha)}{2\sin\alpha}\right\}=\frac{\cos\alpha}{2\sin\alpha}\sin\theta$$

$$(\text{M の } y \text{ 座標})=\frac{1}{2}\left\{-\frac{\sin(\theta-\alpha)}{2\cos\alpha}+\frac{\sin(\theta+\alpha)}{2\cos\alpha}\right\}=\frac{\sin\alpha}{2\cos\alpha}\cos\theta$$

したがって

$$\mathrm{M}\left(\frac{\cos\alpha}{2\sin\alpha}\sin\theta,\ \frac{\sin\alpha}{2\cos\alpha}\cos\theta\right)$$

$\angle\mathrm{PMR}=\dfrac{\pi}{2}$ であるから，線分 MR と x 軸正方向とのなす角は $\theta-\dfrac{\pi}{2}$ であり，

$\mathrm{MR}=\dfrac{\sqrt{3}}{2}$ であるから，点Rの座標を $(x,\ y)$ とおき，$\overrightarrow{\mathrm{OR}}=\overrightarrow{\mathrm{OM}}+\overrightarrow{\mathrm{MR}}$ を成分表示すれば

$$\begin{aligned}(x,\ y)&=\left(\frac{\cos\alpha}{2\sin\alpha}\sin\theta,\ \frac{\sin\alpha}{2\cos\alpha}\cos\theta\right)+\left(\mathrm{MR}\cos\left(\theta-\frac{\pi}{2}\right),\ \mathrm{MR}\sin\left(\theta-\frac{\pi}{2}\right)\right)\\&=\left(\frac{\cos\alpha}{2\sin\alpha}\sin\theta,\ \frac{\sin\alpha}{2\cos\alpha}\cos\theta\right)+\left(\frac{\sqrt{3}}{2}\sin\theta,\ -\frac{\sqrt{3}}{2}\cos\theta\right)\\&=\left(\frac{\cos\alpha}{2\sin\alpha}\sin\theta+\frac{\sqrt{3}}{2}\sin\theta,\ \frac{\sin\alpha}{2\cos\alpha}\cos\theta-\frac{\sqrt{3}}{2}\cos\theta\right)\end{aligned}$$

したがって

$$x=\left(\frac{\cos\alpha}{2\sin\alpha}+\frac{\sqrt{3}}{2}\right)\sin\theta=\frac{\cos\alpha+\sqrt{3}\sin\alpha}{2\sin\alpha}\sin\theta=\frac{\cos\left(\alpha-\frac{\pi}{3}\right)}{\sin\alpha}\sin\theta$$

$$y=\left(\frac{\sin\alpha}{2\cos\alpha}-\frac{\sqrt{3}}{2}\right)\cos\theta=\frac{\sin\alpha-\sqrt{3}\cos\alpha}{2\cos\alpha}\cos\theta=\frac{\sin\left(\alpha-\frac{\pi}{3}\right)}{\cos\alpha}\cos\theta$$

$0<\alpha<\dfrac{\pi}{3}$ より $\sin\alpha>0$，$\cos\left(\alpha-\dfrac{\pi}{3}\right)>0$，$\cos\alpha>0$，$\sin\left(\alpha-\dfrac{\pi}{3}\right)<0$ であるから

$$a=\frac{\cos\left(\alpha-\frac{\pi}{3}\right)}{\sin\alpha},\quad b=-\frac{\sin\left(\alpha-\frac{\pi}{3}\right)}{\cos\alpha}$$

とおくと，$a>0$，$b>0$ となり

$$\begin{aligned}a-b&=\frac{\cos\left(\alpha-\frac{\pi}{3}\right)}{\sin\alpha}+\frac{\sin\left(\alpha-\frac{\pi}{3}\right)}{\cos\alpha}=\frac{\cos\left(\alpha-\frac{\pi}{3}\right)\cos\alpha+\sin\left(\alpha-\frac{\pi}{3}\right)\sin\alpha}{\sin\alpha\cos\alpha}\\&=\frac{\cos\left(-\frac{\pi}{3}\right)}{\sin\alpha\cos\alpha}=\frac{1}{2\sin\alpha\cos\alpha}=\frac{1}{\sin2\alpha}>0\end{aligned}$$

すなわち，$a>b$ がわかり，$\sin\theta=\dfrac{x}{a}$，$\cos\theta=-\dfrac{y}{b}$ と表される。

これを $\sin^2\theta+\cos^2\theta=1$ に代入すると

$$\frac{x^2}{a^2}+\frac{y^2}{b^2}=1\quad(0<b<a)$$

したがって，点Rの軌跡は，この楕円の一部である。　　　　（証明終）

参考　三角形 OPQ の辺の長さの間に成り立つ不等式

$|\mathrm{OP}-\mathrm{OQ}|\leqq\mathrm{PQ}\leqq\mathrm{OP}+\mathrm{OQ}$　（三角不等式）

より

$|p-q|\leqq1\leqq p+q$　（〔解法１〕で定義した記号を用いた）

よって，〔解法１〕の③より

$$x=\frac{1}{2}(p+q)(\cos\alpha+\sqrt{3}\sin\alpha)$$

$$\geqq\frac{1}{2}(\cos\alpha+\sqrt{3}\sin\alpha)=\cos\left(\alpha-\frac{\pi}{3}\right)=\cos\left(\frac{\pi}{3}-\alpha\right)$$

$$|y|=\frac{1}{2}|p-q||\sqrt{3}\cos\alpha-\sin\alpha|$$

$$\leqq\frac{1}{2}|\sqrt{3}\cos\alpha-\sin\alpha|=\sin\left(\frac{\pi}{3}-\alpha\right)\quad\left(0<\alpha<\frac{\pi}{3}\right)$$

したがって，軌跡の存在範囲は

$$\cos\left(\frac{\pi}{3}-\alpha\right)\leqq x\leqq\frac{\sqrt{3}}{2}+\frac{1}{2\tan\alpha}=\frac{\cos\left(\frac{\pi}{3}-\alpha\right)}{\sin\alpha}=a$$

$$-\sin\left(\frac{\pi}{3}-\alpha\right)\leqq y\leqq\sin\left(\frac{\pi}{3}-\alpha\right)\qquad\left(0<\alpha<\frac{\pi}{3}\right)$$

結局，軌跡は下図の実線太線部である。

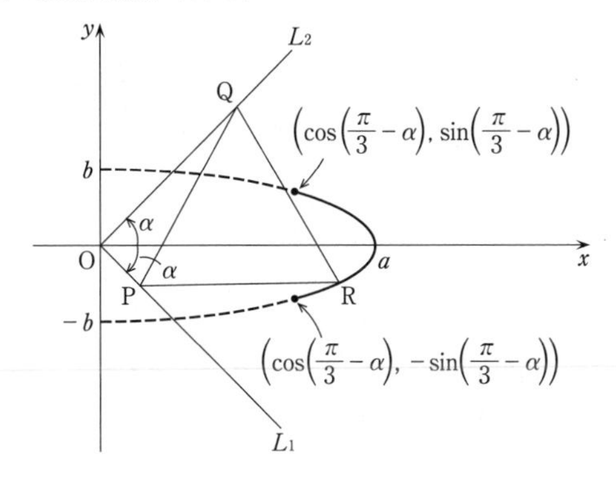

38 2007年度〔3〕 Level C

一辺の長さが1の正八角形 $A_1A_2\cdots A_8$ の周上を3点P, Q, Rが動くとする。

(1) △PQR の面積の最大値を求めよ。

(2) Qが正八角形の頂点 A_1 に一致し，∠PQR＝90° となるとき△PQR の面積の最大値を求めよ。

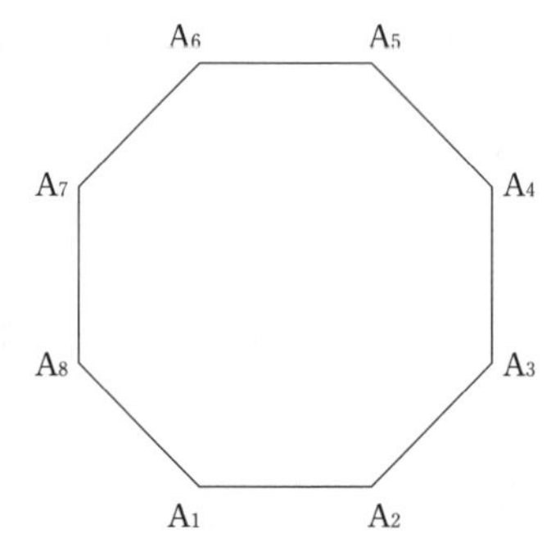

ポイント (1)も(2)も，作図を繰り返すうちに，面積が最大となる三角形の見当はつくであろうし，面積の計算自体も簡単であるが，制限時間内にきちんと論証するのは容易ではなさそうである。

このような問題では，どの程度まで書けばよいかが難しいから，あまり完璧を求めず，ポイントだけは確実に押さえようという気持ちで対処する方がよいだろう。

(1) 最初に考えつくことは，正八角形の対称性から，△PQR の頂点の1つは，正八角形のどの辺（頂点を含む）においてもよいということであろう。このことから，点Pを辺 A_1A_2 上におき，点Qを移動させて調べるという方法になる。

あるいは，△PQR の面積の最大値にのみ関心があるのだから，正八角形の頂点を結んでできる三角形だけを考察すればよいということに気づくかもしれない。もちろん証明は必要だが，そこがクリアできれば，あとの記述は簡単になるだろう。

(2) △PQR が直角三角形であることから，「直径に立つ円周角は90°」が想起されるだろう。(1)よりは楽に記述できそうである。また，計算による方法も考えられそうである。

解法 1

(1)　正八角形 $A_1A_2\cdots A_8$ の対称性を考慮すれば，この正八角形の周上に頂点 P，Q，R をもつ △PQR に対し，頂点 P は次の 2 つの場合に限定しても一般性は失われない。

(i)　頂点 P が，点 A_1 の位置にある。

(ii)　頂点 P が，点 A_1，A_2 を除く辺 A_1A_2 上にある。

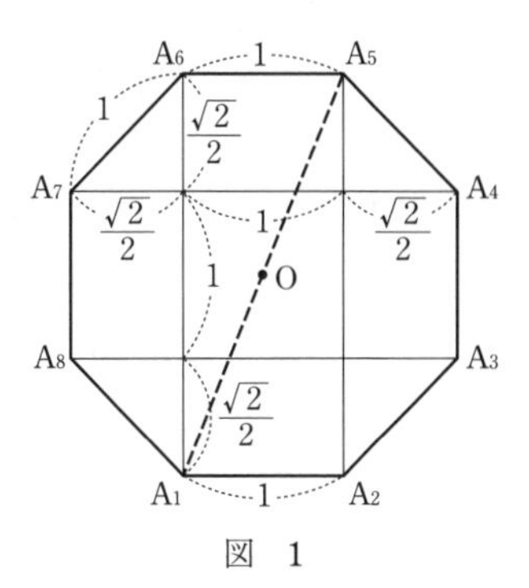

図 1

(i)の場合，正八角形の中心O（正八角形の外接円の中心）に関して，点 A_1 と対称な点が点 A_5 であることから，点 A_1 から点 A_5 までの反時計回りの周上（点 A_1 は除く）に点Qがあるとしても一般性は失われない。

①　$A_1A_2 /\!/ A_5A_6$ であるから，点Qが辺 A_1A_2（点 A_1 は除く）上にあるとき，底辺 PQ に対して高さが最大となる点Rは辺 A_5A_6 上のいずれの点でもよい。

このとき，△PQR の面積は，点Qが点 A_2 の位置にあるとき最大となり，最大値は

$$(\triangle A_1A_2A_6\text{ の面積})=\frac{1}{2}(1+\sqrt{2})$$

②　$A_1A_4 /\!/ A_6A_7$ であるから，点 Q が辺 A_2A_3（点 A_2 は除く）上，または辺 A_3A_4 上にあるとき，底辺 PQ に対して高さが最大となる点Rは点 A_6 の位置にある。

このとき，底辺 PR（A_1A_6）に対して高さが最大となるのは，点Qが辺 A_3A_4 上にあるときである。

よって，このとき，△PQR の面積の最大値は

$$(\triangle A_1A_4A_6\text{ の面積})=\frac{1}{2}(1+\sqrt{2})\left(1+\frac{\sqrt{2}}{2}\right)=\frac{1}{4}(4+3\sqrt{2})$$

③　点Qが辺 A_4A_5（点 A_4 は除く）上にあるとき，底辺 PQ に対して高さが最大となる点Rは点 A_7 の位置にあり，このとき底辺 PR（A_1A_7）に対して高さが最大になるのは，点Qが点 A_4 の位置にあるときである。しかし，いま点 A_4 の位置に点Qがくることはできないから，このときの △PQR の面積は

$$(\triangle A_1A_4A_7\text{ の面積})=\frac{1}{2}(1+\sqrt{2})\left(1+\frac{\sqrt{2}}{2}\right)=\frac{1}{4}(4+3\sqrt{2})$$

より小さい。

①，②，③より，頂点Pが点 A_1 の位置にある場合の △PQR の面積の最大値は

$$\frac{1}{4}(4+3\sqrt{2})$$

これは，△PQR の頂点の 1 つが，正八角形の頂点の 1 つと一致しているとき，

△PQR の面積の最大値が $\frac{1}{4}(4+3\sqrt{2})$ であることを示している。……④

(ii)の場合，点Qを正八角形 $A_1A_2\cdots A_8$ の周上のPの位置以外のどこにとっても，底辺PQに対して高さを最大にする点Rは，正八角形の1つの頂点または1つの辺上と決まる。点Rが辺上に存在するときは，等積変形を用いて点Rを頂点に移動することができる。したがって，面積の最大値は，△PQR の頂点の1つが正八角形の頂点の1つと一致する場合に起こるため，④より，(i)の場合について考えれば十分である。

(i)，(ii)より，△PQR の面積の最大値は　$\frac{4+3\sqrt{2}}{4}$　……(答)

(2)　正八角形 $A_1A_2\cdots A_8$ の外接円 O と2直線 QP，QR の交点をそれぞれ P′，R′ とすると

$$QP \leqq QP',\ QR \leqq QR'$$

であるから

$$(\triangle PQR \text{ の面積}) \leqq (\triangle P'QR' \text{ の面積}) \quad \cdots\cdots⑤$$

が成り立つ。

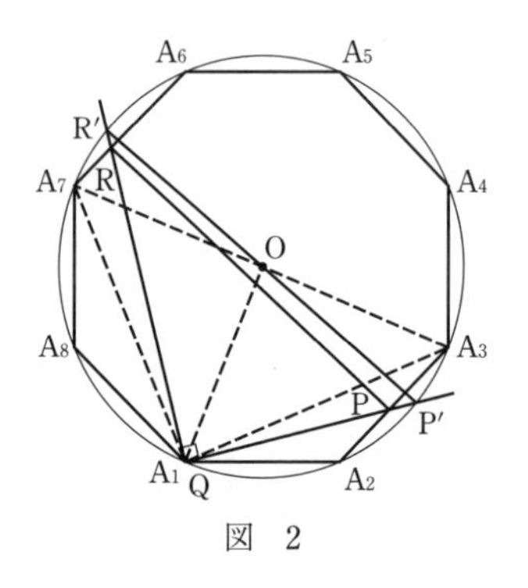

図　2

∠P′QR′（円周角）が 90° であるから，P′R′ は外接円 O の直径である。すなわち，△P′QR′ は，外接円 O の直径を斜辺とし，外接円 O の周上に直角の頂点をもつ直角三角形である。このような直角三角形では，底辺にあたる直径が一定であるから，高さが最大のとき，面積が最大となる。それは，円 O の直径を底辺とし，半径を高さとする直角二等辺三角形のときである。

(1)の図1を参照すれば，円 O の直径は

$$\sqrt{1^2+(1+\sqrt{2})^2}=\sqrt{4+2\sqrt{2}}$$

であるから，この直角二等辺三角形の面積は

$$\frac{1}{2}\times\sqrt{4+2\sqrt{2}}\times\frac{\sqrt{4+2\sqrt{2}}}{2}=\frac{2+\sqrt{2}}{2}$$

である。よって

$$(\triangle P'QR' \text{ の面積}) \leqq \frac{2+\sqrt{2}}{2} \quad \cdots\cdots⑥$$

⑤，⑥より　　$(\triangle PQR \text{ の面積}) \leqq \frac{2+\sqrt{2}}{2}$

ここで，等号は，Pが A_3 に，Rが A_7 に位置するとき成立するから，点Qが正八角形の頂点 A_1 に一致し，∠PQR＝90° となるときの △PQR の面積の最大値は

$\frac{2+\sqrt{2}}{2}$　……(答)

解 法 2

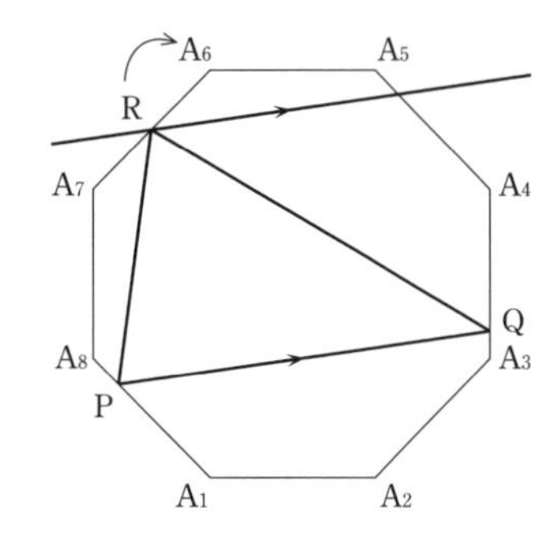

(1)　正八角形の周上に3点P，Q，Rをとり△PQRをつくるとき，点Rを通り辺PQに平行な直線を引くと，この直線と正八角形の周との間には

　(ア)　直線と正八角形の周との共有点が2個

　(イ)　直線が正八角形の1つの辺を含む

　(ウ)　直線と正八角形の周との共有点が1個

の3つの場合があり，これ以外はない。

(ア)のとき，点Rを正八角形の頂点に移すことによって△PQRの面積をより大きくすることができる。

(イ)のとき，点Rはその辺上のどこでも△PQRの面積は同じだから，点Rは正八角形のその辺の端点（正八角形の頂点）であるとしてよい。

(ウ)のとき，点Rはもともと正八角形の頂点である。

以上より，点Rは正八角形の頂点にあるとしてよい。

次に，点Rを正八角形の頂点において，点Qを通り辺PRに平行な直線を引く。このときも，この直線と正八角形の周との間には，上記の(ア)，(イ)，(ウ)のいずれかが成立するから，同様にして，点Qは正八角形の頂点にあるとしてよい。

最後に，2点Q，Rが正八角形の頂点にあるとして，点Pを通り辺QRに平行な直線を引けば，やはり，この直線と正八角形の周との間には上記の(ア)，(イ)，(ウ)のいずれかが成立するから，同様にして，点Pは正八角形の頂点にあるとしてよい。

以上より，△PQRの面積の最大値を考察するためには，3頂点P，Q，Rはいずれも正八角形の頂点にあるとしてよいことがわかる。

さて，正八角形の8頂点のうちの3つを結んでできる三角形の個数は全部で

$$ {}_8C_3=\frac{8\cdot7\cdot6}{3\cdot2\cdot1}=56\text{〔個〕} $$

あるが，それらは次のように分類できる。

　(a)　正八角形と2辺を共有するもの　…$\triangle A_1A_2A_3$と合同な三角形が8個

　(b)　正八角形と1辺のみを共有するもの　…$\triangle A_1A_2A_4$，$\triangle A_1A_2A_5$，$\triangle A_1A_2A_6$，$\triangle A_1A_2A_7$と合同な三角形がそれぞれ8個ずつ

　(c)　正八角形と辺を共有しないもの　…$\triangle A_1A_3A_5$，$\triangle A_1A_4A_6$と合同な三角形がそれぞれ8個ずつ

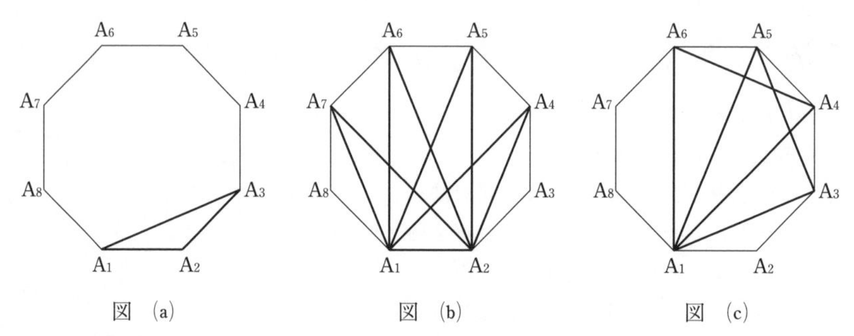

図 (a)　　　図 (b)　　　図 (c)

△PQR の面積をただ△PQR と書くことにすれば

$$\triangle A_1A_2A_3<\triangle A_1A_2A_4=\triangle A_1A_2A_7<\triangle A_1A_2A_6=\triangle A_1A_2A_5$$

$$<\triangle A_1A_3A_5=\triangle A_2A_4A_6<\triangle A_1A_4A_6$$

（$\triangle A_1A_2A_5$, $\triangle A_1A_3A_5$ は底辺 A_1A_5 に対する高さの比較
$\triangle A_2A_4A_6$, $\triangle A_1A_4A_6$ は底辺 A_4A_6 に対する高さの比較）

となるから，題意を満たす三角形の面積の最大値は，$\triangle A_1A_4A_6$ の面積に等しい。それは〔**解法 1**〕の図 1 を参照すると

$$\frac{1}{2}(1+\sqrt{2})\left(1+\frac{\sqrt{2}}{2}\right)=\frac{4+3\sqrt{2}}{4} \quad \cdots\cdots(答)$$

(2) 右図において，$\angle A_2QP=\theta$ とおけば $\angle A_6QR=\theta$ である。$0°\leqq\theta\leqq45°$ であるが，図形の対称性を考慮すれば，$0°\leqq\theta\leqq\frac{45°}{2}$ でよい。このとき，$\triangle A_2QP$，$\triangle A_6QR$ にそれぞれ正弦定理を適用すれば

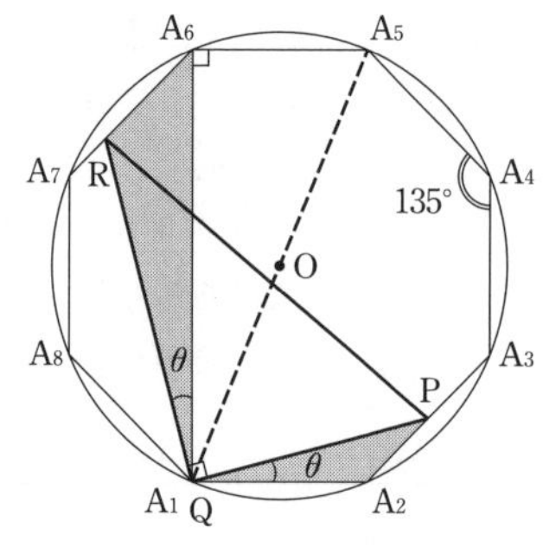

$A_1A_2=1$，$A_1A_6=1+\sqrt{2}$

$$\frac{PQ}{\sin\angle PA_2Q}=\frac{QA_2}{\sin\angle A_2PQ}$$

$$\therefore \quad \frac{PQ}{\sin 135°}=\frac{1}{\sin(45°-\theta)}$$

$$\frac{QR}{\sin\angle QA_6R}=\frac{QA_6}{\sin\angle QRA_6}$$

$$\therefore \quad \frac{QR}{\sin 45°}=\frac{1+\sqrt{2}}{\sin(135°-\theta)}$$

が成り立つから

$$PQ=\frac{\sin 135°}{\sin(45°-\theta)}=\frac{\sin 135°}{\sin 45°\cos\theta-\cos 45°\sin\theta}=\frac{\frac{\sqrt{2}}{2}}{\frac{\sqrt{2}}{2}\cos\theta-\frac{\sqrt{2}}{2}\sin\theta}$$

$$=\frac{1}{\cos\theta-\sin\theta}$$

$$\mathrm{QR}=\frac{\sin 45^\circ}{\sin(135^\circ-\theta)}\times(1+\sqrt{2})$$

$$=\frac{\sin 45^\circ}{\sin 135^\circ\cos\theta-\cos 135^\circ\sin\theta}\times(1+\sqrt{2})$$

$$=\frac{\frac{\sqrt{2}}{2}}{\frac{\sqrt{2}}{2}\cos\theta+\frac{\sqrt{2}}{2}\sin\theta}\times(1+\sqrt{2})=\frac{1+\sqrt{2}}{\cos\theta+\sin\theta}$$

よって，$0^\circ\leqq\theta\leqq\frac{45^\circ}{2}$ つまり $0^\circ\leqq 2\theta\leqq 45^\circ$ に注意すれば

$$(\triangle\mathrm{PQR}\text{ の面積})=\frac{1}{2}\mathrm{PQ}\cdot\mathrm{QR}=\frac{1}{2}\times\frac{1}{\cos\theta-\sin\theta}\times\frac{1+\sqrt{2}}{\cos\theta+\sin\theta}$$

$$=\frac{1+\sqrt{2}}{2(\cos^2\theta-\sin^2\theta)}=\frac{1+\sqrt{2}}{2\cos 2\theta}$$

$$\leqq\frac{1+\sqrt{2}}{2\times\frac{\sqrt{2}}{2}}=\frac{1+\sqrt{2}}{\sqrt{2}}=\frac{2+\sqrt{2}}{2}$$

$\theta=22.5^\circ$ のとき等号が成り立つから，△PQR の面積の最大値は

$\frac{2+\sqrt{2}}{2}$ ……(答)

39　2006年度〔3〕　Level C

平面上を半径1の3個の円板が下記の条件(a)と(b)を満たしながら動くとき，これら3個の円板の和集合の面積Sの最大値を求めよ。

(a)　3個の円板の中心はいずれも定点Pを中心とする半径1の円周上にある。
(b)　3個の円板すべてが共有する点はPのみである。

ポイント　このように一見単純に見える図形の問題は難しいことが多い。

条件(a)から3個の円板はすべて点Pを通り，条件(b)から3個の円板は点Pを除いて3個が重なることはない（2個が重なることはもちろんある）。このような設定で，合同な3個の円板の和集合の面積Sの最大値を求めるのであるが，対称性から結果は直観的にわかるであろう。それは，点Pを通る3本の直径が均等に配置される場合（どの2本の直径のなす角も120°のとき）である。

面積Sを計算する際に，変数をどのようにおくかがポイントである。点Pを通る3本の直径に着目して，2本ずつのなす角をα，β，γ $(\alpha+\beta+\gamma=2\pi)$ とするのが大方の考えつくところであろう。こうすれば，面積Sが最大値をとるのは$\alpha=\beta=\gamma=\dfrac{2}{3}\pi$のときであることを目標にすることができる。変数が3つもあるが，実は$\gamma=2\pi-(\alpha+\beta)$であるから，実質的には変数は2つである。この2変数関数の処理はあまり経験していないかもしれないが，まずαかβの一方を固定して考えるとよい。

なお，式の対称性を活かして上手に解く方法もあるが，凸関数の知識が必要となる。

解法 1

まず，2円の共通部分の面積を計算する。点Pを通る2円O，O'（円O，O'はそれぞれ中心をO，O′とする半径1の円）において，$\angle\mathrm{OPO'}=\theta$ $(0\leqq\theta\leqq\pi)$ とする。また，2円O，O'の交点のPでない方をQとする（ただし，$\theta=0$のときPQは直径となり，$\theta=\pi$のときPとQは一致する）。

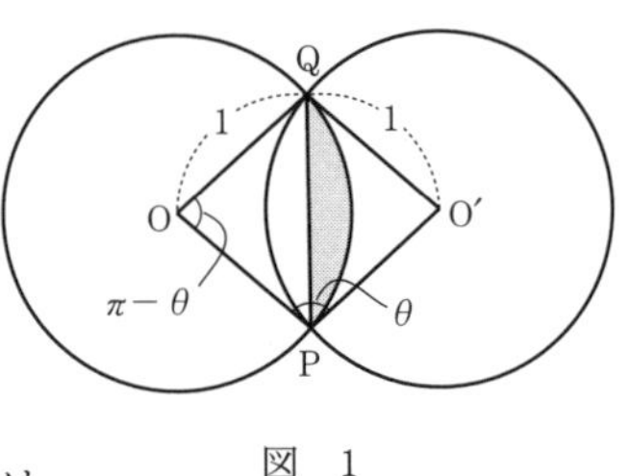

図 1

$\angle\mathrm{POQ}=\pi-\theta$であるから，図1の網かけ部分の面積は

$$(\text{扇形 OPQ の面積})-(\text{三角形 OPQ の面積})$$
$$=\frac{1}{2}\cdot1^2\cdot(\pi-\theta)-\frac{1}{2}\cdot1^2\cdot\sin(\pi-\theta)=\frac{1}{2}(\pi-\theta-\sin\theta)$$

よって，2円の共通部分の面積はこれの2倍なので

$$\pi-\theta-\sin\theta\quad(\theta=0\text{ のとき }\pi,\ \theta=\pi\text{ のとき }0)\quad\cdots\cdots(*)$$

さて，条件(a)，(b)を満たす3個の円板（半径1）において，点Pを通る2本の直径のなす角を，それぞれα，β，γ（$\alpha+\beta+\gamma=2\pi$）とすると

$$0\leqq\alpha,\ \beta,\ \gamma\leqq\pi$$

$$\pi\leqq\alpha+\beta,\ \beta+\gamma,\ \gamma+\alpha\leqq2\pi$$

である。α，β，γのいずれかが0のとき，他の2つはπとなり，このとき$S=2\pi$となるから，以下

$$\left.\begin{array}{l}0<\alpha,\ \beta,\ \gamma\leqq\pi\\ \pi\leqq\alpha+\beta,\ \beta+\gamma,\ \gamma+\alpha<2\pi\end{array}\right\}\ \cdots\cdots(**)$$

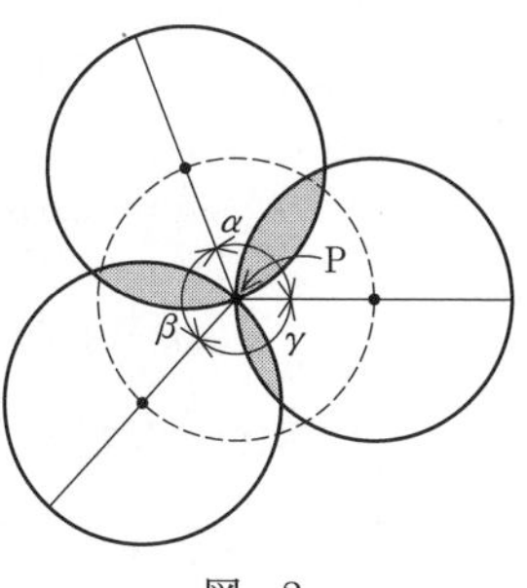

図　2

として考察を進める。2πより大きなSの存在を確認できたときは，α，β，γのいずれかが0のときは考慮しなくてよいことになる。

(＊)より

$$S=(\text{3個の円板の面積の和})-(\text{2円の共通部分の面積の和})$$

$$=3\times\pi\times1^2-\{(\pi-\alpha-\sin\alpha)+(\pi-\beta-\sin\beta)+(\pi-\gamma-\sin\gamma)\}$$

$$=3\pi-\{3\pi-(\alpha+\beta+\gamma)-(\sin\alpha+\sin\beta+\sin\gamma)\}$$

$$=2\pi+\sin\alpha+\sin\beta+\sin\{2\pi-(\alpha+\beta)\}\quad(\because\quad\alpha+\beta+\gamma=2\pi)$$

$$=2\pi+\sin\alpha+\sin\beta-\sin(\alpha+\beta)$$

ここで，β（$0<\beta\leqq\pi$）を固定し，これをαの関数とみて，αで微分すると，(＊＊)より$\pi-\beta\leqq\alpha\leqq\pi$であり

$$\frac{dS}{d\alpha}=\cos\alpha-\cos(\alpha+\beta)=-2\sin\left(\alpha+\frac{\beta}{2}\right)\sin\left(-\frac{\beta}{2}\right)\quad(\text{和→積 の公式より})$$

$$=2\sin\left(\alpha+\frac{\beta}{2}\right)\sin\frac{\beta}{2}$$

$0<\beta\leqq\pi$より$0<\dfrac{\beta}{2}\leqq\dfrac{\pi}{2}$であるから　　$\sin\dfrac{\beta}{2}>0$

また，$\dfrac{dS}{d\alpha}=0$とすると　　$\sin\left(\alpha+\dfrac{\beta}{2}\right)=0$

$\pi-\beta\leqq\alpha\leqq\pi$より$\pi-\dfrac{\beta}{2}\leqq\alpha+\dfrac{\beta}{2}\leqq\pi+\dfrac{\beta}{2}$であるから　　$\alpha+\dfrac{\beta}{2}=\pi$

$\pi-\beta\leqq\alpha<\pi-\dfrac{\beta}{2}$のとき　　$\dfrac{dS}{d\alpha}>0$

$\alpha=\pi-\dfrac{\beta}{2}$のとき　　$\dfrac{dS}{d\alpha}=0$

$\pi-\dfrac{\beta}{2}<\alpha\leqq\pi$のとき　　$\dfrac{dS}{d\alpha}<0$

よって，Sは，$\alpha=\pi-\dfrac{\beta}{2}$のとき極大（最大）となる。このとき

$$S=2\pi+\sin\left(\pi-\frac{\beta}{2}\right)+\sin\beta-\sin\left(\pi+\frac{\beta}{2}\right)$$

$$=2\pi+\sin\frac{\beta}{2}+\sin\beta+\sin\frac{\beta}{2}$$

$$=2\pi+2\sin\frac{\beta}{2}+\sin\beta$$

これを β の関数とみて，β で微分すると

$$\frac{dS}{d\beta}=\cos\frac{\beta}{2}+\cos\beta=2\cos\frac{3}{4}\beta\cos\frac{\beta}{4}$$ （和→積 の公式より）

$0<\frac{\beta}{4}\leqq\frac{\pi}{4}$ より $\cos\frac{\beta}{4}>0$ であるから

$\frac{3}{4}\beta=\frac{\pi}{2}$ すなわち $\beta=\frac{2\pi}{3}$ のとき　　$\frac{dS}{d\beta}=0$

よって

$0<\beta<\frac{2\pi}{3}$ のとき　　$\frac{dS}{d\beta}>0$

$\beta=\frac{2\pi}{3}$ のとき　　$\frac{dS}{d\beta}=0$

$\frac{2\pi}{3}<\beta<\pi$ のとき　　$\frac{dS}{d\beta}<0$

したがって，$\beta=\frac{2\pi}{3}$ で，S は極大（最大）となる。

$\beta=\frac{2\pi}{3}$ のとき，$\alpha=\pi-\frac{\beta}{2}=\frac{2\pi}{3}$，$\gamma=2\pi-(\alpha+\beta)=\frac{2\pi}{3}$ であるから，$\alpha=\beta=\gamma=\frac{2\pi}{3}$ のとき S は最大となり，最大値は

$$S=2\pi+3\cdot\sin\frac{2\pi}{3}=2\pi+\frac{3\sqrt{3}}{2}$$ ……(答)

〔注〕 和→積の公式を用いて

$$S=2\pi+\sin\alpha+\sin\beta-\sin(\alpha+\beta)$$

$$=2\pi-2\cos\left(\alpha+\frac{\beta}{2}\right)\sin\frac{\beta}{2}+\sin\beta$$

とすれば，β を固定して考えたとき，微分法を用いなくとも，$\sin\frac{\beta}{2}>0$ より

$\cos\left(\alpha+\frac{\beta}{2}\right)=-1$ すなわち $\alpha+\frac{\beta}{2}=\pi$ のとき S が最大となることはわかる。

参考 β で微分しないで，次のようにすることもできる。

$$S=2\pi+2\sin\frac{\beta}{2}+\sin\beta$$

$$=2\pi+2\sin\frac{\beta}{2}+2\sin\frac{\beta}{2}\cos\frac{\beta}{2}$$ （2倍角の公式より）

$$=2\pi+2\sin\frac{\beta}{2}\left(1+\cos\frac{\beta}{2}\right)$$

$$=2\pi+2\sqrt{\sin^2\frac{\beta}{2}\left(1+\cos\frac{\beta}{2}\right)^2}\quad\left(\because\quad \sin\frac{\beta}{2}>0,\ 1+\cos\frac{\beta}{2}>0\right)$$

$$=2\pi+2\sqrt{\left(1-\cos^2\frac{\beta}{2}\right)\left(1+\cos\frac{\beta}{2}\right)^2}$$

ここで，$\cos\frac{\beta}{2}=t$ とおくと，$0<\frac{\beta}{2}\leqq\frac{\pi}{2}$ より $0\leqq t<1$ であり

$$\left(1-\cos^2\frac{\beta}{2}\right)\left(1+\cos\frac{\beta}{2}\right)^2=(1-t^2)(1+t)^2$$

これを $f(t)$ とおけば

$$f'(t)=-2t(1+t)^2+(1-t^2)\cdot 2(1+t)=-2(1+t)\{t(1+t)-(1-t^2)\}$$
$$=-2(t+1)(2t^2+t-1)=-2(t+1)^2(2t-1)$$

よって

$$0\leqq t<\frac{1}{2}\ \text{で}\ f'(t)>0,\quad f'\left(\frac{1}{2}\right)=0,\quad \frac{1}{2}<t<1\ \text{で}\ f'(t)<0$$

となるから，$f(t)$ は $t=\frac{1}{2}$ $\left(\text{すなわち}\ \cos\frac{\beta}{2}=\frac{1}{2},\ \beta=\frac{2\pi}{3}\right)$ で極大値（最大値）

$$f\left(\frac{1}{2}\right)=\left(1-\frac{1}{4}\right)\left(1+\frac{1}{2}\right)^2=\frac{3}{4}\cdot\frac{9}{4}=\frac{27}{16}$$

をとる。

したがって，S の最大値は

$$2\pi+2\sqrt{(1-t^2)(1+t)^2}=2\pi+2\sqrt{\frac{27}{16}}=2\pi+\frac{3\sqrt{3}}{2}$$

解法 2

$S=2\pi+\sin\alpha+\sin\beta+\sin\gamma$ $(0\leqq\alpha,\beta,\gamma\leqq\pi,\ \alpha+\beta+\gamma=2\pi)$ までは〔解法 1〕と同じ。

$y=\sin x$ $(0\leqq x\leqq\pi)$ を考える。

$$y'=\cos x$$
$$y''=-\sin x\leqq 0\quad (x=0,\ \pi\ \text{のときのみ等号成立})$$

であるから，$y=\sin x$ は，$0\leqq x\leqq\pi$ で上に凸である。

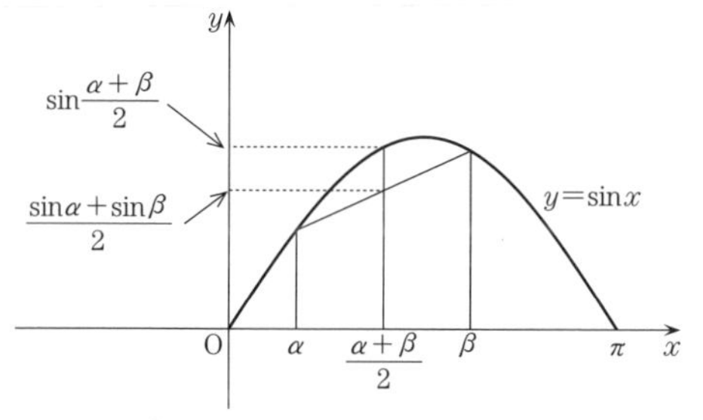

上図でみるように，$0\leqq\alpha\leqq\pi$，$0\leqq\beta\leqq\pi$ のとき

$$\frac{\sin\alpha+\sin\beta}{2}\leqq\sin\frac{\alpha+\beta}{2}\quad (\alpha=\beta\ \text{のとき等号成立})$$

が成り立つ。この不等式を用いると，$0\leqq\alpha,\beta,\gamma,\delta\leqq\pi$ に対して

$$\frac{\sin\alpha+\sin\beta+\sin\gamma+\sin\delta}{4}=\frac{\dfrac{\sin\alpha+\sin\beta}{2}+\dfrac{\sin\gamma+\sin\delta}{2}}{2}$$

$$\leqq\frac{\sin\dfrac{\alpha+\beta}{2}+\sin\dfrac{\gamma+\delta}{2}}{2}$$

$$\leqq\sin\frac{\alpha+\beta+\gamma+\delta}{4}$$

($\alpha=\beta=\gamma=\delta$ のとき等号成立)

ここで，$\delta=\dfrac{\alpha+\beta+\gamma}{3}$ とおくと，$0\leqq\delta\leqq\pi$ を満たすから，上の不等式は

$$\frac{\sin\alpha+\sin\beta+\sin\gamma+\sin\dfrac{\alpha+\beta+\gamma}{3}}{4}\leqq\sin\frac{\alpha+\beta+\gamma+\dfrac{\alpha+\beta+\gamma}{3}}{4}$$

$$\therefore\quad \frac{\sin\alpha+\sin\beta+\sin\gamma}{3}\leqq\sin\frac{\alpha+\beta+\gamma}{3}$$

($\alpha=\beta=\gamma=\delta$ すなわち $\alpha=\beta=\gamma$ のとき等号成立)

$\alpha+\beta+\gamma=2\pi$ とおくと

$$\frac{\sin\alpha+\sin\beta+\sin\gamma}{3}\leqq\sin\frac{2\pi}{3}=\frac{\sqrt{3}}{2}\quad\left(\alpha=\beta=\gamma=\frac{2\pi}{3}\text{ のとき等号成立}\right)$$

したがって

$$S\leqq2\pi+\frac{3\sqrt{3}}{2}$$

すなわち，S は $\alpha=\beta=\gamma=\dfrac{2\pi}{3}$ のときに最大となり，最大値は

$$S=2\pi+\frac{3\sqrt{3}}{2}\quad\cdots\cdots(\text{答})$$

40 2005年度〔4〕 Level A

実数 x，y が $x^2+y^2 \leqq 1$ を満たしながら変化するとする。

(1) $s=x+y$，$t=xy$ とするとき，点 $(s,\ t)$ の動く範囲を st 平面上に図示せよ。

(2) 負でない定数 $m \geqq 0$ をとるとき，$xy+m(x+y)$ の最大値，最小値を m を用いて表せ。

ポイント 本問の類題は，参考書や問題集でよく見かける。解いた経験をもつ受験生が多かったのではないだろうか。
(1) x，y は X の2次方程式 $X^2-sX+t=0$ の解であり，x，y は実数であるのだから，s，t は条件 $D=(-s)^2-4\times1\times t \geqq 0$（判別式が0以上）を満たさなければいけない。つまり，s，t は勝手な値をとれないのである。
(2) $xy+m(x+y)=t+ms=k$ とおくと，これは st 平面上で傾き $-m$，t 切片が k の直線を表している。(1)の領域内の点 $(s,\ t)$ で k の最大や最小を考える定型的な問題である。〔解法2〕のように s を固定して t の最大値・最小値を求め，次に s を範囲内で動かしてみるという方法も考えられる。

解法 1

(1) $x+y=s$，$xy=t$ であるから，x，y は X の2次方程式

$$X^2-sX+t=0$$

の解である。x，y は実数であるので，この2次方程式の判別式 D は

$$D=(-s)^2-4t \geqq 0$$

$$\therefore\quad t \leqq \frac{1}{4}s^2 \quad \cdots\cdots①$$

また，x，y は $x^2+y^2 \leqq 1$ を満たさなければならないから

$$x^2+y^2=(x+y)^2-2xy=s^2-2t$$

に注意すれば

$$s^2-2t \leqq 1$$

$$\therefore\quad \frac{1}{2}s^2-\frac{1}{2} \leqq t \quad \cdots\cdots②$$

①，②より

$$\frac{1}{2}s^2-\frac{1}{2} \leqq t \leqq \frac{1}{4}s^2$$

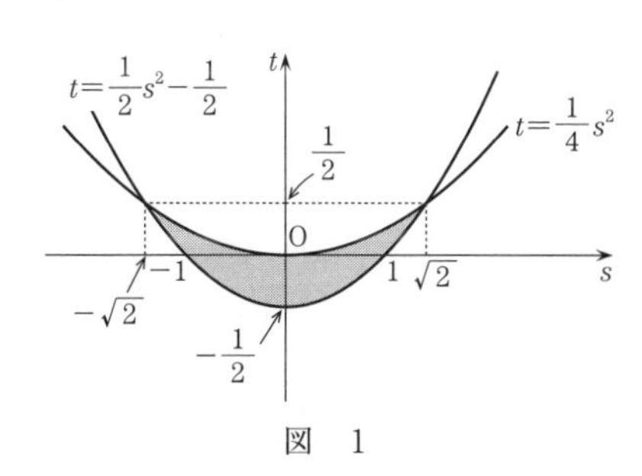

図 1

これを st 平面上に図示すると，図1の網かけ部分となる。ただし，境界はすべて含む。

(2) $k=xy+m(x+y)$ $(m \geqq 0)$ とおく。

$x+y=s$，$xy=t$ とおくと

$$k=t+ms \qquad \therefore \quad t=-ms+k \quad (m \geqq 0)$$

これは st 平面上において，傾き $-m$（0以下），t 切片 k の直線を表す。$(s,\ t)$ は(1)で得た領域内になければならないから，図2より，この直線が

$$(s,\ t)=\left(\sqrt{2},\ \frac{1}{2}\right)$$

を通るとき，k は最大となる。

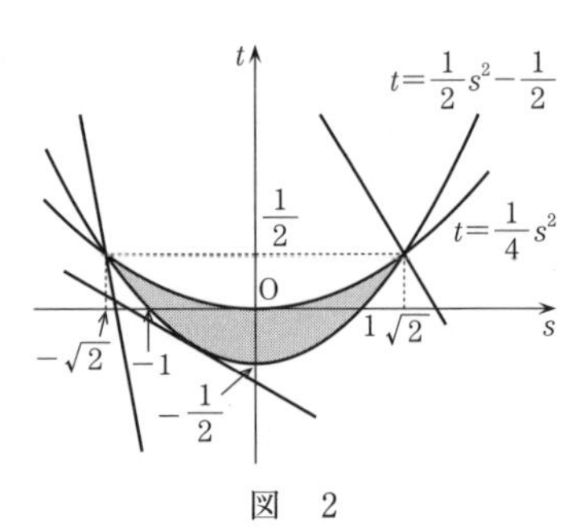

図 2

よって，最大値は　　$k=\dfrac{1}{2}+\sqrt{2}m$

次に，k が最小となる場合を調べる。

$$\begin{cases} t=\dfrac{1}{2}s^2-\dfrac{1}{2} \\ t=-ms+k \end{cases}$$

が接するのは，s についての2次方程式

$$\frac{1}{2}s^2-\frac{1}{2}=-ms+k$$

すなわち　　$s^2+2ms-1-2k=0$　　$(s+m)^2-m^2-1-2k=0$

が重解をもつときである。つまり

$$m^2+1+2k=0$$

のとき，放物線と直線は接し，接点の s 座標は $s=-m$ である。

$-\sqrt{2} \leqq s \leqq \sqrt{2}$，$m \geqq 0$ であるから，図2より

　$0 \leqq m \leqq \sqrt{2}$ のとき，k の最小値は　　$k=-\dfrac{m^2+1}{2}$

　$m>\sqrt{2}$ のときには，直線 $t=-ms+k$ が点 $\left(-\sqrt{2},\ \dfrac{1}{2}\right)$ を通るとき k は最小となり，

　最小値は　　$k=\dfrac{1}{2}-\sqrt{2}m$

以上をまとめると

$$\left.\begin{array}{lll} \text{最大値} & & \dfrac{1}{2}+\sqrt{2}m \\ \text{最小値} & \begin{cases} 0 \leqq m \leqq \sqrt{2} \text{ のとき} \\ m>\sqrt{2} \text{ のとき} \end{cases} & \begin{array}{l} -\dfrac{m^2+1}{2} \\ \dfrac{1}{2}-\sqrt{2}m \end{array} \end{array}\right\} \quad \cdots\cdots(\text{答})$$

解法 2

((1)は〔**解法 1**〕と同様)

(2) (1)の結果

$$\frac{1}{2}s^2-\frac{1}{2}\leqq t\leqq\frac{1}{4}s^2 \quad (-\sqrt{2}\leqq s\leqq\sqrt{2})$$

より，$xy+m(x+y)=t+ms$ に対して

$$\frac{1}{2}s^2-\frac{1}{2}+ms\leqq t+ms\leqq\frac{1}{4}s^2+ms \quad (-\sqrt{2}\leqq s\leqq\sqrt{2},\ m\geqq 0)$$

ここで，最右辺に注目すると

$$\begin{aligned}\frac{1}{4}s^2+ms&=\frac{1}{4}(s^2+4ms)=\frac{1}{4}(s+2m)^2-m^2\\&\leqq\frac{1}{4}(\sqrt{2}+2m)^2-m^2 \quad (\because\ -\sqrt{2}\leqq s\leqq\sqrt{2},\ m\geqq 0)\\&=\frac{1}{2}+\sqrt{2}m\end{aligned}$$

であるから，$t+ms$ すなわち $xy+m(x+y)$ の最大値は

$s=\sqrt{2}$ のとき　$\frac{1}{2}+\sqrt{2}m$ ……(答)

また，最左辺

$$\frac{1}{2}s^2-\frac{1}{2}+ms=\frac{1}{2}(s^2+2ms)-\frac{1}{2}=\frac{1}{2}(s+m)^2-\frac{1}{2}m^2-\frac{1}{2} \quad \cdots\cdots①$$

において，$-\sqrt{2}\leqq s\leqq\sqrt{2}$ に注意すると

$0\leqq m\leqq\sqrt{2}$ のとき，$s+m=0$ となる s が存在し

$$①\geqq-\frac{1}{2}m^2-\frac{1}{2}$$

$m>\sqrt{2}$ のとき，$s+m\geqq-\sqrt{2}+m>0$ であるから

$$①\geqq\frac{1}{2}(-\sqrt{2}+m)^2-\frac{1}{2}m^2-\frac{1}{2}=\frac{1}{2}-\sqrt{2}m$$

したがって，$t+ms=xy+m(x+y)$ の最小値は

$$\left.\begin{array}{ll}s=-m\ (0\leqq m\leqq\sqrt{2})\ \text{のとき} & -\frac{1}{2}m^2-\frac{1}{2}\\ s=-\sqrt{2}\ (m>\sqrt{2})\ \text{のとき} & \frac{1}{2}-\sqrt{2}m\end{array}\right\}\ \cdots\cdots(答)$$

§4 空間図形

41　2023年度〔5〕　Level C

xyz 空間の 4 点 A$(1,\ 0,\ 0)$，B$(1,\ 1,\ 1)$，C$(-1,\ 1,\ -1)$，D$(-1,\ 0,\ 0)$ を考える。

(1)　2 直線 AB，BC から等距離にある点全体のなす図形を求めよ。

(2)　4 直線 AB，BC，CD，DA に共に接する球面の中心と半径の組をすべて求めよ。

ポイント　(2)では(1)と同様の計算を繰り返さなければならないようである。根気強く取り組まなければならない。
(1)　平面 ABC を描いてみる。この平面に限れば，求めるものは，∠ABC の二等分線，∠ABC の外角の二等分線である。空間の場合はそれらを含む平面になりそうである。条件を満たす点を P$(x,\ y,\ z)$ として，P から 2 直線 AB，BC に垂線を下ろした図を描いてみよう。ベクトルの内積が使えそうである。あるいは，直線上の点を実数 s や t で表し，P との距離を考えることもできる。
(2)　(1)と同様にして，2 直線 BC，CD から等距離にある点全体の図形を求め，2 直線 CD，DA についても同様にする。4 直線までの距離が等しくなる点が球面の中心である。直線 DA は x 軸であることに注意する。

解法 1

xyz 空間に 4 点 A$(1,\ 0,\ 0)$，B$(1,\ 1,\ 1)$，C$(-1,\ 1,\ -1)$，D$(-1,\ 0,\ 0)$ をとる。

(1)　2 直線 AB，BC から等距離にある点を P$(x,\ y,\ z)$ とおく。点 B は点 P の条件を満たすが，いまは，点 P と点 B は一致しないことにしておく。

P から 2 直線 AB，BC に下ろした垂線の足をそれぞれ A′，C′ とすると，PA′＝PC′ である。このとき，2 つの直角三角形 PA′B と PC′B は合同であるから，BA′＝BC′ が成り立つ。

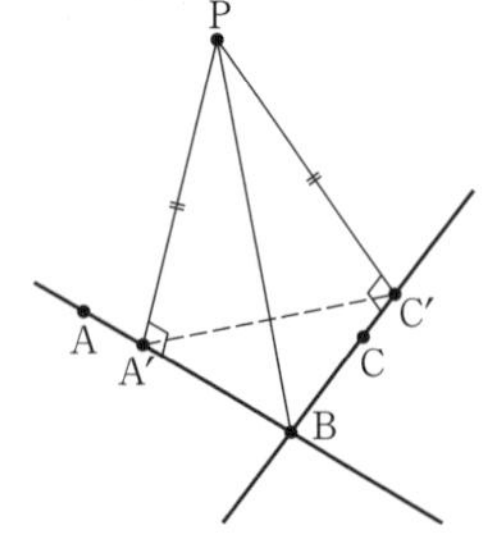

$$\mathrm{BA}'=|\overrightarrow{\mathrm{BA}'}|=|\overrightarrow{\mathrm{BP}}||\cos\angle\mathrm{PBA}'|$$

$$=|\overrightarrow{\mathrm{BP}}||\cos\angle\mathrm{PBA}|=|\overrightarrow{\mathrm{BP}}|\left|\frac{\overrightarrow{\mathrm{BP}}\cdot\overrightarrow{\mathrm{BA}}}{|\overrightarrow{\mathrm{BP}}||\overrightarrow{\mathrm{BA}}|}\right|$$

$$=\frac{|\overrightarrow{BP}\cdot\overrightarrow{BA}|}{|\overrightarrow{BA}|}$$

〔注〕 ∠PBA′は鋭角とは限らないから，BA′=BP|cos∠PBA′|としなければならない。
|cos∠PBA′|=|cos∠PBA|とするところがポイントになる。

同様にして

$$BC'=\frac{|\overrightarrow{BP}\cdot\overrightarrow{BC}|}{|\overrightarrow{BC}|}$$

である。よって，BA′=BC′より

$$\frac{|\overrightarrow{BP}\cdot\overrightarrow{BA}|}{|\overrightarrow{BA}|}=\frac{|\overrightarrow{BP}\cdot\overrightarrow{BC}|}{|\overrightarrow{BC}|}\quad\cdots\cdots①$$

が成り立つ。

$$\overrightarrow{BP}=\overrightarrow{OP}-\overrightarrow{OB}=(x,\ y,\ z)-(1,\ 1,\ 1)=(x-1,\ y-1,\ z-1)$$

$$\overrightarrow{BA}=\overrightarrow{OA}-\overrightarrow{OB}=(1,\ 0,\ 0)-(1,\ 1,\ 1)=(0,\ -1,\ -1)$$

$$\overrightarrow{BC}=\overrightarrow{OC}-\overrightarrow{OB}=(-1,\ 1,\ -1)-(1,\ 1,\ 1)=(-2,\ 0,\ -2)$$

$$|\overrightarrow{BA}|=\sqrt{0^2+(-1)^2+(-1)^2}=\sqrt{2}$$

$$|\overrightarrow{BC}|=\sqrt{(-2)^2+0^2+(-2)^2}=2\sqrt{2}$$

$$\begin{aligned}\overrightarrow{BP}\cdot\overrightarrow{BA}&=(x-1,\ y-1,\ z-1)\cdot(0,\ -1,\ -1)\\&=-(y-1)-(z-1)\\&=-y-z+2\end{aligned}$$

$$\begin{aligned}\overrightarrow{BP}\cdot\overrightarrow{BC}&=(x-1,\ y-1,\ z-1)\cdot(-2,\ 0,\ -2)\\&=-2(x-1)-2(z-1)\\&=-2x-2z+4\end{aligned}$$

であるから，①より

$$\frac{|-y-z+2|}{\sqrt{2}}=\frac{|-2x-2z+4|}{2\sqrt{2}}$$

すなわち　　$-y-z+2=\pm(-x-z+2)$

が成り立つ。したがって，点Pの全体のなす図形は，2平面

$x=y$　……②，$x+y+2z=4$　……③　……(答)

である。これは点B(1，1，1) を含む。

(2) (1)と同様にして，2直線BC，CDから等距離にある点全体の図形を求めると

$$\frac{|\overrightarrow{CP}\cdot\overrightarrow{CB}|}{|\overrightarrow{CB}|}=\frac{|\overrightarrow{CP}\cdot\overrightarrow{CD}|}{|\overrightarrow{CD}|}$$

に対して

$$\overrightarrow{CP}=\overrightarrow{OP}-\overrightarrow{OC}=(x,\ y,\ z)-(-1,\ 1,\ -1)=(x+1,\ y-1,\ z+1)$$

$$\overrightarrow{\mathrm{CB}}=-\overrightarrow{\mathrm{BC}}=-(-2,\ 0,\ -2)=(2,\ 0,\ 2)$$

$$|\overrightarrow{\mathrm{CB}}|=|\overrightarrow{\mathrm{BC}}|=2\sqrt{2}$$

$$\overrightarrow{\mathrm{CD}}=\overrightarrow{\mathrm{OD}}-\overrightarrow{\mathrm{OC}}=(-1,\ 0,\ 0)-(-1,\ 1,\ -1)=(0,\ -1,\ 1)$$

$$|\overrightarrow{\mathrm{CD}}|=\sqrt{0^2+(-1)^2+1^2}=\sqrt{2}$$

$$\begin{aligned}\overrightarrow{\mathrm{CP}}\cdot\overrightarrow{\mathrm{CB}}&=(x+1,\ y-1,\ z+1)\cdot(2,\ 0,\ 2)\\&=2(x+1)+2(z+1)\\&=2x+2z+4\end{aligned}$$

$$\begin{aligned}\overrightarrow{\mathrm{CP}}\cdot\overrightarrow{\mathrm{CD}}&=(x+1,\ y-1,\ z+1)\cdot(0,\ -1,\ 1)\\&=-(y-1)+(z+1)\\&=-y+z+2\end{aligned}$$

であるから

$$\frac{|2x+2z+4|}{2\sqrt{2}}=\frac{|-y+z+2|}{\sqrt{2}}$$

すなわち　$x+z+2=\pm(-y+z+2)$

を得て

$$x+y=0\quad\cdots\cdots④$$

$$x-y+2z=-4\quad\cdots\cdots⑤$$

となる。

まったく同様に，2直線CD，DAから等距離にある点全体の図形を求めると

$$\frac{|\overrightarrow{\mathrm{DP}}\cdot\overrightarrow{\mathrm{DC}}|}{|\overrightarrow{\mathrm{DC}}|}=\frac{|\overrightarrow{\mathrm{DP}}\cdot\overrightarrow{\mathrm{DA}}|}{|\overrightarrow{\mathrm{DA}}|}$$

に対して

$$\overrightarrow{\mathrm{DP}}=\overrightarrow{\mathrm{OP}}-\overrightarrow{\mathrm{OD}}=(x,\ y,\ z)-(-1,\ 0,\ 0)=(x+1,\ y,\ z)$$

$$\overrightarrow{\mathrm{DC}}=-\overrightarrow{\mathrm{CD}}=-(0,\ -1,\ 1)=(0,\ 1,\ -1)$$

$$|\overrightarrow{\mathrm{DC}}|=|\overrightarrow{\mathrm{CD}}|=\sqrt{2}$$

$$\overrightarrow{\mathrm{DA}}=\overrightarrow{\mathrm{OA}}-\overrightarrow{\mathrm{OD}}=(1,\ 0,\ 0)-(-1,\ 0,\ 0)=(2,\ 0,\ 0)$$

$$|\overrightarrow{\mathrm{DA}}|=2$$

$$\overrightarrow{\mathrm{DP}}\cdot\overrightarrow{\mathrm{DC}}=(x+1,\ y,\ z)\cdot(0,\ 1,\ -1)=y-z$$

$$\overrightarrow{\mathrm{DP}}\cdot\overrightarrow{\mathrm{DA}}=(x+1,\ y,\ z)\cdot(2,\ 0,\ 0)=2(x+1)$$

であるから

$$\frac{|y-z|}{\sqrt{2}}=\frac{|2(x+1)|}{2}$$　すなわち　$y-z=\pm\sqrt{2}(x+1)$

を得て

$$\sqrt{2}x-y+z=-\sqrt{2}\quad\cdots\cdots⑥$$

$$\sqrt{2}x+y-z=-\sqrt{2} \quad \cdots\cdots ⑦$$

となる。

4 直線 AB，BC，CD，DA に共に接する球面の中心は，この 4 直線から等距離にある点であり，それは

（(②または③) かつ (④または⑤) かつ (⑥または⑦)）

を満たす点である。中心と直線 DA（x 軸）の距離 $\sqrt{y^2+z^2}$ が半径である。

• ②かつ④かつ⑥の場合

$$\begin{cases} x=y \\ x=-y \\ \sqrt{2}x-y+z=-\sqrt{2} \end{cases}$$

より，$x=y=0$，$z=-\sqrt{2}$ であるから，

中心は $(0,\ 0,\ -\sqrt{2})$，半径は $\sqrt{2}$　……⑧

• ②かつ④かつ⑦の場合

$$\begin{cases} x=y \\ x=-y \\ \sqrt{2}x+y-z=-\sqrt{2} \end{cases}$$

より，$x=y=0$，$z=\sqrt{2}$ であるから，

中心は $(0,\ 0,\ \sqrt{2})$，半径は $\sqrt{2}$　……⑨

• ②かつ⑤かつ⑥の場合

$$\begin{cases} x=y \\ x-y+2z=-4 \\ \sqrt{2}x-y+z=-\sqrt{2} \end{cases}$$

より，$x=y=\sqrt{2}$，$z=-2$ であるから，

中心は $(\sqrt{2},\ \sqrt{2},\ -2)$，半径は $\sqrt{6}$　……⑩

• ②かつ⑤かつ⑦の場合

$$\begin{cases} x=y \\ x-y+2z=-4 \\ \sqrt{2}x+y-z=-\sqrt{2} \end{cases}$$

より，$x=y=-\sqrt{2}$，$z=-2$ であるから，

中心は $(-\sqrt{2},\ -\sqrt{2},\ -2)$，半径は $\sqrt{6}$　……⑪

• ③かつ④かつ⑥の場合

$$\begin{cases} x+y+2z=4 \\ x=-y \\ \sqrt{2}x-y+z=-\sqrt{2} \end{cases}$$

より，$x=-\sqrt{2}$，$y=\sqrt{2}$，$z=2$ であるから，

中心は $(-\sqrt{2},\ \sqrt{2},\ 2)$，半径は $\sqrt{6}$ ……⑫

• ③かつ④かつ⑦の場合

$$\begin{cases} x+y+2z=4 \\ x=-y \\ \sqrt{2}x+y-z=-\sqrt{2} \end{cases}$$

より，$x=\sqrt{2}$，$y=-\sqrt{2}$，$z=2$ であるから，

中心は $(\sqrt{2},\ -\sqrt{2},\ 2)$，半径は $\sqrt{6}$ ……⑬

• ③かつ⑤かつ⑥の場合

$$\begin{cases} x+y+2z=4 \\ x-y+2z=-4 \\ \sqrt{2}x-y+z=-\sqrt{2} \end{cases}$$

より，$x=2\sqrt{2}$，$y=4$，$z=-\sqrt{2}$ であるから，

中心は $(2\sqrt{2},\ 4,\ -\sqrt{2})$，半径は $3\sqrt{2}$ ……⑭

• ③かつ⑤かつ⑦の場合

$$\begin{cases} x+y+2z=4 \\ x-y+2z=-4 \\ \sqrt{2}x+y-z=-\sqrt{2} \end{cases}$$

より，$x=-2\sqrt{2}$，$y=4$，$z=\sqrt{2}$ であるから，

中心は $(-2\sqrt{2},\ 4,\ \sqrt{2})$，半径は $3\sqrt{2}$ ……⑮

よって，⑧〜⑮をまとめて，中心，半径の順に表すと次のようになる。

$$\left.\begin{array}{l} (0,\ 0,\ -\sqrt{2}),\ \sqrt{2} \\ (0,\ 0,\ \sqrt{2}),\ \sqrt{2} \\ (\sqrt{2},\ \sqrt{2},\ -2),\ \sqrt{6} \\ (-\sqrt{2},\ -\sqrt{2},\ -2),\ \sqrt{6} \\ (-\sqrt{2},\ \sqrt{2},\ 2),\ \sqrt{6} \\ (\sqrt{2},\ -\sqrt{2},\ 2),\ \sqrt{6} \\ (2\sqrt{2},\ 4,\ -\sqrt{2}),\ 3\sqrt{2} \\ (-2\sqrt{2},\ 4,\ \sqrt{2}),\ 3\sqrt{2} \end{array}\right\} \cdots\cdots \text{(答)}$$

解法 2

(1) 点 $\mathrm{P}(x,\ y,\ z)$ から直線 AB への距離を L_1 とし，点 P から直線 AB へ下ろした垂線の足を H_1 とする。直線 AB の方向ベクトルに $\overrightarrow{d_1}=(0,\ 1,\ 1)$ を選び，実数 s を用いると

$$\overrightarrow{\mathrm{OH_1}}=\overrightarrow{\mathrm{OA}}+s\overrightarrow{d_1}=(1,\ 0,\ 0)+s(0,\ 1,\ 1)=(1,\ s,\ s)$$

と表せ

$$\overrightarrow{\mathrm{H_1P}}=\overrightarrow{\mathrm{OP}}-\overrightarrow{\mathrm{OH_1}}=(x,\ y,\ z)-(1,\ s,\ s)=(x-1,\ y-s,\ z-s)$$

となる。$\overrightarrow{\mathrm{H_1P}}\perp\overrightarrow{d_1}$ より，$\overrightarrow{\mathrm{H_1P}}\cdot\overrightarrow{d_1}=0$ であるから

$$(x-1,\ y-s,\ z-s)\cdot(0,\ 1,\ 1)=(y-s)+(z-s)=0$$

すなわち　　$s=\dfrac{y+z}{2}$

であるので，$L_1{}^2$ は次のようになる。

$$\begin{aligned}L_1{}^2&=|\overrightarrow{\mathrm{H_1P}}|^2=(x-1)^2+(y-s)^2+(z-s)^2\\&=(x-1)^2+\left(y-\frac{y+z}{2}\right)^2+\left(z-\frac{y+z}{2}\right)^2\\&=(x-1)^2+\frac{1}{2}(y-z)^2\quad\cdots\cdots\text{Ⓐ}\end{aligned}$$

点Pから直線BCへの距離を L_2 とし，点Pから直線BCへ下ろした垂線の足を $\mathrm{H_2}$ とする。直線BCの方向ベクトルに $\overrightarrow{d_2}=(1,\ 0,\ 1)$ を選び，実数 t を用いると

$$\overrightarrow{\mathrm{OH_2}}=\overrightarrow{\mathrm{OB}}+t\overrightarrow{d_2}=(1,\ 1,\ 1)+t(1,\ 0,\ 1)=(1+t,\ 1,\ 1+t)$$

と表せ

$$\begin{aligned}\overrightarrow{\mathrm{H_2P}}&=\overrightarrow{\mathrm{OP}}-\overrightarrow{\mathrm{OH_2}}=(x,\ y,\ z)-(1+t,\ 1,\ 1+t)\\&=(x-(1+t),\ y-1,\ z-(1+t))\end{aligned}$$

となる。$\overrightarrow{\mathrm{H_2P}}\perp\overrightarrow{d_2}$ より，$\overrightarrow{\mathrm{H_2P}}\cdot\overrightarrow{d_2}=0$ であるから

$$(x-(1+t),\ y-1,\ z-(1+t))\cdot(1,\ 0,\ 1)=0$$

$$x-(1+t)+z-(1+t)=0$$

すなわち　　$1+t=\dfrac{z+x}{2}$

であるので，$L_2{}^2$ は次のようになる。

$$\begin{aligned}L_2{}^2&=|\overrightarrow{\mathrm{H_2P}}|^2=\{x-(1+t)\}^2+(y-1)^2+\{z-(1+t)\}^2\\&=\left(x-\frac{z+x}{2}\right)^2+(y-1)^2+\left(z-\frac{z+x}{2}\right)^2\\&=(y-1)^2+\frac{1}{2}(z-x)^2\quad\cdots\cdots\text{Ⓑ}\end{aligned}$$

$L_1\geqq0$，$L_2\geqq0$ より，$L_1=L_2\Longleftrightarrow L_1{}^2=L_2{}^2$ であるから，$L_1=L_2$ となるのは，ⒶとⒷが等しいとき，すなわち

$$(x-1)^2+\frac{1}{2}(y-z)^2=(y-1)^2+\frac{1}{2}(z-x)^2$$

が成り立つときである。この方程式を変形すると

$$(x-1)^2-(y-1)^2+\frac{1}{2}\{(y-z)^2-(z-x)^2\}=0$$

$$(x+y-2)(x-y)+\frac{1}{2}(y-x)(x+y-2z)=0 \quad \text{（和と差の積）}$$

$$(x-y)\{2(x+y-2)-(x+y-2z)\}=0$$

$$(x-y)(x+y+2z-4)=0$$

となるので，2 直線 AB，BC から等距離である点全体のなす図形は

平面 $x-y=0$ と平面 $x+y+2z-4=0$ の和集合　……(答)

である。

(2)　点 P から直線 CD への距離を L_3 とし，点 P から直線 CD へ下ろした垂線の足を H_3 とする。直線 CD の方向ベクトルに $\overrightarrow{d_3}=(0,\ -1,\ 1)$ を選び，実数 u を用いると

$$\overrightarrow{\mathrm{OH_3}}=\overrightarrow{\mathrm{OC}}+u\overrightarrow{d_3}=(-1,\ 1,\ -1)+u(0,\ -1,\ 1)$$
$$=(-1,\ 1-u,\ -1+u)$$

と表せ

$$\overrightarrow{\mathrm{H_3P}}=\overrightarrow{\mathrm{OP}}-\overrightarrow{\mathrm{OH_3}}=(x,\ y,\ z)-(-1,\ 1-u,\ -1+u)$$
$$=(x+1,\ y-(1-u),\ z-(-1+u))$$

となる。$\overrightarrow{\mathrm{H_3P}}\perp\overrightarrow{d_3}$ より，$\overrightarrow{\mathrm{H_3P}}\cdot\overrightarrow{d_3}=0$ であるから

$$(x+1,\ y-(1-u),\ z-(-1+u))\cdot(0,\ -1,\ 1)=0$$

$$-y+(1-u)+z-(-1+u)=0$$

すなわち　$1-u=\dfrac{y-z}{2}$

であるので，$L_3{}^2$ は次のようになる。

$$L_3{}^2=|\overrightarrow{\mathrm{H_3P}}|^2=(x+1)^2+\{y-(1-u)\}^2+\{z-(-1+u)\}^2$$
$$=(x+1)^2+\left(y-\frac{y-z}{2}\right)^2+\left(z+\frac{y-z}{2}\right)^2$$
$$=(x+1)^2+\frac{1}{2}(y+z)^2 \quad \cdots\cdots Ⓒ$$

点 P から直線 DA への距離を L_4 とし，点 P から直線 DA へ下ろした垂線の足を H_4 とする。直線 DA は x 軸であるので

$$L_4{}^2=y^2+z^2 \quad \cdots\cdots Ⓓ$$

$L_1=L_2=L_3=L_4$ となる点 $\mathrm{P}(x,\ y,\ z)$ を求めれば，4 直線に共に接する球面の中心の座標がわかり，Ⓓより半径もわかる。

$$L_1=L_2=L_3=L_4 \Longleftrightarrow L_1{}^2=L_2{}^2=L_3{}^2=L_4{}^2 \quad (L_1\geqq 0,\ L_2\geqq 0,\ L_3\geqq 0,\ L_4\geqq 0)$$

であるから，Ⓐ＝Ⓑ＝Ⓒ＝Ⓓ より

$$(x-1)^2+\frac{1}{2}(y-z)^2=(y-1)^2+\frac{1}{2}(z-x)^2$$

$$=(x+1)^2+\frac{1}{2}(y+z)^2$$

$$=y^2+z^2 \quad \cdots\cdots Ⓔ$$

Ⓐ－Ⓓ＝Ⓑ－Ⓓ＝Ⓒ－Ⓓ＝0 であるから

$$(x-1)^2-\frac{1}{2}(y+z)^2=-2y+1-\frac{1}{2}(z^2+2zx-x^2)$$

$$=(x+1)^2-\frac{1}{2}(y-z)^2$$

最左辺と最右辺から

$$(x-1)^2-(x+1)^2-\frac{1}{2}\{(y+z)^2-(y-z)^2\}=0$$

$$-4x-\frac{1}{2}\times 4yz=0$$

すなわち　　$x=-\frac{1}{2}yz$　……Ⓕ

を得る。これを最左辺と中央辺に代入すれば

$$\left(-\frac{1}{2}yz-1\right)^2-\frac{1}{2}(y+z)^2=-2y+1-\frac{1}{2}\left(z^2-yz^2-\frac{y^2z^2}{4}\right)$$

$$\frac{1}{4}y^2z^2+yz+1-\frac{1}{2}y^2-yz-\frac{1}{2}z^2=-2y+1-\frac{1}{2}z^2+\frac{1}{2}yz^2+\frac{1}{8}y^2z^2$$

$$\frac{1}{8}y^2z^2-\frac{1}{2}y^2+2y-\frac{1}{2}yz^2=0$$

$$y^2z^2-4y^2+16y-4yz^2=0$$

$$y(yz^2-4y+16-4z^2)=0$$

$$y(y-4)(z^2-4)=0$$

よって　　$y=0,\ 4$　　$z=2,\ -2$

$y=0$ のとき，Ⓕより $x=0$，これらとⒺより　　$z^2=2$　$(L_4=\sqrt{2})$

$y=4$ のとき，Ⓕより $x=-2z$，これらとⒺより　　$z^2=2$　$(L_4=3\sqrt{2})$

$z=2$ のとき，Ⓕより $x=-y$，これらとⒺより　　$y^2=2$　$(L_4=\sqrt{6})$

$z=-2$ のとき，Ⓕより $x=y$，これらとⒺより　　$y^2=2$　$(L_4=\sqrt{6})$

となるから，求める中心の座標と半径は，複号は同順として以下の通り。

中心 $(0,\ 0,\ \pm\sqrt{2})$，半径 $\sqrt{2}$
中心 $(\pm 2\sqrt{2},\ 4,\ \mp\sqrt{2})$，半径 $3\sqrt{2}$
中心 $(\pm\sqrt{2},\ \mp\sqrt{2},\ 2)$，半径 $\sqrt{6}$
中心 $(\pm\sqrt{2},\ \pm\sqrt{2},\ -2)$，半径 $\sqrt{6}$
……(答)

42 2021年度〔4〕 Level B

Sを，座標空間内の原点Oを中心とする半径1の球面とする。S上を動く点A，B，C，Dに対して

$$F=2(\mathrm{AB}^2+\mathrm{BC}^2+\mathrm{CA}^2)-3(\mathrm{AD}^2+\mathrm{BD}^2+\mathrm{CD}^2)$$

とおく。以下の問いに答えよ。

(1) $\overrightarrow{\mathrm{OA}}=\vec{a}$，$\overrightarrow{\mathrm{OB}}=\vec{b}$，$\overrightarrow{\mathrm{OC}}=\vec{c}$，$\overrightarrow{\mathrm{OD}}=\vec{d}$とするとき，$\vec{a}$，$\vec{b}$，$\vec{c}$，$\vec{d}$によらない定数$k$によって

$$F=k(\vec{a}+\vec{b}+\vec{c})\cdot(\vec{a}+\vec{b}+\vec{c}-3\vec{d})$$

と書けることを示し，定数kを定めよ。

(2) 点A，B，C，Dが球面S上を動くときの，Fの最大値Mを求めよ。

(3) 点Cの座標が$\left(-\dfrac{1}{4},\ \dfrac{\sqrt{15}}{4},\ 0\right)$，点Dの座標が$(1,\ 0,\ 0)$であるとき，$F=M$となる$S$上の点A，Bの組をすべて求めよ。

ポイント 球面上を動く4点に関する問題で，図が描きにくい。ただし，(3)では，xy平面上に作図することができる。

(1) $|\vec{a}|=|\vec{b}|=|\vec{c}|=|\vec{d}|=1$に注意して，$F$の右辺をベクトルで表してみよう。式の形が整っているので，全体を見ながら，要領よく計算したい。

(2) 4点のうちの3点A，B，Cはとりあえず固定してみて，Dだけを動かすと考えるのがよい。三角形ABCの重心をGとし，$\overrightarrow{\mathrm{OG}}=\vec{g}$とすると，$\vec{a}+\vec{b}+\vec{c}=3\vec{g}$となり考えやすくなる。$F$の値が最大になるときの$\vec{g}$と$\vec{d}$の関係が求まるであろう。

(3) A，B，C，Dの座標は，AとBが未知で，CとDが既知である。(2)からGの座標もわかるから，A，Bの座標を文字でおいて方程式を立てる。

解法

原点Oを中心とする半径1の球面S $(x^2+y^2+z^2=1)$上を動く点A，B，C，Dに対して，Fは次のように定義される。

$$F=2(\mathrm{AB}^2+\mathrm{BC}^2+\mathrm{CA}^2)-3(\mathrm{AD}^2+\mathrm{BD}^2+\mathrm{CD}^2)$$

(1) $\overrightarrow{\mathrm{OA}}=\vec{a}$，$\overrightarrow{\mathrm{OB}}=\vec{b}$，$\overrightarrow{\mathrm{OC}}=\vec{c}$，$\overrightarrow{\mathrm{OD}}=\vec{d}$とするとき，$\mathrm{OA}=\mathrm{OB}=\mathrm{OC}=\mathrm{OD}=1$より，

$|\vec{a}|=|\vec{b}|=|\vec{c}|=|\vec{d}|=1$ である。よって

$$AB^2=|\overrightarrow{AB}|^2=|\overrightarrow{OB}-\overrightarrow{OA}|^2=|\vec{b}-\vec{a}|^2=(\vec{b}-\vec{a})\cdot(\vec{b}-\vec{a})$$
$$=|\vec{b}|^2-2\vec{a}\cdot\vec{b}+|\vec{a}|^2=1-2\vec{a}\cdot\vec{b}+1=2-2\vec{a}\cdot\vec{b}$$

と表され，同様に

$$BC^2=2-2\vec{b}\cdot\vec{c},\ CA^2=2-2\vec{c}\cdot\vec{a},$$
$$AD^2=2-2\vec{a}\cdot\vec{d},\ BD^2=2-2\vec{b}\cdot\vec{d},\ CD^2=2-2\vec{c}\cdot\vec{d}$$

となるから

$$F=2\{6-2(\vec{a}\cdot\vec{b}+\vec{b}\cdot\vec{c}+\vec{c}\cdot\vec{a})\}-3\{6-2(\vec{a}\cdot\vec{d}+\vec{b}\cdot\vec{d}+\vec{c}\cdot\vec{d})\}$$
$$=-6-4(\vec{a}\cdot\vec{b}+\vec{b}\cdot\vec{c}+\vec{c}\cdot\vec{a})+6(\vec{a}+\vec{b}+\vec{c})\cdot\vec{d}$$

となる。ここで

$$(\vec{a}+\vec{b}+\vec{c})\cdot(\vec{a}+\vec{b}+\vec{c})=|\vec{a}|^2+|\vec{b}|^2+|\vec{c}|^2+2(\vec{a}\cdot\vec{b}+\vec{b}\cdot\vec{c}+\vec{c}\cdot\vec{a})$$
$$=3+2(\vec{a}\cdot\vec{b}+\vec{b}\cdot\vec{c}+\vec{c}\cdot\vec{a})$$

より

$$F=-2(\vec{a}+\vec{b}+\vec{c})\cdot(\vec{a}+\vec{b}+\vec{c})+6(\vec{a}+\vec{b}+\vec{c})\cdot\vec{d}$$
$$=-2(\vec{a}+\vec{b}+\vec{c})\cdot(\vec{a}+\vec{b}+\vec{c}-3\vec{d})$$

と書ける。 (証明終)

したがって，定数 k の値は

$k=-2$ ……(答)

である。

〔注1〕 k の値だけ手早く知りたければ，A，B，Cを同一の点とし，DをOに関してAと対称にとり

$$F=2\times 0-3(2^2+2^2+2^2)=-36$$

とするとよい。つまり，$\vec{a}=\vec{b}=\vec{c}$，$\vec{d}=-\vec{a}$ とすれば

$$F=k(3\vec{a}\cdot 6\vec{a})=18k|\vec{a}|^2=18k$$

となるから，$k=-2$ が簡単に求まる。

(2) 三角形ABCの重心Gに対して $\overrightarrow{OG}=\vec{g}$ とおくと，$\vec{g}=\dfrac{\vec{a}+\vec{b}+\vec{c}}{3}$ である。$|\vec{g}|$ は3点A，B，Cの位置により変化するので，実数変数 h $(0\leqq h\leqq 1)$ を用いて，$|\vec{g}|=h$ とおき，$\vec{g}$ と $\vec{d}$ のなす角を θ $(0\leqq\theta\leqq\pi)$ とする。このとき

$$F=-2(\vec{a}+\vec{b}+\vec{c})\cdot(\vec{a}+\vec{b}+\vec{c}-3\vec{d})$$
$$=-2\{3\vec{g}\cdot(3\vec{g}-3\vec{d})\}=-18\vec{g}\cdot(\vec{g}-\vec{d})=18(\vec{g}\cdot\vec{d}-|\vec{g}|^2)$$
$$=18(|\vec{g}||\vec{d}|\cos\theta-|\vec{g}|^2)$$
$$=18(h\cos\theta-h^2)\quad(|\vec{g}|=h,\ |\vec{d}|=1)$$

$\leqq 18(h-h^2)$ （等号は $\theta=0$ のときに成り立つ）

$$=-18\left\{\left(h-\frac{1}{2}\right)^2-\frac{1}{4}\right\}=-18\left(h-\frac{1}{2}\right)^2+\frac{9}{2}$$

となるから，$\theta=0$ かつ $h=|\vec{g}|=\dfrac{1}{2}$（$0\leqq h\leqq 1$ を満たす）のとき，F は最大となり，最大値は $\dfrac{9}{2}$ である。したがって，F の最大値 M は

$$M=\frac{9}{2} \quad \cdots\cdots(\text{答})$$

である。このとき，$\vec{g}=\dfrac{1}{2}\vec{d}$ であることに注意する。

⑶　点Cの座標が $\left(-\dfrac{1}{4},\ \dfrac{\sqrt{15}}{4},\ 0\right)$，点Dの座標が（1，0，0）であるとき，$F=M$ となる S 上の点A，Bの座標をそれぞれ $(\alpha,\ \beta,\ \gamma)$，$(\alpha',\ \beta',\ \gamma')$ とおく。⑵より，$\vec{g}=\dfrac{1}{2}\vec{d}$ であるから

$$\vec{g}=\frac{1}{2}(1,\ 0,\ 0)=\left(\frac{1}{2},\ 0,\ 0\right) \quad \text{したがって} \quad 3\vec{g}=\left(\frac{3}{2},\ 0,\ 0\right)$$

であり

$$3\vec{g}=\vec{a}+\vec{b}+\vec{c}=(\alpha,\ \beta,\ \gamma)+(\alpha'+\beta'+\gamma')+\left(-\frac{1}{4},\ \frac{\sqrt{15}}{4},\ 0\right)$$

$$=\left(\alpha+\alpha'-\frac{1}{4},\ \beta+\beta'+\frac{\sqrt{15}}{4},\ \gamma+\gamma'+0\right)$$

であるから，$3\vec{g}$ を表す2式より

$$\alpha+\alpha'-\frac{1}{4}=\frac{3}{2},\ \beta+\beta'+\frac{\sqrt{15}}{4}=0,\ \gamma+\gamma'=0$$

すなわち

$$\alpha'=\frac{7}{4}-\alpha,\ \beta'=-\frac{\sqrt{15}}{4}-\beta,\ \gamma'=-\gamma \quad \cdots\cdots①$$

が成り立つ。点A，Bは球面 S 上にあるので

$$\alpha^2+\beta^2+\gamma^2=1 \quad \cdots\cdots②$$

$$\alpha'^2+\beta'^2+\gamma'^2=1 \quad \cdots\cdots③$$

が成り立ち，①を③に代入して

$$\left(\frac{7}{4}-\alpha\right)^2+\left(-\frac{\sqrt{15}}{4}-\beta\right)^2+(-\gamma)^2=1$$

$$\alpha^2+\beta^2+\gamma^2-\frac{7}{2}\alpha+\frac{\sqrt{15}}{2}\beta+3=0 \quad \cdots\cdots④$$

となる。④に②を代入して

$$1-\frac{7}{2}\alpha+\frac{\sqrt{15}}{2}\beta+3=0$$

$$\therefore\quad \beta=\frac{7}{\sqrt{15}}\alpha-\frac{8}{\sqrt{15}}\quad \cdots\cdots⑤$$

が得られるので，これを②にもどすと

$$\alpha^2+\left(\frac{7\alpha-8}{\sqrt{15}}\right)^2+\gamma^2=1\quad \cdots\cdots⑥$$

となる。これは

$$15\alpha^2+(49\alpha^2-112\alpha+64)+15\gamma^2=15$$

$$64\alpha^2-112\alpha+15\gamma^2+49=0$$

$$64\left(\alpha^2-\frac{7}{4}\alpha\right)+15\gamma^2+49=0$$

$$64\left\{\left(\alpha-\frac{7}{8}\right)^2-\frac{49}{64}\right\}+15\gamma^2+49=0$$

$$64\left(\alpha-\frac{7}{8}\right)^2+15\gamma^2=0$$

と変形される。等式⑥を満たす実数 α，γ は，$\alpha=\frac{7}{8}$，$\gamma=0$ に限ることがわかり，このとき，⑤より

$$\beta=\frac{7}{\sqrt{15}}\times\frac{7}{8}-\frac{8}{\sqrt{15}}=-\frac{15}{8\sqrt{15}}=-\frac{\sqrt{15}}{8}$$

となるから，①より

$$\alpha'=\frac{7}{4}-\frac{7}{8}=\frac{7}{8},\quad \beta'=-\frac{\sqrt{15}}{4}+\frac{\sqrt{15}}{8}=-\frac{\sqrt{15}}{8},\quad \gamma'=0$$

である。よって，求める点A，Bの組は1組で

$$\mathrm{A}\left(\frac{7}{8},\ -\frac{\sqrt{15}}{8},\ 0\right),\ \mathrm{B}\left(\frac{7}{8},\ -\frac{\sqrt{15}}{8},\ 0\right)\quad \cdots\cdots(答)$$

である。

〔注2〕 ①より，$\alpha+\alpha'=\frac{7}{4}$，$\beta+\beta'=-\frac{\sqrt{15}}{4}$，$\gamma+\gamma'=0$ であるから，2点A，Bの中点Eの座標は

$\left(\frac{\alpha+\alpha'}{2},\ \frac{\beta+\beta'}{2},\ \frac{\gamma+\gamma'}{2}\right)$ より　　$\mathrm{E}\left(\frac{7}{8},\ -\frac{\sqrt{15}}{8},\ 0\right)$

よって　　$\mathrm{OE}=\sqrt{\left(\frac{7}{8}\right)^2+\left(-\frac{\sqrt{15}}{8}\right)^2+0^2}=1$

点Eも球面S上にあるということで，3点A，B，Eは一致しなければならない。よって，A，Bの座標はともに$\left(\frac{7}{8},\ -\frac{\sqrt{15}}{8},\ 0\right)$である。このようにできれば早いが，右図のように，図の上で考えると気付く可能性が高まるであろう。Gは三角形ABCの重心であるから，CG：GE＝2：1のはずで，Eが円周上にあることが見えてくる。Eが円の内部にあれば，A，Bの組は無数にあることになる。

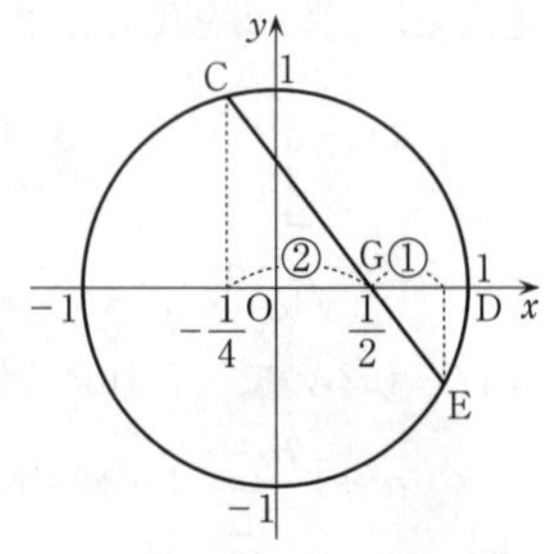

〔注3〕 CとDの座標が与えられて，AとBの座標を求めるのであるから，①，②，③は容易に立式できるであろう。⑥を得たとき，式が足りないと諦めないで，(平方和)＝0の形を目指す。もし，α，γが1組に決まらなければ，解が無数にあるか，または解がないことになる。

43　2021年度〔5〕　Level C

xy 平面上の円 $C: x^2+(y-a)^2=a^2$ $(a>0)$ を考える。以下の問いに答えよ。

(1)　円 C が $y \geqq x^2$ で表される領域に含まれるための a の範囲を求めよ。

(2)　円 C が $y \geqq x^2-x^4$ で表される領域に含まれるための a の範囲を求めよ。

(3)　a が(2)の範囲にあるとする。xy 平面において連立不等式

$$|x| \leqq \frac{1}{\sqrt{2}},\ 0 \leqq y \leqq \frac{1}{4},\ y \geqq x^2-x^4,\ x^2+(y-a)^2 \geqq a^2$$

で表される領域 D を，y 軸の周りに1回転させてできる立体の体積を求めよ。

ポイント　(2)は(3)に関係しているようであるが，(1)がおかれている意図は何であろうか。

(1)　図を描いてみる。円を少し大きくすると $y=x^2$ の外にはみ出してしまう。はみ出さない条件を求めるには，円の中心と放物線上の点との距離を考えるとよい。あるいは，x^2 を消去してできる y の不等式を考察してもよい。

(2)　(1)と同様にすればよいのであるが，(1)の結果が利用できないかを考えてみる。

(3)　4次関数のグラフも領域 D も作図は容易であろう。円だけは変化するので，図は2種類になる。体積を求めるための定積分の立式・計算は定型的である。なお，本問は(2)ができていなくても計算可能である。

解法1

$$C: x^2+(y-a)^2=a^2 \quad (a>0)$$

(1)　領域 $y \geqq x^2$ は右図の網かけ部分（境界を含む）で表される。この領域に円 C が含まれるための条件は，C の中心 $(0,\ a)$ と放物線 $y=x^2$ 上の任意の点 $(t,\ t^2)$ との距離が C の半径の a 以上であることである。このことは

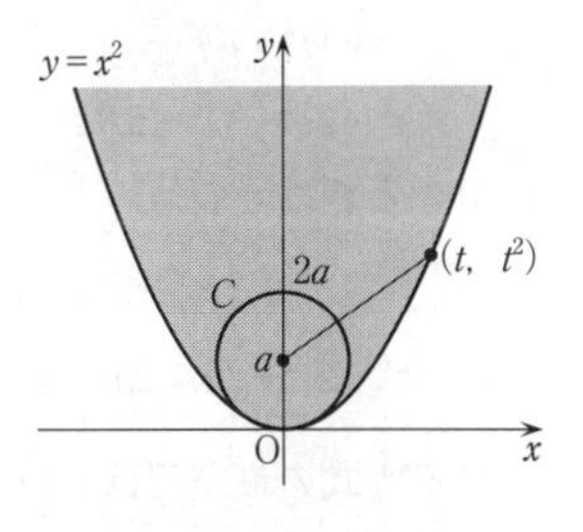

$$\sqrt{(t-0)^2+(t^2-a)^2} \geqq a \quad (a>0)$$

と表され，両辺ともに正であるから，両辺を平方しても同値で

$$t^2+(t^2-a)^2 \geqq a^2$$

すなわち

$$t^4+(1-2a)t^2 \geqq 0 \quad (a>0) \quad \cdots\cdots ①$$

となる。$t=0$ のとき①は a の値によらず成り立つから，$t\neq 0$ とする。$t\neq 0$ のとき，①は，$t^2+(1-2a)\geqq 0$ ($a>0$) と同値となり，この不等式が 0 でないすべての実数 t に対して成り立つための条件は，$1-2a\geqq 0$ ($a>0$) である。したがって

$$0<a\leqq\frac{1}{2} \quad \cdots\cdots(\text{答})$$

が求める a の範囲である。

〔注1〕 $t^2+(1-2a)\geqq 0$ ($a>0$) が 0 でないすべての実数 t に対して成り立つための条件は，次のように考えればすっきりする。

$$t^2+1\geqq 2a \quad (t\neq 0,\ a>0) \quad \cdots\cdots(*)$$

の左辺を $y=t^2+1$ とおくと，これは放物線を表し（ただし，点 (0, 1) は除く），グラフは右図のようになる。右辺を $y=2a$ とすると，t 軸に平行な直線を表すから，(*)がつねに成り立つのは，右図より

$$0<2a\leqq 1 \quad \text{すなわち} \quad 0<a\leqq\frac{1}{2}$$

のときである。

(2) 任意の実数 x に対して，つねに $x^2\geqq x^2-x^4$ が成り立つから，円 C が領域 $y\geqq x^2$ に含まれれば，必ず領域 $y\geqq x^2-x^4$ に含まれる。すなわち，$0<a\leqq\frac{1}{2}$ のとき，C は領域 $y\geqq x^2-x^4$ に含まれる。

$a>\frac{1}{2}$ として，(1)と同様の考察を行う。

領域 $y\geqq x^2-x^4$ に円 C が含まれるための条件は，C の中心 $(0,\ a)$ と 4 次関数 $y=x^2-x^4$ のグラフ上の任意の点 $(t,\ t^2-t^4)$ との距離が C の半径の a 以上であることであるから，(1)と同様に議論を進める。

$$\sqrt{(t-0)^2+(t^2-t^4-a)^2}\geqq a$$

$$t^2+(t^2-t^4)^2-2a(t^2-t^4)+a^2\geqq a^2$$

$$t^8-2t^6+(1+2a)t^4+(1-2a)t^2\geqq 0$$

$t=0$ のときは a の値によらず成り立つので，$t\neq 0$ として

$$t^6-2t^4+(1+2a)t^2+(1-2a)\geqq 0$$

$$t^6-2t^4+(1+2a)t^2\geqq 2a-1>0 \quad \left(a>\frac{1}{2}\right)$$

この不等式の最左辺は，t を限りなく 0 に近づけると，限りなく 0 に近づくから，この不等式は，0 でないすべての実数 t に対して成り立つとはいえない（0 でない実数 t のなかにこの不等式が成り立たないものが存在してしまう）。したがって，$a>\frac{1}{2}$ は

不適である。

以上のことから，円 C が領域 $y \geqq x^2 - x^4$ に含まれるための a の範囲は

$$0 < a \leqq \frac{1}{2} \quad \cdots\cdots(\text{答})$$

である。

〔注 2〕 $a > \dfrac{1}{2}$ を仮定しないで，(1)の〔注 1〕のように

$$t^6 - 2t^4 + (1+2a)t^2 + (1-2a) \geqq 0 \quad (a>0)$$

が 0 でないすべての実数 t に対して成り立つための a の条件を求めることもできる。まず，$t^2 = u$ とおくと，$t \neq 0$ ゆえ $u > 0$ であり，t の 6 次不等式は，u の 3 次不等式

$$u^3 - 2u^2 + (1+2a)u + (1-2a) \geqq 0$$

$$u^3 - 2u^2 + u + 1 \geqq -2a(u-1) \quad (u>0,\ a>0) \quad \cdots\cdots(**)$$

となる。$g(u) = u^3 - 2u^2 + u + 1 \ (u>0)$ とおくと

$$g'(u) = 3u^2 - 4u + 1 = (3u-1)(u-1)$$

より，$u>0$ における $g(u)$ の増減表は右のようになるから，$y = g(u)$ のグラフが描ける。

u	(0)	$\cdots$	$\frac{1}{3}$	$\cdots$	1	$\cdots$
$g'(u)$	／	+	0	−	0	+
$g(u)$	(1)	↗	$\frac{31}{27}$	↘	1	↗

一方，$(**)$の右辺を $y = -2a(u-1)$ とおくと，これは，点 $(1,\ 0)$ を通り，傾きが $-2a$ (<0) の直線を表す。したがって，$(**)$がつねに成り立つのは，右図より，傾きを見て，$-1 \leqq -2a < 0$ であることがわかる。

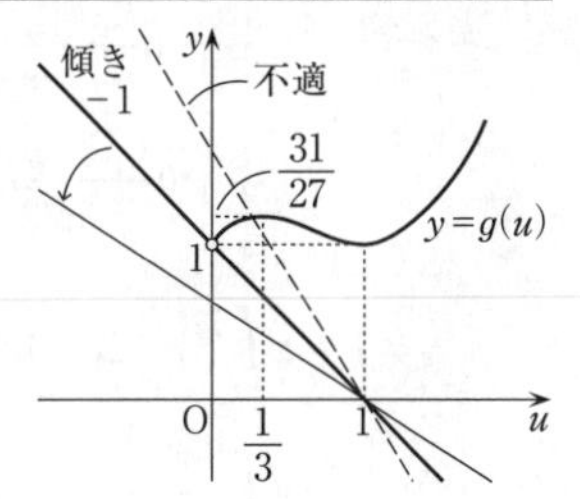

したがって，$0 < a \leqq \dfrac{1}{2}$ が求める条件となる。

(3)　$y = f(x) = x^2 - x^4$ は，$f(-x) = (-x)^2 - (-x)^4 = x^2 - x^4 = f(x)$ が成り立つので，偶関数である。よって，$y = x^2 - x^4$ のグラフは y 軸に関して対称となる。

$$y' = 2x - 4x^3 = -4x\left(x^2 - \frac{1}{2}\right)$$

$$= -4x\left(x + \frac{1}{\sqrt{2}}\right)\left(x - \frac{1}{\sqrt{2}}\right)$$

より，$x \geqq 0$ における増減表と $y = x^2 - x^4$ のグラフは右のようになる。

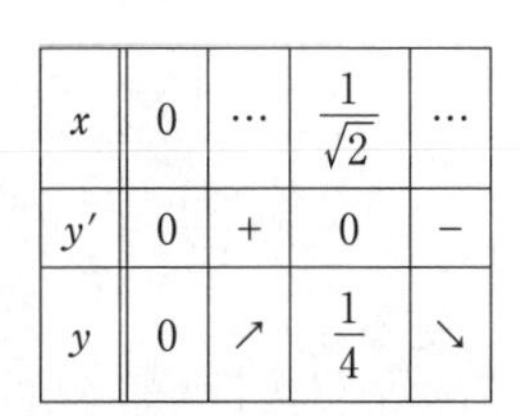

x	0	$\cdots$	$\frac{1}{\sqrt{2}}$	$\cdots$
y'	0	+	0	−
y	0	↗	$\frac{1}{4}$	↘

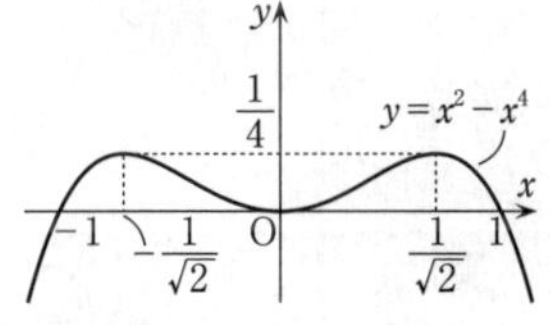

領域 D は，連立不等式

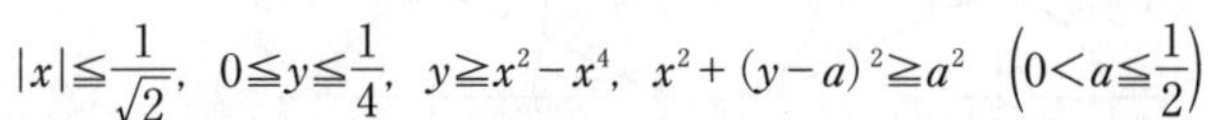

$$|x| \leqq \frac{1}{\sqrt{2}},\ 0 \leqq y \leqq \frac{1}{4},\ y \geqq x^2 - x^4,\ x^2 + (y-a)^2 \geqq a^2 \quad \left(0 < a \leqq \frac{1}{2}\right)$$

で与えられる。領域 D を，y 軸の周りに 1 回転させてできる立体の体積を V とする。

円 C は，$0<a\leqq\frac{1}{8}$ のとき $0\leqq y\leqq\frac{1}{4}$ に含まれるが，$\frac{1}{8}<a\leqq\frac{1}{2}$ のときには $y>\frac{1}{4}$ となる部分ができるので，次の(i)，(ii)の場合に分けて V を求める。

(i) $0<a\leqq\frac{1}{8}$ のとき，領域 D は下図の網かけ部分（境界を含む）となる。

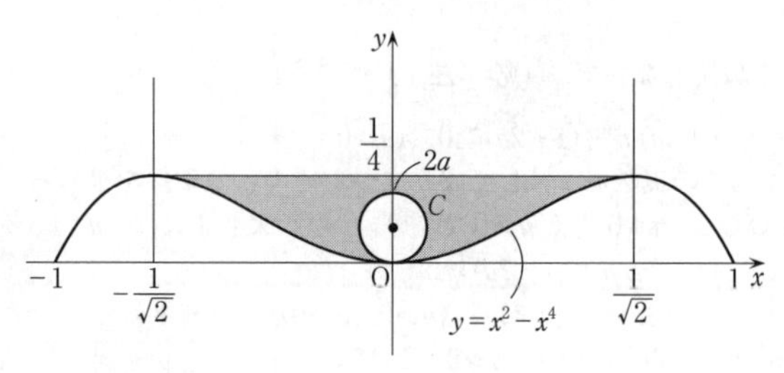

$y=x^2-x^4\ \left(0\leqq x\leqq\frac{1}{\sqrt{2}}\right)$ に対して

$$V=\pi\int_0^{\frac{1}{4}}x^2dy-(\text{半径 }a\text{ の球の体積})$$

となるが，

y	$0\longrightarrow\frac{1}{4}$
x	$0\longrightarrow\frac{1}{\sqrt{2}}$

，$\frac{dy}{dx}=2x-4x^3$ より

$$V=\pi\int_0^{\frac{1}{\sqrt{2}}}x^2(2x-4x^3)\,dx-\frac{4}{3}\pi a^3$$

$$=\pi\int_0^{\frac{1}{\sqrt{2}}}(2x^3-4x^5)\,dx-\frac{4}{3}\pi a^3$$

$$=\pi\left[\frac{1}{2}x^4-\frac{2}{3}x^6\right]_0^{\frac{1}{\sqrt{2}}}-\frac{4}{3}\pi a^3=\pi\left(\frac{1}{8}-\frac{1}{12}\right)-\frac{4}{3}\pi a^3$$

$$=\frac{1}{24}\pi-\frac{4}{3}\pi a^3=\left(\frac{1}{24}-\frac{4}{3}a^3\right)\pi$$

となる。

(ii) $\frac{1}{8}<a\leqq\frac{1}{2}$ のとき，領域 D は下図の網かけ部分（境界を含む）となる。

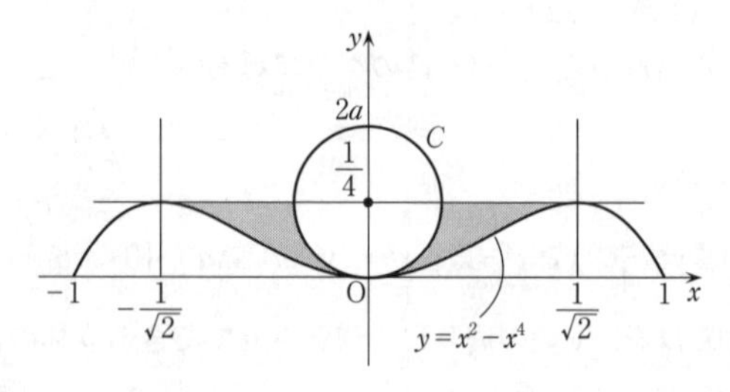

$$x_1{}^2+(y-a)^2=a^2 \quad より \quad x_1{}^2=2ay-y^2 \quad (便宜的に\ x\ を\ x_1\ とした)$$

に注意して

$$V=\pi\int_0^{\frac{1}{4}}x^2dy-\pi\int_0^{\frac{1}{4}}x_1{}^2dy$$

$$=\frac{1}{24}\pi-\pi\int_0^{\frac{1}{4}}(2ay-y^2)\,dy \quad \left((\mathrm{i})より\ \pi\int_0^{\frac{1}{4}}x^2dy=\frac{1}{24}\pi\right)$$

$$=\frac{1}{24}\pi-\pi\left[ay^2-\frac{1}{3}y^3\right]_0^{\frac{1}{4}}=\frac{1}{24}\pi-\pi\left(\frac{a}{16}-\frac{1}{192}\right)$$

$$=\left(\frac{1}{24}+\frac{1}{192}\right)\pi-\frac{a}{16}\pi=\left(\frac{3}{64}-\frac{a}{16}\right)\pi$$

となる。

(i), (ii)より，求める体積は次の通りである。

$$\left.\begin{aligned}&0<a\leqq\frac{1}{8}\ のとき，\left(\frac{1}{24}-\frac{4}{3}a^3\right)\pi\\&\frac{1}{8}<a\leqq\frac{1}{2}\ のとき，\left(\frac{3}{64}-\frac{a}{16}\right)\pi\end{aligned}\right\}\ \cdots\cdots(答)$$

〔注3〕 (i)の $\int_0^{\frac{1}{4}}x^2dy$ の計算では，置換積分を実行したが，

$y=x^2-x^4 \Longleftrightarrow (x^2)^2-x^2+y=0$ から，解の公式を用いて，

$x^2=\frac{1}{2}(1-\sqrt{1-4y})$ $\left(x^2=\frac{1}{2}(1+\sqrt{1-4y})\ は\ |x|\geqq\frac{1}{\sqrt{2}}\ の部分になる\right)$ として，次のように計算してもよい。

$$\int_0^{\frac{1}{4}}x^2dy=\frac{1}{2}\int_0^{\frac{1}{4}}(1-\sqrt{1-4y})\,dy=\frac{1}{2}\left[y-\frac{2}{3}(1-4y)^{\frac{3}{2}}\times\left(-\frac{1}{4}\right)\right]_0^{\frac{1}{4}}$$

$$=\frac{1}{2}\left(\frac{1}{4}-\frac{2}{3}\times\frac{1}{4}\right)=\frac{1}{24}$$

解法 2

(1) $x^2+(y-a)^2=a^2 \ (a>0)$ より

$$x^2=a^2-(y-a)^2=2ay-y^2 \quad \cdots\cdots Ⓐ$$

と表され，$x^2\geqq0$ であるから

$$2ay-y^2=-y(y-2a)\geqq0$$

よって

$$0\leqq y\leqq 2a \quad \cdots\cdots Ⓑ$$

である。このⒶ，Ⓑを用いると，円 $C:x^2+(y-a)^2=a^2\ (a>0)$ が領域 $y\geqq x^2$ に含まれることは

$$y\geqq 2ay-y^2$$

すなわち

$$y^2+(1-2a)y \geqq 0 \quad (0 \leqq y \leqq 2a)$$

が成り立つことと同値である。

$f(y)=y^2+(1-2a)y$ とおき，$0 \leqq y \leqq 2a$ において $f(y) \geqq 0$ となる a (>0) の条件を求める。

$$f(0)=0,\ f(2a)=4a^2+(1-2a)\times 2a=2a$$

であるから，2 次関数 $z=f(y)$ のグラフは 2 定点 $(0,\ 0)$，$(2a,\ 2a)$ を通り，下に凸である。よって，求める条件は $f'(0) \geqq 0$ である。

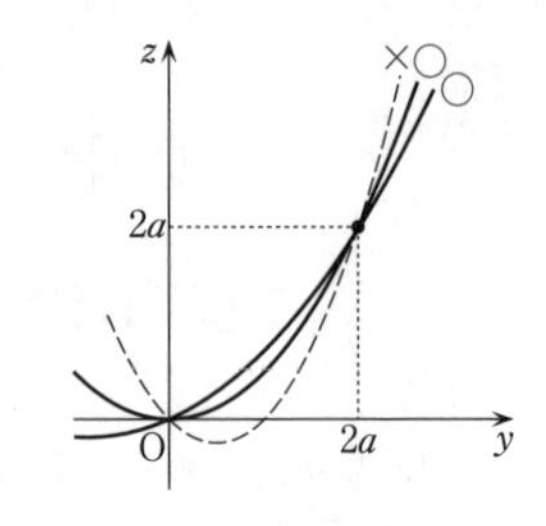

$$f'(y)=2y+(1-2a)$$

より，求める a の範囲は次のようになる。

$$f'(0)=1-2a \geqq 0 \quad (a>0)$$

$$\therefore \quad 0<a \leqq \frac{1}{2} \quad \cdots\cdots(答)$$

⑵　円 C が領域 $y \geqq x^2-x^4$ に含まれることは，Ⓐ，Ⓑを用いると

$$\begin{aligned} y &\geqq (2ay-y^2)-(2ay-y^2)^2 \\ &=2ay-y^2-(4a^2y^2-4ay^3+y^4) \\ &=-y^4+4ay^3-(1+4a^2)y^2+2ay \end{aligned}$$

すなわち

$$y^4-4ay^3+(1+4a^2)y^2+(1-2a)y \geqq 0 \quad (0 \leqq y \leqq 2a)$$

が成り立つことと同値である。左辺を $g(y)$ とおくと

$$g(0)=0$$

$$g(2a)=16a^4-32a^4+(1+4a^2)\times 4a^2+(1-2a)\times 2a=2a$$

であるから，4 次関数 $z=g(y)$ のグラフは，2 定点 $(0,\ 0)$，$(2a,\ 2a)$ を通る。$0 \leqq y \leqq 2a$ において，$g(y) \geqq 0$ であるためには，$g'(0) \geqq 0$ が必要である（$g'(0)<0$ のとき，$0 \leqq y \leqq 2a$ を満たす y で $g(y)<0$ となるものがある）。

$$g'(y)=4y^3-12ay^2+2(1+4a^2)y+(1-2a)$$

であるから

$$g'(0)=1-2a \geqq 0 \quad (a>0) \qquad \therefore \quad 0<a \leqq \frac{1}{2}$$

が必要条件となる。

逆に，$0<a \leqq \dfrac{1}{2}$ のとき，$g'(0) \geqq 0$ であり

$$\begin{aligned} g''(y) &=12y^2-24ay+2(1+4a^2) \\ &=12(y^2-2ay)+2(1+4a^2) \\ &=12\{(y-a)^2-a^2\}+2(1+4a^2) \end{aligned}$$

$$=12(y-a)^2+2(1-2a^2)>0 \quad \left(0<a \leqq \frac{1}{2} \text{ より } 1-2a^2>0\right)$$

より，$z=g(y)$ のグラフは下に凸であるから，(1)と同様に考えれば，$0 \leqq y \leqq 2a$ において $g(y) \geqq 0$ が成り立つ。$0<a \leqq \dfrac{1}{2}$ は十分条件でもある。

よって，$0 \leqq y \leqq 2a$ において，$g(y) \geqq 0$ であるための必要十分条件は

$$0<a \leqq \frac{1}{2} \quad \cdots\cdots(\text{答})$$

であり，これが求める a の範囲である。

((3)は **〔解法 1〕** と同様)

> **〔注 4〕** (2)の「逆に，…」の部分は，(1)の結果を利用すると，次のように簡明になる。
>
> 逆に，$0<a \leqq \dfrac{1}{2}$ のとき，(1)より，$0 \leqq y \leqq 2a$ において $f(y) \geqq 0$ すなわち $y \geqq 2ay-y^2$ が成り立つから
>
> $$y \geqq 2ay-y^2 \geqq 2ay-y^2-(2ay-y^2)^2$$
>
> より，$0 \leqq y \leqq 2a$ において $g(y) \geqq 0$ が成り立つ。

44　2020年度〔3〕　Level　B

座標空間に5点

$$\mathrm{O}(0,\ 0,\ 0),\ \mathrm{A}(3,\ 0,\ 0),\ \mathrm{B}(0,\ 3,\ 0),\ \mathrm{C}(0,\ 0,\ 4),\ \mathrm{P}(0,\ 0,\ -2)$$

をとる。さらに $0<a<3$, $0<b<3$ に対して2点 $\mathrm{Q}(a,\ 0,\ 0)$ と $\mathrm{R}(0,\ b,\ 0)$ を考える。

(1) 点P，Q，Rを通る平面をHとする。平面Hと線分ACの交点Tの座標，および平面Hと線分BCの交点Sの座標を求めよ。

(2) 点Q，R，S，Tが同一円周上にあるための必要十分条件を a, b を用いて表し，それを満たす点 $(a,\ b)$ の範囲を座標平面上に図示せよ。

ポイント　空間図形は図を描きにくいことが多いが，本問は容易である。まず，正しく図を描こう。
(1)　5点A，C，P，Q，Tはすべて zx 平面上にあり，A，C，P，Qの z 座標，x 座標は既知である。Tの z 座標，x 座標は比例式を用いても解けそうである。もちろんベクトルも利用できる。
(2)　点Q，R，S，Tと点Pの配置から，「数学A」の「図形の性質」を扱うところに出てくる有名な定理が想起されよう。その定理を満たすような a, b の関係を見出せばよい。要領よく計算を進めたい。

解法1

(1) 右図において，$\mathrm{O}(0,\ 0,\ 0)$，$\mathrm{A}(3,\ 0,\ 0)$，$\mathrm{B}(0,\ 3,\ 0)$，$\mathrm{C}(0,\ 0,\ 4)$，$\mathrm{P}(0,\ 0,\ -2)$，$\mathrm{Q}(a,\ 0,\ 0)$，$\mathrm{R}(0,\ b,\ 0)$ $(0<a<3,\ 0<b<3)$ であり，点P，Q，Rを通る平面Hと線分ACの交点がT，線分BCの交点がSである。

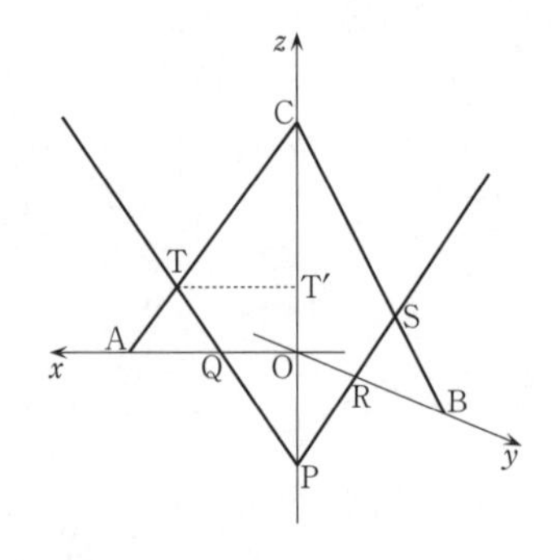

Tは，zx 平面上の2直線ACとPQの交点であるから

$$\mathrm{AC}:z=-\frac{4}{3}x+4$$

$$\mathrm{PQ}:z=\frac{2}{a}x-2$$

から，$x=\dfrac{9a}{2a+3}$，$z=\dfrac{4(3-a)}{2a+3}$ が得られるので，Tの座標は

$$\mathrm{T}\left(\frac{9a}{2a+3},\ 0,\ \frac{4(3-a)}{2a+3}\right)\ \cdots\cdots(\text{答})$$

である。Sは，yz 平面上の2直線BCとPRの交点であるから

$$\mathrm{BC}:z=-\frac{4}{3}y+4$$

$$\mathrm{PR}:z=\frac{2}{b}y-2$$

から，$y=\dfrac{9b}{2b+3}$，$z=\dfrac{4(3-b)}{2b+3}$ が得られるので，Sの座標は

$$\mathrm{S}\left(0,\ \frac{9b}{2b+3},\ \frac{4(3-b)}{2b+3}\right)\ \cdots\cdots(\text{答})$$

である。

参考　比例式を用いてもよい。Tから z 軸に下ろした垂線の足を T′ とする。

$$\mathrm{PO}:\mathrm{OQ}=\mathrm{PT'}:\mathrm{T'T}=2:a$$
$$\mathrm{CO}:\mathrm{OA}=\mathrm{CT'}:\mathrm{T'T}=4:3$$

であるから

$$\mathrm{PT'}=\frac{2}{a}\mathrm{T'T},\ \mathrm{CT'}=\frac{4}{3}\mathrm{T'T}$$

となり，$\mathrm{PT'}+\mathrm{CT'}=\mathrm{PC}=\mathrm{OP}+\mathrm{OC}=2+4=6$ であるので

$$\frac{2}{a}\mathrm{T'T}+\frac{4}{3}\mathrm{T'T}=6 \qquad \left(\frac{2}{a}+\frac{4}{3}\right)\mathrm{T'T}=6$$

$$\therefore\ \mathrm{T'T}=\frac{9a}{2a+3}$$

このとき，$\mathrm{PT'}=\dfrac{2}{a}\mathrm{T'T}=\dfrac{2}{a}\times\dfrac{9a}{2a+3}=\dfrac{18}{2a+3}$ であるから

$$\mathrm{OT'}=\mathrm{PT'}-\mathrm{PO}=\frac{18}{2a+3}-2=\frac{-4a+12}{2a+3}$$

となり，Tの x 座標，z 座標が求まった。

なお，メネラウスの定理に習熟していれば，△ACOと直線TPに用いて

$$\frac{\mathrm{AT}}{\mathrm{TC}}\times\frac{\mathrm{CP}}{\mathrm{PO}}\times\frac{\mathrm{OQ}}{\mathrm{QA}}=1\ \text{より} \qquad \frac{\mathrm{AT}}{\mathrm{TC}}\times\frac{6}{2}\times\frac{a}{3-a}=1$$

となるので

$$\frac{\mathrm{AT}}{\mathrm{TC}}=\frac{3-a}{3a}\quad(\text{Tは線分ACを }(3-a):3a\text{ に内分})$$

がわかる。A(3, 0, 0)，C(0, 0, 4) であるから

$$\mathrm{T}\left(\frac{3\times3a}{(3-a)+3a},\ 0,\ \frac{4(3-a)}{(3-a)+3a}\right)$$

すなわち　$\left(\dfrac{9a}{2a+3},\ 0,\ \dfrac{4(3-a)}{2a+3}\right)$

とできる。以上のことはSについても同様にできる。なお，図形の対称性を考慮すれば，Sの座標は，当然 x 座標は0であるが，y 座標はTの x 座標で a を b に替えたものに，z

座標はTの z 座標で a を b に替えたものにすればよいことがわかる。

やや発展的であるが，平面Hの方程式が $\dfrac{x}{a}+\dfrac{y}{b}-\dfrac{z}{2}=1$，直線ACの方程式が $\dfrac{x}{3}+\dfrac{z}{4}=1$ $(y=0)$ と書けることを知っていれば，この2式を連立方程式とみて解くことにより，$x=\dfrac{9a}{2a+3}$，$z=\dfrac{4(3-a)}{2a+3}$ を得ることも可能である。

(2) 点Q，R，S，Tが同一円周上にあるための必要十分条件は

$$\mathrm{PQ}\times\mathrm{PT}=\mathrm{PR}\times\mathrm{PS}\quad\cdots\cdots(\bigstar)$$

が成り立つことである（方べきの定理の逆）。

$\mathrm{PQ}:\mathrm{PT}=(\mathrm{Q}\text{ の }x\text{ 座標}):(\mathrm{T}\text{ の }x\text{ 座標})=a:\dfrac{9a}{2a+3}$ より

$$\mathrm{PT}=\frac{9}{2a+3}\mathrm{PQ}$$

であり，同様に

$$\mathrm{PS}=\frac{9}{2b+3}\mathrm{PR}$$

であるから，$(\bigstar)$は

$$\mathrm{PQ}\times\frac{9}{2a+3}\mathrm{PQ}=\mathrm{PR}\times\frac{9}{2b+3}\mathrm{PR}$$

すなわち　$\dfrac{\mathrm{PQ}^2}{2a+3}=\dfrac{\mathrm{PR}^2}{2b+3}$

と表せる。ここで

$$\mathrm{PQ}^2=a^2+2^2,\ \mathrm{PR}^2=b^2+2^2$$

であるから，$(\bigstar)$は結局

$$\frac{a^2+4}{2a+3}=\frac{b^2+4}{2b+3}\quad(0<a<3,\ 0<b<3)$$

と表せることになる。分母を払って整理すると

$$(a^2+4)(2b+3)-(2a+3)(b^2+4)=0$$
$$2a^2b+3a^2+8b+12-(2ab^2+8a+3b^2+12)=0$$
$$2ab(a-b)+3(a+b)(a-b)-8(a-b)=0$$
$$(a-b)\{2ab+3(a+b)-8\}=0$$

となるので，求める必要十分条件は

$$a=b\quad\text{または}\quad 2ab+3(a+b)-8=0\quad(0<a<3,\ 0<b<3)\quad\cdots\cdots(\text{答})$$

である。

$2ab+3(a+b)-8=0$ を b について解くと

$$b=\frac{8-3a}{2a+3}=\frac{-\frac{3}{2}(2a+3)+\frac{25}{2}}{2a+3}$$

$$=-\frac{3}{2}+\frac{\frac{25}{2}}{2a+3}=\frac{\frac{25}{4}}{a+\frac{3}{2}}-\frac{3}{2}$$

となり，これは，漸近線が $a=-\frac{3}{2}$，$b=-\frac{3}{2}$ の直角双曲線であるので，$0<a<3$，$0<b<3$ に注意して，必要十分条件を ab 座標平面に図示すると右図の太線になる。ただし，点Oは除く。

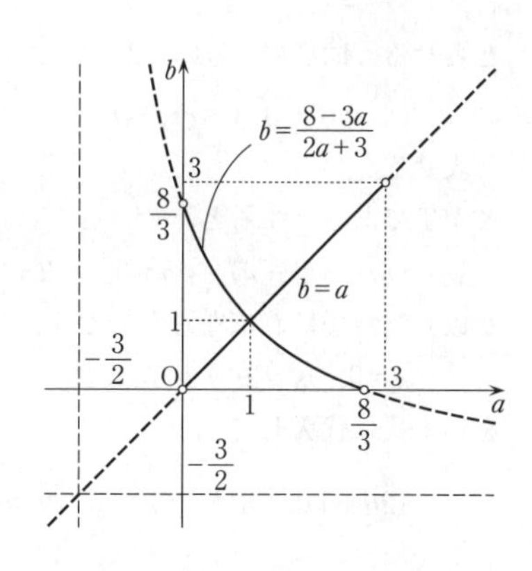

〔注1〕 方べきの定理は

「円の2つの弦QT，RSの交点，またはそれらの延長の交点をPとすると，$PQ\times PT=PR\times PS$ が成り立つ」

であるが，これは逆も成り立つ。

〔注2〕 2点間の距離の公式を用いて

$$PT^2=\left(\frac{9a}{2a+3}\right)^2+\left\{\frac{4(3-a)}{2a+3}+2\right\}^2=\left(\frac{9a}{2a+3}\right)^2+\left(\frac{18}{2a+3}\right)^2$$

$$=\frac{9^2a^2+18^2}{(2a+3)^2}=\frac{9^2(a^2+2^2)}{(2a+3)^2}=\frac{81(a^2+4)}{(2a+3)^2}$$

$$PS^2=\frac{81(b^2+4)}{(2b+3)^2}$$

を求め，(★)を平方した式 $PQ^2\times PT^2=PR^2\times PS^2$ に代入してもよいが，やや手間がかかる。

解法 2

(1) 点P，Q，Rを通る平面H上の任意の点をXとすると

$$\overrightarrow{OX}=\overrightarrow{OP}+m\overrightarrow{PQ}+n\overrightarrow{PR} \quad (m,\ n \text{は実数})$$

と書ける。$P(0,\ 0,\ -2)$，$Q(a,\ 0,\ 0)$，$R(0,\ b,\ 0)$ より

$$\overrightarrow{PQ}=\overrightarrow{OQ}-\overrightarrow{OP}=(a,\ 0,\ 0)-(0,\ 0,\ -2)=(a,\ 0,\ 2)$$

$$\overrightarrow{PR}=\overrightarrow{OR}-\overrightarrow{OP}=(0,\ b,\ 0)-(0,\ 0,\ -2)=(0,\ b,\ 2)$$

であるから

$$\overrightarrow{OX}=(0,\ 0,\ -2)+m(a,\ 0,\ 2)+n(0,\ b,\ 2)$$

$$=(ma,\ nb,\ -2+2m+2n)$$

と表せる。一方，$A(3,\ 0,\ 0)$，$C(0,\ 0,\ 4)$ より，$\overrightarrow{OT}$ は実数 u を用いて

$$\overrightarrow{OT}=\overrightarrow{OA}+u\overrightarrow{AC}=\overrightarrow{OA}+u(\overrightarrow{OC}-\overrightarrow{OA})=(1-u)\overrightarrow{OA}+u\overrightarrow{OC}$$

$$=(1-u)(3,\ 0,\ 0)+u(0,\ 0,\ 4)$$

$$=(3(1-u),\ 0,\ 4u)$$

と表せる。同様に，B(0, 3, 0) より，実数 v を用いて

$$\overrightarrow{\mathrm{OS}}=(0,\ 3(1-v),\ 4v)$$

と表せる。

XがTであるとすると

$$ma=3(1-u),\ nb=0,\ -2+2m+2n=4u$$

が成り立たなければならないから，第2式，第3式から得られる

$$n=0,\ m=2u+1$$

を第1式に代入して

$$(2u+1)a=3(1-u) \qquad \therefore\ u=\frac{3-a}{2a+3} \quad (0<a<3)$$

となり

$$\overrightarrow{\mathrm{OT}}=\left(3\left(1-\frac{3-a}{2a+3}\right),\ 0,\ 4\times\frac{3-a}{2a+3}\right)=\left(\frac{9a}{2a+3},\ 0,\ \frac{4(3-a)}{2a+3}\right)$$

である。XがSであるとすると

$$ma=0,\ nb=3(1-v),\ -2+2m+2n=4v$$

が成り立たなければならないから，上と同様にして

$$v=\frac{3-b}{2b+3} \quad (0<b<3)$$

を得て

$$\overrightarrow{\mathrm{OS}}=\left(0,\ \frac{9b}{2b+3},\ \frac{4(3-b)}{2b+3}\right)$$

となる。結局，T，Sの座標は

$$\mathrm{T}\left(\frac{9a}{2a+3},\ 0,\ \frac{4(3-a)}{2a+3}\right),\ \mathrm{S}\left(0,\ \frac{9b}{2b+3},\ \frac{4(3-b)}{2b+3}\right) \quad \cdots\cdots(\text{答})$$

である。

((2)は〔解法1〕と同様)

45　2020年度〔4〕　Level B

n を正の奇数とする。曲線 $y=\sin x$ $((n-1)\pi \leqq x \leqq n\pi)$ と x 軸で囲まれた部分を D_n とする。直線 $x+y=0$ を l とおき，l の周りに D_n を1回転させてできる回転体を V_n とする。

(1)　$(n-1)\pi \leqq x \leqq n\pi$ に対して，点 $(x,\ \sin x)$ をPとおく。またPから l に下ろした垂線と x 軸の交点をQとする。線分PQを l の周りに1回転させてできる図形の面積を x の式で表せ。

(2)　(1)の結果を用いて，回転体 V_n の体積を n の式で表せ。

ポイント　D_n を作図してみることから始める。「正の奇数とする」を読み落としてしまわないように。
(1)　2点P，Qを l の周りに1回転させれば同心円ができる。それぞれの半径を x で表す。
(2)　(1)で求めた面積を l 上で積分すればよい。ただし，(1)で求めた面積は x の関数になっているので，そのままでは計算できない。l 上の座標と x 座標の間の関係を見出し，置換積分を行うことになろう。軸が x 軸，y 軸に平行でない場合の回転体の問題は練習していることと思う。

解法

(1)　曲線 $y=\sin x$ $((n-1)\pi \leqq x \leqq n\pi)$ と x 軸で囲まれた部分 D_n は，n が正の奇数であるから，右図の網かけ部分となる。

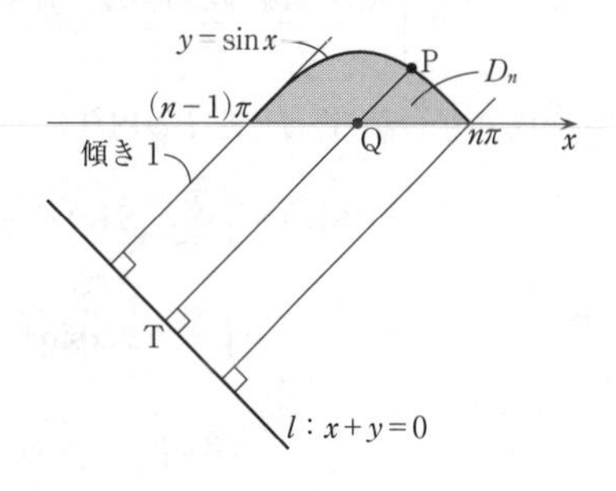

点 $((n-1)\pi,\ 0)$ における $y=\sin x$ の接線の傾きは，$y'=\cos x$ より，$\cos(n-1)\pi=1$（$n-1$ は偶数）であることに注意する。

点 $\mathrm{P}(x,\ \sin x)$ $((n-1)\pi \leqq x \leqq n\pi)$ から直線 l：$x+y=0$ に下ろした垂線と l の交点をTとすると，点と直線の距離の公式より

$$\mathrm{PT}=\frac{|x+\sin x|}{\sqrt{1^2+1^2}}=\frac{1}{\sqrt{2}}(x+\sin x)\quad \begin{pmatrix} x \geqq 0 \\ \sin x \geqq 0 \end{pmatrix}$$

である（$x=0$ のとき，Pは l 上にあるが，T＝Pとしてこの式は成り立つ）。また，線分PT（l の傾きは -1 であるからPTの傾きは1）と x 軸の交点Qに対して，直角

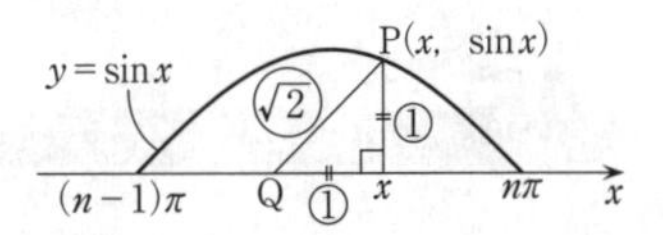

二等辺三角形の辺の長さの比の値を用いれば（右図）

$$PQ=\sqrt{2}\sin x \quad (\sin x \geqq 0)$$

である（$x=(n-1)\pi$, $n\pi$ のとき三角形はつぶれてしまうが，そのとき $PQ=0$ となって，この式は成り立つ）。すなわち

$$QT=PT-PQ=\frac{1}{\sqrt{2}}(x+\sin x)-\sqrt{2}\sin x=\frac{1}{\sqrt{2}}(x-\sin x)$$

である。線分 PQ を l の周りに 1 回転させてできる図形の面積 $S(x)$ は，T を中心とする半径 PT の円の面積から，T を中心とする半径 QT の円の面積を引くことによって得られる。すなわち

$$S(x)=\pi\left\{\frac{1}{\sqrt{2}}(x+\sin x)\right\}^2-\pi\left\{\frac{1}{\sqrt{2}}(x-\sin x)\right\}^2$$

$$=2\pi x\sin x \quad \cdots\cdots(\text{答})$$

である。

(2)　$OT=t$ とする。右図で見るように，直角二等辺三角形の辺の長さの比により，Q の x 座標は $x-\sin x$ であり，$t=\frac{1}{\sqrt{2}}(x-\sin x)$ である（三角形がつぶれても矛盾は起きない）。このとき

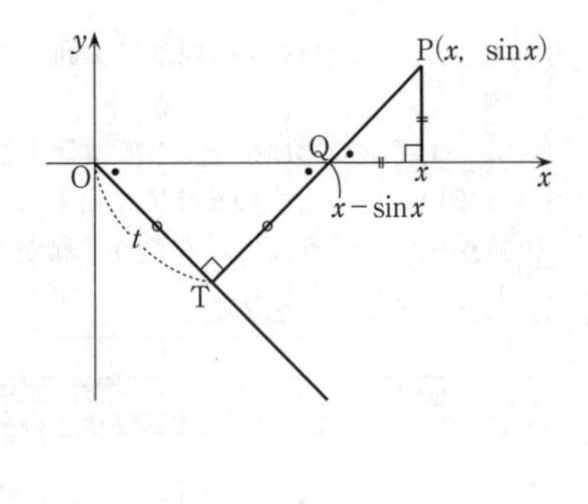

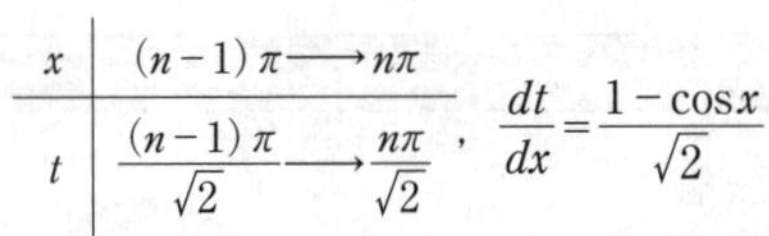

x	$(n-1)\pi \longrightarrow n\pi$
t	$\frac{(n-1)\pi}{\sqrt{2}} \longrightarrow \frac{n\pi}{\sqrt{2}}$

，$\frac{dt}{dx}=\frac{1-\cos x}{\sqrt{2}}$

が成り立つから，D_n を l の周りに 1 回転させてできる回転体 V_n の体積は

$$(V_n\text{の体積})=\int_{\frac{(n-1)\pi}{\sqrt{2}}}^{\frac{n\pi}{\sqrt{2}}}S(x)\,dt=\int_{(n-1)\pi}^{n\pi}S(x)\frac{dt}{dx}dx$$

$$=\int_{(n-1)\pi}^{n\pi}2\pi x\sin x\times\frac{1-\cos x}{\sqrt{2}}dx$$

$$=\sqrt{2}\pi\int_{(n-1)\pi}^{n\pi}x\sin x(1-\cos x)\,dx$$

$$=\sqrt{2}\pi\int_{(n-1)\pi}^{n\pi}x(\sin x-\sin x\cos x)\,dx$$

$$=\sqrt{2}\pi\int_{(n-1)\pi}^{n\pi}x\left(\sin x-\frac{1}{2}\sin 2x\right)dx \quad (=\sqrt{2}\pi I\text{ とする})$$

となる。$I=\int_{(n-1)\pi}^{n\pi}x\left(\sin x-\frac{1}{2}\sin 2x\right)dx$ に対して部分積分を用いると

$$I=\left[x\left(-\cos x+\frac{1}{4}\cos 2x\right)\right]_{(n-1)\pi}^{n\pi}+\int_{(n-1)\pi}^{n\pi}\left(\cos x-\frac{1}{4}\cos 2x\right)dx$$

$$=n\pi\left(-\cos n\pi+\frac{1}{4}\cos 2n\pi\right)$$

$$-(n-1)\pi\left\{-\cos(n-1)\pi+\frac{1}{4}\cos 2(n-1)\pi\right\}+\left[\sin x-\frac{1}{8}\sin 2x\right]_{(n-1)\pi}^{n\pi}$$

$$=n\pi\left(1+\frac{1}{4}\right)-(n-1)\pi\left(-1+\frac{1}{4}\right)+0$$

（n は奇数ゆえ，$\cos n\pi=-1$，$\cos 2n\pi=1$，$\cos(n-1)\pi=1$
$\cos 2(n-1)\pi=1$，$\sin m\pi=0$　（m は整数)）

$$=\frac{5}{4}n\pi+\frac{3}{4}(n-1)\pi=\frac{8n-3}{4}\pi$$

であるから

$$(V_n\text{の体積})=\sqrt{2}\pi\times\frac{8n-3}{4}\pi=\left(2n-\frac{3}{4}\right)\sqrt{2}\pi^2\quad\cdots\cdots(\text{答})$$

である。

46　2019 年度〔1〕　Level A

(1)　$h>0$ とする。座標平面上の点 O $(0,\ 0)$，点 P $(h,\ s)$，点 Q $(h,\ t)$ に対して，三角形 OPQ の面積を S とする。ただし，$s<t$ とする。三角形 OPQ の辺 OP，OQ，PQ の長さをそれぞれ $p,\ q,\ r$ とするとき，不等式

$$p^2+q^2+r^2 \geqq 4\sqrt{3}\,S$$

が成り立つことを示せ。また，等号が成立するときの $s,\ t$ の値を求めよ。

(2)　四面体 ABCD の表面積を T，辺 BC，CA，AB の長さをそれぞれ $a,\ b,\ c$ とし，辺 AD，BD，CD の長さをそれぞれ $l,\ m,\ n$ とする。このとき，不等式

$$a^2+b^2+c^2+l^2+m^2+n^2 \geqq 2\sqrt{3}\,T$$

が成り立つことを示せ。また，等号が成立するのは四面体 ABCD がどのような四面体のときか答えよ。

ポイント　問題を一読すれば，(1)が(2)の準備であることに気付くであろう。
(1)　証明すべき式の（左辺）−（右辺）を変形し，それが明らかに 0 以上になることを示せばよい。実数の平方あるいは実数の平方の和の形を目指す。典型的な不等式の証明方法である。
(2)　三角形はそれがどんな形でも，頂点の 1 つを座標平面の原点に置き，対辺を y 軸に平行に置くことができるから，(1)の結果は任意の三角形について成り立つ。すなわち，いつでも三角形の 3 辺の長さの平方和は，面積の $4\sqrt{3}$ 倍以上である。

解　法

(1)　3 点 O $(0,\ 0)$，P $(h,\ s)$，Q $(h,\ t)$ $(h>0,\ s<t)$ の作る三角形 OPQ の面積が S であり，OP $=p$，OQ $=q$，PQ $=r$ である。このとき，

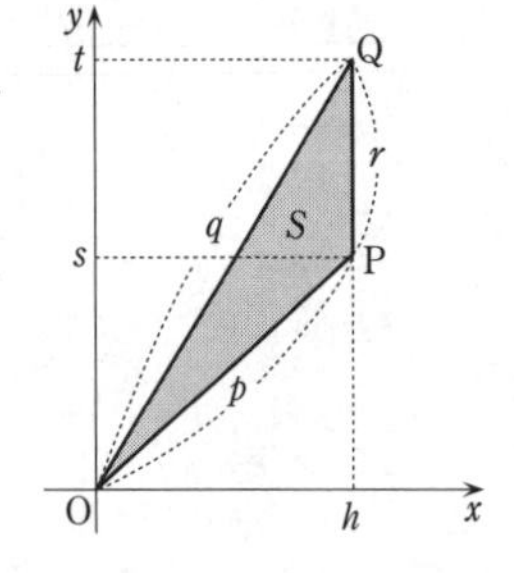

$$p^2=h^2+s^2,\quad q^2=h^2+t^2,\quad r=t-s,\quad S=\frac{1}{2}rh=\frac{1}{2}(t-s)\,h$$

であるから

$$\begin{aligned}
&p^2+q^2+r^2-4\sqrt{3}S\\
&=(h^2+s^2)+(h^2+t^2)+(t-s)^2-4\sqrt{3}\times\frac{1}{2}(t-s)\,h\\
&=2h^2+2s^2+2t^2-2\sqrt{3}\,(t-s)\,h-2st\\
&=2h^2-2\sqrt{3}\,(t-s)\,h+2\,(s^2+t^2-st)
\end{aligned}$$

$$=2\left\{h-\frac{\sqrt{3}(t-s)}{2}\right\}^2-\frac{3(t-s)^2}{2}+2(s^2+t^2-st)$$

$$=2\left\{h-\frac{\sqrt{3}}{2}(t-s)\right\}^2+\frac{1}{2}(s^2+t^2+2st)$$

$$=2\left\{h-\frac{\sqrt{3}}{2}(t-s)\right\}^2+\frac{1}{2}(s+t)^2\geqq 0$$

となる。ゆえに

$$p^2+q^2+r^2\geqq 4\sqrt{3}S \quad \cdots\cdots(*)$$

が成り立つ。　(証明終)

等号が成立するのは

$$h-\frac{\sqrt{3}}{2}(t-s)=0 \quad \text{かつ} \quad s+t=0$$

が成り立つときである。後者より $s=-t$ ($t>s$ より $t>0$, $s<0$ である), これを前者に代入して, $t=\dfrac{h}{\sqrt{3}}$ を得るから, 等号が成立するときの s, t の値は

$$s=-\frac{\sqrt{3}}{3}h,\ t=\frac{\sqrt{3}}{3}h \quad \cdots\cdots(\text{答})$$

である。このとき

$$p^2=h^2+s^2=\frac{4}{3}h^2,\ q^2=h^2+t^2=\frac{4}{3}h^2,\ r^2=(t-s)^2=\frac{4}{3}h^2$$

すなわち, $p=q=r$ であるから, 不等式(*)において等号が成立するときの三角形OPQは正三角形である。

〔注〕 $2h^2+2s^2+2t^2-2\sqrt{3}th+2\sqrt{3}sh-2st$ を h について整理すれば〔解法〕のようになるが, s や t について整理しても同じようにできる。

$$2s^2+(2\sqrt{3}h-2t)s+2h^2+2t^2-2\sqrt{3}th \quad (s\text{について整理した})$$

$$=2\{s^2+(\sqrt{3}h-t)s\}+2h^2+2t^2-2\sqrt{3}th$$

$$=2\left(s+\frac{\sqrt{3}h-t}{2}\right)^2-\frac{(\sqrt{3}h-t)^2}{2}+2h^2+2t^2-2\sqrt{3}th$$

$$=2\left(s+\frac{\sqrt{3}h-t}{2}\right)^2+\frac{h^2+3t^2-2\sqrt{3}th}{2}$$

$$=2\left(s+\frac{\sqrt{3}h-t}{2}\right)^2+\frac{1}{2}\left(h-\sqrt{3}t\right)^2\geqq 0$$

等号は, $s+\dfrac{\sqrt{3}h-t}{2}=0$ かつ $h-\sqrt{3}t=0$, すなわち $s=-\dfrac{\sqrt{3}}{3}h$, $t=\dfrac{\sqrt{3}}{3}h$ のとき成立する。問題文に「等号が成立するときの s, t の値を求めよ」とあるが, h は与えられた定数であるから, $s=-\dfrac{\sqrt{3}}{3}h$, $t=\dfrac{\sqrt{3}}{3}h$ は求める「値」である。

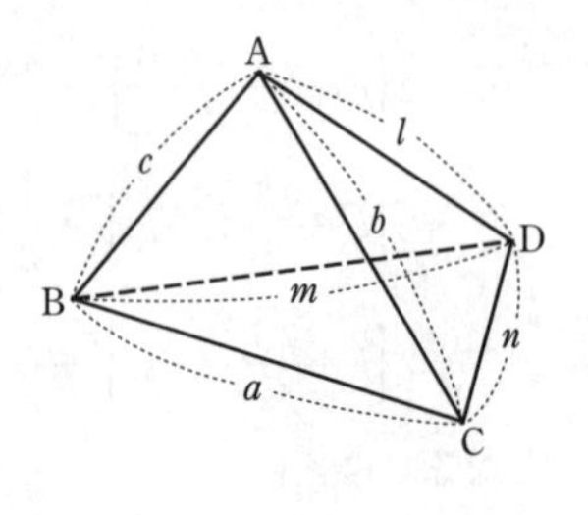

(2) 右図の四面体 ABCD の表面積は T であり，$BC=a$，$CA=b$，$AB=c$，$AD=l$，$BD=m$，$CD=n$ である。
どのような三角形でも，その頂点の１つを座標平面上の原点に置き，対辺を y 軸に平行に置くことができるから，(1)の不等式は任意の三角形に対して成り立つ。したがって，三角形 ABC の面積を△ABCと表すことにすると，不等式(＊)より

$$a^2+b^2+c^2 \geqq 4\sqrt{3}\triangle \mathrm{ABC}$$

が成り立つ。同様に，三角形 ACD，三角形 ADB，三角形 BCD に対して，それぞれ不等式(＊)より

$$b^2+n^2+l^2 \geqq 4\sqrt{3}\triangle \mathrm{ACD}$$
$$l^2+m^2+c^2 \geqq 4\sqrt{3}\triangle \mathrm{ADB}$$
$$a^2+n^2+m^2 \geqq 4\sqrt{3}\triangle \mathrm{BCD}$$

が成り立つ。

$$\triangle \mathrm{ABC}+\triangle \mathrm{ACD}+\triangle \mathrm{ADB}+\triangle \mathrm{BCD}=T$$

であるから，上の４つの不等式を辺々加えることによって

$$2(a^2+b^2+c^2+l^2+m^2+n^2) \geqq 4\sqrt{3}\,T$$

すなわち

$$a^2+b^2+c^2+l^2+m^2+n^2 \geqq 2\sqrt{3}\,T$$

が成り立つ。　　　　　　　　　　　　　　　　　　　　(証明終)

この不等式の等号が成立するのは，上の４つの不等式の等号がすべて同時に成り立つときである。四面体 ABCD において，$a=b=c=l=m=n$ とすることができ，このとき４つの三角形 ABC，ACD，ADB，BCD はすべて正三角形となる。したがって，(1)の結果より，４つの不等式の等号を，すべて同時に成立させることができる。すなわち，証明すべき不等式の等号が成立するのは，四面体 ABCD が

　　正四面体のとき　……(答)

である。

47 2019年度〔4〕 Level D

H_1, …, H_n を空間内の相異なる n 枚の平面とする。H_1, …, H_n によって空間が $T(H_1, \cdots, H_n)$ 個の空間領域に分割されるとする。例えば，空間の座標を (x, y, z) とするとき，

- 平面 $x=0$ を H_1，平面 $y=0$ を H_2，平面 $z=0$ を H_3 とすると $T(H_1, H_2, H_3)=8$,
- 平面 $x=0$ を H_1，平面 $y=0$ を H_2，平面 $x+y=1$ を H_3 とすると $T(H_1, H_2, H_3)=7$,
- 平面 $x=0$ を H_1，平面 $x=1$ を H_2，平面 $y=0$ を H_3 とすると $T(H_1, H_2, H_3)=6$,
- 平面 $x=0$ を H_1，平面 $y=0$ を H_2，平面 $z=0$ を H_3，平面 $x+y+z=1$ を H_4 とすると $T(H_1, H_2, H_3, H_4)=15$,

である。

(1) 各 n に対して $T(H_1, \cdots, H_n)$ のとりうる値のうち最も大きいものを求めよ。

(2) 各 n に対して $T(H_1, \cdots, H_n)$ のとりうる値のうち2番目に大きいものを求めよ。ただし $n \geqq 2$ とする。

(3) 各 n に対して $T(H_1, \cdots, H_n)$ のとりうる値のうち3番目に大きいものを求めよ。ただし $n \geqq 3$ とする。

ポイント 空間内に n 枚の平面があるという状況は，複雑でなかなか想像できない。$n=1$, 2, 3なら図が描ける。

(1) 分割された空間領域の最大個数はわりと考えやすい。分割が最大になるように1枚ずつ平面を増やしてみるとよい。平面内に n 本の直線があり，どの2本も平行でなく，どの3本も1点で交わらないとするときの分割された平面領域の個数を求める問題に行き着くであろう。

(2) (1)で求めた最大個数より1だけ小さい状況が作れればそれでおしまいである。$n=2$, 3はすぐに確かめられる。

(3) (2)が解ければ，同様の論法で解決するであろうが，また別の難点が見つかりそうである。きちんと証明・説明することはかなり難しいと覚悟しなければならない。

解 法

H_1, …, H_n を空間内の相異なる n 枚の平面とするとき，H_1, …, H_n によって空間が分割される個数が $T(H_1, \cdots, H_n)$ である。
空間内に平面を1枚ずつ増やしながら，分割される空間領域の個数がどのように増えていくかを見てみると，下図のようになる。網かけは，新たに加えられた平面である。

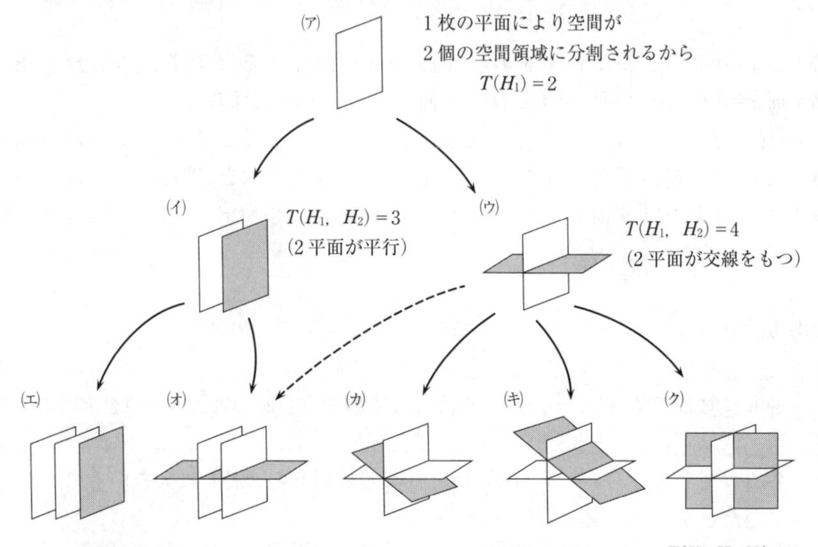

(1)　各 n に対して $T(H_1, \cdots, H_n)$ のとりうる値のうち最も大きいものを a_n とする。
(ア), (ウ), (ク)より，$a_1=2$, $a_2=4$, $a_3=8$ である。
$T(H_1, \cdots, H_4)=a_4$ は，右図で見るように，$T(H_1, H_2, H_3)=a_3$ が成り立つ状態で，H_4 を，H_1, H_2, H_3 のすべてと交わるように，しかも H_1, H_2, H_3 3枚の共有点を通らないように置いたときに実現される。H_4 と H_1, H_2, H_3 それぞれの交線で H_4 は7つの平面領域に分割され，それぞれが空間領域を2分割するので，空間領域は7個増えることになる。つまり

$$a_4=a_3+7=8+7=15$$

である。

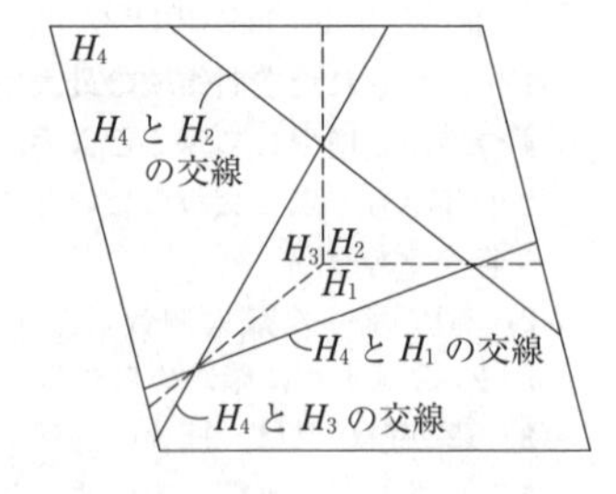

2枚の平面は平行であるか交線をもつかのいずれかであるから，n 枚の平面 H_1，…，H_n と H_{n+1} は最大で n 本の交線をもつ。その n 本の交線が，どの2本も平行でなく，どの3本も1点で交わらないようにすることは可能である。このとき，H_{n+1} が x_n 個の平面領域に分割されたとする。$x_1=2$ である。

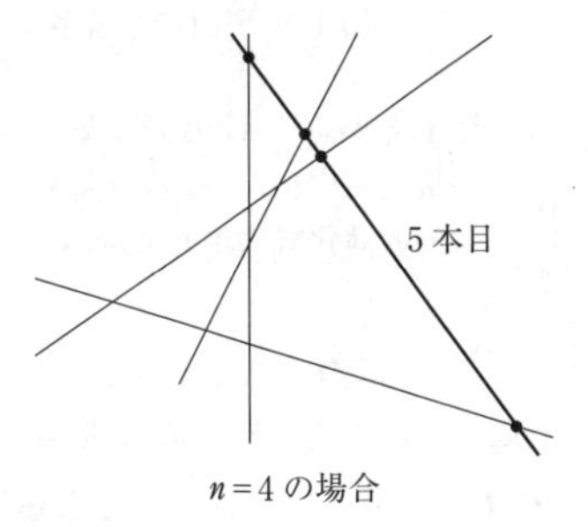

$n=4$ の場合

右図のように，n 本の直線（どの2本も平行でなく，どの3本も1点で交わらない）に，新たな1本を，それまでのどの直線とも平行にならないように，かつ，どの2直線の交点も通らないように引いてみると，n 個の交点が生まれ，$n-1$ 個の線分と2個の半直線で $n+1$ 個だけ平面領域の個数が増加するので

$$x_{n+1}=x_n+(n+1)$$

が成り立つ。

$$x_{n+1}-x_n=n+1 \quad \text{（数列 } \{x_n\} \text{ の階差数列）}$$

であるから，$n\geqq 2$ のとき

$$x_n=x_1+\sum_{k=1}^{n-1}(k+1)=2+(2+3+\cdots+n)$$

$$=1+\frac{1}{2}n(n+1)=\frac{n^2+n+2}{2}$$

となり，これは $x_1=2$ を満たす。

一般に

$$a_{n+1}=a_n+x_n \quad \text{すなわち} \quad a_{n+1}-a_n=x_n$$

が成り立つから，$n\geqq 2$ のとき

$$a_n=a_1+\sum_{k=1}^{n-1}x_k \quad (a_1=2)$$

$$=2+\sum_{k=1}^{n-1}\frac{k^2+k+2}{2}$$

$$=2+\frac{1}{2}\sum_{k=1}^{n-1}k^2+\frac{1}{2}\sum_{k=1}^{n-1}k+\sum_{k=1}^{n-1}1$$

$$=2+\frac{1}{2}\times\frac{1}{6}(n-1)n(2n-1)+\frac{1}{2}\times\frac{1}{2}(n-1)n+(n-1)$$

$$=2+\frac{n-1}{12}\{n(2n-1)+3n+12\}$$

$$=\frac{n-1}{12}(2n^2+2n+12)+2=\frac{2n^3+10n-12}{12}+2$$

$$=\frac{1}{6}(n^3+5n+6)$$

となる。これは，$a_1=2$ を満たす。

したがって，各 n に対して $T(H_1,\ \cdots,\ H_n)$ のとりうる値のうち最も大きいものは

$$\frac{1}{6}(n^3+5n+6)\quad (n\geqq 1)\quad \cdots\cdots(答)$$

〔注1〕 $n+1$ 枚の平面で分割される空間領域の個数 A_{n+1} は
（n 枚の平面で分割される空間領域の個数 A_n）
＋（$n+1$ 枚目の平面が通過する空間領域の個数 B_n）
であるから，A_1 の最大値と B_1 の最大値の和が A_2 の最大値であり，A_2 の最大値と B_2 の最大値の和が A_3 の最大値である。これが $a_{n+1}=a_n+x_n$ の意味である。x_n の求め方は，数列の漸化式の単元で経験していることと思う。

(2) 各 n に対して $T(H_1,\ \cdots,\ H_n)$ のとりうる値のうち2番目に大きいものを b_n $(n\geqq 2)$ とする。(イ)，(キ)より $b_2=3$，$b_3=7$ である。

$T(H_1,\ \cdots,\ H_n)=a_n-1$ となる場合が存在すれば，$b_n=a_n-1$ である。

$n\geqq 3$ のとき，n 枚の平面 H_1，H_2，…，H_n のうち，$n-1$ 枚の平面 H_1，H_2，…，H_{n-1} に対しては $T(H_1,\ \cdots,\ H_{n-1})=a_{n-1}$ が成り立っている場合を考える。ここで，平面 H_n を他の平面 H_1，H_2，…，H_{n-1} のいずれとも平行でないようにとり，その結果生じたどの交線も異なり，そのどの3本の交線も1点で交わることなく，さらにそのうちの2枚の平面とのみ交線どうしが平行になるように（(キ)の図のように）置くと，H_n 上に現れる交線（直線）に平行な2直線が1組だけ含まれる。したがって，H_n によって増加する空間領域の個数は $x_{n-1}-1$ となるから

$$\begin{aligned}T(H_1,\ \cdots,\ H_n)&=a_{n-1}+(x_{n-1}-1)=(a_{n-1}+x_{n-1})-1\\&=a_n-1\quad (n\geqq 3)\quad (a_{n+1}=a_n+x_n\ より)\end{aligned}$$

となることはある。

よって，$n\geqq 3$ のときは，$b_n=a_n-1=\dfrac{1}{6}(n^3+5n)$ である。これは，$b_2=3$ も満たすので，各 n に対して $T(H_1,\ \cdots,\ H_n)$ $(n\geqq 2)$ のとりうる値のうち2番目に大きいものは

$$\frac{1}{6}(n^3+5n)\quad (n\geqq 2)\quad \cdots\cdots(答)$$

〔注2〕 個数 a_n は0以上の整数であるから，a_n の次に大きな数は $a_n=0$ でなければ a_n-1 である。$n=3$ までの図を見てみると，これは成り立ちそうであるが，一般の場合に，たしかに (a_n-1) 個の空間領域に分割される場合があることを説明しなければならない。仮定により，平面 H_n 上には $n-1$ 本の交線（直線）が引かれ，それらはどの2本も平行でなく，どの3本も1点で交わらない。そこで，1組だけ平行線を作れば，交点の数が1減るから，H_n 上の分割平面領域の個数が1減るだろう。この平行線を作るには，(キ)の図が参考になる。

(3) 各 n に対して $T(H_1,\ \cdots,\ H_n)$ のとりうる値のうち3番目に大きいものを c_n

$(n \geqq 3)$ とする。(オ), (カ)より $c_3=6$ である。

$T(H_1,\ \cdots,\ H_n)=a_n-2$ となる場合が存在すれば，$c_n=a_n-2$ である。

$n \geqq 5$ のとき，n 枚の平面 H_1, H_2, …, H_n のうち，$n-2$ 枚の平面 H_1, H_2, …, H_{n-2} に対して $T(H_1,\ \cdots,\ H_{n-2})=a_{n-2}$ が成り立っている場合を考える。ここで，平面 H_1, H_2, …, H_{n-2} から任意に3枚をとる（たとえば，H_1, H_2, H_3）。平面 H_{n-1} を他の平面 H_1, H_2, …, H_{n-2} のいずれとも平行でないようにとり，その結果生じたどの交線も異なり，そのどの3本の交線も1点で交わることなく，さらに先に選んだ3枚の平面のうちの2枚の平面（たとえば，H_1 と H_2）とのみ交線どうしが平行になるように置くと，(2)より

$$T(H_1,\ \cdots,\ H_{n-1})=a_{n-1}-1$$

である。さらに，この状態で，H_n を H_1, H_2, …, H_{n-1} のいずれとも平行でないようにとり，その結果生じたどの交線も異なり，そのどの3本の交線も1点で交わることなく，さらに先に選んだ3枚のうちの別の2枚（H_1 と H_3 あるいは H_2 と H_3）とのみ交線どうしが平行になるように置くと

$$\begin{aligned}T(H_1,\ \cdots,\ H_n)&=(a_{n-1}-1)+(x_{n-1}-1)=(a_{n-1}+x_{n-1})-2\\&=a_n-2\quad(n \geqq 5)\end{aligned}$$

となるから，$n \geqq 5$ のときは，$c_n=a_n-2=\dfrac{1}{6}(n^3+5n-6)$ である。

これは，$n=3$ のとき $c_3=6$ を満たすから成り立つ。

$n=4$ のとき $T(H_1,\ \cdots,\ H_4)=\dfrac{1}{6}(4^3+5\times4-6)=13$ となることがあるかを調べる。

N 個の空間領域を1枚の平面で分割するとき，新たな空間領域の個数は $2N$ 以下であるから，(エ)のときは $T(H_1,\ \cdots,\ H_4) \leqq 2\times4<13$, (オ)と(カ)のときは
$T(H_1,\ \cdots,\ H_4) \leqq 2\times6<13$ である。(ク)の図は8個の空間領域に分かれているから，$T(H_1,\ \cdots,\ H_4)=13$ となるためには，平面 H_4 が5個の空間領域を通過しなければならない。H_4 上の交線（直線）の数は最大で3本である。

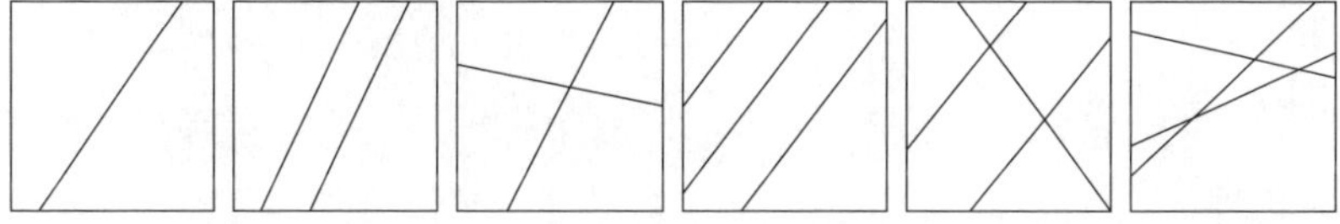

（1本：2個） (2本が平行：3個) (交わる：4個) (3本が平行：4個) (2本だけが平行：6個) (平行線なし：7個)

上図より，H_4 の平面領域が5個であることはないから，(ク)の場合は，$T(H_1,\ \cdots,\ H_4) \neq 13$ である。(キ)の図は7個の空間領域に分かれているから，$T(H_1,\ \cdots,\ H_4)=13$ となるためには，平面 H_4 が6個の空間領域を通過しなければならない。つまり，H_4 上の3本の交線（直線）が上図の右から2番目の形でなければならない。これは平行線を含むから，H_4 が(キ)の図の H_1, H_2, H_3 のうちの2枚の

平面と交線どうしが平行になるように交わらなければならないが，そうすると，H_4 上の直線（2本または3本）はすべて平行になってしまい，図の形を実現することはできない。よって，(キ)の場合も $T(H_1,\ \cdots,\ H_4)\neq 13$ である。(エ)〜(ク)のすべてにおいて $T(H_1,\ \cdots,\ H_4)\neq 13$ であるから，$c_4\neq 13$ である。したがって，(カ)より右図のような場合を考えて，$c_4=2\times 6=12$ である。

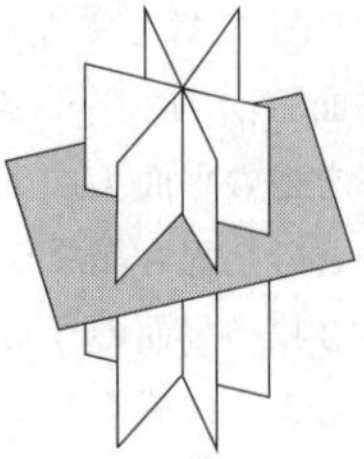

以上から，各 n に対して $T(H_1,\ \cdots,\ H_n)$ $(n\geqq 3)$ のとりうる値のうち3番目に大きいものは

$$\left.\begin{array}{ll} n=4\text{ のとき} & 12 \\ n\geqq 3,\ n\neq 4\text{ のとき} & \dfrac{1}{6}(n^3+5n-6) \end{array}\right\}\cdots\cdots(\text{答})$$

〔注3〕 ここでは a_n-2 となる場合が存在することをいわなければならないが，(2)の論法を2回使えばよい。$H_1,\ H_2,\ \cdots,\ H_{n-2}$ のうちの3枚を選んで，たとえばそれを $H_1,\ H_2,\ H_3$ としたとき，H_1 と H_2 と H_{n-1} が(キ)の状態になるように H_{n-1} を置くと，$T(H_1,\ \cdots,\ H_{n-1})=a_{n-1}-1$ となる。次に，H_2 と H_3（ここで再び H_1 と H_2 を使うと，H_{n-1} と H_n が平行になって仮定に反するか，H_n 上に平行線が増えてしまうので，H_1 と H_3 あるいは H_2 と H_3 を使う）と H_n が(キ)の状態になるように H_n を置く。$H_1,\ H_2,\ \cdots,\ H_{n-2}$ から4枚，たとえば $H_1,\ H_2,\ H_3,\ H_4$ を選んで，1回目に H_1 と H_2，2回目に H_3 と H_4 を使ってもよいが，$n-2$ 枚中4枚を選ぶとなれば，$n-2\geqq 4$ でなければならず，$n\geqq 6$ のときの議論となる。これでは c_5 の確認の必要も生じて面倒であろう。
これで $n\geqq 5$ のときは解決するが，$n=3$ の場合と $n=4$ の場合を忘れないようにしなければならない。本問は $n\geqq 5$ のときの式が，$n=3$ のときも成り立つのだが，$n=4$ の場合は成り立たないので注意が必要である。$T(H_1,\ \cdots,\ H_4)=13$ となることがないことを示すだけでも骨が折れるであろう。

48　2018年度〔4〕　Level C

xyz 空間内において，連立不等式

$$\frac{x^2}{4}+y^2\leqq 1,\ |z|\leqq 6$$

により定まる領域を V とし，2点 $(2,\ 0,\ 2)$，$(-2,\ 0,\ -2)$ を通る直線を l とする。

(1)　$|t|\leqq 2\sqrt{2}$ を満たす実数 t に対し，点 $\mathrm{P}_t\left(\dfrac{t}{\sqrt{2}},\ 0,\ \dfrac{t}{\sqrt{2}}\right)$ を通り l に垂直な平面を H_t とする。また，実数 θ に対し，点 $(2\cos\theta,\ \sin\theta,\ 0)$ を通り z 軸に平行な直線を L_θ とする。L_θ と H_t との交点の z 座標を t と θ を用いて表せ。

(2)　l を回転軸に持つ回転体で V に含まれるものを考える。このような回転体のうちで体積が最大となるものの体積を求めよ。

ポイント　領域 V は楕円柱である。図を描くのは難しくない。直線 l も描き加えておく。(1)はともかく，(2)はよく読まないと意味がわからないかもしれない。

(1)　平面 H_t 上の任意の点をQとすると，$\mathrm{P}_t\mathrm{Q}\perp l$ である。ベクトルの内積で解決する。

(2)　l を回転軸に持つ回転体を l に垂直な平面 H_t で切ると，切り口は円である。V を H_t で切ると切り口は楕円になる。先の円は後の楕円に含まれていなければならない。円の面積を最大にしなければならないから，この円の半径は，円の中心 P_t から楕円の周上の点までの距離の最小値になる。

解 法

xyz 空間内において，連立不等式

$$\frac{x^2}{4}+y^2 \leqq 1,\ |z| \leqq 6$$

により定まる領域 V は右の楕円柱の表面および内部を表す（図は上下を少しカットしてある）。

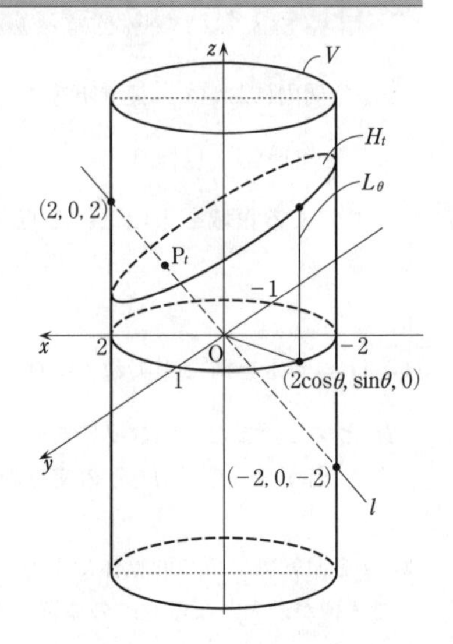

(1) $P_t\left(\frac{t}{\sqrt{2}},\ 0,\ \frac{t}{\sqrt{2}}\right)$ $(|t| \leqq 2\sqrt{2})$ は，

2 点 (2, 0, 2)，(−2, 0, −2) を通る直線 l 上にあり，V と l の共通部分を動く。P_t を通り l に垂直な平面 H_t 上の任意の点を $Q(x,\ y,\ z)$ とすると，$P_tQ \perp l$ である。

$$\begin{aligned}\overrightarrow{P_tQ}&=\overrightarrow{OQ}-\overrightarrow{OP_t}\\&=(x,\ y,\ z)-\left(\frac{t}{\sqrt{2}},\ 0,\ \frac{t}{\sqrt{2}}\right)\\&=\left(x-\frac{t}{\sqrt{2}},\ y,\ z-\frac{t}{\sqrt{2}}\right)\end{aligned}$$

であり，l の方向ベクトル $\vec{p}$ は

$$\vec{p}=(1,\ 0,\ 1)$$

であるから，$P_tQ \perp l$ すなわち $\overrightarrow{P_tQ}\cdot\vec{p}=0$ より

$$\begin{aligned}\overrightarrow{P_tQ}\cdot\vec{p}&=\left(x-\frac{t}{\sqrt{2}},\ y,\ z-\frac{t}{\sqrt{2}}\right)\cdot(1,\ 0,\ 1)\\&=\left(x-\frac{t}{\sqrt{2}}\right)\times 1+y\times 0+\left(z-\frac{t}{\sqrt{2}}\right)\times 1\\&=x+z-\sqrt{2}t=0 \quad (\text{平面 } H_t \text{ の方程式})\end{aligned}$$

が成り立つ。

楕円 $\frac{x^2}{4}+y^2=1$，$z=0$ 上の点 $(2\cos\theta,\ \sin\theta,\ 0)$ を通り，z 軸に平行な直線 L_θ と平面 H_t との交点の座標は，実数 h を用いて

$$(2\cos\theta,\ \sin\theta,\ h)$$

とおける。この点は平面 H_t 上にあるから，平面 H_t の方程式を満たす。

よって

$$2\cos\theta+h-\sqrt{2}t=0 \qquad \therefore\ h=\sqrt{2}t-2\cos\theta$$

が成り立つ。すなわち，求める z 座標は

$$\sqrt{2}t-2\cos\theta \quad \cdots\cdots(答)$$

である。$|t|\leqq 2\sqrt{2}$ のとき，$|\sqrt{2}t-2\cos\theta|\leqq|\sqrt{2}t|+|2\cos\theta|\leqq 4+2=6$ であるから，点 $(2\cos\theta,\ \sin\theta,\ \sqrt{2}t-2\cos\theta)$ は V に含まれている。

(2)　l を回転軸に持つ回転体で，V に含まれるもののうち，体積が最大となるものを W とする。W を H_t で切ったときの切り口の円の半径 $r(t)$ は，円の中心 $\mathrm{P}_t\left(\dfrac{t}{\sqrt{2}},\ 0,\ \dfrac{t}{\sqrt{2}}\right)$ から，V を H_t で切ったときの切り口の楕円の周上の点 $\mathrm{E}(2\cos\theta,\ \sin\theta,\ \sqrt{2}t-2\cos\theta)$ までの距離の最小値で与えられる。

$$\begin{aligned}
\mathrm{P}_t\mathrm{E}^2&=\left(2\cos\theta-\frac{t}{\sqrt{2}}\right)^2+\sin^2\theta+\left(\sqrt{2}t-2\cos\theta-\frac{t}{\sqrt{2}}\right)^2\\
&=4\cos^2\theta-2\sqrt{2}t\cos\theta+\frac{t^2}{2}+\sin^2\theta+\frac{t^2}{2}-2\sqrt{2}t\cos\theta+4\cos^2\theta\\
&=8\cos^2\theta+\sin^2\theta-4\sqrt{2}t\cos\theta+t^2\\
&=7\cos^2\theta-4\sqrt{2}t\cos\theta+t^2+1 \quad (\sin^2\theta=1-\cos^2\theta)\\
&=7\left(\cos\theta-\frac{2\sqrt{2}}{7}t\right)^2-\frac{1}{7}t^2+1
\end{aligned}$$

$|\cos\theta|\leqq 1$ であり，$|t|\leqq 2\sqrt{2}$ より $\left|\dfrac{2\sqrt{2}}{7}t\right|\leqq\dfrac{8}{7}$ であるので，$\mathrm{P}_t\mathrm{E}^2$ のグラフは，下図のようになる。ただし，図形の対称性から，$t\geqq 0$ の場合を調べればよい。

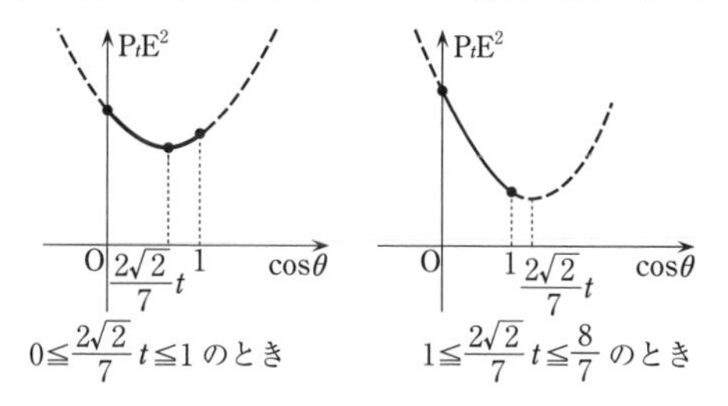

この図より，$\mathrm{P}_t\mathrm{E}^2$ の最小値について，次のことがいえる。

$0\leqq\dfrac{2\sqrt{2}}{7}t\leqq 1$ つまり $0\leqq t\leqq\dfrac{7\sqrt{2}}{4}$ では，$\cos\theta=\dfrac{2\sqrt{2}}{7}t$ のとき最小で，最小値は

$$-\frac{1}{7}t^2+1 \quad \cdots\cdots ①$$

$1\leqq\dfrac{2\sqrt{2}}{7}t\leqq\dfrac{8}{7}$ つまり $\dfrac{7\sqrt{2}}{4}\leqq t\leqq 2\sqrt{2}$ では，$\cos\theta=1$ のとき最小で，最小値は

$$t^2-4\sqrt{2}t+8=(t-2\sqrt{2})^2 \quad \cdots\cdots ②$$

①，②より

$$\{r(t)\}^2=\begin{cases}-\dfrac{1}{7}t^2+1 & \left(0\leqq t\leqq\dfrac{7\sqrt{2}}{4}\right)\\[2ex](t-2\sqrt{2})^2 & \left(\dfrac{7\sqrt{2}}{4}\leqq t\leqq 2\sqrt{2}\right)\end{cases}$$

となり，$\mathrm{OP}_t=\sqrt{\left(\dfrac{t}{\sqrt{2}}\right)^2+0^2+\left(\dfrac{t}{\sqrt{2}}\right)^2}=t$ （$t\geqq 0$ より）を満たすから，図形の対称性より

$$\begin{aligned}\frac{(W\text{の体積})}{2}&=\int_0^{2\sqrt{2}}\pi\{r(t)\}^2dt\\&=\pi\int_0^{\frac{7\sqrt{2}}{4}}\{r(t)\}^2dt+\pi\int_{\frac{7\sqrt{2}}{4}}^{2\sqrt{2}}\{r(t)\}^2dt\\&=\pi\int_0^{\frac{7\sqrt{2}}{4}}\left(-\frac{1}{7}t^2+1\right)dt+\pi\int_{\frac{7\sqrt{2}}{4}}^{2\sqrt{2}}(t-2\sqrt{2})^2dt\\&=\pi\left[-\frac{1}{21}t^3+t\right]_0^{\frac{7\sqrt{2}}{4}}+\pi\left[\frac{1}{3}(t-2\sqrt{2})^3\right]_{\frac{7\sqrt{2}}{4}}^{2\sqrt{2}}\\&=\pi\left(-\frac{1}{21}\times\frac{7^3\times 2\sqrt{2}}{64}+\frac{7\sqrt{2}}{4}\right)+\pi\left\{0-\frac{1}{3}\left(\frac{7\sqrt{2}}{4}-2\sqrt{2}\right)^3\right\}\\&=\pi\left(-\frac{49\sqrt{2}}{96}+\frac{7\sqrt{2}}{4}+\frac{\sqrt{2}}{96}\right)=\pi\left(\frac{7\sqrt{2}}{4}-\frac{\sqrt{2}}{2}\right)\\&=\frac{5\sqrt{2}}{4}\pi\end{aligned}$$

と計算される。よって，求める体積は次のようになる。

$$2\times\frac{5\sqrt{2}}{4}\pi=\frac{5\sqrt{2}}{2}\pi\quad\cdots\cdots(\text{答})$$

〔注〕

$$\{r(t)\}^2=\begin{cases}(t-2\sqrt{2})^2 & \left(\dfrac{7\sqrt{2}}{4}\leqq t\leqq 2\sqrt{2}\right)\\[2ex]-\dfrac{1}{7}t^2+1 & \left(-\dfrac{7\sqrt{2}}{4}\leqq t\leqq\dfrac{7\sqrt{2}}{4}\right)\\[2ex](t+2\sqrt{2})^2 & \left(-2\sqrt{2}\leqq t\leqq -\dfrac{7\sqrt{2}}{4}\right)\end{cases}$$

とすべて調べて

$$(W\text{の体積})=\pi\int_{-2\sqrt{2}}^{-\frac{7\sqrt{2}}{4}}(t+2\sqrt{2})^2dt+\pi\int_{-\frac{7\sqrt{2}}{4}}^{\frac{7\sqrt{2}}{4}}\left(-\frac{1}{7}t^2+1\right)dt+\pi\int_{\frac{7\sqrt{2}}{4}}^{2\sqrt{2}}(t-2\sqrt{2})^2dt$$

としたときには，$-\dfrac{1}{7}t^2+1$ が偶関数であることから

$$\pi\int_{-\frac{7\sqrt{2}}{4}}^{\frac{7\sqrt{2}}{4}}\left(-\frac{1}{7}t^2+1\right)dt=2\pi\int_0^{\frac{7\sqrt{2}}{4}}\left(-\frac{1}{7}t^2+1\right)dt$$

とできることや

$$\int_{-2\sqrt{2}}^{-\frac{7\sqrt{2}}{4}}(t+2\sqrt{2})^2dt=\int_{\frac{7\sqrt{2}}{4}}^{2\sqrt{2}}(t-2\sqrt{2})^2dt$$

（左辺で $t=-s$ と置換すると，$\int_{2\sqrt{2}}^{\frac{7\sqrt{2}}{4}}(-s+2\sqrt{2})^2(-ds)$ となり，右辺に等しいことがわかる）

であることを利用するとよい。

参考　右図のようなイメージが持てれば W の体積の立式は容易であろう。$\mathrm{OP}_t=|t|$ であるから

$$(W\text{の体積})=\int_{-2\sqrt{2}}^{2\sqrt{2}}\pi\{r(t)\}^2dt$$

なお，$\mathrm{OP}_t\neq|t|$ の場合，例えば $\mathrm{P}_t(t,\ 0,\ t)$，$|t|\leqq 2$ などと与えられた場合は，$\mathrm{OP}_t=|s|$ を満たす変数 s に置換する必要があることに注意。

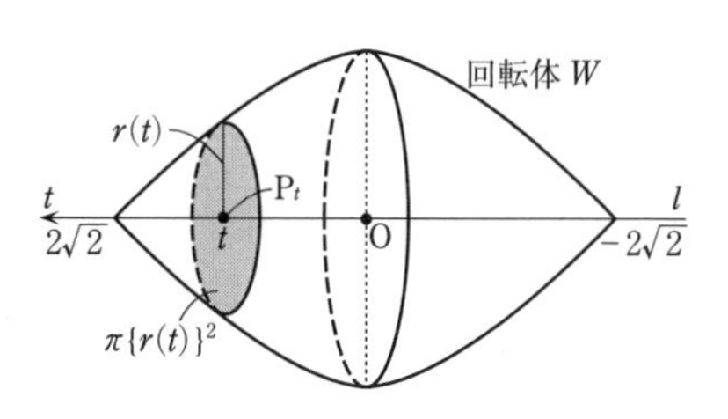

問題は，切り口の円の半径 $r(t)$ である。楕円柱 V を平面 H_t で切ったときの切り口は楕円になるが，その楕円に含まれるように円を置くとき，その円の半径が最大になるのは，円の中心が楕円の中心に一致して，楕円に接するときで，楕円に接したまま円の中心の位置を少しずつずらしていくと，半径は小さくなっていく。しばらくは円は楕円と２点で接しているが，あるところから先では１点で接するようになる。その様子は，〔**解法**〕で調べたように，次のようになっている。

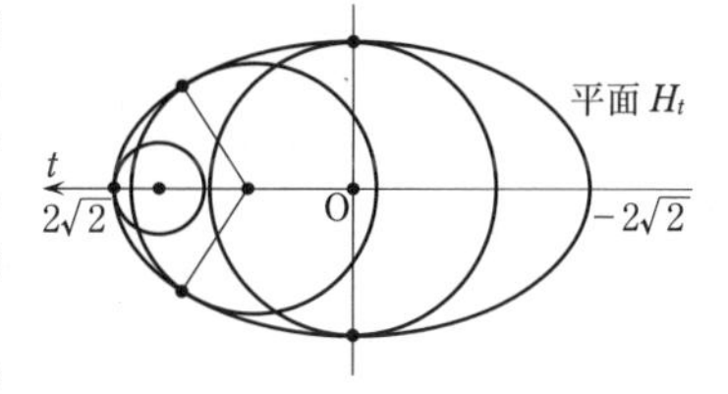

$$\begin{cases} 0\leqq t\leqq\dfrac{7\sqrt{2}}{4}\text{ のとき}\quad r(t)=\sqrt{1-\dfrac{1}{7}t^2}\quad(\text{２点で接している})\\ \dfrac{7\sqrt{2}}{4}\leqq t\leqq 2\sqrt{2}\text{ のとき}\quad r(t)=2\sqrt{2}-t\quad(\text{楕円の頂点のみで接している})\end{cases}$$

49 2016年度〔3〕 Level B

水平な平面αの上に半径r_1の球S_1と半径r_2の球S_2が乗っており，S_1とS_2は外接している。

(1) S_1，S_2がαと接する点をそれぞれP_1，P_2とする。線分P_1P_2の長さを求めよ。

(2) αの上に乗っており，S_1とS_2の両方に外接している球すべてを考える。それらの球とαの接点は，1つの円の上または1つの直線の上にあることを示せ。

ポイント 空間図形特有の難しさは感じられないので，イメージが容易に描ける。
(1) 平面αの真上からではなく，真横から，平面αが直線に，そして外接する2球が外接する2円に見えるように作図してみる。三平方の定理で片付くであろう。
(2) S_1とS_2の両方に外接している球の1つをSとし，その球の半径をr，Sとαの接点をPとすれば，(1)より，P_1P，P_2Pがr_1，r_2，rで表される。ここからは，座標を設定して，座標の計算からPの満たすべき方程式を求めることになる（〔解法2〕のように図形的に処理することもできる）。空間図形の問題ではあるが，Pをしばるz成分の条件はないから，xy平面で考えればよいだろう。

解法1

(1) 右の$r_1<r_2$の場合の図（球S_1，S_2の中心を通り，平面αに垂直な平面による断面図）を参考にすれば，$r_1 \geqq r_2$の場合も含めて，三平方の定理により

$$P_1P_2{}^2=(r_1+r_2)^2-|r_1-r_2|^2$$
$$=(r_1+r_2)^2-(r_1-r_2)^2=4r_1r_2$$

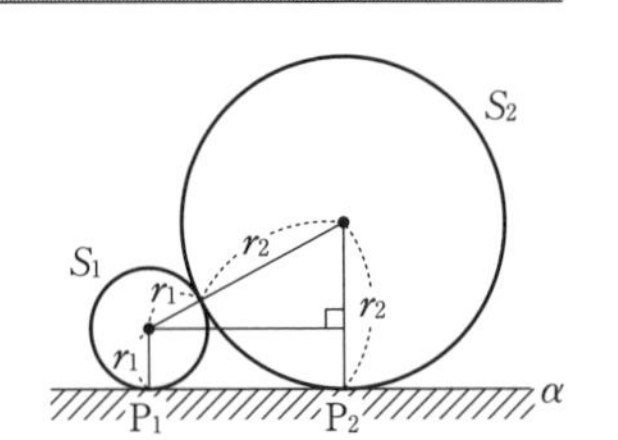

が成り立つ。よって

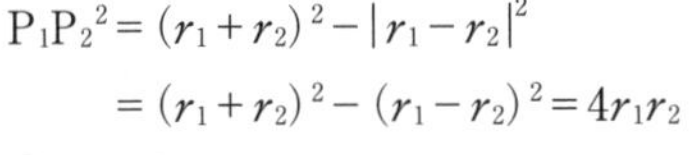

$$P_1P_2=2\sqrt{r_1r_2} \quad \cdots\cdots(答)$$

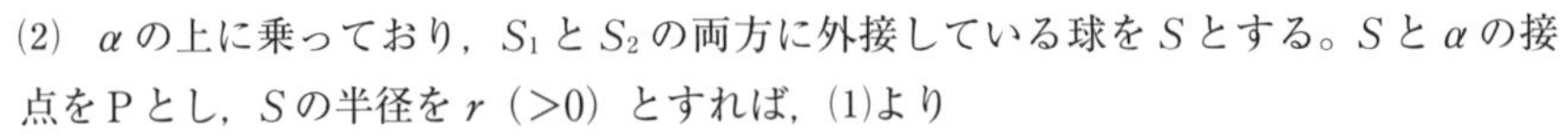

(2) αの上に乗っており，S_1とS_2の両方に外接している球をSとする。Sとαの接点をPとし，Sの半径をr（>0）とすれば，(1)より

$$P_1P=2\sqrt{r_1r} \quad \cdots\cdots①$$
$$P_2P=2\sqrt{r_2r} \quad \cdots\cdots②$$

が成り立つ。

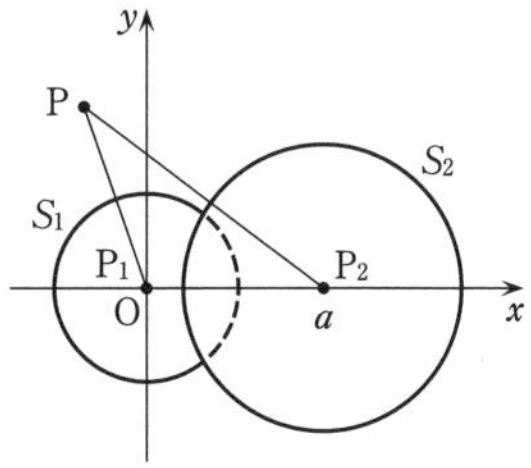

①，②を同時に満たす点Pの軌跡の方程式を求めるために，右図のように xy 平面の原点に P_1 を置き，P_2 の座標を $(a,\ 0)$ $(a=2\sqrt{r_1r_2})$ とする。点Pの座標を $(x,\ y)$ とすれば

$$P_1P=\sqrt{x^2+y^2}$$

$$P_2P=\sqrt{(x-a)^2+y^2}$$

であるから，①，②より

$$x^2+y^2=4r_1r \qquad \cdots\cdots③$$

$$(x-a)^2+y^2=4r_2r \qquad \cdots\cdots④$$

③－④より

$$2ax=4r(r_1-r_2)+a^2 \qquad \cdots\cdots⑤$$

$r_1=r_2$ のとき

$$x=\frac{a}{2}=\sqrt{r_1r_2}=r_1 \ (=r_2)$$

③より

$$y^2=(4r-r_1)r_1 \quad \left(r\geqq\frac{r_1}{4}=\frac{r_2}{4}\text{に対して，}y\text{は任意の実数がとれる}\right)$$

これは，点Pが線分 P_1P_2 の垂直二等分線の上にあることを示している。……⑥

$r_1\neq r_2$ のとき，⑤より

$$r=\frac{2ax-a^2}{4(r_1-r_2)} \quad \left(\begin{array}{l} r>0\text{ であるから，}r_1>r_2\text{ ならば }x>\dfrac{a}{2}=\sqrt{r_1r_2}, \\ r_1<r_2\text{ ならば }x<\dfrac{a}{2}=\sqrt{r_1r_2}\text{ でなければならない} \end{array}\right)$$

であるから，③に代入して

$$x^2+y^2=\frac{(2ax-a^2)r_1}{r_1-r_2}$$

$$x^2-\frac{2ar_1}{r_1-r_2}x+y^2=\frac{-a^2r_1}{r_1-r_2}$$

$$\left(x-\frac{ar_1}{r_1-r_2}\right)^2+y^2=\frac{-a^2r_1}{r_1-r_2}+\frac{a^2r_1^{\,2}}{(r_1-r_2)^2}=\frac{a^2r_1r_2}{(r_1-r_2)^2}$$

$a=2\sqrt{r_1r_2}$ であるから

$$\left(x-\frac{2r_1\sqrt{r_1r_2}}{r_1-r_2}\right)^2+y^2=\frac{4r_1^{\,2}r_2^{\,2}}{(r_1-r_2)^2}=\left(\frac{2r_1r_2}{r_1-r_2}\right)^2$$

これは，$\left(\dfrac{2r_1\sqrt{r_1r_2}}{r_1-r_2},\ 0\right)$ を中心とする半径 $\dfrac{2r_1r_2}{|r_1-r_2|}$ の円を表しているから，点Pが円の上にあることを示している。……⑦

⑥，⑦より，S_1 と S_2 の両方に外接している球全体と α の接点は，$r_1 \neq r_2$ のときは1つの円の上にあり，$r_1 = r_2$ のときは1つの直線の上にある。　　　　(証明終)

〔注1〕 ①，②より，$P_1P : P_2P = \sqrt{r_1} : \sqrt{r_2}$ であるから

$$\sqrt{r_2}P_1P = \sqrt{r_1}P_2P \Longleftrightarrow r_2P_1P^2 = r_1P_2P^2$$

よって

$$r_2(x^2+y^2) = r_1\{(x-a)^2+y^2\}$$
$$(r_2-r_1)(x^2+y^2)+2ar_1x-a^2r_1=0$$

$r_1 = r_2$ のとき　　$x = \dfrac{a}{2}$

$r_1 \neq r_2$ のとき，両辺を $r_2 - r_1$ で割って

$$x^2+y^2+\frac{2ar_1}{r_2-r_1}x-\frac{a^2r_1}{r_2-r_1}=0$$

$$\left(x+\frac{ar_1}{r_2-r_1}\right)^2+y^2=\frac{a^2r_1}{r_2-r_1}+\left(\frac{ar_1}{r_2-r_1}\right)^2=\frac{a^2r_1r_2}{(r_2-r_1)^2}$$

としてもよい。また，③の両辺に r_2 をかけ，④の両辺に r_1 をかけて，辺々引くことによって r を消去してもよい。

解法 2

((1)は〔解法1〕と同様)

(2) 〔解法1〕の①，②より

$$P_1P : P_2P = \sqrt{r_1} : \sqrt{r_2}$$

$r_1 = r_2$ のとき $P_1P = P_2P$ であるから，P は線分 P_1P_2 の垂直二等分線の上にある。

$r_1 \neq r_2$ のとき，$\sqrt{r_1} = m$，$\sqrt{r_2} = n$ とおき，$m < n$ の場合を考察する（$m > n$ の場合も同様にできる)。

P_1P_2 を $m : n$ の比に内分する点をQ，外分する点をRとする。

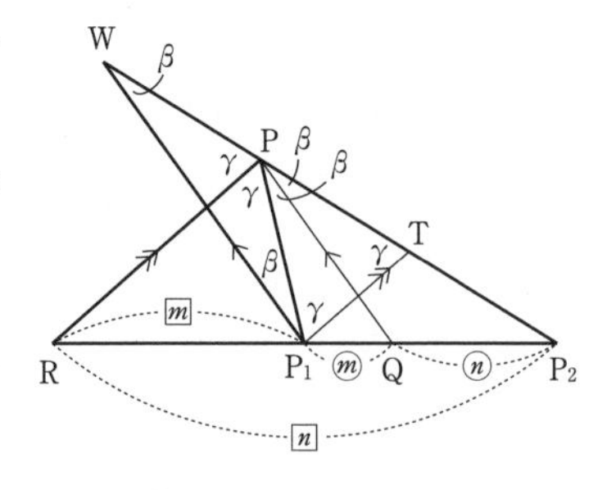

PがQ，Rと異なる場合について考える。

P_1 を通り，QP に平行な直線と，直線 P_2P との交点をWとする。

$$\frac{n}{m}=\frac{P_2P}{P_1P}=\frac{P_2Q}{P_1Q}=\frac{P_2P}{WP}\qquad \therefore\quad P_1P=WP$$

二等辺三角形の底角，平行線の錯角，同位角に注意すると

$$\angle PP_1W = \angle PWP_1 = \angle P_1PQ = \angle P_2PQ\ （=\beta とおく）$$

P_1 を通り，RP に平行な直線と，直線 P_2P との交点をTとする。

$$\frac{n}{m}=\frac{P_2P}{P_1P}=\frac{P_2R}{P_1R}=\frac{P_2P}{TP}\qquad \therefore\quad P_1P=TP$$

上と同様に

$$\angle PP_1T = \angle PTP_1 = \angle P_1PR = \angle WPR \ (=\gamma とおく)$$

$2\beta + 2\gamma = 180°$ に注意すると

$$\angle QPR = \beta + \gamma = \frac{180°}{2} = 90°$$

すなわち，PはQ，Rを直径の両端とする円の上にある。これは，PがQ，Rと一致する場合も成り立つ。（証明終）

〔注2〕 ここでは，「$P_1P : P_2P = m : n \ (m \neq n)$ ならば，PはQ，Rを直径の両端とする円の上にある」ことを示しただけである。逆，すなわち「Pがこの円の上の点であれば，$P_1P : P_2P = m : n$ が成り立つ」ことを示さないと，Pの軌跡がこの円であることの証明にはならない（円の一部かもしれない）。本問は，「1つの円の上または1つの直線の上にある」ことを示すだけであるから，逆の証明は不要であるが，参考のために逆の証明の例をあげておく。

PがQ，Rと異なる場合について考える。

P_1 を通り，P_2P に平行な直線と，直線PQ，PRの交点をそれぞれU，Vとする。

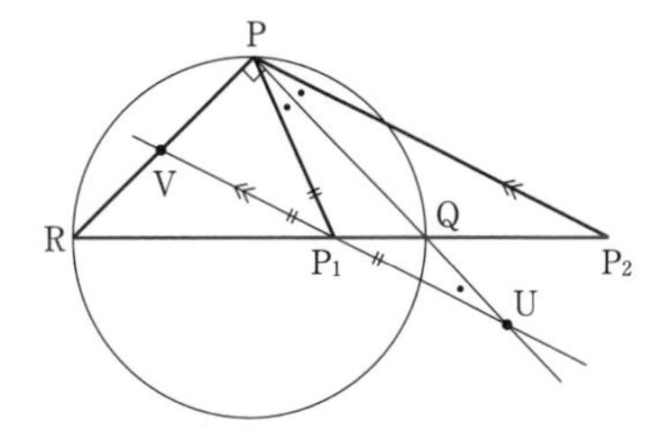

$\triangle QP_1U \backsim \triangle QP_2P$ より

$$\frac{n}{m} = \frac{P_2Q}{P_1Q} = \frac{P_2P}{P_1U}$$

$\triangle RP_1V \backsim \triangle RP_2P$ より

$$\frac{n}{m} = \frac{P_2R}{P_1R} = \frac{P_2P}{P_1V}$$

これら2式より　$P_1U = P_1V$

すなわち，P_1 は直角三角形UVPの斜辺UVの中点である。

よって，線分UVを直径とする円が△UVPに外接し，P_1 が外接円の中心であるから，$P_1U = P_1P$ であり，$\angle P_1UP = \angle P_1PU$ が成り立つ。

平行線の錯角を考えあわせると，$\angle P_1PQ = \angle P_2PQ$ が成り立つ。よって

$$P_1P : P_2P = P_1Q : P_2Q = m : n$$

これは，PがQ，Rと一致する場合も成り立つ。

参考　2定点A，Bからの距離の比が $m : n$ である点の軌跡は

$m = n$ のときは直線（ABの垂直二等分線）

$m \neq n$ のときは円（ABを $m : n$ に内分・外分する点が直径の両端）

である。なお，$m \neq n$ のときの円を「アポロニウスの円」という。

本問では，①，②より $P_1P : P_2P = \sqrt{r_1} : \sqrt{r_2}$ であるから，Pの軌跡は $r_1 = r_2$ のときが直線，$r_1 \neq r_2$ のときが円である。

50　2015年度〔2〕　Level B

四面体OABCにおいて，OA＝OB＝OC＝BC＝1，AB＝AC＝xとする。頂点Oから平面ABCに垂線を下ろし，平面ABCとの交点をHとする。頂点Aから平面OBCに垂線を下ろし，平面OBCとの交点をH′とする。

(1)　$\overrightarrow{\mathrm{OA}}=\vec{a}$，$\overrightarrow{\mathrm{OB}}=\vec{b}$，$\overrightarrow{\mathrm{OC}}=\vec{c}$とし，$\overrightarrow{\mathrm{OH}}=p\vec{a}+q\vec{b}+r\vec{c}$，$\overrightarrow{\mathrm{OH'}}=s\vec{b}+t\vec{c}$と表す。このとき，$p$，$q$，$r$および$s$，$t$を$x$の式で表せ。

(2)　四面体OABCの体積Vをxの式で表せ。また，xが変化するときのVの最大値を求めよ。

ポイント　三角形OBCは辺の長さが1の正三角形であるから，これが底面になるように図を描いてみるとよい。
(1)　$\overrightarrow{\mathrm{OH}}=p\vec{a}+q\vec{b}+r\vec{c}$のまま始めると，未知数が$p$，$q$，$r$，条件がOH⊥AB，OH⊥AC，$p+q+r=1$である。$\overrightarrow{\mathrm{OH'}}=s\vec{b}+t\vec{c}$の方も条件AH′⊥OB，AH′⊥OCから$s$，$t$が求まる。図形の対称性を利用すると$q=r$，$s=t$がわかるから，少し計算が簡単になる。
(2)　底面を三角形OBCとして考えると底面積は一定である。四面体の体積が最大になるのは高さが最大のときであり，それは作図から容易に求まる。Vを表すxの式を求めなければならないので，高さ$|\overrightarrow{\mathrm{AH'}}|$を計算しなければならないが，これにはまず$|\overrightarrow{\mathrm{OH'}}|$を求めるとよい。$|\overrightarrow{\mathrm{AH'}}|$を直接計算するよりも楽である。

解法1

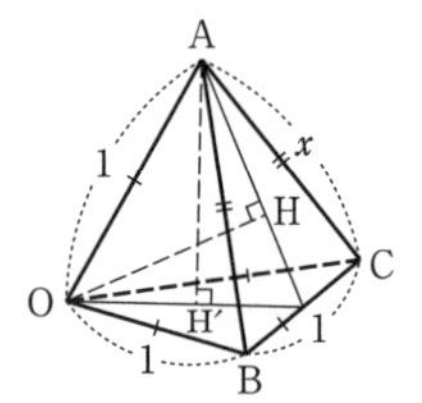

(1)　三角形OAB，OACの成立条件より$0<x<2$，三角形ABCの成立条件より$\dfrac{1}{2}<x$，よって$\dfrac{1}{2}<x<2$が必要である。

$\overrightarrow{\mathrm{OA}}=\vec{a}$，$\overrightarrow{\mathrm{OB}}=\vec{b}$，$\overrightarrow{\mathrm{OC}}=\vec{c}$とするから，OA＝OB＝OC＝1より

$$|\vec{a}|=|\vec{b}|=|\vec{c}|=1 \quad \cdots\cdots①$$

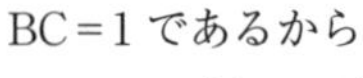
BC＝1であるから

$$|\overrightarrow{\mathrm{BC}}|^2=|\overrightarrow{\mathrm{OC}}-\overrightarrow{\mathrm{OB}}|^2=|\vec{c}-\vec{b}|^2=|\vec{c}|^2-2\vec{b}\cdot\vec{c}+|\vec{b}|^2=1^2$$

①より　$\vec{b}\cdot\vec{c}=\dfrac{1}{2}$　……②

AB＝xであるから

$$|\overrightarrow{AB}|^2=|\overrightarrow{OB}-\overrightarrow{OA}|^2=|\vec{b}-\vec{a}|^2=|\vec{b}|^2-2\vec{a}\cdot\vec{b}+|\vec{a}|^2=x^2$$

①より　$\vec{a}\cdot\vec{b}=\dfrac{2-x^2}{2}$　……③

AC$=x$ より，同様に

$$\vec{c}\cdot\vec{a}=\frac{2-x^2}{2} \quad \cdots\cdots④$$

OH⊥(平面ABC) より OH⊥AB，OH⊥AC であるので

$$\overrightarrow{OH}\cdot\overrightarrow{AB}=0 \quad \cdots\cdots⑤$$

$$\overrightarrow{OH}\cdot\overrightarrow{AC}=0 \quad \cdots\cdots⑥$$

$\overrightarrow{OH}=p\vec{a}+q\vec{b}+r\vec{c}$ であるから，⑤より

$$(p\vec{a}+q\vec{b}+r\vec{c})\cdot(\vec{b}-\vec{a})=0$$

$$p(\vec{a}\cdot\vec{b}-|\vec{a}|^2)+q(|\vec{b}|^2-\vec{a}\cdot\vec{b})+r(\vec{b}\cdot\vec{c}-\vec{c}\cdot\vec{a})=0$$

①〜④を用いると

$$\left(\frac{2-x^2}{2}-1\right)p+\left(1-\frac{2-x^2}{2}\right)q+\left(\frac{1}{2}-\frac{2-x^2}{2}\right)r=0$$

$$\therefore \quad -x^2p+x^2q+(x^2-1)r=0 \quad \cdots\cdots⑦$$

⑥より

$$(p\vec{a}+q\vec{b}+r\vec{c})\cdot(\vec{c}-\vec{a})=0$$

$$p(\vec{c}\cdot\vec{a}-|\vec{a}|^2)+q(\vec{b}\cdot\vec{c}-\vec{a}\cdot\vec{b})+r(|\vec{c}|^2-\vec{c}\cdot\vec{a})=0$$

①〜④を用いて

$$\left(\frac{2-x^2}{2}-1\right)p+\left(\frac{1}{2}-\frac{2-x^2}{2}\right)q+\left(1-\frac{2-x^2}{2}\right)r=0$$

$$\therefore \quad -x^2p+(x^2-1)q+x^2r=0 \quad \cdots\cdots⑧$$

また，H は平面 ABC 上にあるから

$$p+q+r=1 \quad \cdots\cdots⑨$$

⑦－⑧ より

$$q-r=0 \qquad \therefore \quad q=r \quad \cdots\cdots⑩$$

よって，⑨より

$$p=1-2r \quad \cdots\cdots⑪$$

⑩，⑪を⑦に代入すると

$$-x^2(1-2r)+x^2r+(x^2-1)r=0$$

$$-x^2+(2x^2+x^2+x^2-1)r=0$$

$$\therefore \quad r=\frac{x^2}{4x^2-1} \quad \left(\frac{1}{2}<x<2 \text{ より } 4x^2-1\neq 0\right)$$

⑩，⑪より

$$p=\frac{2x^2-1}{4x^2-1},\quad q=r=\frac{x^2}{4x^2-1}\quad \cdots\cdots(\text{答})$$

AH′⊥(平面OBC) より AH′⊥OB, AH′⊥OC であるので

$$\overrightarrow{\mathrm{AH'}}\cdot\overrightarrow{\mathrm{OB}}=0\quad\cdots\cdots⑫$$

$$\overrightarrow{\mathrm{AH'}}\cdot\overrightarrow{\mathrm{OC}}=0\quad\cdots\cdots⑬$$

$\overrightarrow{\mathrm{OH'}}=s\vec{b}+t\vec{c}$ より, $\overrightarrow{\mathrm{AH'}}=\overrightarrow{\mathrm{OH'}}-\overrightarrow{\mathrm{OA}}=s\vec{b}+t\vec{c}-\vec{a}$ であるから, ⑫より

$$(s\vec{b}+t\vec{c}-\vec{a})\cdot\vec{b}=0$$

$$s|\vec{b}|^2+t\vec{b}\cdot\vec{c}-\vec{a}\cdot\vec{b}=0$$

①, ②, ③より

$$s+\frac{1}{2}t-\frac{2-x^2}{2}=0$$

$$\therefore\quad 2s+t=2-x^2\quad\cdots\cdots⑭$$

⑬より

$$(s\vec{b}+t\vec{c}-\vec{a})\cdot\vec{c}=0$$

$$s\vec{b}\cdot\vec{c}+t|\vec{c}|^2-\vec{c}\cdot\vec{a}=0$$

①, ②, ④より

$$\frac{1}{2}s+t-\frac{2-x^2}{2}=0$$

$$\therefore\quad s+2t=2-x^2\quad\cdots\cdots⑮$$

⑭, ⑮より

$$s=t=\frac{2-x^2}{3}\quad\cdots\cdots(\text{答})$$

〔注1〕 交点Hは平面 ABC 上にあるから, 実数 m, n を用いて

$$\overrightarrow{\mathrm{AH}}=m\overrightarrow{\mathrm{AB}}+n\overrightarrow{\mathrm{AC}}=m(\overrightarrow{\mathrm{OB}}-\overrightarrow{\mathrm{OA}})+n(\overrightarrow{\mathrm{OC}}-\overrightarrow{\mathrm{OA}})$$
$$=m(\vec{b}-\vec{a})+n(\vec{c}-\vec{a})$$

と書ける。よって

$$\overrightarrow{\mathrm{OH}}=\overrightarrow{\mathrm{OA}}+\overrightarrow{\mathrm{AH}}=\vec{a}+m(\vec{b}-\vec{a})+n(\vec{c}-\vec{a})$$
$$=(1-m-n)\vec{a}+m\vec{b}+n\vec{c}$$

と表せる。ここで $1-m-n=p$, $m=q$, $n=r$ とおけば

$$p+q+r=1$$

となる。これが⑨の意味である。知っていなければならない。

(2) 三角形 OBC は OB＝OC＝BC＝1 で, 正三角形であるから, その面積を S とすると

$$S=\frac{1}{2}\times1\times1\times\sin60^\circ=\frac{\sqrt{3}}{4}$$

三角形 OAH′ は直角三角形で

$$\mathrm{OH}'^2=|\overrightarrow{\mathrm{OH}'}|^2=|s\vec{b}+t\vec{c}|^2=s^2|\vec{b}|^2+2st\vec{b}\cdot\vec{c}+t^2|\vec{c}|^2$$
$$=3s^2=3\left(\frac{2-x^2}{3}\right)^2\quad\left(\because\ ①,\ ②,\ (1)\text{より } s=t=\frac{2-x^2}{3}\right)$$

であるから

$$\mathrm{AH}'^2=\mathrm{OA}^2-\mathrm{OH}'^2=1-3\left(\frac{2-x^2}{3}\right)^2$$
$$\therefore\quad \mathrm{AH}'=\sqrt{1-\frac{1}{3}(2-x^2)^2}$$

したがって，四面体 OABC の体積 V は

$$V=\frac{1}{3}S\times\mathrm{AH}'=\frac{1}{3}\times\frac{\sqrt{3}}{4}\times\sqrt{1-\frac{1}{3}(2-x^2)^2}$$
$$=\frac{1}{12}\sqrt{3-(2-x^2)^2}\quad\cdots\cdots(\text{答})$$

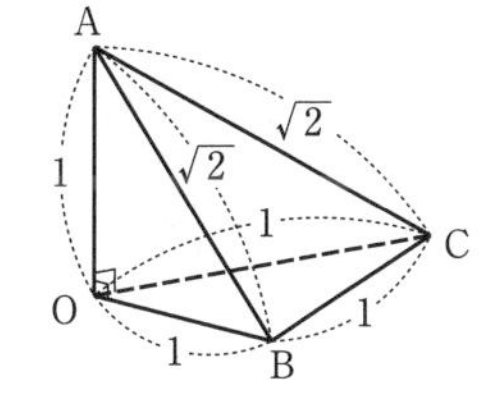

$\sqrt{3-(2-x^2)^2}$ は，$2-x^2=0$ すなわち $x=\sqrt{2}$（$-\sqrt{2}$ は不適）のとき最大であるが，実際 $x=\sqrt{2}$ としたとき四面体 OABC は右のように存在するから，V は $x=\sqrt{2}$ のとき最大である。よって，V の最大値は

$$V=\frac{\sqrt{3}}{12}\quad\cdots\cdots(\text{答})$$

〔注 2〕 各三角形の成立条件より $\frac{1}{2}<x<2$ であるが，それらの三角形は連動するため，x は $\frac{1}{2}<x<2$ の任意の値をとれるわけではない。$x=\sqrt{2}$ が $\frac{1}{2}<x<2$ を満たすといっても安心はできない。x の必要十分条件を求めればよいのだが，いまは V の最大値を求めるだけなので，$x=\sqrt{2}$ としたときの四面体 OABC が存在することを確かめてしまう方が楽である。

解法 2

(1)　2つの直角三角形 OBH，OCH は斜辺の長さが等しいので合同であるから，BH＝CH である。さらに AB＝AC であるから，2つの三角形 ABH，ACH は合同で ∠BAH＝∠CAH である。つまり，H は∠BAC の二等分線上にある。このことから

$$\overrightarrow{\mathrm{AH}}=m(\overrightarrow{\mathrm{AB}}+\overrightarrow{\mathrm{AC}})\quad(m\text{ は実数})$$

と表せるので

$$\overrightarrow{\mathrm{OH}}=\overrightarrow{\mathrm{OA}}+\overrightarrow{\mathrm{AH}}=\overrightarrow{\mathrm{OA}}+m(\overrightarrow{\mathrm{AB}}+\overrightarrow{\mathrm{AC}})$$

$\overrightarrow{\mathrm{OH}}\perp\overrightarrow{\mathrm{AB}}$ より $\overrightarrow{\mathrm{OH}}\cdot\overrightarrow{\mathrm{AB}}=0$ であるから

$$\overrightarrow{\mathrm{OH}}\cdot\overrightarrow{\mathrm{AB}}=\overrightarrow{\mathrm{OA}}\cdot\overrightarrow{\mathrm{AB}}+m(|\overrightarrow{\mathrm{AB}}|^2+\overrightarrow{\mathrm{AB}}\cdot\overrightarrow{\mathrm{AC}})=0$$

ここに，$|\overrightarrow{\mathrm{AB}}|=x$ であり

$$\begin{aligned}\overrightarrow{\mathrm{OA}}\cdot\overrightarrow{\mathrm{AB}}&=\mathrm{OA}\times\mathrm{AB}\cos(180^\circ-\angle\mathrm{OAB})\\&=-\mathrm{OA}\times\mathrm{AB}\cos\angle\mathrm{OAB}\\&=-1\times x\times\frac{1^2+x^2-1^2}{2\times1\times x}\quad(\text{余弦定理})\\&=\frac{-x^2}{2}\end{aligned}$$

$$\begin{aligned}\overrightarrow{\mathrm{AB}}\cdot\overrightarrow{\mathrm{AC}}&=\mathrm{AB}\times\mathrm{AC}\cos\angle\mathrm{BAC}\\&=x\times x\times\frac{x^2+x^2-1^2}{2\times x\times x}\quad(\text{余弦定理})\\&=\frac{2x^2-1}{2}\end{aligned}$$

であるから

$$\frac{-x^2}{2}+m\left(x^2+\frac{2x^2-1}{2}\right)=0$$

$$\therefore\quad m=\frac{x^2}{4x^2-1}\quad\left(\frac{1}{2}<x<2\text{ より }4x^2-1\neq0\right)$$

したがって

$$\begin{aligned}\overrightarrow{\mathrm{OH}}&=\overrightarrow{\mathrm{OA}}+\frac{x^2}{4x^2-1}(\overrightarrow{\mathrm{AB}}+\overrightarrow{\mathrm{AC}})\\&=\vec{a}+\frac{x^2}{4x^2-1}\{(\vec{b}-\vec{a})+(\vec{c}-\vec{a})\}\\&=\left(1-\frac{2x^2}{4x^2-1}\right)\vec{a}+\frac{x^2}{4x^2-1}\vec{b}+\frac{x^2}{4x^2-1}\vec{c}\quad(=p\vec{a}+q\vec{b}+r\vec{c})\end{aligned}$$

$\vec{a}$，$\vec{b}$，$\vec{c}$ は同じ平面上にないから

$$p=1-\frac{2x^2}{4x^2-1}=\frac{2x^2-1}{4x^2-1},\quad q=r=\frac{x^2}{4x^2-1}\quad\cdots\cdots(\text{答})$$

2つの直角三角形 ABH′，ACH′ は斜辺の長さが等しいので合同であるから，BH′=CH′ である。さらに OB=OC であるから，2つの三角形 OBH′，OCH′ は合同で，∠BOH′=∠COH′ である。つまり，H′ は∠BOC の二等分線上にある。このことから

$$\overrightarrow{\mathrm{OH'}}=n(\overrightarrow{\mathrm{OB}}+\overrightarrow{\mathrm{OC}})\quad(n\text{ は実数})$$

と表せる。よって

$$\overrightarrow{\mathrm{AH'}}=\overrightarrow{\mathrm{OH'}}-\overrightarrow{\mathrm{OA}}=n(\overrightarrow{\mathrm{OB}}+\overrightarrow{\mathrm{OC}})-\overrightarrow{\mathrm{OA}}$$

$\overrightarrow{\mathrm{AH'}}\perp\overrightarrow{\mathrm{OB}}$ より $\overrightarrow{\mathrm{AH'}}\cdot\overrightarrow{\mathrm{OB}}=0$ であるから

$$\overrightarrow{\mathrm{AH'}}\cdot\overrightarrow{\mathrm{OB}}=n(|\overrightarrow{\mathrm{OB}}|^2+\overrightarrow{\mathrm{OB}}\cdot\overrightarrow{\mathrm{OC}})-\overrightarrow{\mathrm{OA}}\cdot\overrightarrow{\mathrm{OB}}=0$$

ここに，$|\overrightarrow{\mathrm{OB}}|=1$ であり

$$\overrightarrow{\mathrm{OB}}\cdot\overrightarrow{\mathrm{OC}}=\mathrm{OB}\times\mathrm{OC}\cos 60^\circ=1\times 1\times\frac{1}{2}=\frac{1}{2}$$

$$\begin{aligned}\overrightarrow{\mathrm{OA}}\cdot\overrightarrow{\mathrm{OB}}&=\mathrm{OA}\times\mathrm{OB}\cos\angle\mathrm{AOB}\\&=1\times 1\times\frac{1^2+1^2-x^2}{2\times 1\times 1}\quad\text{（余弦定理）}\\&=\frac{2-x^2}{2}\end{aligned}$$

であるから

$$n\left(1+\frac{1}{2}\right)-\frac{2-x^2}{2}=0\qquad\therefore\quad n=\frac{2-x^2}{3}$$

したがって

$$\overrightarrow{\mathrm{OH'}}=\frac{2-x^2}{3}(\overrightarrow{\mathrm{OB}}+\overrightarrow{\mathrm{OC}})=\frac{2-x^2}{3}\vec{b}+\frac{2-x^2}{3}\vec{c}\quad(=s\vec{b}+t\vec{c})$$

$$\therefore\quad s=t=\frac{2-x^2}{3}\quad\cdots\cdots\text{(答)}$$

〔注 3〕 BH＝CH を示したのと同様に AH＝BH＝CH（H は三角形 ABC の外心）も示せる。このことを用いると，三平方の定理や相似比の計算だけで m の値が求まる。ただし，H は三角形 ABC の内部にあるとは限らないから，答案がやや書きにくいかもしれない。

((2)は **〔解法 1〕** と同様)

51 2015年度〔3〕 Level C

$a>0$ とする。曲線 $y=e^{-x^2}$ と x 軸，y 軸，および直線 $x=a$ で囲まれた図形を，y 軸のまわりに1回転してできる回転体を A とする。

(1) A の体積 V を求めよ。

(2) 点 $(t,\ 0)$ $(-a \leqq t \leqq a)$ を通り x 軸と垂直な平面による A の切り口の面積を $S(t)$ とするとき，不等式

$$S(t) \leqq \int_{-a}^{a} e^{-(s^2+t^2)} ds$$

を示せ。

(3) 不等式

$$\sqrt{\pi(1-e^{-a^2})} \leqq \int_{-a}^{a} e^{-x^2} dx$$

を示せ。

ポイント $y=e^{-x^2}$ のグラフを描いて，回転体 A の概形を知ることが先決である。
(1) 回転体の体積の求め方に従えばよい。
(2) 問題の不等式の右辺をヒントにして，原点を通り xy 平面に垂直な s 軸を用意するとよい。xs 平面上の点 $(t,\ s)$ における立体 A の高さを s の式で表すことができれば切り口の面積 $S(t)$ の式が作れる。原点から点 $(t,\ s)$ までの距離を u とすると，点 $(t,\ s)$ は点 $(u,\ 0)$ が回転してできた点である。つまり，点 $(t,\ s)$ での A の高さは，e^{-u^2} である。$S(t)$ の式が作れれば，不等式の証明は難しくない。
(3) (2)の切り口の面積 $S(t)$ を $-a$ から a まで積分すれば(1)で求めた値に等しくなるはずである。(2)の不等式の右辺の定積分では，$e^{-(s^2+t^2)}=e^{-s^2}e^{-t^2}$ を s で積分するので，定数 e^{-t^2} はインテグラルの外に出せる。

解法

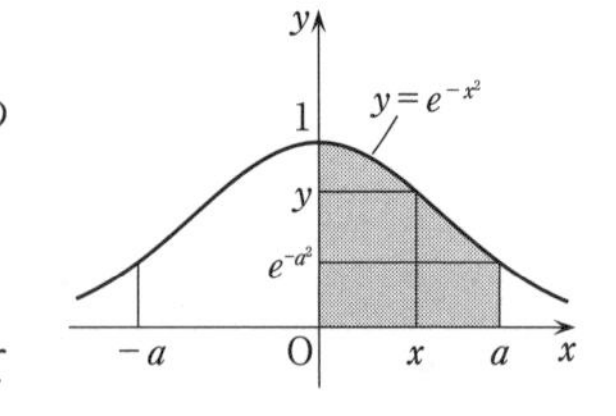

(1) $y=e^{-x^2}$ は，つねに $y>0$ であり，$e^{-x^2}=e^{-(-x)^2}$ より偶関数（グラフは y 軸対称），$y'=-2xe^{-x^2}$ より $x>0$ のとき $y'<0$（$x>0$ で y は単調減少），$x=0$ のとき $y=1$，$\displaystyle\lim_{x\to\infty} y=0$ から，そのグラフは右のようになる。

A は，右図の網かけ部分を y 軸のまわりに1回転して

できる回転体であるから，その体積 V は，前図より

$$V=\pi\int_0^{e^{-a^2}}a^2dy+\pi\int_{e^{-a^2}}^1 x^2dy$$

$$=\pi\Big[a^2y\Big]_0^{e^{-a^2}}-\pi\int_{e^{-a^2}}^1\log y\,dy\quad(\because\quad \log y=\log e^{-x^2}=-x^2)$$

$$=\pi a^2e^{-a^2}-\pi\Big[y\log y-y\Big]_{e^{-a^2}}^1\quad(\because\quad (y\log y-y)'=\log y)$$

$$=\pi a^2e^{-a^2}-\pi(-1-e^{-a^2}\log e^{-a^2}+e^{-a^2})$$

$$=\pi a^2e^{-a^2}-\pi(-1+a^2e^{-a^2}+e^{-a^2})$$

$$=\pi(1-e^{-a^2})\quad\cdots\cdots(答)$$

〔注1〕 $\int_{e^{-a^2}}^1 x^2dy$ の計算は，次のようにしてもよい。

$y=e^{-x^2}$ より，$\dfrac{dy}{dx}=-2xe^{-x^2}$，

y	$e^{-a^2}\longrightarrow 1$
x	$a\longrightarrow 0$

であるから

$$\int_{e^{-a^2}}^1 x^2dy=\int_a^0 x^2\frac{dy}{dx}dx=\int_a^0 x^2(-2xe^{-x^2})\,dx$$

$$=\Big[x^2e^{-x^2}\Big]_a^0-\int_a^0 2xe^{-x^2}dx\quad(部分積分)$$

$$=\Big[x^2e^{-x^2}\Big]_a^0+\Big[e^{-x^2}\Big]_a^0$$

$$=-a^2e^{-a^2}+1-e^{-a^2}$$

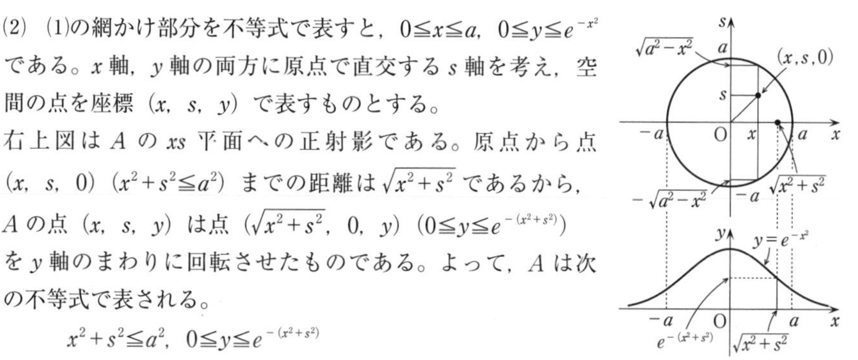

(2)　(1)の網かけ部分を不等式で表すと，$0\leqq x\leqq a$，$0\leqq y\leqq e^{-x^2}$ である。x 軸，y 軸の両方に原点で直交する s 軸を考え，空間の点を座標（x，s，y）で表すものとする。

右上図は A の xs 平面への正射影である。原点から点（x，s，0）（$x^2+s^2\leqq a^2$）までの距離は $\sqrt{x^2+s^2}$ であるから，A の点（x，s，y）は点（$\sqrt{x^2+s^2}$，0，y）（$0\leqq y\leqq e^{-(x^2+s^2)}$）を y 軸のまわりに回転させたものである。よって，A は次の不等式で表される。

$$x^2+s^2\leqq a^2,\quad 0\leqq y\leqq e^{-(x^2+s^2)}$$

したがって，A の平面 $x=t$（$-a\leqq t\leqq a$）による切り口は

$$t^2+s^2\leqq a^2,\quad 0\leqq y\leqq e^{-(t^2+s^2)}$$

すなわち

$$-\sqrt{a^2-t^2}\leqq s\leqq\sqrt{a^2-t^2},\quad 0\leqq y\leqq e^{-(s^2+t^2)}$$

となるから，切り口の面積 $S(t)$ は

$$S(t)=\int_{-\sqrt{a^2-t^2}}^{\sqrt{a^2-t^2}}e^{-(s^2+t^2)}ds$$

で表される。ここに，$\sqrt{a^2-t^2} \leqq a$ より，区間 $[-\sqrt{a^2-t^2},\ \sqrt{a^2-t^2}]$ は区間 $[-a,\ a]$ に含まれ，$e^{-(s^2+t^2)}>0$ であるから

$$S(t) \leqq \int_{-a}^{a} e^{-(s^2+t^2)} ds \quad (-a \leqq t \leqq a)$$

が成り立つ。　　　　　　　　　　　　　　　　　　　　　　　　（証明終）

〔注２〕 $a \leqq b < c \leqq d$ とする。区間 $[a,\ d]$ で $f(x)>0$ とすると

$$\int_a^d f(x)\,dx = \int_a^b f(x)\,dx + \int_b^c f(x)\,dx + \int_c^d f(x)\,dx$$

$\int_a^b f(x)\,dx \geqq 0,\ \int_c^d f(x)\,dx \geqq 0$ であるから

$$\int_a^d f(x)\,dx \geqq \int_b^c f(x)\,dx$$ （区間 $[a,\ d]$ が区間 $[b,\ c]$ を含む）

(3)　切り口の面積 $S(t)$ $(-a \leqq t \leqq a)$ を用いると，A の体積 V は

$$V = \int_{-a}^{a} S(t)\,dt$$

と表される。$-a \leqq t \leqq a$ においては(2)の不等式

$$S(t) \leqq \int_{-a}^{a} e^{-(s^2+t^2)} ds = e^{-t^2} \int_{-a}^{a} e^{-s^2} ds$$ （s で積分するとき e^{-t^2} は定数）

が成り立つから

$$V \leqq \int_{-a}^{a} \left(e^{-t^2} \int_{-a}^{a} e^{-s^2} ds \right) dt$$

$$= \int_{-a}^{a} e^{-s^2} ds \int_{-a}^{a} e^{-t^2} dt \quad \left(\int_{-a}^{a} e^{-s^2} ds \text{ は定数} \right)$$

$$= \int_{-a}^{a} e^{-x^2} dx \int_{-a}^{a} e^{-x^2} dx$$ （定積分の値は積分変数の文字によらない）

$$= \left(\int_{-a}^{a} e^{-x^2} dx \right)^2$$

$$\therefore \quad \sqrt{V} \leqq \int_{-a}^{a} e^{-x^2} dx \quad \left(\because \quad V>0,\ \int_{-a}^{a} e^{-x^2} dx > 0 \right)$$

(1)より，$V = \pi(1-e^{-a^2})$ であるから

$$\sqrt{\pi(1-e^{-a^2})} \leqq \int_{-a}^{a} e^{-x^2} dx$$

（証明終）

52 2014年度〔4〕 Level B

点 P$(t,\ s)$ が $s=\sqrt{2}t^2-2t$ を満たしながら xy 平面上を動くときに，点Pを原点を中心として 45° 回転した点Qの軌跡として得られる曲線を C とする。さらに，曲線 C と x 軸で囲まれた図形を D とする。

(1) 点 Q$(x,\ y)$ の座標を，t を用いて表せ。

(2) 直線 $y=a$ と曲線 C がただ1つの共有点を持つような定数 a の値を求めよ。

(3) 図形 D を y 軸のまわりに1回転して得られる回転体の体積 V を求めよ。

ポイント 点Pの軌跡が放物線であるから，点Qの軌跡も放物線である。まずは図を描いてみよう。
(1) 点 $(r\cos\theta,\ r\sin\theta)$ を原点を中心として 45° 回転した点は $(r\cos(\theta+45^\circ),\ r\sin(\theta+45^\circ))$ である。
(2) 図を見て考えれば容易であろう。
(3) 曲線 C は媒介変数 t で表示されているが，t を消去することは難しくなさそうである。t で積分するのか，t を消去して y で積分するのか，思案のしどころである。一度方針を決めたら，粘り強く取り組まなければならない。

解法 1

(1) 点 P$(t,\ s)$ を原点を中心として 45° 回転した点が Q$(x,\ y)$ であるから，$t=r\cos\theta,\ s=r\sin\theta\ (r>0)$ とおくと

$$x=r\cos(\theta+45^\circ)=r(\cos\theta\cos45^\circ-\sin\theta\sin45^\circ)$$
$$=\frac{1}{\sqrt{2}}(r\cos\theta-r\sin\theta)=\frac{1}{\sqrt{2}}(t-s)$$
$$y=r\sin(\theta+45^\circ)=r(\sin\theta\cos45^\circ+\cos\theta\sin45^\circ)$$
$$=\frac{1}{\sqrt{2}}(r\sin\theta+r\cos\theta)=\frac{1}{\sqrt{2}}(t+s)$$

となり，いま $s=\sqrt{2}t^2-2t$ であるので

$$x=\frac{1}{\sqrt{2}}(t-s)=\frac{1}{\sqrt{2}}(t-\sqrt{2}t^2+2t)=-t^2+\frac{3\sqrt{2}}{2}t \quad \cdots\cdots①$$
$$y=\frac{1}{\sqrt{2}}(t+s)=\frac{1}{\sqrt{2}}(t+\sqrt{2}t^2-2t)=t^2-\frac{\sqrt{2}}{2}t \quad \cdots\cdots②$$

よって，点Qの座標を t を用いて表すと

$$Q\left(-t^2+\frac{3\sqrt{2}}{2}t,\ t^2-\frac{\sqrt{2}}{2}t\right)\quad \cdots\cdots(答)$$

(2) 放物線 $y=\sqrt{2}x^2-2x=\sqrt{2}\left(x-\frac{\sqrt{2}}{2}\right)^2-\frac{\sqrt{2}}{2}$ を，原点を中心として 45° 回転して得られる曲線 C の概形は右図のようになる。

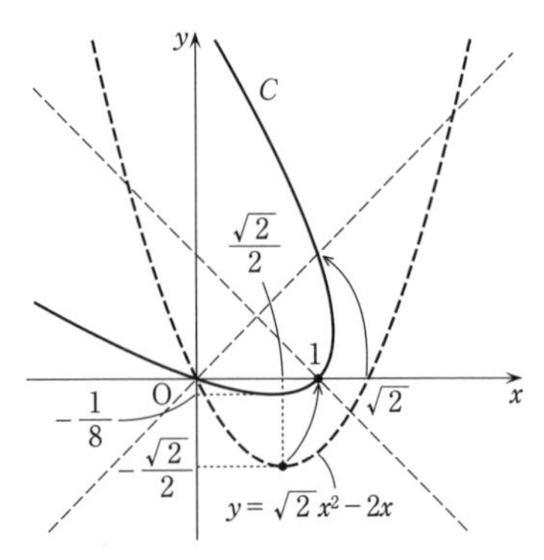

C 上の点Qの y 座標に注目すると

$$y=t^2-\frac{\sqrt{2}}{2}t=\left(t-\frac{\sqrt{2}}{4}\right)^2-\frac{1}{8}\geqq-\frac{1}{8}$$

よって，直線 $y=a$ と曲線 C がただ1つの共有点をもつのは，両者が接する場合で

$$a=-\frac{1}{8}\quad \cdots\cdots(答)$$

(3) ②より，$y=0$ を解くと　$t=0,\ \frac{\sqrt{2}}{2}$

①，②より

$$\frac{dx}{dt}=-2t+\frac{3\sqrt{2}}{2}=-2\left(t-\frac{3\sqrt{2}}{4}\right)$$

$$\frac{dy}{dt}=2t-\frac{\sqrt{2}}{2}=2\left(t-\frac{\sqrt{2}}{4}\right)$$

これらから，t に対する x，y の増減を調べると，次表のようになる。

t	$\cdots$	0	$\cdots$	$\frac{\sqrt{2}}{4}$	$\cdots$	$\frac{\sqrt{2}}{2}$	$\cdots$	$\frac{3\sqrt{2}}{4}$	$\cdots$
$\frac{dx}{dt}$	$+$	$+$	$+$	$+$	$+$	$+$	$+$	0	$-$
$\frac{dy}{dt}$	$-$	$-$	$-$	0	$+$	$+$	$+$	$+$	$+$
$(x,\ y)$	↘	$(0,\ 0)$	↘	$\left(\frac{5}{8},\ -\frac{1}{8}\right)$	↗	$(1,\ 0)$	↗	$\left(\frac{9}{8},\ \frac{3}{8}\right)$	↖

t が 0 から $\frac{\sqrt{2}}{4}$ まで増加するとき，y は 0 から $-\frac{1}{8}$ まで減少する。このとき $-t^2+\frac{3\sqrt{2}}{2}t=x_1$ とおく。t が $\frac{\sqrt{2}}{4}$ から $\frac{\sqrt{2}}{2}$ まで増加するとき，y は $-\frac{1}{8}$ から 0 まで増加する。このとき $-t^2+\frac{3\sqrt{2}}{2}t=x_2$ とおく。

曲線 C と x 軸で囲まれた図形 D は右図の網かけ部分である。図形 D を y 軸のまわりに 1 回転して得られる回転体の体積 V は

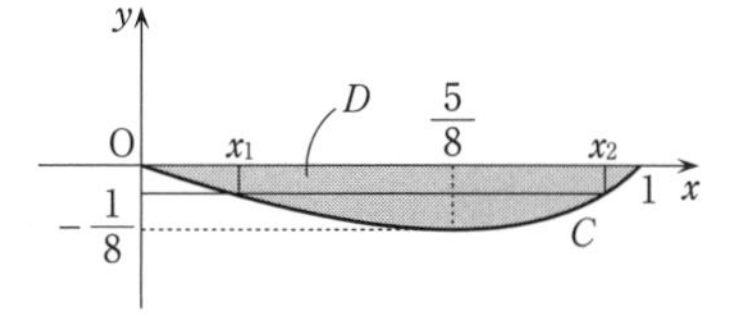

$$V=\pi\int_{-\frac{1}{8}}^{0}{x_2}^2dy-\pi\int_{-\frac{1}{8}}^{0}{x_1}^2dy$$

で与えられる。x, y を①, ②で置換すると, $dy=2\left(t-\frac{\sqrt{2}}{4}\right)dt$ より

$$V=\pi\int_{\frac{\sqrt{2}}{4}}^{\frac{\sqrt{2}}{2}}\left(-t^2+\frac{3\sqrt{2}}{2}t\right)^2\cdot2\left(t-\frac{\sqrt{2}}{4}\right)dt-\pi\int_{\frac{\sqrt{2}}{4}}^{0}\left(-t^2+\frac{3\sqrt{2}}{2}t\right)^2\cdot2\left(t-\frac{\sqrt{2}}{4}\right)dt$$

ここで, $f(t)=\left(-t^2+\frac{3\sqrt{2}}{2}t\right)^2\left(t-\frac{\sqrt{2}}{4}\right)$ とおくと

$$V=2\pi\int_{\frac{\sqrt{2}}{4}}^{\frac{\sqrt{2}}{2}}f(t)\,dt+2\pi\int_{0}^{\frac{\sqrt{2}}{4}}f(t)\,dt=2\pi\int_{0}^{\frac{\sqrt{2}}{2}}f(t)\,dt \quad \cdots\cdots③$$

となり

$$f(t)=\left(t^4-3\sqrt{2}t^3+\frac{9}{2}t^2\right)\left(t-\frac{\sqrt{2}}{4}\right)=t^5-\frac{13}{4}\sqrt{2}t^4+6t^3-\frac{9}{8}\sqrt{2}t^2$$

であるから, ③より

$$\begin{aligned}V&=2\pi\left[\frac{t^6}{6}-\frac{13}{20}\sqrt{2}t^5+\frac{3}{2}t^4-\frac{3}{8}\sqrt{2}t^3\right]_0^{\frac{\sqrt{2}}{2}}\\&=2\pi\left\{\frac{1}{6}\left(\frac{\sqrt{2}}{2}\right)^6-\frac{13\sqrt{2}}{20}\left(\frac{\sqrt{2}}{2}\right)^5+\frac{3}{2}\left(\frac{\sqrt{2}}{2}\right)^4-\frac{3\sqrt{2}}{8}\left(\frac{\sqrt{2}}{2}\right)^3\right\}\\&=2\pi\left(\frac{1}{6}\times\frac{1}{8}-\frac{13\sqrt{2}}{20}\times\frac{\sqrt{2}}{8}+\frac{3}{2}\times\frac{1}{4}-\frac{3\sqrt{2}}{8}\times\frac{\sqrt{2}}{4}\right)\\&=2\pi\left(\frac{1}{48}-\frac{13}{80}+\frac{3}{8}-\frac{3}{16}\right)=2\pi\left(\frac{17}{80}-\frac{8}{48}\right)=\frac{11}{120}\pi \quad \cdots\cdots(答)\end{aligned}$$

〔注 1〕 ③で $z=t-\frac{\sqrt{2}}{4}$ の置換をすると, $t:0\to\frac{\sqrt{2}}{2}$ が $z:-\frac{\sqrt{2}}{4}\to\frac{\sqrt{2}}{4}$ となり, 上端と下端の絶対値が等しくなるから, 次の性質が利用できる。

$g(x)$ が偶関数ならば　$\int_{-c}^{c}g(x)\,dx=2\int_{0}^{c}g(x)\,dx$

$g(x)$ が奇関数ならば　$\int_{-c}^{c}g(x)\,dx=0$

$t=z+\frac{\sqrt{2}}{4}$ より

$$-t^2+\frac{3\sqrt{2}}{2}t=-\left(z+\frac{\sqrt{2}}{4}\right)^2+\frac{3\sqrt{2}}{2}\left(z+\frac{\sqrt{2}}{4}\right)=-z^2+\sqrt{2}z+\frac{5}{8}$$

であり, $dt=dz$ であるから, ③より

$$V=2\pi\int_{-\frac{\sqrt{2}}{4}}^{\frac{\sqrt{2}}{4}}\left(-z^2+\sqrt{2}z+\frac{5}{8}\right)^2zdz$$

$$=2\pi\int_{-\frac{\sqrt{2}}{4}}^{\frac{\sqrt{2}}{4}}\left(z^5-2\sqrt{2}z^4+\frac{3}{4}z^3+\frac{5\sqrt{2}}{4}z^2+\frac{25}{64}z\right)dz$$

$$=4\pi\int_0^{\frac{\sqrt{2}}{4}}\left(-2\sqrt{2}z^4+\frac{5\sqrt{2}}{4}z^2\right)dz$$

$$=4\pi\left[\frac{-2\sqrt{2}}{5}z^5+\frac{5\sqrt{2}}{12}z^3\right]_0^{\frac{\sqrt{2}}{4}}$$

$$=4\pi\left(\frac{-2\sqrt{2}}{5}\times\frac{2}{16}+\frac{5\sqrt{2}}{12}\right)\times\frac{2\sqrt{2}}{64}$$

$$=4\pi\left(-\frac{\sqrt{2}}{20}+\frac{5\sqrt{2}}{12}\right)\times\frac{\sqrt{2}}{32}=\frac{\pi}{8}\left(-\frac{1}{10}+\frac{5}{6}\right)=\frac{11}{120}\pi$$

解 法 2

((1)は〔解法1〕と同様)

(2)　(1)の $x=\frac{1}{\sqrt{2}}(t-s)$，$y=\frac{1}{\sqrt{2}}(t+s)$ を t，s について解くと $t=\frac{1}{\sqrt{2}}(x+y)$，

$s=\frac{1}{\sqrt{2}}(-x+y)$，これらと $s=\sqrt{2}t^2-2t$ とから

$$\frac{1}{\sqrt{2}}(-x+y)=\sqrt{2}\times\frac{1}{2}(x+y)^2-2\times\frac{1}{\sqrt{2}}(x+y)$$

$$-x+y=(x+y)^2-2(x+y)$$

$$\therefore\quad C:x^2+2xy+y^2-x-3y=0\quad\cdots\cdots Ⓐ$$

直線 $y=a$ と曲線 C がただ1つの共有点をもつのは，Ⓐで $y=a$ としたときの2次方程式

$$x^2+(2a-1)x+a^2-3a=0$$

が重解をもつときである。よって

$$(\text{判別式})=(2a-1)^2-4(a^2-3a)=8a+1=0$$

より　　$a=-\frac{1}{8}$　……(答)

(3)　Ⓐを x について解くと

$$x^2+(2y-1)x+y^2-3y=0$$

$$\therefore\quad x=\frac{1-2y\pm\sqrt{8y+1}}{2}=-y+\frac{1}{2}\pm\frac{1}{2}\sqrt{8y+1}$$

これを

$$\begin{cases} x_u=-y+\frac{1}{2}+\frac{1}{2}\sqrt{8y+1} & (\text{右図破線太線部}) \\ x_d=-y+\frac{1}{2}-\frac{1}{2}\sqrt{8y+1} & (\text{右図実線太線部}) \end{cases}$$

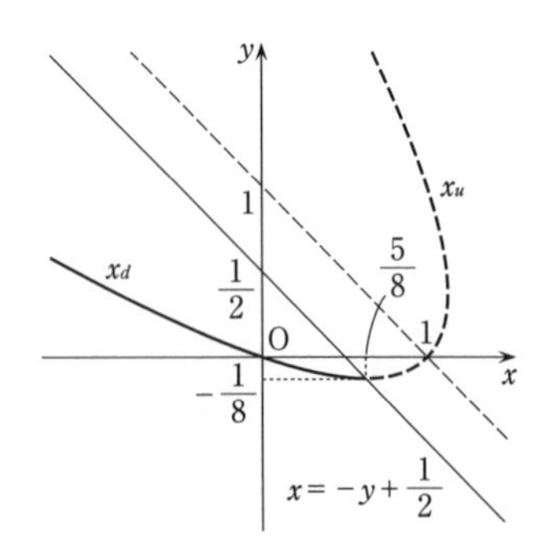

とおく。このとき，求める体積 V は

$$V=\pi\int_{-\frac{1}{8}}^{0}{x_u}^2dy-\pi\int_{-\frac{1}{8}}^{0}{x_d}^2dy=\pi\int_{-\frac{1}{8}}^{0}({x_u}^2-{x_d}^2)\,dy$$

$$=\pi\int_{-\frac{1}{8}}^{0}(x_u+x_d)(x_u-x_d)\,dy=\pi\int_{-\frac{1}{8}}^{0}(1-2y)\sqrt{8y+1}\,dy$$

で計算される。$8y+1=u$ とおくと

y	$-\frac{1}{8}\longrightarrow 0$
u	$0\longrightarrow 1$

，$dy=\dfrac{1}{8}du$，$1-2y=\dfrac{5-u}{4}$

であるから

$$V=\pi\int_0^1\frac{5-u}{4}\sqrt{u}\,\frac{1}{8}du=\frac{\pi}{32}\int_0^1(5u^{\frac{1}{2}}-u^{\frac{3}{2}})\,du$$

$$=\frac{\pi}{32}\left[\frac{10}{3}u^{\frac{3}{2}}-\frac{2}{5}u^{\frac{5}{2}}\right]_0^1=\frac{\pi}{32}\left(\frac{10}{3}-\frac{2}{5}\right)=\frac{11}{120}\pi \quad \cdots\cdots(答)$$

解法 3

((1)は〔解法1〕と同様)

(2)　直線 $y=a$ と曲線 C の共有点の座標は，次のようにして求まる。

②と $y=a$ を連立して

$$t^2-\frac{\sqrt{2}}{2}t=a \qquad 2t^2-\sqrt{2}t-2a=0 \quad \cdots\cdots ⓐ$$

この2次方程式の実数解を t_1，t_2 とすると，共有点の座標は，①より

$$\left(-{t_1}^2+\frac{3\sqrt{2}}{2}t_1,\ a\right),\ \left(-{t_2}^2+\frac{3\sqrt{2}}{2}t_2,\ a\right) \quad \cdots\cdots ⓑ$$

これらは，$t_1\neq t_2$ のとき異なる2点を表すから（もし同一点であるとすると t_1+t_2 の値がⓐより $\dfrac{\sqrt{2}}{2}$，ⓑより $\dfrac{3\sqrt{2}}{2}$ となって矛盾する)，直線 $y=a$ と曲線 C がただ1つの共有点をもつのは $t_1=t_2$ のときである。ⓐが重解をもつのは

$$(ⓐの判別式)=(-\sqrt{2})^2-4\times 2\times(-2a)=2+16a=0$$

のときで，このとき $a=-\dfrac{1}{8}$ である。　……(答)

(3)　図形 D（右図の網かけ部分）を y 軸のまわりに1回転して得られる回転体を K とする。K の体積が V である。回転体 K を平面 $y=a$ $\left(-\dfrac{1}{8}\right.$

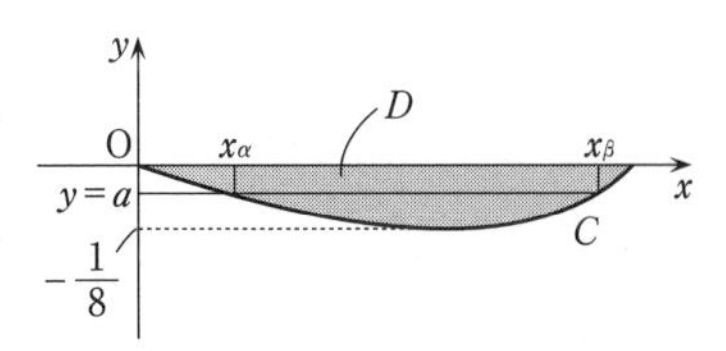

$\leqq a \leqq 0\Big)$ で切ったときの切り口は，同心円で挟まれた図形となる $\left(a=-\dfrac{1}{8}\right.$ のときは円周，$a=0$ のときは円板$\Big)$。その面積を $S(a)$ とする。ⓐを実際に解くと

$$t=\frac{\sqrt{2}\pm\sqrt{2+16a}}{4}=\frac{1\pm\sqrt{1+8a}}{2\sqrt{2}}$$

であり，ⓐより $t^2=\dfrac{\sqrt{2}t+2a}{2}$ であるから

$$-t^2+\frac{3\sqrt{2}}{2}t=-\frac{\sqrt{2}t+2a}{2}+\frac{3\sqrt{2}}{2}t=\sqrt{2}t-a$$

$$=\sqrt{2}\times\frac{1\pm\sqrt{1+8a}}{2\sqrt{2}}-a=\frac{1-2a\pm\sqrt{1+8a}}{2}$$

よって，直線 $y=a$ と曲線 C の共有点の x 座標を前図のように x_α，x_β $(x_\alpha \leqq x_\beta)$ とすれば

$$x_\alpha=\frac{1-2a-\sqrt{1+8a}}{2},\quad x_\beta=\frac{1-2a+\sqrt{1+8a}}{2}$$

となるから

$$S(a)=\pi x_\beta{}^2-\pi x_\alpha{}^2=\pi(x_\beta+x_\alpha)(x_\beta-x_\alpha)=\pi(1-2a)\sqrt{1+8a}$$

$$\therefore\quad S(y)=\pi(1-2y)\sqrt{1+8y}\quad\left(-\frac{1}{8}\leqq y\leqq 0\right)$$

したがって

$$V=\int_{-\frac{1}{8}}^{0}S(y)\,dy=\int_{-\frac{1}{8}}^{0}\pi(1-2y)\sqrt{1+8y}\,dy$$

と表される。ただし

$$(1-2y)\sqrt{1+8y}=-\frac{1}{4}(-4+8y)\sqrt{1+8y}=-\frac{1}{4}\{(1+8y)\sqrt{1+8y}-5\sqrt{1+8y}\}$$

$$=-\frac{1}{4}\{(1+8y)^{\frac{3}{2}}-5(1+8y)^{\frac{1}{2}}\}$$

と変形されるので

$$V=\frac{\pi}{4}\int_{0}^{-\frac{1}{8}}\{(1+8y)^{\frac{3}{2}}-5(1+8y)^{\frac{1}{2}}\}dy$$

$$=\frac{\pi}{4}\left[\frac{2}{5}\cdot\frac{1}{8}(1+8y)^{\frac{5}{2}}-5\cdot\frac{2}{3}\cdot\frac{1}{8}(1+8y)^{\frac{3}{2}}\right]_{0}^{-\frac{1}{8}}$$

$$=-\frac{\pi}{4}\left(\frac{1}{20}-\frac{5}{12}\right)=\frac{11}{120}\pi\quad\cdots\cdots(答)$$

〔注２〕 ここでは，実際にⓐを解いて，その値をⓑに代入することにより，x_α，x_β を a で表したが，代入計算がより複雑なときには，ⓑをそのままにしておき，解と係数の関係 $t_1+t_2=\dfrac{\sqrt{2}}{2}$，$t_1t_2=-a$ を利用して $S(a)$ を計算するとよい。

53 2012年度 〔1〕(1) Level A

辺の長さが1である正四面体OABCにおいて辺ABの中点をD，辺OCの中点をEとする。2つのベクトル $\overrightarrow{\mathrm{DE}}$ と $\overrightarrow{\mathrm{AC}}$ との内積を求めよ。

> **ポイント** $\overrightarrow{\mathrm{OA}}=\vec{a}$，$\overrightarrow{\mathrm{OB}}=\vec{b}$，$\overrightarrow{\mathrm{OC}}=\vec{c}$ とおくと，$|\vec{a}|$，$|\vec{b}|$，$|\vec{c}|$，$\vec{a}\cdot\vec{b}$，$\vec{b}\cdot\vec{c}$，$\vec{c}\cdot\vec{a}$ の値はすぐに求まる。$\overrightarrow{\mathrm{DE}}$，$\overrightarrow{\mathrm{AC}}$ はそれぞれ $\vec{a}$，$\vec{b}$，$\vec{c}$ で表せる。

解 法

$\overrightarrow{\mathrm{OA}}=\vec{a}$，$\overrightarrow{\mathrm{OB}}=\vec{b}$，$\overrightarrow{\mathrm{OC}}=\vec{c}$ とおくと，条件より

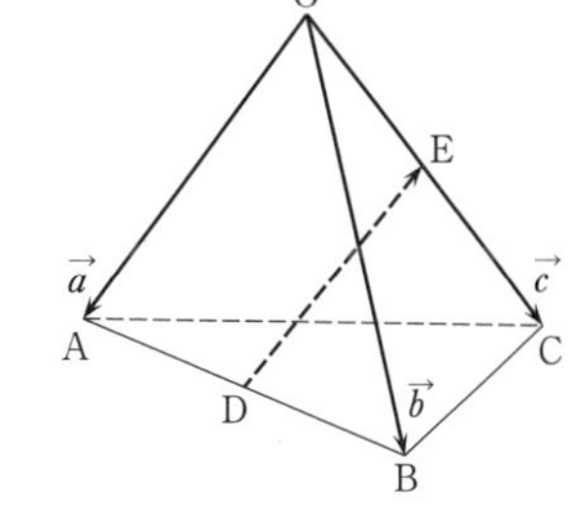

$$|\vec{a}|=|\vec{b}|=|\vec{c}|=1$$

$$\vec{a}\cdot\vec{b}=|\vec{a}||\vec{b}|\cos\angle\mathrm{BOA}$$

$$=1\times1\times\cos\frac{\pi}{3}=\frac{1}{2}$$

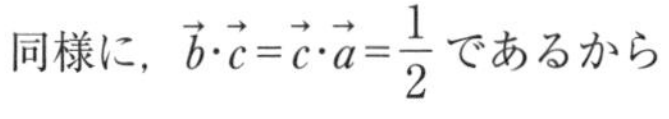

同様に，$\vec{b}\cdot\vec{c}=\vec{c}\cdot\vec{a}=\frac{1}{2}$ であるから

$$\overrightarrow{\mathrm{DE}}\cdot\overrightarrow{\mathrm{AC}}=(\overrightarrow{\mathrm{OE}}-\overrightarrow{\mathrm{OD}})\cdot(\overrightarrow{\mathrm{OC}}-\overrightarrow{\mathrm{OA}})$$

$$=\left(\frac{\vec{c}}{2}-\frac{\vec{a}+\vec{b}}{2}\right)\cdot(\vec{c}-\vec{a})$$

$$=\frac{1}{2}(\vec{c}-\vec{a}-\vec{b})\cdot(\vec{c}-\vec{a})$$

$$=\frac{1}{2}(|\vec{c}|^2-2\vec{c}\cdot\vec{a}+|\vec{a}|^2-\vec{b}\cdot\vec{c}+\vec{a}\cdot\vec{b})$$

$$=\frac{1}{2}\left(1^2-2\times\frac{1}{2}+1^2-\frac{1}{2}+\frac{1}{2}\right)=\frac{1}{2}\quad\cdots\cdots(答)$$

〔注〕 空間においてベクトルを考えるときは，いずれも，$\vec{0}$ でなく，同一平面上にない3つのベクトルを用意する。〔解法〕では $\overrightarrow{\mathrm{OA}}$，$\overrightarrow{\mathrm{OB}}$，$\overrightarrow{\mathrm{OC}}$ を用いたが，$\overrightarrow{\mathrm{AB}}$，$\overrightarrow{\mathrm{AC}}$，$\overrightarrow{\mathrm{AO}}$ を用いると少し計算が簡単になる。

54 2012年度〔6〕 Level B

xyz 空間に 4 点 P(0, 0, 2), A(0, 2, 0), B($\sqrt{3}$, -1, 0), C($-\sqrt{3}$, -1, 0) をとる。四面体 PABC の $x^2+y^2\geqq 1$ をみたす部分の体積を求めよ。

ポイント 体積を求める部分を立体的に描くことはなかなか難しいかもしれないが，xy 平面を真上から見たときの図や，yz 平面を真横から見たときの図は描きやすいだろう。四面体の底面の三角形 ABC は xy 平面上の正三角形であり，同じ xy 平面上の原点を中心とする単位円に外接している。図形の対称性を考えれば，立体の一部のみを考察すればよいことに気づくだろう。体積を求める計算は，いずれかの軸に垂直な平面で対象の立体を切ったときの断面積を求め，それを積分するという基本に従えばよい。切り方はいろいろ考えられる。平面 $z=t$, $y=s$, $x=r$ のどれで切ってもできそうなので，それぞれ計算してみるとよい。

解法 1

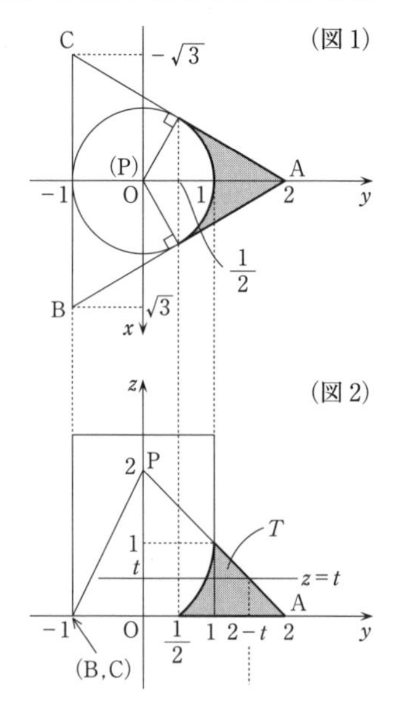

図 1 は，与えられた正四面体 PABC と円柱 $x^2+y^2=1$ の xy 平面への正射影であり，図 2 は yz 平面への正射影である。

図 1 を見れば，図形の対称性より，図の網かけ部分の上にできる立体（T とする）の体積を 3 倍したものが求める体積であることがわかる。

平面 $z=t$ $(0\leqq t\leqq 1)$ による立体 T の切断面の面積を $S(t)$，求める体積を V とすれば

$$\frac{V}{3}=\int_0^1 S(t)\,dt \quad \cdots\cdots ①$$

であることが図 2 よりわかる。また，$z=t$ と直線 AP ($z=-y+2$, $x=0$) との交点の y 座標は $2-t$ である。

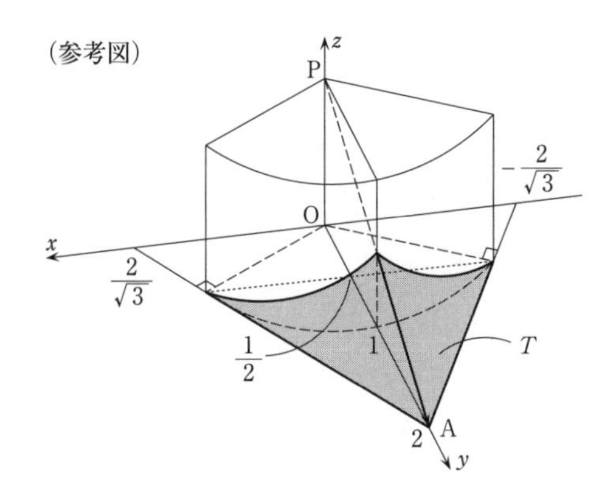

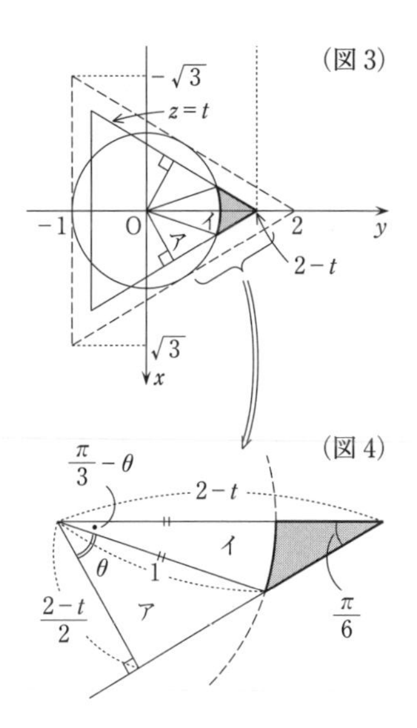

$S(t)$ は図 3 の網かけ部分の面積であるが，$\dfrac{S(t)}{2}$ は図 4 より求まる。

図 4 のように θ をとると

$$\cos\theta=\frac{\frac{2-t}{2}}{1}=\frac{2-t}{2}\quad\cdots\cdots②$$

であるから，図 4 のア，イの面積はそれぞれ

$$(\text{アの面積})=\frac{1}{2}\times\frac{2-t}{2}\sin\theta$$

（直角三角形の面積）

$$=\frac{2-t}{4}\sin\theta$$

$$(\text{イの面積})=(\pi\times1^2)\times\frac{\frac{\pi}{3}-\theta}{2\pi}$$

（扇形の面積）

$$=\frac{\pi}{6}-\frac{\theta}{2}$$

図 4 の外周の直角三角形の面積は

$$\frac{1}{2}\times\frac{2-t}{2}\times\frac{\sqrt{3}\,(2-t)}{2}=\frac{\sqrt{3}\,(2-t)^2}{8}$$

であるから，これからアとイの面積を差し引くことにより

$$\frac{S(t)}{2}=\frac{\sqrt{3}\,(2-t)^2}{8}-\frac{2-t}{4}\sin\theta-\left(\frac{\pi}{6}-\frac{\theta}{2}\right)$$

$$\therefore\quad S(t)=\frac{\sqrt{3}}{4}(2-t)^2-\frac{2-t}{2}\sin\theta+\theta-\frac{\pi}{3}$$

②を用いると

$$S(t)=\frac{\sqrt{3}}{4}(2\cos\theta)^2-\cos\theta\sin\theta+\theta-\frac{\pi}{3}$$

$$=\sqrt{3}\cos^2\theta-\sin\theta\cos\theta+\theta-\frac{\pi}{3}$$

また，②より，$-\sin\theta d\theta=\dfrac{-1}{2}dt$ つまり $dt=2\sin\theta d\theta$，

t	$0\longrightarrow 1$
θ	$0\longrightarrow \frac{\pi}{3}$

であるから，①より

$$\frac{V}{3}=\int_0^1 S(t)\,dt$$

$$=\int_0^{\frac{\pi}{3}}\left(\sqrt{3}\cos^2\theta-\sin\theta\cos\theta+\theta-\frac{\pi}{3}\right)\cdot 2\sin\theta d\theta$$

$$=2\sqrt{3}\int_0^{\frac{\pi}{3}}\cos^2\theta\sin\theta d\theta-2\int_0^{\frac{\pi}{3}}\sin^2\theta\cos\theta d\theta+2\int_0^{\frac{\pi}{3}}\theta\sin\theta d\theta-\frac{2}{3}\pi\int_0^{\frac{\pi}{3}}\sin\theta d\theta$$

$$=2\sqrt{3}\left[-\frac{1}{3}\cos^3\theta\right]_0^{\frac{\pi}{3}}-2\left[\frac{1}{3}\sin^3\theta\right]_0^{\frac{\pi}{3}}+2\left(\left[-\theta\cos\theta\right]_0^{\frac{\pi}{3}}+\int_0^{\frac{\pi}{3}}\cos\theta d\theta\right)-\frac{2}{3}\pi\left[-\cos\theta\right]_0^{\frac{\pi}{3}}$$

$$=-\frac{2\sqrt{3}}{3}\left(\frac{1}{8}-1\right)-\frac{2}{3}\times\frac{3\sqrt{3}}{8}+2\left(-\frac{\pi}{3}\times\frac{1}{2}+\left[\sin\theta\right]_0^{\frac{\pi}{3}}\right)+\frac{2}{3}\pi\left(\frac{1}{2}-1\right)$$

$$=\frac{7\sqrt{3}}{12}-\frac{\sqrt{3}}{4}+2\left(-\frac{\pi}{6}+\frac{\sqrt{3}}{2}\right)-\frac{\pi}{3}$$

$$=\frac{4\sqrt{3}}{3}-\frac{2}{3}\pi$$

$\therefore\quad V=4\sqrt{3}-2\pi$ ……(答)

解法 2

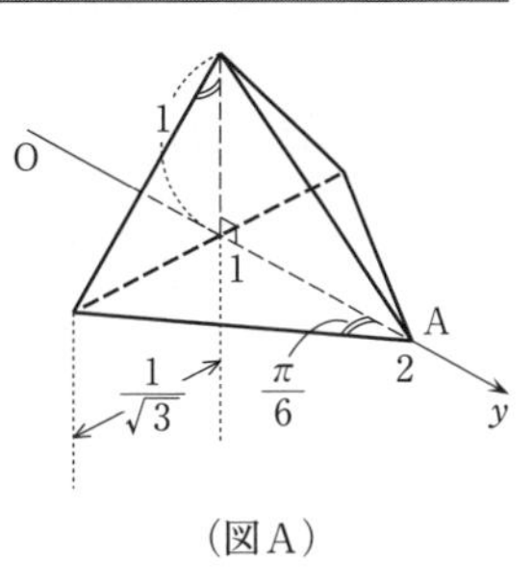

(図A)

対称性の利用については〔解法1〕と同じ。

〔解法1〕の立体 T の $1\leqq y\leqq 2$ の部分は，図1，図2から，図Aのような四面体になるので，その体積は

$$\frac{1}{3}\times\left(\frac{1}{2}\times\frac{2}{\sqrt{3}}\times 1\right)\times 1=\frac{\sqrt{3}}{9}\quad\cdots\cdots ⓐ$$

T の平面 $y=s$ $\left(\frac{1}{2}\leqq s\leqq 1\right)$ による切断面は，図Bより図Cの網かけ部分となる。

(図B)

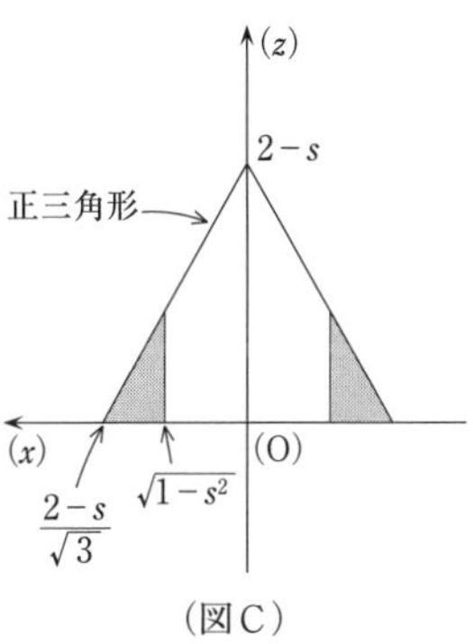

(図C)

それぞれの三角形の z 軸に平行な辺どうしをつなげてできる正三角形を考えると，一辺の長さが $2a$ の正三角形の面積が $\sqrt{3}a^2$ であることから，T の $\frac{1}{2}\leqq y\leqq 1$ の部分の体積は

$$\int_{\frac{1}{2}}^{1}\sqrt{3}\left(\frac{2-s}{\sqrt{3}}-\sqrt{1-s^2}\right)^2 ds$$

$$=\sqrt{3}\int_{\frac{1}{2}}^{1}\left\{\frac{(2-s)^2}{3}+(1-s^2)-\frac{2(2-s)\sqrt{1-s^2}}{\sqrt{3}}\right\}ds$$

$$=\sqrt{3}\int_{\frac{1}{2}}^{1}\frac{-2s^2-4s+7}{3}ds-2\int_{\frac{1}{2}}^{1}(2-s)\sqrt{1-s^2}\,ds$$

$$=\frac{\sqrt{3}}{3}\left[-\frac{2}{3}s^3-2s^2+7s\right]_{\frac{1}{2}}^{1}-2\int_{\frac{\pi}{6}}^{\frac{\pi}{2}}(2-\sin\theta)\cos^2\theta d\theta$$

$$\left(\begin{array}{l} s=\sin\theta \text{ とおいた。} \sqrt{1-s^2}=\sqrt{1-\sin^2\theta}=\sqrt{\cos^2\theta}, \\ ds=\cos\theta d\theta,\quad \begin{array}{c|c} s & \frac{1}{2}\longrightarrow 1 \\ \hline \theta & \frac{\pi}{6}\longrightarrow\frac{\pi}{2} \end{array} \text{ より，} \sqrt{\cos^2\theta}=\cos\theta \end{array}\right)$$

$$=\frac{\sqrt{3}}{3}\left(-\frac{2}{3}-2+7+\frac{1}{12}+\frac{1}{2}-\frac{7}{2}\right)-4\int_{\frac{\pi}{6}}^{\frac{\pi}{2}}\cos^2\theta d\theta+2\int_{\frac{\pi}{6}}^{\frac{\pi}{2}}\sin\theta\cos^2\theta d\theta$$

$$=\frac{\sqrt{3}}{3}\left(2-\frac{7}{12}\right)-2\int_{\frac{\pi}{6}}^{\frac{\pi}{2}}(1+\cos 2\theta)\,d\theta+2\left[-\frac{1}{3}\cos^3\theta\right]_{\frac{\pi}{6}}^{\frac{\pi}{2}}$$

$$=\frac{\sqrt{3}}{3}\times\frac{17}{12}-2\left[\theta+\frac{1}{2}\sin 2\theta\right]_{\frac{\pi}{6}}^{\frac{\pi}{2}}-\frac{2}{3}\left(-\frac{3\sqrt{3}}{8}\right)$$

$$=\frac{17\sqrt{3}}{36}-2\left(\frac{\pi}{3}-\frac{\sqrt{3}}{4}\right)+\frac{\sqrt{3}}{4}$$

$$=\frac{17+27}{36}\sqrt{3}-\frac{2}{3}\pi$$

$$=\frac{11}{9}\sqrt{3}-\frac{2}{3}\pi \quad \cdots\cdots ⓑ$$

よって，T の体積は，ⓐ＋ⓑより

$$\frac{\sqrt{3}}{9}+\frac{11}{9}\sqrt{3}-\frac{2}{3}\pi=\frac{12}{9}\sqrt{3}-\frac{2}{3}\pi=\frac{4}{3}\sqrt{3}-\frac{2}{3}\pi$$

したがって，求める体積は

$$3\times\left(\frac{4}{3}\sqrt{3}-\frac{2}{3}\pi\right)=4\sqrt{3}-2\pi \quad \cdots\cdots(\text{答})$$

〔注〕 定積分計算の途中で，置換積分（$s=\sin\theta$）を利用したが，下図の斜線部分の面積

$$\int_{\frac{1}{2}}^{1}\sqrt{1-s^2}\,ds=(\pi\times 1^2)\times\frac{1}{6}-\frac{1}{2}\times\frac{1}{2}\times\frac{\sqrt{3}}{2}$$

$$=\frac{\pi}{6}-\frac{\sqrt{3}}{8}$$

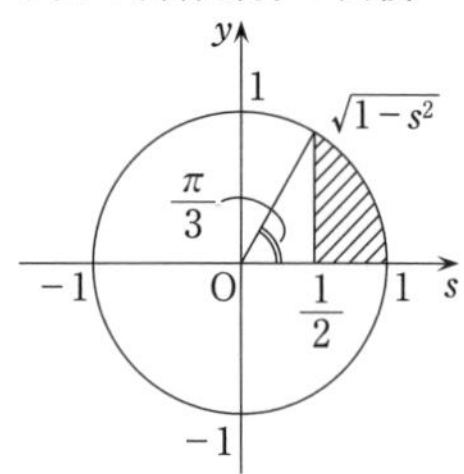

を利用して

$$\int_{\frac{1}{2}}^{1}(2-s)\sqrt{1-s^2}\,ds=2\int_{\frac{1}{2}}^{1}\sqrt{1-s^2}\,ds-\int_{\frac{1}{2}}^{1}s(1-s^2)^{\frac{1}{2}}ds$$

$$=2\left(\frac{\pi}{6}-\frac{\sqrt{3}}{8}\right)+\left[\frac{1}{3}(1-s^2)^{\frac{3}{2}}\right]_{\frac{1}{2}}^{1}$$

$$=\frac{\pi}{3}-\frac{\sqrt{3}}{4}-\frac{1}{3}\times\left(\frac{3}{4}\right)^{\frac{3}{2}}$$

$$=\frac{\pi}{3}-\frac{\sqrt{3}}{4}-\frac{\sqrt{3}}{8}=\frac{\pi}{3}-\frac{3}{8}\sqrt{3}$$

とすることもよく行われる方法である。

解法 3

図Ⅰの網かけ部分の上にできる立体 K の体積の6倍が求める体積 V となる。立体 K を平面 $y=s$ $\left(-1\leqq s\leqq -\frac{1}{2}\right)$ で切ったときの切り口は長方形であり，その面積は，図Ⅱより

$$(-\sqrt{3}s-\sqrt{1-s^2})\times(2+2s)$$
$$=-2\sqrt{3}(s+s^2)-2\sqrt{1-s^2}-2s\sqrt{1-s^2}$$

であるから

$$\frac{V}{6}=\int_{-1}^{-\frac{1}{2}}\{-2\sqrt{3}(s+s^2)-2\sqrt{1-s^2}-2s\sqrt{1-s^2}\}ds$$
$$=-2\sqrt{3}\int_{-1}^{-\frac{1}{2}}(s+s^2)ds-2\int_{-1}^{-\frac{1}{2}}\sqrt{1-s^2}ds-2\int_{-1}^{-\frac{1}{2}}s(1-s^2)^{\frac{1}{2}}ds$$
$$=-2\sqrt{3}\left[\frac{s^2}{2}+\frac{s^3}{3}\right]_{-1}^{-\frac{1}{2}}-2\left(\frac{\pi}{6}-\frac{\sqrt{3}}{8}\right)-2\left[-\frac{1}{3}(1-s^2)^{\frac{3}{2}}\right]_{-1}^{-\frac{1}{2}}$$
$$=-2\sqrt{3}\left(\frac{1}{8}-\frac{1}{24}-\frac{1}{2}+\frac{1}{3}\right)-\frac{\pi}{3}+\frac{\sqrt{3}}{4}-2\left(-\frac{1}{3}\times\frac{3\sqrt{3}}{8}\right)$$
$$=\frac{2}{3}\sqrt{3}-\frac{\pi}{3}$$

$\therefore\quad V=4\sqrt{3}-2\pi$ ……(答)

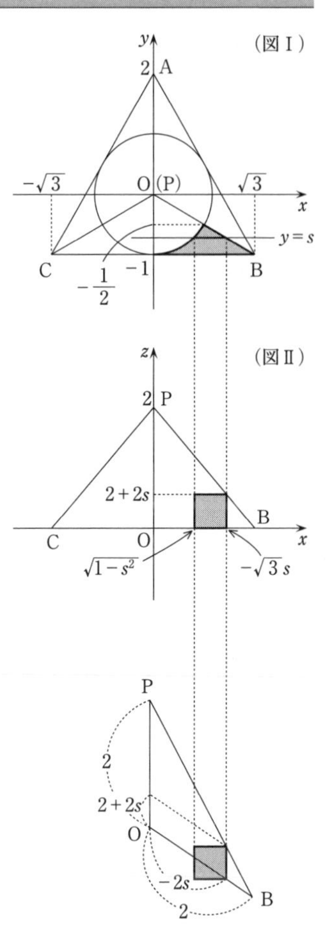

解法 4

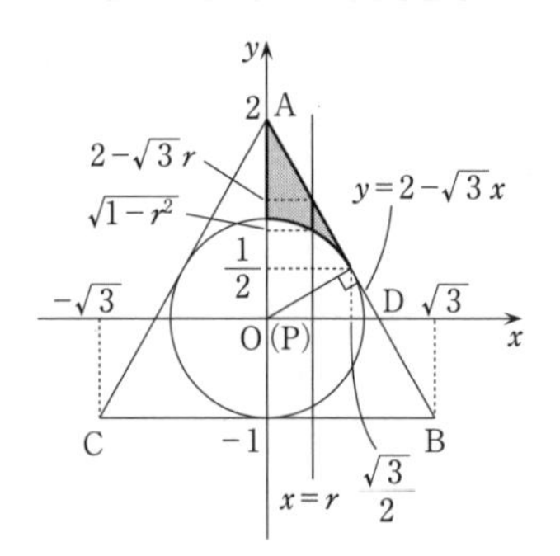

右図の網かけ部分の上にできる立体 R の体積の 6 倍が求める体積 V となる。立体 R を平面 $x=r$ $\left(0\leqq r\leqq\frac{\sqrt{3}}{2}\right)$ で切ったときの切り口は直角二等辺三角形となり（三角錐 PADO を平面 $x=r$ で切ったときの切り口は直角二等辺三角形であるから），図より，その面積は

$$\frac{1}{2}(2-\sqrt{3}r-\sqrt{1-r^2})^2$$

$$=\frac{5}{2}-2\sqrt{3}r+r^2+\sqrt{3}r\sqrt{1-r^2}-2\sqrt{1-r^2}$$

であるから

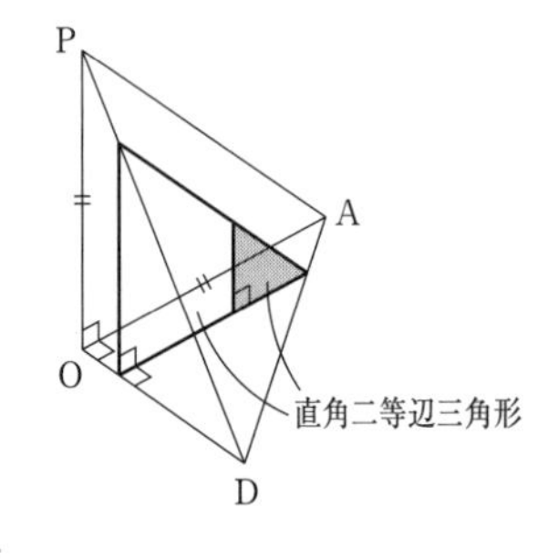

$$\frac{V}{6}=\int_0^{\frac{\sqrt{3}}{2}}\left(\frac{5}{2}-2\sqrt{3}r+r^2+\sqrt{3}r\sqrt{1-r^2}-2\sqrt{1-r^2}\right)dr$$

$$=\int_0^{\frac{\sqrt{3}}{2}}\left(\frac{5}{2}-2\sqrt{3}r+r^2\right)dr+\sqrt{3}\int_0^{\frac{\sqrt{3}}{2}}r(1-r^2)^{\frac{1}{2}}dr$$

$$-2\int_0^{\frac{\sqrt{3}}{2}}\sqrt{1-r^2}\,dr$$

$$=\left[\frac{5}{2}r-\sqrt{3}r^2+\frac{r^3}{3}\right]_0^{\frac{\sqrt{3}}{2}}+\sqrt{3}\left[-\frac{1}{3}(1-r^2)^{\frac{3}{2}}\right]_0^{\frac{\sqrt{3}}{2}}$$

$$-2\left(\frac{\pi}{6}+\frac{\sqrt{3}}{8}\right)$$

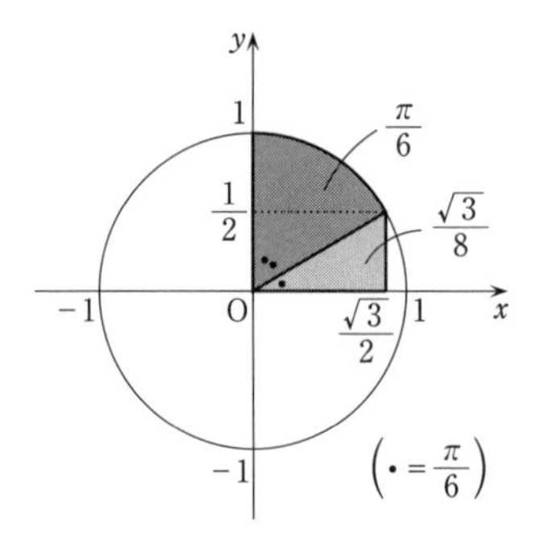

$$=\frac{5\sqrt{3}}{4}-\frac{3\sqrt{3}}{4}+\frac{\sqrt{3}}{8}+\sqrt{3}\left(-\frac{1}{24}+\frac{1}{3}\right)$$

$$-\frac{\pi}{3}-\frac{\sqrt{3}}{4}$$

$$=\frac{12+3+7-6}{24}\sqrt{3}-\frac{\pi}{3}$$

$$=\frac{2}{3}\sqrt{3}-\frac{\pi}{3}$$

$\therefore\quad V=4\sqrt{3}-2\pi$ ……（答）

55　2011年度〔4〕　Level D

平面上に一辺の長さが1の正方形 D および D と交わる直線があるとする。この直線を軸に D を回転して得られる回転体について以下の問に答えよ。

(1) D と同じ平面上の直線 l は D のどの辺にも平行でないものとする。軸とする直線は l と平行なものの中で考えるとき，回転体の体積を最大にする直線は D と唯1点で交わることを示せ。

(2) D と交わる直線を軸としてできるすべての回転体の体積の中で最大となる値を求めよ。

ポイント (1)の「唯1点」は頂点のこと。(2)で「すべての回転体」とあるが，(1)で扱うものを除けば円柱しかない。

(1) 正方形 D の頂点を通る直線 m を用意し，直線 l は m に平行であると考えればよい。D の対称性を考慮すれば，正方形の1辺と m のなす角も，l と m の距離も，かなり制限できるであろう。

m を軸とする回転体の方が，l を軸とする回転体よりもつねに体積が大きいことを示せばよい。軸に垂直な平面で回転体を切ったときの断面積を，軸の方向に積分したものが体積となるのだから，結局，断面積の大小の問題と言い換えることができる。

(2) 回転体の体積が最大となるのは，正方形 D と直線 m が特別な位置関係にあるときであろうことは予想がつく。このときの体積計算は円錐の体積計算で簡単にできるので，結果の確認ができる。その予想が正しいことを示すために，一般的な体積をきちんと計算しなければならないが，これも円錐の体積計算でできる。回転体が円柱になる場合のことを忘れずに調べておくこと。

解法1

(1) 右図のように，一辺の長さが1の正方形 D の頂点をO，P，Q，Rとし，頂点Oを座標平面上の原点Oに置き，辺OPが x 軸の正方向となす角を θ とする。また，正方形 D の対角線OQ，PRの交点をTとする。

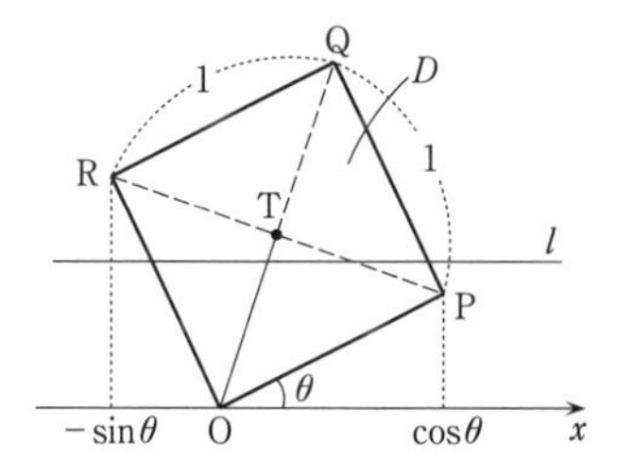

Pの x 座標は $\mathrm{OP}\cos\theta=\cos\theta$，Rの x 座標は $\mathrm{OR}\cos\left(\theta+\dfrac{\pi}{2}\right)=-\sin\theta$ である。

題意と図形の対称性により，θ は $0<\theta\leqq\dfrac{\pi}{4}$，直線 l は x 軸に平行で，線分 OT と交点をもつものを考えれば十分である。
図形 K を直線 l を軸に回転して得られる回転体を K_l，その体積を $V(K_l)$ と書く。また，x 軸に垂直で，x 軸との交点の座標が x である平面で回転体 K_l を切ったときの断面積を $S_{K_l}(x)$ とし，K_x は特に図形 K を x 軸を軸に回転して得た回転体とする。

(i)　直線 l が辺 OP と交点をもつ場合

正方形 D を直線 l で二分してできる l の上側の図形を E とする。

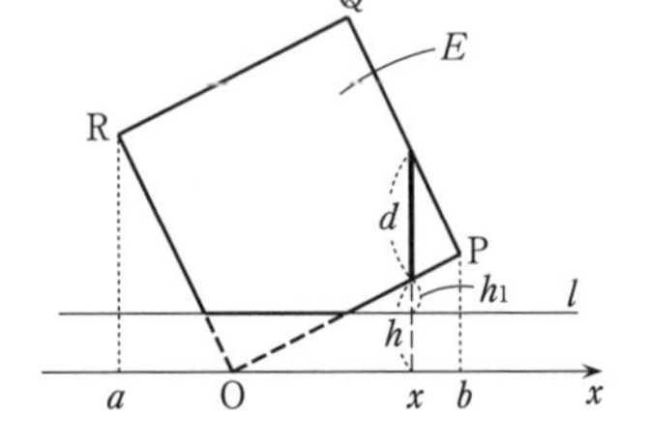

R，P の x 座標をそれぞれ a，b $(a=-\sin\theta,\ b=\cos\theta)$ とし，x 軸に垂直で，x 軸との交点の座標が x $(a\leqq x\leqq b)$ である直線を E が切り取る線分の長さを d $(\geqq 0)$ とする。また，h，h_1 $(h\geqq h_1\geqq 0)$ を右図のようにとる。

$$S_{E_x}(x)=\pi(d+h)^2-\pi h^2=\pi(d^2+2dh)$$

$$S_{E_l}(x)=\pi(d+h_1)^2-\pi h_1{}^2=\pi(d^2+2dh_1)$$

$h\geqq h_1$ であるから

$$S_{E_x}(x)\geqq S_{E_l}(x)$$

これは，$a\leqq x\leqq b$ の任意の x で成り立つので

$$\int_a^b S_{E_x}(x)\,dx\geqq\int_a^b S_{E_l}(x)\,dx$$

$$\therefore\quad V(E_x)\geqq V(E_l)\quad\cdots\cdots①$$

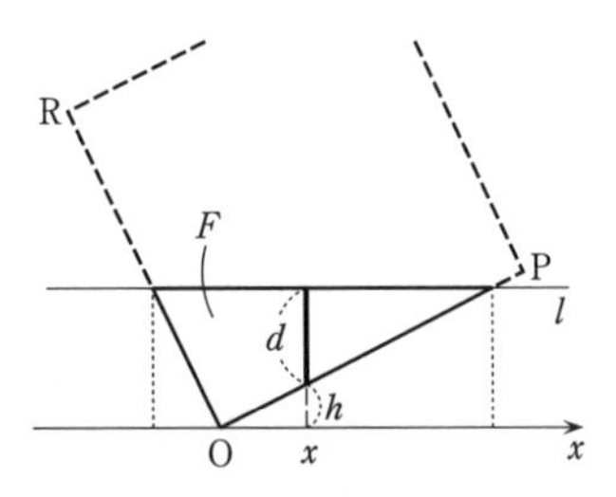

次に，l の下側の図形 F について，右図のように d $(\geqq 0)$，h $(\geqq 0)$ をとると

$$S_{F_x}(x)=\pi(d+h)^2-\pi h^2=\pi(d^2+2dh)$$

$$S_{F_l}(x)=\pi d^2$$

であるから，$a\leqq x\leqq b$ の任意の x に対して

$$S_{F_x}(x)\geqq S_{F_l}(x)$$

したがって，上と同様に

$$V(F_x)\geqq V(F_l)\quad\cdots\cdots②$$

$V(E_l)+V(F_l)$ は $V(D_l)$ より小さくはならないから，①，②より

$$V(D_x)=V(E_x)+V(F_x)\geqq V(E_l)+V(F_l)\geqq V(D_l)\quad\cdots\cdots③$$

(ii)　直線 l が線分 PT と交点をもつ場合

正方形 D を直線 l で二分してできる l の上側の図形を G，下側の図形を H とする。

$V(G_x)$，$V(G_l)$ については，①を導いた場合と同様にして

$$V(G_x) \geqq V(G_l) \quad \cdots\cdots④$$

図形 H については，右図の三角形 ABP を三角形 A′B′P′ に平行移動した図形 H'（六角形 A′B′P′OBA）を考えれば

$$V(H_x) = V(H'_x), \quad V(H_l) = V(H'_l)$$

であり，このとき，②を導いた場合と同様にして

$$V(H'_x) \geqq V(H'_l)$$

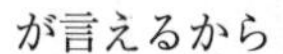

が言えるから

$$V(H_x) \geqq V(H_l) \quad \cdots\cdots⑤$$

$V(G_l)+V(H_l)$ は $V(D_l)$ より小さくはならないから，④，⑤より

$$V(D_x) = V(G_x)+V(H_x) \geqq V(G_l)+V(H_l) \geqq V(D_l) \quad \cdots\cdots⑥$$

③，⑥より，(i)の場合も(ii)の場合も $V(D_x) \geqq V(D_l)$ である。すなわち，直線 l が D のどの辺にも平行でないとき，回転体の体積を最大にする直線は D と唯１点で交わる。

（証明終）

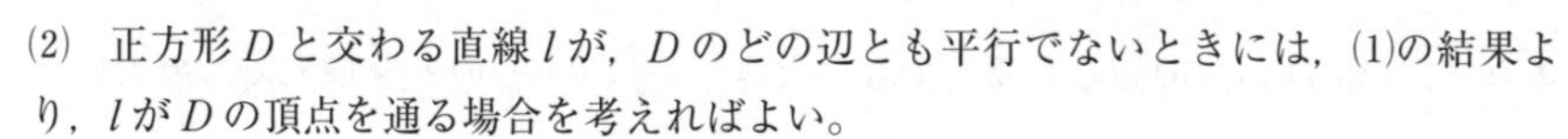

(2)　正方形 D と交わる直線 l が，D のどの辺とも平行でないときには，(1)の結果より，l が D の頂点を通る場合を考えればよい。

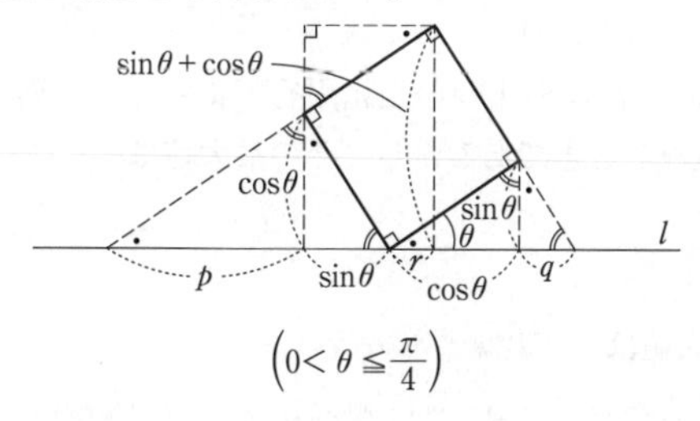

$\left(0<\theta \leqq \dfrac{\pi}{4}\right)$

上図において，(1)で考察したように $0<\theta\leqq\dfrac{\pi}{4}$，また三角形の相似から

$$\frac{\cos\theta}{p}=\frac{\sin\theta}{\cos\theta}, \quad \frac{\sin\theta}{q}=\frac{\cos\theta}{\sin\theta}$$

$$\therefore \quad p=\frac{\cos^2\theta}{\sin\theta}, \quad q=\frac{\sin^2\theta}{\cos\theta}$$

であるから，r を上図のようにとると，このときの回転体の体積 V は，円錐の体積の公式を用いて

$$V=\frac{1}{3}\pi(\sin\theta+\cos\theta)^2(p+\sin\theta+r)+\frac{1}{3}\pi(\sin\theta+\cos\theta)^2(q+\cos\theta-r)$$
$$-\left(\frac{1}{3}\pi\cos^2\theta\times p+\frac{1}{3}\pi\cos^2\theta\sin\theta\right)-\left(\frac{1}{3}\pi\sin^2\theta\cos\theta+\frac{1}{3}\pi\sin^2\theta\times q\right)$$
$$=\frac{1}{3}\pi(\sin\theta+\cos\theta)^2(p+\sin\theta+q+\cos\theta)$$
$$-\frac{1}{3}\pi\cos^2\theta(p+\sin\theta)-\frac{1}{3}\pi\sin^2\theta(\cos\theta+q)$$
$$=\frac{1}{3}\pi(\sin\theta+\cos\theta)^2\left(\frac{\cos^2\theta}{\sin\theta}+\sin\theta+\frac{\sin^2\theta}{\cos\theta}+\cos\theta\right)$$
$$-\frac{1}{3}\pi\cos^2\theta\left(\frac{\cos^2\theta}{\sin\theta}+\sin\theta\right)-\frac{1}{3}\pi\sin^2\theta\left(\cos\theta+\frac{\sin^2\theta}{\cos\theta}\right)$$
$$=\frac{1}{3}\pi(\sin\theta+\cos\theta)^2\left(\frac{1}{\sin\theta}+\frac{1}{\cos\theta}\right)-\frac{1}{3}\pi\left(\frac{\cos^2\theta}{\sin\theta}+\frac{\sin^2\theta}{\cos\theta}\right)$$
$$(\because\quad \sin^2\theta+\cos^2\theta=1)$$
$$=\frac{\pi}{3\sin\theta\cos\theta}\{(\sin\theta+\cos\theta)^3-(\cos^3\theta+\sin^3\theta)\}$$
$$=\frac{\pi}{3\sin\theta\cos\theta}(3\sin^2\theta\cos\theta+3\sin\theta\cos^2\theta)$$
$$=\pi(\sin\theta+\cos\theta)$$
$$=\sqrt{2}\pi\sin\left(\theta+\frac{\pi}{4}\right)\quad\left(0<\theta\leqq\frac{\pi}{4}\right)$$

よって，l が D のどの辺とも平行でないとき，V は $\theta=\frac{\pi}{4}$ のとき最大で，最大値は $\sqrt{2}\pi$ である。

軸となる直線 l が，正方形 D の１つの辺に平行であるとき，回転体の体積が最大となるのは，l が辺に重なるときであるから，その最大値は

$$\pi\times1^2\times1=\pi$$

である。

したがって，V の最大値は　　$\sqrt{2}\pi$　……(答)

参考1　直線 l から正方形 D の重心（対角線の交点）までの距離は

$$\frac{\sin\theta+\cos\theta}{2}$$

である。この重心が l を軸に回転して得られる円周の長さは

$$2\pi\times\frac{\sin\theta+\cos\theta}{2}=\pi(\sin\theta+\cos\theta)$$

であり，D の面積が１であるから，回転体の体積 V は

$$V=1\times\pi(\sin\theta+\cos\theta)=\pi(\sin\theta+\cos\theta)$$

となる。このことを保証するのは「パップス・ギュルダンの定理」である。答案に書くことはできないが，覚えておくと検算に役立つ便利な定理である。

〔注 1〕 **〔解法 1〕**(2)における V は，2つの円錐台（右図の斜線部分と網かけ部分をそれぞれ回転させたもの）の体積の和から2つの円錐の体積を引くことによっても求められる。$\cos\theta=\alpha$，$\sin\theta=\beta$ とおくと，右図より

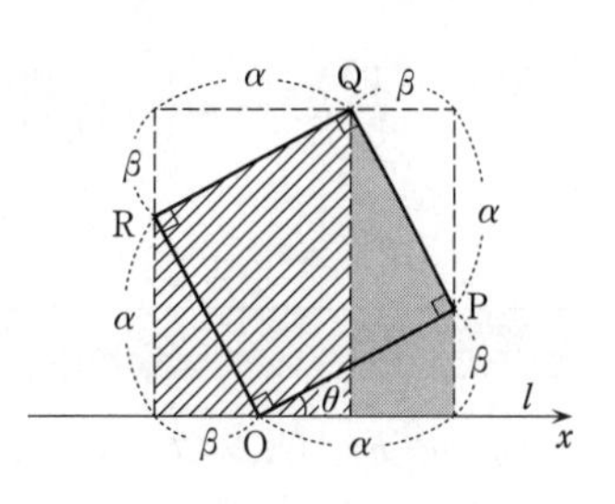

$$
\begin{aligned}
V=&\frac{1}{3}\pi\alpha\{(\alpha+\beta)^2+\alpha(\alpha+\beta)+\alpha^2\}\\
&+\frac{1}{3}\pi\beta\{(\alpha+\beta)^2+\beta(\alpha+\beta)+\beta^2\}\\
&-\frac{1}{3}\pi\beta\alpha^2-\frac{1}{3}\pi\alpha\beta^2\\
=&\frac{1}{3}\pi\alpha(3\alpha^2+3\alpha\beta)+\frac{1}{3}\pi\beta(3\beta^2+3\alpha\beta)\\
=&\pi(\alpha^3+\alpha^2\beta+\alpha\beta^2+\beta^3)\\
=&\pi\{\alpha(\alpha^2+\beta^2)+\beta(\alpha^2+\beta^2)\}\\
=&\pi(\alpha+\beta)\quad(\because\quad \alpha^2+\beta^2=1)\\
=&\pi(\cos\theta+\sin\theta)\\
=&\sqrt{2}\pi\sin\left(\theta+\frac{\pi}{4}\right)
\end{aligned}
$$

なお，この計算の結果を用いれば**〔解法 1〕**の(ii)直線 l が線分 PT と交点をもつ場合

$$V(D_l)\leqq V(D_x)$$

が，次のように簡単に示せる。

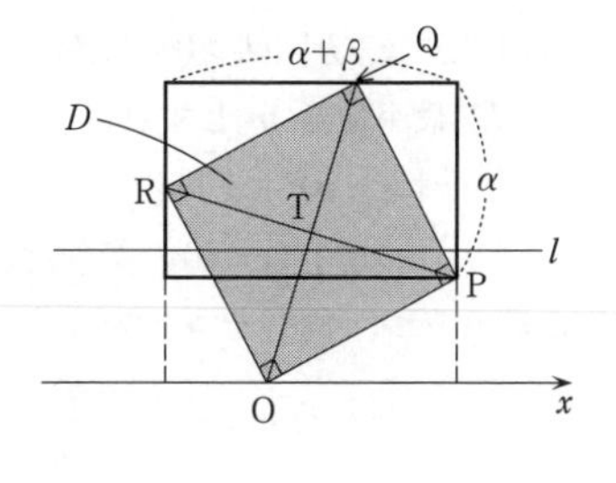

上の計算より

$$V(D_x)=V=\pi(\alpha+\beta)$$

であるから，D_l は，底面の半径が α，高さが $\alpha+\beta$ である円柱に含まれるので，$0<\alpha<1$ に注意すると

$$V(D_l)\leqq\pi\alpha^2(\alpha+\beta)<\pi(\alpha+\beta)=V(D_x)$$

参考 2 円錐台の体積の公式は次のとおり。

下図において，$\dfrac{r}{R}=\dfrac{x}{h+x}$ より

$$x=\frac{rh}{R-r}$$

$$\therefore\quad x+h=\frac{Rh}{R-r}$$

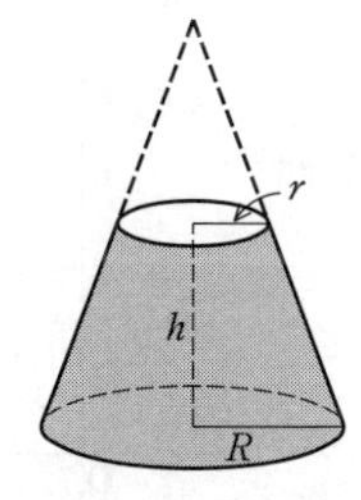

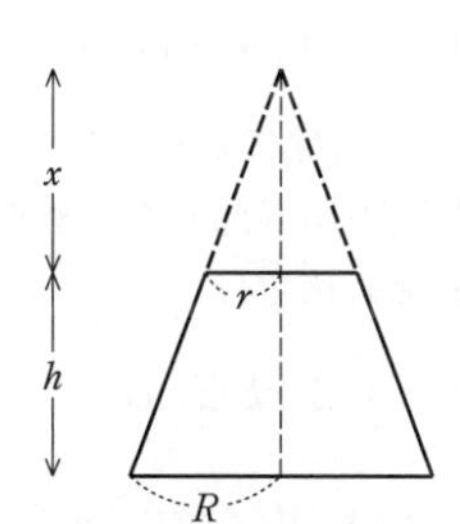

網かけで示した円錐台の体積は，体積比が相似比の3乗であることを利用して

$$\frac{1}{3}\pi R^2(x+h)\left\{1-\left(\frac{r}{R}\right)^3\right\}=\frac{1}{3}\pi R^2\times\frac{Rh}{R-r}\times\frac{R^3-r^3}{R^3}$$
$$=\frac{1}{3}\pi h\,(R^2+rR+r^2)$$

解法 2

区間 $[a,\ b]$ $(0 \leqq a < b)$ で定義された連続関数 $f(x)$ が，この区間で常に $f(x) \geqq 0$ であるとする。曲線 $y=f(x)$ と x 軸，および２直線 $x=a$，$x=b$ で囲まれた部分を y 軸を軸に回転して得られる回転体の体積 V は

$$V=\int_a^b 2\pi xf(x)\,dx \quad \cdots\cdots(*)$$

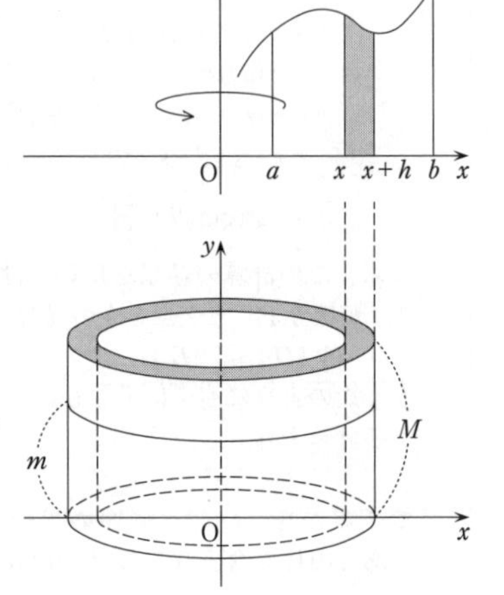

（証明）曲線 $y=f(x)$ と x 軸，直線 $x=a$，および点 $(x,\ 0)$ $(a \leqq x \leqq b)$ を通り y 軸に平行な直線で囲まれる部分を y 軸を軸に回転して得られる回転体の体積を $V(x)$ とすると，$V=V(b)$ であり，$V(a)=0$ である。

区間 $[x,\ x+h]$ $(h>0)$ における $f(x)$ の最大値を M，最小値を m とすれば

$$\pi\{(x+h)^2-x^2\}m \leqq V(x+h)-V(x) \leqq \pi\{(x+h)^2-x^2\}M$$

が成り立つ。両辺を h で割ると

$$\pi(2x+h)\,m \leqq \frac{V(x+h)-V(x)}{h} \leqq \pi(2x+h)\,M$$

ここで $h\to 0$ とすると，$\lim_{h\to 0} m=\lim_{h\to 0} M=f(x)$ であるから，はさみうちの原理により

$$\lim_{h\to 0}\frac{V(x+h)-V(x)}{h}=2\pi xf(x)$$

したがって

$$V=V(b)=V(b)-V(a)=\Big[V(x)\Big]_a^b=\int_a^b 2\pi xf(x)\,dx$$

これは，$h<0$ としても同様に成り立つ。（終）

$(*)$を用いると，右図の斜線部分を y 軸を軸に回転して得られる回転体の体積は

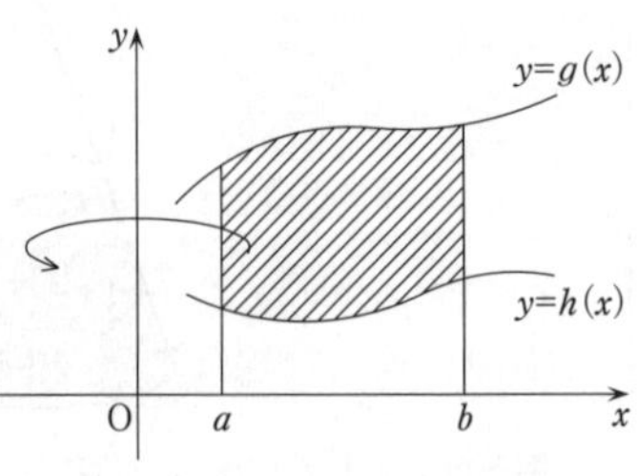

$$\int_a^b 2\pi xg(x)\,dx-\int_a^b 2\pi xh(x)\,dx$$
$$=\int_a^b 2\pi x\{g(x)-h(x)\}\,dx \quad \cdots\cdots(**)$$

と計算される。

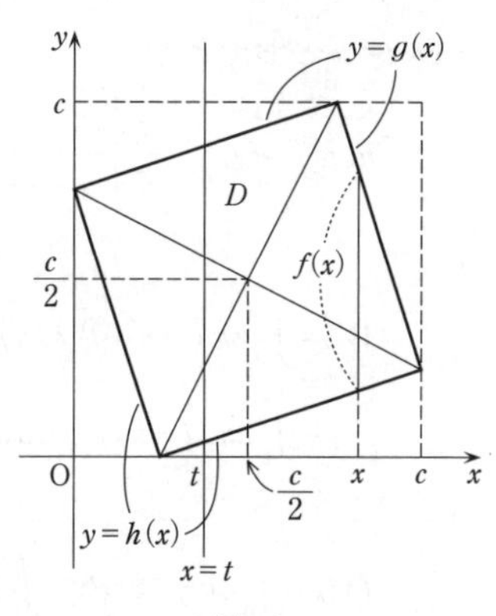

図　1

(1)　図1のように，正方形 D を，頂点の1つが x 軸上の $x \geqq 0$ の部分に，他の1つが y 軸上の $y \geqq 0$ の部分に，残る2つが第1象限にあるようにおく。
D 上の点の x 座標の最大値を c とし，D の上側の2辺を表す関数を $g(x)$，下側の2辺を表す関数を $h(x)$ とし，$g(x)-h(x)=f(x)$（ただし，$0 \leqq x \leqq c$）とおけば，この正方形 D を y 軸を軸に回転して得られる回転体の体積 V は，（＊＊）により

$$V=\int_0^c 2\pi x f(x)\,dx \quad \cdots\cdots Ⓐ$$

この正方形を直線 $x=t$（図形の対称性より $0 \leqq t \leqq \dfrac{c}{2}$ とすれば十分である）を軸に回転して得られる回転体の体積を W，正方形を直線 $x=t$ で二分したときの右側，左側の各部分を別々に $x=t$ を軸に回転して得られる回転体の体積をそれぞれ W_1，W_2 とする。W_1，W_2 には重なる部分があるので

$$W \leqq W_1+W_2 \quad \cdots\cdots Ⓑ$$

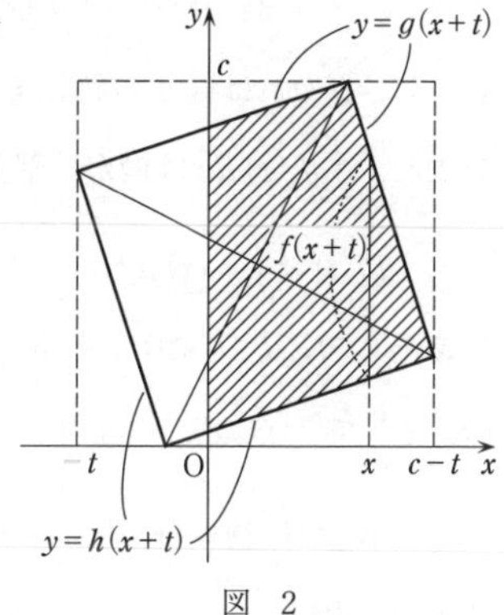

図　2

W_1 を求めるために，正方形 D を x 軸の正方向に $-t$ だけ平行移動し，図2の斜線部分を y 軸を軸に回転させて

$$W_1=\int_0^{c-t} 2\pi x f(x+t)\,dx$$

$x+t=u$ とおくと

$dx=du$,

x	$0 \longrightarrow c-t$
u	$t \longrightarrow c$

よって

$$W_1=\int_t^c 2\pi(u-t)f(u)\,du$$

$$=\int_t^c 2\pi(x-t)f(x)\,dx$$

（定積分の値は積分変数を表す文字には関係しない。以下，同様）

$f(x) \geqq 0$,　$x-t \leqq x$　$\left(\because \quad 0 \leqq t \leqq \dfrac{c}{2}\right)$ であるから

$$W_1 \leqq \int_t^c 2\pi x f(x)\,dx \quad \cdots\cdots Ⓒ$$

W_2 を求めるために，図2の正方形を y 軸に関して対称に移動し，図3の斜線部分を y 軸を軸に回転させて

$$W_2=\int_0^t 2\pi x f(-x+t)\,dx$$

$-x+t=u$ とおくと

$$dx=-du,\qquad \begin{array}{c|c} x & 0\longrightarrow t \\ \hline u & t\longrightarrow 0 \end{array}$$

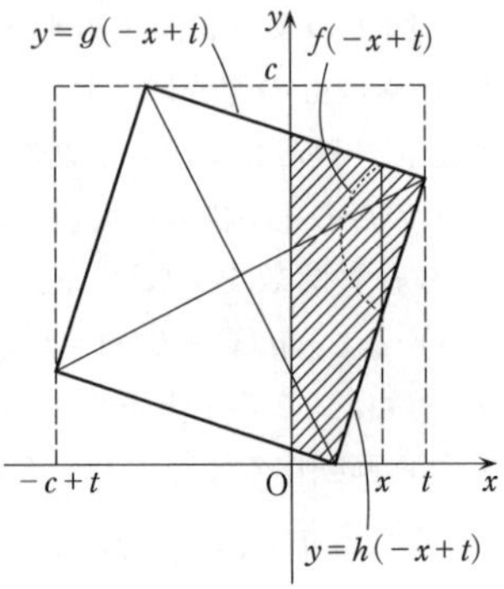

よって

$$W_2=\int_t^0 2\pi(-u+t)f(u)(-du)$$

$$=\int_0^t 2\pi(t-u)f(u)\,du=\int_0^t 2\pi(t-x)f(x)\,dx$$

図　3

ここで

$$I(t)=\int_0^t 2\pi xf(x)\,dx-\int_0^t 2\pi(t-x)f(x)\,dx$$

とおくと

$$I'(t)=\frac{d}{dt}\int_0^t 2\pi xf(x)\,dx-\frac{d}{dt}\left(2\pi t\int_0^t f(x)\,dx-2\pi\int_0^t xf(x)\,dx\right)$$

$$=2\pi tf(t)-\left(2\pi\int_0^t f(x)\,dx+2\pi tf(t)-2\pi tf(t)\right)\quad\text{（積の微分公式）}$$

$$=2\pi\left(tf(t)-\int_0^t f(x)\,dx\right)$$

ここに，$tf(t)$ は図 4 の斜線を施した長方形の面積を表し，$\int_0^t f(x)\,dx$ は網かけ部分の面積を表すから

$$tf(t)\geqq\int_0^t f(x)\,dx$$

であるので，$I'(t)\geqq 0$ である。$I(0)=0$ であるから，$0\leqq t\leqq\frac{c}{2}$ で $I(t)\geqq 0$，つまり

$$W_2\leqq\int_0^t 2\pi xf(x)\,dx\quad\cdots\cdots Ⓓ$$

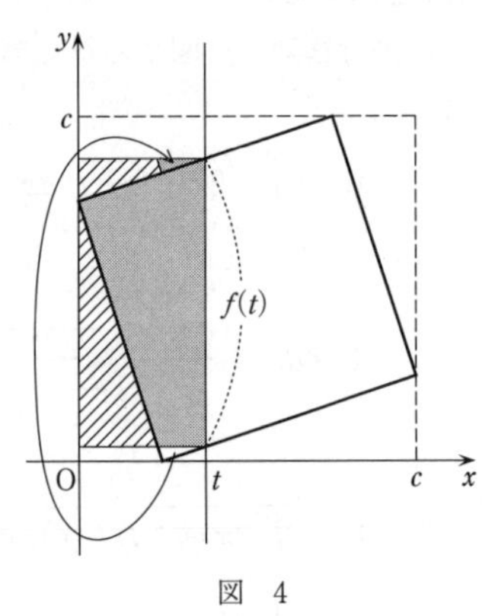

図　4

Ⓐ～Ⓓより

$$V=\int_0^c 2\pi xf(x)\,dx$$

$$=\int_0^t 2\pi xf(x)\,dx+\int_t^c 2\pi xf(x)\,dx$$

$$\geqq W_2+W_1\geqq W$$

等号はすべて $t=0$ のとき成り立つので，題意は証明できた。　　　（証明終）

(2)　正方形 D は，点 $\left(\frac{c}{2},\ \frac{c}{2}\right)$ を中心に 180° 回転すると重なるから，$f(x)$ は

性質　$f(c-x)=f(x)$

をもつ。Ⓐより

$$V=\int_0^c 2\pi xf(x)\,dx=\int_0^{\frac{c}{2}} 2\pi xf(x)\,dx+\int_{\frac{c}{2}}^c 2\pi xf(x)\,dx$$

$$=\int_0^{\frac{c}{2}} 2\pi xf(x)\,dx+\int_{\frac{c}{2}}^c 2\pi xf(c-x)\,dx$$

$c-x=u$ とおくと

$dx=-du$,

x	$\frac{c}{2}\longrightarrow c$
u	$\frac{c}{2}\longrightarrow 0$

よって

$$V=\int_0^{\frac{c}{2}} 2\pi xf(x)\,dx+\int_{\frac{c}{2}}^0 2\pi(c-u)f(u)(-du)$$

$$=\int_0^{\frac{c}{2}} 2\pi xf(x)\,dx+\int_0^{\frac{c}{2}} 2\pi(c-x)f(x)\,dx$$

$$=\int_0^{\frac{c}{2}} 2\pi xf(x)\,dx+\int_0^{\frac{c}{2}} 2\pi cf(x)\,dx-\int_0^{\frac{c}{2}} 2\pi xf(x)\,dx$$

$$=\int_0^{\frac{c}{2}} 2\pi cf(x)\,dx=2\pi c\int_0^{\frac{c}{2}} f(x)\,dx$$

$$=2\pi c\times\frac{1}{2}\quad\left(\int_0^{\frac{c}{2}} f(x)\,dx\text{ は正方形 }D\text{ の面積 }1\text{ の半分}\right)$$

$$=\pi c\leqq\sqrt{2}\pi\quad(c\text{ の最大値は正方形 }D\text{ の対角線の長さ }\sqrt{2})$$

したがって，V の最大値は　$\sqrt{2}\pi$　……(答)

〔注2〕〔解法2〕の(2)で用いた $f(x)$ の性質 $f(c-x)=f(x)$ を(1)に用いると

$$W\leqq W_1+W_2=\int_t^c 2\pi(x-t)f(x)\,dx+\int_0^t 2\pi(t-x)f(x)\,dx$$

$$=\int_t^c 2\pi|x-t|f(x)\,dx+\int_0^t 2\pi|x-t|f(x)\,dx$$

$$=\int_0^c 2\pi|x-t|f(x)\,dx$$

$$=\int_0^{\frac{c}{2}} 2\pi|x-t|f(x)\,dx+\int_{\frac{c}{2}}^c 2\pi|x-t|f(c-x)\,dx\quad(\because\ f(x)=f(c-x))$$

$c-x=u$ とおくと

$dx=-du$,

x	$\frac{c}{2}\longrightarrow c$
u	$\frac{c}{2}\longrightarrow 0$

よって

$$W\leqq W_1+W_2=\int_0^{\frac{c}{2}} 2\pi|x-t|f(x)\,dx+\int_{\frac{c}{2}}^0 2\pi|c-u-t|f(u)(-du)$$

$$= \int_0^{\frac{c}{2}} 2\pi|x-t|f(x)\,dx + \int_0^{\frac{c}{2}} 2\pi|u-(c-t)|f(u)\,du$$

$$= \int_0^{\frac{c}{2}} 2\pi|x-t|f(x)\,dx + \int_0^{\frac{c}{2}} 2\pi|x-(c-t)|f(x)\,dx$$

$$= \int_0^{\frac{c}{2}} 2\pi\{|x-t|+|x-(c-t)|\}f(x)\,dx \quad \cdots\cdots(※)$$

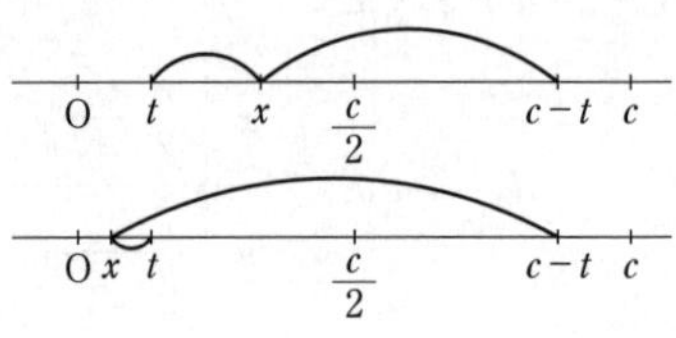

ここに，$0 \leqq x \leqq \dfrac{c}{2}$ であるから，右図より

$$0 < |x-t|+|x-(c-t)| \leqq c$$

が成り立つ。よって，（※）に続けて

$$W \leqq \int_0^{\frac{c}{2}} 2\pi c f(x)\,dx = 2\pi c \int_0^{\frac{c}{2}} f(x)\,dx$$

$$= 2\pi c \times \frac{1}{2} = \pi c \quad \left(\int_0^{\frac{c}{2}} f(x)\,dx \text{ は正方形 } D \text{ の面積 } 1 \text{ の半分}\right)$$

こうして，$W \leqq \pi c = V$ をいうこともできる。

〔解法 2〕では，（＊）がポイントであるが，これを証明なしで用いることの可否は採点者の判断に委ねることになるので，できれば避けたい。

56 2009 年度〔4〕 Level B

xyz 空間の原点と点 $(1,\ 1,\ 1)$ を通る直線を l とする。

(1) l 上の点 $\left(\frac{t}{3},\ \frac{t}{3},\ \frac{t}{3}\right)$ を通り l と垂直な平面が，xy 平面と交わってできる直線の方程式を求めよ。

(2) 不等式 $0 \leqq y \leqq x(1-x)$ の表す xy 平面内の領域を D とする。l を軸として D を回転させて得られる回転体の体積を求めよ。

ポイント 回転体の体積を求める問題であるが，回転軸が座標軸ではないので，図をうまく描きたいところである。
(1) l の方向ベクトルと，l と垂直な平面上の任意のベクトルとの内積は 0 である。このことから得られる平面の方程式と $z=0$ を連立させれば求めるものが得られる。(2)のヒントになっている。
(2) 領域 D の作図は容易である。この D を l を軸として回転させて得られる回転体を，l と垂直な平面で切ったときの断面図は，(1)で求めた直線と D の共通部分である線分を l のまわりに回転させたものであるから，同心円に挟まれた図形となる。この図形の面積計算も難しくはない。この面積を l 軸に沿って積分すればよい。ただし，(1)との関連から面積計算には変数 t を用いていると思われるが，積分する変数が異なることに注意しなければならない。

解法 1

(1) 直線 l 上の点 $\left(\frac{t}{3},\ \frac{t}{3},\ \frac{t}{3}\right)$ をPとし，点Pを通り l と垂直な平面を α とする。平面 α 上の任意の点を $\mathrm{X}(x,\ y,\ z)$ とすると，$l \perp \mathrm{PX}$ である。l の方向ベクトルの 1 つを $\vec{n}=(1,\ 1,\ 1)$ とすると，α の方程式は

$$\vec{n}\cdot\overrightarrow{\mathrm{PX}}=0$$

$$(1,\ 1,\ 1)\cdot\left(x-\frac{t}{3},\ y-\frac{t}{3},\ z-\frac{t}{3}\right)=0$$

$$\left(x-\frac{t}{3}\right)+\left(y-\frac{t}{3}\right)+\left(z-\frac{t}{3}\right)=0$$

$\therefore\quad x+y+z=t$

したがって，α が xy 平面と交わってできる直線の方程式は

$$\begin{cases} x+y+z=t \\ z=0 \end{cases}$$

より

$x+y=t$ かつ $z=0$ ……(答)

〔注1〕 点Xを xy 平面上に限定し，Xを $(x,\ y,\ 0)$ とおくと

$$\vec{n}\cdot\overrightarrow{\mathrm{PX}}=0$$

$$(1,\ 1,\ 1)\cdot\left(x-\frac{t}{3},\ y-\frac{t}{3},\ -\frac{t}{3}\right)=0$$

より，$x+y=t$ が導かれる。
xy 平面内の直線であることを断れば，$x+y=t$ でもよいが，空間内ではこれは平面の方程式となるから，空間内の場合は，$x+y=t$ かつ $z=0$ としないと直線を表さない。本問ではこのように答えるべきであろう。

〔注2〕 法線ベクトルが $\vec{n}=(a,\ b,\ c)$ のとき，平面の方程式は一般に

$$ax+by+cz+d=0$$

と表される。
このことを知っていれば，α の方程式を簡単に得ることができる。
$\vec{n}=(1,\ 1,\ 1)$ であるので，α の方程式は

$$x+y+z+d=0$$

とおける。これが点 $\left(\frac{t}{3},\ \frac{t}{3},\ \frac{t}{3}\right)$ を通ることから

$$\frac{t}{3}+\frac{t}{3}+\frac{t}{3}+d=0$$

が成り立ち，$d=-t$ となるから，α の方程式は

$$x+y+z-t=0$$

である。

(2) 不等式 $0\leqq y\leqq x(1-x)$ の表す xy 平面内の領域 D は図1の網かけ部分（境界はすべて含む）である。以下しばらく xy 平面上で考察する。

$$y=x(1-x)=-x^2+x$$

これより

$$y'=-2x+1$$

よって，$y=x(1-x)$ の原点における接線の方程式は $y=x$，点 $(1,\ 0)$ における接線の方程式は $y=-x+1$ である。

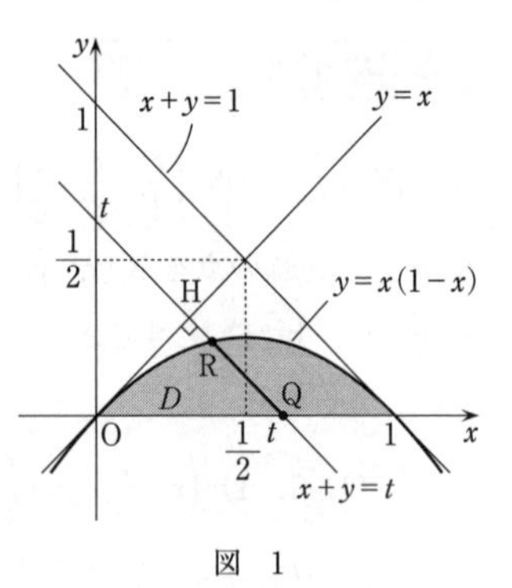

図 1

また，xy 平面内の直線 $x+y=t$ は，領域 D と $0\leqq t\leqq 1$ のとき共有点をもち，x 軸との交点をQとすれば，Qの座標は $(t,\ 0)$，$y=x(1-x)$ との交点をRとすれば

$$x(1-x)=t-x$$

$x^2-2x+t=0$

$x=1-\sqrt{1-t}$　$(\because \quad x \leqq 1,\ 0 \leqq t \leqq 1)$

したがって，Rの座標は $(1-\sqrt{1-t},\ t-1+\sqrt{1-t})$ である。

2直線 $x+y=t,\ y=x$ の交点をHとすると，Hの座標は $\left(\dfrac{t}{2},\ \dfrac{t}{2}\right)$ である。

空間にもどって考察を進める。

4点 $\mathrm{P}\left(\dfrac{t}{3},\ \dfrac{t}{3},\ \dfrac{t}{3}\right)$，　$\mathrm{Q}(t,\ 0,\ 0)$，$\mathrm{R}(1-\sqrt{1-t},\ t-1+\sqrt{1-t},\ 0)$，　$\mathrm{H}\left(\dfrac{t}{2},\ \dfrac{t}{2},\ 0\right)$

はすべて平面 α 上にあり，3点Q，R，Hは同一直線上にある。

$$\overrightarrow{\mathrm{PH}}\cdot\overrightarrow{\mathrm{QH}}=\left(\frac{t}{6},\ \frac{t}{6},\ -\frac{t}{3}\right)\cdot\left(-\frac{t}{2},\ \frac{t}{2},\ 0\right)=0$$

であるから，PH⊥QH となり，図1からわかるように点Rは線分 QH 上にあるから，線分 QR 上の点で，点Pから最も遠い点はQであり，最も近い点はRである。

したがって，直線 l を軸として D を回転させて得られる回転体を l に垂直な平面（(1)で求めた α：$x+y+z=t$）で切断したときの切断面は，点Pを中心とし点Qを通る円と，Pを中心とし点Rを通る円で挟まれた部分となる。

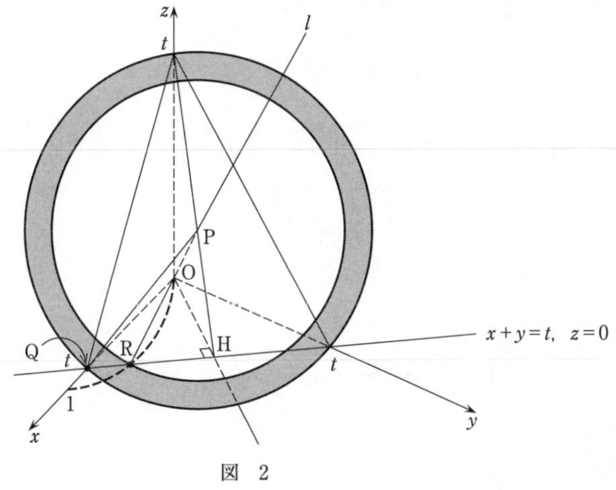

図　2

その面積を $S(t)$ とすると

$$S(t)=\pi\mathrm{PQ}^2-\pi\mathrm{PR}^2=\pi(\mathrm{PQ}^2-\mathrm{PR}^2)$$

ここで

$$\mathrm{PQ}^2=\left(t-\frac{t}{3}\right)^2+\left(0-\frac{t}{3}\right)^2+\left(0-\frac{t}{3}\right)^2=\frac{2}{3}t^2$$

$$\mathrm{PR}^2=\left(1-\sqrt{1-t}-\frac{t}{3}\right)^2+\left(t-1+\sqrt{1-t}-\frac{t}{3}\right)^2+\left(0-\frac{t}{3}\right)^2$$

$$=\left\{\left(1-\frac{t}{3}\right)-\sqrt{1-t}\right\}^2+\left\{\left(\frac{2}{3}t-1\right)+\sqrt{1-t}\right\}^2+\frac{t^2}{9}$$

$$=\left(1-\frac{t}{3}\right)^2+\left(\frac{2}{3}t-1\right)^2+2(1-t)+\frac{t^2}{9}-2\left\{\left(1-\frac{t}{3}\right)-\left(\frac{2}{3}t-1\right)\right\}\sqrt{1-t}$$

$$=\frac{2}{3}t^2-4t+4-2(2-t)\sqrt{1-t}$$

であるから

$$S(t)=\pi\{4t-4+2(2-t)\sqrt{1-t}\}$$
$$=\pi\{4(t-1)+2\sqrt{1-t}+2(1-t)\sqrt{1-t}\}$$

直線 l 上にとった座標 s を

$$s=\sqrt{\left(\frac{t}{3}\right)^2+\left(\frac{t}{3}\right)^2+\left(\frac{t}{3}\right)^2}=\frac{t}{\sqrt{3}}\quad(t\geqq 0)$$

と定めると

$ds=\dfrac{1}{\sqrt{3}}dt,$

s	$0\longrightarrow\dfrac{1}{\sqrt{3}}$
t	$0\longrightarrow 1$

であるから，求める体積を V とすると

$$V=\int_0^{\frac{1}{\sqrt{3}}}S(t)\,ds=\int_0^1 S(t)\frac{1}{\sqrt{3}}dt$$

$$=\frac{\pi}{\sqrt{3}}\int_0^1\{4(t-1)+2(1-t)^{\frac{1}{2}}+2(1-t)^{\frac{3}{2}}\}dt$$

$$=\frac{\pi}{\sqrt{3}}\left[2(t-1)^2-\frac{4}{3}(1-t)^{\frac{3}{2}}-\frac{4}{5}(1-t)^{\frac{5}{2}}\right]_0^1$$

$$=-\frac{\pi}{\sqrt{3}}\left(2-\frac{4}{3}-\frac{4}{5}\right)$$

$$=-\frac{\pi}{\sqrt{3}}\times\left(-\frac{2}{15}\right)=\frac{2\sqrt{3}}{45}\pi\quad\cdots\cdots(答)$$

〔注3〕 右図で，次のことが成り立つ。

(i) $\left.\begin{array}{l}AB\perp\alpha\\AC\perp l\end{array}\right\}\Longrightarrow BC\perp l$

(ii) $\left.\begin{array}{l}AB\perp\alpha\\BC\perp l\end{array}\right\}\Longrightarrow AC\perp l$

これを「三垂線の定理」というが，この定理を用いれば，本問では内積計算をしなくても PH⊥QH がいえる。(ii)において，AB を z 軸，BC を OH と考えればよい。

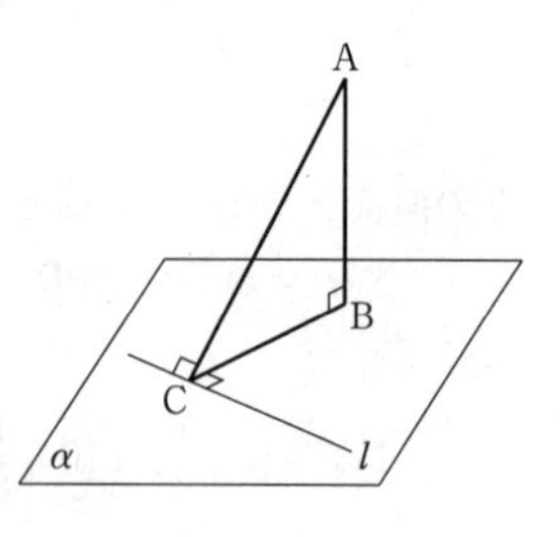

解法 2

((1)は〔解法1〕と同様)

(2)　点A(1, 0, 0) から直線 l に下ろした垂線の足をTとすると，(1)よりTの座標は $\left(\dfrac{1}{3},\ \dfrac{1}{3},\ \dfrac{1}{3}\right)$ である。よって

$$\mathrm{OT}=\sqrt{\left(\frac{1}{3}\right)^2+\left(\frac{1}{3}\right)^2+\left(\frac{1}{3}\right)^2}=\sqrt{\frac{1}{3}}=\frac{\sqrt{3}}{3}$$

$$\mathrm{AT}=\sqrt{\left(\frac{1}{3}-1\right)^2+\left(\frac{1}{3}\right)^2+\left(\frac{1}{3}\right)^2}=\sqrt{\frac{2}{3}}$$

図アのように，線分OTを軸として，三角形OATを回転させて得られる回転体は円錐となり，その体積 V_1 は

$$V_1=\frac{1}{3}\times(\pi\times\mathrm{AT}^2)\times\mathrm{OT}=\frac{1}{3}\times\left(\pi\times\frac{2}{3}\right)\times\frac{\sqrt{3}}{3}=\frac{2\sqrt{3}}{27}\pi$$

図イのように，原点からの距離が s ($s>0$) である l 上の点Pの座標を $(x,\ x,\ x)$ ($x>0$) とすると

$$x^2+x^2+x^2=s^2 \qquad \therefore\quad x=\frac{\sqrt{3}}{3}s$$

であるから，Pの座標は

$$\left(\frac{\sqrt{3}}{3}s,\ \frac{\sqrt{3}}{3}s,\ \frac{\sqrt{3}}{3}s\right)$$

Pを通り l に垂直な平面と xy 平面との交線の方程式は，(1)より

$$x+y=\sqrt{3}s,\quad z=0$$

である。

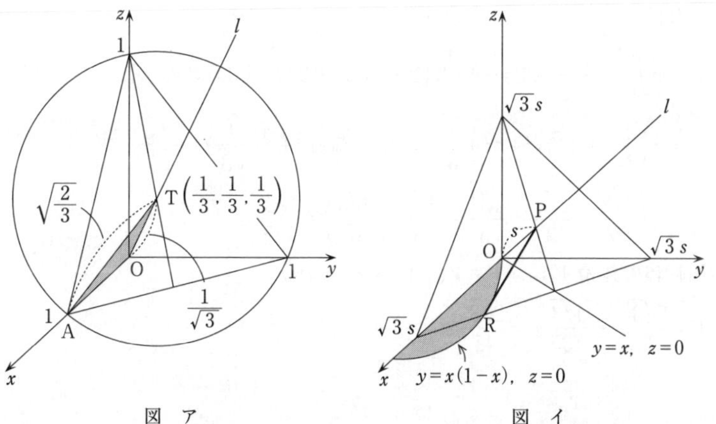

図　ア　　　　　図　イ

この直線と曲線 $y=x(1-x)$, $z=0$ との交点Rの座標を

$(X,\ Y,\ 0)$

とおくと

$$X+Y=\sqrt{3}s,\quad Y=X(1-X)$$

よって　$X^2-2X+\sqrt{3}s=0$

$$\therefore\quad X=1-\sqrt{1-\sqrt{3}s}\quad (\because\quad X\leqq 1)$$

が成り立つ。l を軸として線分PRを回転させて得られる回転体は円板となるが，この円板が s を0から $\dfrac{1}{\sqrt{3}}$ まで変化させるときにできる立体の体積 V_2 は，曲線 $y=x(1-x)$, $z=0$ と，l の xy 平面への正射影である直線 $y=x$, $z=0$ が原点以外に共有点をもたないことから

$$V_2=\pi\int_0^{\frac{1}{\sqrt{3}}}\mathrm{PR}^2ds$$

$$=\pi\int_0^{\frac{1}{\sqrt{3}}}\left\{\left(X-\frac{\sqrt{3}}{3}s\right)^2+\left(Y-\frac{\sqrt{3}}{3}s\right)^2+\left(0-\frac{\sqrt{3}}{3}s\right)^2\right\}ds$$

$$=\pi\int_0^{\frac{1}{\sqrt{3}}}\left\{(X^2+Y^2)-\frac{2\sqrt{3}}{3}s(X+Y)+s^2\right\}ds$$

ここで

$$X+Y=\sqrt{3}s$$

$$X^2+Y^2=X^2+(\sqrt{3}s-X)^2=2X^2-2\sqrt{3}sX+3s^2\quad (\because\quad Y=\sqrt{3}s-X)$$

$$=2(2X-\sqrt{3}s)-2\sqrt{3}sX+3s^2\quad (\because\quad X^2=2X-\sqrt{3}s)$$

$$=2(2-\sqrt{3}s)X-2\sqrt{3}s+3s^2$$

$$=2(2-\sqrt{3}s)(1-\sqrt{1-\sqrt{3}s})-2\sqrt{3}s+3s^2\quad (\because\quad X=1-\sqrt{1-\sqrt{3}s})$$

$$=3s^2-4\sqrt{3}s+4-2\{\sqrt{1-\sqrt{3}s}+(1-\sqrt{3}s)\sqrt{1-\sqrt{3}s}\}$$

に注意すれば

$$V_2=\pi\int_0^{\frac{1}{\sqrt{3}}}\{2s^2-4\sqrt{3}s+4-2(1-\sqrt{3}s)^{\frac{1}{2}}-2(1-\sqrt{3}s)^{\frac{3}{2}}\}ds$$

$$=\pi\left[\frac{2}{3}s^3-2\sqrt{3}s^2+4s+\frac{4}{3}\cdot\frac{1}{\sqrt{3}}(1-\sqrt{3}s)^{\frac{3}{2}}+\frac{4}{5}\cdot\frac{1}{\sqrt{3}}(1-\sqrt{3}s)^{\frac{5}{2}}\right]_0^{\frac{1}{\sqrt{3}}}$$

$$=\pi\left(\frac{2\sqrt{3}}{27}-\frac{2\sqrt{3}}{3}+\frac{4\sqrt{3}}{3}-\frac{4\sqrt{3}}{9}-\frac{4\sqrt{3}}{15}\right)=\frac{4\sqrt{3}}{135}\pi$$

求める回転体の体積 V は，$V=V_1-V_2$ であるから

$$V=\frac{2\sqrt{3}}{27}\pi-\frac{4\sqrt{3}}{135}\pi=\frac{2\sqrt{3}}{45}\pi\quad\cdots\cdots(答)$$

57 2006年度〔4〕 Level C

空間内の四面体 ABCD を考える。辺 AB，BC，CD，DA の中点を，それぞれK，L，M，Nとする。

(1) $4\overrightarrow{\mathrm{MK}}\cdot\overrightarrow{\mathrm{LN}}=|\overrightarrow{\mathrm{AC}}|^2-|\overrightarrow{\mathrm{BD}}|^2$ を示せ。ここに $|\overrightarrow{\mathrm{AC}}|$ はベクトル $\overrightarrow{\mathrm{AC}}$ の長さを表す。

(2) 四面体 ABCD のすべての面が互いに合同であるとする。このとき $|\overrightarrow{\mathrm{AC}}|=|\overrightarrow{\mathrm{BD}}|$，$|\overrightarrow{\mathrm{BC}}|=|\overrightarrow{\mathrm{AD}}|$，$|\overrightarrow{\mathrm{AB}}|=|\overrightarrow{\mathrm{CD}}|$ を示せ。

(3) 辺 AC の中点をPとし，$|\overrightarrow{\mathrm{AB}}|=\sqrt{3}$，$|\overrightarrow{\mathrm{BC}}|=\sqrt{5}$，$|\overrightarrow{\mathrm{CA}}|=\sqrt{6}$ とする。(2)の仮定のもとで，四面体 PKLN の体積を求めよ。

ポイント (1) 空間のベクトルであるから，互いに平行でなく，$\vec{0}$ でない3つのベクトルを用意する。他のベクトルをこの3つのベクトルで表していけば必ずできるはずである。$|\vec{a}|^2=\vec{a}\cdot\vec{a}$ が重要である。あるいは，四面体の4頂点に位置ベクトルを与えてもよい。計算は大同小異である。

(2) 辺の長さの関係に着目する。四面体の面はすべて三角形であるから，これらが正三角形であるときは当然，題意は成り立つ。3辺の長さが互いに異なる場合から始めると調べやすいかもしれない。

(3) $|\overrightarrow{\mathrm{AC}}|=|\overrightarrow{\mathrm{BD}}|$ のとき，(1)より $\overrightarrow{\mathrm{MK}}\cdot\overrightarrow{\mathrm{LN}}=0$ すなわち $\mathrm{MK}\perp\mathrm{LN}$ である。$|\overrightarrow{\mathrm{AB}}|=|\overrightarrow{\mathrm{CD}}|$，$|\overrightarrow{\mathrm{BC}}|=|\overrightarrow{\mathrm{AD}}|$ を用いて同様のことを示すことができ，この垂直条件を体積を求めるのに，いかに活用するかがポイントである。作図の良し悪しが解答時間に影響するのではないだろうか。

解法 1

(1) $\overrightarrow{\mathrm{AB}}=\vec{b}$，$\overrightarrow{\mathrm{AC}}=\vec{c}$，$\overrightarrow{\mathrm{AD}}=\vec{d}$ とすると

$$\overrightarrow{\mathrm{MK}}=\overrightarrow{\mathrm{AK}}-\overrightarrow{\mathrm{AM}}$$
$$=\frac{1}{2}\overrightarrow{\mathrm{AB}}-\frac{1}{2}(\overrightarrow{\mathrm{AC}}+\overrightarrow{\mathrm{AD}})$$
$$=\frac{1}{2}(\vec{b}-\vec{c}-\vec{d})$$

$$\overrightarrow{\mathrm{LN}}=\overrightarrow{\mathrm{AN}}-\overrightarrow{\mathrm{AL}}=\frac{1}{2}\overrightarrow{\mathrm{AD}}-\frac{1}{2}(\overrightarrow{\mathrm{AB}}+\overrightarrow{\mathrm{AC}})$$

$$=\frac{1}{2}(\vec{d}-\vec{b}-\vec{c})$$

これらから

$$4\overrightarrow{\mathrm{MK}}\cdot\overrightarrow{\mathrm{LN}}=(\vec{b}-\vec{c}-\vec{d})\cdot(\vec{d}-\vec{b}-\vec{c})$$
$$=\{-\vec{c}+(\vec{b}-\vec{d})\}\cdot\{-\vec{c}-(\vec{b}-\vec{d})\}$$
$$=\vec{c}\cdot\vec{c}-(\vec{b}-\vec{d})\cdot(\vec{b}-\vec{d})=|\vec{c}|^2-|\vec{d}-\vec{b}|^2$$
$$=|\overrightarrow{\mathrm{AC}}|^2-|\overrightarrow{\mathrm{BD}}|^2$$

（証明終）

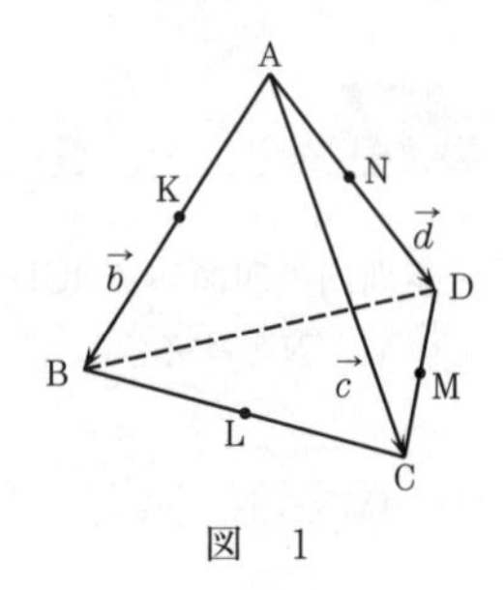

図　1

(2)　(i)　三角形 ABC の 3 辺の長さがすべて異なるとき

三角形 ABC と三角形 BCD について，辺 BC が共通であることに注意すると，題意より AB＝BD，AB＝CD の一方のみが成り立たなければならない。しかし，AB＝BD では三角形 ABD が二等辺三角形となり，仮定に反する。ゆえに，AB＝CD である。よって，それぞれの三角形の残りの一辺についても AC＝BD が成り立つ。

次に，三角形 ABD と三角形 BCD について，辺 BD が共通であることと AB＝CD に注意すれば，題意より AD＝BC となる。

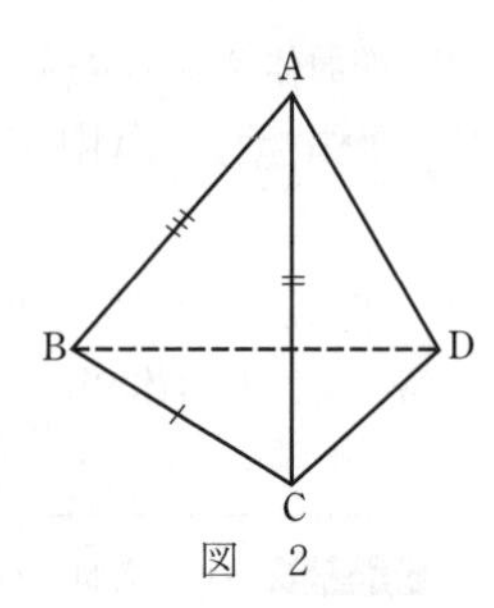

図　2

よって，$|\overrightarrow{\mathrm{AC}}|=|\overrightarrow{\mathrm{BD}}|$，$|\overrightarrow{\mathrm{BC}}|=|\overrightarrow{\mathrm{AD}}|$，$|\overrightarrow{\mathrm{AB}}|=|\overrightarrow{\mathrm{CD}}|$ である。

(ii)　三角形 ABC が AB＝AC≠BC の二等辺三角形のとき

三角形 ABC と三角形 BCD について，辺 BC が共通であることに注意すれば，題意より AB＝AC＝CD＝BD が成り立つ。このとき，三角形 ABD と三角形 BCD について題意より，AD＝BC となる。

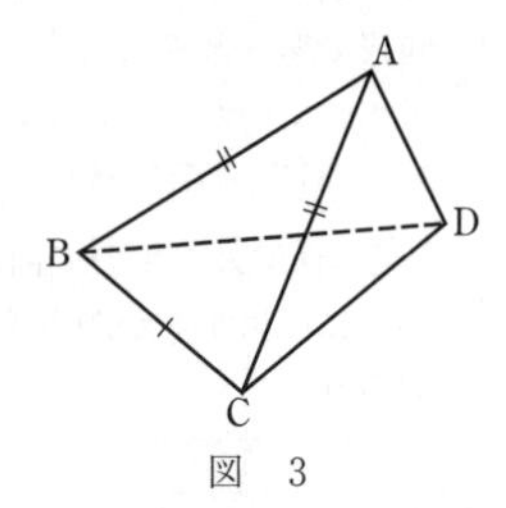

図　3

よって，$|\overrightarrow{\mathrm{AC}}|=|\overrightarrow{\mathrm{BD}}|$，$|\overrightarrow{\mathrm{BC}}|=|\overrightarrow{\mathrm{AD}}|$，$|\overrightarrow{\mathrm{AB}}|=|\overrightarrow{\mathrm{CD}}|$ である。

AB＝BC≠AC，AB≠BC＝AC のときも同様である。

(iii)　三角形 ABC が正三角形のとき

合同である他のすべての面も正三角形であるから

$$|\overrightarrow{\mathrm{AC}}|=|\overrightarrow{\mathrm{BD}}|,\ |\overrightarrow{\mathrm{BC}}|=|\overrightarrow{\mathrm{AD}}|,\ |\overrightarrow{\mathrm{AB}}|=|\overrightarrow{\mathrm{CD}}|$$

以上(i)～(iii)から，題意は証明された。（証明終）

(3)　頂点Aを基準点とする位置ベクトルで考えると，B，C，Dの位置ベクトルはそれぞれ $\vec{b}$，$\vec{c}$，$\vec{d}$ となる。BD の中点をQとすると，K，L，M，N，P，Qの位置ベクトルは

$$\mathrm{K}\left(\frac{\vec{b}}{2}\right),\ \mathrm{L}\left(\frac{\vec{b}+\vec{c}}{2}\right),\ \mathrm{M}\left(\frac{\vec{c}+\vec{d}}{2}\right),\ \mathrm{N}\left(\frac{\vec{d}}{2}\right),\ \mathrm{P}\left(\frac{\vec{c}}{2}\right),\ \mathrm{Q}\left(\frac{\vec{b}+\vec{d}}{2}\right)$$

であり，KMの中点，LNの中点，PQの中点の3点の位置ベクトルはいずれも

$$\frac{\vec{b}+\vec{c}+\vec{d}}{4}$$

となって，これら3つの点は一致することがわかる。この点をRとする。

(2)の仮定より $|\overrightarrow{\mathrm{AC}}|=|\overrightarrow{\mathrm{BD}}|$ であるから，(1)より

$$\overrightarrow{\mathrm{MK}}\cdot\overrightarrow{\mathrm{LN}}=0 \quad \text{すなわち} \quad \mathrm{MK}\perp\mathrm{LN} \quad \cdots\cdots①$$

また，仮定 $|\overrightarrow{\mathrm{AB}}|=|\overrightarrow{\mathrm{CD}}|$，$|\overrightarrow{\mathrm{BC}}|=|\overrightarrow{\mathrm{AD}}|$ より

$$\overrightarrow{\mathrm{PQ}}=\frac{\vec{b}+\vec{d}}{2}-\frac{\vec{c}}{2}=\frac{1}{2}(\vec{b}+\vec{d}-\vec{c})$$

に注意すると

$$\begin{cases} 4\overrightarrow{\mathrm{LN}}\cdot\overrightarrow{\mathrm{PQ}}=(\vec{d}-\vec{b}-\vec{c})\cdot(\vec{b}+\vec{d}-\vec{c})=|\overrightarrow{\mathrm{CD}}|^2-|\overrightarrow{\mathrm{AB}}|^2=0 \\ 4\overrightarrow{\mathrm{PQ}}\cdot\overrightarrow{\mathrm{MK}}=(\vec{b}+\vec{d}-\vec{c})\cdot(\vec{b}-\vec{c}-\vec{d})=|\overrightarrow{\mathrm{BC}}|^2-|\overrightarrow{\mathrm{AD}}|^2=0 \end{cases}$$

よって　　$\mathrm{LN}\perp\mathrm{PQ}$，$\mathrm{PQ}\perp\mathrm{MK}$　$\cdots\cdots②$

①，②より，3直線MK，LN，PQは点Rで互いに直交している。

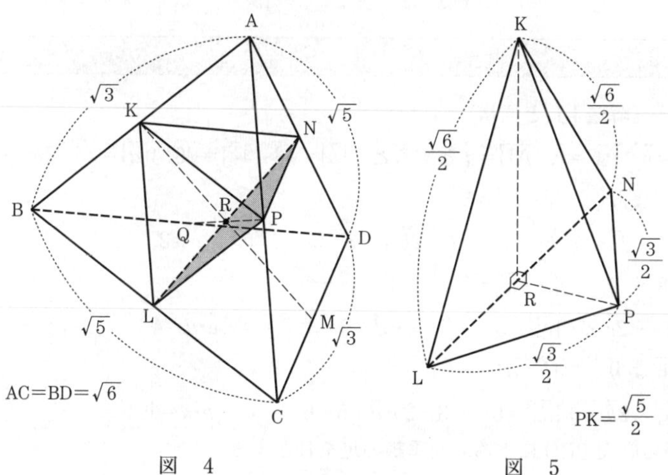

図　4　　　　図　5

ここで

$$\mathrm{PL}=\frac{1}{2}\mathrm{AB}=\frac{\sqrt{3}}{2},\ \mathrm{PN}=\frac{1}{2}\mathrm{CD}=\frac{\sqrt{3}}{2},\ \mathrm{PK}=\frac{1}{2}\mathrm{BC}=\frac{\sqrt{5}}{2},$$

$$\mathrm{KL}=\frac{1}{2}\mathrm{AC}=\frac{\sqrt{6}}{2},\ \mathrm{KN}=\frac{1}{2}\mathrm{BD}=\frac{\sqrt{6}}{2}$$

であるから，四面体PKLNは図5のようになる。

三平方の定理を用いると

$$\begin{cases} RK^2+RL^2=\left(\dfrac{\sqrt{6}}{2}\right)^2=\dfrac{3}{2} \\ RL^2+RP^2=\left(\dfrac{\sqrt{3}}{2}\right)^2=\dfrac{3}{4} \\ RP^2+RK^2=\left(\dfrac{\sqrt{5}}{2}\right)^2=\dfrac{5}{4} \end{cases}$$

辺々加えて

$$RK^2+RL^2+RP^2=\frac{7}{4}$$

$$\therefore\quad RK^2=1,\ RL^2=\frac{2}{4},\ RP^2=\frac{1}{4}$$

したがって，$RK=1$，$RL=\dfrac{\sqrt{2}}{2}$ より　　$LN=\sqrt{2}$，$RP=\dfrac{1}{2}$

これらから

$$(\text{四面体PKLNの体積})=\frac{1}{3}\times(\text{三角形PLNの面積})\times RK$$

$$=\frac{1}{3}\cdot\left(\frac{1}{2}\cdot\sqrt{2}\cdot\frac{1}{2}\right)\cdot 1=\frac{\sqrt{2}}{12}\quad\cdots\cdots(\text{答})$$

解 法 2

((1)，(2)は〔解法１〕と同様)

(3)　$\overrightarrow{AB}=\vec{b}$，$\overrightarrow{AC}=\vec{c}$，$\overrightarrow{AD}=\vec{d}$ とすると，$|\vec{b}|=\sqrt{3}$，$|\vec{c}|=\sqrt{6}$，$|\vec{d}|=\sqrt{5}$ であるから

$|\overrightarrow{BC}|=\sqrt{5}$ より　　$|\vec{c}-\vec{b}|^2=5$

$$|\vec{c}|^2-2\vec{b}\cdot\vec{c}+|\vec{b}|^2=5\qquad 6-2\vec{b}\cdot\vec{c}+3=5\qquad\therefore\quad \vec{b}\cdot\vec{c}=2$$

$|\overrightarrow{CD}|=\sqrt{3}$ より　　$|\vec{d}-\vec{c}|^2=3$

$$|\vec{d}|^2-2\vec{c}\cdot\vec{d}+|\vec{c}|^2=3\qquad 5-2\vec{c}\cdot\vec{d}+6=3\qquad\therefore\quad \vec{c}\cdot\vec{d}=4$$

$|\overrightarrow{DB}|=\sqrt{6}$ より　　$|\vec{b}-\vec{d}|^2=6$

$$|\vec{b}|^2-2\vec{b}\cdot\vec{d}+|\vec{d}|^2=6\qquad 3-2\vec{b}\cdot\vec{d}+5=6\qquad\therefore\quad \vec{b}\cdot\vec{d}=1$$

頂点Aから底面BCDに下ろした垂線の足をHとする。

$\overrightarrow{AH}=l\vec{b}+m\vec{c}+n\vec{d}$ とおくと，Hは平面BCD上にあるから

$$l+m+n=1\quad\cdots\cdots ㋐$$

$\overrightarrow{AH}\cdot\overrightarrow{BC}=0$ より

$$(l\vec{b}+m\vec{c}+n\vec{d})\cdot(\vec{c}-\vec{b})$$
$$=l\vec{b}\cdot\vec{c}-l|\vec{b}|^2+m|\vec{c}|^2-m\vec{b}\cdot\vec{c}+n\vec{c}\cdot\vec{d}-n\vec{b}\cdot\vec{d}$$
$$=2l-3l+6m-2m+4n-n$$

よって

$$-l+4m+3n=0 \quad \cdots\cdots ㋑$$

$\overrightarrow{AH}\cdot\overrightarrow{BD}=0$ より

$$(l\vec{b}+m\vec{c}+n\vec{d})\cdot(\vec{d}-\vec{b})$$
$$=l\vec{b}\cdot\vec{d}-l|\vec{b}|^2+m\vec{c}\cdot\vec{d}-m\vec{b}\cdot\vec{c}+n|\vec{d}|^2-n\vec{b}\cdot\vec{d}$$
$$=l-3l+4m-2m+5n-n$$

よって　$-l+m+2n=0 \quad \cdots\cdots ㋒$

㋐，㋑，㋒を解くと

$$l=\frac{5}{7},\ m=-\frac{1}{7},\ n=\frac{3}{7}$$

したがって

$$|\overrightarrow{AH}|^2=|l\vec{b}+m\vec{c}+n\vec{d}|^2$$
$$=\left(\frac{5}{7}\vec{b}-\frac{1}{7}\vec{c}+\frac{3}{7}\vec{d}\right)\cdot\left(\frac{5}{7}\vec{b}-\frac{1}{7}\vec{c}+\frac{3}{7}\vec{d}\right)$$
$$=\frac{25}{49}|\vec{b}|^2+\frac{1}{49}|\vec{c}|^2+\frac{9}{49}|\vec{d}|^2-\frac{10}{49}\vec{b}\cdot\vec{c}-\frac{6}{49}\vec{c}\cdot\vec{d}+\frac{30}{49}\vec{b}\cdot\vec{d}$$
$$=\frac{1}{49}(25\cdot3+6+9\cdot5-10\cdot2-6\cdot4+30\cdot1)$$
$$=\frac{112}{49}$$

$$\therefore\quad |\overrightarrow{AH}|=\mathrm{AH}=\frac{4\sqrt{7}}{7}$$

三角形BCDの面積 S は，四面体ABCDのすべての面が互いに合同なので

$$S=(\text{三角形ABCの面積})$$
$$=\frac{1}{2}\sqrt{|\vec{b}|^2|\vec{c}|^2-(\vec{b}\cdot\vec{c})^2}=\frac{1}{2}\sqrt{3\cdot6-2^2}$$
$$=\frac{\sqrt{14}}{2}$$

したがって

$$(\text{四面体ABCDの体積})=\frac{1}{3}\times\mathrm{AH}\times S=\frac{1}{3}\cdot\frac{4\sqrt{7}}{7}\cdot\frac{\sqrt{14}}{2}=\frac{2\sqrt{2}}{3}$$

AK＝LP，AK∥LPであるから，2つの三角形AKP，PKLの面積は等しい。底面積，高さがともに等しいので，四面体AKPNの体積と四面体PKLNの体積は等しい。
一方，四面体AKPNは四面体ABCDと相似であり，相似比は1：2であるから，体積比は1：8である。

よって，四面体PKLNの体積は，四面体ABCDの体積の $\frac{1}{8}$ であり

$$(\text{四面体PKLNの体積}) = \frac{1}{8} \times \frac{2\sqrt{2}}{3} = \frac{\sqrt{2}}{12} \quad \cdots\cdots(\text{答})$$

参考 すべての面が互いに合同な四面体 ABCD は

$AC = BD\ (=\sqrt{6}),\ BC = AD\ (=\sqrt{5}),\ AB = CD\ (=\sqrt{3})$

となるから，図(i)のように直方体の各面の対角線を結ぶことによって得られる（このことを知っていると，本問はだいぶ易しくなる）。

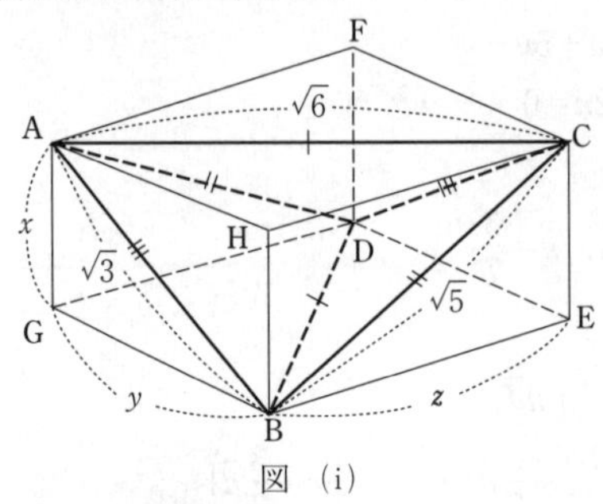

図 (i)

図(i)の x，y，z は，三平方の定理を用いて

$$x^2 + y^2 = 3,\quad y^2 + z^2 = 6,\quad z^2 + x^2 = 5$$

となるから，$x^2 = 1$，$y^2 = 2$，$z^2 = 4$ すなわち $x = 1$，$y = \sqrt{2}$，$z = 2$ と求まる。したがって，直方体の体積は $xyz = 2\sqrt{2}$ であり，この体積から図(i)の 4 つの三角錐 ABGD，ABHC，CDEB，CDFA の体積を引けば四面体 ABCD の体積は求まる。

$$(\text{四面体ABCDの体積}) = xyz - 4 \cdot \frac{1}{3}\left(\frac{1}{2}xy\right)z$$

$$= xyz - \frac{2}{3}xyz = \frac{1}{3}xyz = \frac{2\sqrt{2}}{3}$$

次に，図(ii)を見ると，△PKL の面積は △ABC の面積の $\frac{1}{4}$ であり，△ABC を底面とみたとき，N までの高さは，D までの高さの $\frac{1}{2}$ であるから，四面体 PKLN の体積は四面体 ABCD の体積の $\frac{1}{4} \times \frac{1}{2} = \frac{1}{8}$ となるので

$$(\text{四面体PKLNの体積}) = \frac{1}{8} \times \frac{2\sqrt{2}}{3} = \frac{\sqrt{2}}{12}$$

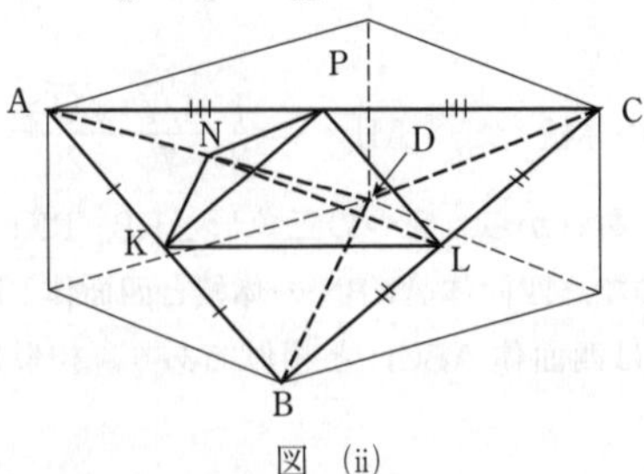

図 (ii)

58 2005年度〔3〕 Level C

Dを半径1の円盤，Cをxy平面の原点を中心とする半径1の円周とする。Dがつぎの条件(a)，(b)を共に満たしながらxyz空間内を動くとき，Dが通過する部分の体積を求めよ。

(a) Dの中心はC上にある。
(b) Dが乗っている平面は常にベクトル（0，1，0）と直交する。

ポイント 立体を正確にイメージすることがまず大切である。体積を求める方針としては，(i) zx平面に平行な平面で問題の立体を切断したときの断面積を求め，これをy軸方向に積分するか，(ii) xy平面に平行な平面で立体を切断し，z軸方向に積分するかであろう。

パラメータを上手に選ぶことが計算を成し遂げるためには非常に大切なことである。パラメータに角度を選ぶと，正弦・余弦の値を用いることができるから，1つのパラメータでx座標，y座標を簡単に表せて，見通しがよくなることが多い。本問では扇形の面積も求める必要があるから，角度をパラメータにすべきだろう。

解法 1

円盤Dが条件(a)，(b)をともに満たしながら通過する部分をKとし，その体積をVとする。Kはzx平面に関して対称であるから，Kの$y \geqq 0$の部分の体積$\dfrac{V}{2}$を求めることを考える。

いま，Kを平面$y=t$ $(0 \leqq t \leqq 1)$で切断したとき，その断面のzx平面への正射影は右図の網かけ部分のようになる。

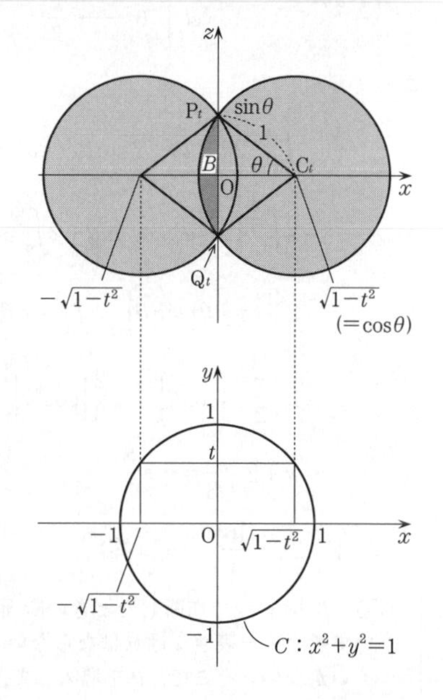

円Cの方程式は$x^2+y^2=1$であるから，$y=t$のとき$x=\pm\sqrt{1-t^2}$，つまり$0 \leqq t<1$のとき網かけ部分の2つの円の中心のx座標は$\sqrt{1-t^2}$，$-\sqrt{1-t^2}$である。

また，$0<t<1$のとき，右上図のように中心のx座標が$\sqrt{1-t^2}$である半径1の円をC_t（中心：C_t），円C_tとz軸との交点をP_t，Q_t，

$\angle \mathrm{OC}_t\mathrm{P}_t=\theta\left(0<\theta<\dfrac{\pi}{2}\right)$ とすると，P_t，Q_t の z 座標はそれぞれ $\sin\theta$，$-\sin\theta$ とおける。

このとき　$\sqrt{1-t^2}=\cos\theta$　……①

となる。

円 C_t の円周のうち $x\leqq 0$ の部分である弧 $\overset{\frown}{\mathrm{P}_t\mathrm{Q}_t}$ と z 軸で囲まれる部分を弓形 B とすると

$$\begin{aligned}(\text{網かけ部分の面積})&=2\times(\text{半径 1 の円の面積})-2\times(\text{弓形}B\text{の面積})\\&=2\times\pi-2\times\left\{\begin{pmatrix}\text{中心角 }2\theta,\ \text{半径}\\ 1\text{ の扇形の面積}\end{pmatrix}-\begin{pmatrix}\text{頂角 }2\theta\text{ の二等辺}\\ \text{三角形の面積}\end{pmatrix}\right\}\\&=2\pi-2(\theta-\sin\theta\cos\theta)\\&=2\pi-2\theta+2\sin\theta\cos\theta\quad\cdots\cdots②\end{aligned}$$

$t=0$，1のとき，①を用いてそれぞれ $\theta=0$，$\dfrac{\pi}{2}$ とすると，②は成り立つ。

したがって

$$\frac{V}{2}=\int_0^1(2\pi-2\theta+2\sin\theta\cos\theta)\,dy$$

ここで，$\sqrt{1-y^2}=\cos\theta$ すなわち $y=\sin\theta$ であるから

$$\frac{dy}{d\theta}=\cos\theta,\qquad \begin{array}{c|c} y & 0\longrightarrow 1\\ \hline \theta & 0\longrightarrow \dfrac{\pi}{2}\end{array}$$

よって

$$\begin{aligned}\frac{V}{2}&=\int_0^{\frac{\pi}{2}}(2\pi-2\theta+2\sin\theta\cos\theta)\cos\theta d\theta\\&=2\int_0^{\frac{\pi}{2}}(\pi-\theta)\cos\theta d\theta+2\int_0^{\frac{\pi}{2}}\sin\theta\cos^2\theta d\theta\\&=2\left\{\Big[(\pi-\theta)\sin\theta\Big]_0^{\frac{\pi}{2}}+\int_0^{\frac{\pi}{2}}\sin\theta d\theta\right\}+2\left[-\frac{1}{3}\cos^3\theta\right]_0^{\frac{\pi}{2}}\\&=2\left\{\frac{\pi}{2}-\Big[\cos\theta\Big]_0^{\frac{\pi}{2}}\right\}-\frac{2}{3}\Big[\cos^3\theta\Big]_0^{\frac{\pi}{2}}\\&=\pi+2+\frac{2}{3}=\pi+\frac{8}{3}\end{aligned}$$

$\therefore\quad V=2\pi+\dfrac{16}{3}$　……(答)

〔注〕　K を $y=t$ で切断したときの断面積を y 軸に沿って積分するわけであるから，yを用いて断面積を表さなければならない。しかし，断面積の計算に角度が必要になってうまくいかない。そこで，θ を導入して，θ を用いて断面積と y を表してしまおうというの

である。つまり，断面積 S も y も θ の関数で表すのである。$S=S(\theta)$，$y=y(\theta)$ で，

$V=\int_{-1}^{1} S(\theta)\,dy$ であるが，実際の計算では，$\dfrac{dy}{d\theta}=y'(\theta)$，

y	$-1 \longrightarrow 1$
θ	$\alpha \longrightarrow \beta$

と置換して

$$V=\int_{\alpha}^{\beta} S(\theta)\frac{dy}{d\theta}d\theta=\int_{\alpha}^{\beta} S(\theta)\,y'(\theta)\,d\theta$$

とすればよい。

解 法 2

立体 K は xy 平面に関して対称であるから，K の $z\geqq 0$ の部分の体積 $\dfrac{V}{2}$ を求めることを考える。

K を平面 $z=s$ $(0\leqq s\leqq 1)$ で切断したとき，その断面の xy 平面への正射影は右図の網かけ部分のようになる。

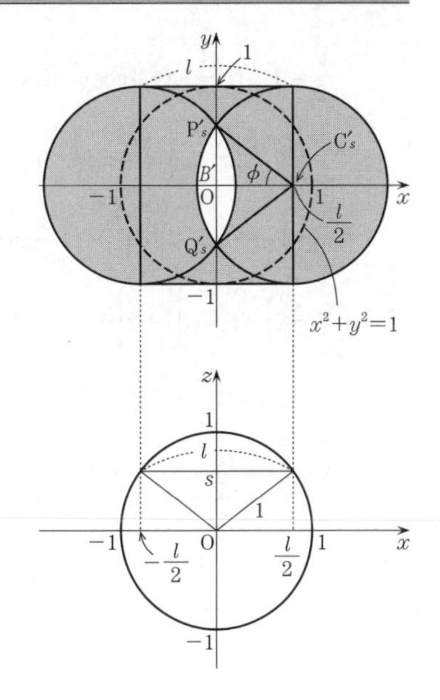

これは x 軸に平行な長さ l $\left(\dfrac{l}{2}=\sqrt{1-s^2}\right)$ の線分が，その中点が円 $x^2+y^2=1$ 上を x 軸に平行なまま動いたときに，その線分が通過する部分になっている。

$0<s<1$ のとき，右上図のように，中心 $\left(\dfrac{l}{2},\ 0\right)$，半径 1 の円を C_s'（中心：C_s'），円 C_s' と y 軸との交点を P_s'，Q_s'，$\angle OC_s'P_s'=\phi$ $\left(0<\phi<\dfrac{\pi}{2}\right)$ とすると，$\cos\phi=\dfrac{l}{2}$ であるから，右下図より

$$s=\sin\phi \quad \cdots\cdots Ⓐ$$

となる。

円 C_s' の円周のうち，$x\leqq 0$ の部分である弧 $\overset{\frown}{P_s'Q_s'}$ と y 軸で囲まれる部分を弓形 B' とすると

$$\begin{aligned}(\text{網かけ部分の面積})&=(\text{半径 1 の半円の面積})\times 2\\&\quad+(\text{縦 2，横 }l\text{ の長方形の面積})-2\times(\text{弓形 }B'\text{ の面積})\\&=\pi+2l-2\left\{\begin{pmatrix}\text{中心角 }2\phi\text{，半径}\\ 1\text{ の扇形の面積}\end{pmatrix}-\begin{pmatrix}\text{頂角 }2\phi\text{ の二等辺}\\ \text{三角形の面積}\end{pmatrix}\right\}\\&=\pi+2l-2(\phi-\sin\phi\cos\phi)\\&=\pi+4\cos\phi-2\phi+2\sin\phi\cos\phi \quad\cdots\cdots Ⓑ \quad (\because\ l=2\cos\phi)\end{aligned}$$

$s=0$，1 のときⒶを用いてそれぞれ $\phi=0$，$\dfrac{\pi}{2}$ とすると，Ⓑは成り立つ。

したがって

$$\frac{V}{2}=\int_0^1 (\pi-2\phi+4\cos\phi+2\sin\phi\cos\phi)\,dz$$

ここで，$s=z=\sin\phi$ であるから

$$\frac{dz}{d\phi}=\cos\phi,\qquad \begin{array}{c|c} z & 0 \longrightarrow 1 \\ \hline \phi & 0 \longrightarrow \frac{\pi}{2} \end{array}$$

よって

$$\frac{V}{2}=\int_0^{\frac{\pi}{2}} (\pi-2\phi+4\cos\phi+2\sin\phi\cos\phi)\cos\phi d\phi$$

$$=\int_0^{\frac{\pi}{2}} (\pi-2\phi)\cos\phi d\phi+4\int_0^{\frac{\pi}{2}}\cos^2\phi d\phi+2\int_0^{\frac{\pi}{2}}\sin\phi\cos^2\phi d\phi$$

$$=\Big[(\pi-2\phi)\sin\phi\Big]_0^{\frac{\pi}{2}}+2\int_0^{\frac{\pi}{2}}\sin\phi d\phi+4\int_0^{\frac{\pi}{2}}\frac{1+\cos 2\phi}{2}d\phi-\frac{2}{3}\Big[\cos^3\phi\Big]_0^{\frac{\pi}{2}}$$

$$=2\Big[-\cos\phi\Big]_0^{\frac{\pi}{2}}+2\Big[\phi+\frac{1}{2}\sin 2\phi\Big]_0^{\frac{\pi}{2}}-\frac{2}{3}\times(-1)$$

$$=2+2\times\frac{\pi}{2}+\frac{2}{3}=\pi+\frac{8}{3}$$

$\therefore\quad V=2\pi+\dfrac{16}{3}$ ……(答)

59　2004年度〔4〕　Level B

$0<r<1$とする。空間において，点$(0,\ 0,\ 0)$を中心とする半径rの球と点$(1,\ 0,\ 0)$を中心とする半径$\sqrt{1-r^2}$の球との共通部分の体積を$V(r)$とする。次の問いに答えよ。

(1)　$V(r)$を求めよ。

(2)　rが$0<r<1$の範囲を動くとき，$V(r)$を最大にするrの値および$V(r)$の最大値を求めよ。

ポイント　2つの球の交わる部分は回転体であるから，考え方に難しいところはない。計算力の勝負になりそうである。とにかく作図してみよう。

(1)　xy平面に2つの円〔中心$(0,\ 0)$，半径rの円と中心$(1,\ 0)$，半径$\sqrt{1-r^2}$の円，ただし$0<r<1$〕を描き（2つの球の中心をともに含む平面で切ったときの断面図となる），2円の共通部分をx軸の周りに回転させた回転体の体積を求めることになる。同じような定積分計算を2度行うのは気が重いが，公式をつくってしまえば少し楽になるかもしれない。三角関数の利用も考えられる。

(2)　微分法の応用の典型問題である。計算だけだから慎重に行いたい。

解法1

(1)　半径Rの球を中心からの距離l　$(0\leqq l<R)$の平面で切ってできる2つの回転体の小さい方の体積$I_R(l)$を求めることを考える。右図より

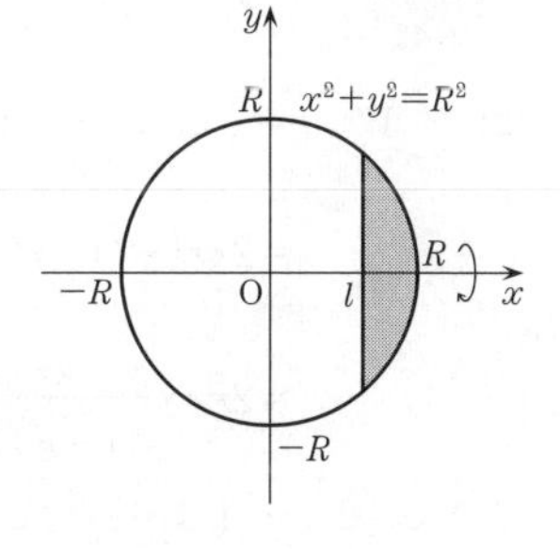

$$\begin{aligned}I_R(l)&=\pi\int_l^R y^2dx=\pi\int_l^R(R^2-x^2)\,dx\\&=\pi\left[R^2x-\frac{x^3}{3}\right]_l^R=\pi\left(\frac{2}{3}R^3-R^2l+\frac{l^3}{3}\right)\\&=\frac{\pi}{3}(2R^3-3R^2l+l^3)\quad\cdots\cdots(*)\end{aligned}$$

となる。さて，本問の2円

$$\begin{cases}x^2+y^2=r^2 & \cdots\cdots①\\(x-1)^2+y^2=1-r^2 & \cdots\cdots②\end{cases}$$

の交点のx座標は，①，②よりy^2を消去して

$$x=r^2$$

であるから，求める体積 $V(r)$ は，下図で斜線を施した(ア)の部分と(イ)の部分を x 軸の周りに回転させてできる立体の体積の和となる。

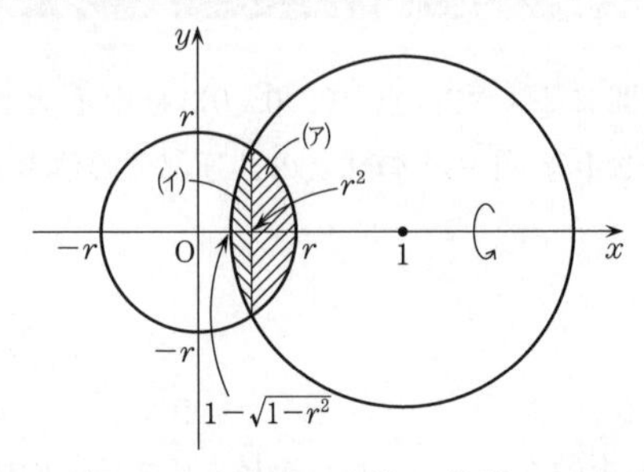

(ア)の部分を x 軸の周りに回転させてできる立体の体積 $V_1(r)$ は，（＊）において $R=r$, $l=r^2$ としたものだから

$$V_1(r)=I_r(r^2)=\frac{\pi}{3}(2r^3-3r^4+r^6)\quad\cdots\cdots③$$

(イ)の部分を x 軸の周りに回転させてできる立体の体積 $V_2(r)$ は，（＊）において $R=\sqrt{1-r^2}$，$l=1-r^2$ としたものだから

$$V_2(r)=I_{\sqrt{1-r^2}}(1-r^2)=\frac{\pi}{3}\{2(1-r^2)^{\frac{3}{2}}-3(1-r^2)^2+(1-r^2)^3\}$$

$$=\frac{\pi}{3}\{2(1-r^2)^{\frac{3}{2}}-2+3r^2-r^6\}\quad\cdots\cdots④$$

③，④から

$$V(r)=V_1(r)+V_2(r)=\frac{\pi}{3}\{2(1-r^2)^{\frac{3}{2}}-2+3r^2+2r^3-3r^4\}\quad\cdots\cdots(答)$$

(2)
$$V'(r)=\frac{\pi}{3}\{3(1-r^2)^{\frac{1}{2}}(-2r)+6r+6r^2-12r^3\}$$

$$=2\pi r\{-(1-r^2)^{\frac{1}{2}}+(1-r)(1+2r)\}=2\pi r\times\frac{-(1-r^2)+(1-r)^2(1+2r)^2}{(1-r^2)^{\frac{1}{2}}+(1-r)(1+2r)}$$

$$=2\pi r\times\frac{2r(1-r)(1-2r^2)}{(1-r^2)^{\frac{1}{2}}+(1-r)(1+2r)}=\frac{4\pi r^2(1-r)}{(1-r^2)^{\frac{1}{2}}+(1-r)(1+2r)}\times(1-2r^2)$$

ここで，$0<r<1$ より，分数の部分は正であるから，$V'(r)$ の符号は，$1-2r^2$ の符号と一致し，右の増減表を得る。

r	0	$\cdots$	$\frac{\sqrt{2}}{2}$	$\cdots$	1
$V'(r)$	／	＋	0	－	／
$V(r)$	／	↗	$V\left(\frac{\sqrt{2}}{2}\right)$	↘	／

したがって，$V(r)$ は

$$r=\frac{\sqrt{2}}{2} \quad \cdots\cdots(\text{答})$$

のとき最大となり，最大値は

$$V\left(\frac{\sqrt{2}}{2}\right)=\frac{\pi}{3}\left\{2\times\left(\frac{1}{2}\right)^{\frac{3}{2}}-2+\frac{3}{2}+\frac{\sqrt{2}}{2}-\frac{3}{4}\right\}=\frac{\pi}{3}\left(\sqrt{2}-\frac{5}{4}\right)=\left(\frac{\sqrt{2}}{3}-\frac{5}{12}\right)\pi \quad \cdots\cdots(\text{答})$$

〔注 1〕 上述のように(＊)を利用すれば現れないが，直接計算すると，定積分

$$\int_{1-\sqrt{1-r^2}}^{r^2}\{(1-r^2)-(x-1)^2\}dx$$

を計算しなければならない。

これは，$x-1=t$ とおいて，$dx=dt$，

x	$1-\sqrt{1-r^2} \longrightarrow r^2$
t	$-\sqrt{1-r^2} \longrightarrow r^2-1$

より

$$\int_{-\sqrt{1-r^2}}^{r^2-1}\{(1-r^2)-t^2\}dt=\int_{-\sqrt{1-r^2}}^{r^2-1}\{(1-r^2)-x^2\}dx$$

としてもよいが，x 軸方向に -1 平行移動すると考えれば早い。

〔注 2〕 $V'(r)$ の計算は面倒ではないが，$V'(r)$ の符号を調べるのは簡単ではない。上では分子を有理化して $V'(r)$ の正負の判断を容易に行えるようにした。$y_1=(1-r^2)^{\frac{1}{2}}=\sqrt{1-r^2}$，$y_2=1+r-2r^2$ のグラフを描いて，y_2-y_1 の符号（$V'(r)$ の符号となる）を視覚的にとらえてもよい。

あるいは，$y_1>0$ であるし，$0<r<1$ より $y_2=1+r-2r^2=(1+2r)(1-r)>0$ であるので，${y_1}^2$ と ${y_2}^2$ の比較をしてもよい。

$$\begin{aligned}{y_2}^2-{y_1}^2&=(1+2r)^2(1-r)^2-(1-r^2)\\&=(1-r)\{(1+2r)^2(1-r)-(1+r)\}\\&=2r(1-r)(1-2r^2)\end{aligned}$$

であるから，$0<r<1$，$y_1+y_2>0$ に注意すると

$$\begin{aligned}1-2r^2\gtreqless 0 &\iff {y_2}^2-{y_1}^2=(y_2+y_1)(y_2-y_1)\gtreqless 0\\&\iff y_2\gtreqless y_1 \quad (\text{複号同順})\end{aligned}$$

となる。

解法 2

(1) $0<r<1$ であることから，

$r=\cos\theta \left(0<\theta<\dfrac{\pi}{2}\right)$ とおくと

$$\sqrt{1-r^2}=\sqrt{1-\cos^2\theta}=\sqrt{\sin^2\theta}=\sin\theta$$

となる。求める $V(r)$ は右図の 2 つの斜線部分を x 軸の周りに回転させたものになる。

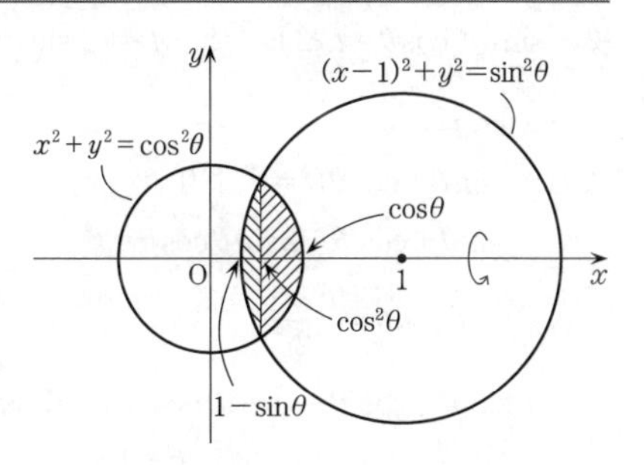

〔解法1〕の(＊)を用いないで，直接計算すると

$$V(r)=\pi\int_{1-\sin\theta}^{\cos^2\theta}\{\sin^2\theta-(x-1)^2\}\,dx+\pi\int_{\cos^2\theta}^{\cos\theta}(\cos^2\theta-x^2)\,dx$$

$$=\pi\int_{-\sin\theta}^{\cos^2\theta-1}(\sin^2\theta-x^2)\,dx+\pi\int_{\cos^2\theta}^{\cos\theta}(\cos^2\theta-x^2)\,dx$$

(前半の定積分で，被積分関数を x 軸方向に -1 だけ平行移動した)

$$=\pi\left[x\sin^2\theta-\frac{x^3}{3}\right]_{-\sin\theta}^{-\sin^2\theta}+\pi\left[x\cos^2\theta-\frac{x^3}{3}\right]_{\cos^2\theta}^{\cos\theta}$$

$$=\pi\left\{(-\sin^2\theta+\sin\theta)\sin^2\theta-\frac{-\sin^6\theta+\sin^3\theta}{3}\right\}$$

$$+\pi\left\{(\cos\theta-\cos^2\theta)\cos^2\theta-\frac{\cos^3\theta-\cos^6\theta}{3}\right\}$$

$$=\frac{\pi}{3}\{2(\sin^3\theta+\cos^3\theta)-3(\sin^4\theta+\cos^4\theta)+(\sin^6\theta+\cos^6\theta)\}$$

ここで

$$\sin^4\theta+\cos^4\theta=(\sin^2\theta+\cos^2\theta)^2-2\sin^2\theta\cos^2\theta=1-2\sin^2\theta\cos^2\theta$$

$$\sin^6\theta+\cos^6\theta=(\sin^2\theta+\cos^2\theta)^3-3\sin^2\theta\cos^2\theta(\sin^2\theta+\cos^2\theta)$$

$$=1-3\sin^2\theta\cos^2\theta$$

を用いると

$$V(r)=\frac{\pi}{3}\{2(\sin^3\theta+\cos^3\theta)-3(1-2\sin^2\theta\cos^2\theta)+(1-3\sin^2\theta\cos^2\theta)\}$$

$$=\frac{\pi}{3}\{2(\sin^3\theta+\cos^3\theta)-2+3\sin^2\theta\cos^2\theta\}\quad\cdots\cdots \text{Ⓐ}$$

$$=\frac{\pi}{3}\{2(1-r^2)^{\frac{3}{2}}+2r^3-2+3(1-r^2)r^2\}\quad(\because\ \cos\theta=r,\ \sin\theta=(1-r^2)^{\frac{1}{2}})$$

$$=\frac{\pi}{3}\{2(1-r^2)^{\frac{3}{2}}-2+3r^2+2r^3-3r^4\}\quad\cdots\cdots(\text{答})$$

(2) $\sin\theta+\cos\theta=t$ とおくと，$t=\sqrt{2}\sin\left(\theta+\dfrac{\pi}{4}\right)$，$0<\theta<\dfrac{\pi}{2}$ より

$$1<t\leqq\sqrt{2}$$

また，$(\sin\theta+\cos\theta)^2=t^2$ より

$$\sin^2\theta+\cos^2\theta+2\sin\theta\cos\theta=t^2$$

$$\therefore\quad \sin\theta\cos\theta=\frac{t^2-1}{2}$$

$$\sin^3\theta+\cos^3\theta=(\sin\theta+\cos\theta)^3-3\sin\theta\cos\theta(\sin\theta+\cos\theta)$$

$$=t^3-3\times\frac{t^2-1}{2}\times t=-\frac{1}{2}t^3+\frac{3}{2}t$$

これらを用いると，Ⓐの｛　　　　｝の中を$f(t)$ とおいて

$$f(t)=2\left(-\frac{1}{2}t^3+\frac{3}{2}t\right)-2+3\times\left(\frac{t^2-1}{2}\right)^2$$

$$=\frac{3}{4}t^4-t^3-\frac{3}{2}t^2+3t-\frac{5}{4}\quad(1<t\leqq\sqrt{2})$$

$$f'(t)=3t^3-3t^2-3t+3=3(t-1)^2(t+1)>0\quad(\because\quad t>1)$$

したがって，$f(t)$ は$1<t\leqq\sqrt{2}$ で単調に増加する。

ゆえに，$t=\sqrt{2}$ のとき，$f(t)$ は最大となる。

$t=\sqrt{2}$ のとき，$\sin\left(\theta+\frac{\pi}{4}\right)=1$，$0<\theta<\frac{\pi}{2}$ であるから　　$\theta=\frac{\pi}{4}$

したがって　　$r=\cos\frac{\pi}{4}=\frac{1}{\sqrt{2}}$　……(答)

このとき $V(r)$ は最大となる。最大値は

$$f(\sqrt{2})=\frac{3}{4}\times4-2\sqrt{2}-\frac{3}{2}\times2+3\sqrt{2}-\frac{5}{4}=\sqrt{2}-\frac{5}{4}$$

をⒶにもどして

$$V\left(\frac{1}{\sqrt{2}}\right)=\frac{\pi}{3}\left(\sqrt{2}-\frac{5}{4}\right)=\left(\frac{\sqrt{2}}{3}-\frac{5}{12}\right)\pi\quad\text{……(答)}$$

〔注 3〕　Ⓐの｛　　　　｝の中を$g(\theta)$ とおいて

$$g'(\theta)=6\sin^2\theta\cos\theta-6\cos^2\theta\sin\theta+6\sin\theta\cos^3\theta-6\sin^3\theta\cos\theta$$

$$=6\sin\theta\cos\theta(\sin\theta-\cos\theta)(1-\sin\theta-\cos\theta)$$

$0<\theta<\frac{\pi}{2}$ より，$\sin\theta>0$，$\cos\theta>0$ であり

$$1-\sin\theta-\cos\theta=1-(\sin\theta+\cos\theta)$$

$$=1-\sqrt{2}\sin\left(\theta+\frac{\pi}{4}\right)<0\quad\left(\because\quad\frac{1}{\sqrt{2}}<\sin\left(\theta+\frac{\pi}{4}\right)\leqq1\right)$$

であるから

$0<\theta<\frac{\pi}{4}$ のとき　　$g'(\theta)>0$　($\because$　$\sin\theta<\cos\theta$)，$g'\left(\frac{\pi}{4}\right)=0$

$\frac{\pi}{4}<\theta<\frac{\pi}{2}$ のとき　　$g'(\theta)<0$　($\because$　$\sin\theta>\cos\theta$)

である。

したがって，$\theta=\frac{\pi}{4}$ のとき $\left(r=\cos\frac{\pi}{4}=\frac{1}{\sqrt{2}}\right)$，$g(\theta)$ は最大となり，$V(r)$ も最大となる。

§5 微・積分法（計算）

60 2023年度〔1〕 Level B

実数 $\int_0^{2023} \frac{2}{x+e^x}dx$ の整数部分を求めよ。

ポイント 問題の定積分の値は求まるのであろうか。仮に原始関数が求められたとしても，2023を代入したらわけがわからなくなるだろう。本問は，適当な関数を見つけて，被積分関数を評価する問題である。$x+e^x \geqq 0+e^x$（$0\leqq x\leqq 2023$ の範囲で考えればよい），すなわち $\frac{2}{x+e^x}\leqq\frac{2}{e^x}$ の方は簡単であるが，$\square\leqq\frac{2}{x+e^x}$ となる $\square$ を見出すのは難しい。ここは，被積分関数のグラフを描いて，面積の大小で考えるとよいだろう。

解法 1

$I=\int_0^{2023}\frac{2}{x+e^x}dx$ とおく。

$0\leqq x\leqq 2023$ のとき，$x+e^x\geqq e^x$ であるから

$$I=\int_0^{2023}\frac{2}{x+e^x}dx\leqq\int_0^{2023}\frac{2}{e^x}dx=2\int_0^{2023}e^{-x}dx=2\Big[-e^{-x}\Big]_0^{2023}$$

$$=2(-e^{-2023}+1)=2\left(1-\frac{1}{e^{2023}}\right)<2 \quad\cdots\cdots① \quad \left(2<e<3 \text{ より，} 0<\frac{1}{e^{2023}}<1\right)$$

が成り立つ。

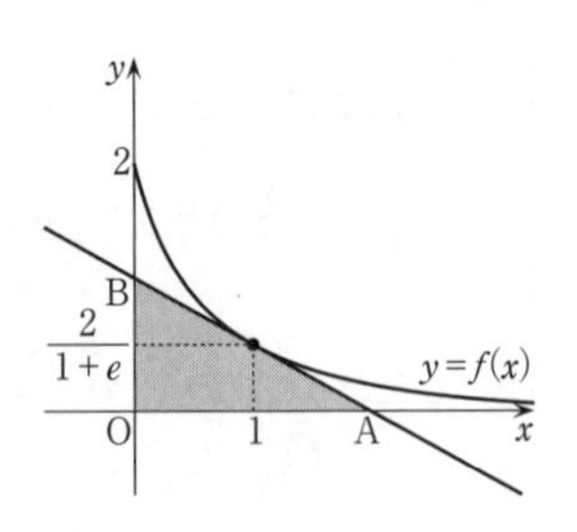

$f(x)=\frac{2}{x+e^x}$ とおくと，$f'(x)=\frac{-2(1+e^x)}{(x+e^x)^2}<0$，

$\lim_{x\to\infty}f(x)=0$ より，$y=f(x)$ のグラフは右図のようになる。

$y=f(x)$ のグラフ上の点 $(1,\ f(1))$ における $y=f(x)$ の接線の方程式は

$$y-f(1)=f'(1)(x-1)$$

より

$$y-\frac{2}{1+e}=\frac{-2(1+e)}{(1+e)^2}(x-1)$$

すなわち

$$y=\frac{-2}{1+e}x+\frac{4}{1+e}=\frac{-2}{1+e}(x-2)$$

である。この接線と x 軸との交点をA，y 軸との交点をBとすると，A(2, 0)，B$\left(0,\ \frac{4}{1+e}\right)$ であるから，上図より

$$I=\int_0^{2023}\frac{2}{x+e^x}dx>(\triangle\text{OAB の面積})=\frac{1}{2}\times2\times\frac{4}{1+e}$$

$$=\frac{4}{1+e}>1\quad(\because\ \ 2<e<3)\quad\cdots\cdots②$$

が成り立つ。

①，②より，$1<I<2$ であるから，実数 $\int_0^{2023}\frac{2}{x+e^x}dx$ の整数部分は1である。

……(答)

解法 2

$\int_0^{2023}\frac{2}{x+e^x}dx<2$ の証明は〔解法1〕の①と同じ。

右図より，$e^x\geqq x+1$ すなわち $x\leqq e^x-1$ が成り立つから

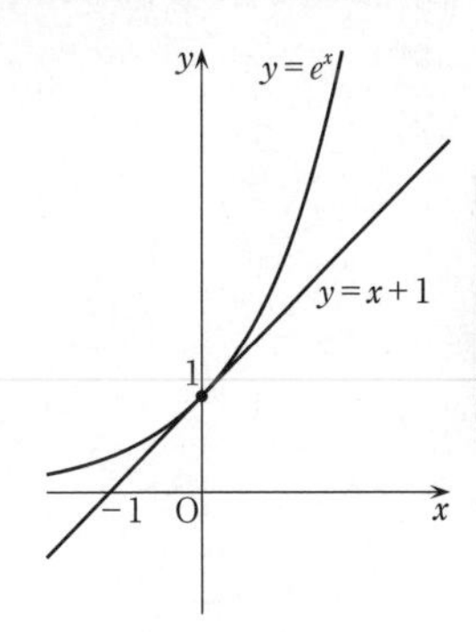

$\left(\begin{array}{l}y=e^x\text{ の点}(0,\ 1)\text{における}\\ \text{接線の傾きは}1\ (y'=e^x)\end{array}\right)$

$$\int_0^{2023}\frac{2}{x+e^x}dx>\int_0^{2}\frac{2}{x+e^x}dx\quad\left(\frac{2}{x+e^x}>0\text{ より}\right)$$

$$>\int_0^{2}\frac{2}{(e^x-1)+e^x}dx$$

$$=\int_0^{2}\frac{2}{2e^x-1}dx$$

$$=\int_0^{2}\frac{2e^{-x}}{2-e^{-x}}dx$$

（分母・分子を e^x で割った）

$$=2\int_0^{2}\frac{(2-e^{-x})'}{2-e^{-x}}dx$$

$$=2\Big[\log|2-e^{-x}|\Big]_0^2=2\log\left(2-\frac{1}{e^2}\right)-2\times0$$

$$=\log\left(2-\frac{1}{e^2}\right)^2=\log\left(4-\frac{4}{e^2}+\frac{1}{e^4}\right)>\log\left(4-\frac{4}{e^2}\right)$$

$$>\log3\quad\left(e>2\text{ より，}\frac{4}{e^2}<1\right)$$

$$>\log e=1$$

が成り立つ。

したがって，$1<\int_0^{2023}\frac{2}{x+e^x}dx<2$ であるから，実数 $\int_0^{2023}\frac{2}{x+e^x}dx$ の整数部分は 1 である。……(答)

〔注〕 $g(x)=e^x-(x+1)$ とおく。

$g'(x)=e^x-1$

より右の増減表を得て

$g(x)\geqq g(0)=0$

がわかる。

つまり，$e^x\geqq x+1$ はつねに成り立つ。

x	…	0	…
$g'(x)$	−	0	+
$g(x)$	↘	0	↗

61 2022年度〔5〕 Level C

a は $0<a\leqq\dfrac{\pi}{4}$ を満たす実数とし，$f(x)=\dfrac{4}{3}\sin\left(\dfrac{\pi}{4}+ax\right)\cos\left(\dfrac{\pi}{4}-ax\right)$ とする。このとき，次の問いに答えよ。

(1) 次の等式(＊)を満たす a がただ1つ存在することを示せ。

(＊) $\displaystyle\int_0^1 f(x)\,dx=1$

(2) $0\leqq b<c\leqq 1$ を満たす実数 b，c について，不等式

$$f(b)(c-b)\leqq\int_b^c f(x)\,dx\leqq f(c)(c-b)$$

が成り立つことを示せ。

(3) 次の試行を考える。

［試行］ n 個の数 1，2，……，n を出目とする，あるルーレットを k 回まわす。

この［試行］において，各 $i=1$，2，……，n について i が出た回数を $S_{n,\,k,\,i}$ とし，

(＊＊) $\displaystyle\lim_{k\to\infty}\frac{S_{n,\,k,\,i}}{k}=\int_{\frac{i-1}{n}}^{\frac{i}{n}}f(x)\,dx$

が成り立つとする。このとき，(1)の等式(＊)が成り立つことを示せ。

(4) (3)の［試行］において出た数の平均値を $A_{n,\,k}$ とし，$A_n=\displaystyle\lim_{k\to\infty}A_{n,\,k}$ とする。

(＊＊)が成り立つとき，極限 $\displaystyle\lim_{n\to\infty}\frac{A_n}{n}$ を a を用いて表せ。

ポイント $f(x)$ の式はもっと簡単な形に変形できるだろう。

(1) (＊)を満たす a の方程式を作る。あとは微分法の応用である。

(2) 証明すべき不等式の形には見覚えがあるだろう。定積分の積分区間が $b\leqq x\leqq c$ であるから，この範囲の $f(x)$ の挙動を知ればよい。

(3) k 回ルーレットをまわしたとき，数 i の出た回数が $S_{n,\,k,\,i}$ であるから，$S_{n,\,k,\,1}+S_{n,\,k,\,2}+\cdots+S_{n,\,k,\,n}=k$ である。定義の意味を落ち着いてよく考えよう。

(4) 平均値 $A_{n,\,k}$ は出た目の数の合計を k で割った値である。この値で $k\to\infty$ としたときが A_n であるが，これが定積分で表現できて，(2)で示した不等式が利用できるようになる。

解 法

$$f(x)=\frac{4}{3}\sin\left(\frac{\pi}{4}+ax\right)\cos\left(\frac{\pi}{4}-ax\right)\quad\left(0<a\leqq\frac{\pi}{4}\right)$$

(1)　(＊)　$\int_0^1 f(x)\,dx=1$

積→和の公式を用いると

$$f(x)=\frac{4}{3}\times\frac{1}{2}\left\{\sin\left(\frac{\pi}{4}+ax+\frac{\pi}{4}-ax\right)+\sin\left(\frac{\pi}{4}+ax-\frac{\pi}{4}+ax\right)\right\}$$

$$=\frac{2}{3}\left(\sin\frac{\pi}{2}+\sin 2ax\right)=\frac{2}{3}(1+\sin 2ax)$$

となるから

$$\int_0^1 f(x)\,dx=\int_0^1\frac{2}{3}(1+\sin 2ax)\,dx=\frac{2}{3}\left[x-\frac{1}{2a}\cos 2ax\right]_0^1$$

$$=\frac{2}{3}\left\{1-\frac{1}{2a}(\cos 2a-1)\right\}=\frac{2}{3}\times\frac{2a-\cos 2a+1}{2a}$$

である。等式(＊)が成り立つためには

$$\frac{1}{3}\times\frac{2a+1-\cos 2a}{a}=1$$

すなわち　$a-1+\cos 2a=0\quad\left(0<a\leqq\frac{\pi}{4}\right)$

が成り立たなくてはならない。

$g(a)=a-1+\cos 2a$ とおくと，$g'(a)=1-2\sin 2a$，$g'(a)=0$ を解くと，$\sin 2a=\frac{1}{2}$ $\left(0<2a\leqq\frac{\pi}{2}\right)$ より $2a=\frac{\pi}{6}$ つまり $a=\frac{\pi}{12}$ である。

これで右の増減表が得られる。

a	0	$\cdots$	$\frac{\pi}{12}$	$\cdots$	$\frac{\pi}{4}$
$g'(a)$	／	$+$	0	$-$	／
$g(a)$	0	↗	$g\left(\frac{\pi}{12}\right)$	↘	$g\left(\frac{\pi}{4}\right)$

$g(a)$ は $0<a\leqq\frac{\pi}{4}$ で連続で

$$g\left(\frac{\pi}{12}\right)=\frac{\pi}{12}-1+\cos\frac{\pi}{6}$$

$$=\frac{\pi-12+6\sqrt{3}}{12}>0$$

$$g\left(\frac{\pi}{4}\right)=\frac{\pi}{4}-1+\cos\frac{\pi}{2}=\frac{\pi-4}{4}<0$$

であるから，$y=g(a)$ のグラフは，$0<a\leqq\frac{\pi}{4}$ の範囲で a 軸との交点をただ1つもつ。

つまり，方程式 $g(a)=a-1+\cos 2a=0\ \left(0<a\leqq\dfrac{\pi}{4}\right)$ の解はただ1つである。

したがって，等式(＊)を満たす a はただ1つ存在する。　　　　　　（証明終）

(2)　$0\leqq b<c\leqq 1$ を満たす実数 b，c について，不等式

$$f(b)(c-b)\leqq\int_b^c f(x)\,dx\leqq f(c)(c-b)\quad\cdots\cdots①$$

が成り立つことを以下に示す。

定積分は区間 $b\leqq x\leqq c$ で実行されるので，$0<a\leqq\dfrac{\pi}{4}$，$0\leqq b<c\leqq 1$ に対して

$$0\leqq ab\leqq ax\leqq ac\leqq\frac{\pi}{4}c\leqq\frac{\pi}{4}\quad(b<c)$$

が成り立つ。

$f(x)=\dfrac{2}{3}(1+\sin 2ax)$ について

$$f'(x)=\frac{2}{3}\times 2a\cos 2ax\geqq 0\quad\left(a>0,\ 0\leqq 2ax\leqq\frac{\pi}{2}\right)$$

であるから，$f(x)$ は $b\leqq x\leqq c$ で増加関数であることがわかる。

よって，$f(b)\leqq f(x)\leqq f(c)$ が成り立つから

$$\int_b^c f(b)\,dx\leqq\int_b^c f(x)\,dx\leqq\int_b^c f(c)\,dx$$

が成り立ち

$$\int_b^c f(b)\,dx=f(b)\int_b^c 1dx=f(b)\Big[x\Big]_b^c=f(b)(c-b)$$

同様に　　$\displaystyle\int_b^c f(c)\,dx=f(c)(c-b)$

であるから，①が示せた。　　　　　　（証明終）

(3)　n 個の数1，2，…，n を出目とするルーレットを k 回まわす［試行］において，各 $i=1$，2，…，n について i が出た回数が $S_{n,\ k,\ i}$ なので

$$S_{n,\ k,\ 1}+S_{n,\ k,\ 2}+\cdots+S_{n,\ k,\ i}+\cdots+S_{n,\ k,\ n}=\sum_{i=1}^{n}S_{n,\ k,\ i}=k\quad\cdots\cdots②$$

である。また，定積分の性質より

$$\int_0^1 f(x)\,dx=\int_0^{\frac{1}{n}}f(x)\,dx+\int_{\frac{1}{n}}^{\frac{2}{n}}f(x)\,dx+\cdots+\int_{\frac{n-1}{n}}^{\frac{n}{n}}f(x)\,dx$$

$$=\sum_{i=1}^{n}\int_{\frac{i-1}{n}}^{\frac{i}{n}}f(x)\,dx$$

と表されるから，ここで

$$(**)\quad \lim_{k\to\infty}\frac{S_{n,\ k,\ i}}{k}=\int_{\frac{i-1}{n}}^{\frac{i}{n}}f(x)\,dx$$

を用いると

$$\int_0^1 f(x)\,dx=\sum_{i=1}^{n}\int_{\frac{i-1}{n}}^{\frac{i}{n}}f(x)\,dx=\sum_{i=1}^{n}\left(\lim_{k\to\infty}\frac{S_{n,\ k,\ i}}{k}\right)$$

$$=\lim_{k\to\infty}\sum_{i=1}^{n}\frac{S_{n,\ k,\ i}}{k}$$

$$=\lim_{k\to\infty}\left(\frac{1}{k}\sum_{i=1}^{n}S_{n,\ k,\ i}\right)=\lim_{k\to\infty}\left(\frac{1}{k}\times k\right)\quad (②より)$$

$$=1$$

となって，等式(＊)が成り立つ。（証明終）

〔注1〕 一般に，α, β をある有限確定値とすると

$$\left[\lim_{n\to\infty}a_n=\alpha,\ \lim_{n\to\infty}b_n=\beta\right]$$

$$\Longrightarrow\ \left[\lim_{n\to\infty}(a_n+b_n)=\alpha+\beta=\lim_{n\to\infty}a_n+\lim_{n\to\infty}b_n\right]\quad (\lim\Sigma=\Sigma\lim)$$

となるが，$\lim_{n\to\infty}(a_n+b_n)=\lim_{n\to\infty}a_n+\lim_{n\to\infty}b_n$ がいつでも成り立つわけではない。たとえば，$a_n=1+n$, $b_n=1-n$ のとき $a_n+b_n\to 2$ であるが，$a_n\to\infty$, $b_n\to-\infty$ である。$\lim_{k\to\infty}\frac{S_{n,\ k,\ i}}{k}=\int_{\frac{i-1}{n}}^{\frac{i}{n}}f(x)\,dx$ は有限な値となるので

$$\sum_{i=1}^{n}\left(\lim_{k\to\infty}\frac{S_{n,\ k,\ i}}{k}\right)=\lim_{k\to\infty}\sum_{i=1}^{n}\frac{S_{n,\ k,\ i}}{k}$$

とできる。(4)でも同様である。

(4) (3)の［試行］において出た数の平均値 $A_{n,\ k}$ は

$$A_{n,\ k}=\frac{1\times S_{n,\ k,\ 1}+2\times S_{n,\ k,\ 2}+\cdots+n\times S_{n,\ k,\ n}}{k}=\sum_{i=1}^{n}i\times\frac{S_{n,\ k,\ i}}{k}$$

である。ここで $k\to\infty$ とすると

$$A_n=\lim_{k\to\infty}A_{n,\ k}=\lim_{k\to\infty}\left(\sum_{i=1}^{n}i\times\frac{S_{n,\ k,\ i}}{k}\right)=\sum_{i=1}^{n}i\left(\lim_{k\to\infty}\frac{S_{n,\ k,\ i}}{k}\right)$$

$$=\sum_{i=1}^{n}i\int_{\frac{i-1}{n}}^{\frac{i}{n}}f(x)\,dx\quad ((**)より)$$

となる。$0\leqq\frac{i-1}{n}<\frac{i}{n}\leqq 1$ であるから，(2)の不等式（①）より

$$f\left(\frac{i-1}{n}\right)\left(\frac{i}{n}-\frac{i-1}{n}\right)\leqq\int_{\frac{i-1}{n}}^{\frac{i}{n}}f(x)\,dx\leqq f\left(\frac{i}{n}\right)\left(\frac{i}{n}-\frac{i-1}{n}\right)$$

が成り立ち，各辺に i を乗じて

$$\frac{i}{n}f\left(\frac{i-1}{n}\right) \leqq i\int_{\frac{i-1}{n}}^{\frac{i}{n}} f(x)\,dx \leqq \frac{i}{n}f\left(\frac{i}{n}\right)$$

が成り立つ。各辺について $i=1,\ 2,\ \cdots,\ n$ の場合の和をとれば，中辺は A_n となるから

$$\sum_{i=1}^{n}\frac{i}{n}f\left(\frac{i-1}{n}\right) \leqq A_n \leqq \sum_{i=1}^{n}\frac{i}{n}f\left(\frac{i}{n}\right)$$

となり

$$\frac{1}{n}\sum_{i=1}^{n}\frac{i}{n}f\left(\frac{i-1}{n}\right) \leqq \frac{A_n}{n} \leqq \frac{1}{n}\sum_{i=1}^{n}\frac{i}{n}f\left(\frac{i}{n}\right)$$

がいえる。最左辺であるが，$f(x)=\dfrac{2}{3}(1+\sin 2ax) \geqq 0$，$\dfrac{i-1}{n}<\dfrac{i}{n}$ より

$$\frac{i-1}{n}f(x) \leqq \frac{i}{n}f(x)$$

が成り立ち，$x=\dfrac{i-1}{n}$ として

$$\frac{i-1}{n}f\left(\frac{i-1}{n}\right) \leqq \frac{i}{n}f\left(\frac{i-1}{n}\right)$$

が成り立つから，結局

$$\frac{1}{n}\sum_{i=1}^{n}\frac{i-1}{n}f\left(\frac{i-1}{n}\right) \leqq \frac{A_n}{n} \leqq \frac{1}{n}\sum_{i=1}^{n}\frac{i}{n}f\left(\frac{i}{n}\right)$$

が成り立つ。辺々 $n\to\infty$ とすると，区分求積法より

$$\lim_{n\to\infty}\frac{1}{n}\sum_{i=1}^{n}\frac{i-1}{n}f\left(\frac{i-1}{n}\right) = \lim_{n\to\infty}\frac{1}{n}\sum_{i=1}^{n}\frac{i}{n}f\left(\frac{i}{n}\right) = \int_0^1 xf(x)\,dx$$

であるから，はさみうちの原理により

$$\begin{aligned}
\lim_{n\to\infty}\frac{A_n}{n} &= \int_0^1 xf(x)\,dx = \int_0^1 x\times\frac{2}{3}(1+\sin 2ax)\,dx \\
&= \frac{2}{3}\int_0^1 (x+x\sin 2ax)\,dx = \frac{2}{3}\left(\int_0^1 xdx + \int_0^1 x\sin 2axdx\right) \\
&= \frac{2}{3}\left(\left[\frac{x^2}{2}\right]_0^1 + \left[-\frac{x}{2a}\cos 2ax\right]_0^1 + \frac{1}{2a}\int_0^1 \cos 2axdx\right) \quad \text{（部分積分法）} \\
&= \frac{2}{3}\left[\frac{x^2}{2} - \frac{x}{2a}\cos 2ax + \frac{1}{4a^2}\sin 2ax\right]_0^1 \\
&= \frac{2}{3}\left(\frac{1}{2} - \frac{1}{2a}\cos 2a + \frac{1}{4a^2}\sin 2a\right) \\
&= \frac{2a^2 - 2a\cos 2a + \sin 2a}{6a^2} \quad \cdots\cdots\text{（答）}
\end{aligned}$$

である。

〔注 2〕 等式(∗)が成り立つから $\cos 2a = 1 - a$ が成り立つので，$\sin 2a = \sqrt{1-\cos^2 2a}$
$= \sqrt{1-(1-a)^2} = \sqrt{2a-a^2}$ より，結果は

$$\frac{2a^2-2a(1-a)+\sqrt{2a-a^2}}{6a^2} = \frac{4a^2-2a+\sqrt{2a-a^2}}{6a^2}$$

とも表せる。

〔注 3〕 区分求積法については，次のことが基本となる。
関数 $g(x)$ が $0 \leqq x \leqq 1$ で連続ならば

$$\lim_{n\to\infty}\frac{1}{n}\sum_{k=0}^{n-1} g\left(\frac{k}{n}\right) = \lim_{n\to\infty}\frac{1}{n}\sum_{k=1}^{n} g\left(\frac{k}{n}\right) = \int_0^1 g(x)\,dx$$

が成り立つ。

〔解法〕で，$\dfrac{1}{n}\displaystyle\sum_{i=1}^{n}\frac{i}{n}f\left(\frac{i-1}{n}\right) \leqq \frac{A_n}{n} \leqq \frac{1}{n}\sum_{i=1}^{n}\frac{i}{n}f\left(\frac{i}{n}\right)$ まで進めたとき，$g(x) = xf(x)$ としたいが，最左辺の形がまずいことに気づく。ここで一手間かけることになる。

62　2020 年度〔5〕　Level D

k を正の整数とし，$a_k=\int_0^1 x^{k-1}\sin\left(\dfrac{\pi x}{2}\right)dx$ とおく。

(1)　a_{k+2} を a_k と k を用いて表せ。

(2)　k を限りなく大きくするとき，数列 $\{ka_k\}$ の極限値 A を求めよ。

(3)　(2)の極限値 A に対し，k を限りなく大きくするとき，数列

$$\{k^m a_k - k^n A\}$$

が 0 ではない値に収束する整数 m，n（$m>n\geqq 1$）を求めよ。またそのときの極限値 B を求めよ。

(4)　(2)と(3)の極限値 A，B に対し，k を限りなく大きくするとき，数列

$$\{k^p a_k - k^q A - k^r B\}$$

が 0 ではない値に収束する整数 p，q，r（$p>q>r\geqq 1$）を求めよ。またそのときの極限値を求めよ。

ポイント　数列の項が定積分で表されている。x^{k-1} は 0 から 1 まで積分すると $\dfrac{1}{k}$ になるから，$a_k\to 0$（$k\to\infty$）になりそうである。

(1)　定義式の番号を 2 つずらして a_{k+2} を作り，部分積分法を用いればよい。sin と cos は微分や積分で交互に入れ替わるから，2 度行う必要があろう。

(2)　まず，$a_k\to 0$ を確かめておこう。被積分関数を，$0\leqq\sin\left(\dfrac{\pi x}{2}\right)\leqq 1$ を利用して不等式で評価し，定積分に移せばよい。(1)の結果に $a_k\to 0$ を使うことになる。

(3)　$k^n(k^{m-n}a_k-A)$ が 0 ではない値に収束するためには何が必要かと考える。$n\geqq 1$ なので $k^n\to\infty$（$k\to\infty$）であるから，$k^{m-n}a_k-A$ は 0 に収束することが必要になる。あとは，(1)の漸化式をうまく使うことを考える。

(4)　(3)と同様の考え方で進められるが，漸化式の使い方が問題である。a_k と a_{k+2} の関係でうまくいかなければ，a_k と a_{k+4} の関係も考えてみよう。計算は複雑になりそうである。

解 法

$$a_k=\int_0^1 x^{k-1}\sin\left(\frac{\pi x}{2}\right)dx \quad (k \text{ は正の整数})$$

(1) 上の式から a_{k+2} を作り，部分積分法を繰り返し用いることにより

$$\begin{aligned}
a_{k+2}&=\int_0^1 x^{k+1}\sin\left(\frac{\pi x}{2}\right)dx\\
&=\left[-\frac{2}{\pi}x^{k+1}\cos\left(\frac{\pi x}{2}\right)\right]_0^1-\int_0^1\left\{-\frac{2}{\pi}(k+1)x^k\cos\left(\frac{\pi x}{2}\right)\right\}dx\\
&=\frac{2}{\pi}(k+1)\int_0^1 x^k\cos\left(\frac{\pi x}{2}\right)dx \quad \left(\cos\frac{\pi}{2}=0\right)\\
&=\frac{2(k+1)}{\pi}\left\{\left[\frac{2}{\pi}x^k\sin\left(\frac{\pi x}{2}\right)\right]_0^1-\int_0^1\frac{2}{\pi}kx^{k-1}\sin\left(\frac{\pi x}{2}\right)dx\right\}\\
&=\frac{2(k+1)}{\pi}\left\{\frac{2}{\pi}-\frac{2k}{\pi}\int_0^1 x^{k-1}\sin\left(\frac{\pi x}{2}\right)dx\right\} \quad \left(\sin\frac{\pi}{2}=1\right)\\
&=\frac{4(k+1)}{\pi^2}(1-ka_k) \quad \cdots\cdots(\text{答})
\end{aligned}$$

となる。

(2) (1)の結果を ka_k について解いておく。

$$ka_k=1-\frac{\pi^2}{4(k+1)}a_{k+2} \quad \cdots\cdots①$$

$0\leqq x\leqq 1$ のとき

$$0\leqq\sin\left(\frac{\pi x}{2}\right)\leqq 1$$

であるから，両辺に x^{k-1}（$\geqq 0$）をかけることにより

$$0\leqq x^{k-1}\sin\left(\frac{\pi x}{2}\right)\leqq x^{k-1}$$

となり，辺々 0 から 1 までの定積分をとれば

$$\int_0^1 0dx\leqq\int_0^1 x^{k-1}\sin\left(\frac{\pi x}{2}\right)dx\leqq\int_0^1 x^{k-1}dx$$

すなわち

$$0\leqq a_k\leqq\frac{1}{k} \quad \left(\int_0^1 x^{k-1}dx=\left[\frac{x^k}{k}\right]_0^1=\frac{1}{k}\right)$$

となる。$\displaystyle\lim_{k\to\infty}\frac{1}{k}=0$ であるから，はさみうちの原理により

$$\lim_{k\to\infty}a_k=0$$

である。したがって，数列 $\{ka_k\}$ の極限値 A は，①の右辺において，$k\to\infty$ とすると $\dfrac{\pi^2}{4(k+1)}a_{k+2}\to 0$ となることより

$$A=\lim_{k\to\infty}ka_k=1 \quad \cdots\cdots(答)$$

である。

(3) $k\to\infty$ とするとき，$k^m a_k-k^n A$（m，n は $m>n\geqq 1$ を満たす整数）が 0 ではない値 B に収束するためには

$$k^m a_k-k^n A=k^n(k^{m-n}a_k-1) \quad ((2)より\ A=1)$$

において，$k^n\to\infty$（$k\to\infty$）となる（$n\geqq 1$）ことから，$k^{m-n}a_k-1\to 0$（$k\to\infty$）とならなければならない（0 に収束しないとすると，$k^m a_k-k^n A$ は発散してしまう）。すなわち

$$\lim_{k\to\infty}k^{m-n}a_k=1$$

である。これは，$\displaystyle\lim_{k\to\infty}(k^{m-n-1}\times ka_k)=1$ と書かれ，(2)より $\displaystyle\lim_{k\to\infty}ka_k=1$ であるから，$\displaystyle\lim_{k\to\infty}k^{m-n-1}=1$ すなわち $m-n-1=0$ である。このとき

$$\begin{aligned}k^m a_k-k^n A&=k^n(ka_k-1) \quad (m=n+1,\ A=1)\\&=k^n\times\left\{-\frac{\pi^2}{4(k+1)}a_{k+2}\right\} \quad (①より)\\&=-\frac{\pi^2}{4}\times\frac{k^n}{k+1}a_{k+2}\\&=-\frac{\pi^2}{4}\times\frac{k^n}{(k+1)(k+2)}\times(k+2)a_{k+2} \quad \cdots\cdots②\end{aligned}$$

と変形できる。これが 0 ではない値 B に収束するためには，$(k+2)a_{k+2}\to 1$（$k\to\infty$）であることから，$n=2$ でなければならない（分数部分の分母と分子の次数を比べてみると，$n>2$ では負の無限大に発散してしまうし，$n<2$ では 0 に収束してしまうから）。

$n=2$，$m=n+1=3$ のとき

$$\frac{k^2}{(k+1)(k+2)}=\frac{1}{\left(1+\dfrac{1}{k}\right)\left(1+\dfrac{2}{k}\right)}\to 1 \quad (k\to\infty)$$

より，②は，$-\dfrac{\pi^2}{4}\times 1\times 1=-\dfrac{\pi^2}{4}$ に収束する。

まとめると，数列 $\{k^m a_k-k^n A\}$ が 0 ではない値に収束するのは

$$m=3,\ n=2 \quad \cdots\cdots(答)$$

のときで，そのときの極限値 B は

$$B=-\frac{\pi^2}{4} \quad \cdots\cdots(\text{答})$$

である。

(4) $k\to\infty$ とするとき，$k^p a_k-k^q A-k^r B$（p，q，r は$p>q>r\geqq 1$を満たす整数）が 0 ではない値に収束するためには

$$k^p a_k-k^q A-k^r B=k^r\left(k^{p-r}a_k-k^{q-r}+\frac{\pi^2}{4}\right) \quad \left(A=1,\ B=-\frac{\pi^2}{4}\right)$$

において，$k^r\to\infty$（$k\to\infty$）となる（$r\geqq 1$）ことから

$$\lim_{k\to\infty}\left(k^{p-r}a_k-k^{q-r}+\frac{\pi^2}{4}\right)=0$$

とならなければならない。すなわち

$$\lim_{k\to\infty}(k^{p-r}a_k-k^{q-r})=-\frac{\pi^2}{4}$$

であるが，これは，(3)の結果より，$p-r=3$，$q-r=2$ すなわち，$p=r+3$，$q=r+2$ である。このとき

$$k^p a_k-k^q A-k^r B=k^r\left(k^3 a_k-k^2+\frac{\pi^2}{4}\right)$$
$$=k^r\left\{k^2(ka_k-1)+\frac{\pi^2}{4}\right\} \quad \cdots\cdots③$$

である。(1)の結果より

$$ka_k-1=\frac{-\pi^2}{4(k+1)}a_{k+2},\quad (k+2)a_{k+2}-1=\frac{-\pi^2}{4(k+3)}a_{k+4}$$

が得られ，この２式から a_{k+2} を消去すると

$$ka_k-1=\frac{-\pi^2}{4(k+1)}\times\frac{1}{k+2}\left\{1-\frac{\pi^2}{4(k+3)}a_{k+4}\right\}$$
$$=-\frac{\pi^2}{4}\left\{\frac{1}{(k+1)(k+2)}-\frac{\pi^2 a_{k+4}}{4(k+1)(k+2)(k+3)}\right\}$$

となるので，③の｛　　｝内は

$$\frac{\pi^2}{4}+k^2(ka_k-1)$$
$$=\frac{\pi^2}{4}-\frac{\pi^2}{4}\left\{\frac{k^2}{(k+1)(k+2)}-\frac{\pi^2}{4}\times\frac{k^2 a_{k+4}}{(k+1)(k+2)(k+3)}\right\}$$
$$=\frac{\pi^2}{4}\left\{1-\frac{k^2}{(k+1)(k+2)}+\frac{\pi^2}{4}\times\frac{k^2 a_{k+4}}{(k+1)(k+2)(k+3)}\right\}$$
$$=\frac{\pi^2}{4}\left\{\frac{3k+2}{(k+1)(k+2)}+\frac{\pi^2}{4}\times\frac{k^2}{(k+1)(k+2)(k+3)}a_{k+4}\right\}$$

である。ゆえに③は

$$③=\frac{\pi^2}{4}\left\{\frac{(3k+2)k^r}{(k+1)(k+2)}+\frac{\pi^2}{4}\times\frac{k^{r+2}}{(k+1)(k+2)(k+3)(k+4)}\times(k+4)a_{k+4}\right\}$$

と書ける。$k\to\infty$ とするとき，$(k+4)a_{k+4}\to1$ であり，$r=1$ ならば

$$\frac{(3k+2)k}{(k+1)(k+2)}\to3,\quad \frac{k^3}{(k+1)(k+2)(k+3)(k+4)}\to0$$

$r=2$ ならば

$$\frac{(3k+2)k^2}{(k+1)(k+2)}\to\infty,\quad \frac{k^4}{(k+1)(k+2)(k+3)(k+4)}\to1$$

$r\geqq3$ ならば

$$\frac{(3k+2)k^r}{(k+1)(k+2)}\to\infty,\quad \frac{k^{r+2}}{(k+1)(k+2)(k+3)(k+4)}\to\infty$$

であるから，③が0ではない値に収束するためには $r=1$ でなければならない。このとき $p=r+3=4$，$q=r+2=3$ であり，たしかに

$$③\to\frac{\pi^2}{4}\left(3+\frac{\pi^2}{4}\times0\times1\right)=\frac{3}{4}\pi^2\quad(k\to\infty)$$

となる。したがって，数列 $\{k^pa_k-k^qA-k^rB\}$ が0ではない値に収束する整数 p，q，r は

$$p=4,\ q=3,\ r=1\quad\cdots\cdots(答)$$

であり，そのときの極限値は

$$\frac{3}{4}\pi^2\quad\cdots\cdots(答)$$

である。

〔注〕 ③を次のように変形しても，同じ結果を得ることができる。

$$\begin{aligned}③&=k^r\left\{\frac{\pi^2}{4}-k^2(1-ka_k)\right\}\\&=k^r\left(\frac{\pi^2}{4}-k^2\times\frac{\pi^2}{4(k+1)}a_{k+2}\right)\quad(①より)\\&=\frac{\pi^2}{4}k^r\left(1-\frac{k^2a_{k+2}}{k+1}\right)\\&=\frac{\pi^2}{4}\times\frac{k^r}{k+1}(k+1-k^2a_{k+2})\\&=\frac{\pi^2}{4}\times\frac{k^r}{k+1}[\{(k+2)-1\}-\{(k+2)^2-4(k+2)+4\}a_{k+2}]\\&=\frac{\pi^2}{4}\times\frac{k^r}{k+1}[(k+2)\{1-(k+2)a_{k+2}\}+4(k+2)a_{k+2}-4a_{k+2}-1]\quad\cdots\cdots④\end{aligned}$$

(2)より，$k\to\infty$ のとき，$a_k\to0$，$ka_k\to1$ であるから

$$(k+2)a_{k+2}\to1,\quad a_{k+2}\to0\quad(k\to\infty)$$

であり，②は $n=1$ のとき0に収束するから，$k(ka_k-1)\to0$

すなわち $k(1-ka_k)\to0$ $(k\to\infty)$ となるので

$$(k+2)\{1-(k+2)a_{k+2}\}\to0\quad(k\to\infty)$$

である。よって，④の[　　]内は，$k\to\infty$ とするとき $0+4\times1-4\times0-1=3$ に収束する。

また，$\dfrac{k^r}{k+1}$ が 0 でない値に収束するのは $r=1$ のときに限り，$r=1$ のとき $\dfrac{k}{k+1}\to1$ $(k\to\infty)$ であるから

$$③\to\frac{\pi^2}{4}\times1\times3=\frac{3}{4}\pi^2\quad(k\to\infty)$$

となる。

63　2019年度〔2〕　Level C

次の等式が $1 \leqq x \leqq 2$ で成り立つような関数 $f(x)$ と定数 A, B を求めよ。

$$\int_{\frac{1}{x}}^{\frac{2}{x}} |\log y| f(xy)\,dy = 3x(\log x - 1) + A + \frac{B}{x}$$

ただし，$f(x)$ は $1 \leqq x \leqq 2$ に対して定義される連続関数とする。

ポイント　与えられた等式の左辺の定積分は上端，下端に x が含まれているから，左辺は x の関数である。両辺を x で微分してみようという方針が立ち，公式 $\dfrac{d}{dx}\displaystyle\int_a^x f(t)\,dt = f(x)$（$a$ は定数）が想起されるであろう。しかし，被積分関数に x が含まれているので，この x をインテグラルの外に追い出してしまわなければならない。それには，$xy=t$ と置換するとよい。次に絶対値の処理を考えなければならない。定石通りに絶対値の中身の正負で場合分けして絶対値をはずす。こうして左辺を x で微分することができるようになる。右辺を微分することは容易であるが，全体的に計算分量がかなり多くなることが予想される。

解法

$$\int_{\frac{1}{x}}^{\frac{2}{x}} |\log y| f(xy)\,dy = 3x(\log x - 1) + A + \frac{B}{x} \quad (A,\ B \text{ は定数}) \quad \cdots\cdots(*)$$

ここで，$xy=t$ とおくと

$$y = \frac{t}{x},\quad dy = \frac{1}{x}dt,$$

y	$\frac{1}{x} \longrightarrow \frac{2}{x}$
t	$1 \longrightarrow 2$

であるから

$$\int_{\frac{1}{x}}^{\frac{2}{x}} |\log y| f(xy)\,dy = \int_1^2 \left|\log\frac{t}{x}\right| f(t)\frac{1}{x}\,dt$$

$$= \frac{1}{x}\int_1^2 |\log t - \log x| f(t)\,dt$$

となり，$1 \leqq x \leqq 2$ に対して，$1 \leqq t \leqq x$ のとき $\log t \leqq \log x$，$x \leqq t \leqq 2$ のとき $\log t \geqq \log x$ であるから

$$\int_{\frac{1}{x}}^{\frac{2}{x}} |\log y| f(xy)\,dy = \frac{1}{x}\int_1^x (\log x - \log t) f(t)\,dt + \frac{1}{x}\int_x^2 (\log t - \log x) f(t)\,dt$$

$$= \frac{\log x}{x}\int_1^x f(t)\,dt - \frac{1}{x}\int_1^x (\log t) f(t)\,dt$$

$$+\frac{1}{x}\int_x^2(\log t)f(t)\,dt-\frac{\log x}{x}\int_x^2 f(t)\,dt$$

$$=\frac{\log x}{x}\left\{\int_1^x f(t)\,dt-\int_x^2 f(t)\,dt\right\}$$

$$+\frac{1}{x}\left\{\int_x^2(\log t)f(t)\,dt-\int_1^x(\log t)f(t)\,dt\right\}$$

$$=\frac{\log x}{x}\left\{\int_1^x f(t)\,dt+\int_2^x f(t)\,dt\right\}$$

$$-\frac{1}{x}\left\{\int_2^x(\log t)f(t)\,dt+\int_1^x(\log t)f(t)\,dt\right\}$$

となる。(∗)の左辺をこの式で置き換えて，さらに両辺にxをかけると

$$\log x\left\{\int_1^x f(t)\,dt+\int_2^x f(t)\,dt\right\}-\left\{\int_2^x(\log t)f(t)\,dt+\int_1^x(\log t)f(t)\,dt\right\}$$

$$=3x^2(\log x-1)+Ax+B \quad \cdots\cdots①$$

となる。積の微分公式，公式 $\dfrac{d}{dx}\displaystyle\int_a^x f(t)\,dt=f(x)$ （aは定数）を用いて，両辺をxで微分すると

$$\frac{1}{x}\left\{\int_1^x f(t)\,dt+\int_2^x f(t)\,dt\right\}+\log x\{f(x)+f(x)\}-\{(\log x)f(x)+(\log x)f(x)\}$$

$$=6x(\log x-1)+3x^2\cdot\frac{1}{x}+A$$

$$\frac{1}{x}\left\{\int_1^x f(t)\,dt+\int_2^x f(t)\,dt\right\}=6x\log x-3x+A$$

$$\therefore\quad \int_1^x f(t)\,dt+\int_2^x f(t)\,dt=6x^2\log x-3x^2+Ax \quad \cdots\cdots②$$

が成り立つ。この式の両辺をxで微分すれば

$$f(x)+f(x)=12x\log x+6x^2\times\frac{1}{x}-6x+A=12x\log x+A$$

$$\therefore\quad f(x)=6x\log x+\frac{A}{2} \quad \cdots\cdots③$$

が得られる。

②で$x=1$とおくと，$\displaystyle\int_1^1 f(t)\,dt=0$であるから

$$\int_2^1 f(t)\,dt=-3+A \quad すなわち \quad \int_1^2 f(t)\,dt=3-A$$

となるが，③がこれを満たすのは

$$\int_1^2\left(6t\log t+\frac{A}{2}\right)dt=3-A$$

が成り立つときである。この等式は

$$(\text{左辺})=6\underset{\sim\sim\sim\sim\sim\sim}{\int_1^2 t\log t\,dt}+\frac{A}{2}\int_1^2 dt=6\left\{\left[\frac{t^2}{2}\log t\right]_1^2-\int_1^2\frac{t^2}{2}\cdot\frac{1}{t}dt\right\}+\frac{A}{2}$$

$$=6\left\{2\log 2-\frac{1}{2}\left[\frac{t^2}{2}\right]_1^2\right\}+\frac{A}{2}=6\underset{\sim\sim\sim\sim\sim\sim}{\left(2\log 2-\frac{3}{4}\right)}+\frac{A}{2}$$

より

$$6\left(2\log 2-\frac{3}{4}\right)+\frac{A}{2}=3-A \qquad \frac{3}{2}A=\frac{15}{2}-12\log 2$$

$$\therefore\quad A=5-8\log 2$$

となる。よって，このとき，② $\Longleftrightarrow$ ③となる。

①で $x=1$ とおくと

$$-\int_2^1(\log t)f(t)\,dt=-3+A+B$$

すなわち　$\displaystyle\int_1^2(\log t)f(t)\,dt=A+B-3$

となるが，③がこれを満たすのは

$$\int_1^2(\log t)\left(6t\log t+\frac{A}{2}\right)dt=A+B-3$$

が成り立つときである。この等式は

$$(\text{左辺})=6\int_1^2 t(\log t)^2dt+\frac{A}{2}\int_1^2\log t\,dt$$

$$=6\left\{\left[\frac{t^2}{2}(\log t)^2\right]_1^2-\int_1^2\frac{t^2}{2}\times 2(\log t)\times\frac{1}{t}dt\right\}+\frac{A}{2}\Big[t\log t-t\Big]_1^2$$

$$\left(\because\quad (t\log t-t)'=\log t+t\times\frac{1}{t}-1=\log t\right)$$

$$=6\left\{2(\log 2)^2-\underline{\int_1^2 t\log t\,dt}\right\}+\frac{A}{2}\{2\log 2-2-(-1)\}$$

$$=6\left\{2(\log 2)^2-\underline{\left(2\log 2-\frac{3}{4}\right)}\right\}+\frac{A}{2}(2\log 2-1)$$

（------は上の〰〰を用いた）

$$=12(\log 2)^2-12\log 2+\frac{9}{2}+\frac{A}{2}(2\log 2-1)$$

であるから

$$12(\log 2)^2-12\log 2+\frac{9}{2}+\frac{A}{2}(2\log 2-1)=A+B-3$$

よって　$\displaystyle B=12(\log 2)^2-12\log 2+\frac{15}{2}+A\left(\log 2-\frac{3}{2}\right)$

ここで，$A=5-8\log 2$ であるから

$$B=12(\log 2)^2-12\log 2+\frac{15}{2}+(5-8\log 2)\left(\log 2-\frac{3}{2}\right)$$
$$=4(\log 2)^2+5\log 2$$

となる。よって，このとき，①$\Longleftrightarrow$②$\Longleftrightarrow$③となる。$x\neq 0$ より，(＊)$\Longleftrightarrow$①であるから，関数 $f(x)$ と定数 A，B は次のように定まる。

$$\left.\begin{aligned} &f(x)=6x\log x+\frac{5-8\log 2}{2}=6x\log x-4\log 2+\frac{5}{2} \\ &A=5-8\log 2,\ B=4(\log 2)^2+5\log 2 \end{aligned}\right\} \quad \cdots\cdots(答)$$

参考　②において，$x=1$ とおくと
$$\int_2^1 f(t)\,dt=-3+A \quad \cdots\cdots④$$
であり，$x=2$ とおくと
$$\int_1^2 f(t)\,dt=24\log 2-12+2A \quad \cdots\cdots⑤$$
である。$\int_2^1 f(t)\,dt=-\int_1^2 f(t)\,dt$ であるから，④，⑤より
$$-3+A=-(24\log 2-12+2A)$$
$$3A=15-24\log 2$$
$$\therefore\ A=5-8\log 2 \quad \cdots\cdots⑥$$
である。また，①において，$x=1$ とおくと
$$-\int_2^1(\log t)f(t)\,dt=-3+A+B \quad \cdots\cdots⑦$$
であり，$x=2$ とおくと
$$(\log 2)\int_1^2 f(t)\,dt-\int_1^2(\log t)f(t)\,dt=12(\log 2-1)+2A+B \quad \cdots\cdots⑧$$
であるから，④と⑦すなわち $\int_1^2 f(t)\,dt=-(-3+A)$，$\int_1^2(\log t)f(t)\,dt=-3+A+B$ を用いれば，⑧より
$$(\log 2)(3-A)-(-3+A+B)=12(\log 2-1)+2A+B$$
が成り立つ。整理して，⑥を代入すると
$$2B=15-9\log 2-(3+\log 2)A$$
$$=15-9\log 2-(3+\log 2)(5-8\log 2)$$
$$=8(\log 2)^2+10\log 2$$
$$\therefore\ B=4(\log 2)^2+5\log 2$$
を得る。また，③より
$$f(x)=6x\log x+\frac{5-8\log 2}{2}$$
である。
このように解くと積分計算を省略できる。

〔注〕　③を②に代入すれば A，ひいては $f(x)$ が求まるが，計算が容易でない。そこで次のように考える。
$F(x)=G(x)$ ならば $F'(x)=G'(x)$ であるが，この逆はいえない。
$F'(x)=G'(x)\Longrightarrow F'(x)-G'(x)=0\Longrightarrow\{F(x)-G(x)\}'=0\Longrightarrow F(x)-G(x)=C$（定数）$\Longrightarrow F(x)=G(x)+C$ となるからである。

しかし，$F'(x)=G'(x)$ かつ $F(1)=G(1)$ を考えれば，これは $F(x)=G(x)$ と同値になる。そこで，〔解法〕では，③かつ「②で $x=1$ とおいた式」から A を決定した。B も同様である。
参考では，② $\Longleftrightarrow$ (③かつ④) $\Longleftrightarrow$ (③かつ⑤) から A を求め，さらに① $\Longleftrightarrow$ (②かつ⑦) $\Longleftrightarrow$ (②かつ⑧) を用いて B を求めている。こうして求めた A，B，$f(x)$ は (＊) $\Longleftrightarrow$ ①を満たしている。

64　2019年度〔5〕　Level B

$a=\dfrac{2^8}{3^4}$ として，数列

$$b_k=\frac{(k+1)^{k+1}}{a^k k!}\quad (k=1,\ 2,\ 3,\ \cdots)$$

を考える。

(1)　関数 $f(x)=(x+1)\log\left(1+\dfrac{1}{x}\right)$ は $x>0$ で減少することを示せ。

(2)　数列 $\{b_k\}$ の項の最大値 M を既約分数で表し，$b_k=M$ となる k をすべて求めよ。

ポイント　(1)の結果を用いて(2)を考えさせる誘導形式の問題である。定数 a の数値の特殊性も気になるところである。

(1)　微分法の応用であることはすぐにわかる。$f'(x)$ を誤りなく求める。$f''(x)$ も必要になるかもしれない。

(2)　数列 $\{b_k\}$ の項の最大値を求めるのであるから，$\{b_k\}$ は単調増加数列であるはずはない。まずは定石通り，$\dfrac{b_{k+1}}{b_k}$ の様子を調べてみる。$b_k>0$ であるから，$\dfrac{b_{k+1}}{b_k}>1$ なら $b_{k+1}>b_k$，$\dfrac{b_{k+1}}{b_k}=1$ なら $b_{k+1}=b_k$，$\dfrac{b_{k+1}}{b_k}<1$ なら $b_{k+1}<b_k$ である。(1)の関数の形から対数をとることを思いつくであろう。

解法 1

$$b_k=\frac{(k+1)^{k+1}}{a^k k!}\quad (k=1,\ 2,\ 3,\ \cdots),\quad a=\frac{2^8}{3^4}\quad \cdots\cdots(*)$$

(1)　$f(x)=(x+1)\log\left(1+\dfrac{1}{x}\right)\quad (x>0)$

の導関数は，積の微分公式を用いて

$$\begin{aligned}f'(x)&=\log\left(1+\frac{1}{x}\right)+(x+1)\left(-\frac{1}{x^2}\right)\times\frac{x}{x+1}\\&=\log\left(1+\frac{1}{x}\right)-\frac{1}{x}\end{aligned}$$

となり，さらに微分すると

$$f''(x)=\left(-\frac{1}{x^2}\right)\times\frac{1}{1+\frac{1}{x}}-\left(-\frac{1}{x^2}\right)$$

$$=\frac{1}{x^2}\left(1-\frac{x}{x+1}\right)=\frac{1}{x^2(x+1)}$$

となる。$x>0$ のとき，$f''(x)>0$ であるから，$f'(x)$ は $x>0$ で増加関数である。さらに

$$\lim_{x\to\infty}f'(x)=\lim_{x\to\infty}\left\{\log\left(1+\frac{1}{x}\right)-\frac{1}{x}\right\}=0$$

であるから，$f'(x)<0$ $(x>0)$ である。したがって，関数 $f(x)$ は $x>0$ で減少する。

（証明終）

参考 右図は対数関数 $y=\log(x+1)$ と1次関数 $y=x$ のグラフを描いたものであるが，$y=\log(x+1)$ の原点における接線が $y=x$ になっている。この図から，$x\geqq\log(x+1)$ $(x>-1)$ がわかる。また，$x>0$ のとき $x>\log(x+1)$ である。x を $\frac{1}{x}$ に置き換えると $\frac{1}{x}>\log\left(1+\frac{1}{x}\right)$ となる。

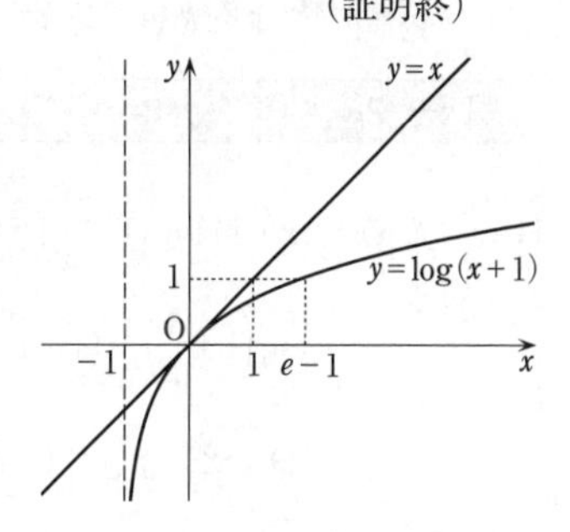

(2) （＊）より，$b_k>0$ であり，$k\geqq2$ に対して

$$\frac{b_k}{b_{k-1}}=\frac{(k+1)^{k+1}}{a^k k!}\times\frac{a^{k-1}(k-1)!}{k^k}=\frac{(k+1)^{k+1}}{ak^{k+1}}=\frac{1}{a}\left(1+\frac{1}{k}\right)^{k+1}$$

である。両辺の対数をとると

$$\log\frac{b_k}{b_{k-1}}=\log\frac{1}{a}\left(1+\frac{1}{k}\right)^{k+1}=(k+1)\log\left(1+\frac{1}{k}\right)-\log a \quad (k\geqq2)$$

となる。$a=\frac{2^8}{3^4}=\left(\frac{4}{3}\right)^4$ を代入し，(1)の $f(x)$ を用いると

$$\log\frac{b_k}{b_{k-1}}=f(k)-\log\left(\frac{4}{3}\right)^4=f(k)-(3+1)\log\left(1+\frac{1}{3}\right)$$

$$=f(k)-f(3) \quad (k\geqq2)$$

と表せる。(1)より，$f(x)$ $(x>0)$ は減少関数であるから

$$f(2)>f(3)>f(4)>\cdots$$

となるので

$$\log\frac{b_2}{b_1}=f(2)-f(3)>0 \qquad \therefore\ \frac{b_2}{b_1}>1$$

$$\log\frac{b_3}{b_2}=f(3)-f(3)=0 \qquad \therefore\ \frac{b_3}{b_2}=1$$

$$\log\frac{b_4}{b_3}=f(4)-f(3)<0 \qquad \therefore \quad \frac{b_4}{b_3}<1$$

$k\geqq 5$ では　$\log\dfrac{b_k}{b_{k-1}}=f(k)-f(3)<0 \qquad \therefore \quad \dfrac{b_k}{b_{k-1}}<1$

となり，数列 $\{b_k\}$ の各項の大小関係は

$$b_1<b_2=b_3>b_4>b_5>\cdots$$

となる。つまり，数列 $\{b_k\}$ の項の最大値 M は b_2 と b_3 である。

$$\left.\begin{array}{l} M=b_2=\dfrac{3^3}{a^2 2!}=\dfrac{27}{\left(\dfrac{2^8}{3^4}\right)^2\times 2}=\dfrac{27\times 3^8}{2\times 2^{16}}=\dfrac{3^{11}}{2^{17}} \\ b_k=M \text{ となる } k \text{ は} \qquad k=2,\ 3 \end{array}\right\} \cdots\cdots(\text{答})$$

解 法 2

(1)　$f(x)=(x+1)\log\left(1+\dfrac{1}{x}\right) \quad (x>0)$

$$f'(x)=\log\left(1+\frac{1}{x}\right)+(x+1)\left(-\frac{1}{x^2}\right)\times\frac{x}{x+1}=\log\left(1+\frac{1}{x}\right)-\frac{1}{x}$$

$g(y)=\log y$ とおくと，$g(y)$ は $y>0$ で連続であり，$g'(y)=\dfrac{1}{y}$ である。

平均値の定理によれば

$$\frac{g(1+h)-g(1)}{(1+h)-1}=g'(c),\ 1<c<1+h \quad (h>0)$$

となる実数 c が存在するから

$$\frac{\log(1+h)}{h}=\frac{1}{c} \quad (1<c<1+h) \quad \left(g(1)=\log 1=0,\ g'(c)=\frac{1}{c}\right)$$

が成り立ち，$\dfrac{1}{c}<1$ より，$h>\log(1+h)$ である。

$h=\dfrac{1}{x}$ (>0) とおくと，$\dfrac{1}{x}>\log\left(1+\dfrac{1}{x}\right)$ であるから，$f'(x)<0$ である。

よって，$f(x)$ は $x>0$ で減少する。　　　　　　　　　　　　　(証明終)

(2)　$\dfrac{b_{k+1}}{b_k}=\dfrac{(k+2)^{k+2}}{a^{k+1}(k+1)!}\times\dfrac{a^k k!}{(k+1)^{k+1}}=\dfrac{(k+2)^{k+2}}{a(k+1)^{k+2}}=\dfrac{1}{a}\left(\dfrac{k+2}{k+1}\right)^{k+2}$

$$=\frac{3^4}{2^8}\left(\frac{k+2}{k+1}\right)^{k+2} \quad \left(a=\frac{2^8}{3^4}\text{ より}\right) \quad \cdots\cdots①$$

であるから，$\dfrac{b_{k+1}}{b_k}=1$ を解くと

$$\left(\frac{k+2}{k+1}\right)^{k+2}=\frac{2^8}{3^4}=\left(\frac{4}{3}\right)^4=\left(\frac{2+2}{2+1}\right)^{2+2}$$

より，$k=2$ を得る。つまり，$b_2=b_3$ である。

$x>0$ において，(1)の $f(x)$ つまり $\log\left(1+\frac{1}{x}\right)^{x+1}$ は減少するから，$\left(1+\frac{1}{x}\right)^{x+1}$ は減少関数である（$\log X$ は $X>0$ で増加関数であるから）。したがって

$$\left(\frac{k+2}{k+1}\right)^{k+2}=\left(1+\frac{1}{k+1}\right)^{k+2}$$

は k の増加とともに減少する。

よって，①より

$$\frac{b_2}{b_1}>\frac{b_3}{b_2}(=1)>\frac{b_4}{b_3}>\frac{b_5}{b_4}>\cdots$$

が成り立ち，$\frac{b_2}{b_1}>1$ より $b_2>b_1$，$\frac{b_4}{b_3}<1$ より $b_3>b_4$，$\frac{b_5}{b_4}<1$ より $b_4>b_5$，…となるから

$$b_1<b_2=b_3>b_4>b_5>\cdots$$

が成り立つ。よって，数列 $\{b_k\}$ の項の最大値 M は

$$M=b_2=\frac{3^3}{a^2 2!}=\frac{27}{\left(\frac{2^8}{3^4}\right)^2\times 2}=\frac{27\times 3^8}{2\times 2^{16}}=\frac{3^{11}}{2^{17}}\quad\cdots\cdots(\text{答})$$

であり，$b_k=M$ となる k は

$k=2,\ 3$　……(答)

である。

65　2018年度〔3〕　Level C

方程式

$$e^x(1-\sin x)=1$$

について，次の問に答えよ。

(1)　この方程式は負の実数解を持たないことを示せ。また，正の実数解を無限個持つことを示せ。

(2)　この方程式の正の実数解を小さい方から順に並べて a_1，a_2，a_3，…とし，$S_n=\sum_{k=1}^{n}a_k$ とおく。このとき極限値 $\lim_{n\to\infty}\frac{S_n}{n^2}$ を求めよ。

ポイント　与えられた方程式の両辺に e^{-x} をかけると，右辺も左辺もグラフが描きやすい。このグラフを見れば問題の意味はよくわかる。しかし，(1)は証明問題であるから微分法の出番であろう。
(1)　(左辺)－(右辺) を $f(x)$ とおいて，$f'(x)$ を計算し，増減表をつくる。$f(x)$ のグラフは増加と減少を交互に繰り返すであろうから，極値を観察してみよう。
(2)　方程式の解 a_k を1つの k の式で表すことは無理であろう。すると，解を不等式で評価することに思いが至る。はさみうちの原理を用いるのである。まずは，a_1 がどんな範囲にあるかを調べてみよう。

解法

$$e^x(1-\sin x)=1 \quad \cdots\cdots(*)$$

(1)　$f(x)=e^x(1-\sin x)-1$ とおく。方程式$(*)$の実数解は，$y=f(x)$ のグラフと x 軸との共有点の x 座標として与えられる。

$$\begin{aligned}f'(x)&=e^x(1-\sin x)+e^x(-\cos x)\\&=e^x\{1-(\sin x+\cos x)\}\\&=e^x\left\{1-\sqrt{2}\sin\left(x+\frac{\pi}{4}\right)\right\}\end{aligned}$$

であるから，$f'(x)=0$ を満たす x は，$\sin\left(x+\frac{\pi}{4}\right)=\frac{1}{\sqrt{2}}$ より，整数 k を用いて

$$x+\frac{\pi}{4}=2k\pi+\frac{\pi}{4},\ 2k\pi+\frac{3}{4}\pi$$

すなわち　　$x=2k\pi,\ \left(2k+\dfrac{1}{2}\right)\pi$

と表される。$f(x)$ の増減表（一部抜粋）は次のようになる。

x	$\cdots$	-2π	$\cdots$	$-\dfrac{3}{2}\pi$	$\cdots$	0	$\cdots$	$\dfrac{\pi}{2}$	$\cdots$	2π	$\cdots$	$\dfrac{5}{2}\pi$	$\cdots$
$f'(x)$	$+$	0	$-$	0	$+$	0	$-$	0	$+$	0	$-$	0	$+$
$f(x)$	↗	$e^{-2\pi}-1$（負）	↘	-1	↗	0	↘	-1	↗	$e^{2\pi}-1$（正）	↘	-1	↗

$\cdots$	$\left(2k-\dfrac{3}{2}\right)\pi$	$\cdots$	$2k\pi$	$\cdots$	$\left(2k+\dfrac{1}{2}\right)\pi$	$\cdots$
$-$	0	$+$	0	$-$	0	$+$
↘	-1	↗	$e^{2k\pi}-1$（正）	↘	-1	↗

$$f(2k\pi)=e^{2k\pi}(1-\sin 2k\pi)-1=e^{2k\pi}-1$$

$$f\left(\left(2k+\frac{1}{2}\right)\pi\right)=e^{\left(2k+\frac{1}{2}\right)\pi}\left\{1-\sin\left(2k+\frac{1}{2}\right)\pi\right\}-1=-1$$

$y=f(x)$ のグラフは実数 x 全体で連続である。

$f(x)$ は $x=\left(2k+\dfrac{1}{2}\right)\pi$ で極小となり，極小値はつねに -1 である。

$f(x)$ は $x=2k\pi$ で極大となり，極大値は

$$f(2k\pi)=e^{2k\pi}-1\begin{cases}>0 & (k=1,\ 2,\ 3,\ \cdots)\\ =0 & (k=0)\\ <0 & (k=-1,\ -2,\ -3,\ \cdots)\end{cases}$$

となる。

以上のことから，$y=f(x)$ のグラフは

・$x<0$ の範囲では，$f(x)<0$ であり x 軸と共有点を持たない。

・$x>0$ の範囲では，x 軸との共有点は，$k=1,\ 2,\ 3,\ \cdots$ のそれぞれに対して

$\left(2k-\dfrac{3}{2}\right)\pi<x<2k\pi$ の範囲に 1 個

$2k\pi<x<\left(2k+\dfrac{1}{2}\right)\pi$ の範囲に 1 個

あるから，共有点の個数は無限個ある。

したがって，方程式(＊)は，負の実数解を持たず，正の実数解を無限個持つ。

（証明終）

(2)　方程式(＊)の正の実数解を小さい方から順に並べた $a_1,\ a_2,\ a_3,\ \cdots$ に対しては，(1)の考察より

$$\frac{1}{2}\pi < a_1 < 2\pi,\ 2\pi < a_2 < \frac{5}{2}\pi \quad (k=1)$$

$$\frac{5}{2}\pi < a_3 < 4\pi,\ 4\pi < a_4 < \frac{9}{2}\pi \quad (k=2)$$

$$\vdots$$

$$\left(2m-\frac{3}{2}\right)\pi < a_{2m-1} < 2m\pi,\ 2m\pi < a_{2m} < \left(2m+\frac{1}{2}\right)\pi \quad (k=m\ ;\ m\text{ は自然数})$$

が成り立つ。これらの不等式を辺々加えることにより

$$\frac{1}{2}\pi+2\pi+\frac{5}{2}\pi+\cdots+\left(2m-\frac{3}{2}\right)\pi+2m\pi$$
$$<a_1+a_2+a_3+\cdots+a_{2m-1}+a_{2m}$$
$$<2\pi+\frac{5}{2}\pi+4\pi+\cdots+2m\pi+\left(2m+\frac{1}{2}\right)\pi$$

が成り立ち

$$(\text{左辺})=\frac{1}{2}\pi\{1+5+\cdots+(4m-3)\}+2\pi(1+2+\cdots+m)$$
$$=\frac{1}{2}\pi\times\frac{1}{2}m(1+4m-3)+2\pi\times\frac{1}{2}m(m+1)$$
$$=\frac{m(4m+1)}{2}\pi$$

$$(\text{右辺})=2\pi(1+2+\cdots+m)+\frac{\pi}{2}\{5+9+\cdots+(4m+1)\}$$
$$=2\pi\times\frac{1}{2}m(m+1)+\frac{\pi}{2}\times\frac{1}{2}m(5+4m+1)$$
$$=\frac{m(4m+5)}{2}\pi$$

であるから

$$\frac{m(4m+1)}{2}\pi < S_{2m} < \frac{m(4m+5)}{2}\pi$$

が成り立つ。いま，$2m=n$ とすると

$$\frac{\frac{n}{2}(2n+1)}{2}\pi < S_n < \frac{\frac{n}{2}(2n+5)}{2}\pi$$

であるから，辺々 n^2 で割ることにより

$$\frac{1}{4}\left(2+\frac{1}{n}\right)\pi < \frac{S_n}{n^2} < \frac{1}{4}\left(2+\frac{5}{n}\right)\pi$$

が成り立つ。$n\to\infty$ のとき，左辺も右辺も $\frac{1}{2}\pi$ に近づくから，はさみうちの原理により

n が偶数のとき　　$\lim_{n\to\infty}\frac{S_n}{n^2}=\frac{\pi}{2}$　……①

である。次に，$2m\pi<a_{2m}<\left(2m+\frac{1}{2}\right)\pi$ であったから，$S_{2m-1}=S_{2m}-a_{2m}$ により

$$\frac{m(4m+1)}{2}\pi-\left(2m+\frac{1}{2}\right)\pi<S_{2m-1}<\frac{m(4m+5)}{2}\pi-2m\pi$$

が成り立つ。$2m-1=n$ とすると

$$\frac{(n+1)(2n+3)}{4}\pi-\left(n+\frac{3}{2}\right)\pi<S_n<\frac{(n+1)(2n+7)}{4}\pi-(n+1)\pi$$

が成り立つから，辺々 n^2 で割ることにより

$$\frac{\left(1+\frac{1}{n}\right)\left(2+\frac{3}{n}\right)}{4}\pi-\left(\frac{1}{n}+\frac{3}{2n^2}\right)\pi<\frac{S_n}{n^2}<\frac{\left(1+\frac{1}{n}\right)\left(2+\frac{7}{n}\right)}{4}\pi-\left(\frac{1}{n}+\frac{1}{n^2}\right)\pi$$

が成り立つ。$n\to\infty$ のとき，左辺も右辺も $\frac{1}{2}\pi$ に近づくから，はさみうちの原理により

n が奇数のとき　　$\lim_{n\to\infty}\frac{S_n}{n^2}=\frac{\pi}{2}$　……②

である。

したがって，①，②より，求める極限値は次のようになる。

$$\lim_{n\to\infty}\frac{S_n}{n^2}=\frac{\pi}{2}\quad\text{……(答)}$$

参考　(＊)の両辺に e^{-x} をかけて　　$1-\sin x=e^{-x}$

移項して　　$\sin x=1-e^{-x}$

となる。ここで，$y=\sin x$ と $y=1-e^{-x}$ のグラフを描いてみると，問題の意味がよくわかる。（2つのグラフは原点において接している。）

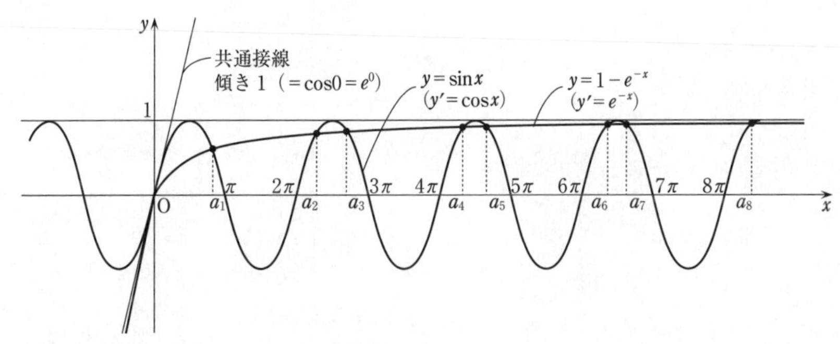

図を眺めていると

$$k\pi-\frac{\pi}{2}<a_k<k\pi+\frac{\pi}{2}$$

が成り立つことがわかる。

このことに気付くと，n を偶奇で分ける必要がなく，和の計算も簡単になる。ただし，この不等式が成り立つことをきちんと示しておく必要がある。

$$f\left(k\pi-\frac{\pi}{2}\right)=e^{k\pi-\frac{\pi}{2}}\left\{1-\sin\left(k\pi-\frac{\pi}{2}\right)\right\}-1$$

$$f\left(k\pi+\frac{\pi}{2}\right)=e^{k\pi+\frac{\pi}{2}}\left\{1-\sin\left(k\pi+\frac{\pi}{2}\right)\right\}-1$$

であるが，$k=1$，2，3，… に対して

k が偶数のとき　$f\left(k\pi-\frac{\pi}{2}\right)=2e^{k\pi-\frac{\pi}{2}}-1>0$，$f\left(k\pi+\frac{\pi}{2}\right)=-1$

k が奇数のとき　$f\left(k\pi-\frac{\pi}{2}\right)=-1$，$f\left(k\pi+\frac{\pi}{2}\right)=2e^{k\pi+\frac{\pi}{2}}-1>0$

であるから，いずれの場合も $k\pi-\frac{\pi}{2}<x<k\pi+\frac{\pi}{2}$ の範囲で $f(x)=0$ は実数解を持つといえる。その解がただ1つであることは，$f(x)$ の増減表で確認できる。したがって，$k\pi-\frac{\pi}{2}<a_k<k\pi+\frac{\pi}{2}$ は成り立つ。

66 2017年度〔2〕 Level C

実数xの関数$f(x)=\int_x^{x+\frac{\pi}{2}}\frac{|\sin t|}{1+\sin^2 t}dt$の最大値と最小値を求めよ。

ポイント ヒントとなる小問がないので，どこから考えればよいか，なかなか難しい。$f(x)$ の定義域は実数全体であるが，$f(x)$ の特徴からxの範囲を絞れないだろうか。$f(x)$ は定積分の形で定義されているが，定積分の被積分関数は周期関数になっているようである。$f(x)$ が周期関数であるのであれば考えやすくなる。$f'(x)$ を求めることは簡単であろう。$f'(x)=0$が解ければ，最大・最小を与えるxの値が求まるが，最大値・最小値を求めるには，実際に定積分の計算をしなければならない。分子が分母を微分したものになってくれればありがたい。

解法

$$f(x)=\int_x^{x+\frac{\pi}{2}}\frac{|\sin t|}{1+\sin^2 t}dt$$

$g(t)=\frac{|\sin t|}{1+\sin^2 t}$ とおくと，$g(t)\geqq 0$ である。また

$$g(t+\pi)=\frac{|\sin(t+\pi)|}{1+\sin^2(t+\pi)}=\frac{|-\sin t|}{1+(-\sin t)^2}=\frac{|\sin t|}{1+\sin^2 t}=g(t)$$

が成り立つから，$g(t)$ は周期πの周期関数である。

$$f(x+\pi)=\int_{x+\pi}^{x+\pi+\frac{\pi}{2}}g(t)\,dt$$

において，$t-\pi=u$とおくと，$dt=du$であるから，$g(u+\pi)=g(u)$ を用いれば

t	$x+\pi \longrightarrow x+\pi+\frac{\pi}{2}$
u	$x \longrightarrow x+\frac{\pi}{2}$

$$f(x+\pi)=\int_x^{x+\frac{\pi}{2}}g(u+\pi)\,du$$

$$=\int_x^{x+\frac{\pi}{2}}g(u)\,du=\int_x^{x+\frac{\pi}{2}}g(t)\,dt=f(x)$$

となり，$f(x)$ も周期πの周期関数である。

よって，$f(x)$ の最大値と最小値を求めるには，$0\leqq x\leqq\pi$ としてよい。

$G'(t)=g(t)$ となる $G(t)$ を用意すれば

$$f(x)=\Big[G(t)\Big]_x^{x+\frac{\pi}{2}}=G\left(x+\frac{\pi}{2}\right)-G(x)$$

であるから

$$f'(x)=G'\left(x+\frac{\pi}{2}\right)-G'(x)=g\left(x+\frac{\pi}{2}\right)-g(x)$$

$$=\frac{\left|\sin\left(x+\frac{\pi}{2}\right)\right|}{1+\sin^2\left(x+\frac{\pi}{2}\right)}-\frac{|\sin x|}{1+\sin^2 x}$$

$$=\frac{|\cos x|}{1+\cos^2 x}-\frac{|\sin x|}{1+\sin^2 x}$$

$$=\frac{(1+\sin^2 x)|\cos x|-(1+\cos^2 x)|\sin x|}{(1+\cos^2 x)(1+\sin^2 x)}$$

$$=\frac{(|\cos x|-|\sin x|)+|\sin x|^2|\cos x|-|\cos x|^2|\sin x|}{(1+\cos^2 x)(1+\sin^2 x)}$$

$$=\frac{(|\cos x|-|\sin x|)+|\sin x\cos x|(|\sin x|-|\cos x|)}{(1+\cos^2 x)(1+\sin^2 x)}$$

$$=\frac{(|\cos x|-|\sin x|)(1-|\sin x\cos x|)}{(1+\cos^2 x)(1+\sin^2 x)}$$

$0\leqq x\leqq\pi$ で $f'(x)=0$ を解くと，

$1-|\sin x\cos x|=1-\frac{1}{2}|\sin 2x|>0$ であるから

$|\cos x|-|\sin x|=0$ より　　$x=\frac{\pi}{4},\ \frac{3}{4}\pi$

である。よって，$f(x)$ の $0\leqq x\leqq\pi$ における増減表は，$f'(x)$ の分母が正であることと右図を参照して，下のようになる。

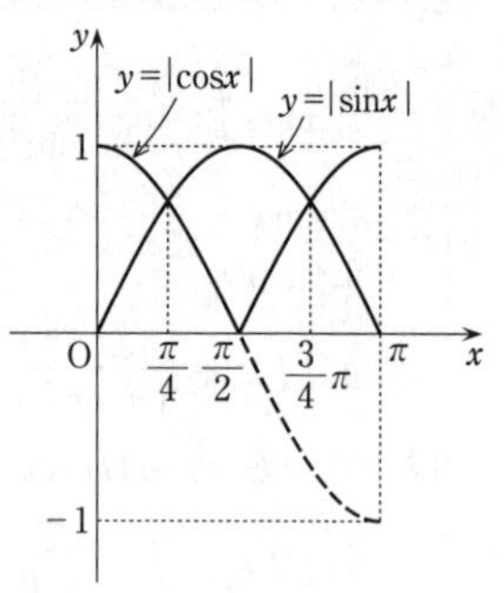

x	0	…	$\frac{\pi}{4}$	…	$\frac{3}{4}\pi$	…	π
$f'(x)$	／	+	0	−	0	+	／
$f(x)$	$f(0)$	↗	極大	↘	極小	↗	$f(\pi)$

$f(x)$ は周期 π の周期関数であるから $f(0)=f(\pi)$ であるので，$f(x)$ の最大値は $f\left(\frac{\pi}{4}\right)$，最小値は $f\left(\frac{3}{4}\pi\right)$ である。

$$f\left(\frac{\pi}{4}\right)=\int_{\frac{\pi}{4}}^{\frac{3}{4}\pi}\frac{|\sin t|}{1+\sin^2 t}dt$$

$$=\int_{\frac{\pi}{4}}^{\frac{3}{4}\pi}\frac{\sin t}{1+\sin^2 t}dt\quad\left(\frac{\pi}{4}\leqq x\leqq\frac{3}{4}\pi\text{ のとき，}\sin t>0\right)$$

$$=\int_{\frac{\pi}{4}}^{\frac{3}{4}\pi}\frac{\sin t}{2-\cos^2 t}dt=\int_{\frac{\pi}{4}}^{\frac{3}{4}\pi}\frac{\sin t}{(\sqrt{2}+\cos t)(\sqrt{2}-\cos t)}dt$$

$$=\int_{\frac{\pi}{4}}^{\frac{3}{4}\pi}\frac{1}{2\sqrt{2}}\left(\frac{\sin t}{\sqrt{2}+\cos t}+\frac{\sin t}{\sqrt{2}-\cos t}\right)dt$$

$$=\frac{1}{2\sqrt{2}}\Big[-\log|\sqrt{2}+\cos t|+\log|\sqrt{2}-\cos t|\Big]_{\frac{\pi}{4}}^{\frac{3}{4}\pi}$$

$$=\frac{1}{2\sqrt{2}}\left[\log\left|\frac{\sqrt{2}-\cos t}{\sqrt{2}+\cos t}\right|\right]_{\frac{\pi}{4}}^{\frac{3}{4}\pi}\quad\cdots\cdots(*)$$

$$=\frac{1}{2\sqrt{2}}\left(\log\frac{\sqrt{2}+\frac{1}{\sqrt{2}}}{\sqrt{2}-\frac{1}{\sqrt{2}}}-\log\frac{\sqrt{2}-\frac{1}{\sqrt{2}}}{\sqrt{2}+\frac{1}{\sqrt{2}}}\right)$$

$$=\frac{1}{2\sqrt{2}}\left(\log\frac{3}{1}-\log\frac{1}{3}\right)=\frac{1}{2\sqrt{2}}\times 2\log 3$$

$$=\frac{\sqrt{2}}{2}\log 3$$

$$f\left(\frac{3}{4}\pi\right)=\int_{\frac{3}{4}\pi}^{\frac{5}{4}\pi}\frac{|\sin t|}{1+\sin^2 t}dt$$

$$=\int_{\frac{3}{4}\pi}^{\pi}\frac{|\sin t|}{1+\sin^2 t}dt+\int_{\pi}^{\frac{5}{4}\pi}\frac{|\sin t|}{1+\sin^2 t}dt$$

$$=\int_{\frac{3}{4}\pi}^{\pi}\frac{\sin t}{1+\sin^2 t}dt+\int_{\pi}^{\frac{5}{4}\pi}\frac{-\sin t}{1+\sin^2 t}dt$$

$\left(\frac{3}{4}\pi\leqq x\leqq\pi\right.$ で $\sin t\geqq 0$，$\pi\leqq x\leqq\frac{5}{4}\pi$ で $\left.\sin t\leqq 0\right)$

$$=\frac{1}{2\sqrt{2}}\left[\log\left|\frac{\sqrt{2}-\cos t}{\sqrt{2}+\cos t}\right|\right]_{\frac{3}{4}\pi}^{\pi}-\frac{1}{2\sqrt{2}}\left[\log\left|\frac{\sqrt{2}-\cos t}{\sqrt{2}+\cos t}\right|\right]_{\pi}^{\frac{5}{4}\pi}$$ （(＊)を利用）

$$=\frac{1}{2\sqrt{2}}\left(\log\frac{\sqrt{2}+1}{\sqrt{2}-1}-\log\frac{\sqrt{2}+\frac{1}{\sqrt{2}}}{\sqrt{2}-\frac{1}{\sqrt{2}}}\right)-\frac{1}{2\sqrt{2}}\left(\log\frac{\sqrt{2}+\frac{1}{\sqrt{2}}}{\sqrt{2}-\frac{1}{\sqrt{2}}}-\log\frac{\sqrt{2}+1}{\sqrt{2}-1}\right)$$

$$=\frac{1}{2\sqrt{2}}\left\{\log(\sqrt{2}+1)^2-\log\frac{3}{1}\right\}-\frac{1}{2\sqrt{2}}\left\{\log\frac{3}{1}-\log(\sqrt{2}+1)^2\right\}$$

$$=\frac{1}{2\sqrt{2}}\left(\log\frac{3+2\sqrt{2}}{3}+\log\frac{3+2\sqrt{2}}{3}\right)$$

$$=\frac{\sqrt{2}}{2}\log\frac{3+2\sqrt{2}}{3}$$

したがって，$f(x)$ の最大値は $\frac{\sqrt{2}}{2}\log 3$，最小値は $\frac{\sqrt{2}}{2}\log\frac{3+2\sqrt{2}}{3}$ である。 ……(答)

〔注〕 $g(-t)=\dfrac{|\sin(-t)|}{1+\sin^2(-t)}=\dfrac{|-\sin t|}{1+(-\sin t)^2}=\dfrac{|\sin t|}{1+\sin^2 t}=g(t)$ より，$g(t)$ が偶関数であること，$f(x)$ が周期 π の周期関数であることを利用すれば，次のように計算できる。

$$f\left(\frac{3}{4}\pi\right)=f\left(\frac{3}{4}\pi-\pi\right)=f\left(-\frac{\pi}{4}\right)$$
$$=\int_{-\frac{\pi}{4}}^{\frac{\pi}{4}}g(t)\,dt=2\int_0^{\frac{\pi}{4}}g(t)\,dt$$
$$=2\times\frac{1}{2\sqrt{2}}\left[\log\left|\frac{\sqrt{2}-\cos t}{\sqrt{2}+\cos t}\right|\right]_0^{\frac{\pi}{4}}\quad ((*)\text{を利用})$$
$$=\frac{1}{\sqrt{2}}\left(\log\frac{\sqrt{2}-\frac{1}{\sqrt{2}}}{\sqrt{2}+\frac{1}{\sqrt{2}}}-\log\frac{\sqrt{2}-1}{\sqrt{2}+1}\right)$$
$$=\frac{1}{\sqrt{2}}\left(\log\frac{1}{3}-\log\frac{1}{3+2\sqrt{2}}\right)$$
$$=\frac{\sqrt{2}}{2}\log\frac{3+2\sqrt{2}}{3}$$

67　2015年度〔4〕　Level B

xy 平面上を運動する点Pの時刻 t $(t>0)$ における座標 $(x,\ y)$ が

$$x=t^2\cos t,\quad y=t^2\sin t$$

で表されている。原点をOとし，時刻 t におけるPの速度ベクトルを $\vec{v}$ とする。

(1)　$\overrightarrow{\mathrm{OP}}$ と $\vec{v}$ のなす角を $\theta(t)$ とするとき，極限値 $\displaystyle\lim_{t\to\infty}\theta(t)$ を求めよ。

(2)　$\vec{v}$ が y 軸に平行になるような t $(t>0)$ のうち，最も小さいものを t_1，次に小さいものを t_2 とする。このとき，不等式 $t_2-t_1<\pi$ を示せ。

ポイント　平面上の動点の速度ベクトルについての知識がないと苦しいが，その場合は，直線上の運動における位置と速度の関係 $\left(x=f(t)\ \text{のとき}\ v=\dfrac{dx}{dt}=f'(t)\right)$ から導くしかない。

(1)　$\overrightarrow{\mathrm{OP}}$ と $\vec{v}$ のなす角 $\theta(t)$ は，その余弦 $\cos\theta(t)$ が内積の定義より求まる。$|\overrightarrow{\mathrm{OP}}|$，$|\vec{v}|$，$\overrightarrow{\mathrm{OP}}\cdot\vec{v}$ の計算はそれほど複雑にはならない。$\cos\theta(t)$ の極限値から $\theta(t)$ の極限値が求まる。あるいは，$\overrightarrow{\mathrm{OP}}$ の特殊性を利用して，図の考察から極限値を求めることもできる。

(2)　$\vec{v}$ の x 成分を0にする t の値について考察する。t は三角関数を含む方程式の解になるが，解の最も小さいものを t_1，次に小さいものを t_2 とするとあるので，グラフを利用してみたい。そのために，三角関数が1つだけになるように，式を変形しておくとよいだろう。

解 法 1

(1)　$\overrightarrow{\mathrm{OP}}=(x,\ y)=(t^2\cos t,\ t^2\sin t)\quad(t>0)$

$$\vec{v}=\left(\frac{dx}{dt},\ \frac{dy}{dt}\right)=(2t\cos t-t^2\sin t,\ 2t\sin t+t^2\cos t)$$

であるから

$$|\overrightarrow{\mathrm{OP}}|=\sqrt{t^4\cos^2t+t^4\sin^2t}=\sqrt{t^4(\cos^2t+\sin^2t)}$$
$$=\sqrt{t^4}=t^2$$

$$|\vec{v}|=\sqrt{(2t\cos t-t^2\sin t)^2+(2t\sin t+t^2\cos t)^2}$$
$$=\sqrt{4t^2(\cos^2t+\sin^2t)+t^4(\sin^2t+\cos^2t)}$$
$$=\sqrt{4t^2+t^4}$$
$$=t\sqrt{4+t^2}\quad(\because\quad t>0)$$

$$\overrightarrow{\mathrm{OP}}\cdot\vec{v}=t^2\cos t\,(2t\cos t-t^2\sin t)+t^2\sin t\,(2t\sin t+t^2\cos t)$$
$$=2t^3(\cos^2 t+\sin^2 t)=2t^3$$

$\overrightarrow{\mathrm{OP}}$ と $\vec{v}$ のなす角が $\theta(t)$ であるから，内積の定義より

$$\cos\theta(t)=\frac{\overrightarrow{\mathrm{OP}}\cdot\vec{v}}{|\overrightarrow{\mathrm{OP}}||\vec{v}|}=\frac{2t^3}{t^2\times t\sqrt{4+t^2}}=\frac{2}{\sqrt{4+t^2}}$$

$$\therefore\quad \lim_{t\to\infty}\cos\theta(t)=0$$

$0\leqq\theta(t)\leqq\pi$ であるから

$$\lim_{t\to\infty}\theta(t)=\frac{\pi}{2}\quad\cdots\cdots(\text{答})$$

〔注1〕 xy 平面上を運動する点Pの時刻 t における座標 $(x,\ y)$ が t の関数であるとき，時刻 t におけるPの速度ベクトルは

$$\vec{v}=\left(\frac{dx}{dt},\ \frac{dy}{dt}\right)$$

であり，速さ $|\vec{v}|$ は

$$|\vec{v}|=\sqrt{\left(\frac{dx}{dt}\right)^2+\left(\frac{dy}{dt}\right)^2}$$

である。ちなみに，加速度ベクトル $\vec{\alpha}$ とその大きさ $|\vec{\alpha}|$ は

$$\vec{\alpha}=\left(\frac{d^2x}{dt^2},\ \frac{d^2y}{dt^2}\right),\ |\vec{\alpha}|=\sqrt{\left(\frac{d^2x}{dt^2}\right)^2+\left(\frac{d^2y}{dt^2}\right)^2}$$

となる。これらは学習がおろそかになりがちなので注意を要する。

(2) $|\vec{v}|=t\sqrt{4+t^2}\neq0$ $(\because\quad t>0)$ より $\vec{v}\neq\vec{0}$ であるから，$\vec{v}$ が y 軸に平行になるのは，$\vec{v}$ の x 成分が0になるとき，すなわち

$$2t\cos t-t^2\sin t=0$$

$t\neq0$ より $\qquad \dfrac{2}{t}\cos t-\sin t=0$

のときである。$\cos t=0$ はこの方程式を満たさないから，$\cos t\neq0$ であるので

$$\frac{2}{t}-\tan t=0\qquad\therefore\quad\frac{2}{t}=\tan t$$

この方程式を満たす正数 t の最も小さいものが t_1，次に小さいものが t_2 である。分数関数 $y=\dfrac{2}{t}$ と三角関数 $y=\tan t$ のグラフを $t>0$ の範囲で描くと，次のようになる。

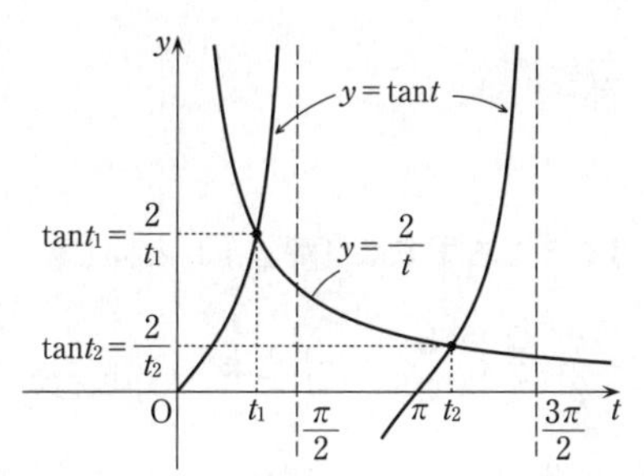

$\frac{2}{t}>0$ であり，$\tan t>0$ となるのは，$0<t<\frac{\pi}{2}$，$\pi<t<\frac{3}{2}\pi$，…のときであるから

$$0<t_1<\frac{\pi}{2},\quad \pi<t_2<\frac{3}{2}\pi$$

であることがわかる。

$t_1<t_2$ より

$$\frac{2}{t_1}>\frac{2}{t_2}$$

すなわち　　$\tan t_1>\tan t_2$

であり，$\tan t_2=\tan(t_2-\pi)$ $\left(0<t_2-\pi<\frac{\pi}{2}\right)$ であるので

$$\tan t_1>\tan(t_2-\pi)$$

が成り立ち，$\tan t$ は $0<t<\frac{\pi}{2}$ で単調増加であるから

$$t_1>t_2-\pi$$

したがって，$t_2-t_1<\pi$ である。　　　　（証明終）

解法 2

(1)　$\overrightarrow{\mathrm{OP}}=t^2(\cos t,\ \sin t)$　$(|\overrightarrow{\mathrm{OP}}|=t^2)$ より

$$\begin{aligned}\vec{v}&=2t(\cos t,\ \sin t)+t^2(-\sin t,\ \cos t)\\&=\frac{2}{t}\overrightarrow{\mathrm{OP}}+t^2\left(\cos\left(t+\frac{\pi}{2}\right),\ \sin\left(t+\frac{\pi}{2}\right)\right)\end{aligned}$$

と表せるから，$\overrightarrow{\mathrm{OQ}}=t^2\left(\cos\left(t+\frac{\pi}{2}\right),\sin\left(t+\frac{\pi}{2}\right)\right)$　$(|\overrightarrow{\mathrm{OQ}}|=t^2)$

とおいて $\overrightarrow{\mathrm{OP}}$，$\vec{v}=\frac{2}{t}\overrightarrow{\mathrm{OP}}+\overrightarrow{\mathrm{OQ}}$　$(t>0)$ を作図すると，

右のようになる。この図より

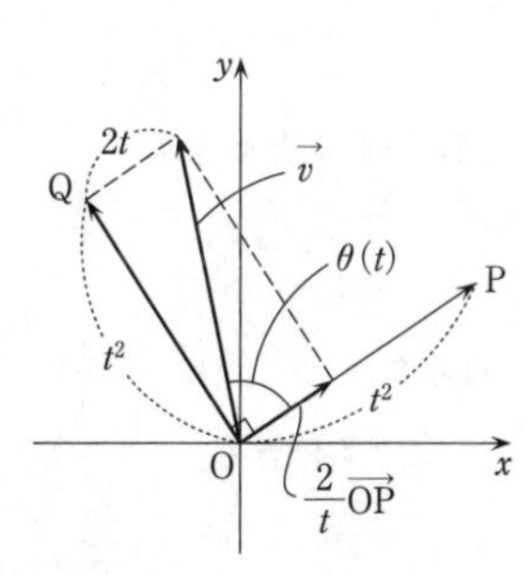

$$\tan\theta(t)=\frac{t^2}{2t}=\frac{t}{2}\to\infty\quad(t\to\infty)$$

がわかる。$0\leqq\theta(t)\leqq\pi$ より

$$\lim_{t\to\infty}\theta(t)=\frac{\pi}{2} \quad \cdots\cdots(答)$$

(2) 方程式 $\frac{2}{t}=\tan t$ を導くところまでは〔解法1〕と同じ。

$f(t)=\frac{2}{t}-\tan t \left(t>0,\ t\neq\frac{\pi}{2},\ \frac{3}{2}\pi,\ \frac{5}{2}\pi,\ \cdots\right)$ とおく。

$$f'(t)=-\frac{2}{t^2}-\frac{1}{\cos^2 t}<0$$

であるから，各区間 $\left(0,\ \frac{\pi}{2}\right)$, $\left(\frac{\pi}{2},\ \frac{3}{2}\pi\right)$, $\left(\frac{3}{2}\pi,\ \frac{5}{2}\pi\right)$, …で $f(t)$ は連続で単調に減少する。

$0<t<\frac{\pi}{2}$ のとき

$$f\left(\frac{\pi}{4}\right)=\frac{8}{\pi}-1>0,\quad \lim_{t\to\frac{\pi}{2}-0}f(t)<0$$

であるから，$\frac{\pi}{4}<t<\frac{\pi}{2}$ に $f(t)=0$ を満たす最小の t $(=t_1)$ が存在する。

$$\frac{\pi}{4}<t_1<\frac{\pi}{2} \quad \cdots\cdots①$$

$\frac{\pi}{2}<t<\frac{3}{2}\pi$ のとき

$$f(\pi)=\frac{2}{\pi}>0,\ f\left(\frac{5}{4}\pi\right)=\frac{8}{5\pi}-1<0$$

であるから，$\pi<t<\frac{5}{4}\pi$ に $f(t)=0$ を満たす次に小さい t $(=t_2)$ が存在する。

$$\pi<t_2<\frac{5}{4}\pi \quad \cdots\cdots②$$

①より

$$-\frac{\pi}{2}<-t_1<-\frac{\pi}{4}$$

これを②に辺々加えて

$$\frac{\pi}{2}<t_2-t_1<\pi$$

(証明終)

〔注2〕 ここでは，$f\left(\frac{\pi}{4}\right)$, $f\left(\frac{5}{4}\pi\right)$ の数値を用いることでうまくいったが，次のようにすることもできる。

$\lim_{t \to +0} f(t) > 0$, $\lim_{t \to \frac{3}{2}\pi - 0} f(t) < 0$ は簡単にわかるので

$$0 < t_1 < \frac{\pi}{2},\ \pi < t_2 < \frac{3}{2}\pi$$

はすぐにいえる。

$f(t_2) = \dfrac{2}{t_2} - \tan t_2 = 0$ より $\tan t_2 = \dfrac{2}{t_2}$ であるから

$$f(t_2 - \pi) = \frac{2}{t_2 - \pi} - \tan(t_2 - \pi) = \frac{2}{t_2 - \pi} - \tan t_2$$
$$= \frac{2}{t_2 - \pi} - \frac{2}{t_2} > 0 \quad \left(0 < t_2 - \pi < \frac{\pi}{2}\right)$$

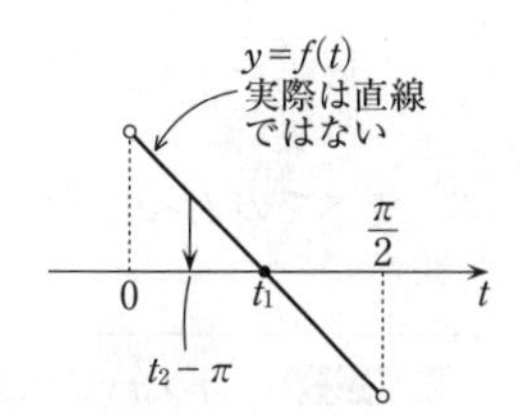

$0 < t_2 - \pi < \dfrac{\pi}{2}$ で，$f(t_2 - \pi) > 0$ なので，右図より

$$0 < t_2 - \pi < t_1$$
$$\therefore \quad t_2 - t_1 < \pi$$

〔解法1〕 (2)の $2t\cos t - t^2 \sin t = 0$ から，$t \neq 0$ より

$$2\cos t - t\sin t = 0$$

となるので，$g(t) = 2\cos t - t\sin t$ （$t > 0$） とおくとどうだろう。$g(t)$ は $t > 0$ で連続であり，$g'(t)$ は次のとおりである。

$$g'(t) = -2\sin t - (\sin t + t\cos t) = -3\sin t - t\cos t$$

$0 < t \leqq \dfrac{\pi}{2}$ のとき $g'(t) < 0$, $\lim_{t \to +0} g(t) = 2 > 0$, $g\left(\dfrac{\pi}{2}\right) = -\dfrac{\pi}{2} < 0$ より

$$0 < t_1 < \frac{\pi}{2}$$

$\dfrac{\pi}{2} \leqq t \leqq \pi$ のとき $g(t) < 0$ であるから $g(t) = 0$ とはならない。

$\pi \leqq t \leqq \dfrac{3}{2}\pi$ のとき $g'(t) > 0$, $g(\pi) = -2 < 0$, $g\left(\dfrac{3}{2}\pi\right) = \dfrac{3}{2}\pi > 0$ より

$$\pi < t_2 < \frac{3}{2}\pi$$

$0 < t_2 - \pi < \dfrac{\pi}{2}$ に対して

$$g(t_2 - \pi) = 2\cos(t_2 - \pi) - (t_2 - \pi)\sin(t_2 - \pi)$$
$$= -2\cos t_2 + (t_2 - \pi)\sin t_2$$
$$= -g(t_2) - \pi\sin t_2 = -\pi\sin t_2 > 0$$
$$\left(\because \quad g(t_2) = 0,\ \pi < t_2 < \frac{3}{2}\pi\right)$$

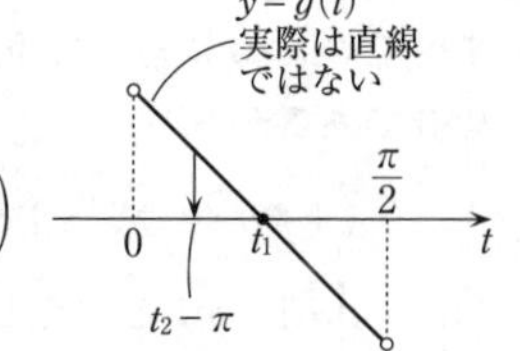

よって

$$t_2 - \pi < t_1 \quad \text{すなわち} \quad t_2 - t_1 < \pi$$

68 2014年度〔2〕 Level C

$a>1$ とし，次の不等式を考える。

$$(*)\qquad \frac{e^t-1}{t} \geqq e^{\frac{t}{a}}$$

(1) $a=2$ のとき，すべての $t>0$ に対して上の不等式$(*)$が成り立つことを示せ。

(2) すべての $t>0$ に対して上の不等式$(*)$が成り立つような a の範囲を求めよ。

ポイント (2)の a の範囲が求まれば，同時に(1)も解けたことになるが，順番に解答する方が無難であろう。(1)が(2)のヒントであることは十分予想できる。
(1) $t>0$ に注意して与えられた不等式の分母を払い，(左辺)－(右辺) を $f(t)$ とおいて微分法を用いるのが定石であろう。$f'(t)$ は因数分解して符号を見やすくしておく。正負が明らかでなければ，さらに微分法を用いるか，グラフを利用してみる。
(2) 計算は多少複雑になるであろうが，(1)とまったく同様にすればよい。なお，(1)より，求める a の範囲は必ず $a=2$ を含むはずである。

解法 1

$$\frac{e^t-1}{t} \geqq e^{\frac{t}{a}} \quad (a>1) \quad \cdots\cdots(*)$$

(1) $a=2$ のとき，不等式$(*)$は次の$(**)$となる。

$$\frac{e^t-1}{t} \geqq e^{\frac{t}{2}} \quad \cdots\cdots(**)$$

すべての $t>0$ に対して不等式$(**)$が成り立つことを示す。

$t>0$ であるから

$$(**) \iff e^t-1-te^{\frac{t}{2}} \geqq 0 \quad \cdots\cdots ①$$

$f(t)=e^t-1-te^{\frac{t}{2}}$ とおくと

$$f'(t)=e^t-\left(e^{\frac{t}{2}}+\frac{t}{2}e^{\frac{t}{2}}\right)=e^t-\left(1+\frac{t}{2}\right)e^{\frac{t}{2}}$$

$$=e^{\frac{t}{2}}\left\{e^{\frac{t}{2}}-\left(1+\frac{t}{2}\right)\right\} \quad \cdots\cdots ②$$

$g(t)=e^{\frac{t}{2}}-\left(1+\frac{t}{2}\right)$ とおくと

$$g'(t)=\frac{1}{2}e^{\frac{t}{2}}-\frac{1}{2}=\frac{1}{2}\left(e^{\frac{t}{2}}-1\right)$$

$t>0$ のとき，$e^{\frac{t}{2}}>e^0=1$ であるから $g'(t)>0$ である。また，$g(t)$ は $t\geqq 0$ で連続であり，$g(0)=0$ であるから，$t>0$ で $g(t)>0$ がいえる。よって，② より，$t>0$ で $f'(t)>0$ である（$e^{\frac{t}{2}}$ はつねに正）。さらに，$f(t)$ は $t\geqq 0$ で連続であり，$f(0)=0$ であるから，$t>0$ で $f(t)>0$ である。$f(t)>0$ ならば $f(t)\geqq 0$ であるので①が示せた。
すなわち，$(**)$はすべての $t>0$ に対して成り立つ。　　　　　　　　（証明終）

(2)　$a\geqq 2$ のとき $(0<)\dfrac{1}{a}\leqq\dfrac{1}{2}$ であり，$t>0$ ならば，$\dfrac{t}{a}\leqq\dfrac{t}{2}$，よって，$e^{\frac{t}{a}}\leqq e^{\frac{t}{2}}$ が成り立つから，不等式$(**)$より

$$\frac{e^t-1}{t}\geqq e^{\frac{t}{2}}\geqq e^{\frac{t}{a}}$$

すなわち，$a\geqq 2$ のとき，すべての $t>0$ に対して$(*)$が成り立つ。
そこで，$1<a<2$ の場合を調べる。
$t>0$ のとき

$$(*)\iff e^t-1-te^{\frac{t}{a}}\geqq 0 \quad \cdots\cdots ③$$

$F(t)=e^t-1-te^{\frac{t}{a}}$ とおくと

$$F'(t)=e^t-\left(e^{\frac{t}{a}}+\frac{t}{a}e^{\frac{t}{a}}\right)=e^t-\left(1+\frac{t}{a}\right)e^{\frac{t}{a}}$$

$$=e^{\frac{t}{a}}\left\{e^{\left(1-\frac{1}{a}\right)t}-\left(1+\frac{t}{a}\right)\right\} \quad \cdots\cdots ④$$

$G(t)=e^{\left(1-\frac{1}{a}\right)t}-\left(1+\dfrac{t}{a}\right)$ とおくと

$$G'(t)=\left(1-\frac{1}{a}\right)e^{\left(1-\frac{1}{a}\right)t}-\frac{1}{a}=\left(1-\frac{1}{a}\right)\left\{e^{\left(1-\frac{1}{a}\right)t}-\frac{1}{a-1}\right\}$$

$1<a<2$ より $\dfrac{1}{2}<\dfrac{1}{a}<1$，$0<a-1<1$，よって

$$0<1-\frac{1}{a}<\frac{1}{2},\quad 1<\frac{1}{a-1}$$

であるから，２つの関数

$$y=e^{\left(1-\frac{1}{a}\right)t} \quad \text{(増加関数)} \quad \cdots\cdots ⑤$$

$$y=\frac{1}{a-1} \quad (>1) \quad \cdots\cdots ⑥$$

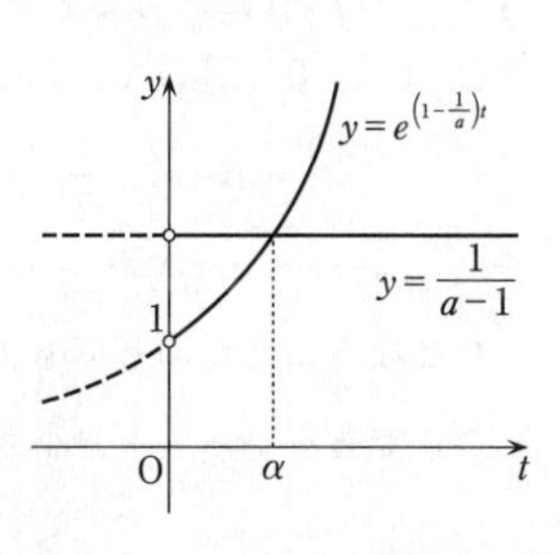

のグラフ（右図）より，⑤，⑥はただ１つの交点をもつ。その交点の x 座標を α とすると，$0<t<\alpha$ に対して

$G'(t)<0$ となる $\left(1-\dfrac{1}{a}>0\right)$。$G(t)$ は $t\geqq 0$ で連続であり，$G(0)=0$ であるから，

$0<t<\alpha$ で $G(t)<0$ である。よって，④より，$0<t<\alpha$ で $F'(t)<0$ である $(e^{\frac{t}{a}}>0)$。さらに，$F(t)$ は $t\geqq 0$ で連続であり，$F(0)=0$ であるから，$0<t<\alpha$ で $F(t)<0$ である。これは，不等式③が成り立たない $t>0$ が存在することを示している。すなわち，$1<a<2$ のとき，不等式(＊)が成り立たないような $t>0$ が存在する。

以上より，求める a の範囲は

$a\geqq 2$ ……(答)

解法 2

(1) ②までは〔解法1〕と同じ。

$y=e^{\frac{t}{2}}$ のグラフは，$y'=\dfrac{1}{2}e^{\frac{t}{2}}>0$，$y''=\dfrac{1}{4}e^{\frac{t}{2}}>0$ より，下に凸の増加関数であり，点 $(0,1)$ における接線の方程式は $y=\dfrac{1}{2}t+1$ となる。

したがって，$t>0$ では，右図より

$$e^{\frac{t}{2}}>\frac{1}{2}t+1$$

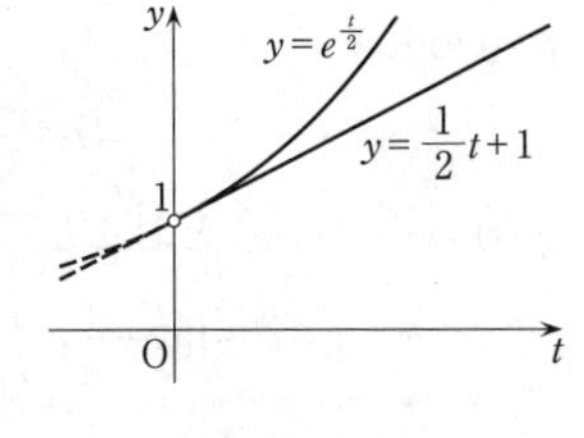

が成り立ち，$e^{\frac{t}{2}}>0$ であるから，②より，$t>0$ で $f'(t)>0$ である。$f(t)$ は $t\geqq 0$ で連続であり，$f(0)=0$ であるから，すべての $t>0$ に対して $f(t)>0$ すなわち $f(t)\geqq 0$ である。

よって，①が示せたので，(＊＊)はすべての $t>0$ に対して成り立つといえる。

(証明終)

(2) $F(t)=e^t-1-te^{\frac{t}{a}}$ $(a>1)$ とおくと，$t>0$ のとき

$$(＊)\iff e^t-1-te^{\frac{t}{a}}\geqq 0\iff F(t)\geqq 0$$

すべての $t>0$ に対して $F(t)\geqq 0$ であるとする。

$F(t)$ は $t\geqq 0$ で連続で，$F(0)=0$ であるから，十分小さな $t>0$ に対して

$$F'(t)=e^t-e^{\frac{t}{a}}-\frac{t}{a}e^{\frac{t}{a}}=e^{\frac{t}{a}}\left\{e^{\left(1-\frac{1}{a}\right)t}-\left(1+\frac{t}{a}\right)\right\}\geqq 0$$

でなければならない（すべての $t>0$ で $F'(t)\geqq 0$ であることは要求できない。$F'(t)<0$ となることがあっても $F(t)\geqq 0$ であることはあるから）。

$e^{\frac{t}{a}}>0$ であるから，十分小さな $t>0$ に対して

$$e^{\left(1-\frac{1}{a}\right)t}\geqq 1+\frac{t}{a}\quad (a>1)$$

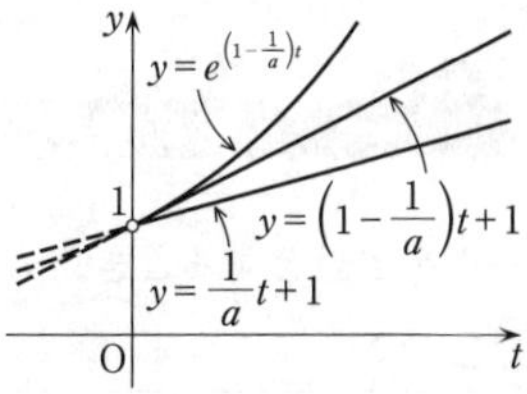

が成り立つ必要がある。$y=1+\dfrac{t}{a}$ は点（0，1）を通る傾き $\dfrac{1}{a}$ の直線を表し，

$y=e^{\left(1-\frac{1}{a}\right)t}$ の点（0，1）における接線の傾きは，

$y'=\left(1-\dfrac{1}{a}\right)e^{\left(1-\frac{1}{a}\right)t}$ より $1-\dfrac{1}{a}$ であるから，右図より

$$1-\frac{1}{a}\geqq\frac{1}{a}\qquad 1\geqq\frac{2}{a}\qquad \therefore\quad a\geqq 2$$

したがって，すべての $t>0$ に対して $F(t)\geqq 0$ であるためには，$a\geqq 2$ が必要である。

逆に，$a\geqq 2$ のとき，すべての $t>0$ に対し $\dfrac{t}{a}\leqq\dfrac{t}{2}$ が成り立つから，不等式(＊＊)より

$$\frac{e^t-1}{t}\geqq e^{\frac{t}{2}}\geqq e^{\frac{t}{a}}\quad \text{すなわち}\quad F(t)=e^t-1-te^{\frac{t}{a}}\geqq 0$$

がすべての $t>0$ に対して成り立つ。

ゆえに，求める a の範囲は，$a\geqq 2$ である。　……(答)

〔注〕 必要条件 $a\geqq 2$ を求めるには，$F(0)=0$，$F'(0)=0$ に着目して，$F(0)$ が極大値にならないための条件，$F''(0)\geqq 0$ を用いると簡明である。

$$F''(t)=e^t-\frac{1}{a}e^{\frac{t}{a}}-\frac{1}{a}e^{\frac{t}{a}}-\frac{t}{a^2}e^{\frac{t}{a}}=e^t-\frac{2}{a}e^{\frac{t}{a}}-\frac{t}{a^2}e^{\frac{t}{a}}$$

より，$F''(0)=1-\dfrac{2}{a}\geqq 0$ すなわち $a\geqq 2$ が求まる。

69 2013年度〔3〕 Level B

kを定数とするとき，方程式 $e^x-x^e=k$ の異なる正の解の個数を求めよ。

ポイント 与えられた方程式の左辺を $f(x)$ とおいて，$x>0$ における $y=f(x)$ のグラフを描き，このグラフと直線 $y=k$ の共有点の個数を調べればよい。考え方としては定型的であるが，$f'(x)=0$ が一般的に解けないので，何らかの工夫をしなければならない。$f'(x)$ の正負を調べるためには，対数をとってみるか，$f''(x)$ を見てみる，あるいは $f'(x)$ の式の一部を $g(x)$ とおいて $g(x)$ の増減を調べてみるなどの方法が考えられる。指数関数 e^x はつねに正，$x>0$ であるから x^z の形は正である。また，x の特殊な値，例えば1や e などの働きにも目を向けよう。

解法1

方程式　$e^x-x^e=k$　……①

の異なる正の解の個数は，次の曲線②と直線③の共有点の個数に等しい。

$$\begin{cases} y=f(x)=e^x-x^e \quad (x>0) & \cdots\cdots② \\ y=k & \cdots\cdots③ \end{cases}$$

②のグラフを描く。

$$f'(x)=e^x-ex^{e-1} \quad (x>0)$$

であるから，$x>0$ において

$$\begin{aligned} f'(x)>0 &\iff e^x>ex^{e-1} \\ &\iff e^{x-1}>x^{e-1}\ (>0) \\ &\iff \log e^{x-1}>\log x^{e-1} \\ &\iff x-1>(e-1)\log x \\ &\iff \frac{x-1}{e-1}>\log x \quad (\because\ e>1) \end{aligned}$$

ここで，$y=\dfrac{x-1}{e-1}$ は2点 $(1,\ 0)$，$(e,\ 1)$ を通る直線を表し，$y=\log x$ は2点 $(1,\ 0)$，$(e,\ 1)$ を通る上に凸の曲線を表すから，右図より

$$0<x<1,\ e<x \text{ のとき}\quad f'(x)>0$$

となる。同様にして

$$1<x<e \text{ のとき}\quad f'(x)<0$$

$$x=1,\ e \text{ のとき}\quad f'(x)=0$$

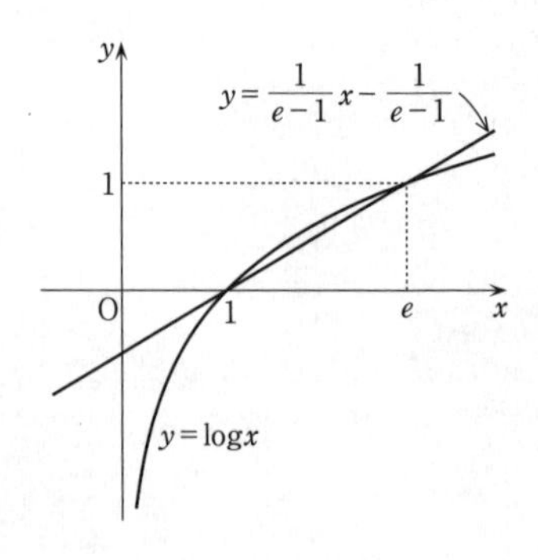

がわかるから，$f(x)$ の $x>0$ における増減表は右の通りであり

x	0	…	1	…	e	…
$f'(x)$	／	+	0	−	0	+
$f(x)$	(1)	↗	$e-1$	↘	0	↗

$$\lim_{x\to\infty} f(x)=\lim_{x\to\infty} e^x\left(1-\frac{x^e}{e^x}\right)=\infty$$

であるから，$y=f(x)$ のグラフの概形は右のようになる。③は，y 切片が k で，x 軸に平行な直線を表すから，②，③の共有点の個数すなわち①の異なる正の解の個数は

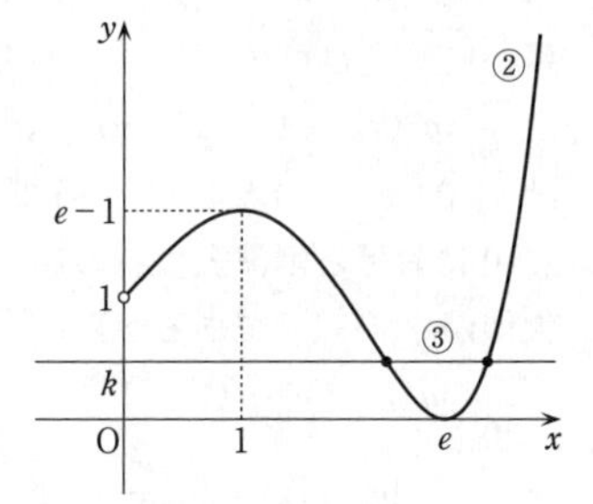

$k<0$ のとき　0 個
$k=0$ のとき　1 個
$0<k\leqq 1$ のとき　2 個
$1<k<e-1$ のとき　3 個
$k=e-1$ のとき　2 個
$e-1<k$ のとき　1 個
……(答)

〔注〕 $(\log x)'=\dfrac{1}{x}$，$(\log x)''=\left(\dfrac{1}{x}\right)'=-\dfrac{1}{x^2}<0$ であるから，$y=\log x$ は $x>0$ において上に凸である。

また，$\displaystyle\lim_{x\to\infty}\frac{x^e}{e^x}=0$ の証明は，例えば次のようにすればよい。

$$h(x)=\frac{x^{e+1}}{e^x}=x^{e+1}e^{-x}\quad (x>0)$$

とおくと，$h(x)>0$ である。また

$$h'(x)=(e+1)x^e e^{-x}-x^{e+1}e^{-x}=\{(e+1)-x\}x^e e^{-x}$$

であるから　$h'(e+1)=0$

$0<x<e+1$ のとき　$h'(x)>0$
$x>e+1$ のとき　$h'(x)<0$

となるので，$h(x)$ の極大値は $h(e+1)$ である。よって

$$0<h(x)\leqq h(e+1)\quad すなわち\quad 0<\frac{x^{e+1}}{e^x}\leqq\frac{(e+1)^{e+1}}{e^{e+1}}=\left(1+\frac{1}{e}\right)^{e+1}$$

が成り立ち，各辺を x (>0) で割ることによって

$$0<\frac{x^e}{e^x}\leqq\frac{\left(1+\frac{1}{e}\right)^{e+1}}{x}=\frac{(定数)}{x}$$

となるから，ここで $x\to\infty$ とすると，(最右辺)→0 となり，はさみうちの原理により

$$\lim_{x\to\infty}\frac{x^e}{e^x}=0$$

となる。

解 法 2

$f'(x)$ を計算するところまでは〔解法 1〕と同じ。

$$f'(x)=e^x-ex^{e-1}=e^x(1-e^{1-x}x^{e-1}) \quad (x>0)$$

において，$g(x)=e^{1-x}x^{e-1}$ とおくと

$$g'(x)=-e^{1-x}x^{e-1}+e^{1-x}(e-1)x^{e-2}=-e^{1-x}x^{e-2}\{x-(e-1)\}$$

$e^{1-x}>0$，$x>0$ のとき $x^{e-2}>0$ であるから，$g(x)$ の $x>0$ における増減表は右の通りである。$g(x)$ の最大値が $g(e-1)$ であるから

x	0	$\cdots$	$e-1$	$\cdots$
$g'(x)$	／	$+$	0	$-$
$g(x)$	(0)	↗	$g(e-1)$	↘

$$g(e-1)>g(1)=1$$

また　$\displaystyle\lim_{x\to\infty}g(x)=\lim_{x\to\infty}\frac{x^{e-1}}{e^{x-1}}=\lim_{x\to\infty}\frac{e}{x}\cdot\frac{x^e}{e^x}=0$　(〔解法 1〕の〔注〕参照)

これらのことから，$y=g(x)$ のグラフは次のようになる。

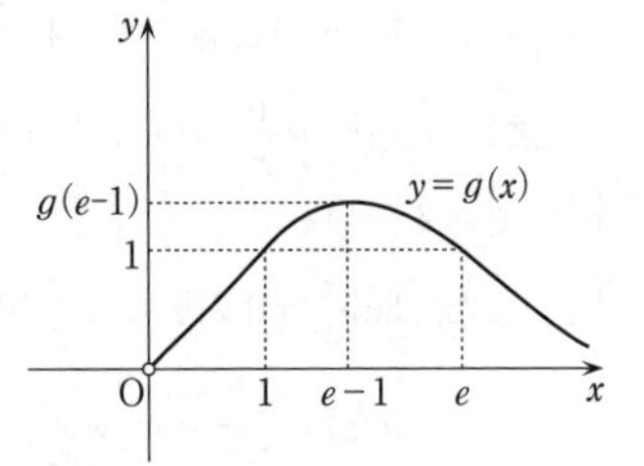

よって，$g(x)=1$ となる x が 1 以外にもあることがわかるが，それは，$g(e)=1$ より $x=e$ である。

したがって

$$\begin{cases} 0<x<1,\ e<x \text{ のとき} & 0<g(x)<1 \\ 1<x<e \text{ のとき} & 1<g(x)\leqq g(e-1) \\ x=1,\ e \text{ のとき} & g(x)=1 \end{cases}$$

結局 $f'(x)=e^x\{1-g(x)\}$ の正負は

$$\begin{cases} 0<x<1,\ e<x \text{ のとき} & f'(x)>0 \\ 1<x<e \text{ のとき} & f'(x)<0 \\ f'(1)=f'(e)=0 & \end{cases}$$

となる。(以下，〔解法 1〕に同じ)

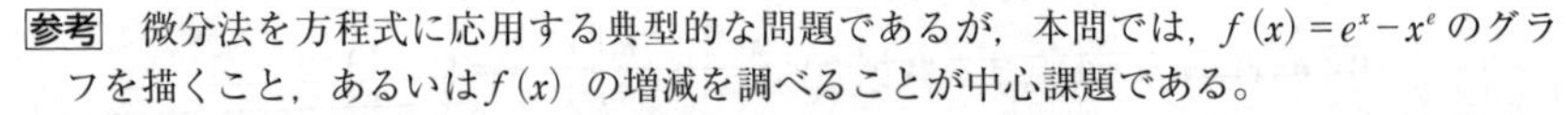

参考　微分法を方程式に応用する典型的な問題であるが，本問では，$f(x)=e^x-x^e$ のグラフを描くこと，あるいは $f(x)$ の増減を調べることが中心課題である。

まず，$f(e)=0$ はわかる。同様に $f'(x)=e^x-ex^{e-1}$ についても $f'(e)=0$，$f'(1)=0$ はわかる。しかし，$f'(x)=0$ の解が $x=1$，e のみであるかどうかはわからないので増減表が作れない。そこで，〔解法 1〕や〔解法 2〕のような工夫が必要になるのだが，他にも方法はあるであろう。例えば，$f'(x)=0$ の解が 2 つしかないことは，次のように考察することもできる。

$f^{(4)}(x)=e^x-e(e-1)(e-2)(e-3)x^{e-4}>0$　($\because$　$2<e<3$，$x>0$) より，$f'''(x)$ は単調増加であるから，$f'''(x)=0$ を満たす x は高々 1 個 (あるとしても 1 個) である。$f'''(\alpha)=0$ とすると，$0<x<\alpha$ のとき $f'''(x)<0$，$\alpha<x$ のとき $f'''(x)>0$ であるから，$f''(x)$ は $0<x<\alpha$ で減少，$\alpha<x$ で増加である。よって，$f''(x)=0$ を満たす x は高々 2 個である。$f''(\beta)=0$，$f''(\gamma)=0$ ($\beta<\alpha<\gamma$) とすると，$0<x<\beta$ のとき $f''(x)>0$，$\beta<x<\gamma$ のとき $f''(x)<0$，$\gamma<x$ のとき $f''(x)>0$ であるから，$f'(x)$ は $0<x<\beta$ で増加，$\beta<x<\gamma$ で減少，$\gamma<x$ で増加である。ところが，$\displaystyle\lim_{x\to+0}f'(x)>0$ であるから，$f'(x)=0$ を満たす x は高々 2 個である。

70 2011年度〔2〕 Level B

実数 x に対して

$$f(x)=\int_0^{\frac{\pi}{2}}|\cos t-x\sin 2t|\,dt$$

とおく。

(1) 関数 $f(x)$ の最小値を求めよ。

(2) 定積分 $\int_0^1 f(x)\,dx$ を求めよ。

ポイント t の関数を t で積分し，そこに $t=\frac{\pi}{2}$ を代入したものから $t=0$ を代入したものを引けば，その結果に t は含まれず，x だけの式となる。これが x の関数 $f(x)$ である。

(1) 被積分関数に絶対値がついており，このままでは積分できないので絶対値をはずさなければならない。ここが最重要ポイントである。$a\geqq 0$ のとき $|a|=a$，$a<0$ のとき $|a|=-a$ が基本であるが，本問では絶対値の中身の正負がわかりにくいかもしれない。$y=\cos t$ と $y=x\sin 2t$ $\left(0\leqq t\leqq\frac{\pi}{2}\right)$ のグラフを，x の値を変えて描いてみると，この2つの大小関係がイメージできるであろう。あるいは，絶対値の中身が $\cos t$ を因数にもち，$0\leqq t\leqq\frac{\pi}{2}$ で考えればよいことから $\cos t\geqq 0$ が確定するので，$\cos t$ を絶対値の外に出すことができる。$\sin t=u$ と置換すれば簡単な式になるので，この方法もよいだろう。

(2) $f(x)$ がわかれば，ここでの定積分計算は容易である。

解法 1

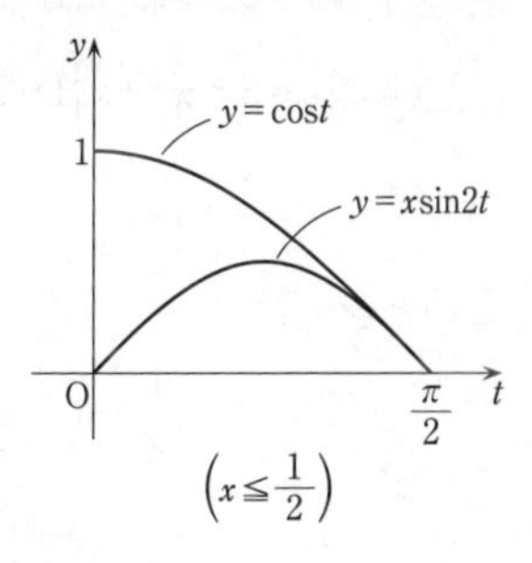

(1) $f(x)=\int_0^{\frac{\pi}{2}}|\cos t-x\sin 2t|\,dt$ において

$$g(t)=\cos t-x\sin 2t\quad\left(0\leqq t\leqq\frac{\pi}{2}\right)$$

とおく。

$$g(t)=\cos t-2x\sin t\cos t=2\cos t\left(\frac{1}{2}-x\sin t\right)$$

であるから，$x\leqq\frac{1}{2}$ のとき，$0\leqq t\leqq\frac{\pi}{2}$ において

$$g(t) \geqq 2\cos t\left(\frac{1}{2}-\frac{1}{2}\sin t\right)=\cos t\,(1-\sin t) \geqq 0$$

よって，$x \leqq \dfrac{1}{2}$ のとき

$$f(x)=\int_0^{\frac{\pi}{2}}(\cos t - x\sin 2t)\,dt=\left[\sin t+\frac{1}{2}x\cos 2t\right]_0^{\frac{\pi}{2}}$$

$$=1+\frac{1}{2}x(-1)-\left(0+\frac{1}{2}x\right)=1-x \quad (f'(x)=-1<0) \quad \cdots\cdots①$$

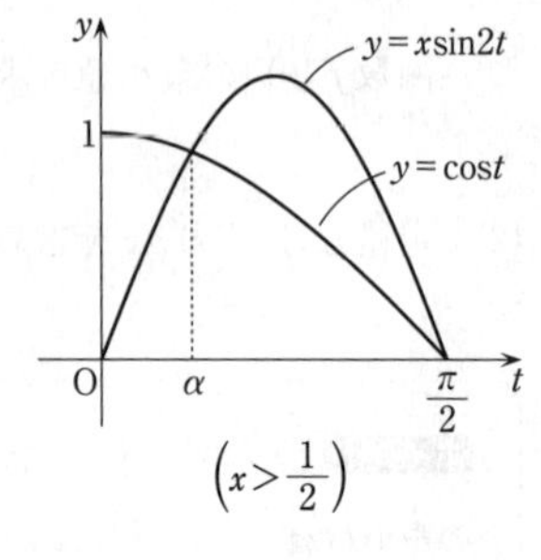

$\left(x>\dfrac{1}{2}\right)$

次に，$x>\dfrac{1}{2}$ のとき，$0<t<\dfrac{\pi}{2}$ において

$$g(t)=2\cos t\left(\frac{1}{2}-x\sin t\right)=0$$

となる t がただ１つ存在するから，これを α とおくと

$$\frac{1}{2}=x\sin\alpha$$

$$\sin\alpha=\frac{1}{2x} \quad \left(0<\alpha<\frac{\pi}{2}\right) \quad \cdots\cdots②$$

すなわち

$0 \leqq t \leqq \alpha$ のとき $g(t) \geqq 0$，　$\alpha \leqq t \leqq \dfrac{\pi}{2}$ のとき $g(t) \leqq 0$

よって

$$f(x)=\int_0^{\alpha}(\cos t - x\sin 2t)\,dt+\int_{\alpha}^{\frac{\pi}{2}}(x\sin 2t-\cos t)\,dt$$

$$=\left[\sin t+\frac{1}{2}x\cos 2t\right]_0^{\alpha}+\left[-\frac{1}{2}x\cos 2t-\sin t\right]_{\alpha}^{\frac{\pi}{2}}$$

$$=\sin\alpha+\frac{1}{2}x\cos 2\alpha-\left(0+\frac{1}{2}x\right)+\frac{1}{2}x-1-\left(-\frac{1}{2}x\cos 2\alpha-\sin\alpha\right)$$

$$=2\sin\alpha+x\cos 2\alpha-1$$

$$=2\sin\alpha+x(1-2\sin^2\alpha)-1$$

$$=2\times\frac{1}{2x}+x\left\{1-2\times\left(\frac{1}{2x}\right)^2\right\}-1 \quad (\because ②)$$

$$=\frac{1}{x}+x-\frac{1}{2x}-1=x+\frac{1}{2x}-1 \quad \cdots\cdots③$$

このとき

$$f'(x)=1-\frac{1}{2x^2}=\left(1-\frac{1}{\sqrt{2}x}\right)\left(1+\frac{1}{\sqrt{2}x}\right)$$

$\left(x>\dfrac{1}{2}\right.$ であるから，$f'(x)=0$ となるのは $x=\dfrac{1}{\sqrt{2}}$ のみ$\left.\right)$

となり，①と③を合わせて増減表をつくると右のようになる。したがって，関数 $f(x)$ の最小値は

$$f\left(\frac{1}{\sqrt{2}}\right)=\frac{1}{\sqrt{2}}+\frac{1}{\sqrt{2}}-1$$
$$=\sqrt{2}-1 \quad \cdots\cdots(答)$$

x	$\cdots$	$\frac{1}{2}$	$\cdots$	$\frac{1}{\sqrt{2}}$	$\cdots$
$f'(x)$	$-$	／	$-$	0	$+$
$f(x)$	↘	$\frac{1}{2}$	↘	$\sqrt{2}-1$	↗

〔注1〕 $g(t)=\cos t(1-2x\sin t)=0$ を $0<t<\frac{\pi}{2}$ で解いてみよう。$x=0$ のとき解がない（$g(t)=\cos t>0$）から，$x\neq 0$ とすると $\sin t=\frac{1}{2x}$ である。

$0<\sin t<1$ であるから，$0<\frac{1}{2x}<1$ のときのみ解があることになる。この不等式を満たす x の範囲は，各辺に $2x^2$（>0）をかけて，$0<x<2x^2$，これより $x>\frac{1}{2}$ である。つまり，$x>\frac{1}{2}$ のとき $g(t)=0$ $\left(0<t<\frac{\pi}{2}\right)$ のただ1つの解を α とすれば，$\sin\alpha=\frac{1}{2x}$ $\left(0<\alpha<\frac{\pi}{2}\right)$ である。$\sin t$ は $0<t<\frac{\pi}{2}$ で単調増加であるから，$0<t<\alpha$ のとき $g(t)>0$，$\alpha<t<\frac{\pi}{2}$ のとき $g(t)<0$ となる。$x\leqq\frac{1}{2}$ のときは，$1-2x\sin t$ はつねに0以上となるから，このとき $g(t)\geqq 0$ である。

〔注2〕 $f(x)$ の最小値を求めるには，次のようにすることもできる。

$x\leqq\frac{1}{2}$ のとき

$$f(x)=1-x\geqq 1-\frac{1}{2}=\frac{1}{2}$$

$x>\frac{1}{2}$ のとき，$x>0$，$\frac{1}{2x}>0$ であるから，相加平均と相乗平均の関係を用いると

$$f(x)=x+\frac{1}{2x}-1\geqq 2\sqrt{x\times\frac{1}{2x}}-1=2\sqrt{\frac{1}{2}}-1=\sqrt{2}-1$$

$\frac{1}{2}>\sqrt{2}-1$ であるから，$f(x)$ の最小値は $\sqrt{2}-1$ である。最小値を与える x の値は，$x=\frac{1}{2x}$ $\left(x>\frac{1}{2}\right)$ を解いて，$x=\frac{1}{\sqrt{2}}$ である。

(2) $$\int_0^1 f(x)\,dx=\int_0^{\frac{1}{2}}(1-x)\,dx+\int_{\frac{1}{2}}^1\left(x+\frac{1}{2x}-1\right)dx$$
$$=\left[x-\frac{x^2}{2}\right]_0^{\frac{1}{2}}+\left[\frac{x^2}{2}+\frac{1}{2}\log|x|-x\right]_{\frac{1}{2}}^1$$
$$=\frac{1}{2}-\frac{1}{8}+\frac{1}{2}-1-\left(\frac{1}{8}+\frac{1}{2}\log\frac{1}{2}-\frac{1}{2}\right)$$
$$=\frac{1}{4}-\frac{1}{2}\log\frac{1}{2}=\frac{1}{4}+\frac{1}{2}\log 2$$
$$=\frac{1}{4}(1+2\log 2) \quad \cdots\cdots(答)$$

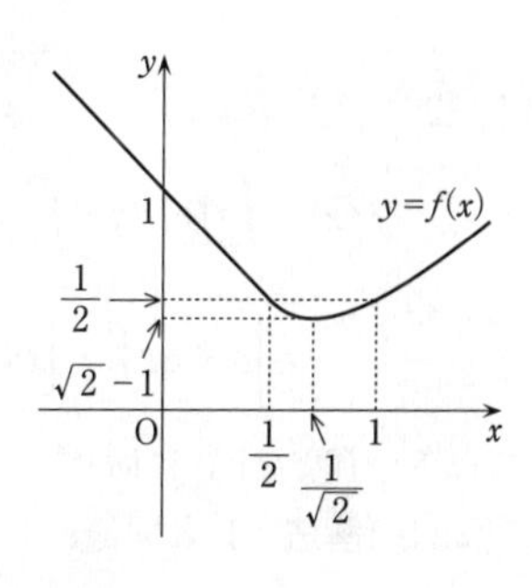

解 法 2

(1)　$f(x)=\int_0^{\frac{\pi}{2}}|\cos t-x\sin 2t|dt=\int_0^{\frac{\pi}{2}}|\cos t-2x\sin t\cos t|dt$

$0\leqq t\leqq\dfrac{\pi}{2}$ において $\cos t\geqq 0$ であるから

$$f(x)=\int_0^{\frac{\pi}{2}}|1-2x\sin t|\cos t\,dt$$

$\sin t=u$ とおくと

$\cos t\,dt=du$,

t	$0\longrightarrow\dfrac{\pi}{2}$
u	$0\longrightarrow 1$

であるから

$$f(x)=\int_0^1|1-2xu|du$$

$v=1-2xu$（$0\leqq u\leqq 1$）とおくと，これは，uv 平面で線分（傾きが $-2x$，v 切片が 1 の直線の $0\leqq u\leqq 1$ の部分）を表す。右図より

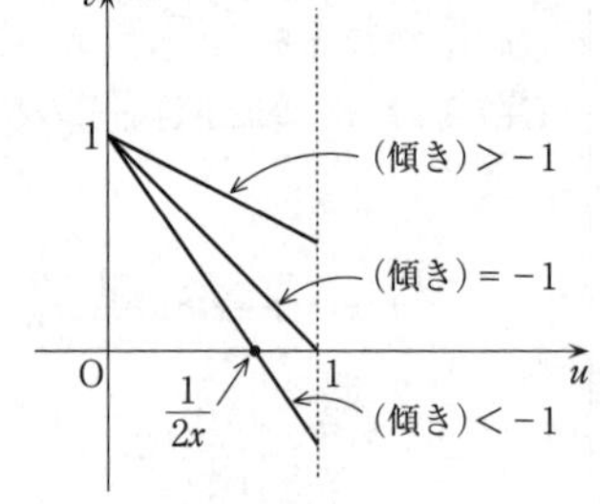

$-2x\geqq -1$ つまり $x\leqq\dfrac{1}{2}$ のとき　　$v\geqq 0$

$-2x<-1$ つまり $x>\dfrac{1}{2}$ のとき

　$0\leqq u\leqq\dfrac{1}{2x}$ ならば　　$v\geqq 0$

　$\dfrac{1}{2x}<u\leqq 1$ ならば　　$v<0$

がわかるから，$x\leqq\dfrac{1}{2}$ のとき

$$f(x)=\int_0^1|v|du=\int_0^1 v\,du=\int_0^1(1-2xu)\,du=\Big[u-xu^2\Big]_0^1=1-x$$

$x>\dfrac{1}{2}$ のとき

$$f(x)=\int_0^1|v|du=\int_0^{\frac{1}{2x}}v\,du+\int_{\frac{1}{2x}}^1(-v)\,du=\int_0^{\frac{1}{2x}}(1-2xu)\,du+\int_{\frac{1}{2x}}^1(2xu-1)\,du$$

$$=\Big[u-xu^2\Big]_0^{\frac{1}{2x}}+\Big[xu^2-u\Big]_{\frac{1}{2x}}^1=\frac{1}{2x}-\frac{1}{4x}+x-1-\left(\frac{1}{4x}-\frac{1}{2x}\right)=x+\frac{1}{2x}-1$$

（以下，〔解法 1〕に同じ）

（(2)は〔解法 1〕と同様）

71 2010年度〔1〕 Level B

$f(x)=1-\cos x-x\sin x$ とする。

(1) $0<x<\pi$ において，$f(x)=0$ は唯一の解を持つことを示せ。

(2) $J=\int_0^{\pi}|f(x)|dx$ とする。(1)の唯一の解を α とするとき，J を $\sin\alpha$ の式で表せ。

(3) (2)で定義された J と $\sqrt{2}$ の大小を比較せよ。

ポイント $\cos x$，x，$\sin x$ はいずれもすべての実数 x で連続であるから，これらの積・和でつくられる関数 $f(x)$ もすべての実数 x で連続である。

(1) $0<x<\pi$ における $f(x)$ の増減を調べる。そしてグラフを描けば一目瞭然である。

(2) $0<x<\alpha$ のとき $f(x)<0$，$\alpha<x<\pi$ のとき $f(x)>0$ となることが(1)よりわかるから，被積分関数の絶対値が外せて，J の計算は普通にできる。J を $\sin\alpha$ の式で表す際には，$f(\alpha)=0$ であることを用いる。

(3) $\sin\frac{3}{4}\pi=\frac{\sqrt{2}}{2}$ が $\sqrt{2}$ を含むから，α と $\frac{3}{4}\pi$ の大小を考える。

解法

(1) $f(x)=1-\cos x-x\sin x$ より

$$f'(x)=\sin x-(\sin x+x\cos x)=-x\cos x$$

$f'(x)=0$ $(0<x<\pi)$ を解くと $x=\frac{\pi}{2}$ であり

$$f(0)=1-1-0=0$$

$$f\left(\frac{\pi}{2}\right)=1-0-\frac{\pi}{2}=\frac{2-\pi}{2}\quad(<0)$$

$$f(\pi)=1-(-1)-0=2\quad(>0)$$

であるから，$f(x)$ の増減表は右のようになる。

x	0	$\cdots$	$\frac{\pi}{2}$	$\cdots$	π
$f'(x)$		$-$	0	$+$	
$f(x)$	0	↘	$\frac{2-\pi}{2}$	↗	2

$y=f(x)$ は，$0\leqq x\leqq\pi$ で連続であり，$0<x\leqq\frac{\pi}{2}$ では $f(x)<0$，$\frac{\pi}{2}\leqq x\leqq\pi$ では単調に増加し $f\left(\frac{\pi}{2}\right)<0$，$f(\pi)>0$ であるから，方程式 $f(x)=0$ は $0<x<\pi$ において唯一の解をもつ。

（証明終）

(2) (1)の唯一の解を α とすると，$y=f(x)$ $(0<x<\pi)$ のグラフは次図のようになる。

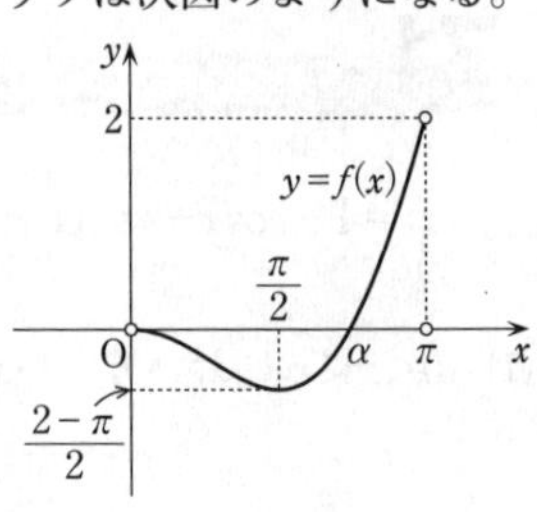

$$F(x)=\int f(x)\,dx$$

とおくと，積分定数を C として

$$\begin{aligned}F(x)&=\int(1-\cos x-x\sin x)\,dx\\&=\int(1-\cos x)\,dx-\int x\sin x dx\\&=x-\sin x-\left\{-x\cos x-\int(-\cos x)\,dx\right\}\\&=x-\sin x+x\cos x-\sin x+C\\&=x-2\sin x+x\cos x+C\end{aligned}$$

であるから

$$\begin{aligned}J&=\int_0^\pi|f(x)|\,dx=\int_0^\alpha\{-f(x)\}\,dx+\int_\alpha^\pi f(x)\,dx=\Big[-F(x)\Big]_0^\alpha+\Big[F(x)\Big]_\alpha^\pi\\&=-F(\alpha)+F(0)+F(\pi)-F(\alpha)=-2F(\alpha)+F(0)+F(\pi)\\&=-2(\alpha-2\sin\alpha+\alpha\cos\alpha)=-2\{(1+\cos\alpha)\alpha-2\sin\alpha\}\end{aligned}$$

ここで，$f(\alpha)=0$ であることを用いて，α を $\sin\alpha$，$\cos\alpha$ で表すと

$$f(\alpha)=1-\cos\alpha-\alpha\sin\alpha=0$$

$\dfrac{\pi}{2}<\alpha<\pi$ より $\sin\alpha\neq0$ であるので

$$\alpha=\frac{1-\cos\alpha}{\sin\alpha}$$

したがって

$$\begin{aligned}J&=-2\left\{(1+\cos\alpha)\times\frac{1-\cos\alpha}{\sin\alpha}-2\sin\alpha\right\}\\&=-2\left(\frac{1-\cos^2\alpha}{\sin\alpha}-2\sin\alpha\right)\\&=-2\left(\frac{\sin^2\alpha}{\sin\alpha}-2\sin\alpha\right)\\&=2\sin\alpha\quad\cdots\cdots(\text{答})\end{aligned}$$

〔注1〕 $f''(x)=(-x\cos x)'=(-x)'\cos x+(-x)(\cos x)'=-\cos x+x\sin x$

であるから，$f''(0)=-1<0$，$f''\left(\dfrac{\pi}{2}\right)=\dfrac{\pi}{2}>0$ なので，**〔解法〕**の図のような凹凸が得られる $\left(0\text{と}\dfrac{\pi}{2}\text{の間に変曲点がある}\right)$。

(3) $\dfrac{\pi}{2}<x<\alpha$ で $f(x)<0$, $\alpha<x<\pi$ で $f(x)>0$ であるが

$$f\left(\frac{3}{4}\pi\right)=1-\cos\frac{3}{4}\pi-\frac{3}{4}\pi\sin\frac{3}{4}\pi$$
$$=1+\frac{\sqrt{2}}{2}-\frac{3}{4}\pi\times\frac{\sqrt{2}}{2}$$
$$>\frac{2+\sqrt{2}}{2}-\frac{3}{8}\sqrt{2}\times\frac{32}{10}\quad\left(\because\quad \pi<\frac{32}{10}\right)$$
$$=\frac{10-7\sqrt{2}}{10}=\frac{\sqrt{100}-\sqrt{98}}{10}>0$$

であるから

$$\frac{\pi}{2}<\alpha<\frac{3}{4}\pi$$

であることがわかる。$\dfrac{\pi}{2}<x<\pi$ で $\sin x$ は単調に減少するので

$$J=2\sin\alpha>2\sin\frac{3}{4}\pi=2\times\frac{\sqrt{2}}{2}=\sqrt{2}$$

すなわち

$$J>\sqrt{2}$$ ……(答)

〔注2〕 $f\left(\dfrac{3}{4}\pi\right)>0$ であることを示すには

$$f\left(\frac{3}{4}\pi\right)=1-\cos\frac{3}{4}\pi-\frac{3}{4}\pi\sin\frac{3}{4}\pi$$
$$=1+\frac{1}{\sqrt{2}}-\frac{3}{4\sqrt{2}}\pi$$
$$=\frac{4\sqrt{2}+4-3\pi}{4\sqrt{2}}$$
$$>\frac{4\times1.4+4-3\times3.2}{4\sqrt{2}}\quad(\because\quad \sqrt{2}>1.4,\ \pi<3.2)$$
$$=\frac{9.6-9.6}{4\sqrt{2}}=0$$

とすることもできる。

72　2008年度〔2〕　Level B

実数 x に対し，x 以上の最小の整数を $f(x)$ とする。a，b を正の実数とするとき，極限

$$\lim_{x\to\infty} x^c\left(\frac{1}{f(ax-7)}-\frac{1}{f(bx+3)}\right)$$

が収束するような実数 c の最大値と，そのときの極限値を求めよ。

ポイント　ここでの $f(x)$ の定義から，ガウスの記号 $[x]$（実数 x に対して，x を超えない最大の整数を表す）を思い出すことがポイントであろう。整数 n に対して $n\leqq x<n+1$ のとき $[x]=n$ を意味するのであるが，$[x]\leqq x<[x]+1$ そして $x-1<[x]\leqq x$ として使われることが多い。こうした経験から，$f(x)$ を不等式で評価してみようと考えることができれば，本問は半ば成功といえるであろう。

$n-1<x\leqq n$（n は整数）のとき，$f(x)=n$ なのであるから，$f(x)-1<x\leqq f(x)$ すなわち $x\leqq f(x)<x+1$ である。ただし，$a=b$ のときは評価を厳しくしなければうまく極限値が求まらない。ガウスの記号で具体例をつくってみると，$[0.1+3]$ と $[0.1-7]$ の差はちょうど10となるように，$f(bx+3)-f(ax-7)=f(ax+3)-f(ax-7)=10$ となるので，このことを利用する必要がある。

解法 1

実数 x に対し，x 以上の最小の整数を $f(x)$ とおくのだから，不等式

$$x\leqq f(x)<x+1$$

が成り立つ。したがって

$$ax-7\leqq f(ax-7)<ax-6 \quad \cdots\cdots①$$

$$bx+3\leqq f(bx+3)<bx+4 \quad \cdots\cdots②$$

が成り立つ。

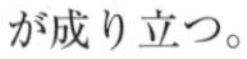

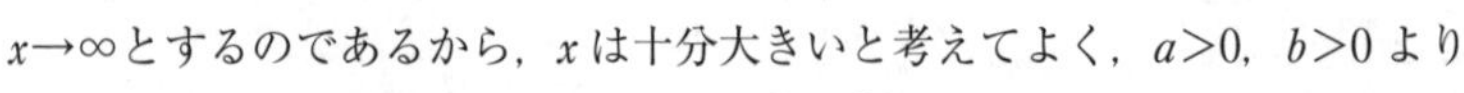

$x\to\infty$ とするのであるから，x は十分大きいと考えてよく，$a>0$，$b>0$ より $ax-7>0$，$bx+3>0$ としてよいから，①，②より

$$\frac{1}{ax-6}<\frac{1}{f(ax-7)}\leqq\frac{1}{ax-7} \quad \cdots\cdots③$$

$$\frac{1}{bx+4}<\frac{1}{f(bx+3)}\leqq\frac{1}{bx+3}$$

$$\therefore \quad -\frac{1}{bx+3}\leqq-\frac{1}{f(bx+3)}<-\frac{1}{bx+4} \quad \cdots\cdots④$$

③，④を辺々加えると

$$\frac{1}{ax-6}-\frac{1}{bx+3}<\frac{1}{f(ax-7)}-\frac{1}{f(bx+3)}<\frac{1}{ax-7}-\frac{1}{bx+4}$$

$$\frac{x^c\{(b-a)x+9\}}{(ax-6)(bx+3)}<x^c\left(\frac{1}{f(ax-7)}-\frac{1}{f(bx+3)}\right)<\frac{x^c\{(b-a)x+11\}}{(ax-7)(bx+4)}$$

$$\frac{x^{c-1}\left\{(b-a)+\dfrac{9}{x}\right\}}{\left(a-\dfrac{6}{x}\right)\left(b+\dfrac{3}{x}\right)}<x^c\left(\frac{1}{f(ax-7)}-\frac{1}{f(bx+3)}\right)<\frac{x^{c-1}\left\{(b-a)+\dfrac{11}{x}\right\}}{\left(a-\dfrac{7}{x}\right)\left(b+\dfrac{4}{x}\right)}$$

(i)　$a \neq b$ の場合

$x\to\infty$ としたとき，この不等式の最左辺，最右辺はともに $c>1$ なら発散し，$c\leqq 1$ なら同じ値に収束するから，はさみうちの原理により

$$\lim_{x\to\infty}x^c\left(\frac{1}{f(ax-7)}-\frac{1}{f(bx+3)}\right)=\begin{cases}0 & (c<1)\\ \dfrac{b-a}{ab} & (c=1)\\ \infty & (c>1,\ a<b)\\ -\infty & (c>1,\ a>b)\end{cases}$$

(ii)　$a=b$ の場合

①，②より

$$(ax-7)(ax+3)\leqq f(ax-7)f(ax+3)<(ax-6)(ax+4)\quad\cdots\cdots⑤$$

また

$$f(ax+3)-f(ax-7)=10$$

であるから

$$\frac{1}{f(ax-7)}-\frac{1}{f(ax+3)}=\frac{10}{f(ax-7)f(ax+3)}$$

ここで，不等式⑤を用いると

$$\frac{10x^c}{(ax-6)(ax+4)}<x^c\left(\frac{1}{f(ax-7)}-\frac{1}{f(ax+3)}\right)\leqq\frac{10x^c}{(ax-7)(ax+3)}$$

$$\frac{10x^{c-2}}{\left(a-\dfrac{6}{x}\right)\left(a+\dfrac{4}{x}\right)}<x^c\left(\frac{1}{f(ax-7)}-\frac{1}{f(ax+3)}\right)\leqq\frac{10x^{c-2}}{\left(a-\dfrac{7}{x}\right)\left(a+\dfrac{3}{x}\right)}$$

$x\to\infty$ としたとき，この不等式の最左辺，最右辺はともに $c>2$ なら発散し，$c\leqq 2$ なら同じ値に収束するから，はさみうちの原理により

$$\lim_{x\to\infty}x^c\left(\frac{1}{f(ax-7)}-\frac{1}{f(ax+3)}\right)=\begin{cases}0 & (c<2)\\ \dfrac{10}{a^2} & (c=2)\\ \infty & (c>2)\end{cases}$$

(i)，(ii)より，求める c の最大値と，そのときの極限値は

$$\left.\begin{array}{l} a \neq b \text{ のとき，} c=1 \text{ で，極限値は } \dfrac{b-a}{ab} \\ a=b \text{ のとき，} c=2 \text{ で，極限値は } \dfrac{10}{a^2} \end{array}\right\} \cdots\cdots(\text{答})$$

〔注〕 $f(ax+3)-f(ax-7)=10$ を説明なしに記したが，理由は次のように説明できる。

$ax+3 \leqq f(ax+3) < ax+4$，$ax-7 \leqq f(ax-7) < ax-6$ から

$$(ax+3)-(ax-6) < f(ax+3)-f(ax-7) < (ax+4)-(ax-7)$$

すなわち　$9 < f(ax+3)-f(ax-7) < 11$

よって　$f(ax+3)-f(ax-7)=10$

解法 2

$f(x)$ の定義より

$$x \leqq f(x) < x+1 \quad \cdots\cdots \text{Ⓐ}$$

各辺に整数 n を加えると

$$x+n \leqq f(x)+n < x+n+1$$

$$f(x)+n-1 < x+n \leqq f(x)+n$$

$f(x)+n-1$，$f(x)+n$ は連続する 2 整数であるから

$$f(x+n)=f(x)+n \quad \cdots\cdots \text{Ⓑ}$$

また，Ⓐより　$0 \leqq f(ax)-ax < 1$

辺々を x (>0) で割ると　$0 \leqq \dfrac{f(ax)}{x}-a < \dfrac{1}{x}$

ここで，$x \to \infty$ とすると，$\dfrac{1}{x} \to 0$ であるから，はさみうちの原理により

$$\lim_{x\to\infty}\frac{f(ax)}{x}=a$$

同様に　$\displaystyle\lim_{x\to\infty}\frac{f(bx)}{x}=b \quad \cdots\cdots \text{Ⓒ}$

Ⓑより，$x>0$ のとき

$$x^c\left(\frac{1}{f(ax-7)}-\frac{1}{f(bx+3)}\right)$$

$$=x^c\left(\frac{1}{f(ax)-7}-\frac{1}{f(bx)+3}\right)$$

$$=\frac{\{f(bx)-f(ax)\}+10}{\{f(ax)-7\}\{f(bx)+3\}}\times x^c$$

$$=\begin{cases}\dfrac{\dfrac{f(bx)-f(ax)}{x}+\dfrac{10}{x}}{\dfrac{f(ax)-7}{x}\times\dfrac{f(bx)+3}{x}}\times x^{c-1} & (a\neq b)\\[2ex] \dfrac{10}{\dfrac{f(ax)-7}{x}\times\dfrac{f(ax)+3}{x}}\times x^{c-2} & (a=b)\end{cases}$$

ここで，$x\to\infty$とすると，Ⓒより，この式は

$a\neq b$のとき，$c\leqq 1$で収束するから

cの最大値は1，極限値は$\dfrac{b-a}{ab}$

$a=b$のとき，$c\leqq 2$で収束するから

cの最大値は2，極限値は$\dfrac{10}{a^2}$

……(答)

73 2006年度〔1〕 Level C

以下の問に答えよ。

(1) 自然数 n に対し $I(n)=\int_0^{\frac{n\pi}{2}}|\sin x|dx$ を求めよ。

(2) 次の不等式を示せ。

$$0\leqq\int_0^{\frac{s\pi}{2}}\cos xdx-s\leqq\left(\frac{\pi}{2}-1\right)s\quad(0\leqq s\leqq 1)$$

(3) a を正の数とし，a を超えない最大の整数を $[a]$ で表す。$[a]$ が奇数のとき次の不等式が成り立つことを示せ。

$$0\leqq\int_0^{\frac{\pi}{2}}|\sin at|dt-1\leqq\left(\frac{\pi}{2}-1\right)\left(1-\frac{[a]}{a}\right)$$

ポイント 問題全体を見渡すと，難しそうな不等式が目に入るが，案外見かけほどではないものが多い。落ち着いて対処したい。

(1) $y=|\sin x|$ のグラフを描いて，定積分を面積と考えれば容易に解決するであろう。

(2) $f(s)=\int_0^{\frac{s\pi}{2}}\cos xdx-s$，$g(s)=\left(\frac{\pi}{2}-1\right)s-\left(\int_0^{\frac{s\pi}{2}}\cos xdx-s\right)$ などとおいて，これらの導関数を用いて $f(s)\geqq 0$，$g(s)\geqq 0$ を示す方法がまず考えられる。あるいは，不等式の各辺に s を加えて，不等式を同値変形すれば，図形的に処理することも可能である。

(3) まず，$at=x$ の置換が思いつく。$0\leqq t\leqq\frac{\pi}{2}$ は $0\leqq x\leqq\frac{a\pi}{2}$ となり，0から $\frac{a\pi}{2}$ までの定積分を，0から $\frac{[a]\pi}{2}$ までと $\frac{[a]\pi}{2}$ から $\frac{a\pi}{2}$ までの定積分の和ととらえることにより，前半の定積分に(1)が使えるようになり，$[a]$ が奇数である（これがポイントである）ことから，後半の定積分に(2)が使えるのである。これもグラフを描いて考えることが大切である。

解法 1

(1)　$y=|\sin x|$ は，周期 π の周期関数で，グラフは次図のようになる。

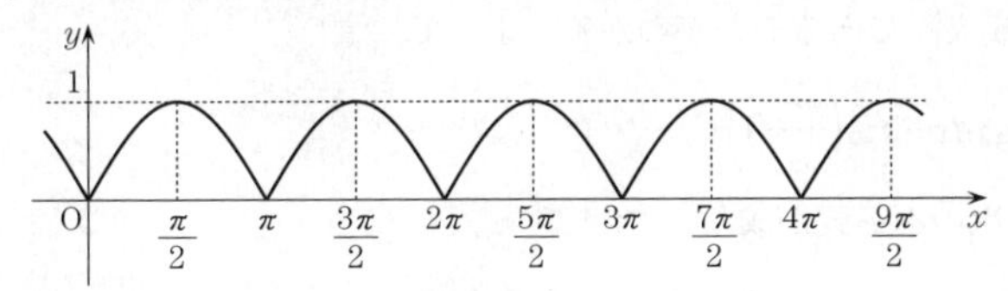

周期関数であること，$x=\dfrac{\pi}{2}$ に関して対称であること，また

$$\int_0^{\frac{\pi}{2}}|\sin x|dx=\int_0^{\frac{\pi}{2}}\sin x dx=\Big[-\cos x\Big]_0^{\frac{\pi}{2}}=1$$

であることにより，$k=1,\ 2,\ 3,\ \cdots,\ n$ に対し

$$\int_{\frac{(k-1)\pi}{2}}^{\frac{k\pi}{2}}|\sin x|dx=1$$

であるから

$$I(n)=\int_0^{\frac{n\pi}{2}}|\sin x|dx=\sum_{k=1}^{n}\int_{\frac{(k-1)\pi}{2}}^{\frac{k\pi}{2}}|\sin x|dx=\sum_{k=1}^{n}1=n \quad \cdots\cdots(答)$$

(2)　$$f(s)=\int_0^{\frac{s\pi}{2}}\cos x dx-s \quad (0\leqq s\leqq 1)$$

とおくと，$0\leqq\dfrac{s\pi}{2}\leqq\dfrac{\pi}{2}$ であり，このとき

$$f'(s)=\frac{\pi}{2}\cos\frac{s\pi}{2}-1,$$

$$f''(s)=-\frac{\pi^2}{4}\sin\frac{s\pi}{2}\leqq 0 \quad (s=0 \text{ のときのみ等号成立})$$

であるから，$0\leqq s\leqq 1$ において，$f(s)$ は上に凸で

$$f(0)=0,\ f(1)=\int_0^{\frac{\pi}{2}}\cos x dx-1=\Big[\sin x\Big]_0^{\frac{\pi}{2}}-1=1-1=0$$

に注意すれば，$f(s)\geqq 0$ （$s=0,\ 1$ で等号成立）であることがわかる。よって

$$0\leqq\int_0^{\frac{s\pi}{2}}\cos x dx-s \quad \cdots\cdots①$$

また

$$g(s)=\left(\frac{\pi}{2}-1\right)s-\left(\int_0^{\frac{s\pi}{2}}\cos x dx-s\right)=\frac{s\pi}{2}-\int_0^{\frac{s\pi}{2}}\cos x dx \quad (0\leqq s\leqq 1)$$

とおくと，$0\leqq\dfrac{s\pi}{2}\leqq\dfrac{\pi}{2}$ であり，このとき

$$g'(s)=\frac{\pi}{2}-\frac{\pi}{2}\cos\frac{s\pi}{2}=\frac{\pi}{2}\left(1-\cos\frac{s\pi}{2}\right)\geqq 0 \quad (s=0\text{ のときのみ等号成立})$$

であるから，$0\leqq s\leqq 1$ において $g(s)$ は増加関数で，$g(0)=0$ に注意すれば，$g(s)\geqq 0$（$s=0$ で等号成立）であることがわかる。よって

$$\int_0^{\frac{s\pi}{2}}\cos x dx-s\leqq\left(\frac{\pi}{2}-1\right)s \quad \cdots\cdots②$$

①，②より，次の不等式が成り立つ。

$$0\leqq\int_0^{\frac{s\pi}{2}}\cos x dx-s\leqq\left(\frac{\pi}{2}-1\right)s \quad (0\leqq s\leqq 1)$$

（証明終）

〔注1〕 $0\leqq x\leqq\frac{s\pi}{2}$ において，$\cos x\leqq 1$ であるから

$$\int_0^{\frac{s\pi}{2}}\cos x dx\leqq\int_0^{\frac{s\pi}{2}}1dx=\frac{s\pi}{2}$$

として，②を示してもよい。

〔注2〕 a を定数とするとき，一般に，$\int_a^x f(t)\,dt$ は x の関数であり

$$\frac{d}{dx}\int_a^x f(t)\,dt=f(x)$$

である。また

$$\frac{d}{dx}\int_a^{g(x)} f(t)\,dt=f(g(x))\,g'(x)$$

であるから，**〔解法1〕**で

$$f'(s)=\left(\cos\frac{s\pi}{2}\right)\left(\frac{s\pi}{2}\right)'-1=\frac{\pi}{2}\cos\frac{s\pi}{2}-1$$

としている。

なお，$f'(s)=0$ を解こうとすると

$$\cos\frac{s\pi}{2}=\frac{2}{\pi} \quad \left(0<\frac{2}{\pi}<1\text{ だから解はある}\right)$$

となるが，この式を満たす s の値はわからない。

そこで，$\cos\frac{\alpha\pi}{2}=\frac{2}{\pi}$ $(0<\alpha<1)$ となる α をおき，$0<x<\frac{\pi}{2}$ で $\cos x$ が減少関数であることから

$$0<x<\frac{\alpha\pi}{2}\ (0<s<\alpha)\text{ のとき} \qquad f'(s)>0$$

$$\frac{\alpha\pi}{2}<x<\frac{\pi}{2}\ (\alpha<s<1)\text{ のとき} \qquad f'(s)<0$$

を導くと，$f(s)$ の増減表は右のようになる。これにより，$f(s)\geqq 0$ を示す方法もある。ただし，これは面倒なので，**〔解法1〕**では $f''(s)<0$ を示し，$f(s)$ が上に凸となることを用いた。

s	0	$\cdots$	α	$\cdots$	1
$f'(s)$		$+$		$-$	
$f(s)$	0	↗		↘	0

(3)　$at=x$ $(a>0)$ とおくと　　$t=\dfrac{1}{a}x$

$$\frac{dt}{dx}=\frac{1}{a},\qquad \begin{array}{c|c} t & 0 \longrightarrow \frac{\pi}{2} \\ \hline x & 0 \longrightarrow \frac{a\pi}{2} \end{array}$$

であるので

$$\int_0^{\frac{\pi}{2}}|\sin at|\,dt=\frac{1}{a}\int_0^{\frac{a\pi}{2}}|\sin x|\,dx$$

となるから，与えられた不等式は，$a>0$ より

$$0\leqq\frac{1}{a}\int_0^{\frac{a\pi}{2}}|\sin x|\,dx-1\leqq\left(\frac{\pi}{2}-1\right)\left(1-\frac{[a]}{a}\right)$$

すなわち

$$0\leqq\int_0^{\frac{a\pi}{2}}|\sin x|\,dx-a\leqq\left(\frac{\pi}{2}-1\right)(a-[a])\quad\cdots\cdots③$$

と変形できる。よって，不等式③を示せばよい。

ここで，$[a]\leqq a<[a]+1$ であり，また $[a]$ は自然数であるから，(1)の結果を用いると

$$\int_0^{\frac{a\pi}{2}}|\sin x|\,dx-a=\int_0^{\frac{[a]\pi}{2}}|\sin x|\,dx+\int_{\frac{[a]\pi}{2}}^{\frac{a\pi}{2}}|\sin x|\,dx-a$$

$$=[a]+\int_{\frac{[a]\pi}{2}}^{\frac{a\pi}{2}}|\sin x|\,dx-a$$

$$=\int_{\frac{[a]\pi}{2}}^{\frac{a\pi}{2}}|\sin x|\,dx-(a-[a])\quad\cdots\cdots④$$

$[a]$ が奇数であるので，次図を参照して

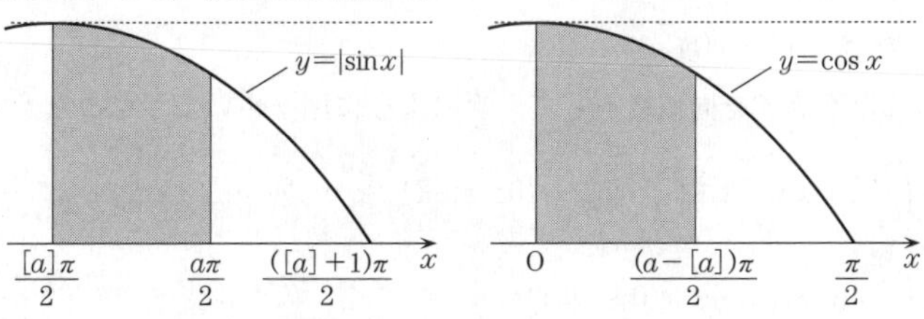

$$\int_{\frac{[a]\pi}{2}}^{\frac{a\pi}{2}}|\sin x|\,dx=\int_0^{\frac{(a-[a])\pi}{2}}\cos x\,dx\quad\cdots\cdots⑤$$

④，⑤より

$$\int_0^{\frac{a\pi}{2}}|\sin x|\,dx-a=\int_0^{\frac{(a-[a])\pi}{2}}\cos x\,dx-(a-[a])\quad\cdots\cdots⑥$$

また，$0 \leqq a-[a]<1$ より，$0 \leqq a-[a] \leqq 1$ が成り立つので，(2)の不等式で，$s=a-[a]$ とおくことができ

$$0 \leqq \int_0^{\frac{(a-[a])\pi}{2}} \cos x dx-(a-[a]) \leqq \left(\frac{\pi}{2}-1\right)(a-[a])$$

が成り立つ。⑥より

$$0 \leqq \int_0^{\frac{a\pi}{2}} |\sin x| dx-a \leqq \left(\frac{\pi}{2}-1\right)(a-[a])$$

よって，③が示せた。 (証明終)

〔注3〕 ⑤を示すには，次のように置換積分を考えてもよい。

$\int_{\frac{[a]\pi}{2}}^{\frac{a\pi}{2}} |\sin x| dx$ において，$x=u+\frac{[a]\pi}{2}$ とおくと

$$\frac{dx}{du}=1, \quad \begin{array}{c|ccc} x & \frac{[a]\pi}{2} & \longrightarrow & \frac{a\pi}{2} \\ \hline u & 0 & \longrightarrow & \frac{(a-[a])\pi}{2} \end{array}$$

であるから

$$\begin{aligned} \int_{\frac{[a]\pi}{2}}^{\frac{a\pi}{2}} |\sin x| dx &= \int_0^{\frac{(a-[a])\pi}{2}} \left|\sin\left(u+\frac{[a]\pi}{2}\right)\right| du \\ &= \int_0^{\frac{(a-[a])\pi}{2}} |\pm\cos u| du \quad ([a] \text{ は奇数だから}) \\ &= \int_0^{\frac{(a-[a])\pi}{2}} \cos u du \quad \left(\because \ 0 \leqq u \leqq \frac{(a-[a])\pi}{2}<\frac{\pi}{2}\right) \\ &= \int_0^{\frac{(a-[a])\pi}{2}} \cos x dx \end{aligned}$$

解法 2

((1)，(3)は〔解法1〕と同様)

(2) 与えられた不等式を同値変形して，次のように図を用いて示すこともできる。

$$0 \leqq \int_0^{\frac{s\pi}{2}} \cos x dx-s \leqq \left(\frac{\pi}{2}-1\right)s \quad (0 \leqq s \leqq 1) \quad \cdots\cdots ㋐$$

$$\Longleftrightarrow s \leqq \int_0^{\frac{s\pi}{2}} \cos x dx \leqq \frac{s\pi}{2} \quad (0 \leqq s \leqq 1)$$

$$\Longleftrightarrow s \leqq \sin\frac{s\pi}{2} \leqq \frac{s\pi}{2} \quad (0 \leqq s \leqq 1) \quad \cdots\cdots ㋑$$

ここで，$\frac{s\pi}{2}=x$ とおくと

$$㋑ \Longleftrightarrow \frac{2}{\pi}x \leqq \sin x \leqq x \quad \left(0 \leqq x \leqq \frac{\pi}{2}\right) \quad \cdots\cdots ㋒$$

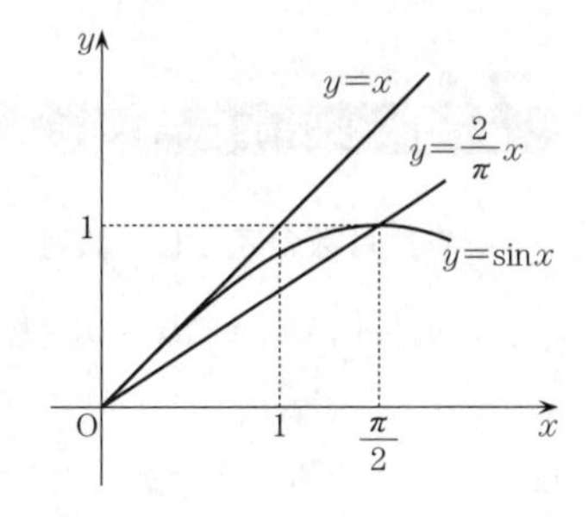

$y=\sin x$ は，$0\leqq x\leqq\dfrac{\pi}{2}$ において上に凸であるから，

$0<x<\dfrac{\pi}{2}$ では直線 $y=\dfrac{2}{\pi}x$ より上側にあり，$x=0$，

$\dfrac{\pi}{2}$ で交わる。

また，$y'=\cos x$ より，$x=0$ のとき $y'=1$ であるから，$y=\sin x$ の原点における接線の方程式は，$y=x$ である。

したがって，右上図の３つのグラフ $y=x$，$y=\sin x$，$y=\dfrac{2}{\pi}x$ の上下関係から，不等式㋒が成り立つことがいえる。すなわち㋐が示せた。　（証明終）

参考　ガウス記号 $[a]$（整数 n に対し，$n\leqq a<n+1$ のとき $[a]=n$ と定義される。つまり，a を超えない最大の整数を $[a]$ と表すのである）に習熟していないと考えにくいかもしれない。

$$[a]\leqq a<[a]+1 \quad \text{あるいは} \quad a-1<[a]\leqq a$$

として使われることが多い。

③の式の形が(2)の不等式にそっくりなので，(2)の結果を利用するという着想に至るのは自然な流れである。ここでは $[a]$ が奇数であることがポイントになる。ただし，(2)を上手に使うことにあまりこだわってはいけない。(1)の結果を使うことと，置換は当然として

$$\frac{1}{a}\int_0^{\frac{a\pi}{2}}|\sin x|\,dx-1=\frac{1}{a}\left(\int_0^{\frac{[a]\pi}{2}}|\sin x|\,dx+\int_{\frac{[a]\pi}{2}}^{\frac{a\pi}{2}}|\sin x|\,dx\right)-1$$

$$=\frac{1}{a}\left([a]+\int_{\frac{[a]\pi}{2}}^{\frac{a\pi}{2}}|\sin x|\,dx\right)-1$$

と変形できれば，証明問題で結果がわかっているので，$[a]$ が奇数であることを考慮すれば，何とか解答できてしまうであろう。

74 2005年度〔1〕 Level B

e を自然対数の底とし，数列 $\{a_n\}$ を次式で定義する。

$$a_n=\int_1^e (\log x)^n dx \quad (n=1,\ 2,\ \cdots)$$

(1) $n \geqq 3$ のとき，次の漸化式を示せ。

$$a_n=(n-1)(a_{n-2}-a_{n-1})$$

(2) $n \geqq 1$ に対し $a_n>a_{n+1}>0$ となることを示せ。

(3) $n \geqq 2$ のとき，以下の不等式が成立することを示せ。

$$a_{2n}<\frac{3\cdot5\cdot\cdots\cdot(2n-1)}{4\cdot6\cdot\cdots\cdot(2n)}(e-2)$$

ポイント 定積分 a_n の計算には部分積分法を用いる。そうすれば，a_{n-1} が見えてくるだろう。

(1) 結論の漸化式がわかっているので心配はない。部分積分によって，a_n と a_{n-1} の間の漸化式を得るが，この式から a_{n-1} と a_{n-2} の間の漸化式も得られる。この2式を用いればよい。

(2) $1 \leqq x \leqq e$ では $0 \leqq \log x \leqq 1$ であるから，$0 \leqq (\log x)^n \leqq 1$ となる。定積分の性質を思い起こせば $a_n>0$ であることがわかる。

(3) $n=1$ の場合の定積分計算によると $a_1=1$，漸化式から $a_2=e-2$ となる。すると，ここでの不等式は $\dfrac{a_{2n}}{a_2}<\dfrac{3\cdot5\cdot\cdots\cdot(2n-1)}{4\cdot6\cdot\cdots\cdot(2n)}$ となり，この種の式変形に経験があれば

$$\frac{a_4}{a_2}\times\frac{a_6}{a_4}\times\cdots\times\frac{a_{2n}}{a_{2n-2}}<\frac{3}{4}\times\frac{5}{6}\times\cdots\times\frac{2n-1}{2n}$$

が連想されよう。したがって，不等式 $a_{2n}<\dfrac{2n-1}{2n}a_{2n-2}$ または $a_n<\dfrac{n-1}{n}a_{n-2}$ を見つけようとの方針が立つ。

解法 1

(1) 部分積分法を用いれば，$n \geqq 2$ のとき

$$a_n=\int_1^e (\log x)^n dx=\int_1^e 1\cdot(\log x)^n dx=\Big[x(\log x)^n\Big]_1^e-\int_1^e x\cdot n(\log x)^{n-1}\cdot\frac{1}{x}dx$$

$$=e-n\int_1^e (\log x)^{n-1}dx$$

$\therefore\ a_n=e-na_{n-1} \quad (n=2,\ 3,\ \cdots) \quad \cdots\cdots①$

この漸化式から

$$a_{n-1}=e-(n-1)a_{n-2} \quad (n=3,\ 4,\ \cdots) \quad \cdots\cdots②$$

$n \geqq 3$ のとき，①，②から e を消去すれば

$$a_n-a_{n-1}=(n-1)a_{n-2}-na_{n-1}$$

$$\therefore \quad a_n=(n-1)(a_{n-2}-a_{n-1})$$

（証明終）

〔注1〕 $\int \log x dx=\int 1\cdot\log x dx=x\log x-\int x\cdot\frac{1}{x}dx=x\log x-x=x(\log x-1)$

（なお，積分定数は省略した）

に注意して，$n \geqq 3$ のとき

$$\begin{aligned} a_n &= \int_1^e (\log x)(\log x)^{n-1}dx \\ &= \Big[x(\log x-1)(\log x)^{n-1}\Big]_1^e-\int_1^e x(\log x-1)(n-1)(\log x)^{n-2}\cdot\frac{1}{x}dx \\ &= (n-1)\int_1^e \{(\log x)^{n-2}-(\log x)^{n-1}\}dx \\ &= (n-1)\left\{\int_1^e (\log x)^{n-2}dx-\int_1^e (\log x)^{n-1}dx\right\} \\ &= (n-1)(a_{n-2}-a_{n-1}) \end{aligned}$$

とすることもできる。

〔注2〕 ①を $a_{n-1}=\frac{e-a_n}{n}$ と変形すれば

$$a_{n-2}=\frac{e-a_{n-1}}{n-1}=\left(e-\frac{e-a_n}{n}\right)\times\frac{1}{n-1}=\frac{e}{n}+\frac{a_n}{n(n-1)}$$

となるから，これらを $(n-1)(a_{n-2}-a_{n-1})$ に代入すれば a_n となる。証明が上手に書けないにしても必ず解けるから，落ち着いて対処すべきである。

(2) $n \geqq 1$ に対して

$1 \leqq x \leqq e$ のとき，$0 \leqq \log x \leqq 1$ であるから　　$0 \leqq (\log x)^n \leqq 1$

$1<x<e$ では，$0<(\log x)^n<1$ であるから，定積分の性質より

$$0<\int_1^e (\log x)^n dx \ \left(<\int_1^e 1dx\right)$$

すなわち　　$0<a_n \ (<e-1) \quad (n=1,\ 2,\ \cdots)$

また，(1)の等式から，$n \geqq 1$ に対して

$$a_{n+2}=(n+1)(a_n-a_{n+1})$$

であり，$a_{n+2}>0$，$n+1>0$ であるから

$$a_n-a_{n+1}>0 \qquad \therefore \quad a_n>a_{n+1}$$

これら2式より，$n \geqq 1$ に対し　　$a_n>a_{n+1}>0$

（証明終）

〔注3〕 定積分の性質，すなわち

$a \leqq x \leqq b$ において，$f(x) \leqq g(x)$ ならば　　$\int_a^b f(x)dx \leqq \int_a^b g(x)dx$

を用いる。ここで等号が成立するのは，区間 $[a,\ b]$ のすべてにおいて，$f(x)=g(x)$ となるときのみであることに注意する。

(3)　$a_1=\int_1^e \log x dx=\Big[x\log x\Big]_1^e-\int_1^e x\cdot\frac{1}{x}dx=e-\Big[x\Big]_1^e=1$

漸化式①より　$a_2=e-2a_1=e-2\times1=e-2$ ……③

(2)の不等式より　$a_{n-1}>a_n$　$(n=2,\ 3,\ \cdots)$

であるから，(1)の等式より

$$a_n=(n-1)(a_{n-2}-a_{n-1})<(n-1)(a_{n-2}-a_n)\quad(n=3,\ 4,\ \cdots)$$

したがって　$na_n<(n-1)a_{n-2}$

すなわち　$\dfrac{a_n}{a_{n-2}}<\dfrac{n-1}{n}$　((2)より $a_{n-2}>0$)

が成り立ち，n を $2n$ で置き換えると

$$\frac{a_{2n}}{a_{2n-2}}<\frac{2n-1}{2n}\quad(n=2,\ 3,\ \cdots)$$

$n=2,\ 3,\ \cdots$ に対して，この不等式は

$$\frac{a_4}{a_2}<\frac{3}{4},\ \frac{a_6}{a_4}<\frac{5}{6},\ \cdots,\ \frac{a_{2n}}{a_{2n-2}}<\frac{2n-1}{2n}$$

いずれの辺も正であるから，左辺どうし，右辺どうしの積をつくれば

$$\frac{a_4}{a_2}\times\frac{a_6}{a_4}\times\cdots\times\frac{a_{2n}}{a_{2n-2}}<\frac{3}{4}\times\frac{5}{6}\times\cdots\times\frac{2n-1}{2n}$$

$$\therefore\quad a_{2n}<\frac{3\cdot5\cdot\cdots\cdot(2n-1)}{4\cdot6\cdot\cdots\cdot(2n)}a_2$$

ここで，③により

$$a_{2n}<\frac{3\cdot5\cdot\cdots\cdot(2n-1)}{4\cdot6\cdot\cdots\cdot(2n)}(e-2)$$

(証明終)

〔注4〕 〔ポイント〕でも述べたように，ここでは a_n と a_{n-2} の関係を見つけることに集中する。漸化式 $a_n=(n-1)(a_{n-2}-a_{n-1})$ において，a_{n-1} を消してしまえばよいのだが，単純に a_{n-1} を消して $a_n<(n-1)a_{n-2}$ とすると，評価が甘すぎてうまくいかない。$a_n<a_{n-1}$ を利用して，$a_n<(n-1)(a_{n-2}-a_n)$ とすればうまくいく。少し技巧を必要とする。

解法 2

((1)，(3)は〔解法1〕と同様)

(2)　$n\geqq1$ に対して

$1\leqq x\leqq e$ のとき，$0\leqq\log x\leqq1$ であるから

$$0\leqq(\log x)^{n+1}\leqq(\log x)^n$$

$1<x<e$ では，$0<(\log x)^{n+1}<(\log x)^n$ であるから

$$0<\int_1^e(\log x)^{n+1}dx<\int_1^e(\log x)^n dx$$

$$\therefore\quad 0<a_{n+1}<a_n$$

(証明終)

75 2004年度〔2〕 Level C

次の問いに答えよ。

(1) $f(x)$，$g(x)$ を連続な偶関数，m を正の整数とするとき，

$$\int_0^{m\pi} f(\sin x)\,g(\cos x)\,dx = m\int_0^{\pi} f(\sin x)\,g(\cos x)\,dx$$

を証明せよ。

(2) 正の整数 m，n が $m\pi \leqq n < (m+1)\pi$ を満たしているとき，

$$\frac{m}{(m+1)\pi}\int_0^{\pi}\frac{\sin x}{(1+\cos^2 x)^2}dx \leqq \int_0^1 \frac{|\sin nx|}{(1+\cos^2 nx)^2}dx \leqq \frac{m+1}{m\pi}\int_0^{\pi}\frac{\sin x}{(1+\cos^2 x)^2}dx$$

を証明せよ。

(3) 極限値

$$\lim_{n\to\infty}\int_0^1 \frac{|\sin nx|}{(1+\cos^2 nx)^2}dx$$

を求めよ。

ポイント 一見して記号だらけで厳めしい感じを与える問題である。このような問題は，やみくもに計算してはいけない。式の意味をじっくり考えることである。証明問題は，結論がわかっているぶん，解きやすいともいえるのである。

(1) 与えられた等式を観察すると，左辺は0から $m\pi$ までの定積分であり，右辺が0から π までの定積分の値の m 倍になっているので，$f(\sin x)\,g(\cos x)$ のグラフは，0から π までのグラフのくり返しにすぎないのではないかという見当がつく。

なお，偶関数 $h(x)$ というのは，$h(-x)=h(x)$ を満たす関数のことであり，周期関数 $h(x)$ というのは，$h(x+t)=h(x)$ を満たす t（周期）をもつ関数のことである。

(2) 証明すべき不等式の中央にある定積分において，$nx=s$ による置換積分を実行し，面積をイメージしながら $m\pi \leqq n < (m+1)\pi$ を考えれば，(1)が使える形が現れてくるであろう。

(3) (2)の不等式の左辺と右辺にある定積分は計算できる。あとは，はさみうちの原理でいけそうである。

解 法

(1) m は正の整数だから

$$\int_0^{m\pi} f(\sin x)\,g(\cos x)\,dx=\sum_{k=1}^{m}\int_{(k-1)\pi}^{k\pi} f(\sin x)\,g(\cos x)\,dx \quad \cdots\cdots ①$$

$x=t+(k-1)\pi$ $(k=1,\ 2,\ 3,\ \cdots,\ m)$ とおくと

$dx=dt$,

x	$(k-1)\pi \longrightarrow k\pi$
t	$0 \longrightarrow \pi$

であるから

$$\int_{(k-1)\pi}^{k\pi} f(\sin x)\,g(\cos x)\,dx$$

$$=\int_0^{\pi} f(\sin\{t+(k-1)\pi\})\,g(\cos\{t+(k-1)\pi\})\,dt \quad \cdots\cdots ②$$

ここで，三角関数の加法定理より

$$\sin\{t+(k-1)\pi\}=(-1)^{k-1}\sin t,\quad \cos\{t+(k-1)\pi\}=(-1)^{k-1}\cos t$$

が成り立ち，$f(x)$，$g(x)$ が偶関数であることから

$$f(\sin\{t+(k-1)\pi\})=f((-1)^{k-1}\sin t)=f(\sin t)$$

$$g(\cos\{t+(k-1)\pi\})=g((-1)^{k-1}\cos t)=g(\cos t)$$

がいえる。したがって，②は，定積分の値が積分の変数を表す文字に関係しないことに注意すれば

$$\int_{(k-1)\pi}^{k\pi} f(\sin x)\,g(\cos x)\,dx=\int_0^{\pi} f(\sin t)\,g(\cos t)\,dt=\int_0^{\pi} f(\sin x)\,g(\cos x)\,dx$$

よって，①より

$$\int_0^{m\pi} f(\sin x)\,g(\cos x)\,dx=\sum_{k=1}^{m}\int_0^{\pi} f(\sin x)\,g(\cos x)\,dx$$

$$=m\int_0^{\pi} f(\sin x)\,g(\cos x)\,dx \qquad \text{(証明終)}$$

〔注1〕 $h(x)=f(\sin x)\,g(\cos x)$ とおくと，$f(x)$，$g(x)$ がともに偶関数であることから

$$h(x+\pi)=f(\sin(x+\pi))\,g(\cos(x+\pi))=f(-\sin x)\,g(-\cos x)$$
$$=f(\sin x)\,g(\cos x)=h(x)$$

となるので，$h(x)$ は周期 π の周期関数であることがわかる。
したがって，①からただちに結論が導かれる。

(2) $nx=s$ とおくと

$dx=\dfrac{1}{n}ds$,

x	$0 \longrightarrow 1$
s	$0 \longrightarrow n$

であるから，定積分の値が積分の変数を表す文字に関係しないことに注意すれば

$$\int_0^1 \frac{|\sin nx|}{(1+\cos^2 nx)^2}dx = \frac{1}{n}\int_0^n \frac{|\sin s|}{(1+\cos^2 s)^2}ds = \frac{1}{n}\int_0^n \frac{|\sin x|}{(1+\cos^2 x)^2}dx \quad \cdots\cdots③$$

ここで，$m\pi \leqq n < (m+1)\pi$（m，n は正の整数）であり，$\dfrac{|\sin x|}{(1+\cos^2 x)^2} \geqq 0$ であるから，

③より

$$\frac{1}{n}\int_0^{m\pi} \frac{|\sin x|}{(1+\cos^2 x)^2}dx \leqq \frac{1}{n}\int_0^n \frac{|\sin x|}{(1+\cos^2 x)^2}dx$$

$$\leqq \frac{1}{n}\int_0^{(m+1)\pi} \frac{|\sin x|}{(1+\cos^2 x)^2}dx \quad \cdots\cdots④$$

ここで，(1)の連続な偶関数 $f(x)$，$g(x)$ を

$$f(\sin x) = |\sin x|,\ \ g(\cos x) = \frac{1}{(1+\cos^2 x)^2}$$

とおいて，(1)の結果を用い，さらに $0 \leqq x \leqq \pi$ のとき $|\sin x| = \sin x$ に注意すると

$$\frac{1}{n}\int_0^{m\pi} \frac{|\sin x|}{(1+\cos^2 x)^2}dx = \frac{m}{n}\int_0^{\pi} \frac{|\sin x|}{(1+\cos^2 x)^2}dx$$

$$= \frac{m}{n}\int_0^{\pi} \frac{\sin x}{(1+\cos^2 x)^2}dx$$

$$> \frac{m}{(m+1)\pi}\int_0^{\pi} \frac{\sin x}{(1+\cos^2 x)^2}dx \quad (\because\ \ 0 < n < (m+1)\pi)$$

$$\cdots\cdots⑤$$

同様に，$0 < m\pi \leqq n$ から

$$\frac{1}{n}\int_0^{(m+1)\pi} \frac{|\sin x|}{(1+\cos^2 x)^2}dx = \frac{m+1}{n}\int_0^{\pi} \frac{\sin x}{(1+\cos^2 x)^2}dx$$

$$\leqq \frac{m+1}{m\pi}\int_0^{\pi} \frac{\sin x}{(1+\cos^2 x)^2}dx \quad \cdots\cdots⑥$$

③，④，⑤，⑥より

$$\frac{m}{(m+1)\pi}\int_0^{\pi} \frac{\sin x}{(1+\cos^2 x)^2}dx \leqq \int_0^1 \frac{|\sin nx|}{(1+\cos^2 nx)^2}dx$$

$$\leqq \frac{m+1}{m\pi}\int_0^{\pi} \frac{\sin x}{(1+\cos^2 x)^2}dx$$

（証明終）

〔注2〕 $f(x) \geqq 0$ とし，$a < b < c$ とすれば

$$\int_a^c f(x)\,dx - \int_a^b f(x)\,dx = \int_a^b f(x)\,dx + \int_b^c f(x)\,dx - \int_a^b f(x)\,dx$$

$$= \int_b^c f(x)\,dx \geqq 0$$

であるから

$$\int_a^b f(x)\,dx \leqq \int_a^c f(x)\,dx$$

が成り立つ（等号は $f(x)=0$ が恒等的であるとき成り立つ）。

$m\pi \leqq n < (m+1)\pi$ に対して，このことを用いれば④が得られる。次に，(1)の結果と，

$\dfrac{1}{(m+1)\pi}<\dfrac{1}{n}\leqq\dfrac{1}{m\pi}$ を用いれば⑤，⑥が得られる。不等式④では，$\dfrac{|\sin x|}{(1+\cos^2 x)^2}$ が「恒等的に 0」ではないから，等号を入れなくても誤りではない。また，不等式⑤で等号を入れても誤りではない。なぜならば，「$A\leqq B$ ならば $A<B$」は偽であるが，「$A<B$ ならば $A\leqq B$」は真であるからである。

(3)　$\displaystyle\int_0^{\pi}\frac{\sin x}{(1+\cos^2 x)^2}dx=I$ とおき，$\cos x=u$ とおくと

$-\sin x dx=du$,

x	$0 \longrightarrow \pi$
u	$1 \longrightarrow -1$

$$I=\int_1^{-1}\frac{-1}{(1+u^2)^2}du=\int_{-1}^{1}\frac{1}{(1+u^2)^2}du=2\int_0^1\frac{1}{(1+u^2)^2}du$$

$$\left(\because\quad \frac{1}{(1+u^2)^2}\text{ は偶関数}\right)$$

さらに，$u=\tan\theta$ とおくと

$du=\dfrac{1}{\cos^2\theta}d\theta$,

u	$0 \longrightarrow 1$
θ	$0 \longrightarrow \dfrac{\pi}{4}$

であるから

$$I=2\int_0^{\frac{\pi}{4}}\frac{1}{(1+\tan^2\theta)^2}\times\frac{1}{\cos^2\theta}d\theta=2\int_0^{\frac{\pi}{4}}\frac{1}{\left(\dfrac{1}{\cos^2\theta}\right)^2}\times\frac{1}{\cos^2\theta}d\theta$$

$$=2\int_0^{\frac{\pi}{4}}\cos^2\theta d\theta=2\int_0^{\frac{\pi}{4}}\frac{1+\cos 2\theta}{2}d\theta$$

$$=\left[\theta+\frac{1}{2}\sin 2\theta\right]_0^{\frac{\pi}{4}}=\frac{\pi}{4}+\frac{1}{2}$$

したがって，(2)の不等式は

$$\frac{m}{(m+1)\pi}\left(\frac{\pi}{4}+\frac{1}{2}\right)\leqq\int_0^1\frac{|\sin nx|}{(1+\cos^2 nx)^2}dx\leqq\frac{m+1}{m\pi}\left(\frac{\pi}{4}+\frac{1}{2}\right)\quad\cdots\cdots⑦$$

となり，$m\pi\leqq n<(m+1)\pi$ より，$n\to\infty$ のとき，$m\to\infty$ であるから

⑦の左辺で $n\to\infty$ のとき　$\displaystyle\lim_{m\to\infty}\frac{m}{(m+1)\pi}\left(\frac{\pi}{4}+\frac{1}{2}\right)=\frac{1}{4}+\frac{1}{2\pi}$

⑦の右辺で $n\to\infty$ のとき　$\displaystyle\lim_{m\to\infty}\frac{m+1}{m\pi}\left(\frac{\pi}{4}+\frac{1}{2}\right)=\frac{1}{4}+\frac{1}{2\pi}$

よって，はさみうちの原理により

$$\lim_{n\to\infty}\int_0^1\frac{|\sin nx|}{(1+\cos^2 nx)^2}dx=\frac{1}{4}+\frac{1}{2\pi}\quad\cdots\cdots(\text{答})$$

§6 微・積分法（グラフ）

76　2023 年度　〔4〕　Level　C

xyz 空間において，x 軸を軸とする半径 2 の円柱から，$|y|<1$ かつ $|z|<1$ で表される角柱の内部を取り除いたものを A とする。また，A を x 軸のまわりに $45°$ 回転してから z 軸のまわりに $90°$ 回転したものを B とする。A と B の共通部分の体積を求めよ。

ポイント　直交する円柱を立体的に描くのはなかなか難しい。円柱には空洞があるのでなおさらである。しかし，A を平面 $z=t$ で切ったときの切り口は，場合分けが必要ではあるものの，簡単にわかる。B の方も同様である。これらの切り口の共通部分が，A と B の共通部分の $z=t$ による切り口である。このように考えるのが定石である。このことさえわかれば，切り口の面積を t で表し積分するだけである。ただし，計算は複雑になるから，図形の対称性を利用したり，積分計算を工夫したりしなければならない。結果も簡潔にはならないだろう。

解法

x 軸を軸とする半径 2 の円柱から，$|y|<1$，$|z|<1$ で表される角柱の内部を取り除いたもの A を，yz 平面で切ったときの切り口（x 軸の正の部分から見た）が図 1 の網かけ部分である。A を平面 $z=t$ $(-2\leqq t\leqq 2)$ で切ったときの切り口で，$0\leqq t\leqq 1$ のときが図 2，$1\leqq t\leqq 2$ のときが図 3 の網かけ部分である。

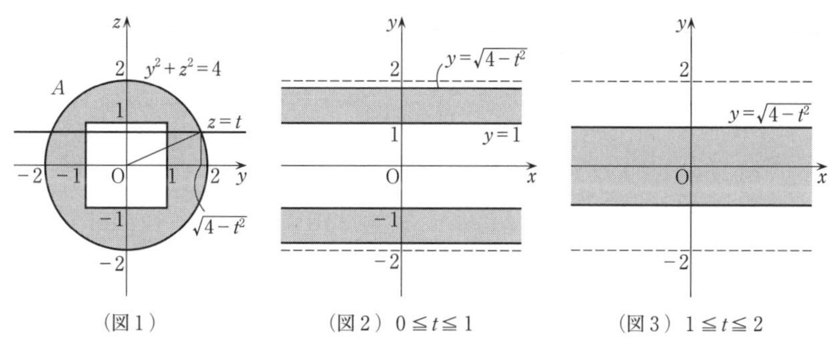

（図 1）　（図 2）$0\leqq t\leqq 1$　（図 3）$1\leqq t\leqq 2$

A を x 軸のまわりに $45°$ 回転してから z 軸のまわりに $90°$ 回転したもの B を，zx 平面で切ったときの切り口（y 軸の負の部分から見た）が図 4 の網かけ部分である。B を平面 $z=t$ で切ったときの切り口で，$0\leqq t\leqq \sqrt{2}$ のときが図 5，$\sqrt{2}\leqq t\leqq 2$ のときが図

6の網かけ部分である。

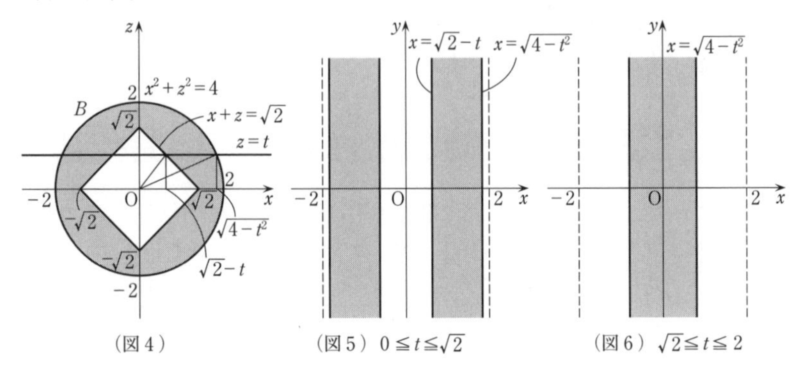

（図4）　　（図5）$0 \leqq t \leqq \sqrt{2}$　　（図6）$\sqrt{2} \leqq t \leqq 2$

A と B の共通部分 $A \cap B$ を $z=t$ で切ったときの切り口は次のようになる。

$0 \leqq t \leqq 1$ のとき，図2と図5より，図7の網かけ部分。

$1 \leqq t \leqq \sqrt{2}$ のとき，図3と図5より，図8の網かけ部分。

$\sqrt{2} \leqq t \leqq 2$ のとき，図3と図6より，図9の網かけ部分。

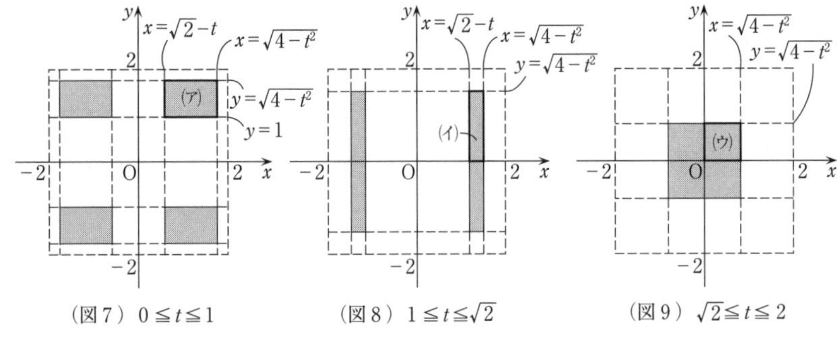

（図7）$0 \leqq t \leqq 1$　　（図8）$1 \leqq t \leqq \sqrt{2}$　　（図9）$\sqrt{2} \leqq t \leqq 2$

ここで，図の(ア)，(イ)，(ウ)（いずれも $x \geqq 0$，$y \geqq 0$，$z=t$ の部分）の面積を順に S_1，S_2，S_3 とすると

$$S_1=(\sqrt{4-t^2}-1)\{\sqrt{4-t^2}-(\sqrt{2}-t)\}$$
$$=4-t^2-(1+\sqrt{2}-t)\sqrt{4-t^2}+\sqrt{2}-t$$
$$=-t^2-t+4+\sqrt{2}+t\sqrt{4-t^2}-(1+\sqrt{2})\sqrt{4-t^2}$$
$$S_2=\sqrt{4-t^2}\{\sqrt{4-t^2}-(\sqrt{2}-t)\}$$
$$=4-t^2+t\sqrt{4-t^2}-\sqrt{2}\sqrt{4-t^2}$$
$$S_3=\sqrt{4-t^2}\sqrt{4-t^2}=4-t^2$$

$A \cap B$ の体積を V とする。$A \cap B$ は xy 平面，yz 平面，zx 平面に関して対称であるから，$x \geqq 0$，$y \geqq 0$，$z \geqq 0$ の部分の体積を8倍したものが V である。よって

$$\frac{V}{8}=\int_0^1 S_1 dt+\int_1^{\sqrt{2}} S_2 dt+\int_{\sqrt{2}}^2 S_3 dt \quad \cdots\cdots ①$$

が成り立つ。

$$I_1=\int_0^1 S_1dt$$

$$=\int_0^1\{-t^2-t+4+\sqrt{2}+t\sqrt{4-t^2}-(1+\sqrt{2})\sqrt{4-t^2}\}dt$$

$$=\left[-\frac{t^3}{3}-\frac{t^2}{2}+(4+\sqrt{2})t-\frac{1}{3}(4-t^2)^{\frac{3}{2}}\right]_0^1-(1+\sqrt{2})\int_0^1\sqrt{4-t^2}\,dt$$

$$=-\frac{1}{3}-\frac{1}{2}+(4+\sqrt{2})-\frac{1}{3}(3^{\frac{3}{2}}-4^{\frac{3}{2}})-(1+\sqrt{2})\left(\frac{\pi}{3}+\frac{\sqrt{3}}{2}\right)$$

$$=-\frac{5}{6}+(4+\sqrt{2})-\frac{1}{3}(3\sqrt{3}-8)-\frac{\sqrt{3}+\sqrt{6}}{2}-\frac{1+\sqrt{2}}{3}\pi$$

$$=\frac{35+6\sqrt{2}-9\sqrt{3}-3\sqrt{6}}{6}-\frac{1+\sqrt{2}}{3}\pi$$

$$\int_0^1\sqrt{4-x^2}\,dx=\boxed{\frac{\pi}{3}}+\boxed{\frac{\sqrt{3}}{2}}$$

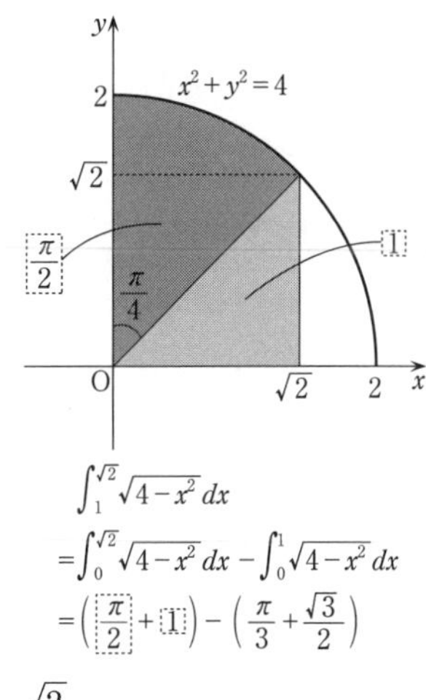

$$\int_1^{\sqrt{2}}\sqrt{4-x^2}\,dx=\int_0^{\sqrt{2}}\sqrt{4-x^2}\,dx-\int_0^1\sqrt{4-x^2}\,dx=\left(\boxed{\frac{\pi}{2}}+\boxed{1}\right)-\left(\frac{\pi}{3}+\frac{\sqrt{3}}{2}\right)$$

$$I_2=\int_1^{\sqrt{2}} S_2dt$$

$$=\int_1^{\sqrt{2}}(4-t^2+t\sqrt{4-t^2}-\sqrt{2}\sqrt{4-t^2})\,dt$$

$$=\left[4t-\frac{t^3}{3}-\frac{1}{3}(4-t^2)^{\frac{3}{2}}\right]_1^{\sqrt{2}}-\sqrt{2}\int_1^{\sqrt{2}}\sqrt{4-t^2}\,dt$$

$$=4(\sqrt{2}-1)-\frac{2\sqrt{2}-1}{3}-\frac{1}{3}(2^{\frac{3}{2}}-3^{\frac{3}{2}})-\sqrt{2}\left\{\left(\frac{\pi}{2}+1\right)-\left(\frac{\pi}{3}+\frac{\sqrt{3}}{2}\right)\right\}$$

$$=\frac{24\sqrt{2}-24-4\sqrt{2}+2-4\sqrt{2}+6\sqrt{3}-6\sqrt{2}+3\sqrt{6}}{6}-\frac{\sqrt{2}}{6}\pi$$

$$=\frac{-22+10\sqrt{2}+6\sqrt{3}+3\sqrt{6}}{6}-\frac{\sqrt{2}}{6}\pi$$

$$I_3=\int_{\sqrt{2}}^2 S_3dt=\int_{\sqrt{2}}^2(4-t^2)\,dt=\left[4t-\frac{t^3}{3}\right]_{\sqrt{2}}^2$$

$$=4(2-\sqrt{2})-\frac{8-2\sqrt{2}}{3}$$

$$=\frac{48-24\sqrt{2}-16+4\sqrt{2}}{6}=\frac{32-20\sqrt{2}}{6}$$

したがって，①より

$$\frac{V}{8}=I_1+I_2+I_3$$

$$=\left(\frac{35+6\sqrt{2}-9\sqrt{3}-3\sqrt{6}}{6}-\frac{1+\sqrt{2}}{3}\pi\right)+\left(\frac{-22+10\sqrt{2}+6\sqrt{3}+3\sqrt{6}}{6}-\frac{\sqrt{2}}{6}\pi\right)+\frac{32-20\sqrt{2}}{6}$$

$$=\frac{45-4\sqrt{2}-3\sqrt{3}}{6}-\frac{2+3\sqrt{2}}{6}\pi$$

となるから，求める体積は

$$V=8\times\frac{1}{6}\{45-4\sqrt{2}-3\sqrt{3}-(2+3\sqrt{2})\pi\}$$

$$=60-\frac{16\sqrt{2}}{3}-4\sqrt{3}-\frac{4}{3}(2+3\sqrt{2})\pi \quad \cdots\cdots(答)$$

〔注〕 計算が複雑であるが，〔解法〕の計算は工夫すれば多少は省力できる。たとえば，I_1，I_2，I_3 を別個に計算しないで，1行が長くなってしまうが，$I_1+I_2+I_3$ を計算すれば

$$\int_0^1(4-t^2)\,dt+\int_1^{\sqrt{2}}(4-t^2)\,dt+\int_{\sqrt{2}}^2(4-t^2)\,dt=\int_0^2(4-t^2)\,dt$$

$$\int_0^1 t\sqrt{4-t^2}\,dt+\int_1^{\sqrt{2}} t\sqrt{4-t^2}\,dt=\int_0^{\sqrt{2}} t\sqrt{4-t^2}\,dt$$

$$\int_0^1(-\sqrt{2}\sqrt{4-t^2})\,dt+\int_1^{\sqrt{2}}(-\sqrt{2}\sqrt{4-t^2})\,dt=-\sqrt{2}\int_0^{\sqrt{2}}\sqrt{4-t^2}\,dt$$

など，まとめて計算できる部分がある。しかし，時間内に正解を得るのは難しそうである。

なお，$\int_0^1\sqrt{4-t^2}\,dt$ や，$\int_1^{\sqrt{2}}\sqrt{4-t^2}\,dt\left(=\int_0^{\sqrt{2}}\sqrt{4-t^2}\,dt-\int_0^1\sqrt{4-t^2}\,dt\right)$ などは，〔解法〕の図から容易に求まる。習熟しておこう。

77 2016年度〔5〕 Level A

次のように媒介変数表示された xy 平面上の曲線を C とする：

$$\begin{cases} x=3\cos t-\cos 3t \\ y=3\sin t-\sin 3t \end{cases}$$

ただし $0 \leqq t \leqq \dfrac{\pi}{2}$ である。

(1) $\dfrac{dx}{dt}$ および $\dfrac{dy}{dt}$ を計算し，C の概形を図示せよ。

(2) C と x 軸と y 軸で囲まれた部分の面積を求めよ。

ポイント t に具体的な値をいくつか $\left(例えば\ t=0,\ \dfrac{\pi}{6},\ \dfrac{\pi}{4},\ \dfrac{\pi}{3},\ \dfrac{\pi}{2}\right)$ 代入し，x，y を計算すれば，座標平面上に点 $(x,\ y)$ を記入することで，C のおおよその形はわかるであろう。

(1) $\dfrac{dx}{dt}$，$\dfrac{dy}{dt}$ の計算は基本的である。t の値の変化に対する x，y の値の増加・減少を調べるには，$\dfrac{dx}{dt}=0$，$\dfrac{dy}{dt}=0$ となる t の値を求め，増減表にまとめる。

(2) 面積計算では，$\displaystyle\int_a^b ydx=\int_\alpha^\beta y\frac{dx}{dt}dt$ を用いるか，$\displaystyle\int_c^d xdy=\int_\gamma^\delta x\frac{dy}{dt}dt$ を用いるか，どちらでもできるが，図を見て簡単な方を選ぼう。定積分の計算を能率よく実行するには，三角関数の各種の公式を上手に運用しなければならない。

解法 1

$$C:\begin{cases} x=3\cos t-\cos 3t \\ y=3\sin t-\sin 3t \end{cases}\quad \left(0 \leqq t \leqq \frac{\pi}{2}\right)$$

(1)
$$\begin{aligned}\frac{dx}{dt}&=-3\sin t+3\sin 3t\\ &=-3(\sin t-\sin 3t)\\ &=-3\times 2\cos 2t\sin(-t) \quad (和\to積の公式)\\ &=6\sin t\cos 2t \quad \cdots\cdots(答)\end{aligned}$$

$$\frac{dy}{dt}=3\cos t-3\cos 3t$$

$$=3(\cos t-\cos 3t)$$
$$=3\times\{-2\sin 2t\sin(-t)\}\quad(和\to積の公式)$$
$$=6\sin t\sin 2t\quad\cdots\cdots(答)$$

$0\leqq t\leqq\dfrac{\pi}{2}$ において，$\dfrac{dx}{dt}=0$，$\dfrac{dy}{dt}=0$ を解くと，それぞれ $t=0$，$\dfrac{\pi}{4}$，$t=0$，$\dfrac{\pi}{2}$ であるから，t に対する x，y の増減表は下のようになる。

t	0	$\cdots$	$\dfrac{\pi}{4}$	$\cdots$	$\dfrac{\pi}{2}$
$\dfrac{dx}{dt}$	0	$+$	0	$-$	$-$
$\dfrac{dy}{dt}$	0	$+$	$+$	$+$	0
$(x,\ y)$	$(2,\ 0)$	$\nearrow$	$(2\sqrt{2},\ \sqrt{2})$	$\nwarrow$	$(0,\ 4)$

$0<t<\dfrac{\pi}{4}$，$\dfrac{\pi}{4}<t<\dfrac{\pi}{2}$ のとき

$$\frac{dy}{dx}=\frac{\dfrac{dy}{dt}}{\dfrac{dx}{dt}}=\frac{6\sin t\sin 2t}{6\sin t\cos 2t}=\frac{\sin 2t}{\cos 2t}$$

$$=\tan 2t\begin{cases}\to 0 & (t\to +0)\\ \to\infty & \left(t\to\dfrac{\pi}{4}-0\right)\\ \to-\infty & \left(t\to\dfrac{\pi}{4}+0\right)\\ \to 0 & \left(t\to\dfrac{\pi}{2}-0\right)\end{cases}$$

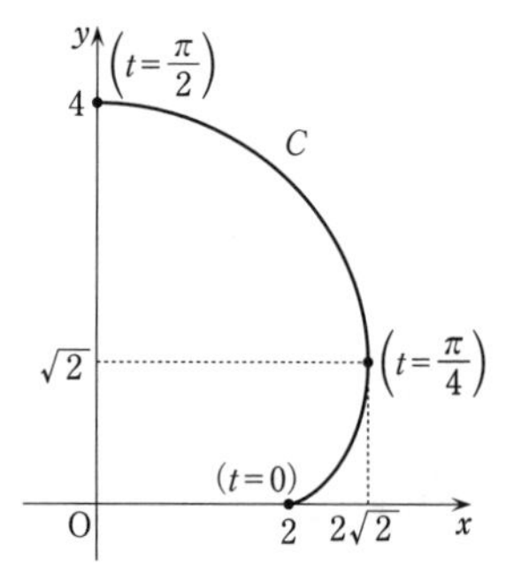

であることに注意して，C の概形を描くと右のようになる。

〔注1〕 $\dfrac{dx}{dt}=0$，$\dfrac{dy}{dt}=0$ を解くために，和→積の公式

$$\sin A-\sin B=2\cos\frac{A+B}{2}\sin\frac{A-B}{2}$$
$$\cos A-\cos B=-2\sin\frac{A+B}{2}\sin\frac{A-B}{2}$$

を用いて，式を積の形に変形したが，3倍角の公式

$$\sin 3\alpha=3\sin\alpha-4\sin^3\alpha$$
$$\cos 3\alpha=4\cos^3\alpha-3\cos\alpha$$

を用いると

$$-3\sin t+3\sin 3t=-3\sin t+3(3\sin t-4\sin^3 t)$$
$$=6\sin t-12\sin^3 t$$

$$=6\sin t(1-2\sin^2 t)$$
$$=6\sin t\cos 2t$$
$$3\cos t-3\cos 3t=3\cos t-3(4\cos^3 t-3\cos t)$$
$$=12\cos t-12\cos^3 t$$
$$=12\cos t(1-\cos^2 t)$$
$$=12\cos t\sin^2 t$$
$$=6\sin t\sin 2t$$

となる。和→積の公式を用いる方が見通しがよいようである。
あるいは，式を変形せずに，次のようにしてもよい。

$$\frac{dx}{dt}=-3\sin t+3\sin 3t=-3(\sin t-\sin 3t)=0$$
$$\sin t=\sin 3t$$

よって　$3t=t+2n\pi,\ (\pi-t)+2n\pi$　（n は整数）

$0\leqq t\leqq\frac{\pi}{2}$ より　$t=0,\ \frac{\pi}{4}$

$$\frac{dy}{dt}=3\cos t-3\cos 3t=3(\cos t-\cos 3t)=0$$
$$\cos t=\cos 3t$$

よって　$3t=\pm t+2n\pi$

$0\leqq t\leqq\frac{\pi}{2}$ より　$t=0,\ \frac{\pi}{2}$

(2)　求める部分の面積を S とする。

$$S=\int_0^4 xdy=\int_0^{\frac{\pi}{2}}x\frac{dy}{dt}dt$$
$$=\int_0^{\frac{\pi}{2}}(3\cos t-\cos 3t)(3\cos t-3\cos 3t)\,dt$$
$$=3\int_0^{\frac{\pi}{2}}(3\cos^2 t-4\cos t\cos 3t+\cos^2 3t)\,dt$$
$$=3\int_0^{\frac{\pi}{2}}\left(3\times\frac{1+\cos 2t}{2}-4\times\frac{\cos 4t+\cos 2t}{2}+\frac{1+\cos 6t}{2}\right)dt$$

（半角の公式，積→和の公式）

$$=3\left[\frac{3}{2}t+\frac{3}{4}\sin 2t-\frac{1}{2}\sin 4t-\sin 2t+\frac{1}{2}t+\frac{1}{12}\sin 6t\right]_0^{\frac{\pi}{2}}$$
$$=3\pi\quad\cdots\cdots(\text{答})$$

〔注 2〕 C と x 軸と y 軸で囲まれた部分の面積を求めるとき，(1)の図を見ると，$2\leqq x\leqq 2\sqrt{2}$ の範囲で C と x 軸の間に隙間があるから，y 軸に沿って積分する方が楽である。

半角の公式　$\cos^2\alpha=\frac{1+\cos 2\alpha}{2}$

積→和の公式　$\cos\alpha\cos\beta=\frac{1}{2}\{\cos(\alpha+\beta)+\cos(\alpha-\beta)\}$

解 法 2

((1)は〔解法 1〕と同様)

(2) 求める面積 S は

$$S=\int_0^{2\sqrt{2}} y_1dx-\int_2^{2\sqrt{2}} y_2dx \quad \begin{pmatrix} y_1 \text{ は } \frac{\pi}{4}\leqq t\leqq\frac{\pi}{2} \text{ に対応する } y \\ y_2 \text{ は } 0\leqq t\leqq\frac{\pi}{4} \text{ に対応する } y \end{pmatrix}$$

$$=\int_{\frac{\pi}{2}}^{\frac{\pi}{4}} y_1\frac{dx}{dt}dt-\int_0^{\frac{\pi}{4}} y_2\frac{dx}{dt}dt$$

$$=\int_{\frac{\pi}{2}}^{\frac{\pi}{4}} (3\sin t-\sin 3t)(-3\sin t+3\sin 3t)\,dt-\int_0^{\frac{\pi}{4}} (3\sin t-\sin 3t)(-3\sin t+3\sin 3t)\,dt$$

$f(t)=(3\sin t-\sin 3t)(-3\sin t+3\sin 3t)$ とおくと

$$S=\int_{\frac{\pi}{2}}^{\frac{\pi}{4}} f(t)\,dt-\int_0^{\frac{\pi}{4}} f(t)\,dt=\int_{\frac{\pi}{2}}^{\frac{\pi}{4}} f(t)\,dt+\int_{\frac{\pi}{4}}^{0} f(t)\,dt$$

$$=\int_{\frac{\pi}{2}}^{0} f(t)\,dt$$

$$f(t)=-9\sin^2 t+12\sin t\sin 3t-3\sin^2 3t$$

$$=-9\times\frac{1-\cos 2t}{2}+12\left(-\frac{\cos 4t-\cos 2t}{2}\right)-3\times\frac{1-\cos 6t}{2}$$

(半角の公式,積→和の公式)

$$=-6+\frac{21}{2}\cos 2t-6\cos 4t+\frac{3}{2}\cos 6t$$

であるから

$$S=\int_{\frac{\pi}{2}}^{0} f(t)\,dt=\left[-6t+\frac{21}{4}\sin 2t-\frac{3}{2}\sin 4t+\frac{1}{4}\sin 6t\right]_{\frac{\pi}{2}}^{0}$$

$$=0-(-3\pi)=3\pi \quad \cdots\cdots(\text{答})$$

〔注 3〕 半角の公式 $\sin^2\alpha=\dfrac{1-\cos 2\alpha}{2}$

積→和の公式 $\sin\alpha\sin\beta=-\dfrac{1}{2}\{\cos(\alpha+\beta)-\cos(\alpha-\beta)\}$

参考 被積分関数は次数を高くしない方が得策なのであるが,例えば〔解法 2〕において,$\dfrac{dx}{dt}=6\sin t\cos 2t$ を用いて

$$f(t)=(3\sin t-\sin 3t)\times 6\sin t\cos 2t$$

$$=\{3\sin t-(3\sin t-4\sin^3 t)\}\times 6\sin t(1-2\sin^2 t)$$

(3 倍角の公式,2 倍角の公式)

$$=24(\sin^4 t-2\sin^6 t)$$

とすると

$$S=\int_{\frac{\pi}{2}}^{0}24(\sin^4 t-2\sin^6 t)\,dt=48\int_0^{\frac{\pi}{2}}\sin^6 t dt-24\int_0^{\frac{\pi}{2}}\sin^4 t dt$$

となる。ここで，次のことが学習できる。

$$I_n=\int_0^{\frac{\pi}{2}}\sin^n t dt$$

とおくと

$$I_0=\int_0^{\frac{\pi}{2}}dt=\frac{\pi}{2},\quad I_1=\int_0^{\frac{\pi}{2}}\sin t dt=\Big[-\cos t\Big]_0^{\frac{\pi}{2}}=1$$

である。$n\geqq 2$ のとき，部分積分法を用いると

$$\begin{aligned}I_n&=\int_0^{\frac{\pi}{2}}\sin^n t dt=\int_0^{\frac{\pi}{2}}\sin^{n-1}t\sin t dt\\&=\Big[\sin^{n-1}t(-\cos t)\Big]_0^{\frac{\pi}{2}}+\int_0^{\frac{\pi}{2}}(n-1)\sin^{n-2}t\cos^2 t dt\\&=0+(n-1)\int_0^{\frac{\pi}{2}}\sin^{n-2}t(1-\sin^2 t)\,dt\quad(\sin^2 t+\cos^2 t=1)\\&=(n-1)\int_0^{\frac{\pi}{2}}\sin^{n-2}t dt-(n-1)\int_0^{\frac{\pi}{2}}\sin^n t dt\\&=(n-1)I_{n-2}-(n-1)I_n\end{aligned}$$

$$\therefore\quad I_n=\frac{n-1}{n}I_{n-2}$$

この漸化式を用いると

$$\int_0^{\frac{\pi}{2}}\sin^4 t dt=I_4=\frac{3}{4}I_2=\frac{3}{4}\times\frac{1}{2}I_0=\frac{3}{8}\times\frac{\pi}{2}=\frac{3}{16}\pi$$

$$\int_0^{\frac{\pi}{2}}\sin^6 t dt=I_6=\frac{5}{6}I_4=\frac{5}{6}\times\frac{3}{16}\pi=\frac{5}{32}\pi$$

したがって，S は次のように計算される。

$$\begin{aligned}S&=48I_6-24I_4=48\times\frac{5}{32}\pi-24\times\frac{3}{16}\pi\\&=\frac{15}{2}\pi-\frac{9}{2}\pi=3\pi\end{aligned}$$

この漸化式は有名なものであるので追記しておく。

m を正の整数として，$n=2m$ のとき

$$\int_0^{\frac{\pi}{2}}\sin^{2m}x dx=\int_0^{\frac{\pi}{2}}\cos^{2m}x dx=\frac{2m-1}{2m}\times\frac{2m-3}{2m-2}\times\cdots\times\frac{3}{4}\times\frac{1}{2}\times\frac{\pi}{2}$$

$n=2m-1$ のとき

$$\int_0^{\frac{\pi}{2}}\sin^{2m-1}x dx=\int_0^{\frac{\pi}{2}}\cos^{2m-1}x dx=\frac{2m-2}{2m-1}\times\frac{2m-4}{2m-3}\times\cdots\times\frac{4}{5}\times\frac{2}{3}\times 1$$

確実に覚えるには，一度自分の手で証明してみるとよい。

78 2014年度〔5〕 Level B

xy 平面上の曲線 $C: y=x^3+x^2+1$ を考え，C 上の点 $(1,\ 3)$ を P_0 とする。$k=1,\ 2,\ 3,\ \cdots$ に対して，点 $\mathrm{P}_{k-1}(x_{k-1},\ y_{k-1})$ における C の接線と C の交点のうちで P_{k-1} と異なる点を $\mathrm{P}_k(x_k,\ y_k)$ とする。このとき，P_{k-1} と P_k を結ぶ線分と C によって囲まれた部分の面積を S_k とする。

(1) S_1 を求めよ。

(2) x_k を k を用いて表せ。

(3) $\displaystyle\sum_{k=1}^{\infty}\frac{1}{S_k}$ を求めよ。

ポイント 3次関数のグラフとその接線で囲まれた部分の面積計算は経験済みのことと思う。見通しのよい計算を心がけよう。
(1) 曲線 C 上の点 P_0 における C の接線の方程式を求め，次にこの接線と C との交点 P_1 の x 座標 x_1 を求める。あとは定積分計算をすれば S_1 が求まる。定型的な処理である。
(2) (1)と同様にすれば，交点 P_k の x 座標 x_k を x_{k-1} で表すことができる。これは2項間の漸化式であるから解けるであろう。
(3) S_1 を求めるときと S_2 を求めるときでは曲線と接線の上下が入れ替わる。しかし，同時に交点と接点の左右も入れ替わる。S_1，S_2 を求めるための定積分の式をながめてみよう。無限級数の和については，S_k が k の式で表せれば難しくないだろう。

解法

(1) $C: y=x^3+x^2+1$ ……①

$y'=3x^2+2x=3x\left(x+\dfrac{2}{3}\right)$ ……②

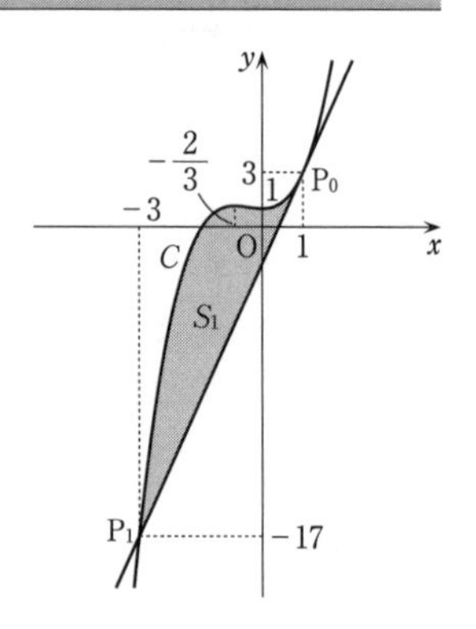

曲線 C のグラフの概形は右図のようになる。

点 $\mathrm{P}_0(1,\ 3)$ における C の接線の方程式は，②より

$y-3=5(x-1)$ $\quad\therefore\quad y=5x-2$

C とこの接線の交点 P_1 の x 座標 x_1 を求める。

$x^3+x^2+1-(5x-2)=0$

これは $x=1$ を重解にもつから

$(x-1)^2(x-x_1)=0$

となるはずで，2式の左辺の定数項を比較して

$$3=-x_1 \qquad \therefore \quad x_1=-3$$

したがって，S_1 は上図の網かけ部分の面積で

$$S_1=\int_{-3}^{1}\{x^3+x^2+1-(5x-2)\}\,dx$$

$$=\int_{-3}^{1}(x-1)^2(x+3)\,dx$$

$$=\int_{-3}^{1}(x-1)^2\{(x-1)+4\}\,dx$$

$$=\int_{-3}^{1}\{(x-1)^3+4(x-1)^2\}\,dx$$

$$=\left[\frac{1}{4}(x-1)^4+\frac{4}{3}(x-1)^3\right]_{-3}^{1}$$

$$=-\left\{\frac{(-4)^4}{4}+\frac{4(-4)^3}{3}\right\}$$

$$=-\left(\frac{1}{4}-\frac{1}{3}\right)(-4)^4=\frac{(-4)^4}{12}=\frac{64}{3} \quad \cdots\cdots(\text{答})$$

(2) 点 $\mathrm{P}_{k-1}(x_{k-1},\ y_{k-1})$ $(k=1,\ 2,\ 3,\ \cdots)$ における曲線 C の接線の方程式は，②より

$$y-y_{k-1}=(3x_{k-1}{}^2+2x_{k-1})(x-x_{k-1}) \quad (y_{k-1}=x_{k-1}{}^3+x_{k-1}{}^2+1)$$

$$\therefore \quad y=(3x_{k-1}{}^2+2x_{k-1})x-2x_{k-1}{}^3-x_{k-1}{}^2+1 \quad \cdots\cdots③$$

C とこの接線の交点の x 座標 x_k を求める。

$$x^3+x^2+1-\{(3x_{k-1}{}^2+2x_{k-1})x-2x_{k-1}{}^3-x_{k-1}{}^2+1\}=0 \quad \cdots\cdots④$$

この3次方程式は $x=x_{k-1}$ を重解にもつから

$$(x-x_{k-1})^2(x-x_k)=0 \quad \cdots\cdots⑤$$

となるはずで，④と⑤の定数項の比較より

$$2x_{k-1}{}^3+x_{k-1}{}^2=-x_{k-1}{}^2x_k$$

これは $k=1,\ 2,\ 3,\ \cdots$ に対して成り立ち，$x_{k-1}=0$ とすると，$x_0=0$ となり，$x_0=1$ に反するから，$x_{k-1}\neq 0$ である。よって

$$x_k=-2x_{k-1}-1 \quad \cdots\cdots⑥$$

この漸化式は

$$x_k+\frac{1}{3}=-2\left(x_{k-1}+\frac{1}{3}\right)$$

と変形できるから，数列 $\left\{x_k+\frac{1}{3}\right\}$ が，公比を -2 とする等比数列であることがわかり，初項は $x_0+\frac{1}{3}=1+\frac{1}{3}=\frac{4}{3}$ であるので

$$x_k+\frac{1}{3}=\frac{4}{3}\times(-2)^k=\frac{(-2)^{k+2}}{3}$$

$$\therefore\quad x_k=\frac{(-2)^{k+2}-1}{3}\quad (k=0,\ 1,\ 2,\ \cdots)\quad \cdots\cdots(答)$$

〔注1〕 ここでは，④と⑤の定数項の比較より⑥を導いたが，実は x^2 の係数を比較しても

$1=-x_k-2x_{k-1}$ すなわち ⑥

が求まる。このことは，接線の方程式③は求めなくてもよいことを意味している。接線の方程式は $y=$(x の1次式）であるから，④の x^2 の係数に影響を与えない。このことは(1)についても同様である。

(3) $x_k=x_{k-1}$ とすると，⑥より $x_k=-\frac{1}{3}$ であるが，これは $x_0=1$ に反するから，$x_k\neq x_{k-1}$ である。

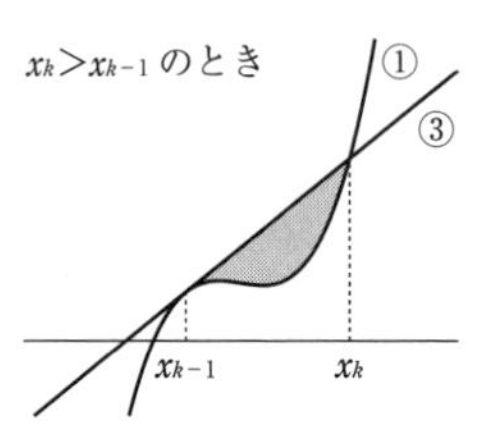

①の右辺から③の右辺を引いた式が⑤の左辺である。

$x_k>x_{k-1}$ のとき，$x_{k-1}<x<x_k$ を満たす x に対して

$$(⑤の左辺)=(x-x_{k-1})^2(x-x_k)<0$$

$x_k<x_{k-1}$ のとき，$x_k<x<x_{k-1}$ を満たす x に対して

$$(⑤の左辺)=(x-x_{k-1})^2(x-x_k)>0$$

であるから，いずれの場合も

$$S_k=\int_{x_k}^{x_{k-1}}(x-x_{k-1})^2(x-x_k)\,dx$$

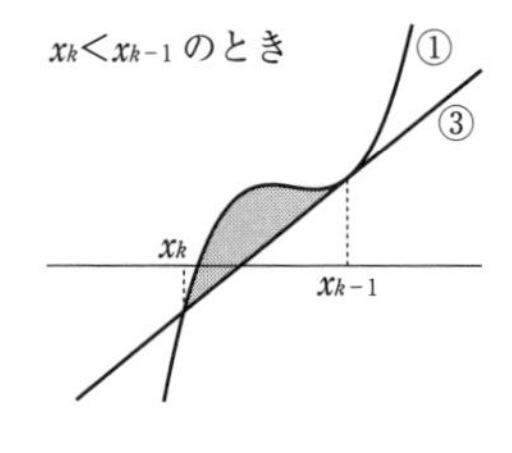

である。⑥を用いると

$$\begin{aligned}(x-x_{k-1})^2(x-x_k)&=(x-x_{k-1})^2(x+2x_{k-1}+1)\\&=(x-x_{k-1})^2\{(x-x_{k-1})+(3x_{k-1}+1)\}\\&=(x-x_{k-1})^3+(3x_{k-1}+1)(x-x_{k-1})^2\end{aligned}$$

となるから

$$\begin{aligned}S_k&=\left[\frac{1}{4}(x-x_{k-1})^4+\frac{3x_{k-1}+1}{3}(x-x_{k-1})^3\right]_{x_k}^{x_{k-1}}\\&=-\frac{1}{4}(x_k-x_{k-1})^4-\frac{3x_{k-1}+1}{3}(x_k-x_{k-1})^3\\&=-\frac{1}{4}(-3x_{k-1}-1)^4-\frac{3x_{k-1}+1}{3}(-3x_{k-1}-1)^3\quad(\because\ ⑥)\\&=-\frac{1}{4}(3x_{k-1}+1)^4+\frac{1}{3}(3x_{k-1}+1)^4\\&=\frac{1}{12}(3x_{k-1}+1)^4\end{aligned}$$

(2)の結果より，$x_{k-1}=\frac{(-2)^{k+1}-1}{3}$ であるから，$3x_{k-1}+1=(-2)^{k+1}$ であるので

$$S_k=\frac{1}{12}\{(-2)^{k+1}\}^4=\frac{1}{12}\{(-2)^4\}^{k+1}$$

$$=\frac{1}{12}\times16^{k+1}=\frac{64}{3}\times16^{k-1}=S_1\times16^{k-1}$$

したがって

$$\sum_{k=1}^{\infty}\frac{1}{S_k}=\sum_{k=1}^{\infty}\frac{1}{S_1\times16^{k-1}}=\frac{1}{S_1}\sum_{k=1}^{\infty}\left(\frac{1}{16}\right)^{k-1}$$

ここで，$\sum_{k=1}^{\infty}\left(\frac{1}{16}\right)^{k-1}$ は初項が 1，公比が $\frac{1}{16}$ $\left(-1<\frac{1}{16}<1\right)$ の無限等比級数であるから，級数は収束し，その和は $\frac{1}{1-\frac{1}{16}}=\frac{16}{15}$ であるので

$$\sum_{k=1}^{\infty}\frac{1}{S_k}=\frac{1}{S_1}\times\frac{16}{15}=\frac{3}{64}\times\frac{16}{15}=\frac{1}{20}\quad\cdots\cdots(答)$$

〔注 2〕 曲線と接線の上下，x_{k-1} と x_k の大小を考えるとややこしい感じがするであろうが，実は，この上下と大小は連動していて，面倒な場合分けにはならない。時間がないときには，x_{k-1} と x_k の間でグラフの上下が逆転することがない（曲線と接線が交わらない）ことを断って，絶対値記号を付けて，$S_k=\left|\int_{x_{k-1}}^{x_k}(x-x_{k-1})^2(x-x_k)\,dx\right|$ としておくとよいだろう。無限級数の和を求める最終段階は，数列 $\{S_k\}$ が等比数列であるので基本的な内容である。$-1<$(公比)<1 のとき，無限等比級数は収束して，その和は $\frac{(初項)}{1-(公比)}$ である。

〔注 3〕

$$\int_{\alpha}^{\beta}(x-\alpha)^2(x-\beta)\,dx=\int_{\alpha}^{\beta}(x-\alpha)^2\{(x-\alpha)+(\alpha-\beta)\}\,dx$$

$$=\int_{\alpha}^{\beta}\{(x-\alpha)^3+(\alpha-\beta)(x-\alpha)^2\}\,dx$$

$$=\left[\frac{1}{4}(x-\alpha)^4+\frac{\alpha-\beta}{3}(x-\alpha)^3\right]_{\alpha}^{\beta}$$

$$=\frac{(\beta-\alpha)^4}{4}-\frac{(\beta-\alpha)^4}{3}=-\frac{1}{12}(\beta-\alpha)^4$$

を答案の冒頭で示しておけば，(1)でも(3)でも使えて便利である。この式を $\int_{\beta}^{\alpha}(x-\alpha)^2(x-\beta)\,dx=\frac{1}{12}(\beta-\alpha)^4$ とし，(1)では $\alpha=1$，$\beta=-3$，(3)では $\alpha=x_{k-1}$，$\beta=x_k$ とすればよい。

79 2012年度〔3〕 Level C

3次関数 $y=x^3-3x^2+2x$ のグラフを C，直線 $y=ax$ を l とする。

(1) C と l が原点以外の共有点をもつような実数 a の範囲を求めよ。

(2) a が(1)で求めた範囲内にあるとき，C と l によって囲まれる部分の面積を $S(a)$ とする。$S(a)$ が最小となる a の値を求めよ。

ポイント 3次関数のグラフ C の x 切片は0，1，2であるから C の概形は描きやすい。直線 l は原点を通り傾きが a である。
(1) C と l を表す式から y を消去すると，$x=0$ を解にもつ3次方程式が得られる。これが $x=0$ 以外の解をもつための条件を求めればよい。基本的な問題である。
(2) C の原点における接線の傾きは2であるから，$a>2$ のとき $S(a)$ は単調に増加する。また，$S(a)$ が最小となる a は0に近い値であることが図より予想される。なお，$S(a)$ を表す定積分の上端，下端は，C と l の共有点の x 座標であるが，この x 座標は a の関数である。このことを $\dfrac{d}{da}S(a)$ の計算にうまく利用したい。

解法1

(1) $C：y=x^3-3x^2+2x=x(x-1)(x-2)$ ……①

$l：y=ax$ ……②

①，②から y を消去すると

$$x(x^2-3x+2-a)=0$$

これが $x=0$ 以外の実数解をもつためには

$$x^2-3x+2-a=0 \Longleftrightarrow x^2-3x+2=a \quad \cdots\cdots③$$

が $x=0$ 以外の実数解をもたなければならない。このための実数 a の条件は

$$\begin{cases} y=x^2-3x+2=\left(x-\dfrac{3}{2}\right)^2-\dfrac{1}{4} \\ y=a \end{cases}$$

のグラフが，点 $(0,\ 2)$ 以外の共有点をもつことと考えれば，図1より

$$a \geqq -\frac{1}{4} \quad \cdots\cdots(答)$$

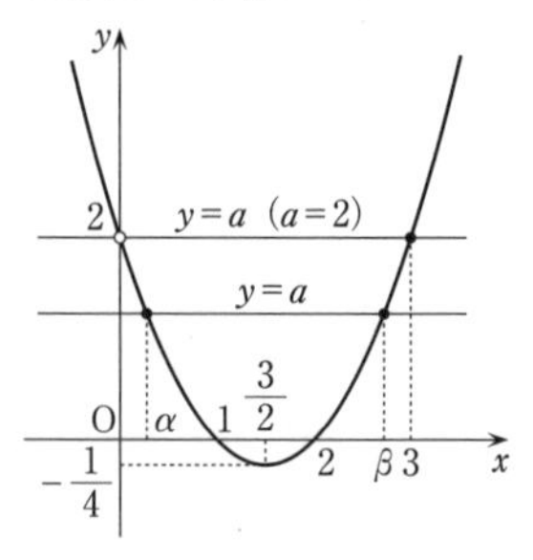

図 1

〔注1〕　2次方程式③の判別式をDとする。
③が$x=0$を解にもつのは$a=2$のときであるが，$a=2$のとき，③は$x^2-3x=0$となり，$x=0$以外の解をもつことになるから，$D\geqq 0$が求める条件であり

$$D=(-3)^2-4\times 1\times(2-a)\geqq 0$$

$$1+4a\geqq 0 \qquad \therefore \quad a\geqq -\frac{1}{4}$$

このように考えてもよい。

(2)　①を$y=f(x)$とおく。

グラフCについては，①よりx切片が0，1，2であり，$f'(x)=3x^2-6x+2$，$f'(0)=2$より原点における接線の傾きは2であるから，図2のような概形になる。

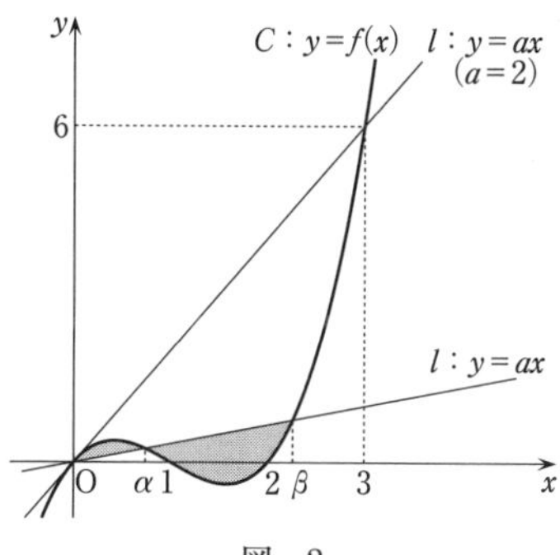

図　2

グラフCと直線lによって囲まれる部分の面積$S(a)$は，図2より明らかに$a>2$のとき単調に増加する。したがって，$-\frac{1}{4}\leqq a\leqq 2$の範囲に$S(a)$が最小となる$a$の値が存在すると考えてよい。

$-\frac{1}{4}\leqq a\leqq 2$のとき，2次方程式③は実数解をもつので，それを$\alpha$，$\beta$（$\alpha\leqq\beta$）とおくと，図2の網かけ部分の面積$S(a)$は

$$S(a)=\int_0^{\alpha}\{f(x)-ax\}\,dx+\int_{\alpha}^{\beta}\{ax-f(x)\}\,dx$$

ここで，$f(x)$の不定積分の1つを$F(x)$（$F'(x)=f(x)$　……④）とおくと

$$S(a)=\left[F(x)-\frac{a}{2}x^2\right]_0^{\alpha}+\left[\frac{a}{2}x^2-F(x)\right]_{\alpha}^{\beta}$$

$$=F(\alpha)-\frac{a}{2}\alpha^2-F(0)+\frac{a}{2}\beta^2-F(\beta)-\frac{a}{2}\alpha^2+F(\alpha)$$

$$=2F(\alpha)-F(\beta)-a\alpha^2+\frac{a}{2}\beta^2-F(0)$$

α，βがaの関数であるので，合成関数の微分法を用いて

$$\frac{d}{da}S(a)=2f(\alpha)\frac{d\alpha}{da}-f(\beta)\frac{d\beta}{da}-\left(\alpha^2+a\cdot 2\alpha\frac{d\alpha}{da}\right)+\left(\frac{1}{2}\beta^2+a\cdot\beta\frac{d\beta}{da}\right)-0$$

（∵　④より）

$$=2\{f(\alpha)-a\alpha\}\frac{d\alpha}{da}+\{a\beta-f(\beta)\}\frac{d\beta}{da}-\alpha^2+\frac{1}{2}\beta^2$$

$$=\frac{1}{2}\beta^2-\alpha^2\quad（図2より，f(\alpha)=a\alpha,\ f(\beta)=a\beta）$$

$$=\frac{1}{2}(\beta+\sqrt{2}\alpha)(\beta-\sqrt{2}\alpha)$$

図 1 より，$-\frac{1}{4}\leqq a\leqq 2$ のとき，$\alpha\geqq 0$，$\beta>0$ であるから $\beta+\sqrt{2}\alpha>0$ であるので，

$\frac{d}{da}S(a)=S'(a)=0$ となる a の値は，$\beta=\sqrt{2}\alpha$ を満たす a の値のみである。③より，

$\alpha=\frac{3-\sqrt{4a+1}}{2}$，$\beta=\frac{3+\sqrt{4a+1}}{2}$ であるから，$\beta=\sqrt{2}\alpha$ から a を求めると

$$3+\sqrt{4a+1}=\sqrt{2}(3-\sqrt{4a+1})$$

$$(\sqrt{2}+1)\sqrt{4a+1}=3(\sqrt{2}-1)$$

$$\sqrt{4a+1}=\frac{3(\sqrt{2}-1)}{\sqrt{2}+1}$$

$$\sqrt{4a+1}=3(3-2\sqrt{2})$$

$$4a+1=9(17-12\sqrt{2})\qquad\therefore\quad a=38-27\sqrt{2}$$

また，図 1 より，$-\frac{1}{4}\leqq a\leqq 2$ の範囲では，a の値の増加とともに，α の値は減少し，β の値は増加するから，$\beta-\sqrt{2}\alpha$ の値は，a の値の増加とともに増加する。よって

$-\frac{1}{4}\leqq a<38-27\sqrt{2}$ のとき　　$\beta-\sqrt{2}\alpha<0$　つまり　$S'(a)<0$

$a=38-27\sqrt{2}$ のとき　　$\beta-\sqrt{2}\alpha=0$　つまり　$S'(a)=0$

$38-27\sqrt{2}<a\leqq 2$ のとき　　$\beta-\sqrt{2}\alpha>0$　つまり　$S'(a)>0$

となる。

したがって，$S(a)$ $\left(-\frac{1}{4}\leqq a\leqq 2\right)$ の増減表は右のようになるので，$S(a)$ が最小となる a の値は

a	$-\frac{1}{4}$	$\cdots$	$38-27\sqrt{2}$	$\cdots$	2
$S'(a)$		$-$	0	$+$	
$S(a)$		↘	最小	↗	

$a=38-27\sqrt{2}$　……（答）

〔注 2〕　公式 $\frac{d}{dx}\int_{h(x)}^{g(x)}f(t)\,dt=f(g(x))\,g'(x)-f(h(x))\,h'(x)$

を用いれば，本問の $\frac{d}{da}S(a)$ は次のように計算できる。

$$S(a)=\int_0^{\alpha}\{f(x)-ax\}dx+\int_{\alpha}^{\beta}\{ax-f(x)\}dx$$
$$=\int_0^{\alpha}f(x)\,dx-a\int_0^{\alpha}xdx+a\int_{\alpha}^{\beta}xdx-\int_{\alpha}^{\beta}f(x)\,dx$$

において，α，β がそれぞれ a の関数であるから

$$\frac{d}{da}S(a)=f(\alpha)\frac{d\alpha}{da}-\left(1\cdot\int_0^{\alpha}xdx+a\alpha\frac{d\alpha}{da}\right)+\left\{1\cdot\int_{\alpha}^{\beta}xdx+a\left(\beta\frac{d\beta}{da}-\alpha\frac{d\alpha}{da}\right)\right\}$$
$$-\left(f(\beta)\frac{d\beta}{da}-f(\alpha)\frac{d\alpha}{da}\right)$$
$$=2\{f(\alpha)-a\alpha\}\frac{d\alpha}{da}+\{a\beta-f(\beta)\}\frac{d\beta}{da}-\int_0^{\alpha}xdx+\int_{\alpha}^{\beta}xdx$$

〔注 3〕 $\beta=\sqrt{2}\alpha$ から a を求めるには，解と係数の関係より

$$\alpha+\beta=3,\ \ \alpha\beta=2-a$$

を用いて

$$(1+\sqrt{2})\alpha=3,\ \ \sqrt{2}\alpha^2=2-a$$

より α を消去してもよい。

〔注 4〕 本問に取り組む際には，まず図を描いてみて，$a>2$ の場合を考える必要のないこと，結果は0に近い数になりそうなことを押さえてから計算に入るとよい。ちなみに，$a=38-27\sqrt{2}$ は約 -0.18 である。

なお，$a>2$ のとき，図2において $\alpha<0$，$3<\beta$ となるから

$$S(a)=\int_{\alpha}^{0}\{f(x)-ax\}dx+\int_0^{\beta}\{ax-f(x)\}dx\quad(a>2)$$
$$>\int_0^{\beta}\{ax-f(x)\}dx>\int_0^{3}\{ax-f(x)\}dx>\int_0^{3}\{2x-f(x)\}dx=S(2)$$

となり，$a>2$ には $S(a)$ の最小値を与える a の値は存在しないといえるのであるが，〔解法1〕で示した程度に断っておけばよいだろう。

解法 2

((1)は〔解法1〕と同様)

(2) $$S(a)=2F(\alpha)-F(\beta)-a\alpha^2+\frac{a}{2}\beta^2-F(0)$$

までは〔解法1〕と同じ。

$F(x)=\frac{1}{4}x^4-x^3+x^2$ として，$S(a)$ を計算すると

$$S(a)=2\left(\frac{1}{4}\alpha^4-\alpha^3+\alpha^2\right)-\left(\frac{1}{4}\beta^4-\beta^3+\beta^2\right)-a\alpha^2+\frac{a}{2}\beta^2$$
$$=\frac{1}{2}(\alpha^4-4\alpha^3+4\alpha^2)-\frac{1}{4}(\beta^4-4\beta^3+4\beta^2)-a\alpha^2+\frac{a}{2}\beta^2$$

ここに，割り算を実行して恒等式

$$x^4-4x^3+4x^2=(x^2-3x+2-a)(x^2-x+a-1)+(2a-1)x+a^2-3a+2$$

を得ておけば，$\alpha^2-3\alpha+2-a=0$，$\beta^2-3\beta+2-a=0$ より

$$\alpha^4-4\alpha^3+4\alpha^2=(2a-1)\alpha+a^2-3a+2$$

$$\beta^4-4\beta^3+4\beta^2=(2a-1)\beta+a^2-3a+2$$

が成り立つので，$\alpha^2=3\alpha-2+a$，$\beta^2=3\beta-2+a$ も用いることにより

$$S(a)=\frac{(2a-1)\alpha+a^2-3a+2}{2}-\frac{(2a-1)\beta+a^2-3a+2}{4}$$

$$-a(3\alpha-2+a)+\frac{a}{2}(3\beta-2+a)$$

$$=-\frac{4a+1}{2}\alpha+\frac{4a+1}{4}\beta-\frac{a^2-a-2}{4}\quad\left(-\frac{1}{4}\leqq a\leqq 2\right)$$

③の解 $\alpha=\dfrac{3-\sqrt{4a+1}}{2}$，$\beta-\dfrac{3+\sqrt{4a+1}}{2}$ を代入すると

$$S(a)=\frac{1}{8}\{-2a^2-10a+1+3(4a+1)\sqrt{4a+1}\}$$

$$=\frac{1}{8}\{3(4a+1)^{\frac{3}{2}}-(2a^2+10a-1)\}\quad\left(-\frac{1}{4}\leqq a\leqq 2\right)$$

$$S'(a)=\frac{1}{8}\left\{\frac{9}{2}(4a+1)^{\frac{1}{2}}\times 4-(4a+10)\right\}=\frac{1}{4}\{9\sqrt{4a+1}-(2a+5)\}$$

$$=\frac{81(4a+1)-(2a+5)^2}{4\{9\sqrt{4a+1}+(2a+5)\}}=\frac{-(a^2-76a-14)}{9\sqrt{4a+1}+(2a+5)}$$

$S'(a)=0$ とすると，$a^2-76a-14=0$ より

$$a=38\pm\sqrt{38^2+14}=38\pm\sqrt{2\times 729}=38\pm 27\sqrt{2}$$

$-\dfrac{1}{4}\leqq a\leqq 2$ より，$38+27\sqrt{2}$ は不適であるので

$$a=38-27\sqrt{2}$$

$-\dfrac{1}{4}\leqq a\leqq 2$ において $9\sqrt{4a+1}+(2a+5)>0$ であるから，$S'(a)$ の符号は $-(a^2-76a-14)$ の符号に等しく

$-\dfrac{1}{4}\leqq a<38-27\sqrt{2}$ のとき　　$S'(a)<0$

$a=38-27\sqrt{2}$ のとき　　$S'(a)=0$

$38-27\sqrt{2}<a\leqq 2$ のとき　　$S'(a)>0$

となり，$S(a)\ \left(-\dfrac{1}{4}\leqq a\leqq 2\right)$ の増減表は右のようになる。$S(a)$ を最小にする a の値は

$a=38-27\sqrt{2}$　……(答)

a	$-\frac{1}{4}$	$\cdots$	$38-27\sqrt{2}$	$\cdots$	2
$S'(a)$		$-$	0	$+$	
$S(a)$		↘	最小	↗	

解 法 3

（(1)は〔**解法1**〕と同様）

(2) $S(a)=-\dfrac{4a+1}{2}\alpha+\dfrac{4a+1}{4}\beta-\dfrac{a^2-a-2}{4}\quad\left(-\dfrac{1}{4}\leqq a\leqq 2\right)$

までは〔**解法2**〕と同じ。

2次方程式③に解と係数の関係を用いると，$\alpha+\beta=3$ なので，$\beta=3-\alpha$ を代入して

$$S(a)=-\frac{4a+1}{2}\alpha+\frac{4a+1}{4}(3-\alpha)-\frac{a^2-a-2}{4}=-\frac{3(4a+1)}{4}\alpha-\frac{a^2-13a-5}{4}$$

③より $a=\alpha^2-3\alpha+2$ であるから

$$S(a)=-\frac{1}{4}\{3\alpha(4\alpha^2-12\alpha+9)+(\alpha^2-3\alpha+2)^2-13(\alpha^2-3\alpha+2)-5\}$$

$$=-\frac{1}{4}(\alpha^4+6\alpha^3-36\alpha^2+54\alpha-27)$$

$-\dfrac{1}{4}\leqq a\leqq 2$ のとき，図1より $0\leqq\alpha\leqq\dfrac{3}{2}$ であることに注意して

$$g(\alpha)=-(\alpha^4+6\alpha^3-36\alpha^2+54\alpha-27)$$

の増減を調べる。

$$g'(\alpha)=-(4\alpha^3+18\alpha^2-72\alpha+54)=-(4\alpha-6)(\alpha^2+6\alpha-9)$$

$$=-4\left(\alpha-\frac{3}{2}\right)\{\alpha-(-3-3\sqrt{2})\}\{\alpha-(-3+3\sqrt{2})\}$$

$$\left(-3-3\sqrt{2}<0,\ 0<-3+3\sqrt{2}<\frac{3}{2}\right)$$

であるから，$g(\alpha)$ は，$0\leqq\alpha\leqq\dfrac{3}{2}$ において

$0\leqq\alpha\leqq-3+3\sqrt{2}$ で減少　　$(g'(\alpha)\leqq 0)$

$-3+3\sqrt{2}\leqq\alpha\leqq\dfrac{3}{2}$ で増加　　$(g'(\alpha)\geqq 0)$

となる。

よって，$g(\alpha)$ $\left(0\leqq\alpha\leqq\dfrac{3}{2}\right)$ の増減表は右のようになるから，$S(a)$ は $\alpha=-3+3\sqrt{2}$ で最小となることがわかる。

α	0	$\cdots$	$-3+3\sqrt{2}$	$\cdots$	$\dfrac{3}{2}$
$g'(\alpha)$		$-$	0	$+$	0
$g(\alpha)$		↘	最小	↗	

$\alpha=-3+3\sqrt{2}=3(\sqrt{2}-1)$ のとき

$$a=\alpha^2-3\alpha+2=9(3-2\sqrt{2})-9(\sqrt{2}-1)+2=38-27\sqrt{2}$$

であるから，$S(a)$ を最小にする a の値は

$a=38-27\sqrt{2}$ ……(答)

80　2009年度〔1〕　Level A

点Pから放物線$y=\frac{1}{2}x^2$へ2本の接線が引けるとき，2つの接点をA，Bとし，線分PA，PBおよびこの放物線で囲まれる図形の面積をSとする。PA，PBが直交するときのSの最小値を求めよ。

ポイント　2接点A，Bのx座標を表す文字を用意すれば2接線の方程式がつくれるから，この2接線の交点をPと考える。あるいは，〔解法2〕のように接点のx座標と点Pの座標を文字で表し，点Pを通る接線の方程式をつくれば，接点のx座標に関する2次方程式が得られるので，この解としてA，Bのx座標を知ることができる。

いずれにしても，面積求値のための積分計算では，被積分関数は（放物線の式）−（接線の式）であり，これは$x-$（接点のx座標）の平方で表されるから，このことを用いて見通しのよい計算をしたい。面積の最小値を求める方法については，面積を表す式の形で判断すればよいだろう。

解法1

2つの接点A，Bの座標をそれぞれ$\left(\alpha,\ \frac{1}{2}\alpha^2\right)$，$\left(\beta,\ \frac{1}{2}\beta^2\right)$で表す。ここでは，$\alpha<\beta$としても一般性を失わない。

$y=\frac{1}{2}x^2$より　　$y'=x$

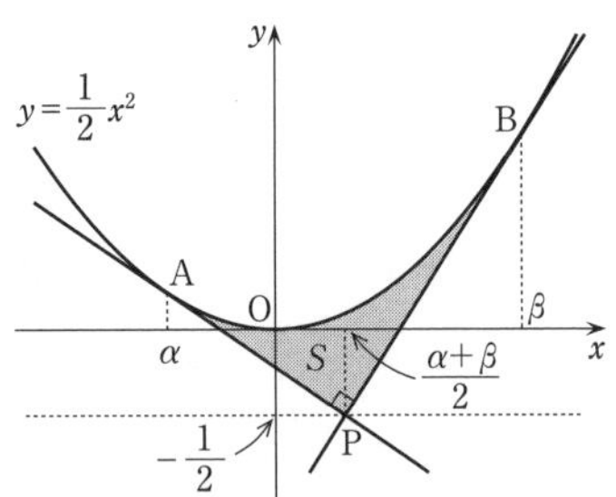

よって，点Aで接する接線の方程式は

$$y-\frac{1}{2}\alpha^2=\alpha(x-\alpha)$$

すなわち

$$y=\alpha x-\frac{1}{2}\alpha^2 \quad \cdots\cdots①$$

点Bで接する接線の方程式は，同様にして

$$y=\beta x-\frac{1}{2}\beta^2 \quad \cdots\cdots②$$

①，②の交点がPであるから，①，②からyを消去して

$$\alpha x-\frac{1}{2}\alpha^2=\beta x-\frac{1}{2}\beta^2$$

$$(\beta-\alpha)x-\frac{1}{2}(\beta^2-\alpha^2)=0$$

$$(\beta-\alpha)\left\{x-\frac{1}{2}(\beta+\alpha)\right\}=0$$

$\beta-\alpha\neq0$ より　　$x=\dfrac{1}{2}(\alpha+\beta)$

すなわち，点Pの x 座標は $\dfrac{1}{2}(\alpha+\beta)$ である。したがって，前頁の図より

$$S=\int_{\alpha}^{\frac{\alpha+\beta}{2}}\left\{\frac{1}{2}x^2-\left(\alpha x-\frac{1}{2}\alpha^2\right)\right\}dx+\int_{\frac{\alpha+\beta}{2}}^{\beta}\left\{\frac{1}{2}x^2-\left(\beta x-\frac{1}{2}\beta^2\right)\right\}dx$$

$$=\int_{\alpha}^{\frac{\alpha+\beta}{2}}\frac{1}{2}(x-\alpha)^2dx+\int_{\frac{\alpha+\beta}{2}}^{\beta}\frac{1}{2}(x-\beta)^2dx$$

$$=\left[\frac{1}{6}(x-\alpha)^3\right]_{\alpha}^{\frac{\alpha+\beta}{2}}+\left[\frac{1}{6}(x-\beta)^3\right]_{\frac{\alpha+\beta}{2}}^{\beta}$$

$$=\frac{1}{6}\left(\frac{\beta-\alpha}{2}\right)^3+\frac{1}{6}\left(\frac{\beta-\alpha}{2}\right)^3=\frac{1}{24}(\beta-\alpha)^3$$

2接線PA，PBの傾きはそれぞれ α，β であり，PA，PBが直交するのだから

$$\alpha\beta=-1\qquad\therefore\quad\alpha=-\frac{1}{\beta}$$

したがって

$$S=\frac{1}{24}\left(\beta+\frac{1}{\beta}\right)^3$$

$\alpha\beta<0$ かつ $\alpha<\beta$ であるから　　$\beta>0$

よって，相加平均と相乗平均の関係が使えて

$$S=\frac{1}{24}\left(\beta+\frac{1}{\beta}\right)^3\geqq\frac{1}{24}\left(2\sqrt{\beta\times\frac{1}{\beta}}\right)^3=\frac{8}{24}=\frac{1}{3}$$

（等号は，正の数 β が $\beta=\dfrac{1}{\beta}$ を満たすとき，つまり $\beta=1$ のとき成立）

ゆえに，S は，2接点の x 座標がそれぞれ -1，1 のとき，すなわちPの x 座標が0のとき

最小値　$\dfrac{1}{3}$　……(答)

をとる。

参考　点Pの x 座標が $\dfrac{1}{2}(\alpha+\beta)$ であるから，①より y 座標は $\dfrac{1}{2}\alpha\beta$ であるが，$\alpha\beta=-1$ であるから，Pの y 座標はつねに $-\dfrac{1}{2}$ である。すなわち，点Pの軌跡は直線 $y=-\dfrac{1}{2}$ である。

解法 2

放物線 $y=\frac{1}{2}x^2$ 上の点 $\left(t,\ \frac{1}{2}t^2\right)$ における接線の方程式は，$y'=x$ より

$$y-\frac{1}{2}t^2=t(x-t)$$

であり，この接線が点 $\mathrm{P}(u,\ v)$ を通ると考えると

$$v-\frac{1}{2}t^2=t(u-t) \quad \text{すなわち} \quad t^2-2ut+2v=0 \quad \cdots\cdots\text{Ⓐ}$$

この2次方程式が異なる2つの実数解をもつのは，判別式を D とすると

$$\frac{D}{4}=(-u)^2-2v=u^2-2v>0$$

のときであるが，このとき，Ⓐの2つの実数解を t_1, t_2 $(t_1<t_2)$ とすれば，2接点A，Bの x 座標をそれぞれ t_1, t_2 としてよい。また，Ⓐに解と係数の関係を用いれば

$$t_1+t_2=2u, \quad t_1t_2=2v$$

である。さて，このとき，2接線PA，PBの傾きはそれぞれ t_1, t_2 であり，方程式はそれぞれ $y=t_1x-\frac{1}{2}t_1{}^2$, $y=t_2x-\frac{1}{2}t_2{}^2$ であるから

$$\begin{aligned}
S&=\int_{t_1}^{u}\left\{\frac{1}{2}x^2-\left(t_1x-\frac{1}{2}t_1{}^2\right)\right\}dx+\int_{u}^{t_2}\left\{\frac{1}{2}x^2-\left(t_2x-\frac{1}{2}t_2{}^2\right)\right\}dx\\
&=\frac{1}{2}\int_{t_1}^{u}(x-t_1)^2dx+\frac{1}{2}\int_{u}^{t_2}(x-t_2)^2dx\\
&=\frac{1}{2}\left[\frac{1}{3}(x-t_1)^3\right]_{t_1}^{u}+\frac{1}{2}\left[\frac{1}{3}(x-t_2)^3\right]_{u}^{t_2}\\
&=\frac{1}{6}(u-t_1)^3+\frac{1}{6}(t_2-u)^3=\frac{1}{3}(t_2-u)^3 \quad (\because\ t_1+t_2=2u)\\
&=\frac{1}{3}(\sqrt{u^2-2v})^3 \quad (\because\ t_2=u+\sqrt{u^2-2v})
\end{aligned}$$

PA，PBは直交するから，$2v=t_1t_2=-1$ であるので

$$S=\frac{1}{3}(\sqrt{u^2+1})^3$$

これは，S が $u=0$ で最小となることを示しており，$u=0$, $v=-\frac{1}{2}$ は $u^2-2v>0$ を満たすので解として適している。

よって，最小値は $\frac{1}{3}$ である。 ……(答)

解法 3

$A\left(x_1,\ \frac{1}{2}{x_1}^2\right)$, $B\left(x_2,\ \frac{1}{2}{x_2}^2\right)$ $(x_1<x_2)$ とすると，

〔解法 1〕と 参考 の計算により

$$P\left(\frac{x_1+x_2}{2},\ -\frac{1}{2}\right),\quad x_1x_2=-1$$

となる。このとき

$$\overrightarrow{PA}=\left(\frac{x_1-x_2}{2},\ \frac{{x_1}^2+1}{2}\right)$$

$$\overrightarrow{PB}=\left(\frac{x_2-x_1}{2},\ \frac{{x_2}^2+1}{2}\right)$$

であるから，△PAB の面積 S_1 は，$x_2>x_1$ に注意して

$$S_1=\frac{1}{2}\left|\frac{x_1-x_2}{2}\times\frac{{x_2}^2+1}{2}-\frac{{x_1}^2+1}{2}\times\frac{x_2-x_1}{2}\right|=\frac{1}{8}(x_2-x_1)({x_1}^2+{x_2}^2+2)$$

$$=\frac{1}{8}(x_2-x_1)({x_1}^2+{x_2}^2-2x_1x_2)=\frac{1}{8}(x_2-x_1)^3$$

一方，直線 AB と放物線で囲まれる部分の面積 S_2 は

$$S_2=-\frac{1}{2}\int_{x_1}^{x_2}(x-x_1)(x-x_2)\,dx=-\frac{1}{2}\left\{-\frac{1}{6}(x_2-x_1)^3\right\}=\frac{1}{12}(x_2-x_1)^3$$

よって

$$S=S_1-S_2=\frac{1}{8}(x_2-x_1)^3-\frac{1}{12}(x_2-x_1)^3=\frac{1}{24}(x_2-x_1)^3$$

（以下，〔解法 1〕に同じ）

〔注 1〕 3 点 $(0,\ 0)$，$(a,\ b)$，$(c,\ d)$ を頂点とする三角形の面積は

$$\frac{1}{2}|ad-bc|$$

で与えられる。〔解法 3〕では，3 頂点に原点を含まないので，ベクトルを用いて P が原点にくるような平行移動をしてからこの公式を適用している。

〔注 2〕 直線 AB の方程式を $y=mx+n$ とおくと，2 点 A，B は $y=\frac{1}{2}x^2$ と $y=mx+n$ の交点であるから

$$\frac{1}{2}x^2=mx+n\quad つまり\quad \frac{1}{2}x^2-mx-n=0$$

の解が x_1，x_2 である。したがって

$$S_2=\int_{x_1}^{x_2}\left\{(mx+n)-\frac{1}{2}x^2\right\}dx=-\int_{x_1}^{x_2}\left(\frac{1}{2}x^2-mx-n\right)dx$$

$$=-\int_{x_1}^{x_2}\frac{1}{2}(x-x_1)(x-x_2)\,dx$$

となる。

81 2008年度〔1〕 Level B

正の実数a，bに対し，$x>0$で定義された2つの関数x^aと$\log bx$のグラフが1点で接するとする。

(1) 接点の座標$(s,\ t)$をaを用いて表せ。また，bをaの関数として表せ。

(2) $0<h<s$をみたすhに対し，直線$x=h$および2つの曲線$y=x^a$，$y=\log bx$で囲まれる領域の面積を$A(h)$とする。$\lim_{h\to 0}A(h)$をaで表せ。

ポイント (1) 2曲線が接するのであるから，2曲線が1点を共有し，かつその共有点でそれぞれの接線の傾きが一致すると考える。
(2) 指定された領域を作図することは難しくないし，その面積の立式もむしろ易しい。定積分の計算においては特殊な計算技法は不要であるが，指数の計算がやや煩雑になるので，全体を見渡しながら無駄な計算をしないようにしたい。極限値を求める部分では，$\lim_{h\to 0}h\log h$の処理がポイントである。この極限値は0になるのであるが，証明を与えておく必要があるだろう。

解法

(1) $a>0$，$b>0$に対し

$$\begin{cases} f(x)=x^a \\ g(x)=\log bx \end{cases} \quad (x>0)$$

とおくと

$$f'(x)=ax^{a-1},\quad g'(x)=\frac{b}{bx}=\frac{1}{x}$$

である。$y=f(x)$と$y=g(x)$のグラフが1点$(s,\ t)$で接するためには

$$\begin{cases} f(s)=g(s)=t \\ f'(s)=g'(s) \end{cases} \quad \text{すなわち} \quad \begin{cases} s^a=\log bs=t & \cdots\cdots① \\ as^{a-1}=s^{-1} & \cdots\cdots② \end{cases}$$

が成り立つことが必要で，②より

$$as^a=1 \qquad s^a=a^{-1} \qquad \therefore\ s=a^{-\frac{1}{a}}$$

このとき，①より

$$\begin{cases} a^{-1}=\log ba^{-\frac{1}{a}} \\ a^{-1}=t \end{cases}$$

よって　　$ba^{-\frac{1}{a}}=e^{\frac{1}{a}}$　　$\therefore$　$b=e^{\frac{1}{a}}\times a^{\frac{1}{a}}=(ea)^{\frac{1}{a}}$

また　　$t=a^{-1}$

したがって

$$\left.\begin{array}{ll}(s,\ t)\text{ の座標は} & \left(a^{-\frac{1}{a}},\ a^{-1}\right)\\ b=(ea)^{\frac{1}{a}} & \end{array}\right\}\ \cdots\cdots\text{(答)}$$

(2)　$y=f(x)=x^a$　　　　$\cdots\cdots$③

　　$y=g(x)=\log(ea)^{\frac{1}{a}}x$　$\cdots\cdots$④

とすると

$$h(x)=f(x)-g(x)$$

に対し

$$h'(x)=f'(x)-g'(x)=ax^{a-1}-\frac{1}{x}=\frac{ax^a-1}{x}$$

$h'(x)=0$ となる x の値は $x=a^{-\frac{1}{a}}$（$=s$）ただ1つであるから，$x>0$ における $h(x)$ の増減表は右のようになる。

x	0	$\cdots$	s	$\cdots$
$h'(x)$	／	$-$	0	$+$
$h(x)$	／	↘	0	↗

よって，$h(x)\geqq 0$ であるから

$$f(x)\geqq g(x)$$

であり，③，④のグラフは下のようになる。

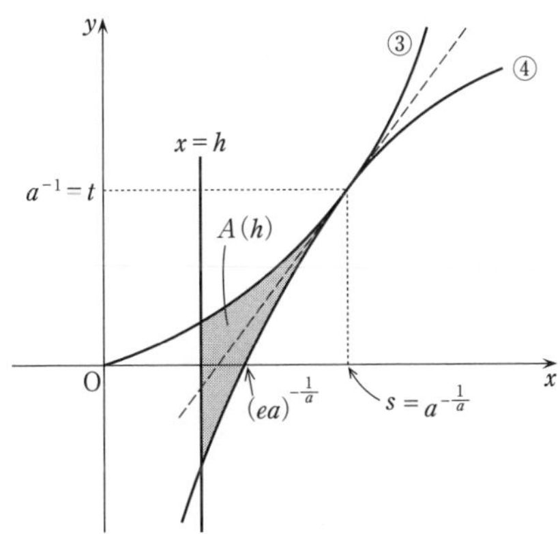

$A(h)$ は上図の網かけ部分の面積であるから

$$A(h)=\int_h^s\{f(x)-g(x)\}dx=\int_h^s(x^a-\log bx)\,dx$$

$$=\int_h^s(x^a-\log b-\log x)\,dx$$

$$=\left[\frac{x^{a+1}}{a+1}-x\log b-x\log x+x\right]_h^s$$

[　　] の中を $F(x)$ とおけば

$$A(h)=F(s)-F(h) \quad \cdots\cdots⑤$$

ここで，(1)の結果を用いれば

$$F(s)=\frac{s^{a+1}}{a+1}-s\log b-s\log s+s=\frac{s^{a+1}}{a+1}-s\log bs+s$$

$$=\frac{s^{a+1}}{a+1}-s^{a+1}+s \quad (\because \quad \log bs=s^a)$$

$$=s\left(\frac{s^a}{a+1}-s^a+1\right)=s\times\frac{-as^a+a+1}{a+1}$$

$$=a^{-\frac{1}{a}}\times\frac{-1+a+1}{a+1} \quad (\because \quad s=a^{-\frac{1}{a}})$$

$$=\frac{1}{a+1}a^{1-\frac{1}{a}}$$

$$\therefore \quad \lim_{h\to 0}F(s)=\frac{1}{a+1}a^{1-\frac{1}{a}} \quad \cdots\cdots⑥$$

また

$$\lim_{h\to 0}F(h)=\lim_{h\to 0}\left(\frac{h^{a+1}}{a+1}-h\log b-h\log h+h\right)$$

$$=\lim_{h\to 0}\left(\frac{h^{a+1}}{a+1}-h\log b+h\right)+\lim_{h\to 0}(-h\log h)$$

$$=0+\lim_{k\to\infty}\left(-\frac{1}{k}\log\frac{1}{k}\right) \quad \left(h=\frac{1}{k}\text{ とおく}\right)$$

$$=\lim_{k\to\infty}\frac{\log k}{k} \quad \cdots\cdots⑦$$

であるが，ここで

$$\phi(x)=2\sqrt{x}-\log x \quad (x>0)$$

を考えると

$$\phi'(x)=\frac{1}{\sqrt{x}}-\frac{1}{x}=\frac{\sqrt{x}-1}{x}$$

より，右の増減表を得るから

x	0	$\cdots$	1	$\cdots$
$\phi'(x)$	／	$-$	0	$+$
$\phi(x)$	／	↘	2	↗

$$\phi(x)>0 \quad \text{すなわち} \quad \log x<2\sqrt{x}$$

が成り立つ。$x>0$ であるから

$$\frac{\log x}{x}<\frac{2}{\sqrt{x}}$$

よって，$x>1$ のとき

$$0<\frac{\log x}{x}<\frac{2}{\sqrt{x}}\to 0 \quad (x\to\infty)$$

となり，はさみうちの原理により

$$\lim_{x\to\infty}\frac{\log x}{x}=0$$

これを⑦に適用し

$$\lim_{h\to 0}F(h)=0$$

このことと⑥と⑤より

$$\lim_{h\to 0}A(h)=\lim_{h\to 0}\{F(s)-F(h)\}=\lim_{h\to 0}F(s)-\lim_{h\to 0}F(h)$$

$$=\frac{1}{a+1}a^{1-\frac{1}{a}}-0=\frac{1}{a+1}a^{1-\frac{1}{a}}\quad\cdots\cdots(答)$$

〔注〕　ここでは極限値 $\lim_{h\to 0}h\log h=0$ の扱いが問題になろう。証明抜きで用いた場合にどのような採点になるかはわからないが，$\lim_{h\to 0}h=0$，$\lim_{h\to 0}\log h=-\infty$ の不定形であるから，やはり証明を付けておくべきであろう。いろいろある証明法の中で，**〔解法〕**では $2\sqrt{x}$ と $\log x$ のグラフの大小関係を利用する方法を使ったのだが，経験がなければ独力で時間内に証明をみつけるのは難しいと思われる。こうした極限値に関する問題は理系入試においては頻出であるので，入試問題集や受験参考書などを用いて，証明を含めてまとめておくとよいだろう。

82 2007年度〔2〕 Level A

正数 a に対して，放物線 $y=x^2$ 上の点 $\mathrm{A}(a,\ a^2)$ における接線を，Aを中心に -30° 回転した直線を l とする。l と $y=x^2$ との交点でAでない方をBとする。さらに点 $(a,\ 0)$ をC，原点をOとする。

(1) l の式を求めよ。

(2) 線分 OC，CA と $y=x^2$ で囲まれる部分の面積を $S(a)$，線分 AB と $y=x^2$ で囲まれる部分の面積を $T(a)$ とする。このとき

$$\lim_{a\to\infty}\frac{T(a)}{S(a)}$$

を求めよ。

ポイント (1)は易しそうであるが，(2)の計算に影響が大きいので，ミスをしないように注意したい。

(1) 直線の傾きは，その直線の x 軸の正方向とのなす角の正接で与えられるから，図を描いて正接の加法定理を用いればよい。

(2) $S(a)$ はすぐ求まるが，$T(a)$ の方は，Bの座標が分数式になってしまうので，計算の工夫が必要である。また，公式

$$\int_\alpha^\beta (x-\alpha)(x-\beta)\,dx=-\frac{1}{6}(\beta-\alpha)^3$$

を用いるのがよいだろう。極限値の計算は難しくない。

解法

(1) $y=x^2$ より　　$y'=2x$

であるから，放物線 $y=x^2$ 上の点 $\mathrm{A}(a,\ a^2)$ における接線の傾きは $2a$ $(a>0)$ である。よって，この接線の x 軸の正方向とのなす角を θ $(0^\circ<\theta<90^\circ)$ とすれば，$\tan\theta=2a$ である。直線 l の x 軸の正方向とのなす角を ϕ $(-30^\circ<\phi<60^\circ)$ とすれば，l の傾きは $\tan\phi$ であり，次頁の図で見るように $\phi=\theta-30^\circ$ が成り立つ。

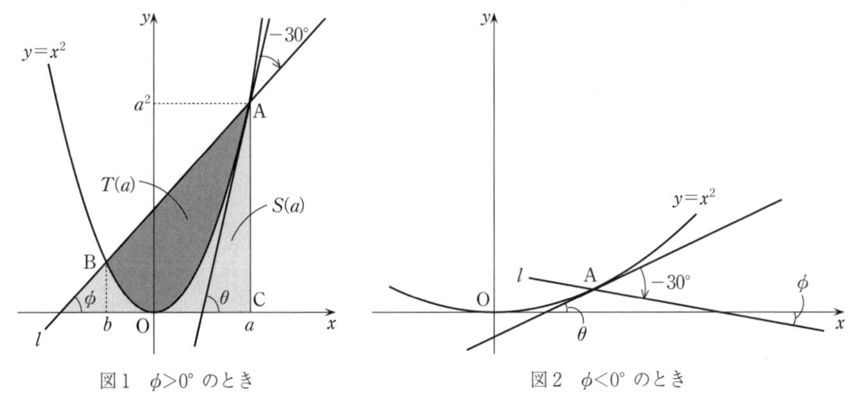

図1　$\phi>0°$ のとき　　　図2　$\phi<0°$ のとき

正接の加法定理を用いれば

$$\tan\phi=\tan(\theta-30°)=\frac{\tan\theta-\tan 30°}{1+\tan\theta\tan 30°}$$

$$=\frac{2a-\dfrac{1}{\sqrt{3}}}{1+2a\times\dfrac{1}{\sqrt{3}}}=\frac{2\sqrt{3}a-1}{2a+\sqrt{3}}$$　（$a>0$ であるから分母は 0 にならない）

すなわち，直線 l の傾きは $\dfrac{2\sqrt{3}a-1}{2a+\sqrt{3}}$ であり，l は点 $\mathrm{A}(a,\ a^2)$ を通るから，直線 l の方程式は

$$l : y=\frac{2\sqrt{3}a-1}{2a+\sqrt{3}}(x-a)+a^2$$　……（答）

〔注1〕　2 直線の傾きがそれぞれ m_1，m_2 のとき，この 2 直線のなす鋭角 θ については

$$\tan\theta=\left|\frac{m_1-m_2}{1+m_1m_2}\right|$$　（$1+m_1m_2=0$ のとき $\theta=90°$）

が成り立つ。
いま，直線 l の傾きを m として，この公式を用いると

$$\tan 30°=\left|\frac{2a-m}{1+2am}\right|,\quad \tan 30°=\frac{1}{\sqrt{3}}$$

であるから

$$\sqrt{3}\,|2a-m|=|1+2am|$$

本問の設定から

$$2a-m>0,\quad 1+2am>0\quad\left(\because\quad m>-\frac{1}{2a}\ \langle\text{点 A における法線の傾き}\rangle\right)$$

より

$$\sqrt{3}(2a-m)=1+2am\qquad\therefore\quad m=\frac{2\sqrt{3}a-1}{2a+\sqrt{3}}$$

このようにしてもよいが，「l の傾きは $\tan(\theta-30°)$ である」と言い切って加法定理を用いる方が簡明であろう。

(2)　$S(a)=\int_0^a x^2dx=\left[\frac{x^3}{3}\right]_0^a=\frac{a^3}{3}$　……①

放物線の方程式 $y=x^2$ と，直線 l の方程式から y を消去した２次方程式

$$x^2=\frac{2\sqrt{3}a-1}{2a+\sqrt{3}}(x-a)+a^2$$

の解は，２点 A，B の x 座標を表す。式変形して

$$(x+a)(x-a)-\frac{2\sqrt{3}a-1}{2a+\sqrt{3}}(x-a)=0$$

$$(x-a)\left(x+a-\frac{2\sqrt{3}a-1}{2a+\sqrt{3}}\right)=0 \qquad \therefore\ x=a,\ \frac{2\sqrt{3}a-1}{2a+\sqrt{3}}-a$$

よって，点 B の x 座標を b とすると，$b=\frac{2\sqrt{3}a-1}{2a+\sqrt{3}}-a$ である。このとき，直線 l の方程式は

$$y=(b+a)(x-a)+a^2=(b+a)x-ab$$

となるから

$$T(a)=\int_b^a\{(b+a)x-ab-x^2\}dx=-\int_b^a(x-a)(x-b)dx$$

$$=-\left\{-\frac{(a-b)^3}{6}\right\}=\frac{(a-b)^3}{6}=\frac{1}{6}\left\{a-\left(\frac{2\sqrt{3}a-1}{2a+\sqrt{3}}-a\right)\right\}^3$$

$$=\frac{1}{6}\left(\frac{4a^2+1}{2a+\sqrt{3}}\right)^3 \quad ……②$$

①，②より

$$\lim_{a\to\infty}\frac{T(a)}{S(a)}=\lim_{a\to\infty}\frac{1}{6}\left(\frac{4a^2+1}{2a+\sqrt{3}}\right)^3\times\frac{3}{a^3}=\frac{1}{2}\lim_{a\to\infty}\left(\frac{4a^2+1}{2a^2+\sqrt{3}a}\right)^3$$

$$=\frac{1}{2}\lim_{a\to\infty}\left(\frac{4+\frac{1}{a^2}}{2+\frac{\sqrt{3}}{a}}\right)^3=\frac{1}{2}\times 2^3=4 \quad ……(答)$$

〔注２〕　交点 B の x 座標を求めるための方程式

$$x^2=\frac{2\sqrt{3}a-1}{2a+\sqrt{3}}(x-a)+a^2$$

は，$x=a$ を解にもつことがわかっているのだから，因数 $x-a$ に注目して因数分解するとよい。あるいは，x について整理して

$$x^2-\frac{2\sqrt{3}a-1}{2a+\sqrt{3}}x+\frac{2\sqrt{3}a^2-a}{2a+\sqrt{3}}-a^2=0$$

点 B の x 座標を b とし，解と係数の関係を用いて

$$a+b=\frac{2\sqrt{3}a-1}{2a+\sqrt{3}}$$

とするのもよい。

〔注 3〕 直線 l の傾きを m $\left(=\dfrac{2\sqrt{3}a-1}{2a+\sqrt{3}}\right)$ とおけば

$$\begin{cases} y=x^2 \\ y=m(x-a)+a^2 \end{cases}$$

より，y を消去して

$$(x-a)\{x-(m-a)\}=0$$

となるから，点 B の x 座標は $m-a$ であり

$$T(a)=\int_{m-a}^{a}\{m(x-a)+a^2-x^2\}\,dx=-\int_{m-a}^{a}(x-a)\{x-(m-a)\}\,dx$$

$$=-\left\{-\frac{(a-m+a)^3}{6}\right\}=\frac{(2a-m)^3}{6}=\frac{4a^3}{3}\left(1-\frac{m}{2a}\right)^3$$

$$\therefore\ \lim_{a\to\infty}\frac{T(a)}{S(a)}=\lim_{a\to\infty}\frac{4a^3}{3}\left(1-\frac{m}{2a}\right)^3\times\frac{3}{a^3}=4\quad\left(\because\ \lim_{a\to\infty}\frac{m}{2a}=\lim_{a\to\infty}\frac{2\sqrt{3}a-1}{4a^2+2\sqrt{3}a}=0\right)$$

このような工夫もある。

83 2007 年度 〔4〕 Level C

(1) 整数 $n=0,\ 1,\ 2,\ \cdots$ と正数 a_n に対して

$$f_n(x)=a_n(x-n)(n+1-x)$$

とおく。2つの曲線 $y=f_n(x)$ と $y=e^{-x}$ が接するような a_n を求めよ。

(2) $f_n(x)$ は(1)で定めたものとする。$y=f_0(x)$，$y=e^{-x}$ と y 軸で囲まれる図形の面積を S_0，$n\geqq1$ に対し $y=f_{n-1}(x)$，$y=f_n(x)$ と $y=e^{-x}$ で囲まれる図形の面積を S_n とおく。このとき

$$\lim_{n\to\infty}(S_0+S_1+\cdots+S_n)$$

を求めよ。

ポイント 曲線 $y=f_n(x)$ は上に凸の放物線で，x 軸との交点が n，$n+1$ である。これが $y=e^{-x}$ に接するのだから，図は比較的容易に描ける。また，(2)の $S_0+S_1+\cdots+S_n$ の意味もとりやすい。

(1) 接点の x 座標を t_n（$n<t_n<n+1$）などとおいてみて

$$f_n(t_n)=g(t_n),\ f_n'(t_n)=g'(t_n)\ （ただし，g(x)=e^{-x}）$$

とするのが定石である。

(2) $y=e^{-x}$，$y=0$，$x=0$，$x=t_n$ で囲まれた部分の面積（この計算は容易）から，放物線と x 軸で囲まれた部分（n 個と少しある）の面積を引けば，$S_0+S_1+\cdots+S_n$ は求まる。しかし，これを正確に求めることは簡単ではない。できないこともないが，時間の制約もあるし，本問は極限値を求めることが目的であるから，はさみうちの原理を利用すればよい。

解法

(1) $g(x)=e^{-x}$ とおく。また，$y=f_n(x)$ と $y=g(x)$ の接点の x 座標を t_n とおく。2曲線 $y=f_n(x)$，$y=g(x)$ が $x=t_n$ となる点で接する条件は

$$f_n(t_n)=g(t_n)\quad\cdots\cdots①$$

$$f_n'(t_n)=g'(t_n)\quad\cdots\cdots②$$

が成り立つことである。

すべての実数 x において $g(x)>0$ である。$f_n(x)>0$ を満たすような x の範囲は $n<x<n+1$ なので，①を満たすとき

$$n<t_n<n+1\quad\cdots\cdots③$$

が成り立つ。

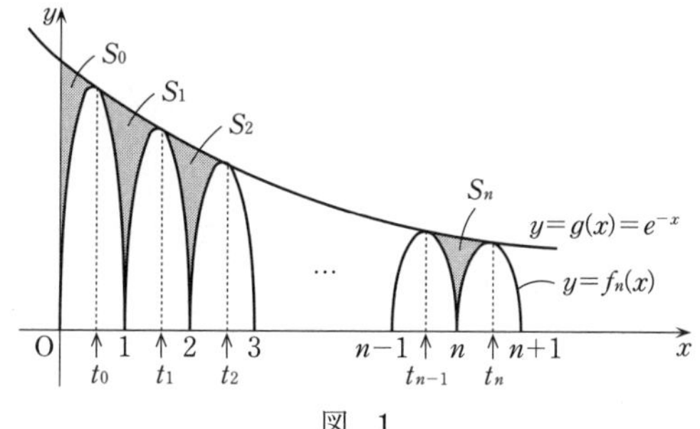

図 1

①より

$$a_n(t_n-n)(n+1-t_n)=e^{-t_n} \quad \cdots\cdots④$$

$f_n(x)=a_n(x-n)(n+1-x)$ を積の微分法を用いて x で微分すると

$$f_n'(x)=a_n(n+1-x)-a_n(x-n)=a_n(2n+1-2x)$$

であり，$g(x)=e^{-x}$ より $g'(x)=-e^{-x}$ であることから，②は

$$a_n(2n+1-2t_n)=-e^{-t_n} \quad \cdots\cdots⑤$$

④，⑤より e^{-t_n} を消去すると

$$a_n\{t_n^2-(2n-1)t_n+(n^2-n-1)\}=0$$

$a_n>0$ であるから

$$t_n^2-(2n-1)t_n+(n^2-n-1)=0$$

これを解の公式を用いて解くと

$$t_n=\frac{2n-1\pm\sqrt{5}}{2}=n+\frac{-1\pm\sqrt{5}}{2}$$

③より

$$t_n=n+\frac{-1+\sqrt{5}}{2}$$

このとき，⑤より

$$a_n(2n+1-2n+1-\sqrt{5})=-e^{-n+\frac{1-\sqrt{5}}{2}}$$

$$\therefore \quad a_n=-\frac{1}{2-\sqrt{5}}e^{-n+\frac{1-\sqrt{5}}{2}}=(2+\sqrt{5})e^{-n+\frac{1-\sqrt{5}}{2}} \quad \cdots\cdots(答)$$

(2) $S_0+S_1+\cdots+S_n$ は，図1の網かけ部分の面積である。そこで放物線 $y=f_k(x)$ $(k=0,\ 1,\ 2,\ \cdots,\ n)$ と x 軸で囲まれた部分の面積を T_k で表せば

$$S_0+S_1+\cdots+S_n>\left(\begin{array}{l}y=e^{-x},\ y=0,\ x=0,\ x=t_n\\ \text{で囲まれた部分の面積}\end{array}\right)-(T_0+T_1+\cdots+T_n)$$

$$S_0+S_1+\cdots+S_n<\left(\begin{array}{l}y=e^{-x},\ y=0,\ x=0,\ x=t_n\\ \text{で囲まれた部分の面積}\end{array}\right)-(T_0+T_1+\cdots+T_{n-1})$$

であるから

$$\int_0^{t_n} e^{-x}dx-\sum_{k=0}^{n}\int_k^{k+1} f_k(x)\,dx<S_0+S_1+\cdots+S_n<\int_0^{t_n} e^{-x}dx-\sum_{k=0}^{n-1}\int_k^{k+1} f_k(x)\,dx \quad \cdots\cdots(*)$$

が成り立つ。ここで

$$\int_0^{t_n} e^{-x}dx=\Big[-e^{-x}\Big]_0^{t_n}=1-e^{-t_n}$$

$$=1-e^{-n-\frac{-1+\sqrt{5}}{2}}=1-\frac{e^{\frac{1-\sqrt{5}}{2}}}{e^n}\to 1 \quad (n\to\infty) \quad \cdots\cdots⑥$$

また，$\displaystyle\int_\alpha^\beta (x-\alpha)(x-\beta)\,dx=-\frac{(\beta-\alpha)^3}{6}$ であることを用いると

$$\int_k^{k+1} f_k(x)\,dx=-a_k\int_k^{k+1}(x-k)\{x-(k+1)\}\,dx$$

$$=-a_k\left[-\frac{\{(k+1)-k\}^3}{6}\right]=\frac{a_k}{6}$$

ここで，$a_k=(2+\sqrt{5})\,e^{-k+\frac{1-\sqrt{5}}{2}}=(2+\sqrt{5})\,e^{\frac{1-\sqrt{5}}{2}}\times e^{-k}$ であるから

$$\sum_{k=0}^{n}\int_k^{k+1} f_k(x)\,dx=\frac{1}{6}\sum_{k=0}^{n}a_k=\frac{2+\sqrt{5}}{6}e^{\frac{1-\sqrt{5}}{2}}(e^0+e^{-1}+\cdots+e^{-n})$$

$$=\frac{2+\sqrt{5}}{6}e^{\frac{1-\sqrt{5}}{2}}\times\frac{1-(e^{-1})^{n+1}}{1-e^{-1}}$$

$$\lim_{n\to\infty}\sum_{k=0}^{n}\int_k^{k+1} f_k(x)\,dx=\frac{2+\sqrt{5}}{6}e^{\frac{1-\sqrt{5}}{2}}\times\frac{1}{1-e^{-1}}=\frac{2+\sqrt{5}}{6(e-1)}e^{\frac{3-\sqrt{5}}{2}} \quad \cdots\cdots⑦$$

$$\left(\because\quad \lim_{n\to\infty}(e^{-1})^{n+1}=\lim_{n\to\infty}\frac{1}{e^{n+1}}=0\right)$$

$$\sum_{k=0}^{n-1}\int_k^{k+1} f_k(x)\,dx=\frac{1}{6}\sum_{k=0}^{n-1}a_k=\frac{2+\sqrt{5}}{6}e^{\frac{1-\sqrt{5}}{2}}\times\frac{1-(e^{-1})^n}{1-e^{-1}}$$

$$\lim_{n\to\infty}\sum_{k=0}^{n-1}\int_k^{k+1} f_k(x)\,dx=\frac{2+\sqrt{5}}{6(e-1)}e^{\frac{3-\sqrt{5}}{2}} \quad \cdots\cdots⑧$$

したがって，$(*)$の各辺で $n\to\infty$ とすると，⑥，⑦，⑧より

$$((*)\text{の最左辺})\to 1-\frac{2+\sqrt{5}}{6(e-1)}e^{\frac{3-\sqrt{5}}{2}}$$

$$((*)\text{の最右辺})\to 1-\frac{2+\sqrt{5}}{6(e-1)}e^{\frac{3-\sqrt{5}}{2}}$$

よって，はさみうちの原理により

$$\lim_{n\to\infty}(S_0+S_1+\cdots+S_n)=1-\frac{2+\sqrt{5}}{6(e-1)}e^{\frac{3-\sqrt{5}}{2}} \quad \cdots\cdots(\text{答})$$

参考　〔解法〕(1)において，$t_n=n+\dfrac{-1+\sqrt{5}}{2}$ が得られるが，この $\dfrac{-1+\sqrt{5}}{2}$ $\Bigl($または，逆数 $\dfrac{1+\sqrt{5}}{2}\Bigr)$ は，黄金分割の比（黄金比，黄金数とも）と呼ばれる無理数である。線分 AB 上に点 P をとり，$\mathrm{AB}\cdot\mathrm{BP}=\mathrm{AP}^2$ となるようにすると，$\mathrm{AP}=\dfrac{-1+\sqrt{5}}{2}\mathrm{AB}$ となる。これは，長方形の中から最大の正方形を切り取ったとき，残った長方形がもとの長方形と相似になるような長方形の縦横比とも言い換えられる。すなわち，下図において

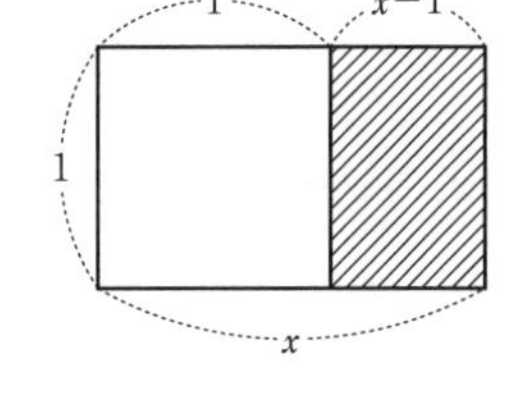

$$1:x=x-1:1$$

これより

$$x(x-1)=1$$

$$x^2-x-1=0 \qquad \therefore \quad x=\frac{1\pm\sqrt{5}}{2}$$

$x>1$ より　　$x=\dfrac{1+\sqrt{5}}{2}$

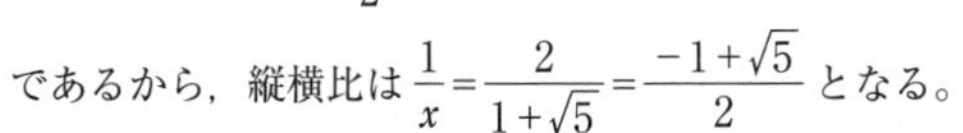

であるから，縦横比は $\dfrac{1}{x}=\dfrac{2}{1+\sqrt{5}}=\dfrac{-1+\sqrt{5}}{2}$ となる。

また，連続 3 項間の漸化式 $a_1=1$，$a_2=1$，$a_{n+2}=a_{n+1}+a_n$（フィボナッチの数列として有名）を解く過程に上の 2 次方程式 $x^2-x-1=0$ が利用される。この 2 次方程式の解 $\alpha=\dfrac{1-\sqrt{5}}{2}$，$\beta=\dfrac{1+\sqrt{5}}{2}$（$\alpha+\beta=1$，$\alpha\beta=-1$）を用いると，先の漸化式は

$$a_{n+2}-\alpha a_{n+1}=\beta(a_{n+1}-\alpha a_n)=\cdots=\beta^n(a_2-\alpha a_1)=\beta^n(1-\alpha)=\beta^{n+1}$$

$$a_{n+2}-\beta a_{n+1}=\alpha(a_{n+1}-\beta a_n)=\cdots=\alpha^n(a_2-\beta a_1)=\alpha^n(1-\beta)=\alpha^{n+1}$$

と変形されるから

$$(\beta-\alpha)a_{n+1}=\beta^{n+1}-\alpha^{n+1}$$

$$\therefore \quad a_n=\frac{\beta^n-\alpha^n}{\beta-\alpha}=\frac{1}{\sqrt{5}}\left\{\left(\frac{1+\sqrt{5}}{2}\right)^n-\left(\frac{1-\sqrt{5}}{2}\right)^n\right\}$$

この数列は，2 項間の比 $\dfrac{a_{n+1}}{a_n}$ が $n\to\infty$ のとき黄金数 $\dfrac{1+\sqrt{5}}{2}$ に近づくのであるが，このことを $\dfrac{a_{n+2}}{a_{n+1}}-\alpha=\beta\left(1-\alpha\dfrac{a_n}{a_{n+1}}\right)$ から導いてみてほしい。

本問では，どの区間 $[k,\ k+1]$（$k=0,\ 1,\ \cdots,\ n$）も接点の x 座標で黄金分割されていることになる。黄金比は，西洋では，ギリシャ時代から最も調和のとれた比といわれ，絵画や建築等に広く応用されてきた。興味の尽きない数なのである。

84 2006年度〔2〕 Level B

以下の問に答えよ。

(1) a, bを正の定数とし, $g(t)=\dfrac{1}{b}t^a-\log t$とおく。$t>0$における関数$g(t)$の増減を調べ極値を求めよ。

(2) mを正の定数とし, xy座標平面において条件

(a) $y>x>0$; (b) すべての$t>0$に対し $\dfrac{1}{y}t^x-\log t\geqq m$

を満たす点$(x,\ y)$からなる領域をDとする。Dの概形を図示せよ。

(3) (2)の領域Dの面積を求めよ。

ポイント 本問は方針の立てやすい問題である。ミスは絶対に避けたい。

(1) $t>0$における$g(t)$の増減表をつくればよい。指数の計算でつまらぬミスをしないよう慎重な計算を心掛けたい。

(2) 条件(b)は, $\dfrac{1}{y}t^x-\log t$の最小値がm以上ということである。(1)で求めた極小値（最小値）のa, bをx, yにそれぞれ置き換えたものがm以上という不等式の表す領域と, 条件(a)の表す領域の共通部分が領域Dである。

(3) 基本的な定積分の計算で片付くであろう。

解法

(1) $g(t)=\dfrac{1}{b}t^a-\log t$ $(t>0)$ をtで微分すると

$$g'(t)=\frac{a}{b}t^{a-1}-\frac{1}{t}=\frac{a}{bt}\left(t^a-\frac{b}{a}\right)$$

$a>0$, $b>0$に注意して, $t>0$の範囲で$g'(t)=0$を解くと

$$t^a=\frac{b}{a}\quad すなわち\quad t=\left(\frac{b}{a}\right)^{\frac{1}{a}}$$

$$g\left(\left(\frac{b}{a}\right)^{\frac{1}{a}}\right)=\frac{1}{b}\left\{\left(\frac{b}{a}\right)^{\frac{1}{a}}\right\}^a-\log\left(\frac{b}{a}\right)^{\frac{1}{a}}=\frac{1}{a}-\frac{1}{a}\log\frac{b}{a}=\frac{1}{a}\left(1-\log\frac{b}{a}\right)$$

よって, $t>0$における$g(t)$の増減表は次のようになる。

t	(0)	$\cdots$	$\left(\frac{b}{a}\right)^{\frac{1}{a}}$	$\cdots$
$g'(t)$	／	$-$	0	$+$
$g(t)$	(∞)	↘	$\frac{1}{a}\left(1-\log\frac{b}{a}\right)$	↗

$$\lim_{t\to+0} g(t) = 0-(-\infty)=\infty$$

したがって，$g(t)$ は

$0<t<\left(\frac{b}{a}\right)^{\frac{1}{a}}$ で減少し，$\left(\frac{b}{a}\right)^{\frac{1}{a}}<t$ で増加する。

極小値は $g\left(\left(\frac{b}{a}\right)^{\frac{1}{a}}\right)=\frac{1}{a}\left(1-\log\frac{b}{a}\right)$，極大値はない。 ……(答)

(2) 条件(a)「$y>x>0$」を満たす領域は，直線 $y=x$ の上側で，$x>0$ の部分である。境界はすべて含まない。 ……(a)′

(1)の $g(t)$ の式において，a，b を x，y にそれぞれ置き換えれば，条件(a)より $x>0$，$y>0$ であるので，$\frac{1}{y}t^x-\log t$ の $t>0$ における極小値は $\frac{1}{x}\left(1-\log\frac{y}{x}\right)$ で，これは最小値である。

よって，条件(b)は，$\frac{1}{x}\left(1-\log\frac{y}{x}\right)\geqq m$ ということになり，$x>0$ に注意すると

$$1-\log\frac{y}{x}\geqq mx \iff \log\frac{y}{x}\leqq 1-mx \iff \frac{y}{x}\leqq e^{1-mx}$$

$$\iff y\leqq xe^{1-mx}=\frac{x}{e^{mx-1}}$$

したがって，条件(b)を満たす領域は，$x>0$ においては，曲線 $y=\frac{x}{e^{mx-1}}$ の下側を表し，原点を除いて境界を含む。 ……(b)′

ここで，$f(x)=\frac{x}{e^{mx-1}}$ とおくと

$$f'(x)=\frac{e^{mx-1}-x\cdot me^{mx-1}}{(e^{mx-1})^2}=\frac{1-mx}{e^{mx-1}},$$

$$f''(x)=\frac{-me^{mx-1}-m(1-mx)e^{mx-1}}{(e^{mx-1})^2}=\frac{m^2\left(x-\frac{2}{m}\right)}{e^{mx-1}}$$

$m>0$ であるから

$$f'(x)=0 \text{ のとき } x=\frac{1}{m},\quad f''(x)=0 \text{ のとき } x=\frac{2}{m}$$

よって，$f(x)$ の $x>0$ における増減表は次のようになる。

x	(0)	$\cdots$	$\frac{1}{m}$	$\cdots$	$\frac{2}{m}$	$\cdots$
$f'(x)$	／	$+$	0	$-$	$-$	$-$
$f''(x)$	／	$-$	$-$	$-$	0	$+$
$f(x)$	(0)	↗	$\frac{1}{m}$	↘	$\frac{2}{me}$	↘

$$\lim_{x\to\infty} f(x)=\lim_{x\to\infty}\frac{x}{e^{mx-1}}=0$$

したがって，条件(a)，(b)を同時に満たす領域 D は(a)′，(b)′ の共通部分であり，下図の網かけ部分になる。ただし，境界は，直線 $y=x$ 上の点は含まず，他は含む。

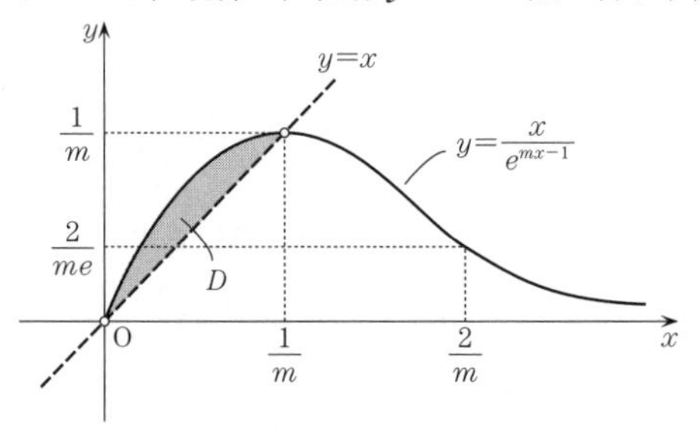

〔注1〕　$0<x<\dfrac{1}{m}$ のとき，$mx<1$ であるから

$$f(x)-x=\frac{x}{e^{mx-1}}-x=\frac{x(1-e^{mx-1})}{e^{mx-1}}>0$$

こう考えれば，$f''(x)$ の計算を回避できる。

(3)　部分積分を用いて

$$\int_0^{\frac{1}{m}}\frac{x}{e^{mx-1}}dx=\int_0^{\frac{1}{m}}xe^{1-mx}dx=\left[-\frac{1}{m}xe^{1-mx}\right]_0^{\frac{1}{m}}+\frac{1}{m}\int_0^{\frac{1}{m}}e^{1-mx}dx$$

$$=-\frac{1}{m^2}+\frac{1}{m}\left[-\frac{1}{m}e^{1-mx}\right]_0^{\frac{1}{m}}=-\frac{1}{m^2}-\frac{1}{m^2}(1-e)=\frac{e-2}{m^2}$$

であるから，領域 D の面積 S は

$$S=\int_0^{\frac{1}{m}}\frac{x}{e^{mx-1}}dx-\frac{1}{2}\cdot\frac{1}{m}\cdot\frac{1}{m}=\frac{e-2}{m^2}-\frac{1}{2m^2}=\frac{2e-5}{2m^2}\quad\cdots\cdots(答)$$

〔注2〕　ここでは，S を，$\displaystyle\int_0^{\frac{1}{m}}\frac{x}{e^{mx-1}}dx$ から直角二等辺三角形の面積を引くことによって求めたが，もちろん $S=\displaystyle\int_0^{\frac{1}{m}}\left(\frac{x}{e^{mx-1}}-x\right)dx$ として計算してもよい。

85 2004年度〔1〕 Level B

a, bを正の実数とする。

(1) 区間$a<x$における関数 $f(x)=\dfrac{x^4}{(x-a)^3}$ の増減を調べよ。

(2) 区間$a<x$における関数 $g(x)=\dfrac{1}{(x-a)^2}-\dfrac{b}{x^3}$ のグラフと相異なる3点で交わるx軸に平行な直線が存在するための必要十分条件を求めよ。

ポイント (1) 分数関数$f(x)$の増減を調べるのであるから，導関数$f'(x)$を計算し，増減表をつくればよい。微分の計算はそれほど面倒ではないが，慎重に対処しなければならない。
(2) 分数関数$g(x)$のグラフが描けさえすれば問題は解決するが，そのためには$g'(x)$の正負を調べる必要がある。(1)の結果が利用できないかをつねに頭においておくことが大切である。

解法

(1) $f(x)=\dfrac{x^4}{(x-a)^3}$ $(a<x)$

商の微分法を用いて

$$f'(x)=\frac{4x^3(x-a)^3-x^4\cdot 3(x-a)^2}{(x-a)^6}=\frac{x^4-4ax^3}{(x-a)^4}=\frac{x^3(x-4a)}{(x-a)^4}\quad (a<x)$$

$f'(x)=0$を，$(0<)\,a<x$の範囲で解くと，$x=4a$であり

$$f(4a)=\frac{(4a)^4}{(4a-a)^3}=\frac{256a^4}{27a^3}=\frac{256}{27}a$$

であるから，増減表は右のようになる。

x	a	$\cdots$	$4a$	$\cdots$
$f'(x)$	／	$-$	0	$+$
$f(x)$	／	↘	$\dfrac{256}{27}a$	↗

したがって，関数$f(x)$ $(a<x)$ は

$a<x\leqq 4a$で減少し，$4a\leqq x$で増加する。……(答)

(2) $g(x)=\dfrac{1}{(x-a)^2}-\dfrac{b}{x^3}=(x-a)^{-2}-bx^{-3}$ $(a<x)$

であるから

$$g'(x) = -2(x-a)^{-3} + 3bx^{-4}$$
$$= \frac{3b}{x^4} - \frac{2}{(x-a)^3} = \frac{2}{x^4}\left(\frac{3}{2}b - \frac{x^4}{(x-a)^3}\right)$$
$$= \frac{2}{x^4}\left(\frac{3}{2}b - f(x)\right) \quad (a<x) \quad \cdots\cdots(*)$$

(1)より，$y=f(x)$ $(a<x)$ の最小値は $f(4a)=\dfrac{256}{27}a$ であり，$\displaystyle\lim_{x\to a+0} f(x)=\infty$，$\displaystyle\lim_{x\to\infty} f(x)=\infty$ であるから，$y=f(x)$ $(a<x)$ のグラフは図1のようになり，次の(i)，(ii)がわかる。

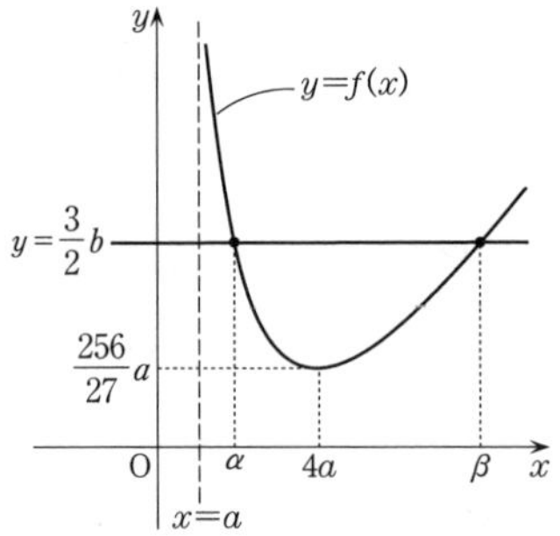

図　1

(i)　$\left(0<\right)\dfrac{3}{2}b \leqq \dfrac{256}{27}a$ のとき

$(*)$より，$a<x$ を満たすすべての x に対して

$$\frac{3}{2}b \leqq f(x)$$

すなわち　　$g'(x) \leqq 0$

となるから，$a<x$ で $y=g(x)$ は単調減少である。

よって，このとき題意を満たす直線は存在しない。

(ii)　$\left(0<\right)\dfrac{256}{27}a < \dfrac{3}{2}b$ のとき

$\dfrac{3}{2}b=f(x)$ を満たす x が，$a<x$ の範囲に2つあり，それらを小さい方から順に α，β とすると

$$0<a<\alpha<4a<\beta,\ g'(\alpha)=g'(\beta)=0$$

が成り立つ。

また，$a<x<\alpha$，$\beta<x$ のとき

$$\frac{3}{2}b<f(x)$$

であるから，$(*)$より　　$g'(x)<0$

$\alpha<x<\beta$ のとき

$$f(x)<\frac{3}{2}b$$

であるから，$(*)$より

$$g'(x)>0$$

これらをまとめると，右の増減表を得る。

x	a	$\cdots$	α	$\cdots$	β	$\cdots$
$g'(x)$	／	$-$	0	$+$	0	$-$
$g(x)$	／	↘	$g(\alpha)$	↗	$g(\beta)$	↘

また，$\displaystyle\lim_{x\to a+0} g(x)=\infty$，$\displaystyle\lim_{x\to\infty} g(x)=0$ である。

したがって，いま，x 軸に平行な直線の方程

式を $y=t$ とおくと

$$g(\alpha)<t<g(\beta)$$

を満たす t が存在し（図2），この t の値に対して直線 $y=t$ が題意を満たすことがわかる。

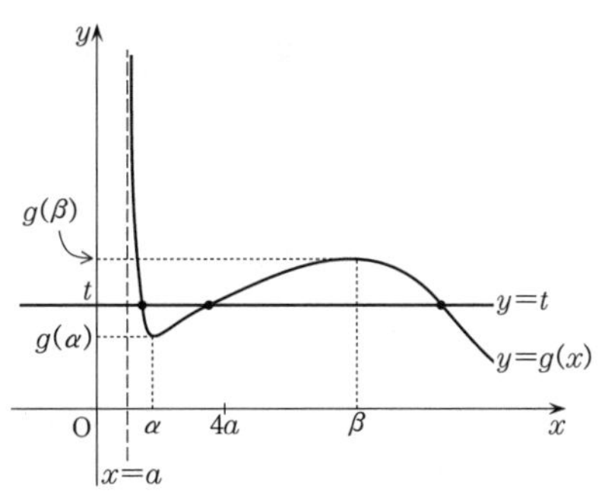

図 2

以上，(i)，(ii)より，求める必要十分条件は

$$\frac{256}{27}a<\frac{3}{2}b$$

$$\therefore \quad \frac{512}{81}a<b \quad \cdots\cdots(\text{答})$$

〔注〕 (ii)のとき，$\lim_{x\to a+0} g(x)=\infty$，$\lim_{x\to\infty} g(x)=0$（$x=a$，$y=0$ は漸近線）は示しておく必要がある。後者と $g(x)$ の増減表から $0<g(\beta)$ はわかるが，$g(\alpha)$ の正負はわからない（図2は $g(\alpha)>0$ として描いた）。しかし，前者を述べることによって，$g(\alpha)$ の正負にかかわらず，$y=g(x)$ のグラフと相異なる3点で交わる x 軸に平行な直線が存在することが示せるのである。

§7 複素数平面

86 2022年度〔1〕 Level B

a，b を実数とし，$f(z)=z^2+az+b$ とする。a，b が

$$|a|\leqq 1,\ |b|\leqq 1$$

を満たしながら動くとき，$f(z)=0$ を満たす複素数 z がとりうる値の範囲を複素数平面上に図示せよ。

ポイント ヒントなしの短い文章の問題であるから，方針を立てるのに困りそうである。解の公式を用いて z を a，b を用いて表してみるか，$z=x+yi$ とおいてみるのが第一歩であろう。前者であれば $a^2-4b\geqq 0$，$a^2-4b<0$ の場合分け，後者であれば $y=0$，$y\neq 0$ の場合分けが生じる。独立に動ける文字が2つある場合，一方を固定して考える方法が想起される。あるいは，発想を変えて，$|a|\leqq 1$，$|b|\leqq 1$，$z^2+az+b=0$ を満たす a，b が存在するためには，$z=x+yi$ の実数 x，y には条件があるはずだと考える。

解法 1

$$f(z)=z^2+az+b\quad(|a|\leqq 1,\ |b|\leqq 1)$$

$f(z)=0$ を満たす複素数 z は，解の公式より，次式で与えられる。

$$z=\frac{-a\pm\sqrt{a^2-4b}}{2}\quad(-1\leqq a\leqq 1,\ -1\leqq b\leqq 1)$$

(i) $a^2-4b\geqq 0$ のとき，z は実数であり，$-1\leqq b\leqq 1$ より

$$-1\leqq b\leqq\frac{a^2}{4}\quad(-1\leqq a\leqq 1)$$

である。このとき

$$0\leqq\sqrt{a^2-4b}\leqq\sqrt{a^2+4},\quad -\sqrt{a^2+4}\leqq-\sqrt{a^2-4b}\leqq 0$$

であるから

$$-\frac{a}{2}\leqq\frac{-a+\sqrt{a^2-4b}}{2}\leqq\frac{-a+\sqrt{a^2+4}}{2}$$

$$\frac{-a-\sqrt{a^2+4}}{2}\leqq\frac{-a-\sqrt{a^2-4b}}{2}\leqq-\frac{a}{2}$$

すなわち

$$\frac{-a-\sqrt{a^2+4}}{2}\leqq z\leqq\frac{-a+\sqrt{a^2+4}}{2}\quad(-1\leqq a\leqq 1)\quad\cdots\cdots①$$

である。そこで，$-1 \leqq a \leqq 1$ における，$g(a)=\dfrac{-a+\sqrt{a^2+4}}{2}$，$h(a)=\dfrac{-a-\sqrt{a^2+4}}{2}$

のとりうる値の範囲を求める。

$$g'(a)=-\frac{1}{2}+\frac{1}{2}\times\frac{2a}{2\sqrt{a^2+4}}=\frac{a-\sqrt{a^2+4}}{2\sqrt{a^2+4}}$$

$$=\frac{-4}{2\sqrt{a^2+4}\,(a+\sqrt{a^2+4})}<0$$

$$h'(a)=-\frac{1}{2}-\frac{1}{2}\times\frac{2a}{2\sqrt{a^2+4}}=\frac{-a-\sqrt{a^2+4}}{2\sqrt{a^2+4}}<0$$

より，$g(a)$ も $h(a)$ も減少関数であることがわかり

$$g(1) \leqq g(a) \leqq g(-1),\ h(1) \leqq h(a) \leqq h(-1)$$

すなわち

$$\frac{-1+\sqrt{5}}{2} \leqq \frac{-a+\sqrt{a^2+4}}{2} \leqq \frac{1+\sqrt{5}}{2}$$

$$\frac{-1-\sqrt{5}}{2} \leqq \frac{-a-\sqrt{a^2+4}}{2} \leqq \frac{1-\sqrt{5}}{2}$$

が成り立つから，①より，実数 z のとりうる値の範囲は次のようになる。

$$-\frac{1+\sqrt{5}}{2} \leqq z \leqq \frac{1+\sqrt{5}}{2} \quad \cdots\cdots②$$

(ii)　$a^2-4b<0$ のとき，z は虚数であり，$b>0$ である。

$z=\dfrac{-a\pm\sqrt{4b-a^2}\,i}{2}$ を $z=x+yi$（x，y は実数）とおくと

$$x=-\frac{a}{2},\ y=\pm\frac{\sqrt{4b-a^2}}{2} \quad (-1 \leqq a \leqq 1,\ 0<b \leqq 1)$$

と表され，$y \neq 0$ である。このとき

$$x^2+y^2=\left(-\frac{a}{2}\right)^2+\left(\pm\frac{\sqrt{4b-a^2}}{2}\right)^2=\frac{a^2}{4}+\frac{4b-a^2}{4}=b \quad (0<b \leqq 1)$$

かつ　$|x|=\left|-\dfrac{a}{2}\right|=\dfrac{1}{2}|a| \leqq \dfrac{1}{2}$

より，$z=x+yi$ は原点を中心とする半径1の円の周および内部（原点を除く）で，かつ，$-\dfrac{1}{2} \leqq x \leqq \dfrac{1}{2}$ の部分を表す（ただし，$y \neq 0$ より実軸は除く）。……③

②，③より複素数 z がとりうる値の範囲を複素数平面に図示すると次図の網かけ部分および太実線部分となる（境界を含む）。

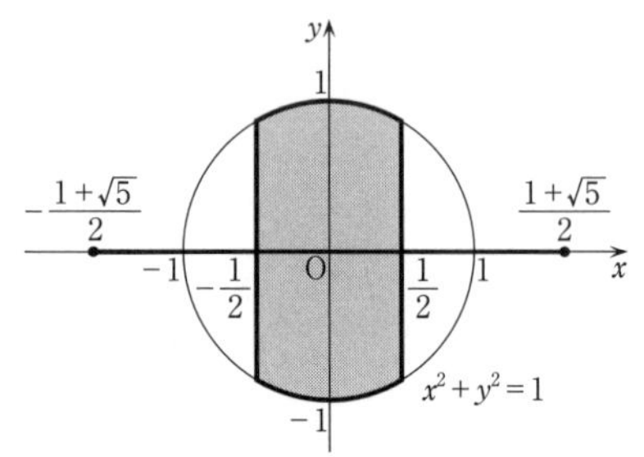

〔注〕 (i)で，$a^2-4b \geqq 0$，$|a| \leqq 1$，$|b| \leqq 1$ を ab 平面に図示すると，右図の網かけ部分になる（境界を含む）から，1つの a の値に対して，b のとりうる値の範囲が $-1 \leqq b \leqq \frac{a^2}{4}$ となることがわかりやすい。

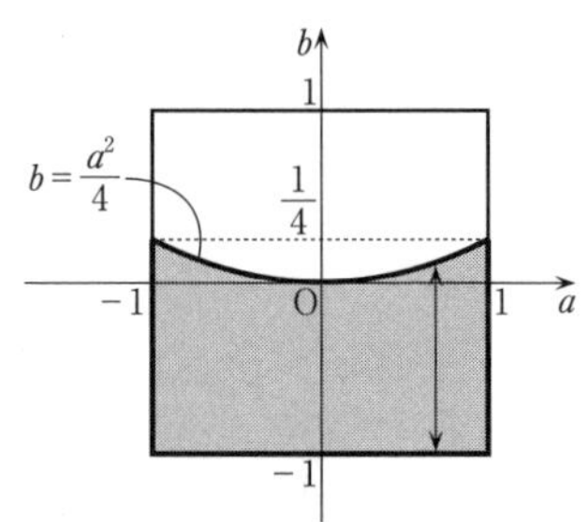

この図から，z の最大値，最小値は求まるが，実数 z の存在する範囲は説明が苦しくなる。

(ii)における $f(z)=0$ の解は α，$\overline{\alpha}$ とおけるから，解と係数の関係より

$$\alpha+\overline{\alpha}=-a,\ \alpha\overline{\alpha}=|\alpha|^2=b\quad(\alpha=x+yi,\ \overline{\alpha}=x-yi)$$

が成り立つので，$2x=-a$，$x^2+y^2=b$ がわかる。

解法 2

実数 x，y を用いて $z=x+yi$ とおくと，方程式 $f(z)=0$ は

$$(x+yi)^2+a(x+yi)+b=0$$

すなわち

$$x^2-y^2+ax+b+y(2x+a)i=0\quad\cdots\cdots(★)$$

と同値である。$|a| \leqq 1$，$|b| \leqq 1$，(★)を同時に満たすような x，y の条件を求める。

(i)　$y=0$ のとき，(★)は $x^2+ax+b=0$ となり，これは直線 l：$b=-xa-x^2$（傾き $-x$，b 切片 $-x^2$）を表すから，この直線 l が，$|a| \leqq 1$，$|b| \leqq 1$ すなわち右図の網かけ部分 D（境界を含む）を通過するための x の条件を求める。

b 切片 $-x^2$（$\leqq 0$）に着目すると

$$-1 \leqq -x^2 \leqq 0$$

すなわち

$$-1 \leqq x \leqq 1\quad\cdots\cdots Ⓐ$$

であれば必ず l は D を通過する。

$$-x^2<-1\qquad すなわち\qquad x<-1,\ 1<x\quad\cdots\cdots Ⓑ$$

のときは，l 上の点（a，b）について，$a=1$ のとき $b \geqq -1$ であるか，$a=-1$ のとき $b \geqq -1$ であれば，必ず l は D を通過する。

$a=1$ のとき，$b=-x-x^2 \geqq -1$ を解いて，Ⓑに注意すれば

$$\frac{-1-\sqrt{5}}{2} \leqq x \leqq \frac{-1+\sqrt{5}}{2} \qquad \therefore \quad \frac{-1-\sqrt{5}}{2} \leqq x < -1 \quad \cdots\cdots ©$$

$a=-1$ のとき，$b=x-x^2 \geqq -1$ を解いて，Ⓑに注意すれば

$$\frac{1-\sqrt{5}}{2} \leqq x \leqq \frac{1+\sqrt{5}}{2} \qquad \therefore \quad 1 < x \leqq \frac{1+\sqrt{5}}{2} \quad \cdots\cdots Ⓓ$$

となるから，ⒶまたはⒸまたはⒹが $y=0$ のときの求める条件で

$$-\frac{1+\sqrt{5}}{2} \leqq x \leqq \frac{1+\sqrt{5}}{2},\ y=0 \quad \cdots\cdots Ⓔ$$

である。

(ii)　$y \neq 0$ のとき，(★)は

$$\begin{cases} x^2-y^2+ax+b=0 \\ 2x+a=0 \end{cases}$$

と同値となり，$|a| \leqq 1$，$|b| \leqq 1$ を満たす a，b が存在するための条件は，まず，第2式より，$a=-2x$ であるから，$|a|=|-2x| \leqq 1$ より，$|x| \leqq \frac{1}{2}$ である。また，第1式は，$a=-2x$ より

$$x^2-y^2+(-2x^2)+b=0 \qquad よって \qquad b=x^2+y^2$$

となり，$|b|=|x^2+y^2| \leqq 1$ である。よって，$y \neq 0$ のときの求める条件は

$$y \neq 0,\ |x| \leqq \frac{1}{2},\ 0 < x^2+y^2 \leqq 1 \quad \cdots\cdots Ⓕ$$

である。

ⒺとⒻを図示すれば，〔解法1〕の図となる。

87 2022年度〔4〕 Level C

a は正の実数とする。複素数 z が $|z-1|=a$ かつ $z\neq\dfrac{1}{2}$ を満たしながら動くとき，複素数平面上の点 $w=\dfrac{z-3}{1-2z}$ が描く図形を K とする。このとき，次の問いに答えよ。

(1) K が円となるための a の条件を求めよ。また，そのとき K の中心が表す複素数と K の半径を，それぞれ a を用いて表せ。

(2) a が(1)の条件を満たしながら動くとき，虚軸に平行で円 K の直径となる線分が通過する領域を複素数平面上に図示せよ。

ポイント (1)の結果を得ないと(2)には取りかかれない。
(1) 条件 $|z-1|=a$ が使えるように z の分数式 w を用いて，z を w で表す。見慣れた式が現れるはずである。
(2) 円 K の中心と半径が a を用いて表されていれば，問題の線分の上端，下端が a を用いて表せる。上端の実部を x，虚部を y とおいて，上端の軌跡を求めようと考えるのが自然であろう。あるいは，不等式を用いて線分を表し，実数 a が存在するように x，y の範囲を求める。

解法

$$|z-1|=a \text{ かつ } z\neq\frac{1}{2}\ (a>0),\quad K: w=\frac{z-3}{1-2z}$$

(1) $w=\dfrac{z-3}{1-2z}\ \left(z\neq\dfrac{1}{2}\right)$ を z について解くと

$$(1-2z)w=z-3 \Longleftrightarrow (1+2w)z=3+w$$

$$\therefore\quad z=\frac{w+3}{2w+1},\quad w\neq-\frac{1}{2}\quad\left(w=-\frac{1}{2}\text{ のとき，}0\times z=\frac{5}{2}\text{ となり，}z\text{ は存在しないから}\right)$$

となる。$|z-1|=a$ $(a>0)$ であるから

$$\left|\frac{w+3}{2w+1}-1\right|=a \quad\Longleftrightarrow\quad \left|\frac{2-w}{2w+1}\right|=a$$

$$|w-2|=2a\left|w+\frac{1}{2}\right|\quad (a>0)\quad\left(w\neq-\frac{1}{2}\text{ は満たしている}\right)\quad\cdots\cdots(★)$$

が成り立つ。両辺ともに正または0であるから，2乗しても同値で

$$|w-2|^2=4a^2\left|w+\frac{1}{2}\right|^2$$

がいえるので，以下同値変形する。

$$(w-2)(\overline{w}-2)=4a^2\left(w+\frac{1}{2}\right)\left(\overline{w}+\frac{1}{2}\right)$$

$$|w|^2-2(w+\overline{w})+4=4a^2\left\{|w|^2+\frac{1}{2}(w+\overline{w})+\frac{1}{4}\right\}$$

$$(4a^2-1)|w|^2+2(a^2+1)(w+\overline{w})+a^2-4=0 \quad (a>0)$$

この式を次の(i)，(ii)に分けて考える。

(i) $4a^2-1=0$ $(a>0)$ すなわち $a=\frac{1}{2}$ のとき，$w+\overline{w}=\frac{3}{2}$ となる。

これは，w の実部がつねに $\frac{3}{4}$ ということを意味するから，w の描く図形 K は直線である。

(ii) $4a^2-1\neq 0$ $(a>0)$ すなわち $a\neq\frac{1}{2}$ のとき

$$|w|^2+\frac{2(a^2+1)}{4a^2-1}(w+\overline{w})+\frac{a^2-4}{4a^2-1}=0$$

$$\left\{w+\frac{2(a^2+1)}{4a^2-1}\right\}\left\{\overline{w}+\frac{2(a^2+1)}{4a^2-1}\right\}=\left\{\frac{2(a^2+1)}{4a^2-1}\right\}^2-\frac{a^2-4}{4a^2-1}$$

$$=\frac{25a^2}{(4a^2-1)^2}$$

$$\left|w+\frac{2(a^2+1)}{4a^2-1}\right|^2=\left(\frac{5a}{4a^2-1}\right)^2$$

$$\therefore \quad \left|w+\frac{2(a^2+1)}{4a^2-1}\right|=\frac{5a}{|4a^2-1|} \quad (a>0)$$

と変形されるから，K は円を表す。したがって

K が円となるための a の条件は　$a\neq\frac{1}{2}$ $(a>0)$

円 K の中心が表す複素数は $\frac{-2(a^2+1)}{4a^2-1}$，半径は $\frac{5a}{|4a^2-1|}$　……(答)

である。

〔注1〕 (ii)の計算に不慣れな場合は，(★)において，$w=x+yi$ (x，y は実数) とおけば，次のように計算できる。

$$|(x+yi)-2|=2a\left|(x+yi)+\frac{1}{2}\right|$$

$$|(x-2)+yi|=2a\left|\left(x+\frac{1}{2}\right)+yi\right|$$

$$\sqrt{(x-2)^2+y^2}=2a\sqrt{\left(x+\frac{1}{2}\right)^2+y^2}$$

$$(x-2)^2+y^2=4a^2\left\{\left(x+\frac{1}{2}\right)^2+y^2\right\}$$

$$(4a^2-1)x^2+2(2a^2+2)x+(4a^2-1)y^2+a^2-4=0$$

$4a^2-1\neq0$ のとき $\left(4a^2-1=0\text{ のときは，直線 } x=\frac{3}{4}\text{ となる}\right)$

$$x^2+\frac{2(2a^2+2)}{4a^2-1}x+y^2+\frac{a^2-4}{4a^2-1}=0$$

$$\left(x+\frac{2a^2+2}{4a^2-1}\right)^2+y^2=\left(\frac{2a^2+2}{4a^2-1}\right)^2-\frac{a^2-4}{4a^2-1}=\frac{25a^2}{(4a^2-1)^2}\quad(a>0)$$

これは，中心 $\left(-\frac{2a^2+2}{4a^2-1},\ 0\right)$，半径 $\frac{5a}{|4a^2-1|}$ の円を表す。

なお，(★)は，w が，「(2からの距離)：$\left(-\frac{1}{2}\text{ からの距離}\right)=2a:1$」を満たしながら動くことを表すから，$2a\neq1$ のとき，K はアポロニウスの円となる。それは，$\mathrm{A}(2)$，$\mathrm{B}\left(-\frac{1}{2}\right)$ として，AB を $2a:1$ に内分する点 $\frac{1\times2+2a\times\left(-\frac{1}{2}\right)}{2a+1}=\frac{2-a}{2a+1}$，外分する点 $\frac{(-1)\times2+2a\times\left(-\frac{1}{2}\right)}{2a-1}=\frac{-2-a}{2a-1}$ を直径の両端とする円である。

内分点，外分点の中点 $\frac{1}{2}\left(\frac{2-a}{2a+1}+\frac{-2-a}{2a-1}\right)=\frac{-2a^2-2}{4a^2-1}$ が円の中心である。

半径は，$\frac{1}{2}\left|\frac{2-a}{2a+1}-\frac{-2-a}{2a-1}\right|=\frac{5a}{|4a^2-1|}\quad(a>0)$ となる。

(2) 虚軸に平行で円 K の直径となる線分 L の上端は，(1)の結果より

$$\frac{-2(a^2+1)}{4a^2-1}+\frac{5a}{|4a^2-1|}i\quad\left(a>0,\ a\neq\frac{1}{2}\right)$$

である。中心が実軸上にあるので，下端は，実軸に関して上端と対称である。L が通過する領域は，上端の軌跡と，それと実軸対称である下端の軌跡にはさまれた部分（軌跡も含む）となる。……(☆)

そこで

$$x=\frac{-2(a^2+1)}{4a^2-1}\quad\cdots\cdots①,\quad y=\frac{5a}{|4a^2-1|}\quad\cdots\cdots②\quad\left(a>0,\ a\neq\frac{1}{2}\right)$$

とおいて，点 $(x,\ y)$ の軌跡の方程式を求める。

①より

$$(4a^2-1)x=-2a^2-2\iff a^2(4x+2)=x-2\quad\left(a>0,\ a\neq\frac{1}{2}\right)$$

$x=-\frac{1}{2}$ とすると，$a^2\times0=-\frac{5}{2}$ となり，a が存在しないので

$$x \neq -\frac{1}{2} \quad \cdots\cdots③$$

であるから，③のもとで

$$a^2 = \frac{x-2}{4x+2} \quad \cdots\cdots④$$

となる。ここに，$a^2>0$ より $\dfrac{x-2}{4x+2}>0$ すなわち

$$x<-\frac{1}{2} \quad \text{または} \quad 2<x \quad \cdots\cdots⑤$$

である。ここで③は満たされている。

②について，$y>0$ であるから，両辺を 2 乗しても同値であり，④を代入することで

$$y^2 = \frac{25a^2}{(4a^2-1)^2} = \frac{25\times\dfrac{x-2}{4x+2}}{\left(4\times\dfrac{x-2}{4x+2}-1\right)^2} = \frac{\dfrac{25(x-2)}{4x+2}}{\dfrac{100}{(4x+2)^2}} = \frac{1}{4}(x-2)(4x+2)$$

$$= \frac{1}{4}(4x^2-6x-4) = x^2-\frac{3}{2}x-1 \quad \left(x \neq -\frac{1}{2},\ y>0\right)$$

すなわち

$$x^2-\frac{3}{2}x-y^2-1=0 \iff \left(x-\frac{3}{4}\right)^2-y^2=\left(\frac{5}{4}\right)^2$$

$$\frac{\left(x-\dfrac{3}{4}\right)^2}{\left(\dfrac{5}{4}\right)^2}-\frac{y^2}{\left(\dfrac{5}{4}\right)^2}=1 \quad (y>0) \quad \cdots\cdots⑥$$

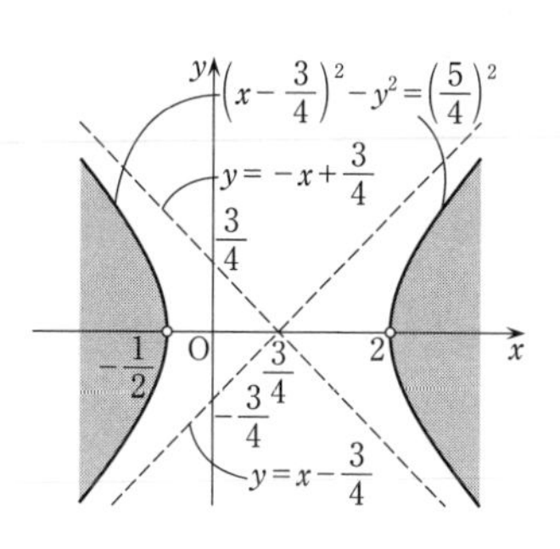

となる。⑤，⑥が L の上端の軌跡の方程式である。したがって，求める領域は，(☆)より，右図の網かけ部分となる。境界を含むが，2 点 2，$-\dfrac{1}{2}$ は除く。

〔注 2〕　次のようにすれば，領域が不等式で表される。

求める領域内の点を $x+yi$（x，y は実数）とする。(1)より，$a>0$，$a \neq \dfrac{1}{2}$ のもとで

$$x = \frac{-2(a^2+1)}{4a^2-1} \quad \cdots\cdots Ⓐ$$

$$-\frac{5a}{|4a^2-1|} \leqq y \leqq \frac{5a}{|4a^2-1|} \quad \cdots\cdots Ⓑ$$

である。

Ⓐより，$(4a^2-1)x=-2(a^2+1)$ すなわち $a^2(4x+2)=x-2$ で，$x \neq -\dfrac{1}{2}$ が確認できるから，$a^2=\dfrac{x-2}{4x+2}$ となる。$a^2>0$ より

$$x<-\frac{1}{2},\ 2<x \quad \cdots\cdots Ⓒ$$

である。このとき $x \neq -\dfrac{1}{2}$ は満たされる。また，$a \neq \dfrac{1}{2}$ も満たされる。

Ⓑより

$$y^2 \leqq \frac{25a^2}{(4a^2-1)^2} = \frac{25\times\dfrac{x-2}{4x+2}}{\left(4\times\dfrac{x-2}{4x+2}-1\right)^2} \quad \left(a^2=\frac{x-2}{4x+2}\text{ の代入}\right)$$

$$= \frac{(x-2)(4x+2)}{4} = x^2-\frac{3}{2}x-1$$

であるから，整理して次式を得る。

$$x^2-\frac{3}{2}x-y^2-1 \geqq 0 \iff \left(x-\frac{3}{4}\right)^2-y^2 \geqq \left(\frac{5}{4}\right)^2 \quad \cdots\cdots Ⓓ$$

Ⓒ∩Ⓓ を図示すれば上図となる。

⑥のグラフは，双曲線

$$\frac{x^2}{\left(\dfrac{5}{4}\right)^2}-\frac{y^2}{\left(\dfrac{5}{4}\right)^2}=1 \quad (\text{漸近線は } y=\pm x)$$

を x 軸（実軸）方向に $\dfrac{3}{4}$ だけ平行移動したものである。

88 2020年度〔2〕 Level B

複素数平面上の異なる3点A，B，Cを複素数α，β，γで表す。ここでA，B，Cは同一直線上にないと仮定する。

(1) △ABCが正三角形となる必要十分条件は，

$$\alpha^2+\beta^2+\gamma^2=\alpha\beta+\beta\gamma+\gamma\alpha$$

であることを示せ。

(2) △ABCが正三角形のとき，△ABCの外接円上の点Pを任意にとる。このとき，

$$\mathrm{AP}^2+\mathrm{BP}^2+\mathrm{CP}^2$$

および

$$\mathrm{AP}^4+\mathrm{BP}^4+\mathrm{CP}^4$$

を外接円の半径Rを用いて表せ。ただし2点X，Yに対し，XYとは線分XYの長さを表す。

ポイント どこかで見たことのあるような問題で，取り組みやすい印象である。
(1) ここでの等式を取り上げている教科書もあるようである。正三角形となる必要十分条件を図形的に書き出し，それを複素数を用いて書き直し，同値変形をするとよい。
(2) △ABC（正三角形）を扱いやすい場所に置くことが重要である。一般の位置で考える必要はない。△ABCの重心（外心と一致する）を原点に置くことが自然であろう。あとは計算するのみであるが，複素数の計算をするか，点Pの座標を$(R\cos\theta,\ R\sin\theta)$とおいて座標平面上で処理するかになる。

解法 1

(1) 複素数平面上の同一直線上にない異なる3点A(α)，B(β)，C(γ)の作る△ABCについて，それが正三角形であることと，△ABC∽△BCAとなることは同値である。したがって

$$\text{(△ABCが正三角形)} \iff \frac{\mathrm{AC}}{\mathrm{AB}}=\frac{\mathrm{BA}}{\mathrm{BC}}\ \text{かつ}\ \angle\mathrm{BAC}=\angle\mathrm{CBA}$$

$$\iff \frac{\gamma-\alpha}{\beta-\alpha}=\frac{\alpha-\beta}{\gamma-\beta}$$

$$\iff (\gamma-\alpha)(\gamma-\beta)=(\alpha-\beta)(\beta-\alpha)$$

$$\iff \alpha^2+\beta^2+\gamma^2=\alpha\beta+\beta\gamma+\gamma\alpha$$

となるから，△ABC が正三角形となる必要十分条件は

$$\alpha^2+\beta^2+\gamma^2=\alpha\beta+\beta\gamma+\gamma\alpha$$

である。 (証明終)

〔注1〕 右図で，半直線 AC から半直線 AB へ測った角は

$$\arg\frac{\beta-\alpha}{\gamma-\alpha}$$

であり，半直線 AB から半直線 AC へ測った角は

$$\arg\frac{\gamma-\alpha}{\beta-\alpha}\quad\left(=-\arg\frac{\beta-\alpha}{\gamma-\alpha}\right)$$

となる。角については誤りやすいので注意しよう。

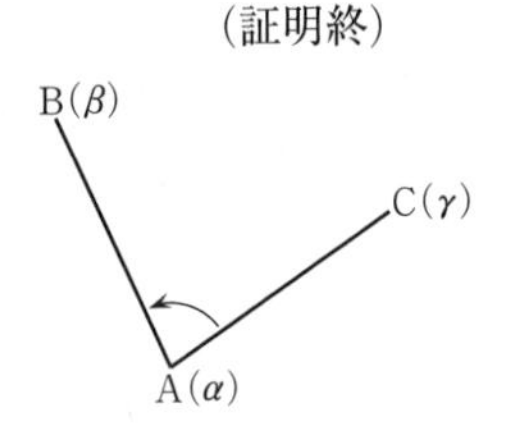

(2) △ABC が正三角形のとき，△ABC の外接円の中心（外心）は重心と一致する。△ABC を重心が原点Oに重なるように平行移動したものを，新たに△ABC としてもよいから

$$\alpha+\beta+\gamma=0$$

$$|\alpha|=|\beta|=|\gamma|=R\quad(R\text{ は外接円の半径})$$

が成り立つ。△ABC の外接円上の点Pを表す複素数を z とすると

$$|z|=R$$

であり，$\mathrm{AP}=|z-\alpha|$ であるから

$$\mathrm{AP}^2=|z-\alpha|^2=(z-\alpha)\overline{(z-\alpha)}=(z-\alpha)(\bar{z}-\bar{\alpha})$$

$$=z\bar{z}-\alpha\bar{z}-\bar{\alpha}z+\alpha\bar{\alpha}$$

$$=|z|^2-(\alpha\bar{z}+\bar{\alpha}z)+|\alpha|^2=2R^2-(\alpha\bar{z}+\bar{\alpha}z)\quad(|\alpha|=|z|=R)$$

となる。同様にして，$\mathrm{BP}^2=|z-\beta|^2$，$\mathrm{CP}^2=|z-\gamma|^2$ を計算すると

$$\mathrm{BP}^2=|z|^2-(\beta\bar{z}+\bar{\beta}z)+|\beta|^2=2R^2-(\beta\bar{z}+\bar{\beta}z)$$

$$\mathrm{CP}^2=|z|^2-(\gamma\bar{z}+\bar{\gamma}z)+|\gamma|^2=2R^2-(\gamma\bar{z}+\bar{\gamma}z)$$

となるので，$\alpha+\beta+\gamma=0$，$\overline{\alpha+\beta+\gamma}=0$ を用いて

$$\mathrm{AP}^2+\mathrm{BP}^2+\mathrm{CP}^2=3\times2R^2-\{(\alpha+\beta+\gamma)\bar{z}+(\bar{\alpha}+\bar{\beta}+\bar{\gamma})z\}$$

$$=6R^2-(\alpha+\beta+\gamma)\bar{z}-\overline{(\alpha+\beta+\gamma)}z$$

$$=6R^2\quad\cdots\cdots(\text{答})$$

である。次に

$$\mathrm{AP}^4=(\mathrm{AP}^2)^2=\{2R^2-(\alpha\bar{z}+\bar{\alpha}z)\}^2$$

$$=4R^4-4R^2(\alpha\bar{z}+\bar{\alpha}z)+(\alpha\bar{z}+\bar{\alpha}z)^2$$

$$=4R^4-4R^2(\alpha\bar{z}+\bar{\alpha}z)+(\alpha^2\bar{z}^2+2\alpha\bar{\alpha}z\bar{z}+\bar{\alpha}^2z^2)$$

$$=4R^4-4R^2(\alpha\bar{z}+\bar{\alpha}z)+\alpha^2\bar{z}^2+2|\alpha|^2|z|^2+\bar{\alpha}^2z^2$$

$$=6R^4-4R^2(\alpha\bar{z}+\bar{\alpha}z)+(\alpha^2\bar{z}^2+\bar{\alpha}^2z^2)\quad(|\alpha|^2=|z|^2=R^2)$$

となり，同様にして

$$\mathrm{BP}^4=6R^4-4R^2(\beta\bar{z}+\bar{\beta}z)+(\beta^2\bar{z}^2+\bar{\beta}^2z^2)$$

$$\mathrm{CP}^4=6R^4-4R^2(\gamma\bar{z}+\bar{\gamma}z)+(\gamma^2\bar{z}^2+\bar{\gamma}^2z^2)$$

となる。

よって，$\alpha+\beta+\gamma=0$，$\bar{\alpha}+\bar{\beta}+\bar{\gamma}=\overline{\alpha+\beta+\gamma}=0$ より

$$\begin{aligned}\mathrm{AP}^4+\mathrm{BP}^4+\mathrm{CP}^4&=3\times6R^4-4R^2\{(\alpha+\beta+\gamma)\bar{z}+(\bar{\alpha}+\bar{\beta}+\bar{\gamma})z\}\\&\qquad+\{(\alpha^2+\beta^2+\gamma^2)\bar{z}^2+(\bar{\alpha}^2+\bar{\beta}^2+\bar{\gamma}^2)z^2\}\\&=18R^4+\{(\alpha^2+\beta^2+\gamma^2)\bar{z}^2+(\bar{\alpha}^2+\bar{\beta}^2+\bar{\gamma}^2)z^2\}\end{aligned}$$

である。ここで

$$\begin{aligned}\alpha^2+\beta^2+\gamma^2&=(\alpha+\beta+\gamma)^2-2(\alpha\beta+\beta\gamma+\gamma\alpha)\\&=-2(\alpha\beta+\beta\gamma+\gamma\alpha)\quad(\alpha+\beta+\gamma=0)\\&=-2(\alpha^2+\beta^2+\gamma^2)\quad((1)\text{より})\end{aligned}$$

から，$\alpha^2+\beta^2+\gamma^2=0$ がわかり

$$\bar{\alpha}^2+\bar{\beta}^2+\bar{\gamma}^2=\overline{\alpha^2}+\overline{\beta^2}+\overline{\gamma^2}=\overline{\alpha^2+\beta^2+\gamma^2}=0$$

となるので

$$\mathrm{AP}^4+\mathrm{BP}^4+\mathrm{CP}^4=18R^4\quad\cdots\cdots(\text{答})$$

である。

解法 2

(1)　△ABC が正三角形であることは

$$\beta-\alpha=\left\{\cos\left(\pm\frac{\pi}{3}\right)+i\sin\left(\pm\frac{\pi}{3}\right)\right\}(\gamma-\alpha)\quad(\text{複号同順})$$

が成り立つことと同値である。

この式を同値変形する。

$$\beta-\alpha=\left(\frac{1}{2}\pm\frac{\sqrt{3}}{2}i\right)(\gamma-\alpha)$$

$$2(\beta-\alpha)=(1\pm\sqrt{3}i)(\gamma-\alpha)$$

$$2(\beta-\alpha)-(\gamma-\alpha)=\pm\sqrt{3}i(\gamma-\alpha)$$

$$2\beta-\alpha-\gamma=\pm\sqrt{3}i(\gamma-\alpha)$$

両辺を平方しても同値関係は保たれるから

$$4\beta^2+\alpha^2+\gamma^2-4\alpha\beta+2\gamma\alpha-4\beta\gamma=-3(\gamma^2-2\gamma\alpha+\alpha^2)$$

$$4\alpha^2+4\beta^2+4\gamma^2-4\alpha\beta-4\beta\gamma-4\gamma\alpha=0$$

$$\therefore\quad\alpha^2+\beta^2+\gamma^2=\alpha\beta+\beta\gamma+\gamma\alpha$$

(証明終)

(2)　外接円の半径が R である正三角形 ABC を右図のように，つまり

$$A(R,\ 0),\ B\left(-\frac{1}{2}R,\ \frac{\sqrt{3}}{2}R\right),$$

$$C\left(-\frac{1}{2}R,\ -\frac{\sqrt{3}}{2}R\right)$$

とおいても，一般性は確保される。

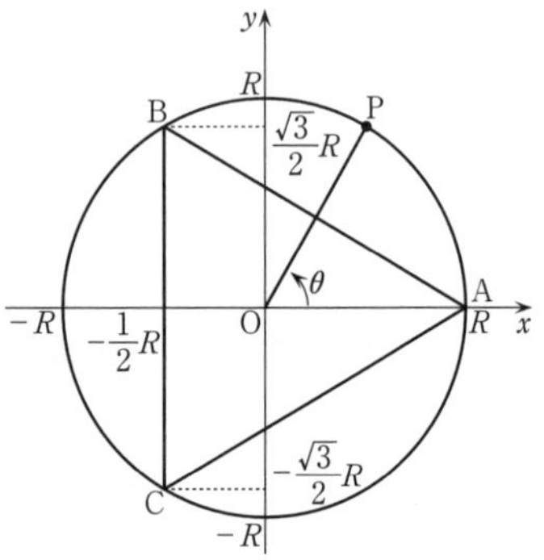

外接円上の点 P の座標を $(R\cos\theta,\ R\sin\theta)$ $(0 \leqq \theta < 2\pi)$ とおくと

$$\begin{aligned} AP^2 &= (R\cos\theta - R)^2 + (R\sin\theta - 0)^2 \\ &= R^2\cos^2\theta - 2R^2\cos\theta + R^2 + R^2\sin^2\theta \\ &= R^2(\cos^2\theta + \sin^2\theta) - 2R^2\cos\theta + R^2 \\ &= 2R^2 - 2R^2\cos\theta \quad (\cos^2\theta + \sin^2\theta = 1) \end{aligned}$$

$$\begin{aligned} BP^2 &= \left(R\cos\theta + \frac{1}{2}R\right)^2 + \left(R\sin\theta - \frac{\sqrt{3}}{2}R\right)^2 \\ &= R^2\cos^2\theta + R^2\cos\theta + \frac{1}{4}R^2 + R^2\sin^2\theta - \sqrt{3}R^2\sin\theta + \frac{3}{4}R^2 \\ &= R^2(\cos^2\theta + \sin^2\theta) + R^2 + R^2(\cos\theta - \sqrt{3}\sin\theta) \\ &= 2R^2 + R^2(\cos\theta - \sqrt{3}\sin\theta) \end{aligned}$$

同様にして

$$CP^2 = 2R^2 + R^2(\cos\theta + \sqrt{3}\sin\theta)$$

となるから

$$\begin{aligned} &AP^2 + BP^2 + CP^2 \\ &= 3 \times 2R^2 + R^2(-2\cos\theta + \cos\theta - \sqrt{3}\sin\theta + \cos\theta + \sqrt{3}\sin\theta) \\ &= 6R^2 \quad \cdots\cdots(\text{答}) \end{aligned}$$

である。また

$$\begin{aligned} AP^4 &= (AP^2)^2 = \{2R^2(1-\cos\theta)\}^2 = 4R^4(1 - 2\cos\theta + \cos^2\theta) \\ &= R^4(4 - 8\cos\theta + 4\cos^2\theta) \end{aligned}$$

$$\begin{aligned} BP^4 &= (BP^2)^2 = \{R^2(2 + \cos\theta - \sqrt{3}\sin\theta)\}^2 \\ &= R^4(4 + \cos^2\theta + 3\sin^2\theta + 4\cos\theta - 2\sqrt{3}\cos\theta\sin\theta - 4\sqrt{3}\sin\theta) \end{aligned}$$

同様にして

$$CP^4 = R^4(4 + \cos^2\theta + 3\sin^2\theta + 4\cos\theta + 2\sqrt{3}\cos\theta\sin\theta + 4\sqrt{3}\sin\theta)$$

より

$$\begin{aligned} AP^4 + BP^4 + CP^4 &= R^4\{3 \times 4 + 6(\cos^2\theta + \sin^2\theta)\} \\ &= R^4(12 + 6) = 18R^4 \quad \cdots\cdots(\text{答}) \end{aligned}$$

〔注2〕 **〔解法1〕** の複素数の計算では，最後に(1)の結果が利用されるが，**〔解法2〕** の座標の計算では，(1)は直接は使われない。$\alpha=1$，$\beta=-\dfrac{1}{2}+\dfrac{\sqrt{3}}{2}i$，$\gamma=-\dfrac{1}{2}-\dfrac{\sqrt{3}}{2}i$ で，すでに(1)を満たしているのである。

〔注3〕 図形の対称性から，θ を $0\leqq\theta<\dfrac{2}{3}\pi$ に限っても，$AP^2+BP^2+CP^2$，$AP^4+BP^4+CP^4$ の値に影響しない。こう考えれば，θ の大きさに気を遣うことなく余弦定理を用いることができる。

$0<\theta<\dfrac{2}{3}\pi$ のとき

$$\begin{aligned}AP^2&=OA^2+OP^2-2OA\times OP\cos\theta\\&=R^2+R^2-2R^2\cos\theta=2R^2(1-\cos\theta)\end{aligned}$$

これは $\theta=0$ のときも成り立つ。

$0\leqq\theta<\dfrac{2}{3}\pi$ のとき

$$\begin{aligned}BP^2&=OP^2+OB^2-2OP\times OB\cos\left(\frac{2}{3}\pi-\theta\right)\\&=R^2+R^2-2R^2\left(\cos\frac{2}{3}\pi\cos\theta+\sin\frac{2}{3}\pi\sin\theta\right)\\&=2R^2\left(1+\frac{1}{2}\cos\theta-\frac{\sqrt{3}}{2}\sin\theta\right)\end{aligned}$$

$\dfrac{\pi}{3}<\theta<\dfrac{2}{3}\pi$ のとき

$$\begin{aligned}CP^2&=OP^2+OC^2-2OP\times OC\cos\left(\frac{4}{3}\pi-\theta\right)\\&=R^2+R^2-2R^2\left(\cos\frac{4}{3}\pi\cos\theta+\sin\frac{4}{3}\pi\sin\theta\right)\\&=2R^2\left(1+\frac{1}{2}\cos\theta+\frac{\sqrt{3}}{2}\sin\theta\right)\end{aligned}$$

これは $0\leqq\theta<\dfrac{\pi}{3}$ すなわち $\dfrac{4}{3}\pi-\theta>\pi$ のときも成り立つ。$\cos(-\alpha)=\cos\alpha$ より，

$$\cos\left(\frac{4}{3}\pi-\theta\right)=\cos\left(\theta-\frac{4}{3}\pi\right)=\cos\left(2\pi+\theta-\frac{4}{3}\pi\right)=\cos\left(\frac{2}{3}\pi+\theta\right)$$

となり，右図のように正しく CP^2 が求まる。また，$\theta=\dfrac{\pi}{3}$ のときも成り立つ。

$\frac{4}{3}\pi-\theta$　O　P
$2\pi-\left(\frac{4}{3}\pi-\theta\right)$
$=\frac{2}{3}\pi+\theta$
C

89　2019年度〔3〕　Level B

i を虚数単位とする。実部と虚部が共に整数であるような複素数 z により $\dfrac{z}{3+2i}$ と表される複素数全体の集合を M とする。

⑴　原点を中心とする半径 r の円上またはその内部に含まれる M の要素の個数を $N(r)$ とする。このとき，集合 $\{r \mid 10 \leqq N(r) < 25\}$ を求めよ。

⑵　複素数平面の相異なる2点 z，w を結ぶ線分を $L(z,\ w)$ で表すとき，6つの線分 $L(0,\ 1)$，　$L\left(1,\ 1+\dfrac{i}{2}\right)$，　$L\left(1+\dfrac{i}{2},\ \dfrac{1+i}{2}\right)$，　$L\left(\dfrac{1+i}{2},\ \dfrac{1}{2}+i\right)$，　$L\left(\dfrac{1}{2}+i,\ i\right)$，$L(i,\ 0)$ で囲まれる領域の内部または境界に含まれる M の要素の個数を求めよ。

ポイント　どうやら格子点の個数を数える問題のようである。
⑴　ある複素数 α が原点を中心とする半径 r の円上またはその内部に含まれるということは，式で書けば $|\alpha| \leqq r$ ということである。$\alpha=\dfrac{z}{3+2i}$ であるとき，
$|z|=|3+2i||\alpha| \leqq |3+2i|r$ となり，z の実部と虚部が共に整数であることから，r を決めれば z の個数が数えられる。z の個数と α の個数は一致する。$z=m+ni$（m，n は整数）とおいて出発してもよい。
⑵　問題の6つの線分で囲まれる領域の内部または境界を図示することは容易であろう。そこに含まれる α の個数を数えるわけであるが，領域の方を変換して，z の個数を数えるとよい。

解法 1

$$M=\left\{\frac{z}{3+2i} \middle| z\text{ は複素数で，その実部，虚部は共に整数}\right\}$$

⑴　原点を中心とする半径 r の円上またはその内部に含まれる M の要素の個数を $N(r)$ とするのだから

$$\left|\frac{z}{3+2i}\right| \leqq r \quad \text{すなわち} \quad |z| \leqq |3+2i|r=\sqrt{3^2+2^2}\,r=\sqrt{13}\,r$$

を満たす z の個数が $N(r)$ である。

z は複素数平面上の格子点（実部と虚部が共に整数である点）で表されるから，右図より

$\sqrt{2} \leqq \sqrt{13}r < 2$ のとき z は 9 個

$2 \leqq \sqrt{13}r < \sqrt{5}$ のとき z は 13 個

$\sqrt{5} \leqq \sqrt{13}r < 2\sqrt{2}$ のとき z は 21 個

$\sqrt{13}r = 2\sqrt{2}$ のとき z は 25 個

であることがわかる。

$10 \leqq N(r) < 25$ となるのは，$2 \leqq \sqrt{13}r < 2\sqrt{2}$ のときであるから，求める集合は次のようになる。

$$\{r \mid 2 \leqq \sqrt{13}r < 2\sqrt{2}\} \quad すなわち \quad \left\{r \,\middle|\, \frac{2\sqrt{13}}{13} \leqq r < \frac{2\sqrt{26}}{13}\right\} \quad \cdots\cdots(答)$$

(2)　複素数平面上の 6 つの線分 $L(0,\ 1)$，$L\left(1,\ 1+\frac{i}{2}\right)$，$L\left(1+\frac{i}{2},\ \frac{1+i}{2}\right)$，$L\left(\frac{1+i}{2},\ \frac{1}{2}+i\right)$，$L\left(\frac{1}{2}+i,\ i\right)$，$L(i,\ 0)$ で囲まれる領域の内部または境界は，右図の網かけ部分（境界を含む）である。この領域の内部または境界に含まれる M の要素の 1 つを α とすると

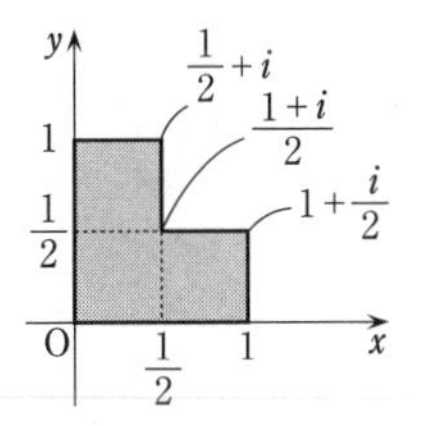

$$\alpha = \frac{z}{3+2i} \quad (z \text{ の実部と虚部は共に整数})$$

と表されるから

$$z = (3+2i)\alpha = \sqrt{13}\left(\frac{3}{\sqrt{13}} + \frac{2}{\sqrt{13}}i\right)\alpha$$

$$= \sqrt{13}(\cos\theta + i\sin\theta)\alpha \quad \left(\cos\theta = \frac{3}{\sqrt{13}},\ \sin\theta = \frac{2}{\sqrt{13}}\right)$$

となる。つまり，z は，α を原点のまわりに θ だけ回転し，さらに原点からの距離を $\sqrt{13}$ 倍した点を表す。したがって，z は，上図の網かけ部分（境界を含む）に含まれるすべての点を原点のまわりに θ だけ回転し，さらに原点からの距離を $\sqrt{13}$ 倍してできる領域に含まれる格子点ということになる。

$$0 \times (3+2i) = 0$$

$$1 \times (3+2i) = 3+2i$$

$$\left(1+\frac{i}{2}\right)(3+2i) = 2+\frac{7}{2}i$$

$$\frac{1+i}{2} \times (3+2i) = \frac{1}{2}+\frac{5}{2}i$$

$$\left(\frac{1}{2}+i\right)(3+2i)=-\frac{1}{2}+4i$$

$$i(3+2i)=-2+3i$$

を参考にすると，新たな領域は右図の網かけ部分（境界を含む）になるから，z の個数，すなわち求める M の要素の個数は，右図の • を数えて

12 個 ……(答)

である。

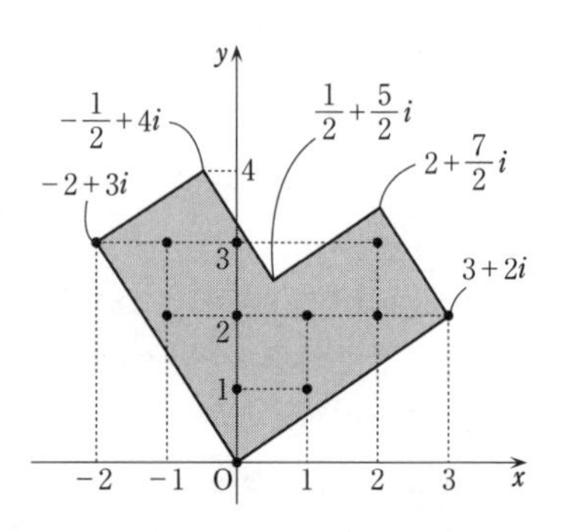

解法 2

(1) m，n を整数として，$z=m+ni$ とおく。

$$\frac{z}{3+2i}=\frac{(m+ni)(3-2i)}{(3+2i)(3-2i)}=\frac{(3m+2n)+(3n-2m)i}{9+4}$$

$$=\frac{3m+2n}{13}+\frac{3n-2m}{13}i$$

$X=\dfrac{3m+2n}{13}$，$Y=\dfrac{3n-2m}{13}$ とおくと

$$M=\left\{X+Yi\,\middle|\,X=\frac{3m+2n}{13},\ Y=\frac{3n-2m}{13}\quad (m,\ n\text{は整数})\right\}$$

である。M の要素の 1 つ $X+Yi$ が，原点を中心とする半径 r の円上またはその内部に含まれるとき

$|X+Yi|\leqq r$　すなわち　$X^2+Y^2\leqq r^2$

が成り立つから

$$\left(\frac{3m+2n}{13}\right)^2+\left(\frac{3n-2m}{13}\right)^2\leqq r^2\qquad \frac{13(m^2+n^2)}{13^2}\leqq r^2$$

$\therefore\quad m^2+n^2\leqq(\sqrt{13}r)^2$

が成り立つ。この不等式を満たす整数の組 $(m,\ n)$ の個数が $N(r)$ である。右図より，その個数は

$\sqrt{2}\leqq\sqrt{13}r<2$ のとき　　9 個

$2\leqq\sqrt{13}r<\sqrt{5}$ のとき　　13 個

$\sqrt{5}\leqq\sqrt{13}r<2\sqrt{2}$ のとき　　21 個

$\sqrt{13}r=2\sqrt{2}$ のとき　　25 個

であるので，$10\leqq N(r)<25$ となるのは

$2\leqq\sqrt{13}r<2\sqrt{2}$

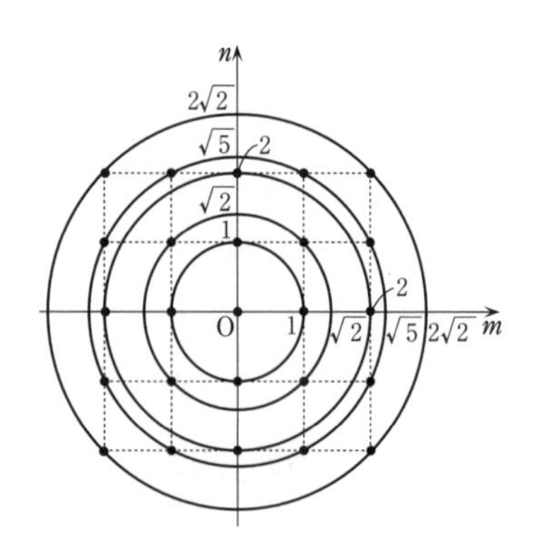

のときである。

したがって，求める集合 $\{r \mid 10 \leqq N(r) < 25\}$ は次のようになる。

$$\left\{r \,\middle|\, \frac{2}{\sqrt{13}} \leqq r < \frac{2\sqrt{2}}{\sqrt{13}}\right\} \quad \text{すなわち} \quad \left\{r \,\middle|\, \frac{2\sqrt{13}}{13} \leqq r < \frac{2\sqrt{26}}{13}\right\} \quad \cdots\cdots(\text{答})$$

(2) 問題の 6 つの線分で囲まれる領域の内部または境界は，右図の網かけ部分（境界を含む）で表される。

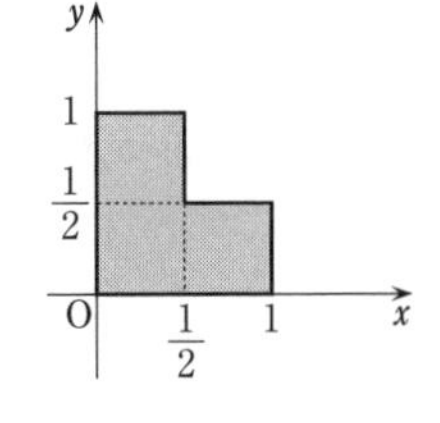

M の要素の 1 つ $X+Yi$ がこの網かけ部分（境界を含む）に含まれるとき

$$\left(0 \leqq X \leqq \frac{1}{2} \quad \text{かつ} \quad 0 \leqq Y \leqq 1\right) \quad \text{または}$$

$$\left(0 \leqq X \leqq 1 \quad \text{かつ} \quad 0 \leqq Y \leqq \frac{1}{2}\right)$$

が成り立つ。これを m，n について書き改めると

$$\left(0 \leqq \frac{3m+2n}{13} \leqq \frac{1}{2} \quad \text{かつ} \quad 0 \leqq \frac{3n-2m}{13} \leqq 1\right) \quad \text{または}$$

$$\left(0 \leqq \frac{3m+2n}{13} \leqq 1 \quad \text{かつ} \quad 0 \leqq \frac{3n-2m}{13} \leqq \frac{1}{2}\right)$$

すなわち

$$\left(-\frac{3}{2}m \leqq n \leqq -\frac{3}{2}m + \frac{13}{4} \quad \text{かつ} \quad \frac{2}{3}m \leqq n \leqq \frac{2}{3}m + \frac{13}{3}\right) \quad \text{または}$$

$$\left(-\frac{3}{2}m \leqq n \leqq -\frac{3}{2}m + \frac{13}{2} \quad \text{かつ} \quad \frac{2}{3}m \leqq n \leqq \frac{2}{3}m + \frac{13}{6}\right)$$

となる。この不等式の表す領域を図示すると，次図の網かけ部分（境界を含む）となる。

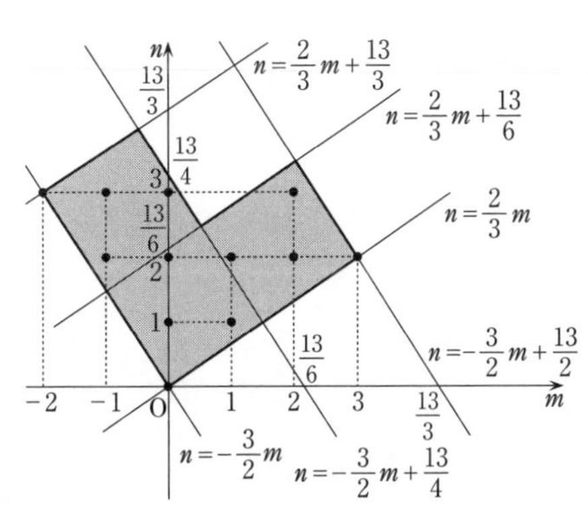

ここに含まれる整数の組（m，n）の個数を数えると，12 個である。

よって，求める M の要素の個数は，12 個である。 ……(答)

〔注1〕〔解法1〕にしても〔解法2〕にしても，ある程度図を正確に描かなければならない。次のように円 $x^2+y^2=R^2$ 上の格子点の個数を書き出すとよいかもしれない。

$R=0$ のとき $(0,\ 0)$ の1個
$R=1$ のとき $(\pm1,\ 0)$，$(0,\ \pm1)$ の4個　　累計5個
$R=\sqrt{2}$ のとき $(\pm1,\ \pm1)$ の4個　　累計9個
$R=2$ のとき $(\pm2,\ 0)$，$(0,\ \pm2)$ の4個　　累計13個
$R=\sqrt{5}$ のとき $(\pm1,\ \pm2)$，$(\pm2,\ \pm1)$ の8個　累計21個
$R=2\sqrt{2}$ のとき $(\pm2,\ \pm2)$ の4個　　累計25個

$10\leqq N(r)<25$ は，個数が10以上であるから $R\geqq2$（$\sqrt{2}\leqq R<2$ では9個である）であり，25未満であるから $R<2\sqrt{2}$（$R=2\sqrt{2}$ では25個になってしまう）である。つまり，$2\leqq R<2\sqrt{2}$ である。

〔注2〕　複素数 α に複素数 $r(\cos\theta+i\sin\theta)$ $(r>0)$ をかけることは，複素数を複素数平面上の点と考えた場合，点 α を原点のまわりに θ だけ回転し，さらに原点からの距離を r 倍した点に移動することを意味する。

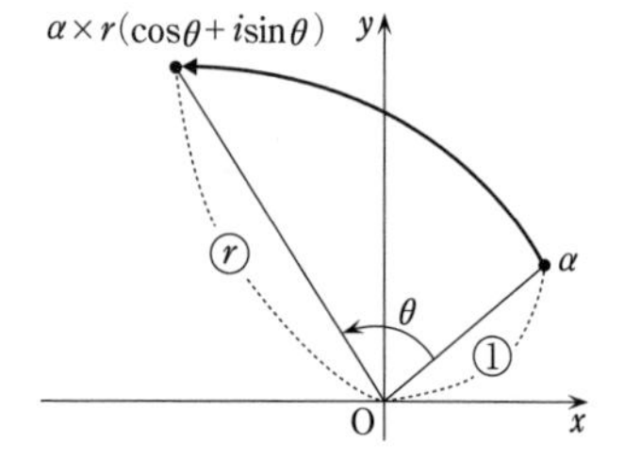

ある領域に含まれる点のすべてに $r(\cos\theta+i\sin\theta)$ をかけると領域が移動し，内部の点は内部の点に，境界上の点は境界上の点に移動する。〔解法1〕はこのことを利用したが，〔解法2〕のように

$$z=m+ni\quad(m,\ n\ は整数)$$

とおいて，m，n の満たすべき不等式を作り，その不等式の表す領域に含まれる格子点の個数を数えてもよい。2直線 $3m+2n=0$，$3n-2m=0$ は直交するから，この2直線を基準にして作図するとよいだろう。

90　2018 年度〔1〕　Level B

a, b, c を実数とし，3つの2次方程式

$x^2+ax+1=0$　……①

$x^2+bx+2=0$　……②

$x^2+cx+3=0$　……③

の解を複素数平面上で考察する。

(1)　2つの方程式①，②がいずれも実数解を持たないとき，それらの解はすべて同一円周上にあるか，またはすべて同一直線上にあることを示せ。また，それらの解がすべて同一円周上にあるとき，その円の中心と半径を a, b を用いて表せ。

(2)　3つの方程式①，②，③がいずれも実数解を持たず，かつそれらの解がすべて同一円周上にあるための必要十分条件を a, b, c を用いて表せ。

ポイント　問題を最後まで読んでみると，(1)が解決すれば(2)はそれを利用して何とかなりそうに思える。

(1)　方程式①で a は実数であるから，①が虚数解を持てば，それは2つあり，互いに共役である。複素数平面上に2つの解を表示してみるとよい。方程式②の解も描き加えると，4点は同一直線上に並ぶこともあれば，同一円周上にあることもありそうだと直観的にわかるであろう。

(2)　(1)で方程式①，②の解がつくる円の中心と半径がわかった。方程式③の解がその円周上にあるための条件を求めればよい。

解法

$x^2+ax+1=0$　(a は実数)　……①

$x^2+bx+2=0$　(b は実数)　……②

$x^2+cx+3=0$　(c は実数)　……③

(1)　2つの方程式①，②はいずれも実数係数の2次方程式であるから，①，②がいずれも実数解を持たないとき，①，②はそれぞれ共役複素数（虚数）を解に持つ。①の解を α, $\overline{\alpha}$ で表し，②の解を β, $\overline{\beta}$ で表すとき，解と係数の関係から

$\alpha+\overline{\alpha}=-a$, $\alpha\overline{\alpha}=1$　……④

$\beta+\overline{\beta}=-b$, $\beta\overline{\beta}=2$　……⑤

が成り立つ。複素数平面上において，α と $\overline{\alpha}$，β と $\overline{\beta}$ はそれぞれ実軸に関して対称な位置にあることに注意する。また，$\alpha \neq \beta$ である。

i） $a=b$ のとき，α と β の実部は等しくなり $\left((\alpha\text{の実部})=\dfrac{\alpha+\overline{\alpha}}{2}=-\dfrac{a}{2}=-\dfrac{b}{2}\right.$ $\left.=\dfrac{\beta+\overline{\beta}}{2}=(\beta\text{の実部})\right)$，4点 α，$\overline{\alpha}$，β，$\overline{\beta}$ は同一直線上にある。

ii） $a \neq b$ のとき，α と β の実部は異なるから，2点 α，β を結ぶ線分の垂直二等分線は，実軸に平行になることはなく，必ず実軸と交わる。その交点を z_0 で表すと，z_0 は実数であり，$|\alpha-z_0|=|\beta-z_0|$ が成り立つ。また，2点 α と $\overline{\alpha}$ の垂直二等分線は実軸であることから，$|\alpha-z_0|=|\overline{\alpha}-z_0|$ が成り立ち，同様に，$|\beta-z_0|=|\overline{\beta}-z_0|$ も成り立つので

$$|\alpha-z_0|=|\overline{\alpha}-z_0|=|\beta-z_0|=|\overline{\beta}-z_0|$$

が成り立つ。つまり，4点 α，$\overline{\alpha}$，β，$\overline{\beta}$ は同一円周上にある。

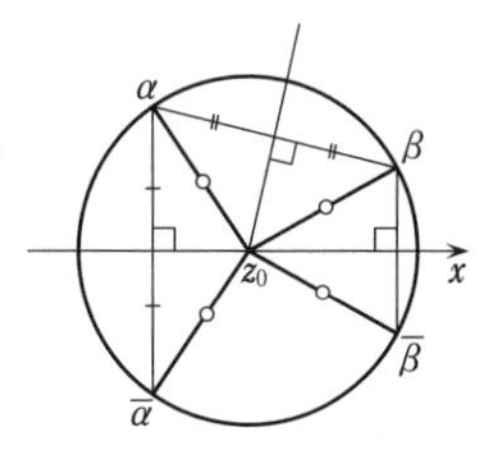

i），ii）より，①，②の虚数解はすべて同一円周上にあるか，またはすべて同一直線上にある。　　　　　　（証明終）

次に，$a \neq b$ として，z_0 を求める。z_0 は実数であるから $z_0=\overline{z_0}$ である。

$$|\alpha-z_0|=|\beta-z_0|$$

の両辺を平方して，性質 $|z|^2=z\overline{z}$ を用いると

$$|\alpha-z_0|^2=|\beta-z_0|^2$$

$$(\alpha-z_0)(\overline{\alpha-z_0})=(\beta-z_0)(\overline{\beta-z_0})$$

$$(\alpha-z_0)(\overline{\alpha}-z_0)=(\beta-z_0)(\overline{\beta}-z_0)\quad (\because\ \ \overline{z_0}=z_0)$$

$$z_0{}^2-(\alpha+\overline{\alpha})z_0+\alpha\overline{\alpha}=z_0{}^2-(\beta+\overline{\beta})z_0+\beta\overline{\beta}$$

$$az_0+1=bz_0+2\quad (④，⑤より)$$

$$(a-b)z_0=1$$

$a-b \neq 0$ であるから，$z_0=\dfrac{1}{a-b}$ である。このとき

$$|\alpha-z_0|=\sqrt{|\alpha-z_0|^2}$$

$$=\sqrt{z_0{}^2-(\alpha+\overline{\alpha})z_0+\alpha\overline{\alpha}}$$

$$=\sqrt{\left(\frac{1}{a-b}\right)^2+\frac{a}{a-b}+1}\quad (④より)$$

$$=\sqrt{\frac{2a^2-3ab+b^2+1}{(a-b)^2}}=\frac{\sqrt{2a^2-3ab+b^2+1}}{|a-b|}$$

となる。したがって，円の中心と半径は次の通りである。

中心 $\dfrac{1}{a-b}$，半径 $\dfrac{\sqrt{2a^2-3ab+b^2+1}}{|a-b|}$　……(答)

〔注1〕 $2a^2-3ab+b^2+1>0$ であることは当然であるが，直接調べると

$$2a^2-3ab+b^2+1=2\left(a-\frac{3}{4}b\right)^2+\frac{8-b^2}{8}>0 \quad (\text{②が虚数解を持つから，} b^2-8<0)$$

となる。

(2)　まず，3つの方程式①，②，③がいずれも実数解を持たないための必要十分条件は，①，②，③の判別式がすべて負になることであるから

$$a^2-4<0 \quad \text{かつ} \quad b^2-8<0 \quad \text{かつ} \quad c^2-12<0$$

すなわち

$$|a|<2 \quad \text{かつ} \quad |b|<2\sqrt{2} \quad \text{かつ} \quad |c|<2\sqrt{3}$$

である。そしてこのとき，①，②，③の解がすべて同一円周上にあるための必要十分条件は，$a\neq b$ のもとで①，②の虚数解のつくる円周上に③の虚数解が存在することである。すなわち，③の解を γ，$\overline{\gamma}$ と表せば

$$|\gamma-z_0|=|\alpha-z_0| \quad \left(z_0=\frac{1}{a-b}\text{ は実数であるから，}|\overline{\gamma}-z_0|=|\gamma-z_0|\text{ である}\right)$$

となることである。④，⑤と同様にして，$\gamma+\overline{\gamma}=-c$，$\gamma\overline{\gamma}=3$ となることに注意すれば

$$|\gamma-z_0|^2=|\alpha-z_0|^2$$

$$(\gamma-z_0)(\overline{\gamma-z_0})=(\alpha-z_0)(\overline{\alpha-z_0})$$

$$(\gamma-z_0)(\overline{\gamma}-z_0)=(\alpha-z_0)(\overline{\alpha}-z_0) \quad (\because \ \overline{z_0}=z_0)$$

$$z_0{}^2-(\gamma+\overline{\gamma})z_0+\gamma\overline{\gamma}=z_0{}^2-(\alpha+\overline{\alpha})z_0+\alpha\overline{\alpha}$$

$$cz_0+3=az_0+1 \quad (\text{④より})$$

$$(a-c)z_0=2$$

$z_0=\dfrac{1}{a-b}$ より　$\dfrac{a-c}{a-b}=2$

$$\therefore \quad a-2b+c=0$$

が得られる。$a\neq b$ であるから，この式より $a\neq c$ であり $b\neq c$ である。

したがって，求める必要十分条件は次のようになる。

$$|a|<2 \text{ かつ } |b|<2\sqrt{2} \text{ かつ } |c|<2\sqrt{3} \text{ かつ } a\neq b \text{ かつ } a-2b+c=0 \quad \cdots\cdots(\text{答})$$

〔注2〕 ①，③の解や，②，③の解が同一直線上にない条件 $a\neq c$，$b\neq c$ は，$a\neq b$ かつ $a-2b+c=0$ に含まれている（$a-2b+c=0$ より $a-c=2(a-b)$，$b-c=a-b$ が成り立つことからわかる）。

参考1　$|\alpha|^2=\alpha\overline{\alpha}=1$，$|\beta|^2=\beta\overline{\beta}=2$，
$|\gamma|^2=\gamma\overline{\gamma}=3$ より，$|\alpha|=1$，$|\beta|=\sqrt{2}$，
$|\gamma|=\sqrt{3}$ であるから，α，β，γ は，それぞれ原点を中心とする半径1の円，半径 $\sqrt{2}$ の円，半径 $\sqrt{3}$ の円の周上にある。
(2)の結果を満たす a，b，c として，$a=1$，$b=\dfrac{3}{2}$，$c=2$ の場合を図示すると右図のようになる。

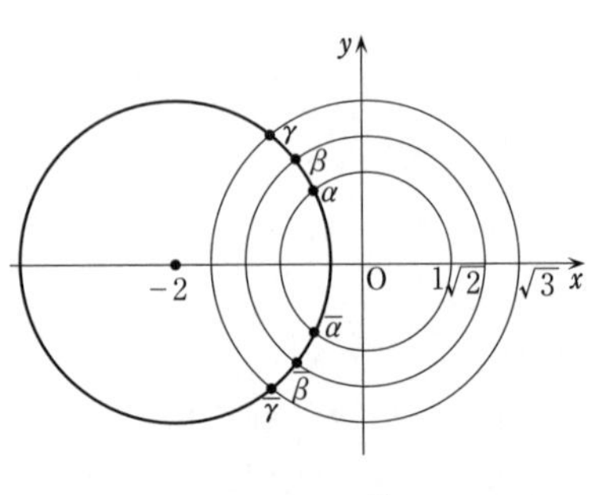

参考2　(1)で，$a\neq b$ のとき，$f(x)=x^2+ax+1$ とおくと $f(x)=0$ の解が α，$\overline{\alpha}$ であることから

$$f(x)=(x-\alpha)(x-\overline{\alpha})$$

と表され，z_0 を実数とするとき

$$\begin{aligned}|z_0-\alpha|^2&=(z_0-\alpha)(\overline{z_0-\alpha})\\&=(z_0-\alpha)(z_0-\overline{\alpha})\quad(\because\ \overline{z_0}=z_0)\\&=f(z_0)\end{aligned}$$

が成り立つ。同様に $g(x)=x^2+bx+2$ とおくと

$$|z_0-\beta|^2=g(z_0)$$

が成り立つから，求める円の中心を z_0（実数），半径を r とすると

$$|z_0-\alpha|^2=|z_0-\beta|^2=r^2$$

すなわち $f(z_0)=g(z_0)=r^2$ である。よって

$$z_0{}^2+az_0+1=z_0{}^2+bz_0+2=r^2$$

より，$z_0=\dfrac{1}{a-b}$ と r を求めてもよい。
同様に(2)の①，②，③の虚数解が同一円周上にある条件は $h(x)=x^2+cx+3$ とおいて

$$f(z_0)=g(z_0)=h(z_0)\iff z_0{}^2+az_0+1=z_0{}^2+bz_0+2=z_0{}^2+cz_0+3$$

から求めることもできる。

91 2017年度〔5〕 Level B

実数 a, b, c に対して $F(x)=x^4+ax^3+bx^2+ax+1$, $f(x)=x^2+cx+1$ とおく。また, 複素数平面内の単位円周から2点1, -1 を除いたものを T とする。

(1) $f(x)=0$ の解がすべて T 上にあるための必要十分条件を c を用いて表せ。

(2) $F(x)=0$ の解がすべて T 上にあるならば,

$$F(x)=(x^2+c_1x+1)(x^2+c_2x+1)$$

を満たす実数 c_1, c_2 が存在することを示せ。

(3) $F(x)=0$ の解がすべて T 上にあるための必要十分条件を a, b を用いて表し, それを満たす点 $(a,\ b)$ の範囲を座標平面上に図示せよ。

ポイント (2)をうまく示せなくても, (2)の結論を用いて(3)を解くことは可能である。
(1) T 上の点とは, 絶対値が1の虚数のことである。本問は容易であろう。
(2) $F(x)=0$ は実数係数の4次方程式であるから, $F(x)=0$ の解がすべて虚数ならば, 解は α, $\overline{\alpha}$, β, $\overline{\beta}$ となる ($\alpha=\beta$ でもかまわない)。
(3) a, b と c_1, c_2 を結びつけよう。c_1, c_2 の条件から a, b の条件が求まるであろう。

解 法

(1) T は右図の太線部分である。

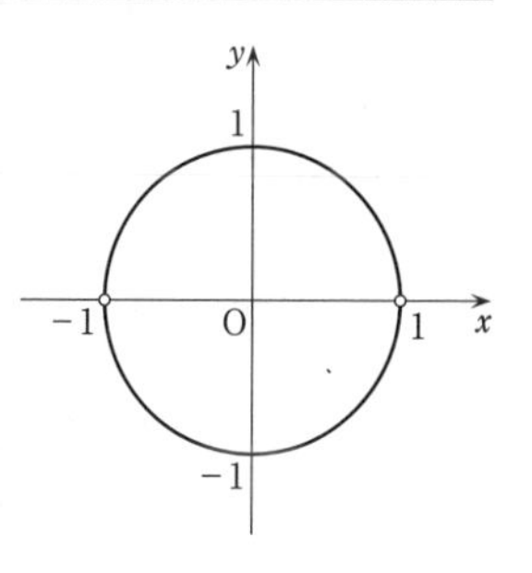

T 上の点とは, 絶対値が1の虚数のことである。
$f(x)=x^2+cx+1=0$ (c は実数) の解がすべて T 上にあるとすれば, $f(x)=0$ の解はすべて虚数である。
したがって, $f(x)=0$ の判別式は負であるので

$$c^2-4<0 \qquad (c+2)(c-2)<0$$

$$\therefore \quad -2<c<2$$

逆に, このとき, $f(x)$ の係数はすべて実数であるので, $f(x)=0$ の解は, 互いに共役な虚数 α, $\overline{\alpha}$ となる。解と係数の関係から

$$\alpha\overline{\alpha}=1$$

であるから

$$|\alpha|^2=1 \quad すなわち \quad |\alpha|=|\overline{\alpha}|=1$$

である。よって, $f(x)=0$ の解はすべて T 上にある。

したがって，求める必要十分条件は

$$-2<c<2 \quad \cdots\cdots(答)$$

〔注1〕 $-2<c<2$ のとき，実際に $f(x)=0$ を解くと

$$x=\frac{-c\pm\sqrt{c^2-4}}{2}=-\frac{c}{2}\pm\frac{\sqrt{4-c^2}}{2}i$$

となり

$$|x|=\left|-\frac{c}{2}\pm\frac{\sqrt{4-c^2}}{2}i\right|=\sqrt{\left(-\frac{c}{2}\right)^2+\left(\frac{\sqrt{4-c^2}}{2}\right)^2}$$

$$=\sqrt{\frac{c^2}{4}+\frac{4-c^2}{4}}=1$$

である。このように示してもよい。

(2)　$F(x)=x^4+ax^3+bx^2+ax+1=0$（$a$，$b$ は実数）の解がすべて T 上にあるならば，$F(x)$ の係数がすべて実数であるから，$F(x)=0$ は虚数解 α，$\overline{\alpha}$，β，$\overline{\beta}$ をもち，$\alpha\overline{\alpha}=|\alpha|^2=1$，$\beta\overline{\beta}=|\beta|^2=1$ である。よって

$$F(x)=(x-\alpha)(x-\overline{\alpha})(x-\beta)(x-\overline{\beta})$$

$$=\{x^2-(\alpha+\overline{\alpha})x+\alpha\overline{\alpha}\}\{x^2-(\beta+\overline{\beta})x+\beta\overline{\beta}\}$$

$$=\{x^2-(\alpha+\overline{\alpha})x+1\}\{x^2-(\beta+\overline{\beta})x+1\}$$

であるが，ここに，$\alpha+\overline{\alpha}$，$\beta+\overline{\beta}$ は実数であるので，それぞれ $-c_1$，$-c_2$ と表せるから

$$F(x)=(x^2+c_1x+1)(x^2+c_2x+1)$$

を満たす実数 c_1，c_2 が存在する。　（証明終）

〔注2〕 実数係数の4次方程式 $F(x)=0$ が $x=z$ を解にもてば

$$F(z)=z^4+az^3+bz^2+az+1=0$$

である。このとき

$$F(\overline{z})=(\overline{z})^4+a(\overline{z})^3+b(\overline{z})^2+a(\overline{z})+1$$

a，b，1は実数だから，$a=\overline{a}$，$b=\overline{b}$，$1=\overline{1}$ であるので

$$F(\overline{z})=\overline{z^4}+\overline{a}\,\overline{z^3}+\overline{b}\,\overline{z^2}+\overline{a}\,\overline{z}+\overline{1} \quad ((\overline{z})^n=\overline{z^n})$$

$$=\overline{z^4+az^3+bz^2+az+1}$$

$$=\overline{F(z)}=\overline{0}=0$$

よって，z が $F(x)=0$ の解ならば，$\overline{z}$ も $F(x)=0$ の解である。
4次方程式は，たかだか4つの解をもつことは周知のことであろう。

(3)　($F(x)=0$ の解がすべて T 上にある。)

$\Longleftrightarrow$ ($F(x)=(x^2+c_1x+1)(x^2+c_2x+1)$ を満たす実数 c_1，c_2 が存在し，$x^2+c_1x+1=0$，$x^2+c_2x+1=0$ の解がすべて T 上にある。)

$$\Longleftrightarrow \begin{pmatrix} F(x)=(x^2+c_1x+1)(x^2+c_2x+1)\text{ を満たす実数 } c_1,\ c_2 \text{ が存在し,} \\ -2<c_1<2,\ -2<c_2<2 \text{ が成り立つ。} \end{pmatrix}$$

このことが，(1)，(2)より導かれる。

これを a，b，c_1，c_2 を用いて表すと

$$\begin{aligned} &x^4+ax^3+bx^2+ax+1 \\ &=(x^2+c_1x+1)(x^2+c_2x+1) \\ &=x^4+(c_1+c_2)x^3+(c_1c_2+2)x^2+(c_1+c_2)x+1 \end{aligned}$$

より

$$\begin{cases} a=c_1+c_2 & \therefore\ c_1+c_2=a \\ b=c_1c_2+2 & \therefore\ c_1c_2=b-2 \\ -2<c_1<2,\ -2<c_2<2 \end{cases}$$

である。これは，2次方程式

$$t^2-at+(b-2)=0$$

が実数解をもち，かつ $-2<t<2$ の範囲にすべての解をもつことと同値である。このことは

$$\begin{aligned} g(t)&=t^2-at+(b-2) \\ &=\left(t-\frac{a}{2}\right)^2-\frac{a^2}{4}+b-2 \end{aligned}$$

と右図より

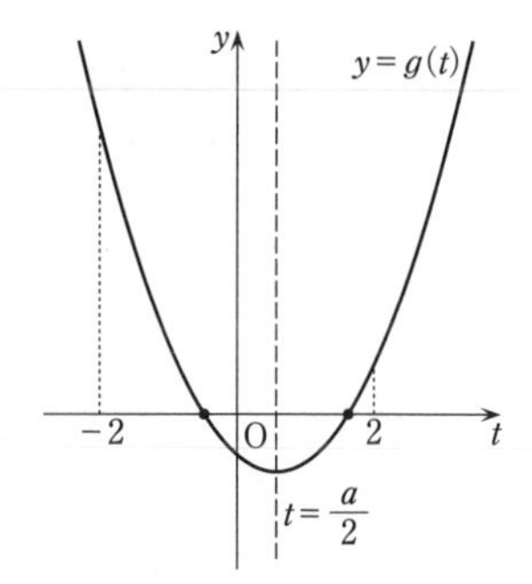

$$\begin{cases} -\dfrac{a^2}{4}+b-2\leqq 0 \\ -2<\dfrac{a}{2}<2 \\ g(2)=-2a+b+2>0 \\ g(-2)=2a+b+2>0 \end{cases}$$

のすべてが成り立つことと言い換えられる。

したがって，求める a，b の必要十分条件は

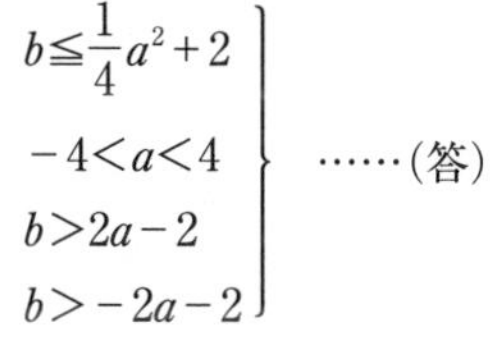

$$\left.\begin{aligned} &b\leqq\frac{1}{4}a^2+2 \\ &-4<a<4 \\ &b>2a-2 \\ &b>-2a-2 \end{aligned}\right\}\ \cdots\cdots(\text{答})$$

であり，この連立不等式を満たす点（a，b）の範囲を座標平面上に図示すると，次図の網かけ部分となる。

ただし，境界は，$b=\dfrac{1}{4}a^2+2$ のみ含み，2点（4，6），（－4，6）は含まない。

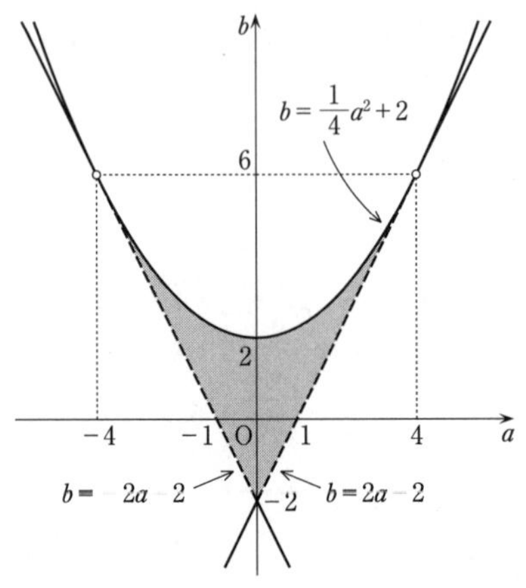

参考 2次方程式 $t^2-at+(b-2)=0$ の解が c_1, c_2 のとき, $-2<c_1<2$, $-2<c_2<2$ を満たすためには, まず, この2次方程式が実数解をもたなければならないので, 判別式を D とすると

$$D=(-a)^2-4\times1\times(b-2)\geqq0$$

$$\therefore\quad b\leqq\frac{1}{4}a^2+2$$

次に, 解と係数の関係 $c_1+c_2=a$, $c_1c_2=b-2$ に注意して

$-2<c_1<2$, $-2<c_2<2$ より　　$-4<c_1+c_2<4$

$$\therefore\quad -4<a<4$$

$c_1-2<0$, $c_2-2<0$ より, $(c_1-2)(c_2-2)>0$ であるから

$$c_1c_2-2(c_1+c_2)+4>0\quad すなわち\quad (b-2)-2a+4>0$$

$$\therefore\quad b>2a-2$$

$c_1+2>0$, $c_2+2>0$ より, $(c_1+2)(c_2+2)>0$ であるから

$$c_1c_2+2(c_1+c_2)+4>0\quad すなわち\quad (b-2)+2a+4>0$$

$$\therefore\quad b>-2a-2$$

こうして

$$b\leqq\frac{1}{4}a^2+2,\ -4<a<4,\ b>2a-2,\ b>-2a-2$$

を得ることもできる。

§8 行　列

92 2014年度〔3〕 Level B

1個のさいころを投げて，出た目が1か2であれば行列 $A=\begin{pmatrix}0 & 1\\ -1 & 0\end{pmatrix}$ を，出た目が3か4であれば行列 $B=\begin{pmatrix}0 & -1\\ 1 & 0\end{pmatrix}$ を，出た目が5か6であれば行列 $C=\begin{pmatrix}-1 & 0\\ 0 & 1\end{pmatrix}$ を選ぶ。そして，選んだ行列の表す1次変換によって xy 平面上の点Rを移すという操作を行う。点Rは最初は点（0，1）にあるものとし，さいころを投げて点Rを移す操作を n 回続けて行ったときに点Rが点（0，1）にある確率を p_n，点（0，−1）にある確率を q_n とする。

(1)　p_1，p_2 と q_1，q_2 を求めよ。

(2)　p_n+q_n と $p_{n-1}+q_{n-1}$ の関係式を求めよ。また，p_n-q_n と $p_{n-1}-q_{n-1}$ の関係式を求めよ。

(3)　p_n を n を用いて表せ。

ポイント　問題文を読めば，行列 A，B，C はそれぞれ等しい確率 $\frac{1}{3}$ で選ばれることがすぐにわかる。また，行列 A，B，C の表す1次変換は複雑なものではなさそうである。
(1)　p_n，q_n の意味を正確にとらえることが第一歩である。次に，2回目まで問題の操作を実行してみる。特定の点の間の移動しかないことがわかるであろう。また，$q_1=0$ であることもすぐにわかる。
(2)　n 回の操作で点Rが点（0，1）にあるためには，$n-1$ 回の操作で点Rがどこになければならないかを考える。
(3)　(2)の結果は連立漸化式であるが，よく形を観察すること。数列 $\{p_n+q_n\}$，$\{p_n-q_n\}$ の一般項が求まるはずである。

解法

$$A=\begin{pmatrix}0 & 1\\ -1 & 0\end{pmatrix}=\begin{pmatrix}\cos(-90^\circ) & -\sin(-90^\circ)\\ \sin(-90^\circ) & \cos(-90^\circ)\end{pmatrix}$$

$$B=\begin{pmatrix}0 & -1\\ 1 & 0\end{pmatrix}=\begin{pmatrix}\cos 90^\circ & -\sin 90^\circ\\ \sin 90^\circ & \cos 90^\circ\end{pmatrix}$$

より，行列 A，B の表す１次変換は，それぞれ原点のまわりの -90° 回転，90° 回転である。また

$$C\begin{pmatrix}x\\ y\end{pmatrix}=\begin{pmatrix}-1 & 0\\ 0 & 1\end{pmatrix}\begin{pmatrix}x\\ y\end{pmatrix}=\begin{pmatrix}-x\\ y\end{pmatrix}$$

であるから，行列 C の表す１次変換は，y 軸に関する対称移動である。

よって，１個のさいころを投げる１回の試行で，xy 平面上の点Rは，次のいずれか１つの仕方で移動する。

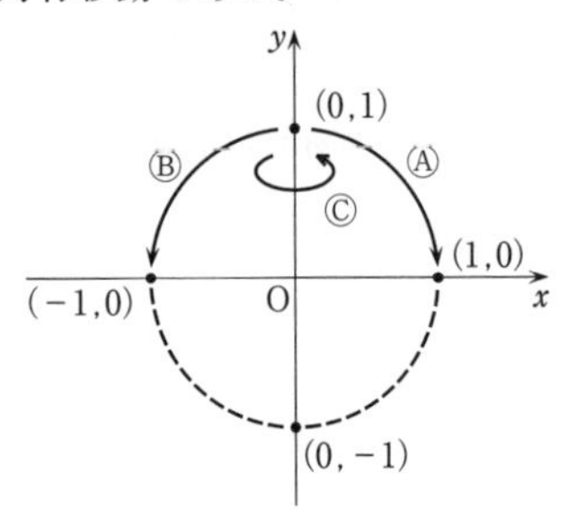

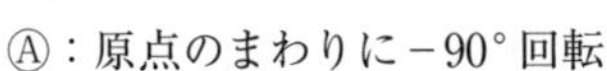

Ⓐ：原点のまわりに -90° 回転

Ⓑ：原点のまわりに 90° 回転

Ⓒ：y 軸に関して対称

題意より，移動Ⓐ，Ⓑ，Ⓒの起こる確率はいずれも $\dfrac{2}{6}=\dfrac{1}{3}$ である。

(1)　点Rは最初は点（0，1）にあるから，この試行を繰り返すとき，点Rが（1，0），（0，1），（−1，0），（0，−1）の４点以外の点にあることはない。

２回の試行までの点Rの移動の様子を樹形図にしてみると次のようになる。

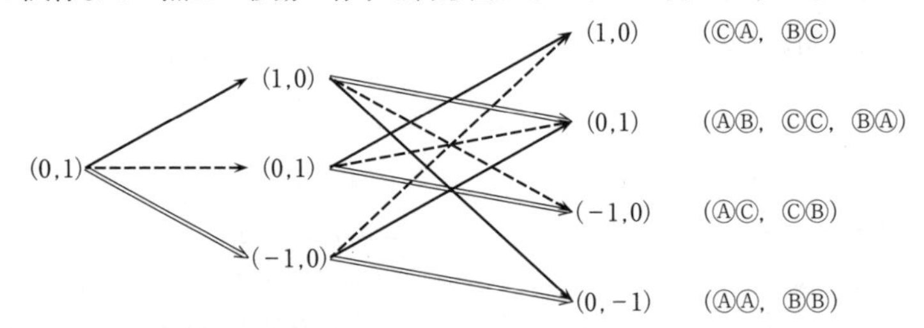

（Ⓐを⟶，Ⓑを⟹，Ⓒを-→ で表す）

点Rが，１回の試行後に点（0，1）にあるのは，移動Ⓒが起こる場合のみであり，２回の試行後に点（0，1）にあるのは，移動Ⓐ，Ⓑが順に起こる場合，移動Ⓒ，Ⓒが順に起こる場合，移動Ⓑ，Ⓐが順に起こる場合の３つの場合があり，それらは同時には起こらない。よって

$$p_1=\frac{1}{3},\ p_2=\left(\frac{1}{3}\right)^2\times 3=\frac{1}{3}\quad\cdots\cdots(\text{答})$$

点Rが，１回の試行後に点（0，−1）にあることはなく，２回の試行後に点（0，−1）にあるのは，ⒶⒶの場合とⒷⒷの場合である。よって，同様に

$$q_1=0,\ \ q_2=\left(\frac{1}{3}\right)^2\times 2=\frac{2}{9}\quad \cdots\cdots(\text{答})$$

(2) n 回の試行後に，点Rが (1, 0) にある確率を r_n，(−1, 0) にある確率を s_n とすれば，(0, 1)，(0, −1) にある確率がそれぞれ p_n，q_n であり，点Rがこの4点以外にあることはないから

$$p_{n-1}+q_{n-1}+r_{n-1}+s_{n-1}=1\quad (n\geqq 2)\quad \cdots\cdots①$$

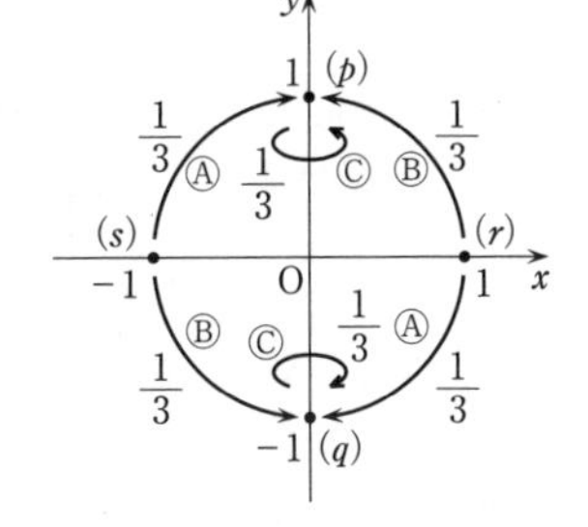

が成り立つ。n 回の試行後に点Rが点 (0, 1) にあるのは，$n-1$ 回の試行後に，点Rが3点 (0, 1)，(1, 0)，(−1, 0) のいずれかにあり，それぞれ移動Ⓒ，Ⓑ，Ⓐが起こる場合であるから

$$p_n=\frac{1}{3}p_{n-1}+\frac{1}{3}r_{n-1}+\frac{1}{3}s_{n-1}\quad (n\geqq 2)\quad \cdots\cdots②$$

同様に

$$q_n=\frac{1}{3}q_{n-1}+\frac{1}{3}r_{n-1}+\frac{1}{3}s_{n-1}\quad (n\geqq 2)\quad \cdots\cdots③$$

が成り立つ。よって，$n\geqq 2$ のとき，②+③，②−③ より，それぞれ

$$\begin{aligned}p_n+q_n&=\frac{1}{3}(p_{n-1}+q_{n-1})+\frac{2}{3}(r_{n-1}+s_{n-1})\\&=\frac{1}{3}(p_{n-1}+q_{n-1})+\frac{2}{3}\{1-(p_{n-1}+q_{n-1})\}\quad (\because\ ①)\\&=\frac{2}{3}-\frac{1}{3}(p_{n-1}+q_{n-1})\quad \cdots\cdots(\text{答})\end{aligned}$$

$$p_n-q_n=\frac{1}{3}(p_{n-1}-q_{n-1})\quad \cdots\cdots(\text{答})$$

(3) (2)の結果より

$$p_n+q_n=\frac{2}{3}-\frac{1}{3}(p_{n-1}+q_{n-1})\quad (n\geqq 2)\quad \cdots\cdots④$$

$$p_n-q_n=\frac{1}{3}(p_{n-1}-q_{n-1})\quad (n\geqq 2)\quad \cdots\cdots⑤$$

④は

$$p_n+q_n-\frac{1}{2}=-\frac{1}{3}\left(p_{n-1}+q_{n-1}-\frac{1}{2}\right)\quad (n\geqq 2)$$

と変形できるから，数列 $\left\{p_n+q_n-\frac{1}{2}\right\}$ は，初項が $p_1+q_1-\frac{1}{2}=\frac{1}{3}+0-\frac{1}{2}=-\frac{1}{6}$，公比が $-\frac{1}{3}$ の等比数列であることがわかる。よって

$$p_n+q_n-\frac{1}{2}=-\frac{1}{6}\left(-\frac{1}{3}\right)^{n-1}\quad(n\geqq 1)$$

$$\therefore\quad p_n+q_n=\frac{1}{2}-\frac{1}{6}\left(-\frac{1}{3}\right)^{n-1}=\frac{1}{2}+\frac{1}{2}\left(-\frac{1}{3}\right)^{n}=\frac{1}{2}\left\{1+\left(-\frac{1}{3}\right)^{n}\right\}\quad\cdots\cdots⑥$$

⑤より，数列 $\{p_n-q_n\}$ は初項が $p_1-q_1=\frac{1}{3}-0=\frac{1}{3}$，公比が $\frac{1}{3}$ の等比数列であるから

$$p_n-q_n=\frac{1}{3}\left(\frac{1}{3}\right)^{n-1}=\left(\frac{1}{3}\right)^{n}\quad(n\geqq 1)\quad\cdots\cdots⑦$$

⑥＋⑦ より，$n=1,\ 2,\ 3,\ \cdots$ に対して

$$2p_n=\frac{1}{2}\left\{1+\left(-\frac{1}{3}\right)^{n}\right\}+\left(\frac{1}{3}\right)^{n}$$

$$\therefore\quad p_n=\frac{1}{4}\left\{1+\left(-\frac{1}{3}\right)^{n}+2\left(\frac{1}{3}\right)^{n}\right\}\quad\cdots\cdots(答)$$

これは，$p_0=1$ と定義すると $n\geqq 0$ で成り立つ。

参考 ①と②，①と③から，それぞれ

$$p_n=\frac{1}{3}p_{n-1}+\frac{1}{3}(1-p_{n-1}-q_{n-1})=\frac{1}{3}-\frac{1}{3}q_{n-1}\quad\cdots\cdots⑧$$

$$q_n=\frac{1}{3}q_{n-1}+\frac{1}{3}(1-p_{n-1}-q_{n-1})=\frac{1}{3}-\frac{1}{3}p_{n-1}\quad\cdots\cdots⑨$$

であり，⑨より $q_{n-1}=\frac{1}{3}-\frac{1}{3}p_{n-2}$ であるから，これを⑧に代入して

$$p_n=\frac{1}{3}-\frac{1}{3}\left(\frac{1}{3}-\frac{1}{3}p_{n-2}\right)=\frac{2}{9}+\frac{1}{9}p_{n-2}\iff p_n-\frac{1}{4}=\left(\frac{1}{3}\right)^{2}\left(p_{n-2}-\frac{1}{4}\right)$$

よって，n が偶数のとき

$$p_n-\frac{1}{4}=\left(\frac{1}{3}\right)^{n-2}\left(p_2-\frac{1}{4}\right)=\left(\frac{1}{3}\right)^{n-2}\left(\frac{1}{3}-\frac{1}{4}\right)=\frac{1}{12}\left(\frac{1}{3}\right)^{n-2}=\frac{1}{4}\left(\frac{1}{3}\right)^{n-1}$$

$$\therefore\quad p_n=\frac{1}{4}\left\{1+\left(\frac{1}{3}\right)^{n-1}\right\}$$

n が奇数のとき

$$p_n-\frac{1}{4}=\left(\frac{1}{3}\right)^{n-1}\left(p_1-\frac{1}{4}\right)=\left(\frac{1}{3}\right)^{n-1}\left(\frac{1}{3}-\frac{1}{4}\right)=\frac{1}{12}\left(\frac{1}{3}\right)^{n-1}=\frac{1}{4}\left(\frac{1}{3}\right)^{n}$$

$$\therefore\quad p_n=\frac{1}{4}\left\{1+\left(\frac{1}{3}\right)^{n}\right\}$$

93 2013年度〔2〕 Level B

2次の正方行列 $A=\begin{pmatrix} a & b \\ c & d \end{pmatrix}$ に対して，$\varDelta(A)=ad-bc$，$t(A)=a+d$ と定める。

(1) 2次の正方行列 A，B に対して，$\varDelta(AB)=\varDelta(A)\varDelta(B)$ が成り立つことを示せ。

(2) A の成分がすべて実数で，$A^5=E$ が成り立つとき，$x=\varDelta(A)$ と $y=t(A)$ の値を求めよ。ただし，E は2次の単位行列とする。

ポイント まず(1)と(2)の関連性を考えよう。
(1) 行列 B の成分を用意して積 AB を計算し，$\varDelta(AB)$ を成分で表せばよい。特に問題はないだろう。
(2) (1)を利用すると，$A^5=E$ が成り立つとき，$\varDelta(A^5)=\varDelta(E)$ が成り立つ。本問ではここがポイントとなる。ケーリー・ハミルトンの定理を用いれば次数を落とすことができる。A^2 を A の式で，A^3 を A^2 の式すなわち A の式で，A^4 も A^5 も A の式で表せる。5次方程式 $A^5=E$ を1次方程式に変形してみることが基本的な発想である。A に逆行列があれば，それを用いて工夫することも可能だろう。

解法 1

(1) $B=\begin{pmatrix} p & q \\ r & s \end{pmatrix}$ とおくと　$\varDelta(B)=ps-qr$

$$AB=\begin{pmatrix} a & b \\ c & d \end{pmatrix}\begin{pmatrix} p & q \\ r & s \end{pmatrix}=\begin{pmatrix} ap+br & aq+bs \\ cp+dr & cq+ds \end{pmatrix}$$

より

$$\begin{aligned}\varDelta(AB)&=(ap+br)(cq+ds)-(aq+bs)(cp+dr)\\&=acpq+adps+bcqr+bdrs-(acpq+adqr+bcps+bdrs)\\&=ad(ps-qr)+bc(qr-ps)\\&=(ad-bc)(ps-qr)\\&=\varDelta(A)\varDelta(B)\end{aligned}$$

（証明終）

〔注1〕 因数分解をして $\varDelta(AB)=\varDelta(A)\varDelta(B)$ を示したが，左辺，右辺を別々に計算してもよい。これが(2)のヒントになっていることに気づかなければならない。

(2) $A^5=A^4A$，$A^4=A^3A$，… であるから，(1)の結果を用いると

$$\Delta(A^5)=\Delta(A^4)\Delta(A)=\Delta(A^3)\{\Delta(A)\}^2=\cdots=\{\Delta(A)\}^5$$

また　$\Delta(E)=1$

$A^5=E$ より，$\Delta(A^5)=\Delta(E)$ であるから

$$\{\Delta(A)\}^5=1$$

A の成分はすべて実数であるから，$\Delta(A)$ は実数であるので

$$\Delta(A)=1 \qquad \therefore \quad x=1 \quad \cdots\cdots①$$

$A=\begin{pmatrix} a & b \\ c & d \end{pmatrix}$ のとき，ケーリー・ハミルトンの定理より，$A^2-(a+d)A+(ad-bc)E$ $=O$ が成り立つから，$a+d=t(A)=y$（y は実数），$ad-bc=\Delta(A)=x=1$ を用いて

$$A^2-yA+E=O \qquad \therefore \quad A^2=yA-E$$

よって

$$\begin{aligned} A^4=A^2A^2&=(yA-E)(yA-E)\\ &=y^2A^2-2yA+E\\ &=y^2(yA-E)-2yA+E\\ &=(y^3-2y)A+(1-y^2)E \end{aligned}$$

$$\begin{aligned} A^5=A^4A&=(y^3-2y)A^2+(1-y^2)A\\ &=(y^3-2y)(yA-E)+(1-y^2)A\\ &=(y^4-3y^2+1)A-(y^3-2y)E \end{aligned}$$

$A^5=E$ であるから

$$(y^4-3y^2+1)A-(y^3-2y)E=E$$

$$\therefore \quad (y^4-3y^2+1)A=(y^3-2y+1)E \quad \cdots\cdots②$$

$y^4-3y^2+1\neq 0$ のとき，$A=\alpha E$ $\left(\alpha=\dfrac{y^3-2y+1}{y^4-3y^2+1}\right)$ となるから，$A^5=\alpha^5E$ であり，A^5 $=E$ より $\alpha^5=1$ となる。α は実数であるから $\alpha=1$ であるので

$$A=E=\begin{pmatrix} 1 & 0 \\ 0 & 1 \end{pmatrix} \qquad \therefore \quad y=t(A)=1+1=2 \quad \cdots\cdots③$$

これは，$y^4-3y^2+1\neq 0$ を満たす。

$y^4-3y^2+1=0$　$\cdots\cdots④$ のとき，②より，$y^3-2y+1=0$　$\cdots\cdots⑤$ である。

$$\begin{cases} y^4-3y^2+1=(y^2-1)^2-y^2=(y^2+y-1)(y^2-y-1) \\ y^3-2y+1=(y-1)(y^2+y-1) \end{cases}$$

であるから，④と⑤を同時に満たす y は，$y^2+y-1=0$ の解で

$$y=\frac{-1\pm\sqrt{5}}{2} \quad \cdots\cdots⑥$$

①，③，⑥より，求める x，y の値は

$$(x,\ y)=(1,\ 2),\ \left(1,\ \frac{-1\pm\sqrt{5}}{2}\right)\quad\cdots\cdots(答)$$

〔注 2〕 ②の両辺の（1，1）成分と（2，2）成分の和を比べると

$$(y^4-3y^2+1)(a+d)=(y^3-2y+1)(1+1)$$

$a+d=y$ より

$$y^5-3y^3+y=2y^3-4y+2 \qquad y^5-5y^3+5y-2=0$$

となるから，これを解いてもよい。

$$(y-2)(y^4+2y^3-y^2-2y+1)=0$$
$$(y-2)\{y^4+2y^2(y-1)+(y-1)^2\}=0$$
$$(y-2)(y^2+y-1)^2=0$$
$$\therefore\quad y=2,\ \frac{-1\pm\sqrt{5}}{2}$$

〔注 3〕 ④の左辺が因数分解できなくても，⑤は因数定理を用いて簡単に解けるから，その解のうち④を満たすものをとればよい。あるいは，④，⑤を同時に満たす y は次のように求めることもできる。

④と⑤の左辺をそれぞれ $P(y)$，$Q(y)$ とおく。

$$\begin{cases}P(y)=0\\Q(y)=0\end{cases}$$

$$\Longleftrightarrow\quad\begin{cases}uP(y)+vQ(y)=0\\Q(y)=0\end{cases}\quad(u,\ v\ は任意の実数，ただし，u\neq0)$$

であるから

$$\begin{cases}y^2+y-1=0 & ((-1)\times P(y)+y\times Q(y)=0)\\y^3-2y+1=0 & (Q(y)=0)\end{cases}$$

前式より　$y^2=-y+1$

よって，$y^3=-y^2+y=-(-y+1)+y=2y-1$ であるから，これは後式を満たす。よって，④，⑤を同時に満たす y は，$y^2+y-1=0$ の解であり，それ以外にはない。

解法 2

((1)は〔**解法 1**〕と同様)

(2)　①までは〔**解法 1**〕と同じ。

$\Delta(A)\neq0$ であるから，A は逆行列 A^{-1} をもつ。

ケーリー・ハミルトンの定理より，A に対して

$$A^2-(a+d)A+(ad-bc)E=O$$

が成り立つ。$a+d=t(A)=y$，$ad-bc=\Delta(A)=x=1$ より

$$A^2=yA-E\quad\cdots\cdots ⓐ$$

ⓐの両辺に A^{-1} を右からかけると

$$A=yE-A^{-1}\qquad\therefore\quad A^{-1}=yE-A\quad\cdots\cdots ⓑ$$

$A^5=E$ の両辺に右から A^{-1} をかけると，ⓑより

$$A^4=A^{-1}=yE-A$$

さらに A^{-1} をかけて，ⓑを用いれば

$$A^3 = yA^{-1} - E = y(yE - A) - E$$
$$= (y^2 - 1)E - yA$$

ところで，ⓐを用いると

$$A^3 = A^2A = (yA - E)A = yA^2 - A = y(yA - E) - A$$
$$= (y^2 - 1)A - yE$$

であるから

$$(y^2 - 1)A - yE = (y^2 - 1)E - yA$$
$$(y^2 - 1)(A - E) + y(A - E) = O$$
$$(y^2 + y - 1)(A - E) = O$$

これより，$y^2 + y - 1 = 0$ または $A = E$ である。したがって

$$y = \frac{-1 \pm \sqrt{5}}{2},\quad 2$$

以上より，求める x，y の値は

$$(x,\ y) = (1,\ 2),\ \left(1,\ \frac{-1 \pm \sqrt{5}}{2}\right) \quad \cdots\cdots（答）$$

94 2012年度〔5〕 Level B

行列 $A=\begin{pmatrix} a & b \\ c & d \end{pmatrix}$ で定まる１次変換を f とする。原点 O (0, 0) と異なる任意の２点 P，Q に対して $\dfrac{\mathrm{OP}'}{\mathrm{OP}}=\dfrac{\mathrm{OQ}'}{\mathrm{OQ}}$ が成り立つ。ただし，P′，Q′ はそれぞれ P，Q の f による像を表す。

(1) $a^2+c^2=b^2+d^2$ を示せ。

(2) １次変換 f により，点 $(1,\ \sqrt{3})$ が点 $(-4,\ 0)$ に移るとき，A を求めよ。

ポイント １次変換 f がある性質をもつときの f を表す行列 A についての問題である。
(1) 証明問題になっているが，この等式は必要条件として出てくる。２点 P，Q を具体的に与えてみるとよい。
(2) ここで条件が追加されて行列 A が決定する。(1)の必要条件のみから求めた場合は，十分性を確認しておかなければならない。行列 A の成分が満たすべき必要十分条件を求めて，それを用いて A を決定すれば，確認の必要はなくなる。

解 法 1

(1) 原点 O と異なる任意の２点 P，Q に対して

$$\frac{\mathrm{OP}'}{\mathrm{OP}}=\frac{\mathrm{OQ}'}{\mathrm{OQ}} \quad (\text{P}',\ \text{Q}' \text{ はそれぞれ P, Q の } f \text{ による像}) \quad \cdots\cdots(*)$$

が成り立つのであるから，P を $(1,\ 0)$，Q を $(0,\ 1)$ としても$(*)$は成り立つ。

$$\begin{pmatrix} a & b \\ c & d \end{pmatrix}\begin{pmatrix} 1 \\ 0 \end{pmatrix}=\begin{pmatrix} a \\ c \end{pmatrix},\quad \begin{pmatrix} a & b \\ c & d \end{pmatrix}\begin{pmatrix} 0 \\ 1 \end{pmatrix}=\begin{pmatrix} b \\ d \end{pmatrix}$$

であるから，P′ は $(a,\ c)$，Q′ は $(b,\ d)$ である。このとき

$$\mathrm{OP}=1,\ \mathrm{OP}'=\sqrt{a^2+c^2},\ \mathrm{OQ}=1,\ \mathrm{OQ}'=\sqrt{b^2+d^2}$$

であり，$(*)$が成り立つのだから

$$\frac{\sqrt{a^2+c^2}}{1}=\frac{\sqrt{b^2+d^2}}{1}$$

$$\therefore\quad a^2+c^2=b^2+d^2 \quad \cdots\cdots①$$

（証明終）

(2) １次変換 f により，点 $(1,\ \sqrt{3})$ が点 $(-4,\ 0)$ に移るのだから

$$\begin{pmatrix} a & b \\ c & d \end{pmatrix}\begin{pmatrix} 1 \\ \sqrt{3} \end{pmatrix}=\begin{pmatrix} -4 \\ 0 \end{pmatrix}$$

$$\begin{pmatrix} a+\sqrt{3}b \\ c+\sqrt{3}d \end{pmatrix}=\begin{pmatrix} -4 \\ 0 \end{pmatrix}$$

より

$$a+\sqrt{3}b=-4 \quad \cdots\cdots②$$

$$c+\sqrt{3}d=0 \quad \cdots\cdots③$$

また，点 $(1,\ \sqrt{3})$ を点Rとすると，点R′は $(-4,\ 0)$ であるから

$$\mathrm{OR}=\sqrt{1^2+(\sqrt{3})^2}=2, \quad \mathrm{OR}'=\sqrt{(-4)^2+0^2}=4$$

となり，条件(＊)を考えると，$\dfrac{\mathrm{OP}'}{\mathrm{OP}}=\dfrac{\mathrm{OR}'}{\mathrm{OR}}$ より

$$\sqrt{a^2+c^2}=\frac{4}{2}=2 \qquad \therefore \quad a^2+c^2=4 \quad \cdots\cdots④$$

②より　　$a=-4-\sqrt{3}b$

③より　　$c=-\sqrt{3}d$

これらを④に代入すると

$$(-4-\sqrt{3}b)^2+(-\sqrt{3}d)^2=4$$

$$16+8\sqrt{3}b+3b^2+3d^2=4$$

①と④より，$b^2+d^2=4$ であるから

$$8\sqrt{3}b+28=4 \qquad \therefore \quad b=\frac{-24}{8\sqrt{3}}=-\sqrt{3}$$

これを②に代入して

$$a=-4-\sqrt{3}b=-4+3=-1$$

よって，④より

$$c^2=4-a^2=4-1=3 \qquad \therefore \quad c=\pm\sqrt{3}$$

これを③に代入して

$$d=-\frac{c}{\sqrt{3}}=-\frac{\pm\sqrt{3}}{\sqrt{3}}=\mp 1 \quad (c \text{ と } d \text{ は複号同順})$$

したがって

$$A=\begin{pmatrix} -1 & -\sqrt{3} \\ \pm\sqrt{3} & \mp 1 \end{pmatrix} \quad (\text{複号同順})$$

次に，この A が条件(＊)を満たすかどうかを調べる。

$$\begin{pmatrix} -1 & -\sqrt{3} \\ \pm\sqrt{3} & \mp 1 \end{pmatrix}\begin{pmatrix} x \\ y \end{pmatrix}=\begin{pmatrix} -x-\sqrt{3}y \\ \pm\sqrt{3}x\mp y \end{pmatrix} \quad (\text{複号同順})$$

であるから，任意の点 X$(x,\ y)$ $(\neq(0,\ 0))$ は，f により，

X$'(-x-\sqrt{3}y,\ \pm\sqrt{3}x\mp y)$ に移る。

$$\begin{aligned}\mathrm{OX}'&=\sqrt{(-x-\sqrt{3}y)^2+(\pm\sqrt{3}x\mp y)^2}\\&=\sqrt{x^2+2\sqrt{3}xy+3y^2+3x^2-2\sqrt{3}xy+y^2}\\&=\sqrt{4x^2+4y^2}=2\sqrt{x^2+y^2}=2\mathrm{OX}\end{aligned}$$

$$\therefore\quad \frac{\mathrm{OX}'}{\mathrm{OX}}=2\ \left(=\frac{\mathrm{OR}'}{\mathrm{OR}}\right)$$

すなわち，上で求めた A は，条件(∗)を満たしている。

したがって，求める行列 A は

$$A=\begin{pmatrix}-1&-\sqrt{3}\\\sqrt{3}&-1\end{pmatrix},\ \begin{pmatrix}-1&-\sqrt{3}\\-\sqrt{3}&1\end{pmatrix}\quad\cdots\cdots(答)$$

解法 2

(1)　点 X$(x,\ y)$ を原点Oと異なる任意の点とすると

$$\begin{pmatrix}a&b\\c&d\end{pmatrix}\begin{pmatrix}x\\y\end{pmatrix}=\begin{pmatrix}ax+by\\cx+dy\end{pmatrix}$$

より，Xの f による像は，X$'(ax+by,\ cx+dy)$ となる。

与えられた条件は

$$\frac{\mathrm{OX}'}{\mathrm{OX}}=k\quad(k は正の実数)$$

と同値であるから

$$\mathrm{OX}'^2=k^2\mathrm{OX}^2$$

すなわち

$$(ax+by)^2+(cx+dy)^2=k^2(x^2+y^2)$$

$$(a^2+c^2-k^2)x^2+(b^2+d^2-k^2)y^2+2(ab+cd)xy=0$$

が任意の実数 $x,\ y$ に対して成り立たなければならないが，そのための必要十分条件は

$$\begin{cases}a^2+c^2-k^2=0 & \cdots\cdots Ⓐ\\b^2+d^2-k^2=0 & \cdots\cdots Ⓑ\\ab+cd=0 & \cdots\cdots Ⓒ\end{cases}$$

である。ⒶとⒷより

$$a^2+c^2=b^2+d^2$$

である。　　　　　　　　　　　　　　　　　　　　　　　　(証明終)

(2) 1次変換fにより点$(1,\ \sqrt{3})$が点$(-4,\ 0)$に移ることを，fにより点$\left(2\cos\frac{\pi}{3},\ 2\sin\frac{\pi}{3}\right)$が点$(4\cos\pi,\ 4\sin\pi)$に移ると考えれば，$f$を表す行列$A$を用いて

$$A\begin{pmatrix}2\cos\frac{\pi}{3}\\ 2\sin\frac{\pi}{3}\end{pmatrix}=\begin{pmatrix}a & b\\ c & d\end{pmatrix}\begin{pmatrix}2\cos\frac{\pi}{3}\\ 2\sin\frac{\pi}{3}\end{pmatrix}=\begin{pmatrix}4\cos\pi\\ 4\sin\pi\end{pmatrix}\quad\cdots\cdots\text{Ⓓ}$$

と表せる。

Ⓐより，$(a,\ c)=(k\cos\theta,\ k\sin\theta)$ $(0\leqq\theta<2\pi)$ と表せるが，

Ⓒは$(a,\ c)\cdot(b,\ d)=0$すなわち$(a,\ c)\perp(b,\ d)$を表すので，Ⓑより，

$(b,\ d)=\left(k\cos\left(\theta\pm\frac{\pi}{2}\right),\ k\sin\left(\theta\pm\frac{\pi}{2}\right)\right)$（複号同順）となる。

$$\cos\left(\theta\pm\frac{\pi}{2}\right)=\mp\sin\theta,\quad \sin\left(\theta\pm\frac{\pi}{2}\right)=\pm\cos\theta\quad\text{（いずれも複号同順）}$$

であるから

$$A=k\begin{pmatrix}\cos\theta & -\sin\theta\\ \sin\theta & \cos\theta\end{pmatrix},\ k\begin{pmatrix}\cos\theta & \sin\theta\\ \sin\theta & -\cos\theta\end{pmatrix}$$

であるので，それぞれⒹに代入すると

$$k\begin{pmatrix}\cos\theta & -\sin\theta\\ \sin\theta & \cos\theta\end{pmatrix}\begin{pmatrix}2\cos\frac{\pi}{3}\\ 2\sin\frac{\pi}{3}\end{pmatrix}=\begin{pmatrix}4\cos\pi\\ 4\sin\pi\end{pmatrix}\quad\cdots\cdots\text{Ⓔ}$$

$$k\begin{pmatrix}\cos\theta & \sin\theta\\ \sin\theta & -\cos\theta\end{pmatrix}\begin{pmatrix}2\cos\frac{\pi}{3}\\ 2\sin\frac{\pi}{3}\end{pmatrix}=\begin{pmatrix}4\cos\pi\\ 4\sin\pi\end{pmatrix}\quad\cdots\cdots\text{Ⓕ}$$

Ⓔの左辺の積に加法定理を用いれば，$0\leqq\theta<2\pi$に注意して

$$2k\begin{pmatrix}\cos\left(\theta+\frac{\pi}{3}\right)\\ \sin\left(\theta+\frac{\pi}{3}\right)\end{pmatrix}=4\begin{pmatrix}\cos\pi\\ \sin\pi\end{pmatrix}\qquad\therefore\ k=2,\ \theta=\frac{2}{3}\pi$$

同様にⒻより

$$2k\begin{pmatrix}\cos\left(\theta-\frac{\pi}{3}\right)\\ \sin\left(\theta-\frac{\pi}{3}\right)\end{pmatrix}=4\begin{pmatrix}\cos\pi\\ \sin\pi\end{pmatrix}\qquad\therefore\ k=2,\ \theta=\frac{4}{3}\pi$$

よって

$$A=2\begin{pmatrix}\cos\frac{2}{3}\pi & -\sin\frac{2}{3}\pi \\ \sin\frac{2}{3}\pi & \cos\frac{2}{3}\pi\end{pmatrix},\ 2\begin{pmatrix}\cos\frac{4}{3}\pi & \sin\frac{4}{3}\pi \\ \sin\frac{4}{3}\pi & -\cos\frac{4}{3}\pi\end{pmatrix}$$

したがって

$$A=\begin{pmatrix}-1 & -\sqrt{3} \\ \sqrt{3} & -1\end{pmatrix},\ \begin{pmatrix}-1 & -\sqrt{3} \\ -\sqrt{3} & 1\end{pmatrix}\ \cdots\cdots(\text{答})$$

〔注〕 **〔解法 1〕**の①，②，③だけでは a，b，c，d は決まらない。**〔解法 1〕**の④を加えるか，**〔解法 2〕**のⒸを用いなければならない。実は，①，②，③，④からⒸが導かれるし，①，②，③，Ⓒから④が導かれる。つまり，④とⒸはどちらを用いても同じことで，①，②，③，④で必要十分なのである。しかし，このことを説明するより，**〔解法 1〕**のように確認の形式をとる方が簡単である。

なお，条件Ⓒを求めてあれば，**〔解法 1〕**(2)の $\dfrac{\mathrm{OX'}}{\mathrm{OX}}=2$ の確認の代わりに

$$(a,\ b,\ c,\ d)=(-1,\ -\sqrt{3},\ \sqrt{3},\ -1),\ (-1,\ -\sqrt{3},\ -\sqrt{3},\ 1)$$

が条件Ⓒを満たすことを確かめてもよい。

参考 Ⓔにおける行列 A の表す1次変換は，原点のまわりの角 θ の回転と相似比が k の相似変換の合成変換である。一方，Ⓕの方は

$$k\begin{pmatrix}\cos\theta & \sin\theta \\ \sin\theta & -\cos\theta\end{pmatrix}=\begin{pmatrix}k & 0 \\ 0 & k\end{pmatrix}\begin{pmatrix}\cos\theta & -\sin\theta \\ \sin\theta & \cos\theta\end{pmatrix}\begin{pmatrix}1 & 0 \\ 0 & -1\end{pmatrix}$$

より，x 軸に関する対称変換，次に原点のまわりの角 θ の回転（ここまでは，直線 $y=\left(\tan\dfrac{\theta}{2}\right)x$ に関する対称変換に相等するので確かめてほしい），さらに相似比 k の相似変換の合成変換である。すなわち，どちらの場合も，与えられた条件を満たす1次変換であることが納得できる。

95 2011 年度 〔1〕 Level A

n を自然数とする。xy 平面上で行列 $\begin{pmatrix} 1-n & 1 \\ -n(n+1) & n+2 \end{pmatrix}$ の表す 1 次変換（移動ともいう）を f_n とする。次の問に答えよ。

(1) 原点 O$(0,\ 0)$ を通る直線で，その直線上のすべての点が f_n により同じ直線上に移されるものが 2 本あることを示し，この 2 直線の方程式を求めよ。

(2) (1)で得られた 2 直線と曲線 $y=x^2$ によって囲まれる図形の面積 S_n を求めよ。

(3) $\displaystyle\sum_{n=1}^{\infty}\frac{1}{S_n-\frac{1}{6}}$ を求めよ。

ポイント (1)〜(3)は番号順に解かなければならないが，いずれも基本的な問題である。ケアレスミスをしないようにしたい。
(1) 原点を通る直線を，$x=0$ と $y=kx$ の 2 つに分けて考える。あるいは，与えられた行列を A とし，$\overrightarrow{m}=(x,\ y)$ とするとき，$A\overrightarrow{m}\,/\!/\,\overrightarrow{m}$ が成り立つと考えてもよい。
(2) 放物線と直線で囲まれる図形の面積であるから，面倒な計算にはならないであろう。
(3) 無限級数の和であるが，式の形から部分分数分解が予想される。第 N 部分和を求めて，$N\to\infty$ とすればよい。

解法 1

(1) 原点 O$(0,\ 0)$ を通る直線は $x=0$ または $y=kx$（k は実数）と表される。

$$\begin{pmatrix} 1-n & 1 \\ -n(n+1) & n+2 \end{pmatrix}\begin{pmatrix} 0 \\ 1 \end{pmatrix}=\begin{pmatrix} 1 \\ n+2 \end{pmatrix}$$

であるから，直線 $x=0$ 上の点 $(0,\ 1)$ は，f_n により，点 $(1,\ n+2)$ に移る。
点 $(1,\ n+2)$ は直線 $x=0$ 上にないので，直線 $x=0$ は求めるものではない。

$$\begin{pmatrix} 1-n & 1 \\ -n(n+1) & n+2 \end{pmatrix}\begin{pmatrix} t \\ kt \end{pmatrix}=\begin{pmatrix} (1-n+k)t \\ (-n^2-n+kn+2k)t \end{pmatrix}$$

であるから，直線 $y=kx$ 上の任意の点 $(t,\ kt)$（t は実数）は，f_n により点 $((1-n+k)t,\ (-n^2-n+kn+2k)t)$ に移る。$y=kx$ 上のすべての点が f_n により $y=kx$ 上に移ることは

$$(-n^2-n+kn+2k)t=k(1-n+k)t$$

が任意の t について成り立つことと同値であるから

$$-n^2-n+kn+2k=k(1-n+k)$$

が成り立ち，k について整理すると

$$k^2-(2n+1)k+n(n+1)=0$$

$$(k-n)\{k-(n+1)\}=0$$

$$\therefore\quad k=n,\ n+1$$

したがって，原点Oを通る直線で，その直線上のすべての点が f_n により同じ直線上に移されるものは

$$y=nx,\quad y=(n+1)x \quad \cdots\cdots(\text{答})$$

の2本である。　　　　(証明終)

(2)　曲線 $y=x^2$ と直線 $y=nx$ の交点の x 座標は

$$x^2=nx \qquad x(x-n)=0$$

$$\therefore\quad x=0,\ n$$

同様に，曲線 $y=x^2$ と直線 $y=(n+1)x$ の交点の x 座標は

$$x=0,\ n+1$$

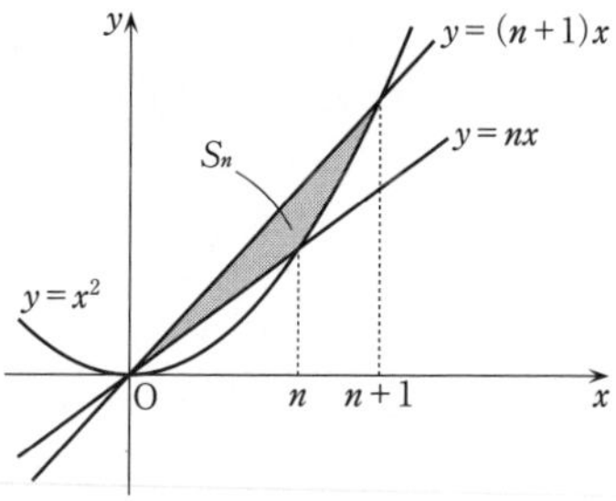

したがって，右図の網かけ部分の面積 S_n は

$$S_n=\int_0^{n+1}\{(n+1)x-x^2\}dx-\int_0^n(nx-x^2)dx$$

$$=\left[\frac{n+1}{2}x^2-\frac{x^3}{3}\right]_0^{n+1}-\left[\frac{n}{2}x^2-\frac{x^3}{3}\right]_0^n$$

$$=\frac{(n+1)^3}{2}-\frac{(n+1)^3}{3}-\left(\frac{n^3}{2}-\frac{n^3}{3}\right)$$

$$=\frac{1}{6}(n+1)^3-\frac{1}{6}n^3$$

$$=\frac{3n^2+3n+1}{6} \quad \cdots\cdots(\text{答})$$

〔注〕　公式 $\int_\alpha^\beta(x-\alpha)(x-\beta)dx=-\frac{1}{6}(\beta-\alpha)^3 \quad (\alpha<\beta)$ を用いると

$$\int_0^{n+1}\{(n+1)x-x^2\}dx=-\int_0^{n+1}x\{x-(n+1)\}dx=\frac{1}{6}(n+1)^3$$

$$\int_0^n(nx-x^2)dx=-\int_0^n x(x-n)dx=\frac{1}{6}n^3$$

がすぐにわかる。

(3)　$S_n-\dfrac{1}{6}=\dfrac{1}{2}n(n+1)$ であるから

$$\sum_{n=1}^{\infty}\frac{1}{S_n-\frac{1}{6}}=\sum_{n=1}^{\infty}\frac{2}{n(n+1)}=\lim_{N\to\infty}\sum_{n=1}^{N}2\left(\frac{1}{n}-\frac{1}{n+1}\right)$$

$$=\lim_{N\to\infty}2\left\{\left(\frac{1}{1}-\frac{1}{2}\right)+\left(\frac{1}{2}-\frac{1}{3}\right)+\cdots+\left(\frac{1}{N}-\frac{1}{N+1}\right)\right\}$$

$$=\lim_{N\to\infty}2\left(1-\frac{1}{N+1}\right)=2\times1=2 \quad \cdots\cdots(答)$$

解法 2

(1)　題意を満たす直線上の任意の点の座標を $(x,\ y)$ とするとき，ベクトル $(x,\ y)$ に対して

$$\begin{pmatrix}1-n & 1\\ -n(n+1) & n+2\end{pmatrix}\begin{pmatrix}x\\ y\end{pmatrix}/\!/\begin{pmatrix}x\\ y\end{pmatrix}$$

すなわち

$$\begin{pmatrix}(1-n)x+y\\ -n(n+1)x+(n+2)y\end{pmatrix}/\!/\begin{pmatrix}x\\ y\end{pmatrix}$$

が成り立つから，ベクトルの平行条件より

$$\{(1-n)x+y\}y=\{-n(n+1)x+(n+2)y\}x$$

この式を整理すると

$$n(n+1)x^2-(2n+1)xy+y^2=0$$

因数分解して

$$(y-nx)\{y-(n+1)x\}=0$$

$\therefore\ \ y=nx$　または　$y=(n+1)x$

したがって，題意を満たす直線は2本ある。　　　　　　　　　　（証明終）

それらの方程式は

$y=nx,\quad y=(n+1)x$　……（答）

（(2), (3)は〔解法1〕と同様）

96 2009年度〔2〕 Level A

実数aに対し，次の1次変換

$$f(x,\ y)=(ax+(a-2)y,\ (a-2)x+ay)$$

を考える。以下の2条件をみたす直線Lが存在するようなaを求めよ。

(1) Lは点$(0,\ 1)$を通る。

(2) 点QがL上にあれば，そのfによる像$f(\mathrm{Q})$もL上にある。

ポイント 直線L上の任意の点の1次変換fによる像がL上にあると考えるのが基本である。これより恒等式が得られるから，この恒等式が成り立つためのaの値を求めればよい。あるいは，L上の特別な2点のfによる像がL上にあると考え，必要条件としてaの値を求める方法もあるが，この方法では十分性を示さなくてはならない。

いずれにしても，条件(1)を満たすLを，傾きがある場合とy軸そのものの場合とに分けて議論することになるので，そこに注意しなければならない。

もし，Lが原点を通る直線であれば簡単なのにと発想すれば，1次変換fには線形性$f(k\vec{p}+\ell\vec{q})=kf(\vec{p})+\ell f(\vec{q})$（$\vec{p}$，$\vec{q}$は平面上のベクトル，$k$，$\ell$は実数）があるので，このことを用いて，ベクトルの平行条件により，簡潔な答案が書けるであろう。

解法1

条件(1)を満たす直線Lには次の2つの場合がある。

(i) $x=0$　　(ii) $y=mx+1$

(i)の場合，L上の任意の点$(0,\ t)$のfによる像$(X,\ Y)$については

$$X=a\times 0+(a-2)t=(a-2)t$$
$$Y=(a-2)\times 0+at=at$$

となるが，条件(2)より，この点$(X,\ Y)$がまたL上になければならない。

そのためには，任意の実数tに対して$X=0$が成り立たなければならないので，$a=2$を得る。

(ii)の場合，L上の任意の点$(t,\ mt+1)$のfによる像$(X,\ Y)$については

$$X=at+(a-2)(mt+1)$$
$$Y=(a-2)t+a(mt+1)$$

となるが，条件(2)より，この点$(X,\ Y)$がまたL上になければならない。

そのためには$Y=mX+1$，すなわち

$$(a-2)t+a(mt+1)=m\{at+(a-2)(mt+1)\}+1$$

が任意の実数tについて成り立たなければならない。このtについての恒等式をtに

ついて整理すると

$$(m^2-1)(a-2)t+m(a-2)-a+1=0$$

これが任意の実数 t について成り立つためには

$$(m^2-1)(a-2)=0 \quad \cdots\cdots① \quad かつ \quad m(a-2)-a+1=0 \quad \cdots\cdots②$$

が成り立たなければならない。

①より　　$m=1$　または　$m=-1$　または　$a=2$

が得られるが

　$m=1$ のとき，②から $-1=0$ となり，不適である。

　$m=-1$ のとき，②より $a=\dfrac{3}{2}$ を得る。

　$a=2$ のとき，②から $-1=0$ となり，不適である。

(i)，(ii)より，求める a の値は

$$a=2,\ \frac{3}{2} \quad \cdots\cdots(答)$$

解法 2

1次変換 $f:(x,\ y)\to(X,\ Y)$ を行列を用いて

$$\begin{pmatrix} X \\ Y \end{pmatrix}=\begin{pmatrix} a & a-2 \\ a-2 & a \end{pmatrix}\begin{pmatrix} x \\ y \end{pmatrix}$$

で表すことにする。

直線 L が，$x=0$ のとき，L 上の2点 $(0,\ 1)$，$(0,\ -1)$ の f による像

$$\begin{pmatrix} a & a-2 \\ a-2 & a \end{pmatrix}\begin{pmatrix} 0 \\ 1 \end{pmatrix}=\begin{pmatrix} a-2 \\ a \end{pmatrix},\quad \begin{pmatrix} a & a-2 \\ a-2 & a \end{pmatrix}\begin{pmatrix} 0 \\ -1 \end{pmatrix}=\begin{pmatrix} 2-a \\ -a \end{pmatrix}$$

が，また L 上になければならないので，$a=2$ を得る。

逆に，$a=2$ のとき，f は

$$\begin{pmatrix} X \\ Y \end{pmatrix}=\begin{pmatrix} 2 & 0 \\ 0 & 2 \end{pmatrix}\begin{pmatrix} x \\ y \end{pmatrix}=\begin{pmatrix} 2x \\ 2y \end{pmatrix}$$

となるから，L 上の任意の点の f による像は L 上にある。

次に，直線 L が，$y=mx+1$ のとき，L 上の2点 $(0,\ 1)$，$(1,\ m+1)$ の f による像

$$\begin{pmatrix} a & a-2 \\ a-2 & a \end{pmatrix}\begin{pmatrix} 0 \\ 1 \end{pmatrix}=\begin{pmatrix} a-2 \\ a \end{pmatrix}$$

$$\begin{pmatrix} a & a-2 \\ a-2 & a \end{pmatrix}\begin{pmatrix} 1 \\ m+1 \end{pmatrix}=\begin{pmatrix} a+(a-2)(m+1) \\ a-2+a(m+1) \end{pmatrix}$$

が，また L 上になければならないので

$$a=m(a-2)+1 \quad \cdots\cdots Ⓐ$$

$$a-2+a(m+1)=m\{a+(a-2)(m+1)\}+1 \quad \cdots\cdots Ⓑ$$

$a=2$ はⒶを満たさないから，$a \neq 2$ であるので，Ⓐより

$$m=\frac{a-1}{a-2}$$

これをⒷに代入して

$$a-2+a\times\frac{2a-3}{a-2}=\frac{a-1}{a-2}\{a+(2a-3)\}+1$$

$$(a-2)^2+a(2a-3)=(a-1)(3a-3)+(a-2)$$

これを解いて，$a=\dfrac{3}{2}$ を得る。また，このときⒶより $m=-1$ である。

逆に，$a=\dfrac{3}{2}$，$m=-1$ のとき，f は

$$\begin{pmatrix} X \\ Y \end{pmatrix}=\begin{pmatrix} \frac{3}{2} & -\frac{1}{2} \\ -\frac{1}{2} & \frac{3}{2} \end{pmatrix}\begin{pmatrix} x \\ y \end{pmatrix}$$

となり，直線 $L : y=-x+1$ 上の点 $(t,\ -t+1)$ に対して

$$\begin{pmatrix} X \\ Y \end{pmatrix}=\begin{pmatrix} \frac{3}{2} & -\frac{1}{2} \\ -\frac{1}{2} & \frac{3}{2} \end{pmatrix}\begin{pmatrix} t \\ -t+1 \end{pmatrix}=\begin{pmatrix} 2t-\frac{1}{2} \\ -2t+\frac{3}{2} \end{pmatrix}$$

であるから

$$Y=-X+1$$

が成り立つ。

よって，f による $(x,\ y)$ の像 $(X,\ Y)$ が L 上にあることがわかる。

以上より，求める a は

$$a=2,\ \frac{3}{2} \quad (L\ はそれぞれ\ x=0,\ y=-x+1) \quad \cdots\cdots(答)$$

解法 3

平面上のすべての直線は，実数 p，q，r を用いて

$$px+qy+r=0$$

と表せるが，直線 L は，条件(1)により，点 $(0,\ 1)$ を通るから

$$q+r=0 \qquad \therefore \quad r=-q$$

よって，L は一般に，方程式

$$px+qy-q=0 \quad (p,\ q\ は同時に\ 0\ になることはない) \quad \cdots\cdots(*)$$

で表すことができる。

1次変換fを表す行列Aは

$$A=\begin{pmatrix} a & a-2 \\ a-2 & a \end{pmatrix}$$

であり，この行列が逆行列をもたないとすると

$$a^2-(a-2)^2=0$$

$$4a-4=0 \qquad \therefore \quad a=1$$

このとき

$$A\begin{pmatrix} x \\ y \end{pmatrix}=\begin{pmatrix} 1 & -1 \\ -1 & 1 \end{pmatrix}\begin{pmatrix} x \\ y \end{pmatrix}=\begin{pmatrix} x-y \\ -(x-y) \end{pmatrix}=(x-y)\begin{pmatrix} 1 \\ -1 \end{pmatrix}$$

より，平面上の任意の点は，fによって原点を通る傾き-1の直線上に移されてしまう。この場合，Lは点（0，1）と点（0，1）のfによる像（-1，1）を通るので$y=1$となるが，点（-1，1）のfによる像（-2，2）は$y=1$上にはないので，条件(2)が満たされない。

したがって，$a\neq 1$でなければならない。

このとき

$$A^{-1}=\frac{1}{4(a-1)}\begin{pmatrix} a & 2-a \\ 2-a & a \end{pmatrix}$$

となるから，$f:(x,\ y)\to(X,\ Y)$とすると

$$\begin{pmatrix} x \\ y \end{pmatrix}=A^{-1}\begin{pmatrix} X \\ Y \end{pmatrix}=\frac{1}{4(a-1)}\begin{pmatrix} a & 2-a \\ 2-a & a \end{pmatrix}\begin{pmatrix} X \\ Y \end{pmatrix}$$

$$\therefore \quad x=\frac{1}{4(a-1)}\{aX+(2-a)Y\}, \quad y=\frac{1}{4(a-1)}\{(2-a)X+aY\}$$

この点$(x,\ y)$が(＊)を満たすことから

$$\frac{p}{4(a-1)}\{aX+(2-a)Y\}+\frac{q}{4(a-1)}\{(2-a)X+aY\}-q=0$$

X，Yについて整理して

$$\{pa+q(2-a)\}X+\{p(2-a)+qa\}Y-4q(a-1)=0$$

条件(2)により，これが(＊)と同一でなければならないから，実数kを用いると

$$\begin{cases} pa+q(2-a)=kp & \cdots\cdots(ア) \\ p(2-a)+qa=kq & \cdots\cdots(イ) \\ 4q(a-1)=kq & \cdots\cdots(ウ) \end{cases}$$

(ウ)より　$q=0$　または　$k=4(a-1)$

$q=0$のとき，$p\neq 0$だから，(ア)より$a=k$，(イ)より$a=2$となる。

$q\neq 0$のとき，(ウ)より$k=4(a-1)$となるから，(ア)，(イ)より

$$\begin{cases}(4-3a)p+(2-a)q=0\\(2-a)p+(4-3a)q=0\end{cases} \iff \begin{pmatrix}4-3a & 2-a\\2-a & 4-3a\end{pmatrix}\begin{pmatrix}p\\q\end{pmatrix}=O$$

この p，q についての連立方程式が $p=q=0$ 以外の解をもつのは

$$(4-3a)^2-(2-a)^2=0$$
$$(6-4a)(2-2a)=0$$

のときで，$a \neq 1$ であるから　$a=\dfrac{3}{2}$

以上より，求める a は

$$a=2,\ \frac{3}{2}\ \cdots\cdots(答)$$

解法 4

点 A $(x,\ y)$ の f による像 $f(\mathrm{A})$ を $(X,\ Y)$ とおくと

$$\begin{pmatrix}X\\Y\end{pmatrix}=\begin{pmatrix}a & a-2\\a-2 & a\end{pmatrix}\begin{pmatrix}x\\y\end{pmatrix}\ \cdots\cdots ⓐ$$

原点を O，点 $(0,\ 1)$ を O′，$\overrightarrow{\mathrm{O'A}}=(x',\ y')$，$\overrightarrow{\mathrm{O'}f(\mathrm{A})}=(X',\ Y')$ とすると

$$\overrightarrow{\mathrm{OA}}=\overrightarrow{\mathrm{OO'}}+\overrightarrow{\mathrm{O'A}},\quad \overrightarrow{\mathrm{O}f(\mathrm{A})}=\overrightarrow{\mathrm{OO'}}+\overrightarrow{\mathrm{O'}f(\mathrm{A})}$$

$$\therefore\ \begin{pmatrix}x\\y\end{pmatrix}=\begin{pmatrix}0\\1\end{pmatrix}+\begin{pmatrix}x'\\y'\end{pmatrix},\quad \begin{pmatrix}X\\Y\end{pmatrix}=\begin{pmatrix}0\\1\end{pmatrix}+\begin{pmatrix}X'\\Y'\end{pmatrix}$$

これをⓐに代入すると

$$\begin{pmatrix}0\\1\end{pmatrix}+\begin{pmatrix}X'\\Y'\end{pmatrix}=\begin{pmatrix}a & a-2\\a-2 & a\end{pmatrix}\left\{\begin{pmatrix}0\\1\end{pmatrix}+\begin{pmatrix}x'\\y'\end{pmatrix}\right\}$$

$$\therefore\ \begin{pmatrix}X'\\Y'\end{pmatrix}=\begin{pmatrix}a & a-2\\a-2 & a\end{pmatrix}\begin{pmatrix}x'\\y'\end{pmatrix}+\begin{pmatrix}a-2\\a-1\end{pmatrix}\ \cdots\cdots ⓑ$$

とくに A が O′ と一致するとき，$(x',\ y')=(0,\ 0)$ なので，

$\overrightarrow{\mathrm{O'}f(\mathrm{O'})}=(a-2,\ a-1)\neq\vec{0}$ となる。直線 L に対する 2 条件より，L は点 O′ と

点 $f(\mathrm{O'})$ の 2 点を通るので，$L /\!/ \overrightarrow{\mathrm{O'}f(\mathrm{O'})}$ である。

ここで，点 A を L 上の任意の点と考えると

$$\overrightarrow{\mathrm{O'A}} /\!/ \overrightarrow{\mathrm{O'}f(\mathrm{O'})}$$

$$\begin{pmatrix}x'\\y'\end{pmatrix} /\!/ \begin{pmatrix}a-2\\a-1\end{pmatrix}\qquad \therefore\ \begin{pmatrix}x'\\y'\end{pmatrix}=k\begin{pmatrix}a-2\\a-1\end{pmatrix}\ \cdots\cdots ⓒ$$

このとき，点 $f(\mathrm{A})$ が L 上の点であればよい。ⓑ，ⓒより

$$\overrightarrow{\mathrm{O'}f(\mathrm{A})}=\begin{pmatrix}X'\\Y'\end{pmatrix}=\begin{pmatrix}a & a-2\\a-2 & a\end{pmatrix}\begin{pmatrix}x'\\y'\end{pmatrix}+\begin{pmatrix}a-2\\a-1\end{pmatrix}$$

$$=k\begin{pmatrix} a & a-2 \\ a-2 & a \end{pmatrix}\begin{pmatrix} a-2 \\ a-1 \end{pmatrix}+\begin{pmatrix} a-2 \\ a-1 \end{pmatrix}$$

$$=k\begin{pmatrix} a(a-2)+(a-2)(a-1) \\ (a-2)^2+a(a-1) \end{pmatrix}+\begin{pmatrix} a-2 \\ a-1 \end{pmatrix}$$

であり，$f(\mathrm{A})$ が L 上の点であることから

$$\overrightarrow{\mathrm{O}'f(\mathrm{A})} /\!/ \overrightarrow{\mathrm{O}'f(\mathrm{O}')}$$

よって

$$k\begin{pmatrix} a(a-2)+(a-2)(a-1) \\ (a-2)^2+a(a-1) \end{pmatrix} /\!/ \begin{pmatrix} a-2 \\ a-1 \end{pmatrix}$$

2つのベクトルが平行であるとき，x 成分の比と y 成分の比が等しいので

$$k\{a(a-2)+(a-2)(a-1)\}(a-1)=k\{(a-2)^2+a(a-1)\}(a-2)$$

$$k(a-2)(2a-3)=0$$

これは任意の k に対して成り立つので，a は

$$a=2,\ \frac{3}{2} \quad \cdots\cdots(答)$$

年度別出題リスト

年度	大問	セクション	番号	レベル	問題編	解答編
2023 年度	〔1〕	§5　微・積分法（計算）	60	B	43	318
	〔2〕	§1　整数と数列	1	B	13	64
	〔3〕	§2　確　率	20	B	21	123
	〔4〕	§6　微・積分法（グラフ）	76	C	51	387
	〔5〕	§4　空間図形	41	C	33	218
2022 年度	〔1〕	§7　複素数平面	86	B	56	428
	〔2〕	§1　整数と数列	2	B	13	66
	〔3〕	§3　平面図形	30	B	26	159
	〔4〕	§7　複素数平面	87	C	56	432
	〔5〕	§5　微・積分法（計算）	61	C	43	321
2021 年度	〔1〕	§1　整数と数列	3	B	14	69
	〔2〕	§3　平面図形	31	B	27	165
	〔3〕	§1　整数と数列	4	C	14	71
	〔4〕	§4　空間図形	42	B	33	226
	〔5〕	§4　空間図形	43	C	34	231
2020 年度	〔1〕	§1　整数と数列	5	B	15	76
	〔2〕	§7　複素数平面	88	B	57	437
	〔3〕	§4　空間図形	44	B	34	238
	〔4〕	§4　空間図形	45	B	35	243
	〔5〕	§5　微・積分法（計算）	62	D	44	327
2019 年度	〔1〕	§4　空間図形	46	A	35	246
	〔2〕	§5　微・積分法（計算）	63	C	44	333
	〔3〕	§7　複素数平面	89	B	57	442
	〔4〕	§4　空間図形	47	D	36	249
	〔5〕	§5　微・積分法（計算）	64	B	45	338
2018 年度	〔1〕	§7　複素数平面	90	B	58	447
	〔2〕	§1　整数と数列	6	B	15	79
	〔3〕	§5　微・積分法（計算）	65	C	45	342
	〔4〕	§4　空間図形	48	C	37	255
	〔5〕	§2　確　率	21	B	21	127
2017 年度	〔1〕	§1　整数と数列	7	B	15	83
	〔2〕	§5　微・積分法（計算）	66	C	45	347
	〔3〕	§3　平面図形	32	D	28	171
	〔4〕	§2　確　率	22	C	22	131
	〔5〕	§7　複素数平面	91	B	58	451

年度	大問	セクション	番号	レベル	問題編	解答編
2016 年度	〔1〕	§3 平面図形	33	B	29	178
	〔2〕	§2 確 率	23	B	22	137
	〔3〕	§4 空間図形	49	B	37	260
	〔4〕	§1 整数と数列	8	B	16	86
	〔5〕	§6 微・積分法（グラフ）	77	A	51	391
2015 年度	〔1〕	§1 整数と数列	9	C	16	88
	〔2〕	§4 空間図形	50	B	38	264
	〔3〕	§4 空間図形	51	C	38	270
	〔4〕	§5 微・積分法（計算）	67	B	46	351
	〔5〕	§1 整数と数列	10	B	17	94
2014 年度	〔1〕	§1 整数と数列	11	A	17	97
	〔2〕	§5 微・積分法（計算）	68	C	46	356
	〔3〕	§8 行 列	92	B	60	455
	〔4〕	§4 空間図形	52	B	39	273
	〔5〕	§6 微・積分法（グラフ）	78	B	51	396
2013 年度	〔1〕(1)	§1 整数と数列	12	A	17	100
	〔1〕(2)	§2 確 率	24	A	23	142
	〔2〕	§8 行 列	93	B	60	459
	〔3〕	§5 微・積分法（計算）	69	B	46	360
	〔4〕	§1 整数と数列	13	B	18	102
	〔5〕	§3 平面図形	34	C	29	182
2012 年度	〔1〕(1)	§4 空間図形	53	A	39	279
	〔1〕(2)	§2 確 率	25	A	23	144
	〔2〕(1)	§1 整数と数列	14	A	18	105
	〔2〕(2)	§1 整数と数列	15	B	18	107
	〔3〕	§6 微・積分法（グラフ）	79	C	52	400
	〔4〕	§1 整数と数列	16	B	18	108
	〔5〕	§8 行 列	94	B	61	463
	〔6〕	§4 空間図形	54	B	39	280
2011 年度	〔1〕	§8 行 列	95	A	61	468
	〔2〕	§5 微・積分法（計算）	70	B	47	363
	〔3〕	§3 平面図形	35	B	30	190
	〔4〕	§4 空間図形	55	D	40	287
2010 年度	〔1〕	§5 微・積分法（計算）	71	B	47	367
	〔2〕	§1 整数と数列	17	B	19	112
	〔3〕	§2 確 率	26	A	23	146
	〔4〕	§3 平面図形	36	C	30	194
2009 年度	〔1〕	§6 微・積分法（グラフ）	80	A	52	406
	〔2〕	§8 行 列	96	A	62	471
	〔3〕	§1 整数と数列	18	B	19	117
	〔4〕	§4 空間図形	56	B	40	297

年度	大問	セクション	番号	レベル	問題編	解答編
2008年度	〔1〕	§6　微・積分法（グラフ）	81	B	52	410
	〔2〕	§5　微・積分法（計算）	72	B	47	370
	〔3〕	§2　確　率	27	B	23	148
	〔4〕	§3　平面図形	37	B	30	197
2007年度	〔1〕	§1　整数と数列	19	B	19	121
	〔2〕	§6　微・積分法（グラフ）	82	A	53	414
	〔3〕	§3　平面図形	38	C	31	204
	〔4〕	§6　微・積分法（グラフ）	83	C	53	418
2006年度	〔1〕	§5　微・積分法（計算）	73	C	48	374
	〔2〕	§6　微・積分法（グラフ）	84	B	54	422
	〔3〕	§3　平面図形	39	C	31	210
	〔4〕	§4　空間図形	57	C	41	303
2005年度	〔1〕	§5　微・積分法（計算）	74	B	48	380
	〔2〕	§2　確　率	28	B	24	152
	〔3〕	§4　空間図形	58	C	41	309
	〔4〕	§3　平面図形	40	A	31	215
2004年度	〔1〕	§6　微・積分法（グラフ）	85	B	54	425
	〔2〕	§5　微・積分法（計算）	75	C	49	383
	〔3〕	§2　確　率	29	B	24	156
	〔4〕	§4　空間図形	59	B	41	313

（注）　2011年度までは150分，2012年度以降は180分で実施された。